군사학총서 15

동북아시아의 전쟁과 평화

이종학

충남대학교출판문화원

–저자 약력–

· 1929년 포항출생
· 공군사관학교(1954) 및 공군대학 졸업
· 미국 공군통신학교 통신장교과정 수료(1958)
· 경희대학교 대학원 사학과 졸업(1969)
· 충남대학교 명예 군사학 박사(2003)
· 공군사관학교 교수부 군사학과장
· 공군대학 교수부 제2·3처장
· 국방대학원 교수 및 교수부 제3학처장
· 한국군사사학회 창설(1976) 및 초대 회장
· 현재 : 서라벌군사연구소장
충남대학교 군사학부 특임교수
공군사관학교 명예교수

동북아시아의 전쟁과 평화

발행일 1판 1쇄 2016년 11월 5일 1판 2쇄 2017년 2월 10일 **발행인** 오덕성 **저자** 이종학
펴낸곳 충남대학교출판문화원 **주소** 대전광역시 유성구 대학로 99 **전화** 042-821-6045
홈페이지 http://www.cnupress.co.kr E-mail cnupress@cnu.ac.kr

ISBN 978-89-7599-601-6 93390
정가 35,000원

동북아시아의 전쟁과 평화

머리말

올해 초, 한 제자가 찾아와서 "교수님, 금년은 미수(米壽 : 88세)인데 모임을 갖고자 합니다."라고 하기에, "나는 아직 현역인데 퇴직(?)할 때나 하지." 하고 말했다. 그러나 제자는 "그래도 간소하게나마 했으면 합니다.…"

옛 말에 인간은 "빈손으로 왔다가 빈손으로 간다(空手來空手去)"는 말이 있는데, 비록 올 때는 빈손으로 왔지만 이 세상에 70, 80년간 살았다면 후손을 위해 유산을 남겨야 하지 않겠나 하는 생각이 들었다. 그런데 문득 인도의 시성詩聖 타고르(Tagore, 1861~1940)의 詩가 생각났다. 즉 "죽음의 신神이 당신의 생명의 문을 노크할 때, 당신은 생명의 광주리에 무엇을 담아 죽음의 神 앞에 내어놓겠습니까? 그를 빈손으로 돌려보낼 수는 없습니다."

'인간의 창조물 중에서 책처럼 위대한 것이 없다'고 한 옛사람의 말을 수용하여 미수를 맞이해서 제자·후배들에게 남겨줄 선물로 이 책, 『동북아시아의 전쟁과 평화』를 꾸며보았으며, 발표했을 당시의 원형을 보존하면서 약간의 수정·보완만 했다는 것을 밝혀둔다.

■ 제1부_동북아시아의 전쟁과 평화

평생 전쟁을 연구대상으로 하는 군사학(military art and science)을 연구하게 된 동기를 밝혔고 또한 이론정립을 시도했다. 그리고 내가 바라는 평화적 남북통일이란 어떤 것인가? 지정학적으로 본 한민족의 생존전략은?

한민족에게 역사적으로 지대한 영향을 끼쳐왔던 중국과 일본과의 미래관계에 대한 대응과 방향을 살펴보았다.

■ 제2부_군사사학으로 본 역사산책

군사사학(military history)이란 군사이론과 역사학을 결합한 학문분야이고, 지난 역사 가운데 군사문제와 관련된 사건은 군사사학적 연구방법으로 분석·해석되어야 한다는 입장에서 지난날의 군사와 관련된 역사를 살펴보았다.

특히 광개토왕 비문의 신묘년(390) 기사를 가지고 일본 고대사학계는 '임나일본부任那日本府'설의 논거로 주장했으며, 주로 문헌사학의 관점에서 110여년간 논쟁을 계속했다. 저자는 유일하게 '군사사학적 연구방법'으로 그들의 주장을 논파한 글을 우리나라뿐만 아니라, 일본 잡지에도 발표했다. 그런데 우리나라 역사학계에서는 관심이 없기에 기회 있을 때마다 설명을 해서 중복이 되었으니 양해해주기 바란다.

■ 제3부_대학교육과 국방

1960년대 초, 공군사관학교 교육평가 업무를 수행하면서, 해방 후 우리나라 교육계는 미국의 존 듀이 박사의 '진보주의 교육사상'을 비판 없이 전적으로 수용했다. 그러나 그의 교육사상으로는 군대교육의 성립이 어렵다는 것을 깨닫고 있었는데, 우연히 인간교육을 역설한 로버트 허친스 박사의 저서를 읽고 공감하여 그의 책을 번역 소개했다.

국가의 안보와 발전·번영에 필요한 인재를 양성하는 대학교육은 문·무文武가 일치된 교육이 실시되어야 한다고 생각한다.

■ 제4부_한 군사학도의 인생 단상

1951년 11월 공군사관학교에 입교한 이래 인생과 학문에 대한 체험 가운데 기억에 남는 내용을 엮어 보았다. 특히 1981년 8월 국방대학원(국방대학교)에 재직하고 있을 때, 서울대학교에서 젊은 조교수·전임강사 등 100여명에게 '6·25전쟁'에 대한 특강을 한 것이 떠오른다.

그리고 인생은 축구시합처럼 전·후반전이 있으며, 60대 이후의 후반전이 더 중요하며, 인생전략의 수립방법과 절차도 소개했다.

■ 第5部_軍事史學에 의한 日本의 歷史散策

일본에서 발표했던 논문과 세미나 발표의 요약문 등을 편집해서 꾸며보았다. 특히 '광개토왕 비문의 신묘년(391) 기사'의 논문은 일본 고대사학계에 충격을 주었고 또한 일본의 천황가天皇家는 김해(임나가라) 출신이라는 것 등을 밝히면서, 일본의 역사왜곡에 대한 반성의 기회를 주고 싶어서 이 책에 포함시켜 일본 독자에게 알리고자 한다.

오늘날 한반도를 중심으로 동북아시아의 군사정세는 북한의 핵·미사일 위협이 현실화된 위급한 상황이다. 특히 북한의 김정은 위원장은 금년 1월에 4차, 그리고 9월에 5차 핵실험과 미사일 실험을 계속하면서 우리뿐만 아니라 미국도 위협하고 있으며, 일본에 재무장할 명분을 주었다. 그래서 요즘 미국에서는 '北 선제 타격론'까지 일어나게 되었는데, 이렇게 된다면 한반도에서 전면적 핵전쟁이 일어날 것이며, 한민족의 미래는 어떻게 될 것인가…

국민의 생명과 국가 존망의 문제는 결코 우방국에게 의존해서는 안 되며, 스스로의 능력과 의지로 핵·미사일 무장이 확보·유지되어야 한다는 것이 저자의 주장이다.

이 책이 발간되기까지 협조해주신 분들의 이름을 열거하지는 못하지만, 감사의 뜻을 전한다. 그리고 출판문화원장 김정태 교수와 양광준 과장, 김현순·김보라 씨 등 직원들에게 깊은 사의를 표한다. 특히 지난 30년 가까이 20여권의 책을 발간하는데, 컴퓨터에 입력·편집과 교정을 곁에서 봐준 최정화 연구위원에게 심심한 감사의 마음을 전한다.

2016년 10월
風石 李鍾學 씀
—경주 風石齋에서—

목 차

제1부 동북아시아의 전쟁과 평화

제2부 군사사학으로 본 역사 산책

제3부 대학교육과 국방

제4부 한 군사학도의 인생 단상斷想

제5부 軍事史學による日本の歴史散策

부록 이종학 교수 인터뷰

제 1 부
동북아시아의 전쟁과 평화

I

평생 군사학 연구의 동기는?

박 형, 그동안 안녕하셨소?

보내준 편지 잘 받았으며, 유럽여행을 다녀왔다니 다행이요. 건강하고 움직일 수 있을 때, 가고 싶은 곳을 다니는 것은 건강에도 좋다는군요. 오늘은 박 형의 편지를 인용하면서 이 글을 써볼까 합니다.

> 이 교수가 보내준 충남대학교 홍보지, 「CNU Style」(2014. 2.)은 잘 받았으며 거기에 이 교수에 관한 기사 '군사학 박사 200명 양성할 때까지 쉴 수 없어'는 흥미 있게 읽었소. 더욱이 놀란 것은 85세인데 아직 박사과정 강의를 하고, 하고 싶은 일을 하면서 연구도 하고 학생들을 지도하느라 아플 겨를도, 늙을 겨를도 없다니… 결국 이 교수는 한 평생 군사학만 연구하고 있는데, 그 동기가 과연 무엇인지 밝혀줄 수 있겠소?

군사학 박사 200명
양성할 때까지 쉴 수 없어

이종학 겸임교수, 충남대와 10년 인연

박 형도 알다시피 1960년대 중반, 공군사관학교 교수부 군사학과에 재직하고 있을 때 다음 세 가지 문제점에 대해 관심을 가지고 있었소. 즉

첫째, 오랫동안 군사문제를 다루어오면서 마음 한 구석에 도사리고 있었던 의문점은 정치학(political science), 사회학(social science)이라는 학문이 존재한다면, 왜 군사학(military science)은 존재하지 않는가?

둘째, 국가의 간성이 될 젊은 사관생도의 교육에 종사하면서 그들의 장차 임무수행에 필요한 전문적 학문분야는 과연 무엇인가?

셋째, 그 동안 군사이론과 전쟁사를 연구하고 가르치면서 얻은 귀중한 교훈은 군사이론의 연구를 소홀히 한 군대가 전쟁에서 승리한 전례(戰例)가 아직 없었다는 엄연한 역사적 사실의 발견이었소.

1951년 11월 공군사관학교에 입교한 이래 군사문제를 배웠고, 연구했고, 또한 가르치다보니, 세월은 60여년이 지나 결국 한평생을 군사학을 연구하는 결과가 되었는데, 박형이 질문한 것에 대하여 세 가지 동기를 간략하게 밝혀볼까 합니다.

1. 전쟁은 국민의 생사와 국가 존망의 문제이다

중학생 시절에 『퀴리 부인전』을 읽고 큰 감명을 받았다. 마리 퀴리(1867~1934)는 폴란드에서 태어났으나, 파리의 소르본느 대학교를 졸업하고 프랑스의 물리학자 피에르 퀴리와 결혼했다. 여러 가지 어려움을 극복하고 금속 라듐의 분리에 성공하여 노벨 화학상을 수상했다. 책 내용이 너무 훌륭했기에 나로 하여금 장차 화학자(chemist)가 되어 훌륭한 업적을 남기겠다는 목표를 가졌지만, 뜻하지 않게 6·25전쟁으로 인하여 공군사관학교에 입교했다.

졸업을 1년 남겨두고 구대장(훈육관)을 찾아가서 상담을 했다. 즉 사관학교를 졸업해서 직업군인이 된다는 것은 사람을 죽이는 것이 본업인데, 나는

화학자가 되고 싶은 꿈이 있으니 어떻게 해야 하는가였다. 돌아가서 기다리라고 했는데, 3일 후 마산의 공군병원에 입원하게 되었다. 그런데 3일이 지나도 진찰도 하지 않았을 뿐만 아니라, 약도 주지 않았다. 진료실로 내과과장인 이봉균 중령을 찾아가서, "내 병명은 무엇이며, 왜 약도 주지 않습니까?" 하고 질문했다. "이(李) 생도의 병명은 신경쇠약이고, 약은 없다"고 답변하면서 2, 3일마다 '감상문'을 제출하라고 했다.

2일 후에 감상문을 제출했다. 즉 입원하게 된 경위와 직업군인이 된다는 것에 대한 회의懷疑, 화학자가 되고 싶다는 목표 그리고 괴로운 인생을 왜 살아야만 하는가 등의 당시 직면하고 있었던 괴로운 심정을 솔직히 고백했다. 다음 날 호출로 진료실에 갔더니, 이봉균 내과 과장은 "'감상문'을 잘 읽었다"고 하면서, 그 분의 언행은 이전과는 전연 달라졌을 뿐만 아니라, 입원생활을 자유롭게 해주었다. 나는 4개월간 입원생활을 하면서 '철학'과 '종교'에 관한 책을 열심히 읽었고 또한 건방지게 퇴원하고 싶다고 상신하였더니 허락해주어 학교로 복귀하여 졸업·임관을 겨우 했다.

그런데 60대에 와서 군사고전인 『손자병법』(B.C. 513?)과 클라우제비츠의 『전쟁론』(1832)에 대한 철학적인 주석註釋의 책을 집필할 때, 입원시절의 철학연구가 기초가 되었다는 것을 밝혀둔다.

1957년 10월부터 1년간 미국 공군통신학교(Scott AFB)의 통신장교 과정을 이수하면서 통신 분야뿐만 아니라, 삶에 대해 많은 것을 배웠다. 1962년 11월 사관학교 평가관실 그리고 1967년 3월 교수부 군사학과 교관이 되어 군사이론과 전쟁사를 독학으로 연구하면서 가르치기 시작했다. 그런데 2500여년 전에 발간된 『손자병법』으로 박사학위 취득 논문을 저서로 출판된 두 권의 책을 보고 감탄했다. 즉,

- ▲ Samuel B. Griffith, *Sun Tzu, The Art of War*, Oxford University Press, 1963.
- ▲ 사토 겐지(佐藤堅司) 저著, 『孫子の思想史的研究』, 東京 : 風間書房, 1962.

위의 두 저서는 『손자병법』을 깊게 연구하는 데 자극을 주었을 뿐만 아니라, 무엇보다도 『손자병법』의 첫 구절은 필자로 하여금 평생 전쟁을 연구케 하는 첫 번째 동기부여가 되었다. 즉

> 손자가 말하기를 "전쟁은 국가의 중대한 일이며, 국민의 생사와 국가의 존망이 기로에 서게 되는 것이니 신중히 검토하지 않으면 안 된다."(始計)

전쟁을 연구하자면 첫 질문은 '전쟁이란 무엇인가?'이다. 이 문제에 대해 많은 학자들의 견해가 있지만, 『손자병법』의 첫 구절은 박진감 넘치게 내 가슴을 쳤고 또한 평생 연구할만한 가치가 있는 과제라는 동기를 부여했다.

2. 몰트케의 승전과 독일의 통일완성

게르만 민족의 통일은 프로이센·오스트리아 전쟁(1866)과 프로이센·프랑스 전쟁(1870~1871)에서 프로이센의 승리에 의해 달성되었으며, 그 전쟁의 주역이 바로 몰트케(Helmuth Karl Bernhard Moltke, 1800~1891) 원수였다.

필자의 관심은 프로이센이 나폴레옹과의 워털루전투(1815) 이후 50년간 외국과 전쟁을 해본 경험이 없는데, 어떻게 강대국 오스트리아와 프랑스를 패배시킬 수 있었는가를 알고 싶었다. 더욱이 두 전쟁을 수행한 주역, 몰트케 장군은 중대 이상의 부대 지휘를 해본 경험도 없이 63만의 대군을 지휘해서 승리했으니,…성공의 비결은 그의 치밀하고도 명석한 두뇌, 견고한 의지를 가지고 끊임없는 전쟁이론의 연구와 실천의 결과였다. 즉, 가상 적假想敵에 대한 작전계획의 수립, 실전에 입각한 훈련과 편제의 구비, 새로운 무기와 장비의 활용 등의

철저한 준비가 있었기 때문이었다.

몰트케는 베를린 군사학교를 졸업하고 참모본부에서 근무하다가 터키군의 교육과 편제를 위한 군사고문으로 파견되었다(1836~1839). 그는 귀국하여 오랫동안 참모본부 및 제4군단 참모장(대령)을 역임하고, 일선지휘관인 연대장 혹은 여단장을 희망했으나 주어진 임무는 왕자의 전속부관이었다(1855). 나폴레옹을 격파하여 명성이 자자했던 프로이센의 참모본부는 강적이 없어짐에 따라 그 존재도 점차 약화되어 갔다. 몰트케가 참모총장이 된 것은 이런 시기였다. 1857년 참모총장 서리에서 1858년 육군중장으로 진급과 동시에 참모총장이 되었으나, 참모장교는 불과 50여명에 지나지 않았다.

몰트케는 1857년 총참모장에 취임한 이래 프랑스와의 전쟁에 대비한 작전계획을 10여회나 수립·보완했고 또 1866년 이후에는 강국으로서 공세작전으로 변경했다. 프랑스는 1870년 7월 14일에 동원령을 하달하고, 7월 19일에 프로이센에 대해 선전포고를 했다. 프로이센은 예정한대로 프랑스의 도전에 대응하는 형식으로 7월 19일에 선전포고를 했다. 준비된 프로이센군의 공격으로 프랑스군은 국경지대의 전투에서 연패당하고, 8월 31일 세당에 집결한 프랑스군 12만은 프로이센군 15만에 의해 포위당했다. 전투가 벌어졌으나 프랑스군은 포위를 돌파하지 못하고 9월 1일 백기를 달고 항복했다.

이때, 비스마르크 수상은 프로이센의 전쟁목적은 '독일의 통일'에 있으니, 알자스와 로렌을 점령하는 것으로 프랑스와 강화조약을 맺는 것을 원했으나, 몰트케는 이미 9월 3일 정오에 프로이센군에게 진격명령을 내렸다. 그는 1866년의 전쟁 때, 오스트리아의 수도 빈을 점령하지 못한 한恨이 맺혀 있었고, 또한 그는 적군을 추격·격멸해야 한다는 절대전쟁(absolute war)에 사로잡혀 있었다.

프로이센군은 파리를 포위했고, 이런 정세 하에 1871년 1월 18일 베르사유 궁전에서 빌헬름 1세는 독일연방 황제로 추대되는 대관식이 거행되었다. 그 후 거의 50년을 거쳐 제1차 세계대전에서 패배한 독일은 같은 궁전에서 연합국에 의해 가혹한 베르사유 조약을 체결해야만 했다.

클라우제비츠는 『전쟁론』(1832)에서 전쟁을 두 종류로 분류했다. 즉 적의 격멸을 목적으로 하는 전쟁을 절대전쟁(absolute war)이라 했고, 적 국토의 얼마간을 쟁취하는 전쟁을 현실전쟁(real war)이라 했다. 그는 당초 '절대전쟁'의 관점에서 『전쟁론』을 집필하다가 40대 후반에 '현실전쟁'으로 입장을 전환했다. '현실전쟁'의 핵심은 전쟁은 정책의 도구에 지나지 않고, 정책은 전쟁을 지도하는 두뇌이고, 전쟁은 그 도구에 지나지 않는다는 것이다. 그리고 전쟁에서 절대전쟁을 추구하려면, 최초의 한 걸음을 내어 디딜 때 최후의 결과를 미리 고려해야 하고 또한 전쟁에서 얻는 이점利點을 잃게 된다는 것을 현명하게도 경고했다.

그런데 몰트케는 클라우제비츠의 주장을 이해하지 못하여 '절대전쟁'을 추구함으로써, 독일의 통일까지는 성취했으나, 그 후 통일된 독일에 후환을 남겼다는 데 유의할 필요가 있으리라. 2000년 10월 독일의 포츠담에 있는 '군사사연구소'를 방문하여 한 연구관에게 "프로이센의 몰트케 장군은 클라우제비츠의 『전쟁론』을 어느 정도 연구했다고 평가하는가?" 하고 질문했더니, "겉핥기 정도의 수준으로 생각한다"는 답변이 돌아왔다. 『전쟁론』을 이해·해석하려면 칸트(Immanuel Kant, 1724~1804)에서 헤겔(Georg W. F. Hegel, 1770~1831)에 이르는 독일 관념론철학의 기초지식이 요구되는데, 군인이 철학까지 연구하기란 어려우리라.

3. '자네, 군사학도 학문인가?'에 대한 답변

1960년대 중반, 미국의 미시간 대학교에서 '물리학 석사' 학위를 취득하고 귀국한 동기생 안재수(교수부장 역임, 작고함) 소령이 내 연구실에 와서 "자네, 군사학도 학문인가?"라고 말하면서 생도대 군사학과가 교수부로 옮긴 것을 못마땅해 하는 눈치였다. 그래서 나는 "자넨 미국서 물상物象을 공부해 오고서 무슨 큰 소리냐?" 하고 반격했지만, 이 사건은 군사학의 이론체계 정립을 위해 평생을 매달리게 한 동기부여가 되었다.

당시 우리 동기생뿐만 아니라, 선·후배들도 군사훈련(military training)은 받았어도 군사학(military art and science), 즉 전쟁철학, 『손자병법』(B.C. 513?)·클라우제비츠의 『전쟁론』(1832) 그리고 군사사학 등에 관해서는 전연 배워보지도 못하고 졸업·임관했다. 이러한 내용을 가르칠 수 있는 군사전문가가 당시 한국에는 없었다.

국방대학원에 재직하던 1980년 10월 '국방학술 세미나'에서 「군사학의 이론체계」를 발표함으로써 군사학의 이론정립을 시도했다. 그리고 하고 싶은 일을 하고자 교수직위로 65세까지 직장이 보장되어 있었지만, 1987년(58세) 2월 명예퇴직을 하고 경주로 근거지를 옮겼다. 하고 싶은 일이란, 읽고 싶은 책을 읽고, 하고 싶은 연구과제를 연구하고, 답사를 해서 연구결과를 발표하고 그리고 농사일을 하는 계획이었다.

필자는 경주에 와서 서라벌군사연구소를 개설하여 '신라 삼국통일의 원인', '신라의 화랑도 연구', '광개토왕 비문 신묘년 기사의 연구' 등을 발표했다. 그런데 육군사관학교 화랑대 연구소에서 「한국 군사학의 발전방향」이라는 제목으로 논문발표를 1999년 6월 10일에 해달라는 요청이 왔기에 그동안 사관학교 교육에서 군사학이 어느 정도의 비중을 차지하는지 조사하고 퍽 실망했다. 그래서 다음과 같이 발표했다.

> 단적으로 말해, 사관학교 교육은 야전野戰에서 적과 싸워 이겨야 하는 초급장교에게 필요한 전문지식이 무엇이며, 앞으로 군사전문가로 발전하는데 필요한 기초 지식이 무엇인가를 가르쳐야 한다. 의사를 양성하려면 의학을 전공시키고, 법률가·판사를 양성하려면 법학을 전공시킨다는 것은 누구나 알고 있지만, 사관학교에서 초급장교를 양성하고자 한다면 무슨 학문을 전공시켜야 하는가 하는 문제는 정설定說이 없다는 것이 오늘의 사

관학교 교육이 직면한 중대한 문제점이다.…사관학교 교육은 군사학을 핵심으로 하고 인문·사회학과 이공학 분야가 뒷받침되어야 하고…

필자가 「군사학의 이론체계」(1980)를 발표한지 20여년 만에 충남대학교에서 2002년 10월 군사학과 설치인가를 받아 「국방일보」(2002. 11. 14.)에 '2003년도 군사학과 석사과정 신입생 모집' 광고가 나왔기에 이광진 총장에게 군사학에 관한 연구자료를 보냈다. 그랬더니, 12월 2일 평화안보대학원의 이주영 원장이 경주로 내려와서 군사학 석사과정의 학과 내용, 강사 선정 등에 관해 토의했고, 2003년 3월 신학기부터 '군사전략'의 강의를 시작했다. 8월 22일 후기 학위 수여식에서 나는 우리나라에서 최초로 '명예 군사학 박사' 학위증(명박 제49호)을 받았다.

2004년 신학기부터 민간대학교에 군사학 학사과정이 10여개 대학에 설치되었고, 충남대학교에는 2005년부터 박사과정이 설치되어, 2010년 8월 4명의 군사학 박사가 탄생했고, 현재 충남대 군사학 박사 출신이 20여명이 되었다. 우리나라에서 군사학이 뿌리를 내려 결실을 가져오기 위해서는 박사가 적어도 200명 이상은 되고, 활발한 연구가 진행되어야 한다는 생각이다.

박형, 내가 평생 군사학을 연구하게 된 동기 세 가지를 간략하게 소개했는데 이해가 되었소? 전쟁의 연구, 즉 군사학 연구는 나에게 사명감을 주었을 뿐만 아니라, 필생의 일(life work)을 주었소. 그리고 퇴직한지 30년 가까이 되지만, 그동안 군사학 석사·박사과정의 강의를 하면서 저서·공저 그리고 편저 등으로 군사학 발전을 위해 20권의 책을 집필·발간했으니, 그동안 무위도식無爲徒食을 하지 않았다는 것만은 증명한 것으로 생각하오. 더욱이 작년(2014) 6월 미국의 웨드마이어 대장(1897~1989)의 회고록을 번역하고 거기에 대한 논평과

요즘의 한반도 정세에 대한 에세이를 첨부하여 『웨드마이어 회고록과 논평』(충남대학교 출판문화원)을 저자의 번역·승인을 받고 40년만에야 발간했소. 특히 그 내용 가운데 6·25전쟁의 복잡한 원인에 대한 가설(hypothesis)과 논고가 있으니 읽어보기 바랍니다. 건승을 빌면서! ♣

(『星武』 44호, 2015년)

(※위의 책 『웨드마이어 회고록과 논평』은 대한민국 학술원에서 '2015년도 우수학술도서'로 선정되었다.)

Ⅱ

군사학의 이론정립

1. 머리말

1960년대 중반, 공군사관학교 교수부 군사학과에 재직하고 있을 때, 미국의 미시간 대학교에서 물리학 석사학위를 받고서 귀국한 동기생 안재수(安在洙, 교수부장 역임, 작고함) 소령이 하루는 “자네, 군사학도 학문인가?” 하고 농담·조롱의 어투로 질문했다. 그것이 동기가 되어 평생의 연구과제가 되었다.

국방대학원에 재직하면서, 「군사이론체계에 관한 연구」를 『국방연구』(서울 : 국방대학원, 1979. 6.)에 발표했던 바, 천주원(千珠元) 원장이 관심을 가져 다음 해(1980. 10. 30.~31), 학술세미나를 개최했다. 주제는 「군사학이론과 교육체계정립」이었고, 필자는 「군사학의 이론체계」[1]를 발표했다.

1999년 6월 10일 육군사관학교 화랑대 연구소 주최 세미나에서 「한국 군사학의 발전방향」을 발표했다. 즉, “군사학은 군사훈련이 아니며, 그것은 학문으로서 전쟁에 대한 지식의 체계이다. 군사학은 사관학교 교육의 핵심이 되어야 하며, 유일한 소망이 있다고 한다면, 그것은 사관학교에서 군사학 학사학위를 수여하는 모습을 보는 것과 일반 대학교에서도 학문으로서

---

1) 李鍾學, 『軍事論文選』(경주 : 서라벌군사연구소, 1991), pp. 9~59.

군사학을 연구하는 「군사학 연구소」의 설치가 실현되는 날이다"고 했다.

그런데, 2002년 10월 30일, 충남대학교 평화안보대학원에 군사학 석사과정의 설치가 인가되어서 2003년 3월부터 강의가 시작되어 금년 2월에 졸업생을 배출했다. 그리고 민간대학교에서도 군사학 학사 학위과정이 설치되었으며, 오랫동안의 소망사항, 즉 2005년 3월 8일, 공군사관학교 졸업식에서 최초로 수여하는 군사학 학사학위 수여식을 지켜보면서 지난날의 우여곡절을 회상했다.

이 글은 1980년 발표했던 「군사학의 이론체계」를 요약·수정 그리고 보완한 내용임을 밝혀둔다.

2. 군사학 연구의 추세

필자가 군사학의 이론체계에 관심을 가지고 있을 때, 1962년 구소련 국방부에서 발간한 『군사전략』[2)]을 보고 놀라운 사실을 알게 되었다. 거기에는 군사학 박사(Doctor of Military Science)와 군사학 후보박사(Candidate of Military Science)가 집필자로 등장하고 있었다는 사실이다. 이것은 구소련에 군사학이라는 학문체계가 존재하고 있다는 것을 명시한 것이었다. 구소련은 군사학의 정의를 다음과 같이 하고 있다.

> 군사학은 무력투쟁의 성격, 본질, 범위와 군사력의 수단과 포괄적인 지원에 의하여 이루어지는 인력·시설 및 군사작전의 수행방법에 관한 지식체계이다. 군사학은 무력투쟁을 지배하는 객관적 법칙을 탐구하여, 군사학의 기본 구성요소로서의 군사술(軍事術, military art)의 이론, 군사력의 조직, 훈련 및 지원에 관한 것을 면밀히 검토하며 군사적 역사 경험을 다루게 된다.[3)]

---

2) V. D. Sokolovskii, ed., *Soviet Military Strategy*, trans. by H. S. Dinerstein et al. (Englewood, New Jersey : Prentice-Hall, Inc., 1963.)

3) *Dictionary of Basic Military Terms*, A Soviet view, Published under the auspices

여기서 말하는 군사술이란 전략, 작전술 및 전술로 구성되어 있다.[4)]

오늘날 소련은 붕괴되었고 러시아가 탄생되었으나, 지금의 러시아에서의 군사학의 연구동향이나 발전에 관한 자료는 구하지 못해 소개하지 못함을 애석하게 생각한다.

한편, 미국에서는 군사학이 하나의 학문분야가 될 수 있느냐 하는 문제가 오랫동안 논란의 대상이 되어 왔다. 군사학이 학문이 될 수 없다고 하는 전통주의적 견해와 될 수 있다는 진보주의적 견해가 대립되어 왔다.[5)] 그러나 미 육군 지휘참모대학(U.S. Army Command and General Staff College)은 1963년부터 군사학 석사학위(Master of Military Art and Science Degree) 수여가 인정되었으며, 군사학의 정의는 다음과 같다.

군사학이란 전·평시戰平時에 있어서 군사력의 발전, 운용 및 지원과 국가목표의 달성을 위한 군사력 사용에 관계되는 경제, 지리, 정치, 사회심리 등 국력 요소의 상호관계를 연구하는 것이다.[6)]

미 육군 지휘참모대학에서는 1963~1975년까지 223명의 군사학 석사를 배출했다. 그리고 이 지휘참모대학에는 고급 군사연구원(School of Advanced Military Studies)이 있는데, 이 연구원의 고급 군사연구과정(Advanced Military Studies Program)은 총 4학기로 입교자는 52명이며, 군사학 박사학위 과정인데, 1993년에 개설되었으나, 아직 당국으로부터 학위수여를 인정받지 못한 상태라고 한다.

---

of the U. S. Air Force, 1976, p. 38.

4) V. D. Sokolovskii, ed., *op. cit*, p. 88.

5) Edward B. Atkeson, "Military Art and Science : Is there a place in the sun for it?", *Military Review*, January, 1977, pp. 75~78.

6) 上揭論文, p. 74.

3. 군사학 일반론

가. 군사이론과 군사학의 정의

군사이론(military theory)은 군사문제에 관한 연구와 그것의 개념, 범주, 명제, 법칙, 일반이론을 포함한다. 옛날의 군사문제의 초점은 '전쟁이란 무엇인가', '어떻게 승리할 것인가' 하는 두 가지 문제였다. 전자前者는 때로 '전쟁철학戰爭哲學'이라 했고, 후자後者는 '전략'이라 했다. 전략이란 전쟁수행의 이론과 실제實際 그리고 군사작전에 있어서 군대의 운용을 의미하는 것이다. 군사이론이라 하자면, 적어도 다음 네 가지의 기본적 질문에 대해 해답을 제시해야 한다. 즉, ① 전쟁이란 무엇인가, ② 어떻게 싸워서 승리할 것인가, ③ 어떻게 전쟁준비를 할 것인가, ④ 어떻게 전쟁을 억지할 것인가.[7)]

군사이론의 정의와 범위를 광범위하게 잡는다면 군사이론과 군사학의 차이점은 없는 것으로 생각된다. 만약 차이점이 있다고 한다면, 군사학은 군사이론을 더욱 발전시켜 학문적(철학과 과학 분야의 통합)으로 지식을 체계화한 것으로 이해한다.

필자는 다음과 같이 간략하게 정의한다.

- 군사학은 전쟁의 본질과 성격 및 무력전武力戰의 준비와 수행 및 억지抑止에 관한 통일된 지식의 체계이다.

군사학이 해결해야 할 과제는 다음과 같다.

① 전쟁의 본질과 성격의 규명

② 무력전武力戰 수행의 객관적 원칙의 해명과 연구

---

7) Julian Lider, *Military Theory*(London : Gower publishing Company, 1983), p. 122, pp. 14~15.

③ 이런 원칙에 바탕을 두어 전쟁목적을 달성하기 위한 무력전의 형태 및 방법의 연구
④ 전쟁에 대비한 군의 준비, 경제적·정신적 및 다른 면에서의 전쟁의 전면적 지원에 관한 여러 문제의 연구와 준비·지원방법의 연구
⑤ 전쟁의 요구에 따른 군대의 조직, 교육 및 훈련에 대한 연구
⑥ 군사학 전체 및 군사학의 각 분야의 연구방법의 확립 등이다.

나. 군사학의 범위와 연구방법

군사학의 정의와 군사학이 해결해야 하는 과제를 생각했을 때, 군사학의 범위는 다음과 같은 학문분야로 구성되어야 한다고 생각한다.

1) 전쟁철학
2) 전쟁학
   가) 군제학軍制學
   나) 용병술用兵術(군사전략·작전술·전술)
3) 군사사학軍事史學
4) 군사기술軍事技術
5) 군사교육학
6) 군사지리학(해양학·기상학 포함)
7) 군사 보조학문(국방경제, 군법, 위생 등)
8) 군사학의 각 분야의 연구방법의 확립

군사학이란, 결국 전쟁의 연구 및 이의 대비책을 강구하기 때문에 사회과학분야에 속하며, 또한 군사학의 타당성의 여부는 전쟁의 결과에 의해 실증되기 때문에 경험과학에 속한다. 군사학이 다른 학문분야와 근본적으로 서로 다른 것은 국민의 피로써 실증될 뿐만 아니라, 그 결과가 국가의 존망과

도 직결된다는 점이다. 따라서 "군사학의 연구는 인간 지혜의 최고의 발로이며, 이는 실로 한 나라의 온 국민의 중지衆智를 모아 집중적으로 연구하는 데서 비롯되는 것이며 또한 인간의 모든 지식을 종합한 결정체라고 할 수 있다"[8]고 한 것은 타당한 견해라 생각한다.

군사학은 여러 학문분야의 혼합체가 아니라, 통일되고 선후·주종관계에 바탕을 둔 통일된 지식의 체계이다. 그래서 군사학에 있어서 전쟁학의 이론이 지배적 의의를 가지며, 다른 분야는 이 핵심 분야에 대해 봉사·지원하는 입장이다.

다른 학문분야와 마찬가지로 군사학 연구에는 크게 두 가지의 연구방법이 있는데, 하나는 양적 방법(Quantitative method)이요, 다른 하나는 질적 방법(Qualitative method)이다.[9] 양적 방법은 연구대상을 수량화할 수 있다는 전제에서 출발하며, 만약 대상을 수량화할 수 없다면 적용할 수 없을 뿐만 아니라, 엉뚱한 결과(해답)가 나타난다. 질적 방법이란 계산 및 측정의 방법을 취하지 않는 것으로 개인의 논리, 평가, 직관, 통찰력 및 능력 등이다. 이러한 것은 주로 역사로부터 얻은 교훈의 연구, 정치의 일반적 연구, 적국과 동맹체제에 대한 개별적이고 특수한 연구 등을 통하여 이루어진다.

우리들은 군사학 연구에 있어서 양적·질적 방법의 장·단점과 한계점을 잘 분별해서 효과적으로 그것을 사용해야 한다. 예컨대, 군수의 처리, 권력구조의 분석, 무기체계의 비용분석 등은 양적 방법이 효과적이다. 그러나 전쟁은 양적 방법으로 다루지 못하는 많은 요인을 내포하고 있다. 즉 전쟁수행의 주체는 지·정·의知情意를 가진 살아있는 인간이며, 그들의 사기, 전투경험, 전투를 수행하려는 결의와 그들의 자질 등이다. 미국에서는 월남전쟁을 일명 맥나마라 전쟁이라 했다. 그것은 맥나마라 국방장관의 양적 방

8) 蔣緯國,『軍事論叢』第一集 (臺北 : 三軍大學, 1973), p. 411.

9) Morton H. Halperin, *Contemporary Military Strategy* (Boston : Little, Brown and Company, 1967), pp. 3～42.

법에 의하여 전쟁수행을 했기 때문이다. 비용대효과費用對效果를 가장 많이 주장한 그가 가장 비경제적인 전쟁수행을 했고, 패배했다는 것은 역사가 실증했다.

1) 전쟁철학

클라우제비츠는 "전쟁이란 적을 굴복시켜 자기의 의지를 강요하기 위해 사용하는 폭력행위이다."[10]고 정의했고, 그 후 많은 학자들의 견해가 있지만, 거기에서 공통점을 찾는다면 다음과 같다.

•첫째, 전쟁이란 반드시 정치집단과 정치집단 사이에서 생겨나는 투쟁현상이며, 개인 간의 투쟁현상은 아니라는 것이다. 전쟁은 정치집단의 존재를 전제로 한 집단현상이다.

•둘째, 전쟁은 조직적 투쟁이기 때문에 아무런 조직이 없는 투쟁은 전쟁이 아니다.

•셋째, 전쟁은 무력투쟁이다. 보통 어떤 무기와 장비를 가진 다수인의 단체와 단체 사이의 투쟁이다. 오늘날에는 육•해•공군의 군대와 군대 사이뿐만 아니라, 테러집단과의 유혈의 투쟁이다.

전쟁이 정치집단을 전제로 했다면, 정치와 전쟁의 상호관계는 어떠해야 하는가? 전쟁은 정치적 행동일 뿐만 아니라, 실로 정치적 수단이며, 정치적 교섭의 계속에 지나지 않는다는 것이 클라우제비츠의 『전쟁론』의 핵심 사상이다. 따라서 국가는 다른 수단에 의해서 그들의 국가 목적을 달성할 수 없다고 간주했을 때, 최후의 수단으로써 전쟁을 구사해 왔다. 그런데 제2차 세계대전 말기에 출현한 핵무기는 너무나 파괴력이 거대하여 정치적 목적을 달성하기 위한 수단으로써 전쟁을 구사할 수 없게 만들었다. 즉, 핵무기

10) 클라우제비츠, 『戰爭論』 李鍾學 譯(서울 : 一潮閣, 1987, 增補新版), p. 12.

는 정치적 목적 그 자체를 삼켜버릴 결과를 가져올 가능성이 짙기 때문이다. 그래서 지금까지의 전략은 전쟁의 준비와 수행에 역점을 두어 왔는데, 핵무기의 출현 후부터는 전쟁의 억지抑止에 역점을 두게 되었다. 이제 전략이라는 용어는 군사적 테두리 속에서 빠져나와 더 넓은 뜻으로 비군사적 분야에서까지 사용하게 되어 더욱 정책화의 뜻으로 사용하게 되었고, 전시뿐만 아니라, 평시에도 사용하게 되었다는 것이 특징이다.

전쟁에 관한 옛날의 철학적 사상은 두 파로 나눌 수 있는데, 전쟁 시인론是認論과 전쟁 부정론否定論이다. 전쟁 시인론의 최초의 대표자는 그리스의 헤라클레이토스(Hérakleitos, 544?~484? B.C.)이며, 그는 "전쟁은 만물의 아버지이며, 만물의 왕이다.…"고 했다. 19세기 초엽, 가톨릭 신학자 메스트르(Maistre, 1754~1821)는 전쟁은 신神의 뜻이며, 국민의 부패를 징벌한다고 논했다. 헤겔(Hegel, 1770~1831)은 역사 철학적 견지에서 전쟁을 시인했다.

전쟁 부정론자는 다수 있지만, 철학자 칸트(Kant, 1724~1804)는 전쟁을 인류의 근본 악, 최대 악으로 보았고, 인류의 회초리이며, 모든 선한 것의 파괴자이고, 도덕적인 것의 최대의 장해라고 했다.

여러 가지 전쟁의 학설, 전쟁의 유형, 전쟁의 원인 등에 관해서는 생략키로 한다. 전쟁이란 무엇이며, 마땅히 그러해야 한다는 등의 당위의 문제는 전쟁철학(philosophy of war)이 다루어야 할 분야이고, 전쟁을 어떻게 억지하고 또한 준비하여 수행하느냐 등의 존재의 문제는 전쟁학(science of war)이 다루어야 할 분야이다.

그런데 많은 저명한 군인·학자들이 전쟁의 문제를 다루어 왔지만, "전쟁이란 국가의 중대한 일이다. 국민의 생사生死와 국가의 존망이 기로에 서게 되는 것이니 신중히 생각하지 않으면 안 된다"고 한, 지금으로부터 2,500여 년 전에 손무孫武가 저술한 『손자孫子』의 권두언만큼 전쟁에 대해 실감과 사명감을 주는 글은 아직 읽지 못했다.

2) 전쟁학

전쟁학은 군사학의 일부인 동시에 가장 중추적 지위에 있다. 왜냐하면, 군사학은 전반적으로 전쟁의 문제를 다루어야 하기 때문이다. 그런데 전쟁학이란 독일어로는 클라우제비츠가 말한 Kriegswisserschaft에서 유래하며, 영어로는 Science of War이다. 이 용어의 용법은 사람에 따라 달라서 혼란스럽기도 하다. 예컨대, 병학兵學, 전법戰法, 용병학用兵學 등이다. 클라우제비츠는 군인에 있어서 지식은 곧 능력이 되어야 한다는 입장에서 전쟁학보다 전쟁술이라는 용어가 더 적절하다고 했으나, 군사학의 이론적 체계화 과정에 있어서는 구별해서 사용해야 한다.

클라우제비츠는 전쟁을 위한 모든 활동을 광의廣義로 전쟁술이라 하고, 거기에는 군사력의 창설·유지분야(군정軍政)와 군사력의 운용(군령軍令)이 포함되지만 군사이론 수립에 있어서 군정분야를 이질적 요소라 생각하여 제외시켜, 전쟁술을 협의狹義로 생각하고 주로 군사전략과 전술에 역점을 두었다.

그러나 오늘날 군사문제는 전쟁의 억지(deterrence)가 중심 과제가 됨에 따라, 군사력의 창설부터가 대단히 중요시 되었고 또한 전쟁의 승패勝敗가 전쟁의 수행 못지않게 준비의 양부良否에 의해 결정되는 현실에 비추어, 전쟁학은 군정분야軍政分野를 제외할 수도 없을 뿐만 아니라, 그것은 오히려 마차의 양 바퀴와 같은 밀접한 관계에 있다고 본다. 그리고 모든 군의 간부는 다만 전쟁학의 연구에서 멈출 것이 아니라, 전쟁술의 터득에까지 연구 수준을 향상시켜야 한다.

가) 군제학軍制學

군사력의 건설·유지 및 발전의 연구 분야는 군제학이다. 군제(군사제도)는 국가의 군대가 건립되어 유효하게 활용될 수 있게끔 유지하여 국가가 지니고 있는 실제적·잠재적인 군사 역량을 어떻게 발전·지원·통제할 것인가

하는 방법을 제시해 주는 여러 가지 법규를 말한다.

구체적으로 설명하면, 국가가 전쟁수행을 위하여 준비하는 제반 설비를 군비軍備라 하고, 군비에 관해서 상세히 규정하는 제반 제도를 군사제도 또는 약칭하여 군제라 한다. 그리고 군제학은 군제의 설정을 탐구하는 원리의 절차를 말하며, 국가가 어떻게 훌륭한 군사제도를 마련하고 유지하여 건군의 목적을 이상적으로 달성할 수 있도록 할 것인가를 제시해 주는 학문이다.[11]

조미니는 완전한 군대를 조직하는 데 필요한 12개 조건을 다음과 같이 제시했다.[12]

① 건전한 병역제도
② 건전한 군사조직
③ 철저한 동원체제를 갖춘 국가 예비대
④ 전체 장병의 양호한 훈련상태 : 제식훈련뿐만 아니라, 실제적인 전투훈련에 역점을 두어야 한다.
⑤ 엄격하면서도 굴욕적이 아닌 군기軍紀를 유지할 것. 규율을 준수하고 복종하는 정신은 신념을 바탕으로 해야 하며 형식주의가 되어서는 안 된다.
⑥ 유효한 보상제도로 사기를 진작시킨다.
⑦ 공병 및 포병과 같은 특수 병과에 대하여 더욱 우수한 훈련을 가한다.
⑧ 이상의 각종 요소의 능력을 운용할 참모부를 설치하고 또 다른 부서로 하여금 장교에 대한 이론 및 실무교육을 담당케 한다.
⑨ 공세 또는 수세작전을 막론하고 장비 및 무기면에서의 우세를 확보한다.
⑩ 군수, 의무, 일반 행정 등의 면에서 양호한 계통을 구비한다.
⑪ 인사면에 관한 양호한 제도와 전쟁지도에 관한 명확한 규정.
⑫ 전국민에게 상무정신을 고취시키고 유지케 한다.

---

11) 三軍大學編, 『軍制學』(臺北 : 國防部, 1971), pp. 1~2.

12) Antoine H. Jomini, *Summary of the Art of War*, edited by J. D. Hittle (Harrisburg, Pa : The Telegraph Press, 1947), p. 56.

나) 용병술用兵術(군사전략·작전술·전술)

클라우제비츠는 전쟁술을 좁은 뜻으로 사용하여 '전쟁수행의 이론' 혹은 '군사력 운용의 이론'이라 했으며, 이것은 전략과 전술로 구분된다고 했다.[13] 필자는 용병술을 넓은 뜻으로 사용하여, 국가전략과 연관시켜 생각해야 한다고 본다. 그 이유는 나폴레옹 전쟁을 주로 기초로 하여 만든『전쟁론』의 제약인데, 그 후 전쟁 규모의 확대와 복잡성 그리고 장기화는 전쟁에 대한 문제를 용병술에만 국한시킬 수 없었고, 정치·경제 및 심리적 분야까지 고려해야 하는 전면전쟁으로 변했기 때문이다. 따라서 용병술이란 국가전략의 개념에 입각하여 전쟁을 준비하고 수행하는 활동으로서 국가목적 달성을 위한 군사전략·작전술·전술에 대한 이론체계를 뜻한다.

군사전략이란, 국가목적을 달성하기 위해 전·평시戰平時를 막론하고 군대를 건설·유지하며, 전쟁을 준비하고 군대를 사용하는 기술이며, 이것을 학문적으로 다루어야 하는 이론영역理論領域은 다음과 같다.

① 무력전武力戰을 지배하는 일반적 여러 방책
② 미래전쟁의 상황과 성격
③ 국가, 국군의 전쟁준비의 이론적 원칙과 전쟁계획의 여러 원칙
④ 국군의 각 군종(육·해·공군)과 그 전략적 운용의 기초
⑤ 무력전 수행의 여러 방책
⑥ 무력전에 대한 물질적·산업기술적 기초
⑦ 국군의 지도 및 일반 전쟁수행의 여러 원칙
⑧ 잠재적 적국의 전략적 여러 견해[14]

작전술(operational art)이란 "육군의 군사전략 개념 하에 전쟁을 준비하고 수행하는 활동으로서 대체로 대부대 작전을 계획하고 실시하는 이론과 실

13) 클라우제비츠, 前揭書, pp. 78~80.
14) V. C. Sokolovskii, ed., *op. cit.,* pp. 89~90.

제"[15]로 정의되어 있다. 한편 육군에서는 『작전 요무령』(야전교범 100-5, 1989)에 다음과 같이 적고 있다.

> 작전술이란, 군사전략 목표를 달성하기 위하여 작전의 목표를 설정하고, 상대적인 기동전을 통해 전투력을 근본적으로 무력화시키기 위하여 육·해·공군의 독립 또는 합동작전의 준비와 수행을 위한 대부대의 작전이론과 실제의 군사전략과 전술을 상호 연계시키는 역할을 하며, 그 목표는 전투력의 배비와 기동으로 적 주력을 격멸하여 작전에서 승리하는 것이다.

이것은 군사전략에 입각하여 작전의 계획단계로 전략과 전술의 중간 단계이다. 즉 합동참모본부에서 「한국의 군사전략」이 수립되고, 그것에 입각하여 각 군 본부에서 각 군의 군사전략이 수립되면, 육군에서는 야전군 사령부, 해·공군에서는 작전사령부에서 작전계획을 수립하는데, 이 작전계획의 수립·지도가 작전술의 영역이고, 작전계획에 입각하여 예하부대가 전투를 실시하는 것이 전술이다. 전술이란 전장에서의 전투의 실행 방법을 말한다.

요컨대 용병술을 개념적으로 간략하게 그 영역을 요약한다면, 군사전략은 구상의 단계요, 작전술은 계획의 단계이며, 전술은 실시의 단계라 할 수 있다.

3) 군사사학軍事史學[16]

군사사학(military history)이란, 과거의 군사문제를 연구대상으로 하는 역사학이다. 그것은 역사학의 한 부문인 동시에 군사학의 한 부분이기도 하다. 왜냐하면, 군사사학의 연구 논제는 현대 군사학을 위한 발전의 한 원천의

---

15) 金光石 編著, 『用語術語硏究』(서울 : 兵學社, 1993), p. 410.

16) 李鍾學, 「現代軍事史의 硏究方向」, 『軍史』(서울 : 전사편찬위원회, 1981), pp. 10～59. 및 『한국군사사 연구』(충남대학교 출판문화원, 2013, 2쇄), pp. 15～76.

구실을 하는 과거의 군사경험을 법칙화 하기 때문이다. 앞에서 얘기한 바와 같이 군사학은 경험과학이라 했으며, 군사학의 이론적 기초는 바로 군사사학에 두고 있다.

클라우제비츠는 이 관계에 대하여 명확하게 말하기를, "전쟁술에 있어서 모든 철학적 진리보다도 경험이 더 가치를 가지기 때문이다.…역사적 실례實例는 모든 것을 명확하게 할 뿐만 아니라, 경험과학에 있어서 가장 훌륭한 증명력을 가지고 있다. 특히 전쟁술에 있어서는 더욱 현저하다."고 했다.

우리가 군사사학을 연구하는 목적은 다음과 같다.

· 첫째, 군사학의 기본 원칙의 원천을 탐구한다.

· 둘째, 군사, 특히 전쟁의 본질과 실상을 파악한다.

· 셋째, 고금古今의 전쟁에서 승패의 원인을 찾고, 또한 주동 인물들의 체험을 배워 자신의 자질향상의 자료로 삼는다.

· 넷째, 군사사학을 통하여 전쟁의 변천 과정을 앎으로써 미래전未來戰의 대비를 위한 교훈을 찾는 데 있다.

군사사학의 연구 범위는 생략키로 한다.

4) 군사기술軍事技術[17)]

가) 현대전現代戰과 군사기술軍事技術

인류의 전쟁 가운데 획기적인 변화를 가져온 것은 화약의 발명(연대는 아직 확실한 정설定說이 없으나, 7~11세기 사이로 추정됨)이다. 이로 인하여 인간은 자기 힘의 수 천 배의 세력원을 소유하게 되었다. 전장戰場에서 화약의 출현이 전술에 새로운 시대를 가져왔지만, 초기에는 기계 및 화학기술의 진보가 부진하여 당시의 화기는 표적이 된 적敵보다도 이것을 사용하는 자가 더 위험스러웠다. 하지만 주요한 이점은 발사했을 때 생기는 무서운 음향이 적에게

17) 최윤대·문자열 공저, 『군사과학기술』(서울 : 형설출판사, 1995) 참고할 것.

미치는 심리적 효과였다.

화기가 본래의 기능을 발휘하려면, 우선 견고해야 하고, 운반에 간편해야 하며, 더욱이 정밀도가 높아야 했다. 그래서 수 세기의 세월이 소요되었으며, 특히 군사기술은 20세기 초부터 급속히 발달되었다.

군사기술이 전투, 나아가서 전쟁에 크게 영향을 미친 실례實例는 전파탐지기에서 볼 수 있다. 1940년 전파탐지기로 인해 히틀러가 영국의 제공권制空權 획득에 실패함으로써 영국 침공을 포기하게 되었고, 미국이 일본보다 2년 앞서 전파탐지기를 군함에 장치하여 효과적으로 운용함으로써 해전 승리에 큰 영향을 미쳤다.

2차 대전 후, 열핵무기와 운반수단의 급격한 발전, 컴퓨터, 레이저 무기 등의 개발로 미래전은 우주전쟁으로 발전하게 되었다. 세계 각국이 그들의 가상 적국과 현재 피를 흘리는 전쟁은 하고 있지 않다 하더라도, 과학기술자들은 연구실이나 실험실에서 피를 흘리지 않는 전쟁을 하고 있다고 해도 과언이 아닐 것이다.

현대전에 있어서 아무리 무기의 중요성이 강조된다 하더라도, 역시 전쟁에 있어서 인간이 주체이며, 인간이 무기를 구사한다. 그리고 최신 무기라 할지라도 싸울 결의가 없는 자에게 있어선 그것은 하나의 장식품에 지나지 않는다는 것도 사실이다.

그러나 아무리 싸울 결의가 되어 있는 군대라 할지라도 월등한 화력의 우세 앞에서는 무력無力하다는 것도 사실이다. 따라서 인간과 무기와의 관계는 상호 긴밀하고 보완적인 관계에서 파악되어야 한다.

나) 군사기술의 개념

군사기술이란, 군대의 작전 또는 전투 훈련을 보장하여 임무수행을 하기 위한 기술적 수단의 총칭이다. 그리고 이것은 군사학의 일부이며, 전쟁학이나 전쟁수단에 의해 과제가 주어지기도 한다. 군사기술은 기술적·경제적·생산기술 등에 기반을 두어 새로운 전투수단을 안출·설계·제조하여 그 가능성·기술적 운용의 연구를 하며, 전쟁술은 이것을 바탕으로 해서 새롭고 구체적인 전략·전술적 용법을 발전시켜야 하고, 또한 전쟁술이 군사기술에 신무기의 개발 내지 개량을 하게 하기도 한다.

예컨대, 전자의 경우는 핵무기가 발명된 연후에 핵전략이론核戰略理論이 발전되었고, 후자의 경우는 제1차 대전 때, 전선의 교착상태를 타개코자 하는 전술적 요청에 의해 전차가 발명되었다.

5) 군사교육학

군사교육학이란, 현대전의 상황 하에서 한 군인으로서 그리고 부대의 일원으로서 주어진 임무를 수행할 수 있도록 교육과 훈련을 연구하는 학문으로서 교육학의 한 분야요, 또한 군사학의 중요한 구성 분야이다.

전쟁은 시종 인간이 주체가 되는 것이며, 인간의 의지·자질·지식·지능 및 실행력 등은 승패를 결정하는 주요 요인이다. 따라서 인력자원을 개발하고 운용하는 것은 국방상 무기나 장비보다 더 중요하다. 왜냐하면, 무기와 장비의 개발 및 운용도 인간이 하기 때문이다.

현대전에 있어서 다수의 인력 소요, 무기와 장비의 복잡화, 그것의 발달 및 향상과 대량 사용, 군사행동에 있어서의 확고한 성격, 전투행동의 적극성, 격렬성 및 이동성, 육·해·공군의 개개의 구성원에 대해 모든 양상의 무력전武力戰을 교묘히 실시하고, 복잡하고 다양한 무기를 전장에서 사용하고, 어떠한 상황 하에서도 모든 종류의 전투행동에 있어서 확실한 협동과 조정의 보장 등의 과제를 해결하자면, 군사학에 있어서 군사교육학의 필요성은 필수적이다. 또한 군사교육학은 일반교육학과 다른 독특한 교육 이념과 방법이 요구된다.

예컨대, 일반학교의 교육은 지식의 획득을 목적으로 하지만, 군사교육에서는 지식이 곧 발전하여 능력화 되어야 하고, 또 실천이 되어야 한다. 클라우제비츠가 말했듯이, "이론적 지식은 실제적 능력이 되어야 한다."[18]는 것이다. 그리고 군사교육에 있어서 무엇을 가르칠 것인가 하는 내용 지시는 전쟁학에서 주어지며, 또 어떻게 가르칠 것인가 하는 문제는 군사교육학의 이론과 교육심리학 등이 제시해야 한다.

한편, 일반학교 교육과 군사교육을 살핀다면, 국토방위의 중요성과 국방의식의 함양은 어려서부터 일반학교 교육을 통해 달성되어야 하고, 군사교육은 그것을 기반으로 하여 최신 과학무기의 조작과 운용 그리고 새로운 전략·전술의 연구개발에 집중하는 것이 바람직한 방향이며, 문무文武를 겸한 인재를 양성해야 국가에 유용할 것이다.

6) 군사지리학軍事地理學[19](해양학·기상학 포함)

군사지리학은 군사작전 및 전쟁 전체의 준비와 수행에 영향을 미치는 견지에서 여러 국가, 전장 및 각 지역의 정치·경제·자연·군사적 조건의 현황을 연구하는 군사학의 한 구성 분야이다. 군사지리학은 군사학의 요구에 응하여 필요한 자료를 연구하며, 또한 영토와 지형 등의 자연 지리적 여러 조건이 전쟁 및 군사작전의 수행에 어떻게 영향을 미치는가를 판정한다. 따라서 군사지리학은 실제 자료와 결론을 군사학에 제공하는 것이다.

전쟁의 성공적 수행을 위해 지리적 조건을 고려하려는 시도는 전쟁술과 거의 같은 시기의 옛날부터 있었다. 예컨대, 한 장수가 부대를 지휘하여 적지敵地에서 전투를 하자면 적의 부대·요새의 위치와 그 지형, 접근로, 공격에 유리한 고지 등을 고려하지 않을 수 없기 때문이다. 그래서 군사지리학의 자료와 결론은 군사학의 모든 구성분야에 의해 이용되며, 특히 용병술과 긴밀한 관계에 있다. 그리고 군사지리학은 세 가지 분야, 즉 국가전략 지리

18) 클라우제비츠, 前揭書, pp. 86~87.

19) 루이스 펠티어, 『軍事地理』(서울 : 국방대학원, 1988) 참고할 것.

학國家戰略地理學, 군사전략 지리학 및 전술 지리학으로 분류할 수 있다.

7) 군사보조학문軍事補助學問

이것은 위에 말한 군사학에 속하지 않으면서 군사문제에 직접·간접적으로 영향을 미치는 학문의 총칭이다. 예컨대, 국방경제학, 군법, 위생학 등이 여기에 속한다.

8) 군사학의 각 분야의 연구방법의 확립

연구방법에 대해서는 양적 방법과 질적 방법을 논의했지만, 필자의 연구경험에 의하면 연구 대상에 대한 바른 인식하에 적합하고 타당한 연구방법을 개발하여 구사해야만 바람직한 연구 성과를 얻을 수 있었다.

예컨대, 군사사학적軍事史學的 연구방법으로 110여년간 논쟁되어온 광개토왕 비문의 신묘년 기사에 의한 일본 고대 사학계의 「임나일본부」설說을 논파했고,[20] 또한 663년 나·당 연합군과 백제 부흥군과 왜군에 의한 주류성周留城·백강白江을 무대로 하는 최후의 결전장에 대한 종전의 위치 비정을 수정했다.[21]

학문연구에 있어서 연구방법론의 중요성을 강조해 두는 바이다.

---

20) 李鍾學, 「廣開土王碑文 辛卯年記事의 檢討－軍事史學的 硏究方法에 의한－」, 『軍史』 제32호(서울 : 國防軍史硏究所, 1996), pp. 46～77. 및 「広開土王碑文の真実－軍事史学的研究方法による辛卯年記事の検討－」, 『日本及日本人』通巻1630号(東京 : 日本及日本人社, 1998), pp. 144～154.

21) 李鍾學, 「周留城·白江의 位置比定에 관하여－軍事史學的 硏究方法에 의한 考察－」, 『軍史』 제52호(서울 : 군사편찬연구소, 2004), pp. 161～191.

4. 맺음말

현대전쟁은 정치·경제·사회·심리 및 군사력 등이 포함되는 총력전임이 틀림없지만, 그 중심이 되는 것은 어디까지나 무력전이다. 따라서 국가의 안전을 보장하려면, 무력전의 수행능력이 선결문제이다. 더욱이 한반도의 군사정세는 이것을 더욱 실감케 하고 있다. 그래서 국가 안전보장이나 국방연구 등도 실질적으로 분석·평가해 본다면 전쟁의 연구와 이의 대비에 불과하다.

군사학의 연구, 즉 전쟁과 군대에 관한 지식, 무력전 수행의 수단·방법 및 형태에 관한 연구, 과거의 경험, 또 현재 및 미래에서 참다운 군사의 있어야 할 바의 바람직한 발달방향을 명시하는 이론의 정립은 결코 일조일석一朝一夕에 달성되는 것이 아니며, 중지衆智와 꾸준한 노력에 의해서만 달성되는 것이다. 그리고 군사학 연구의 성패成敗는 필연적으로 전쟁의 승패勝敗와 직결되고 나아가서 국가·민족의 생사·존망에 직접적 영향을 미치는 것이니, 광범위하고도 심오한 연구가 계속적으로 추진되어야 할 과제이다.

오늘날 우리나라에 있어서 군사학 연구를 하기에는 아직도 만족할 만한 연구 자료나 여건이 구비되어 있지는 않지만, 본 논문은 그동안 군사실무교육軍事實務教育의 경험을 토대로 하여 군사학의 이론정립을 시도해 본 것이다. 필자는 작년에 미 육군 지휘참모대학의 군사학 박사과정의 교육 자료를 획득코자 노력했으나 여의치 않아 여기에 소개하지 못함을 애석하게 생각한다.

지금까지 필자는 군사학이 학문으로서의 시민권을 획득케 하는데 40여 년간 노력을 기울여 왔으며, 이 목표는 달성되었다. 그러나 앞으로 알찬 결실을 맺을 수 있도록 뿌리를 내리게 하는 데 여생을 바칠 생각이며, 이 글이 앞으로 한국의 군사학 발전에 참고가 되기를 바랄 뿐이다.♣

(충남대학교 평화안보대학원 및 3군 대학 공동학술 세미나, 2005년 7월 21일)

Ⅲ

평화적 남북통일에 대한 새로운 제안

박형, 그동안 안녕하셨소?

오랫동안 소식을 전해주지 못하여 미안합니다. 최근에 거론되었던 '동북아 균형자 역할', '자주국방' 그리고 '전시 작전 지휘권의 환수' 등의 논의·결정과정을 지켜보면서 걱정도 했을 뿐만 아니라, 오히려 분노마저 느꼈소. 그렇지만 학문에만 몰두하고 싶어서 시골에 왔고 또 더 늙기 전에 오랫동안 숙제였던 「명량해전의 군사 사학적 연구」라는 논문을 집필키로 했으며, 해군대학에서 발간하는 『해양전략』 제132호(2006. 12.)에 발표했습니다.

박형도 알다시피, 원균이 지휘했던 조선 수군은 1597년 7월 15일 칠천량 해전에서 완패당하여 송두리째 와해당하고 말았소. 백의종군을 하고 있었던 이순신은 8월 3일 왕명으로 삼도 수군통제사로 종이 한 장 뿐인 재임명장을 받았소. 그는 패잔병들과 신병들을 소집하고, 수습한 병선 13척으로 불과 2개월 후인 9월 16일 위세 당당한 일본 수군 130여 척과 명량 해전을 벌여 적선 31척을 격파하여 승리했을 뿐만 아니라, 우리의 병선은 한 척의 손실도 없었소. 그는 그 날의 일을 『난중일기』에, "이것은 하늘이 준 행운이다"고 겸손하게 기록했으나, 나는 군사이론에 바탕을 두고 조선 수군의 승리의 원인을 밝혔으며, 또한 이 논문의 집필과정에서 생애에 두 번째로 눈물을 흘렸다는 것을 고백하지 않을 수 없소.

지난 2월(2007년)에는 일본 도쿄에 소재하는 「일본 전략연구 포럼」(Japan Forum for Strategic Studies)에서 1,500자 범위 내에서 「한반도의 현황과 전망」의 시평時評을 집필해 달라는 원고 청탁이 왔소. 이것은 논문을 집필하기보다 더 어려운 과제였으나 피할 수 없는 처지라 일본어로 발표했는데(2007. 4. 1. 게재), 그 내용을 옮겨보기로 하겠소.

한반도는 금년에 중대한 전환점에 직면하고 있다. 하나는 북한의 핵 폐기로 향한 6자회담의 합의문이 2월 13일 베이징에서 발표되었으나, 앞으로 어떤 성과를 얻을 것인가 이며, 다른 하나는 12월의 한국 대통령 선거의 결과이리라. 여기서는 전자에 초점을 맞추어 논의하고자 한다.

북한은 2006년 7월 4일, 7발의 미사일을 발사했고, 더욱이 2개월 후인 10월 9일에는 핵실험으로 내딛었다. 이것으로 인해 유엔의 안전보장이사회는 유엔헌장 제7장에 바탕을 두고 '제재'를 전원 일치로 채택했던 것이다. 2005년 9월 19일 6자회담에서 한반도 비핵화 원칙에 합의했기 때문에, 이번의 합의문에서는 60일 이내에 핵시설의 폐쇄와 국제원자력기구(IAEA)의 사찰, 그리고 모든 핵 프로그램 중단과 핵 무능화 이행 등, 단계적으로 되어 있으나, 일거에 비핵화로 향한 해결, 사찰을 했어야 하지 않았겠는가? 그러나 지금부터라도 북한의 핵 포기로 향한 구체적인 조치에 대한 확실한 검증을 얻지 못하는 경우에는, 단호히 에너지·식량 등의 비원조와 유엔의 제재를 강화한다는 것을 확실하게 하여 실행해야 할 단계이리라.

1992년 1월 20일, 남북의 양 정부는, 「한반도 비핵화에 관한 공동선언」을 조인했음에도 불구하고, 북한은 비밀히 핵무기를 개발·실험했고, 또 북한의 고위관리는 핵실험 후에도, "한반도의 비핵화는 김일성 주석의 유훈遺訓이며, 그 방침에는 변함이 없다"고 언명했던 것이다. 김정일과 그의 수뇌들은, "정권은 총구에서 태어난다"고 하는 마오쩌둥(毛澤東) 이론을 광신하고 있는 듯하나, 자원이 풍부했던 구소련이 미사일·핵탄두가 부족해서 붕괴했을까? 사유 재산과 시장 경제를 승인하지 않는 국가체제는, 결국 국가경제가 성립될 수 없기 때문에 붕괴되는 것이다. 개인이나 국가를 불문하고, 경쟁은 발전의 원동력이라는 것을 알아야 한다. 최근 발표된 저우언라이(周恩來) 총리의 만년의 병상일기에 의하면, "국가가 대단히 불행하다. 건국 26년이 지났는데도 6억의 인민이 밥도 제대로 먹지 못하고 있다. 공산당만을 노래 부르고 지도자만을 칭찬하고 있으나, 이것은 공산당 실패의 한 장면이다."(1975년 12월 28일)

북한은 전후 반세기 이상이 지났음에도 불구하고, 1990년의 중반기에 '고난의 행군'에 의해 300만 명의 아사자餓死者를 냈고, 현재는 '제2의 고난의 행군'이 시작된 것 같으며, 인민들은 아직도 기아선상에서 헤매며 외국으로 탈출을 꾀하고 있는 것이 현황이다. 남북한의 통계를 보면, 인구는 4,850만 명 대 2,150만 명, 병력은 67만 4천 명 대 117만 명, 그리고 국내 총생산(GDP)은 9,310억 달러 대 227억 달러이다. 북한의 붕괴는 이미 시작되었다고 진단해도 좋으리라. 한국정부는 2000년의 남북 수뇌회담 이후, 햇볕정책에 의해 북한에 대체로 50억 달러를 원조해 주었으나, 거기에 대한 응답은 미사일 발사와 핵실험이었다. "평화를 바란다면, 전쟁을 이해하고, 거기에 대비하라!"고 하는 것이 나의 반세기에 걸친 군사학 연구의 결론이다. 한반도 통일에 관한 시나리오에는 ;

① 북한 해방을 통한 남북한의 연방제
② 북한의 붕괴 후, 한국에 의한 흡수 통일
③ 무력 충돌에 의한 통일

등이 논의되고 있으나, 강대국의 개입과 피해의 가능성이 언제나 존재하고 있다. 그래서 바람직한 시나리오는, 935년 신라의 경순왕이 태자의 반대를 무릅쓰고 고려의 태조에게 국가 권력을 이양한 것처럼, 김정일 국방위원장은 한국정부에 권력을 이양하고 따뜻한 제주도에서 여생을 편안하게 사는 것이리라. 이렇게 함으로써, 김일성이 범한 민족적 비극(6·25전쟁)에 대한 보상도 되고, 또 한민족의 평화적 통일과 동북아시아의 평화와 번영에 공헌하는 것이 되리라.(2007. 2. 15. 탈고)

박형, 내가 제안한 바람직한 시나리오는 지면상 배경을 생략했으나, 몇 가지 더 설명이 필요할 것 같소. 지난 2005년 5월 20일 공군회관에서 전우회원 약 150여명이 참석한 가운데 「지정학적으로 본 한민족의 생존전략」이란 주제로 안보강연을 했소. 세계적 관점에서 본다면, 한국은 조선·IT분야에서는 수위를 점하고, 무역량·국민 총생산도 10위권 내외에 속하지만, 한반도를 둘러싼 4대 강국, 즉 미국, 일본, 중국 그리고 러시아와 비교하면 열세를 시인하지 않을 수 없소. 거기에다 이들 강대국들은 한반도의 통일을 바라고 있지 않을 뿐만 아니라, 더욱이 무력에 의한 통일에는 개입하지 않을 수 없는 상황이오.

그래서 우리의 역사적 선례와 교훈을 거울삼아, 대단히 어려운 문제겠지만 김정일 국방위원장에게 중대한 결단을 내려야하는 제안을 했소. 이것은 반세기에 걸친 연구의 집대성 비슷한 책, 즉 『한 군사학도의 연구 발자취』(충남대학교 출판부, 2006)에서 발표한 내용임을 밝힙니다. 요컨대, 무력에 의한 한반도의 적화통일이란, 전쟁으로 인해 한반도가 완전히 폐허로 변할 것이고, 거기서 통일이 무슨 소용이 있으며, 또한 적화통일의 보장도 없소. 왜냐하면 강대국들이 필연적으로 전쟁에 개입하기 때문이며, 과거 김일성이 과오를 범한 중대한 교훈일 것이오.

중국은 내년의 북경 올림픽 개최국이기 때문에 한반도의 정세변화에 적극적으로 개입하지 않을 것으로 추정합니다. 한편 최근 중국의 기업은 북한에 9억 달러를 지출하여 첨단산업에 불가결한 희소금속이 풍부하게 매장되어 있는 무산 광산을 앞으로 50년간 독점 채굴권을 획득했는가 하면, 동해의 나진항 부두의 독점 사용권을 획득하는 등, 지금 북한은 중국의 '남길림성'으로 불릴 정도로 예속화가 진행 중이오. 거기에다 동북공정을 통한 고구려를 중국 지방정권이라는 등 패권주의 모습을 노출시키고 있는 상황이며, 올림픽이 끝나면 한반도 정세에 적극적인 태도를 취할 것으로 예상됩니다. 그렇기 때문에 평화적 남북통일은 지금이 가장 적기라고 생각되었기에 새로운 시나리오를 제기한 것입니다.

박형, 나는 우리나라의 햇볕정책의 추종자들에게 이탈리아의 마키아벨리(1469~1527)의 주장(국가 간의 관계)을 소개해 주고 싶소. 즉 "다음 두 가지는 절대로 경시輕視해서는 안 된다. 하나는, 인내와 관용으로 대한다면, 인간의 적의敵意이라 할지라도 녹일 수 있다고 생각해서는 안 된다. 둘째는, 보수報酬나 원조를 준다면 적대관계라 할지라도 호전好轉시킬 수 있다고 생각해서는 안 된다."(『정략론政略論』)

박형의 건승을 빕니다.♣

(月刊『自由』, 2007년 5월호)

Ⅳ

지정학적으로 본 한민족의 생존전략

지리적 위치와 역사적 발전은 외교정책·국가전략의 요소를 결정하는데 커다란 영향을 미치기 때문에 정부형태의 변화에도 불구하고 그것은 일반적이고 기본적인 노선으로 돌아가려는 자연적인 경향을 지니고 있다는 것은 주지의 사실이다.

1970년대 중반부터 대륙국가와 해양국가의 전략에 관한 저서·논문은 볼 수 있었으나, 반도국가半島國家의 전략에 관한 자료는 구할 수가 없었다. 그러나 역사적 사례로, 반도국으로 가장 강력한 국가를 건설한 로마제국은 2,000여년을 유지했고, 3국을 통일한 신라는 거의 1,000년을 유지했는데, 이것은 세계사世界史에서도 드문 예이다. 특히 신라는 675년 20여만 명의 당군唐軍을 매소성買肖城 전투에서 격파하여 요동성遼東城으로 축출하였고, 676년 기벌포 해전伎伐浦海戰에서 당 수군을 격파함으로써 서해의 제해권制海權을 완전히 장악했으며(왜 수군倭水軍은 663년 백강 해전白江海戰에서 격멸 당함), 이로 인해 장보고(張保皐, ?~846)의 해상왕국이 출현했다. 그 후 국력의 쇠약으로 한반도는 대륙국가와 해양국가의 각축장으로 변했고, 급기야 한 번 싸워보지도 못하고 일제日帝에 의해 침략·정복당하고 말았다.

재래식 전쟁에 있어서는 병원兵員과 전투용 운반수단(항공기, 전차, 대포, 군함 등)과 그것을 지원하는 거대한 중공업 시설에 의해 전쟁(전투가 아님)의 승패가 결정되어 왔다. 우리의 국력으로 보아 대륙국가의 육군 하나만 대적하여도 방위하기가 대단히 어려운데, 거기에다 해양국의 해군마저 대적하기 위한 2중의 군비軍備를 갖추어야 하니 한반도 방위의 어려움은 바로 여기에 기인한다. 이리하여 통일 이후의 한국은 주변 강대국의 침략을 억제하기 위해 ;

첫째 : 전술핵무기체계戰術核武器體系를 보유하고,

둘째 : 기동성이 높은 소규모의 재래식 상비군을 보유하며,

셋째 : 범국민적 민병대의 조직을 갖춘다.

공군전우회에서 안보강연회(2005. 5. 20.)

이리하여 국토는 좁고, 자원은 풍부하지 못하지만 우수한 두뇌를 가진 한민족은 3면의 해양을 충분히 활용하고, 고도의 과학기술을 개발하여, 공업국가로서 세계무대를 상대로 한 무역을 통해 복지국가를 이룩하며, 나아가서 국위를 선양할 수 있으며, 그렇게 되면 세계가 우러러 보는 동방의 밝은 등불이 될 것이다.(이 내용은 「일제의 침략과 한민족의 생존전략」(1978)이라는 논문의 요약이다.)

요즘 한국의 '동북아의 균형자'가 논의되고 있는데, 이것은 우리가 어떤 선택을 하느냐에 따라 앞으로 동북아 세력판도가 바뀌게 될 것이며, 또한 동북아의 평화와 번영을 위한 균형자 역할을 해나갈 것이라 한다. 이렇게 되기를 바라지 않는 한국인은 아무도 없으리라. 그러나 '균형자'(balancer)가 되기 위해서는 주변국이 인정하는 '경제력에 바탕을 둔 전쟁수행 능력'(차후 '힘'이라 표현함)이 전제조건이다. 국민총생산(GDP)을 보면 세계 1위는 미국, 2위는 중국, 3위는 일본이고, 한국은 10위에 위치하고 있다. 거기에다 북한과 대치하고 있는 상황에서, 이 '균형자'의 논의는 통일 후에 해도 늦지 않을 것이다.

북한은 지난 2월 10일 외무성 성명으로, 6자회담 참가의 무기한 중단과 핵무기 보유를 선언했다. 미국 측은 '6자회담은 영원히 지속될 수 없다'(힐 국무부 차관보)며, '인내심의 한계'를 거론하는 것이 미국 내의 분위기이다. 『손자병법』에 의하면, "저 편의 능력과 의도를 알고, 이 편의 그것을 알고 있으면, 백 번 싸워도 위태롭지 않다"(知彼知己, 百戰不殆)고 했는데, 만고의 진리이다.

먼저 북한의 '의도'를 살펴보면, 그들의 노동당 규약에는 아직도 '한반도 공산화'가 정치적 목적이며, 북한군과 예비 전력은 목적을 달성하기 위한 수단으로써 '조선 노동당의 혁명적 무장력'이라고 명시하고 있다. 2003년도 판 북한의 정신교육자료인 소위 「학습제망學習提綱」에 의하면, "남조선 괴뢰도당은 마지막 한 놈까지 철저히 소멸해야 할 우리의 원수이며 적이다"고 밝히고 있다. 그리고 지금까지의 경험에 의하면, 북한은 타국과의 약속·협정·조약 등을 체결해도 그들에게 이익이 되면 준수해도, 그렇지 않으면 휴지로 돌려버린다는 것을 알아야 한다.

북한군은 117만여 명의 상비 병력과 770만 명의 예비 병력 등 방대한 재래식 전력을 보유하고 있다. 그리고 상비 병력의 70%를 전진배치하고 있다. 즉, 전방에 4개 군단, 그 후방에 2개 기계화군단과 1개 장갑군단, 그리고 1개 포병군단 등 평양~원산선 이남 지역에 지상군 전력의 70%를 배치하고 있어, 유사시 재배치 없이도 기습공격이 가능한 능력과 태세를 갖추고 있다.

한국 현대사에 관하여 자타가 공인하는 석학, 미국의 브루스 커밍스 교수는 『한국전쟁의 기원』(하, 1990)에서 "누가 한국전쟁을 시작했나? 이 의문에 답할 수 없다"고 주장했는데, 최근의 저서 『북한 : 별다른 나라』(2004)에서, "1991년 이후 공개된 소련 문서를 연구하는 전문가들에게는 스탈린이 일으킨 전쟁이었다.…이런 시각에서 보면 1950년 6월 25일을 전쟁이 발발한 날로 단정해야 한다. 북한이 이 날 남한을 침공한 것은 분명하다"고 했다. 그

(표 1) 주변 4강의 국력 및 군사력 비교

구분	미	일	중	러	한국	(남+북)/북한
영토(㎢)	963만	37.8만	959.7만	1,707.5만	9.9만	22만/12만
인구(명)	2억9,000만	1억2,700만	12억9,000만	1억4,500만	4,850만	7,000/2,150만
GDP(달러) (PPP)	10조9,800억	3조5,670억	5조7,000억	1조2,870억	9,310억	9,537/227억
병력(명)	143만	24만	240만	110만	69만	179만/110만
군사비(달러)	3,990억	425억	600억	290억	140억	192억/52억

•영토(한국의 비교 배수) : 러(170), 미(96), 중(96)
•인구(한국의 비교 배수) : 중(26), 미(6), 러(3), 일(2.5)
•경제(한국의 비교 배수) : 미(12), 중(6), 일(4)
•군사비(한국의 비교 배수) : 미(28), 중(4), 일(3)

※출처 : 『군사논단』(제41호, 2005년 봄, p. 81.)

(표 2) 남북한의 군사력 비교

	병력	전차	장갑차	야포	전투함	상륙함	전투기	헬기
한국	68만1천명	2,300여대	2,400여대	5,100여문	120여척	10여척	530여대	690여대
북한	117만여명	3,700여대	2,100여대	8,700여문	430여척	260여척	830여대	320여대

(출처 : 2004 국방백서)

러나 그는 6·25전쟁의 성격을 '내전內戰'이라 했고, 북한은 '조국 해방전쟁'이라 하고 있지만, 그것은 소련의 '대리전쟁'으로 보아야 할 것이다.

필자는 이들의 주장은 허구虛構이며 동의할 수 없다. 왜냐하면 1950년 6월 남북한에는,

① 현대전을 수행하는 데 필요한 무기와 장비 등의 생산능력

② 10만 이상의 병력을 동원하여 전쟁을 수행하는 전략·작전계획의 수립가

③ 1개 사단 이상 지휘한 실전 체험자

이 세 가지 조건을 전연 갖추지 못하고 있었기 때문이다. 그래서 김일성은 스탈린의 '조건부 승인'을 얻고 또 마오쩌둥(毛澤東)의 '동의'를 얻어 6·25전쟁을 일으켰다. 스탈린의 '승인'이 필요한 것은 현대전을 수행하는 데 필

요한 위에 말한 세 가지를 갖추기 위해서였고, 마오쩌둥의 '동의'는 스탈린의 강력한 요구사항으로 '동의'를 얻지 못하면 남침계획南侵計劃의 '승인'을 취소한다는 것이었는데, 이는 미국의 전쟁 개입에 대한 심오한 예비 조치였다.

1966년 3월 김일성은 평양을 방문한 일본 공산당 미야모토 겐지(宮本顯治) 서기장에게 한국전쟁에 관하여, "소련은 무기를 보내어 원조한다고 결정했다. (그러나) 유상有償의 값비싼 무기였다. 6·25전쟁에서 돈을 번 것은 소련이었다. 조선과 중국의 희생으로 극동으로 뻗어오는 미국의 힘을 일시 밀어붙였다"고 소련을 비난했다. 그가 일으켰던 한국전쟁은 3년 1개월에 걸쳐 인적 피해는 남북한의 2,256,000여명, 중공군의 972,000여명, 소련군 항공기 335대와 조종사 120여명, 유엔군의 545,908명이었으며, 전 국토는 철저히 황폐해졌고, 온 민족이 헐벗고 굶주리게 된 분단의 고정화, 상호간의 불신과 증오, 그리고 민족사상 최대의 비극을 초래한 데 대한 책임은 실로 중대하다.

오늘날 한반도를 둘러싼 4대 강국四大强國은 어느 나라도 한반도의 통일을 바라고 있지 않을 뿐만 아니라, 더욱이 무력에 의한 통일에는 개입하지 않을 수 없는 상황이다. 그리고 남북한은 국제법상 '종전終戰'이 아니라, '정전停戰'상태로 군사적으로 첨예하게 대치하고 있다. 그럼에도 불구하고 지난 반세기 동안 전쟁이 재발하지 못한 이유는 세계 최강의 미군이 주둔하고 있었기 때문이라는 사실은 아무도 부인하지 못하리라.

국제정치는 위정자가 큰 소리로 외친다고 해서 상대편이 수용하는 것이 아니라, 조용히 말해도 '힘'의 뒷받침이 있으면 상대편이 수용한다는 것을 알아야 할 것이다. '자주 국방', '동북아의 균형자'론 등은 남북통일 후에 한 논제로 채택하여 논의해도 늦지 않으며, 지금은 미국과의 동맹관계를 굳건하게 다져나아가는 것이 한국의 국가 이익과 안전보장 그리고 평화적 통일에 보탬이 된다는 것을 강조하는 바이다.

우리들은 6자회담에서 북핵 문제가 대화를 통해 평화적으로 해결되기를 바라지만, 최악의 상황에 대비해야 한다. 2004년 11월 7일 저녁, 충격적인 소식이 연합뉴스를 타고 서울에 타전되었다. 미국이 유사시 북한의 주요 군사시설에 핵무기를 사용하는 시나리오를 마련했으며, 1998년 1월에는 실제로 미 본토에서 대북對北 핵공격에 대한 모의훈련을 실시했다는 내용이다. 그리고 일본의 오노(大野) 방위청 장관은 금년 4월 8일의 각의 후 기자회견에서, 북한의 미사일 기지를 전투기로 공격하는 '적 기지 공격敵基地攻擊'의 가능성을 1994년에 방위청이 연구하고 있었다는 것을 밝혔다.(「朝日新聞」, 2005. 4. 8.)

북한의 수뇌자들은 한반도에서 또다시 전쟁을 일으키고자 결정하기 전에, 그 전쟁의 결과가 어떻게 될 것인가를 깊이깊이 생각하기 바란다. 한반도는 강대국들의 최신 무기의 시험장이 될 것이며, 전 국토는 철저하게 황폐화될 뿐만 아니라, 새로운 휴전선이 생기게 되리라. 그리고 북한 수뇌들은 30여 년 전의 월맹越盟의 전철을 결코 밟지 말기를 바라며, 그들 민족은 오늘날까지 그 전쟁 후유증에 시달리고 있기 때문이다.(附記참조)

"평화를 바란다면, 전쟁을 이해하고, 이에 대비하라."

이것은 반세기 동안 군사학을 연구해 온 한 노병老兵의 외침이다.♣

(「공군전우회 강연」, 2005년 5월 20일)

부기附記

잘 알다시피 우리나라에서는 시골에서 농사짓는 총각은 결혼하기가 어려워, 외국 처녀들을 맞이하는 실정이다. 얼마 전 TV에서 본 얘기인데, 전라도 농촌에 20대의 베트남 처녀가 시집을 왔는데 몇 년 후, 아이 하나를 남기고 남편이 죽었다. 그런데 그녀는 베트남에 돌아가지 않고 시부모를 모시고 농사지으며 살겠다는 얘기를 듣고 필자는 심히 충격을 받았다.

미국이 월남전쟁에 직접 개입한 것은 1964년 8월 2일 북베트남 어뢰정의 미 구축함에 대한 공격으로 인해 동 4일 미국의 보복폭격으로부터 시작하여 1973년 1월 27일의 파리협정 조인, 3월 9일 미군 철수의 완료, 1975년 4월 30일 사이공의 함락으로 베트남 전쟁은 일단 종식되었다.

미국의 전사자는 50,000여 명, 전상자는 30여만 명이며, 미국의 요청에 응하여 파병한 한국군은 1965년~1973년(8년간)까지 전사자 5,000여 명, 부상자 11,000여 명, 고엽제 환자는 10만여 명이나 되었다.

미국이 베트남에서 소비한 전비戰費는 적어도 1,500억 달러, 간접경비를 포함한다면, 2,400억 달러에 이른다. 현재의 가치로 환산한다면 5,000억~6,000억 달러에 상당한다고 했다.

한편 베트남이 입은 손실은 전사상자의 총계는 300만 명에 육박하고, 민간인의 희생도 400만 명을 넘으며, 행방불명자는 30만여 명, 고엽제의 피해자는 100만여 명이나 된다.

미 공군이 투하한 폭탄량은 6·25전쟁에서 311만 톤, 제2차 대전에서 610만 톤인데, 1965~73년에 걸쳐 베트남 반도에는 1,400만 톤의 폭탄이 투하되었다. 약 33만 평방킬로미터에 지나지 않는 베트남 국토에는 지금도 2,000만 개의 구덩이가 입을 벌리고 있고, 200만 개의 불발탄이나 지뢰가 묻혀있어 환경 파괴를 재촉하고 있으며, 베트남의 피해액은 3,500억 달러를 넘는다고 한다.

"난 헤밍웨이처럼 극한 체험을 겪고 나서 소설을 쓰기 위해 베트남전에 지원했다"는 경력을 가진 소설가 안정효는 2002년 '한국·베트남의 수교 10주년'을 맞이하여 한 방송사의 베트남 현지취재에 참여했다. 베트남 무력통일의 주무참모인 군사전략가 지압 대장大將을 만났으며, 그 해 아흔 다섯 살인 그는 여전히 별 네 개가 군복 어깨에 반짝이는 종신 대장으로 있는데,

> 간단한 인사 소개가 끝난 다음 장군은 등나무 의자에 자리를 잡고 앉았다. 한국과 베트남의 수교 10주년을 '쭉멍(축하)'한 그는 "지속적인 교류를 통해 남북한이 평화적인 통일을 이루도록 기원"했다.
>
> - 안정효 지음, 『지압장군을 찾아서』(2005) -

1975년 4월 사이공을 함락하고 통일을 이룩한 그들은 커다란 승리의 기쁨과 자부심에 가득 찼으리라. 그러나 그 승리는 베트남 인명의 피해, 국토의 황폐화, 소련으로부터의 무기와 장비의 대금을 현금으로 지불할 수 없어 인력人力을 수출해야 했고 또 베트남의 공군기지와 항구를 빌려주어야 했다. 그래서 30여년의 세월이 지난 오늘날에 와서도 전쟁의 후유증으로 가난에 시달리고 있으니, 무력통일이 과연 최적전략最適戰略인가, 아니면 전략의 빈곤 내지 부재不在를 뜻하는 것일까? 지압 대장은 아마도 이제 와서 후자의 관점에서 '남북한이 평화적인 통일을 이루도록' 우리들에게 진지한 충고를 한 것으로 필자는 해석하고 수용하는 것이다.

> 신라 경순왕 9년 10월에 왕은 군신회의를 열고 고려에 귀속歸屬하기를 제의하였을 때, 가·불가의 논의가 분분했다. 특히 왕자(속칭 마의태자麻衣太子)는 비분한 어조로 말하되, "나라의 존망存亡에는 반드시 천명天命이 있으니 오직 마땅히 충신과 의사義士로 더불어 민심을 수습하여 스스로 나라를 굳게 하다가 힘이 다한 때에 말 것이니 어찌 천년 사직社稷을 하루아침에 쉽사리 남에게 내어 줄까보냐." 하였다. 왕은 이에 대하여 "외롭고 위태함이 이와 같아 형세는 능히 온전히 할 수 없으니… 죄 없는 백성들을 참혹하게 죽게 하는 것은 내가 차마 하지 못하는 배라" 하고 이에 시랑侍郞 김봉휴(金封休)로 하여금 국서를 가지고 고려에 가서 귀속하기를 청하게 했다. 그리고 11월에 신라왕은 백관을 거느리고 친히 고려 태조太祖를 방문했다. 태조도 의장儀仗을 성대히 하고 친히 마중하였고, 그 후 편히 살 수 있도록 배려해 주었다.(경순왕 9년·태조 18년, 935)

지금 한반도의 문제는 남북한뿐만 아니라, 국제문제로 얽혀져 있다. 그러니 김정일 국방위원장은 현안으로 떠오른 핵 문제와 위조지폐 문제를 원만히 그리고 조속히 해결하고, 어렵겠지만 단호한 결단을 내려서 수뇌들을 설득하여, 옛날 우리 조상인 신

라 경순왕이 고려 태조에게 권력을 넘겨줬듯이, 북한의 통치권을 남한 정부에 넘겨주고, 몇 명의 참모들을 거느리고 제주도의 조용한 곳에서 여생을 보내는 방안이 있다.

이 방안에 대한 가능성·적합성·수락성은 현재의 관점에서는 잠꼬대 같은 생각으로 느낄지 모르나, 이 방안만이 4대 강국의 개입을 허용하지 않을 뿐만 아니라, 김정일 국방위원장과 가족, 그리고 더 나아가 한민족의 통일·평화 그리고 번영에 직결된다는 것을 확신하기 때문이다.

이 제안에는 세 가지 근거가 있다.

첫째는, 사유재산과 시장경제를 인정하지 않는 국가체제는 국가경제의 붕괴를 가져온다는 것을 자원 부국인 구소련의 붕괴가 이미 실증했고,

둘째는, 국내 총생산(GDP)에 있어서 남한은 9,310억 달러이고, 북한은 227억 달러라는 통계숫자는 고사하고라도 한반도의 야간 위성사진을 본다면(동아일보, 2005. 11. 3.), 휴전선 이남은 전역이 밝게 빛나고 있지만, 이북은 평양지역만 불빛이 보일 뿐 암흑천지이기 때문이며,

셋째는, 미국 국방부가 금년(2006년) 2월 3일 공개한 4년 주기로 작성하는 「국방전략 보고서」(QDR)에 의하면, 북한은 이란과 함께 대량살상무기를 보유했거나 추구하고 있다며, 잠재적 적대국가로 지목했고, 또한 적대국가의 대량살상무기 확보나 사용에 대한 예방 조치가 실패할 경우 무력행사를 할 수 있다고 경고하고 있기 때문이다.♣

V

한반도의 전략이론 서설序說

필자는 국방대학원에 재직하고 있을 때, 일본의 사토 도쿠다로(佐藤德太郞, 1909~2001) 교수의 저서 『대륙국가와 해양국가의 전략』(1973)을 읽고, 내용이 훌륭하기에 그 책의 서평書評을 『국방연구』(1974. 12.)에 발표하고 사토 교수에게 보내주면서 서신왕래가 시작되었다. 1975년 8월 도쿄(東京)의 호텔에서 처음 만나 질문하기를, "일본은 해양국가이기 때문에 해양전략이론을 수용하면 되지만, 나는 반도국半島國에 살고 있습니다. 반도국의 전략이론이나 연구 자료를 소개해 주었으면 합니다."고 말했다. 사토 교수는 약간 긴장된 얼굴로 대답했다. 즉 "반도국의 전략이론이나 연구 자료는 전연 보지 못했습니다. 그러나 반도국의 전략이론은 이(李) 교수가 지금부터 연구해야 할 과제가 아닐까요?"

사토 교수와 함께(일본 도쿄, 1975. 8.)

필자는 그 후 한반도에서 살고 있는 통일된 한민족韓民族의 생존전략이론을 구상하기에 앞서 기초적인 전략이론을 검토하여 발표한 논문이 「한반도의 전략이론 서설」(1976. 6.)이며, 약간 보완해서 여기에 소개코자 한다. 그리고 그 후 「한반도의 억지전략이론 서설」[1])을 발표했음을 밝혀 둔다.

---

1) 李鍾學, 『韓半島의 抑止戰略理論』(서울 : 螢雪出版社, 1979), pp. 291~335.

1. 머리말

한 국가나 민족이 생존, 독립 및 자유를 누리고 번영을 하기 위해서는 어떻게 하는 것이 가장 바람직한 성과를 가져올 것인가 하는 문제는 가장 긴요하고 중요한 과제라 생각된다. 아시아 대륙의 젖꼭지처럼 붙어 있는 한반도에 대하여 한 사학도史學徒의 조사에 의하면, 기원전 109년 한漢나라가 수륙으로 내침來侵하여 고조선을 멸망시키고 한사군漢四郡을 설치한 것부터 1950년 북한군의 남침에 이르기까지 외침外侵의 총 회수는 418회인데, 그 가운데서 북방 대륙세력의 침입이 161회였고, 남방으로부터 해양세력의 침입이 257회에 달하였다. 대륙세력이란 중국, 만주, 몽골 등의 여러 민족이 대부분이었고, 러시아의 침입도 2회에 달한다. 한편 해양세력의 침입은 주로 일본이며 영국, 미국 및 프랑스도 끼어 있다. 이 가운데서 일본은 침입자의 가장 으뜸으로 251회로 전체의 60%를 차지한다.

돌이켜보면 한국의 역사는 외세의 침략과 그것에 저항하는 역사로 점철되어왔다고 해도 과언이 아니다. 우리의 조상들은 용기와 지혜로써 외세의 침략을 저지하면서 안으로 우리 사회와 문화·전통을 유지하고 발전시켜 나아가는 어려운 과제를 수행하여 5천여 년의 역사를 간직하는 민족으로 남아있다. 한반도를 자주 침공했던 만주 및 중국의 여러 민족은 한 때 우세한 모습을 나타낸 적도 있지만, 이제는 그 모습을 찾을 수 없는 민족도 허다하다. 그렇다면 어떻게 한민족은 역사와 문화 및 전통을 유지하고 발전되어 왔는가? 거기에는 두 가지의 중요한 요인이 있다고 본다. 즉,

• 첫째 : 외침에 대한 무서운 저항정신을 가지고 있다는 점이다. 육체에 병균이 침입했을 때, 백혈구의 저항기능이 마비되어버리면, 그 육체는 죽고 만다. 한민족의 저항정신을 유감없이 발휘한 것은 몽골의 침략 때였다.

당시 몽골은 천하무적의 강대국이었고 정복을 통하여 세계제국世界帝國을 건설하고 있었다. 그들의 영토는 아시아·유럽대륙의 대부분에 걸쳐있었고, 유사有史 이래 그와 같은 대제국은 출현하지 않았던 거대한 국가였다. 고려는 이와 같은 세계제국을 상대로 항전을 계속하였고, 몽골은 그들의 체면 때문이라도 작은 나라 고려를 굴복시키기 위하여 끊임없이 침략하여 왔다. 고종 5년(1218)경부터 1259년까지 약 40년간 고려는 항전하였다. 『고려사』에 의하면, "남녀 포로 206,800명, 살육당한 자는 셀 수가 없을 정도였다. 몽골 병사가 지나간 마을은 모두 불살라졌다"고 했다. 이러한 희생에도 불구하고 고려는 항전의지抗戰意志를 누그러뜨리지 않았다. 그러므로 몽골은 여러 차례 조건부 강화를 제의해 왔다. 무력에 의해서는 고려를 굴복시킬 수 없다고 판단했기 때문이다. 한편 고려도 국력의 소모가 너무 심하여 강화키로 하고 1259년 고종의 태자 전(倎)(뒤의 원종元宗)이 강화 교섭차 중국에 갔다. 그 곳에서 홀필열(忽必烈)(쿠빌라이, 후의 원元의 세조世祖)을 만났는데 그는 고려의 태자를 보고 뛸 듯이 기뻐했다. "고려는 만리 밖에 있는 나라로서 옛날에 당 태종이 친정親征했어도 항복시킬 수 없었다. 이제 그 나라의 세자가 스스로 나에게 왔으니, 이는 하늘의 뜻"이라 했다. 이것은 당시 몽골이 고려와의 강화를 바라고 있었다는 증거라 하겠다. 당시 몽골이 무력으로 정복하지 못하고 강화로써 전투를 끝내고 주권을 인정한 것은 고려 이외는 예를 찾을 수 없다.

·둘째 : 고도의 창조적 문화민족이었다는 점이다. 인류문화에 공헌한 세계 3대 발명의 하나인 금속활자를 발명해서 『상정고금예문祥定古今禮文』 50책冊을 간행해 낸 것이 1234년으로 몽골군에게 치열하게 항전하고 있을 때였다. 독일의 구텐베르크가 금속활자를 발명하기보다 230년 앞서 있었다. 뿐만 아니라, 몽골군을 격퇴하기 위해서는 인간의 힘만으로는 안 된다 하여 초인적인 신의 힘, 즉 부처님의 힘을 빌고자 수도를 강화도로 옮겨 항전하

면서도 팔만대장경八萬大藏經을 만들었고, 또한 세계적으로 유명한 고려자기도 만들었다. 그리고 당시 고려를 도와준 우방국은 하나도 없었다. 몽골이 대제국을 건설하고도 오래 지속하지 못하고 멸망한 것은 무력武力에 비하여 문화수준이 얕았기 때문이요, 한민족漢民族이 사나운 북방민족에게 정복을 당하면서 끝에 가서 그들을 정복하고 동화同化시킨 것은 그들이 고도의 문화민족이었기 때문이었다.

한민족韓民族이 오늘날에 이르기까지 발전한 요인은 위에 말한 두 가지 요인을 우리들이 간직하고 있었기 때문이었다.

이제 한반도에는 세계의 4대 강국의 이해利害가 집중되어 있으니, 만약 6·25전쟁 같은 전쟁이 다시 발발한다면 우리의 강토는 전쟁에 개입하는 강대국의 최신식 무기 시험장이 될 것이며, 우리는 실험용 모르모트(marmotte)가 되리라. 따라서 이런 참화를 피하기 위하여 어떻게 하면 한반도에서 전쟁을 억제하고 평화적 수단에 의해 남북한을 통일하며, 통일 후의 한국은 주변 열강국과 우호관계를 유지·증진하면서 자위自衛·자립自立·자주自主의 독립국으로 번영을 누릴 수 있는가 하는 전략을 연구하는 것이 중요한 과제이지만, 본 논문에서는 그 서설로 다음 내용을 구명究明해 보고자 한다.

첫째 : 전략이론이란 무엇인가?

둘째 : 기존 전략이론에 대한 이해

2. 전략이론이란?

이론(theory)이란 그리스어에서 'theoria'에서 유래했으며, 그 기능은 다음과 같다.

① 사물현상에 대한 체계적 설명이나 분석의 수단을 제공한다.

② 사물 사이에 성립하는 상호관계를 명시하고, 중요한 것과 그렇지 않는

것을 변별한다.

③ 사물에 대해 계통을 세워 집성集成하는 데 필요하다.

④ 인간의 정신을 훈련하고 대상의 상호관계를 알게 하고, 한층 더 고차高次의 행동 영역으로 인도한다.

⑤ 이론에 근거를 둔 분석은 선입관, 감정, 희망적 관측 등이 범하기 쉬운 함정을 피하기 위해 합리적, 실질적 그리고 철학적이어야 한다.

클라우제비츠는 그의 『전쟁론』에서 이론의 임무를 다음과 같이 설명했다.

> 전쟁을 구성하고 있는 모든 대상은 얼른 보아서는 엉클어져 분별하기 어려움에도 불구하고 만약 이론이 이러한 대상을 하나하나 명백히 구별하고, 여러 수단의 특성을 열거하며, 또 이러한 수단에서 생기는 효과를 지적하고, 목적의 성질을 명백히 규정하며, 더욱이 투철한 비판적 관찰의 빛에 의해서 전쟁이라는 영역을 샅샅이 비칠 수 있다면, 이론은 그 주요한 임무를 달성한 것이 된다. 이렇게 되면, 이론은 전쟁이 어떠한 것인가를 책을 통해서 알려는 사람에게 좋은 안내자가 되며, 그가 가는 곳을 비쳐주며, 그의 발걸음을 가볍게 해주고 또 그의 판단력을 육성하며 그를 기로岐路에서 헤매지 않도록 지도指導할 수 있다.(II-2)

전략의 본질을 프랑스의 앙드레 보르프(André Beaufre)는, 서로 상반된 의지意志가 충돌할 때 생겨나는 추상적 상호작용이며,…전략은 힘의 변증법의 술術이라 했다. 이것은 사실과 부합되는 말이며, 전략이란 항상 대립과 어려움에 직면하면서 발전하며, 상대편이 어떠한 수단으로 도전하여도 거기에 대응하면서 목표를 효과적으로 달성해야 한다.

전략이론이 다루는 내용은 대체로 다음과 같은 것이 있다.[2)]

• 첫째 : 전략은 정책집행의 작인作因이다. 무력이나 또는 군사적 수단이

2) B. M. Simpson, “On the Theory of Strategy”, *Military Review,* June 1973.

목표달성의 도구로 사용되었을 때, 행동의 본래의 목표, 즉 정책에 의하여 설정되고 국가전략에 의하여 형성된 궁극적인 목적이 달성되려면, 민간인 및 군사지도자들 사이의 긴밀한 이해와 협조가 절대로 필요하다.

정책은 역시 전략이 적당한 목표를 추구하는 것을 보장한다. 전술은 전략적 목표에 알맞은 결과를 만들어내야만 한다. 이 같은 이유 때문에 전략과 전술은 분리할 수 없는 것이다. 물론 전략은 전술에게 전략이 요구하는 결과를 달성할 수 있는 상응相應한 힘을 부여해야 한다. 예컨대, 쿠바의 픽스만灣의 예例에서 보는 바와 같이 공중지원이 필요했지만, 이에 대한 준비가 없었던 사례事例는 전략이 전술에게 전략의 목표를 달성하는 데 필요한 힘을 주지 않았던 좋은 보기이다.

전략은 전술이 목표를 달성하는 데 전술적 전투를 시작할 때는 합리적이고 유리한 조건으로 해결할 수 있도록 보장해야 한다. 머리로 벽돌을 치는 것과 같은 어리석은 정도의 자원의 낭비가 있어서는 안 된다.

•둘째 : 전략이론은 군사작전의 계획이나 실천에만 한정되는 것이 아니다. 전략이론은 국제적인 조직 간에서 그의 목적을 추구하는 것이기 때문에 정치, 경제 및 사회적인 여러 분야에 광범하게 적용될 수 있으며, 또한 그렇게 되어야만 한다. 이러한 목적을 추구하는 데 사용되는 수단은 목표 자체와 그 목표가 처하고 있는 특수한 배경을 합리적이고 실질적인 분석을 통하여 최고 수준의 정책 입안자들이 정책수립 과정에서 결정하여야 한다.

•셋째 : 전략적인 행동은 정치적인 분석으로부터 유래한다. 추구하는 전략목표와 그러한 목표를 달성하기 위한 특수목적은 특정한 사태의 전후관계前後關係에서만이 찾을 수 있다. 그리고 전략적 개념이 간섭을 기획하는 데 있어 이 같은 사태를 이해하고 분석하는 것은 필요한 일이다. 여기에 사용하는 간섭이라는 의미는 나쁜 뜻으로 사용되는 것은 아니다. 이것은 국제기구 안에서 한 국가의 행동이 각 사태의 진행에 영향을 주어 다른 국가와

의 관계에 어떠한 결과를 가져오는 것으로 이해되어야 할 것이다. 말하자면, 간섭은 행동하는 국가가 다른 국가에 영향을 주어 사건에 개입하는 것으로 말할 수 있겠다.

이러한 정치적 분석은 사태 그 자체를 분석함은 물론이요, 군사력의 예상되는 작용과 반작용도 아울러 분석해야만 한다. 지휘관은 그의 군대가 무엇을 할 것인가 하는 것을 고려함은 물론 적의 장차 예상되는 반응도 아울러 고려하는 것과 같이 정치지도자는 보다 높은 차원에서 아군의 움직임에 적군이 어떠한 반응을 보일 것인가를 고려해야만 한다.

•넷째 : 목표의 결정과 이 목표를 달성하기 위한 최선의 방법으로서 채택된 통제의 수단은 다음 사항을 요구한다. 즉 하나의 정치적 목적을 수행하는 데 효과적으로 사용할 수 있는 힘이 어떤 종류의 것인가 하는 것이다. 이것은 또한 주어진 상황 하에서 어느 특정한 종류의 힘의 효용에 관한 결정까지를 요구한다. 군사력은 단지 힘의 한 종류에 지나지 않는다. 이를 이용함에 있어서는 전략이론에 근거한 합리적인 방식으로 명령에 따라 주어진 상황하의 특정한 사정에 의하여 이루어질 것이다.

모든 종류의 힘이 모든 상황에 유용하거나 적당한 것은 아니다. 전략적 결정은 한 종류의 힘을 선택한다(정치, 군사, 경제 또는 이의 복합 중에서). 그리고 그것은 소망하는 결과를 산출하려고 실시하는 통제 목적을 위하여 포괄적인 방식으로 힘을 지정한다.

전략이론에 관한 고찰은 그것이 개념적이고 방법론에 관한 원칙적인 사항을 다루기 때문에 당연히 추상적이고 비교적秘教的인 것이다. 우리가 비행기술을 배우기 전에 기체역학氣體力學에 관한 여러 법칙을 완전히 이해해야만 하는 것 같이 특수한 구상을 고안하거나 기획하기 전에 전략이론을 이해해야만 한다.

전략이론은 전략적 문제의 현실을 이해할 수 있도록 해 줄 뿐만 아니라,

현실을 이해하여 미래를 예측할 수 있기 때문에 대응책을 세우는 기반을 마련하여 준다.

3. 지정학적으로 본 국가 유형

한 국가의 지정학적地政學的 위치와 지리는 그 국가의 국가전략, 군사전략, 작전술 및 전술의 골격을 이루는 것이다. 위치(location)란 어떤 한 물체의 다른 물체에 대한 관계를 말하며, 이러한 관계는 거리와 방향에 의해서 구체화·정확화正確化된다. 국가의 위치분류에 대해서는 학자에 따라 다르지만 편의상 자연지리적 위치(physical-geographical location)에 의하면, 국가의 위치를 육지·해양·반도·도서島嶼 등과 같은 자연지리적 지물地物과의 관계에서 바라보는 것이며, 크게 나누어서 대륙적 위치(continental location), 해양적 위치(maritime location) 그리고 반도적 위치(peninsular location)가 있다.[3)]

1) 대륙적 위치

한 국가의 영토 대부분이 바다와 직접 접하고 있지 않을 때, 이런 나라의 위치를 대륙적 위치라고 한다. 이러한 나라는 숙명적으로 바다와 접촉하기를 갈망한다. 대륙적 위치와 해양적 위치의 개념은 서로 상대적인 관계에 있다. 가령 큰 나라가 한쪽 면 내지 극소부분極所部分이 바다와 접하고 있다면 그 나라는 분류상 하나의 해양적 위치의 국가가 되기는 하지만, 전체적으로 보아 대륙적 위치의 국가라고 보는 것이 좋다. 여기서 군사적 개념을 도입한다면 더욱 명백해지리라. 즉, 한 국가의 방위문제가 육군(지상군) 혹은 해군의 어느 쪽에 의해 의존하는가 하는 문제이다. 만약 한 국가가 육군에 의하여 국가의 존망이 좌우된다면 그것은 대륙국가가 되고, 해군에 의하여

3) 任德淳, 『政治地理學原論』(서울 : 一志社, 1973), pp. 57~59. 참조.

좌우된다면 해양국가라 불러도 좋을 것이다. 이러한 관점에서 본다면 독일, 소련, 중국 등은 여기에 속할 것이다.

2) 해양적 위치

국가가 바다와 접촉하고 있는 경우에 이 말을 사용하고 국가가 일면一面만 바다와 접하고 있을 경우도 있고, 이면二面 또는 삼면三面도 있는데, 이것을 각각 일해양적 위치(one-sea location), 이해양적二海洋的 위치 등으로 부른다고 하나, 필자는 이것을 주로 그 국가의 국방이 해군에 의해 좌우되는 도서국島嶼國을 뜻하며, 예컨대 영국·일본·필리핀 등이 여기에 속하고 미국도 실질적인 행세를 본다면 여기에 속한다.

3) 반도적 위치

대륙과 연결되어 있으면서 대개 2~3면이 해양적 위치의 나라를 말하며, 한반도, 인도차이나 반도, 말레이 반도, 발칸 반도, 이탈리아 반도, 이베리아 반도, 스칸디나비아 반도 등이 여기에 속한다.

이러한 지정학적 위치가 전략에 어떤 영향을 미쳤나 하는 것을 고찰해 보고자 한다.

4. 전략이론의 주요 학설

전략이론으로 현재 일반적으로 인정되고 있는 주요 학설로서 세 가지가 있으며, 그 외에도 새로 나타난 전략이론이 한 가지 있다. 현재 활동하고 있는 거의 모든 전략가들은 같은 형태이든 다른 형태이든, 의식적이든 무의식적이든 간에 이들 이론의 하나 이상에 각각 기여하고 있으니 그것은, 즉 대륙이론(continental theory), 해양이론(maritime theory), 항공이론(air theory) 그리고 마오쩌둥 이론(毛澤東理論, Mao theory)이 있다.

이 네 가지 이론의 유래와 발전 및 확립과정은 서로 다르며, 또 그 국가에 따라 경중輕重이 달라지게 마련이다.

가. 대륙국가의 전략이론

대륙국가의 전략이론에 관한 가장 훌륭하고 대표적인 저서는 프로이센의 클라우제비츠의 『전쟁론』(1832)이라 하겠다. 그런데 『전쟁론』은 전연 관점을 달리하는 '절대전쟁'과 '현실전쟁'의 혼작混作의 미완성 작품이다. 거기에다 철학적 용어의 추상성과 방대한 분량 등에 의해 명저로 알려져 있으나, 실제로 읽혀지기 보다는 인용문으로 사용되는 경우가 많다는 것을 알아두어야 한다.

이런 저서가 프로이센에서 저술되기에는 그만한 이유가 있다. 즉 프로이센(후後의 독일)은 국경선의 지세地勢가 대부분 평탄하며, 적의 침략에 대해서 거의 커다란 장애물이란 없다. 거기다가 주위를 둘러싸고 있는 여러 국가는 모두 강국이며 그들의 국토는 마치 쟁탈장의 모습이었다. 독일은 러시아, 스웨덴, 오스트리아 및 프랑스 등의 강국에 의해 수백 년 간 전장戰場이 되어왔다. 유명한 30년전쟁(1618~1648)에 있어서는 독일의 인구가 약 1/3 가까이 감소했으며, 전멸全滅된 부락도 적지 않았다.

그 후에 있어서도 독일을 무대로 하지 않은 전쟁은 거의 없었으며, 스페인 왕위계승전쟁, 오스트리아 왕위계승전쟁, 7년전쟁 및 나폴레옹전쟁을 통하여 그 격전지로 알려진 곳은 독일의 지명地名임을 알 것이다. 더욱이 당시의 2대二大 육군국인 프랑스와 오스트리아의 각축지인 남독일 지방이 더욱 심했다. 대륙국의 군사사상을, 독일에서 가장 전형적인 것을 찾을 수 있는 이유는 바로 여기에 있다.

따라서 독일은 해양국인 영국처럼 전쟁을 이해득실利害得失로 취사선택을 자유로이 할 수 있는 유리한 사업이 아니라, 오히려 전쟁은 그 규모가 작든 크든 국가의 존망과 직결되며, 패퇴는 곧 망국과 연결된다. 그래서 독일은 생존하려고 하는 한, 용감히 전쟁과 대결하지 않을 수 없었다. 전쟁으로부터의 도피는 생존의지의 포기를 뜻한다.

국가의 원래 사명使命은 민족, 생활지역 및 생활조건을 유지 개선하는 것을 목적으로 한다. 이것을 방해하는 타국과의 투쟁의 최종 결정형태가 전쟁이다. 전쟁은 가치와 생명력에 대한 위대하고 공평한 신의 시련이다. 이 시련에 대해서 마지막 피의 한 방울마저 뿌려도 후회하지 않는 강인한 희생적 국가에 대해서만이 신은 이 세상에 존재하고 번영하는 축복을 내려주시는 것으로 믿었다.

독일의 전쟁목적은 그것이 자기보존과 직접 연결되기 때문에 언제나 정당화되고 또 긍정되며 마침내 미화된다. 그것은 또한 스스로의 의지를 관철하기 위한 적의 분쇄粉碎에로 인도해 간다. 국가는 모든 힘을 발휘하여 적의 타도에 직접 매진한다. 전쟁에 있어서 최고도의 폭력을 유감없이 발휘하여 그 목적을 관철한다는 것은 자기보존을 위한 지상명령至上命令이었다. 그렇지 않으면 적이 우리를 압도해 버리고 말 것이다. 독일이 전쟁을 법적으로 규제하거나 또는 전쟁수법을 제한하려는 시도에 대해 냉담하거나 무시하는 태도를 취하는 경향도 위에 말한 이유에서 연유한다.

클라우제비츠가 말하듯, "폭력의 사용에는 국제법과 그것의 관례의 이름 밑에 여러 가지 제한이 가해지지만, 그것은 미미한 것이다.…전쟁과 같이 위험한 일에 있어서 선량한 마음에서 생기는 그릇된 생각이야말로 가장 나쁜 것이다"(Ⅰ-1)고 한 내용도 위에 말한 전쟁관戰爭觀에서 이해되어야 한다. 따라서 대륙국가의 전략형태는 클라우제비츠가 생각한 방향으로 나아가지 않을 수 없으며, 그의 전략이론을 소개하면 다음과 같다.

• 전쟁을 구성하고 있는 기본요소, 즉 두 사람 사이에서 벌어지는 결투決鬪를 생각하려 한다. 전쟁이란 결투가 확대된 것에 지나지 않는다.(전쟁의 본질)

• 전쟁이란 적을 굴복시켜 자기의 의지意志를 강요하기 위해 사용되는 일종의 폭력행위이다.(전쟁의 정의定義)

• 전쟁이란 구체적 상황에 따라 그 성질을 달리하는 카멜레온과 같은 것일 뿐만 아니라, 그 현상 전체를 통해 지배적인 여러 경향을 보았을 때, 기묘한 삼위일체三位一體를 이루고 있다.[4)]

첫째는, 맹목적인 자연 충동이라 볼 수 있는 증오·적개심과 같은 본래의 격렬성.

둘째는, 전쟁을 자유로운 정신활동으로 만드는 개연성·우연성과 같은 도박의 요소.

셋째는, 전쟁은 순수히 오성悟性의 영역에 속한다는 것에 의해 정치적 도구로서의 종속적 성격을 가진다.

이러한 세 가지 가운데, 첫째의 것은 주로 국민에, 둘째의 것은 주로 장수와 군대에, 셋째의 것은 주로 정부에 각각 속하는 것이다.…어쨌든 여기에 논의한 전쟁개념의 규정은 전쟁이론의 기초 구조를 해명하는 최초의 광명이며, 우리들은 이 빛에 따라 전쟁을 구성하고 있는 막연한 요소를 명백히 구별할 수 있게 될 것이다.(Ⅰ-1)

• 전쟁은 정치적 행동일 뿐만 아니라, 실로 하나의 정치적 수단이며, 정치적 교섭의 계속이며, 다른 수단에 의한 정치적 교섭의 계속에 지나지 않는다.(Ⅰ-1)

• 요컨대, 전쟁에 있어서 목표에 도달하는 길, 즉 정치적 목적을 달성하기 위한 길은 많이 있다. 그럼에도 불구하고 전투야말로 목적을 달성하기 위한 유일한 수단이다.(Ⅰ-2)

• 전쟁에서의 모든 것은 대단히 단순하다. 그런데 너무나 단순한 이것이 오히려 더 어려움을 간직하고 있다. 이 어려움은 누적되어 전쟁을 아직 보지 못한 자는 상상도 못할 마찰(friction)이 있다.…어쨌든 큰 도로가 마주치는 광장에 서있는 오벨리스크처럼, 전쟁술의 중앙에 당당히 솟아있는 것

4) 상세한 내용 설명은 이종학, 『군사고전의 지혜를 찾아서』(충남대학교 출판문화원, 2012), pp. 241～256. 참조.

이, 즉 불굴의 정신을 갖춘 장수의 견고한 의지인 것이다.(Ⅰ-7)

- 전쟁을 둘러싸고 있는 분위기의 네 가지 요소, 즉 위험·육체적 고통·불확실성 및 우연 등 이러한 것을 주시하고 또 이런 분위기에 대처하여 확실하고 유효한 행동을 하기 위해서는 반드시 정의情意와 오성悟性의 커다란 힘이 필요하다.(Ⅰ-3)
- 전쟁 수행의 지식은 완전히 정신 속에 동화同化되어야 하는 것이며, 조금이라도 동화되지 않고 남아 있어서는 안 된다.…전쟁에 있어서 지휘관은 어떠한 상황에 당면해서도 즉각적으로 자기의 능력에 의해서 결단을 내려야한다.…전쟁에 있어서 지휘관의 지식은 정신 및 생활과 완전히 동화해서 참다운 능력이 되어 있어야 한다.(Ⅱ-2)

지상전략地上戰略과 해군 및 항공전략 사이에는 기본적인 차이점이 있는데, 그것은 지상전략에 내포되어 있는 여러 가지 복잡성을 가진 지형요소이며, 해군 및 항공전략에는 그것이 없는 것이다. 해상이나 공중에서의 전쟁은 장애물이라고는 바람, 태양 그리고 구름밖에 없는 표면상이나 공중에서 그 장소를 택함으로써 미리 계획할 수 있고 또한 도식화圖式化할 수도 있다. 거기에서는 장비의 성능, 즉 속도, 기동성, 항속거리, 방호防護, 일제사격一齊射擊 능력 등이 일반적으로 결정적인 요소가 된다.

앞에 말한 바와 같이 대륙국가의 전략은 그 국가의 지리적 조건에 의해서 결정되는 것이다. 예컨대, 좁은 국토를 가진 국가인 독일이나 프랑스 등은 필경 공세전략攻勢戰略, 속전속결速戰速決 전략으로 방침을 세우지 않을 수 없으며, 소련이나 중국 등 광대한 영토를 가진 국가는 수세전략守勢戰略이나 지연작전遲延作戰, 퇴피작전退避作戰 등을 활용할 수 있다. 그리고 산악지대, 사막지대, 평야 등의 지형에 따라 전술이 달라지게 마련이다. 그래서 프리드리히 대왕은 "지휘관의 지형에 대한 지식을 비유한다면, 그것은 마치 보병의 총기에 대한 지식과 기하학자의 수학공식에 대한 지식과 마찬가지이다. 만약 지휘관이 지형에 대하여 모른다면 커다란 과오를 범하는 외는 아무 것도 하지 못할 것이다."[5]고 했다.

지상군에 있어서 지형은 모든 것이며, 또 육군이 작전하는 고정된 분야이다. 그것은 육군이 기능을 발휘해야 하는 제한된 범위이다. 그것은 누가 적이 되든 간에 항상 직면해야 하는 적수이고 또한 전문적 지식으로 계획을 작성해야 하는 분야이다.

나. 해양국가의 전략이론

해양국가의 전략이론에 관한 훌륭하고 대표적인 저서는 미국의 마한(Alfred T. Mahan, 1840~1914)의 『해상세력사론』(*The Influence of Sea Power upon History*, 1890)과 영국의 리델 하트(Liddell Hart, 1895~1970)의 『전략』(*Strategy*, 1954년 미국판 간행)이 있으나, 여기서는 주로 마한의 전략이론을 다루고자 한다.

슐리펜이 칸내의 전투를 연구하여 '슐리펜 계획'의 착상을 얻은 것과 마찬가지로 마한도 국제적 사건에 대하여 해상세력이 미치는 영향을 분석하다가 그 착상을 얻었다. 그는 몸젠(Theodor Mommsen, 1817~1903)이 1854년~1885년, 즉 30여년에 걸쳐 집필한 『로마사』(*History of Rome*)를 탐독했는데, 그 사실을 그는 후일 다음과 같이 기술했다. 즉 "그 저서는 나에게 갑자기 감명을 주었다.…한니발이 만약 먼 육로에 의하지 않고 로마인이 아프리카에 대하여 빈번히 했던 것처럼 해로로 이탈리아에 침입했다면 어떤 다른 결과가 일어났을까." 1년 후 그는 해군대학에 배속되었는데, 이 때 그는 이미 명성을 떨칠 강의계획을 완료했으며, 이것은 더 유명한 저서를 위한 계획이기도 했는데 그는 다음과 같이 기술했다. 즉, "지난 세기世紀 간의 일반사一般史와 해군사海軍史를 병행시켜 이 중의 어느 한쪽의 사건이 다른 쪽에 영향을 미친 사실을 논증한다는 관점에서 연구하였다."[6]

---

[5] T. R. Philips, (ed.), *Roots of Strategy* (Harrisburg, 1940), p. 113.

[6] R. E. Dupuy & T. N. Dupuy, *Military Heritage for America* (New York : McGraw-Hill Book Company, 1956), p. 195에서 재인용.

마한의 저서 『해상세력사론』에 대해 영국의 평론가들은 "영국의 위대한 복음福音"이라 했고, 런던의 「포스트」지紙는 1914년 그가 서거했을 때 경의를 표하는 가운데 "영국의 해상세력 철학을 처음으로 공들여 종합적으로 개진했기 때문에 영국은 한 위대한 미국시민에게 갚을 수 없는 빚을 지고 있다."고 평했다. 마한은 영국이 왜 해상세력을 강화해야 하느냐 하는 철학적·이론적 근거를 명확하게 제시해 주었다.

마한은 세계정치를 근본적으로 해상 장악을 위한 계속적인 투쟁으로 해석하였다. 해상통상海上通商 항로를 지배하는 국가는 세계의 강대국으로서 필요한 관건책關鍵策을 장악하는 것이었다. 그가 세계지도를 관찰했을 때, 그의 주의를 환기시킨 것은 육지가 아니었고, 오히려 육지를 둘러싸고 있는 해양 영역이었다. 그에게 있어서 해양은 장애물에 의하여 분산되지 아니한 대평원이었고, 아무런 표시도 없으나 최대한의 운항을 위하여 사용되는 국도의 교차로였고 또한 인간을 위해서 통상의 목적을 위하여 육상의 수송체제와는 비교도 되지 않는 수송체제를 제공하는 것이었다.

마한에 의하면, 해양은 문화적, 경제적 그리고 정치적으로 여러 국가와 문화를 위하여 밀접한 관계를 유지하는 데 가장 위대한 매개물의 역할을 담당하였다고 주장했다. 근대에 와서 해양에 대한 영국의 지배권은 나폴레옹의 대륙체제를 실패의 운명으로 인도하였고 또 궁극적인 자멸自滅을 체험케 했다. 그에 의하면, 역사에 있어서 중요한 정치적 및 군사적 의사결정은 해양의 지배권을 장악하는 국가가 소유하게 된 것을 가르쳐 주었으며, 그것은 해양세력이 육상에서의 체제보다 훨씬 우수한 교통 교류와 기동성을 제공한다는 것을 명시하였다.

영국과 같은 해양국가의 전쟁관은 냉철한 타산을 특색으로 한다. 그들에게 있어서 전쟁은 계산을 도외시한 투기도 아니며, 운을 하늘에 맡긴 모험도 아니다. 외교와 전쟁을 교묘히 구사하며, 그 실행에 있어서는 최소의 희생, 최소의 경비, 최소의 노력을 가지고 최대의 성과를 획득하는 것을 이상

理想으로 하여 가능한 한, 동맹연합을 획책하고 타국을 자기 진영에 끌어들여 그 힘을 이용하고 나아가 자기의 힘을 절약하며, 이것을 위해 필요하다면 어제의 적과도 곧 화해하는데 주저하지 않고(미국의 중국과의 관계개선), 주의主義, 주장에 사로잡히지 않으며 인종, 종교에 개의치 않으며, 감정이나 증오심에 좌우되지 않고 모든 것을 국가이익의 달성에 융합하며, 전쟁이 이에 지불하는 가격에 합당치 않으면 그 목적을 곧 변경하며, 싸움의 와중에서도 외교를 잊지 않으며, 전후戰後의 경영에 시종 눈을 떼지 않는다.

마한의 주요한 해상세력 이론을 소개하면 다음과 같다.[7)]

① 정치적 및 사회적 관점에서 볼 때, 가장 중요하고 명백한 점은 바다란 하나의 거대한 교통로라는 사실이다. 좀 더 보편적으로 말하자면 바다는 인간이 사방으로 통과하기에 보다 유리한 통로가 될 수 있다.

② 바다가 갖는 여러 가지 알려진 그리고 알려지지 않은 위험에도 불구하고 해로海路에 의한 여행과 수송은 모두 언제나 육로陸路보다 용이하고 값 싼 것이었다.

③ 전시戰時에 있어서 선박의 보호는 무장선武裝船에 의해 실시되어야 한다. 따라서 협의狹義에 의한 해군의 필요성은 상선商船의 존재에서 비롯되며, 상선의 소멸과 더불어 해군도 소멸된다.

④ 상선이나 군함이 자기 나라의 해안을 떠나면 곧 평화로운 통상이나 피난 그리고 보급을 위해 선박이 의지할 수 있는 지점의 필요성을 느끼게 된다.…식민지가 발전하여 성공하는 여부는 그 나라의 능력과 정책에 의존하지만, 그 발전과 성공이 세계의 역사, 특히 해양사海洋史의 태반을 이루고 있다.

⑤ 생산, 해운海運 그리고 식민지, 이 세 가지는 바다에 연하고 있는 국가의 정책뿐만 아니라 역사의 열쇠를 찾으리라. 생산에 의해 생산물의 교역이 필요하고, 해운에 교역품이 운반된다. 식민지는 해운의 활동을 확대하고 또 안전한 거점을 늘림으로써 해운의 보호를 돌본다.

---

7) A. T. Mahan, *The Influence of Sea Power upon History, 1660～1783*(Boston : Little, Brown and Company, 1890), pp. 23～28.

⑥ 정책은 시대의 정신 및 지도자의 성격과 선견지명에 의해 변화되어 왔다. 그러나 바다에 연한 나라의 역사는 정부의 기민성과 선견성先見性에 의하기보다 오히려 위치, 영토의 넓이, 지형, 국가의 인구와 국민성, 요약컨대 자연적 조건에 의해 결정되어 왔다. 그러나 개인의 현명한 혹은 현명치 않은 행동이 어느 시대에 광의廣義의 해상세력의 발전에 변화적인 영향을 미쳤다는 것을 시인해야 한다.

⑦ 광의의 해상세력이란 군사력에 의한 해양 내지 그 일부분을 지배하는 해상의 군대뿐만 아니라, 평화적인 통상과 해운을 포함하고 있다.

클라우제비츠는 "가장 훌륭한 전략은 언제나 강력한 병력을 보유한다는 것이다. 바꾸어 말을 한다면 먼저 강력한 병력을, 다음에 결정적 지점에 강력한 병력을 보유하는 것이다.…전쟁의 수단은 다만 하나에 지나지 않는다. 즉 그것은 전투이다"(Ⅲ-11 및 Ⅰ-2)고 주장한데 반하여 리델 하트는 "전략의 진실한 목적은 되도록 전투를 하려하지 않고, 부득이하다 할지라도 유리한 전략적 상황을 추구하며, 만일 그렇게 좋은 결과에 도달하지 못할 경우에는 전투를 계속하면서도 이것을 성취하고자 한다."[8]고 했는데 이것은 대륙국가와 해양국가의 전략의 본질적 차이점이다.

다. 항공전략의 이론

항공전략의 이론에 대하여 공헌한 사람은 이탈리아의 두헤(Giulio Douhet, 1869~1930), 미국인 미첼(William Mitchell, 1879~1936) 및 세버스키(Alexander P. de Seversky, 1894~1974)가 있으나, 창시자는 역시 두헤이다.

1909년 이미 두헤는 항공세력에 대하여 관심을 가지고 있었고, 그때 벌써 그는 그것이 군사전략상 혁명적인 중요성을 가지고 있음을 예견하였다. 그의 견해는 1921년에 최초의 저서, 『제공권制空權』에서 구체화되었는데, 6년

---

[8] B. H. Liddell Hart, *Strategy* (New York : Frederick A. Praeger, 1954), p. 339.

후인 1927년에 개정판을 내어 좀 더 완숙하게 그의 이론을 전개했고, 영어로 번역된 것은 1942년이다.

그의 항공전략 이론의 기반을 형성하고 있는 주요한 가정假定은 다음과 같다.[9)]

(가) 항공기는 비교할 수 없는 능력을 가진 공격무기이며, 항공기에 대한 효과적인 방어수단이란 아직 예견할 수 없다.
(나) 인구 중심지에 대한 폭격으로 민간인의 전의戰意를 파괴할 수 있다.

이와 같은 가정을 기초로 하여 그는 다음과 같은 결론을 내렸다.

① 유효적절한 국방을 확보하기 위해서는 전쟁이 야기된 경우에 제공권을 완전히 쟁취하는 것이 필요하다.
② 공중공격의 기본적인 목표는 지상군의 접전지대로부터 머리 떨어져 있는 산업시설 및 인구집결 중심지가 되어야 하며 군사시설이 되어서는 안 될 것이다.
③ 특히 적 항공대를 공중전空中戰으로써 격파하려고 해서는 안 되며, 무엇보다도 항공기의 보급물자의 출처인 지상시설 및 공장지대를 파괴시켜야 한다.
④ 지상부대의 역할은 전선前線을 방어하며, 적의 전진을 저지시키고 특히 아군의 통신망, 산업시설, 공군기지 및 병참선을 적이 장악하지 못하도록 하는 방어적인 것이어야 하며, 이와 동시에 공중공격을 통하여 적이 군대를 유지할 수 있는 능력과 감당할 수 있는 국민의 전의戰意를 마비시켜야 한다.
⑤ 모든 노력의 가장 효과적인 적용을 위해서 적의 폭격기에 대비하기 위한 특수형태의 전투기를 먼저 마련해야 한다. 공군장비의 기본 형태는 '전투기'라야 하다. 이 전투기는 폭격과 동시에 자체 방어가 가능해야 한다. 즉 전투 목적을 위하여 두 개의 기능 중 어느 것이라도 발휘할 수 있

9) Edward Warner, "Douhet, Mitchell, Seversky : Theories of Air Warfare," in Edward M. Earle, (ed.), *Makers of Modern Strategy* (Princeton : Princeton University Press, 1943), pp. 489～490.

는 것이어야 한다.

위에 열거한 두헤의 이론의 가정을 제1·2차 세계대전을 비롯하여 그 후의 전사戰史를 통하여 분석·평가한다면 약간 빗나간 점, 소홀한 점도 있지만, 아무튼 제2차 대전 이후에 있어서 제공권 내지 공중우세의 획득이 전승戰勝에 있어서 대단히 중요하다는 데 이론異論을 제기할 사람은 아무도 없으리라. 미국의 래드포드(Radford) 제독은 "오늘날 항공세력은 전쟁에 있어서 가장 우위를 차지하는 요소이다. 물론 항공세력만으로 전쟁에서 승리할 수는 없지만, 그러나 그것 없이 커다란 전쟁에서 승리할 수는 없다. 우리들이 아는 한, 항공세력은 공수攻守 양면에서 또 타군을 지원함에 있어서 가장 필요로 한다."고 했는데, 이것은 항공세력의 진가眞價를 적절하게 평가한 내용이라 하겠다.

그렇다면 항공세력(air power)이란 무엇인가? 세버스키에 의하면, "항공세력이란 공중 매개물을 통하여 국가의 의지를 주장하는 능력을 뜻한다. 국가의 항공세력을 적용하는 군사적 도구가 공군이다. 평시에 적절한 규모와 능력을 가진 공군의 존재－현재 공군력은 국가정책을 수행하기 위하여 국가에서 사용한다."[10]고 했다.

그리고 항공세력의 요소란, 포소니(Stefan T. Possony)의 견해에 의하면, 원료와 연료, 공업생산능력, 통신 및 전자장치, 기지, 병참과 보급, 보조지원(항공의료, 항공지도, 기상관측소 등), 공정부대空挺部隊, 로켓·미사일 및 원자무기, 항공기(수數, 질質, 전문화), 인력, 훈련, 사기士氣, 정보활동, 기술연구개발, 전술-전략-계획 등 15개를 열거했다.[11]

---

10) Alexander P. de Seversky, "What is Air Power?" in Eugene M. Emme, (ed.), *The Impact of Air Power* (Princeton : D. Van Nostrand Company, 1959), p. 201.

11) Stefan T. Possony, "Elements of Air Power", in Eugene M. Emme, (ed.), *Ibid.*, pp. 135～144.

라. 마오쩌둥(毛澤東)의 유격전 이론[12)]

중국의 마오쩌둥(1893~1976)의 유격전 이론에 대한 그의 주요 논문은 「항일抗日유격전쟁의 전략문제」(1938. 5.), 「지구전持久戰에 대하여」(1938. 5.), 「전쟁과 전략의 문제」(1938. 11.) 등이 있다. 유격전遊擊戰(게릴라전이라고도 칭함)은 옛날부터 존재하였고, 게릴라란 말 자체가 나폴레옹 전쟁 때의 스페인어이다. 그러나 현대의 이론과 실행의 새로운 국면을 가져오게 했고, 또 전쟁에 있어서 전술적이며 또 보조적 지위 밖에 차지하지 못하는 유격전을 전략적 지위에까지 향상시킨 것은 마오쩌둥의 군사적 업적이라 하겠다. 그는 현대판 게릴라전 이론과 실제實際의 아버지요, 호치민(胡志明), 지압(Giap), 카스트로(Castro) 및 체 게바라(Che Guevara) 등은 그의 유능한 제자들이라 하겠다.

마오쩌둥은 유격전이 정규전의 보조적 지위에 있음에도 불구하고 그것을 전략적 관점에서 고찰하지 않으면 안 되는 이유를 다음과 같이 설명하고 있다.

> 항일전쟁에서 정규전쟁正規戰爭이 주요한 것이며, 유격전쟁은 보조적인 것이다. 이 점에 관해서 우리들은 이미 바르게 해결하고 있다. 그렇다면 유격전쟁에는 전술문제밖에 없는데, 어찌하여 전략문제를 제기하는가.
>
> 만약 우리나라가 작은 나라이고, 유격전쟁이 정규군의 전역적戰役的 작전으로 근거리의 직접적인 호응의 역할을 얼마간 수행하는 것이라면, 물론 전술문제가 있을 뿐이고 전략문제는 없다. 또 만약 중국이 소련처럼 강대하고, 적이 침입해 와도 곧 추방할 수 있든가 혹은 약간 시간이 소요된다 할지라도 점령되고 있는 지역이 넓지 않고 유격전쟁이 역시 전역적 호응의 역할 밖에 수행할 수 없는 것이라면, 물론 전술문제만 있고 전략문제는 없다.

---

12) 마오쩌둥의 유격전 이론은 비대칭 전략(非對稱戰略, Asymmetric Strategy)으로 또한 4세대 전쟁으로 요즘 각광을 받고 있다. 비대칭 전략이란 군사목표 달성을 위해 전략환경과 군사적 능력, 전쟁수행방법의 변화를 고려하여 적의 강점을 회피하고 약점을 공격함으로써, 적이 효과적으로 대응하지 못하도록 하는 전략(『군사용어사전』, p. 160). 그리고 4세대 전쟁에 관해서는 토마스 함메스, 『21세기 전쟁 : 비대칭의 4세대 전쟁』, 하광희·배달형·김성걸 옮김(서울 : 한국국방연구원, 2010)을 참조하기 바람.

유격전쟁의 전략문제는 다음과 같은 상황하에서 생기는 것이다. 즉 중국은 작은 나라도 아니고, 소련과 같은 나라도 아니며, 크고 약한 나라이다. 이 크고 약한 나라가 다른 작고도 강한 나라로부터 공격을 받고 있지만, 그러나 이 크고 약한 나라는 진보의 시대에 있다. 여기서 모든 문제가 생겨나는 것이다. 이러한 상황하에서는 적의 점령지역은 대단히 넓다는 현상이 생겨나고, 전쟁의 장기성長期性이 생겨난다. 적은 우리의 대국大國에 있어서 대단히 넓은 지역을 점령하고 있지만, 그들의 나라는 소국小國이고, 병력이 부족하여 점령구占領區에 많은 공백지대空白地帶를 남겨두고 있다. 따라서 항일 유격전쟁은 주로 내선內線에서 정규군의 전역적 작전에 호응하는 것이 아니라, 외선外線에서 단독작전을 하는 것이다. 거기다 중국이 진보하고 있다는 것, 즉 공산당이 지도하는 굳세고 단단한 군대와 광범한 인민대중이 존재함으로 인해서 항일 유격전쟁은 소규모의 것이 아니고 대규모의 것이 된다. 그래서 전략적 방어, 전략적 진공進攻 등과 같은 일련의 일이 생긴다. 전쟁의 장기성長期性과 거기에 수반하는 잔혹성에 의해 유격전쟁에서는 보통과 다른 일을 많이 해야 한다는 것이 규정되어 있다. 그래서 근거지의 문제, 기동전機動戰으로 발전하는 문제 등도 생겨난다. 따라서 중국의 항일 유격전쟁은 전술의 범위에서 벗어나서 전략의 문을 두드려, 유격전쟁의 문제를 전략적 관점에서 고찰하기를 요구한다.[13]

마오쩌둥은 다른 나라에서 사용하여 성공한 혁명전쟁 방식을 따를 것이 아니라, 중국의 특징에 맞는 방식을 해야 한다는 것을 다음과 같이 주장했다.

…봉기나 전쟁을 실시해야 하는 때가 오면, 먼저 처음에 도시를 점령하고 그 후에 농촌으로 진공하는 것이며, 그 반대는 아니다. 이것은 모두 자본주의제국의 공산당이 실천한 것이며, 러시아의 10월혁명으로 실증實證되었다.

중국은 그것과 다르다. 중국의 특징은 독립된 민주주의국도 아니며, 반식민지적半植民地的·반봉건적半封建的인 나라이다. 내부적으로는 민주제도가 없고 봉건제도의 억압을 받고 있고, 외부적으로는 독립이 없고 제국주의의 억압을 받고 있다. 따라서 이용하는 의회도 없고 노동자를 조직하여 태

13) 『毛澤東軍事論文選』(北京 : 外文出版社, 1967), pp. 209~211.

업怠業을 하는 합법적 권리도 없다. 거기서의 공산당의 임무는 기본적으로 장기의 합법투쟁을 통하여 봉기나 전쟁으로 나아가는 것이 아니고, 또 먼저 도시를 점령하고 다음에 농촌을 탈취하는 것이 아니라, 그것과 반대의 길을 걸어가는 것이다.[14]

그의 이론이 공산주의 이론이기는 하지만, 소련 공산주의의 이론이 아니라 중국 공산주의의 이론이라는 점이며, 이것이 근본적이고 결정적인 차이점이다. 마르크스, 레닌, 스탈린 등 모두가 도시 무산계급에 기반을 둔 공산주의 이론을 가졌었다. 마르크스의 이론은 산업혁명의 과정에서 확보되었던 도시 노동자 계급을 가려냄으로써 출발하였다. 레닌은 도시 무산계급 이론을 그의 혁명기반으로 사용하였는데, 이것은 정부의 핵심 부분에 대한 직접적 통제력을 획득하기 위해 도시에 초점이 맞추어졌던 것이다.

마오쩌둥은 마르크스·레닌 식의 혁명을 시도하였지만 그것은 불가능했다. 당시 중국에는 서구식의 도시 무산계급이 없었기 때문이었다. 그리하여 마오쩌둥은 현명하게도 마르크스의 출발점을 변경시켰다. 그의 혁명기반으로 도시 무산계급을 사용하는 대신, 이론을 수정하여 농촌의 농민으로 대체하였다. 소련과 중국의 공산주의 이론은 서로 많은 공통점이 있음에도 불구하고, 이와 같은 근본적인 차이점을 가지고 있다.

일찍이 클라우제비츠는 "각 시대는 그 시대의 독특한 전쟁이론을 가졌던 것이다"(Ⅷ-3)고 했는데, 이것은 목표를 달성하는 전략은 그 국가의 주관적·객관적 조건에 따라 최적전략最適戰略이 있었고 또 있어야 한다는 뜻이며, 이런 관점에서 본다면 마오쩌둥의 이론은 실제로 타당성을 보였던 것이며, 또한 필자가 한반도의 전략이론을 도출導出하고자 시도하는 이유도 바로 여기에 있는 것이다.

마오쩌둥의 이론은 매우 단순하다. 그것은 소수의 청교도적淸敎徒的으로

14) 상게서, p. 377.

열렬한 신봉자들로 출발한다. 첫 단계는 전국에 있는 확대된 신봉자의 핵심 분자들에 대한 정치적 사상의 주입이다. 그 다음에는 정치·사회·경제적 전쟁과 결합된 게릴라전으로 발전하게 되는 데, 그것은 모든 부면部面에서 기존 정부와 그 군대에 직접적으로 대항한다. 이것이 성공적으로 성장함에 따라 조직화되고 보다 정통적인 군대로 확대된 게릴라 간부를 사용하는 것이 편리할 수도 있고, 그렇지 않을 수도 있다. 결국은 모든 지방이 기존의 비공산정부에 대해 통제되고 조직화된 적의敵意로 물들게 된다. 그 정부가 타격을 받아 붕괴되면, 공산주의 기관에 의해 대체되고, 민족해방전쟁은 독재적이고도 전제적專制的인 공산주의의 보다 정통적인 국면으로 돌입하게 된다.

이미 앞에 말한 바와 같이 유격전 이론의 가장 중요한 점은 농촌의 농민이 힘의 근간이라는 사실이다. 이것은 도시혁명이 아니라, 농촌혁명이며, 중요한 활동 역시 도시에서가 아니라 농촌에서 전개된다.

마오쩌둥의 논문에서 몇 가지 인용문을 빌려옴으로써 그의 전쟁론 및 게릴라전의 모습을 약간 감지感知할 수 있을 것이다.

- 모든 군사행동의 지도원칙은 가능한 한, 자기의 힘을 보존하고 적의 힘을 소멸시킨다는 기본원칙에 바탕을 두고 있다. 이 원칙은 혁명전쟁에 있어서는 기본적인 정치원칙과 직접 연결되어 있다.
- 혁명의 중심 임무와 최고 형태는 무력으로 정권을 탈취하는 것이며, 전쟁으로 문제를 해결하는 것이다. 이 마르크스·레닌주의의 혁명원칙은 보편적으로 타당하며, 중국에서나 외국에서도 모두 타당하다.
- 적이 전진해 오면 후퇴하고(敵進我退)
  적이 멈추면 우리는 교란하고(敵駐我擾)
  적이 피로하면 우리는 치고(敵疲我打)
  적이 후퇴하면 우리는 추격한다(敵退我追).
- 게릴라전에는 결정적 전투와 같은 일은 없다.
- 게릴라전에 있어서는 소규모 단위부대가 독립적으로 중요한 역할을 수행하며, 그들의 활동에 지나친 간섭이 있어서는 안 된다. 정통적 전쟁에

있어서는…원칙적으로 지휘가 중앙집권화中央集權化 되어 있다.…그러나 게릴라전에 있어서는 이것은 바람직한 것이 아닐 뿐만 아니라, 가능하지도 않은 일이다.

게릴라전의 영역 내에는 방위전술防衛戰術이란 것이 없다.[15]

게바라는 다음과 같이 주장했다.

- 게릴라는 그 무엇보다도 토지土地 혁명당원이다.…그는 사회 개혁자이며, 또 압제자壓制者에 대항하는 광범위한 민중세력에 호응하여 무기를 들었다.
- 게릴라전은 무장된 핵심 분자로서의 게릴라 집단과 모든 대중의 투쟁이다.
- 우리는 쿠바혁명이 라틴아메리카제국에 있어서의 무장혁명에 대한 세 가지 기본적 결론을 보여주었다고 믿는다.
  ① 군대에 대항하여 싸우는 전투에서 대중의 힘은 승리할 수 있다.
  ② 혁명적 상황이 일어나기를 기다려야 할 필요는 없다. 그것은 창조되어야 한다.
  ③ 라틴아메리카의 여러 저개발 국가에 있어서는 농촌지역이 혁명을 위한 최상의 전장戰場이다.[16]

그리고 지압(Giap)의 '인민전쟁·인민군대'에 관계된 월맹의 경험으로부터 인용하면 다음과 같다.

- 그것은 제일第一의, 최고의 인민전쟁이었다. 모든 인민을 교육하고 동원하며, 조직화하고 무장시키는 것이었다.
- 농민이 인구의 대다수를 결정하는 우리처럼 후진적 식민지 국가에서는 인민전쟁은 핵심적으로 노동계급 주도하의 농민전쟁이다.
- 이 전쟁에서는 명확하게 규정된 전선戰線이 없다. 적이 있는 곳이 곧 전선이다. 전선은 아무 곳에도 없으며, 또 모든 곳이 전선이기도 하다.

---

15) 상게서, pp. 97～207.

16) Harries Clich Peterson, *Che Guevara on Guerrilla Warfare* (New York : Frederick A. Praeger, 1961)에서 인용.

- 수많은 소규모적 승리를 모아 하나의 커다란 승리로 전환시킬 필요가 있으며, 그리하여 우리의 약점을 힘으로 변화시킴으로써 점차적으로 군사력의 균형을 바꿔야 한다.
- 우리의 군사력이 발전됨에 따라, 게릴라전은 기동전으로 변화되었다.… 우리의 인민군은 끊임없이 성장해 왔으며, 분대나 중대 규모의 전투단계를 거쳐 몇 개의 사단 규모의 활동을 전개할 수 있는 상당히 큰 규모의 전투로 변하여 왔다.
- 초기의 저항시대에는 농민문제의 중요성을 과소평가하였다.…이러한 과오는 그 후에…당에서 농민이 농촌의 참된 주인이 되도록 결정하였을 때, 수정되었다.
- 인구의 대부분을 결정하는 농민층은 혁명과 저항전쟁의 핵심적인 힘을 구성하였다.
- 게릴라전은 강력하게 장비되고, 잘 훈련된 적에 대항하여 싸우는 경제적 후진국의 광범위한 대중적 전쟁이다.…적이 강한가? 그러면 피한다. 적이 약한가? 그러면 공격한다.…그리고 군사작전을 정치·경제적 활동과 결합시킴으로써 고정된 경계선이 없으며, 적이 발견되는 곳이면, 그 곳이 곧 전선이 된다.

  각 개인 병사가 되고, 각 마을이 성채城砦가 되며, 당의 각 지부와 저항위원회가 참모진이 된다.

  우리는 군사적 분야에서 싸울 뿐만 아니라, 정치적·경제적·문화적 분야에서도 투쟁하였다.[17]

물론 몇 개의 인용문으로 저서나 사상의 전체 의미를 파악한다는 것은 어려운 일이지만, 그러나 이러한 인용문은 다음 세 가지 점을 설명하기 위해서 발췌한 것이다.

·첫째는, 마오쩌둥의 유격전 이론이 이미 시험되었다는 사실, 즉 중국 대륙에서 그리고 월남, 쿠바 및 알제리 등지에서 성공을 거두었다는 사실이

---

17) J. C. Wylie, *Military Strategy*(New Jersey : Rutgers University Press), pp. 61~62.재인용.

다. 이런 경우 우리들은 공허한 관념觀念을 다루는 것이 아니라, 현실적 관념을 대상으로 하고 있다.

·둘째는, 도시 무산계급보다는 농촌의 농민계급에 근거를 둔 이 이론의 기반이 중요하다는 사실이다. 그리고 세계의 공산화되지 않은 지역이 도시가 아니라, 아시아, 아프리카 및 라틴아메리카 등 모두 농촌사회이기 때문이다.

·셋째는, 지금까지의 인용구에서 보여 진 바와 같이 마오쩌둥의 유격전 이론과 조직화되고 기계화된 대량의 정규군대의 클라우제비츠 혹은 대륙국가의 전략이론이 거의 완전하게 상반된다는 사실이다. 클라우제비츠는 "적 전투력의 격멸은 주로 전투에 의해서만 달성되고, 대규모의 전반적인 전투만이 커다란 성과를 가져온다"고 했고, 1955년 미 육군 『야전요무령』은 "궁극적인 목표는 적의 군대를 격멸하는 것이다"고 했다.

마오쩌둥은 "소규모 단위부대가 독립적으로 중요한 역할을 수행하며… 결정적 전투와 같은 일은 없다"고 했다. 지압은 "전선은 아무 곳에도 없으며, 또 모든 곳이 전선이기도 하다"고 했다.

대륙국가의 전략이론이나 클라우제비츠 이론의 일반적 전략이 연속적 전략(Sequential Strategy)인데 반해, 마오쩌둥의 유격전 이론의 주요한 비중은 연속적 개념이 아니라 누적적 개념(Cumulative Concept)에 기반을 두고 있다는 사실을 밝혀두는 것이 중요하다. 이것은 양자 간의 가장 중요한 차이점이다.[18]

미국이 월남전쟁에 개입하여 결국 실패한 요인은 여러 가지가 있겠으나, 가장 결정적 요인은 마오쩌둥을 비롯한 지압의 기본전략이론을 이해하지 못하였고, 따라서 거기에 대응하는 전략의 수립과 실시가 미비했기 때문인 것으로 생각한다.[19]

---

18) *Ibid.*, pp. 62~64.

19) 미국의 월남전쟁의 실패에 대한 분석은 많지만, 미국의 저명한 군사평론가인 Hanson W. Baldwin의 *Strategy for Tomorrow*(1967)란 저서가 읽을 만하다.

필자는 지금까지 몇 가지의 주요 전략이론을 단편적이나마 소개했는데, 우리의 주관적·객관적 상황을 고려하면서 거기서 취사선택하며 대응전략, 아니 우리 민족의 영원한 생존을 위한 전략이론을 수립하고 실천해야 할 것이다.♣

(『國防硏究』 19권 1호, 국방대학원, 1976. 6.)

VI

『무신수지武臣須知』의 현대적 조명

1. 머리말

평화로운 시대에 관직도 낮고 또 약력마저 전해 지지 않는 이정집(李廷熼, 1741~1782)·이적(李迪, ?~1809) 두 부자가 20여 년 간의 노력으로 저술한 『무신수지武臣須知』[1](1809)는 병서兵書로서 뿐만 아니라, 무인武人의 교양서로도 훌륭한 내용을 갖추고 있다. 더욱이 한 병서를 부자가 대를 이어가며 공동 집필하여 완성한 것은 필자의 과문한 탓인 줄 모르나, 이것이 최초인 것으로 생각되며, 이 책 가운데서 몇 가지 관심 있는 분야에 대해 오늘날의 관점에서 조명해 보려고 한다.

옛말에, "평화를 바란다면, 전쟁에 대비하라!"고 했다. 이 말은 전쟁이란 일으키고 싶은 위정자가 언제든지 전쟁을 일으킬 수 있다는 전제에 기반을 둔 말로 해석하며, 그 위정자가 독재적 권력을 행사할 수 있는 위치에 있다면, 그 가능성은 더욱 많을 것이다.

북한은 남한에 대한 무력적화통일 노선武力赤化統一路線을 지금까지 한 치도 바꾸지 않고 꾸준히 추구하고 있는데, 요즘 우리들은 한반도에서 전쟁이

1) 국방부 전사편찬위원회에서 번역한 『武臣須知』(1986)를 대본으로 하였다.

일어나지 않기만을 바라는 소망을 국가정책의 기조로 삼고 있는 듯한 인상을 풍기고 있으니, 북한 위정자로 하여금 오판을 자행케 할 가능성이 없지 않다는 것이 오늘의 현실이 아닌가 한다.

저자의 한 사람인 이적은 책을 집필한 의도와 내용을 다음과 같이 기록하고 있다.

"오늘날 국가가 태평한지 오래되어, 변경이 평안하고 봉화대가 필요 없을 지경이 되었으니, 무사들은 그 능력을 쓸 데가 없고 또 기예를 펼 곳이 없다. 이로 보면 무비武備를 강조하는 내 말은 현실과 거리가 먼 이상한 말로 들릴 것이다. 그러나 『서경書經』에 이르기를, '편안하게 살더라도 위태로울 때를 생각해야 한다.' 하였으니, 위태로울 때를 생각한다면 이에 대한 대비가 있어야 할 것이요, 대비가 있으면 환란이 일어나지 않을 것이다. 나의 선친께서는 생전에 언제나 이 일에 대하여 깊은 생각을 하셨다. 그리하여 여러 병서 중에서 장재(將才, 장수의 자질)·경권(經權, 용병술)·진법(陣法, 진의 활용법) 등, 세 가지를 뽑아내어 각기 줄기를 세우고 가지를 만들어, 읽어 보기에 편리하게 한 권의 책으로 엮으시고 『무신수지』라 명명하시었다."

2. 문무병중文武竝重에 대하여

문과 무는 국가에 있어서 수레의 양 바퀴와 같은 것으로, 바퀴의 크기가 균형이 잡히지 않는다면 수레로서의 기능을 온전히 발휘할 수 없다는 것은 주지의 사실이다. 우리의 역사상, 삼국시대에 국가 간 투쟁이 계속되었을 때, 무사들은 상무정신이 투철하였고 잘 싸웠다. 특히 신라의 화랑들은 원광법사의 세속오계(世俗五戒, 충忠·효孝·신信·임전무퇴臨戰無退·살생유택殺生有擇)로 무장되어 싸움터에서 싸우다 죽는 것을 충·효의 극치로 여겼던 것이다.

최근 필자는 연구를 통해 일본 무사도武士道도 그 원류를 거슬러 올라가면, 신라의 화랑도花郞道에 이르게 된다는 것을 알았다. 즉 신라계 도래인新羅系渡來人의 후손인 미나모도 씨(源氏)를 중심으로 하는 관동무사關東武士인 미나모도 요리도모(源賴朝)는 가마쿠라(鎌倉) 막부幕府(1185)를 수립하여 일본 역사에서 중추적 활동을 했는데, 도쿠가와 이에야스(德川家康)도 미나모도 씨의 후손이라는 것을 밝혔기 때문이다.[2)]

그런데 신라가 쇠퇴하게 된 이유는 무엇일까? 여기에는 많은 복잡한 요인이 있지만 사상적 측면에서 본다면, 원광법사는 풍류도風流道(효제충신孝悌忠信)를 바탕으로 현실적 요청을 감안하여 세속오계를 설파했으며 이것이 화랑도로 발전했다. 그리하여 신라인들은 고유사상인 풍류도를 견지하고 그것을 바탕으로 하여 불교·유교의 장점을 수용함으로써, 신라문화의 전성기(문무왕~혜공왕)를 구가했다. 그러나 신라 하대기에 와서 풍류도를 소홀히 하고, 유儒·불佛·도교道敎에 몰입했을 때, 신라문화도 쇠퇴·몰락하기 시작했고, 또 원성왕 4년(788)에는 독서삼품과讀書三品科라는 관리채용을 위한 시험제도의 도입으로 독서의 성적에 따라 채용이 결정되고 보니 문文에만 치중하게 되었다.

주지하다시피, 조선왕조는 유교를 바탕으로 하는 국가체제였다. 공자(孔子)에 의하면, "문사文事가 있는 자는 반드시 무비武備가 있어야 한다"(有文事者必有武備)고 했고, 군자의 자질에 필요한 교육내용은 예禮·낙樂·사射·어御·서書·수數라 했다. 그리고 선비의 네 가지 조건은, 나라가 위급할 때 목숨을 바쳐서 구해야 하고, 이익을 보았을 때는 의리를 생각해서 처리하고 불의한 이익은 물리쳐야 하고, 제사지낼 때에는 정성을 다 해야 하고, 상사를 당하면 애통한 정을 다 해야 하는 것이라고 했다.

위에 말한 공자의 육예六藝의 교육내용은 문무병중文武竝重의 교육내용이며, 그는 항상 "백성을 가르치지 않고 전쟁을 한다는 것은 그들을 버리는 것

---

2) 李鍾學, 「文武王と新羅海上勢力の発展」, 『軍事史学』通巻114号 (東京 : 錦正社, 1993), pp. 58～63.

이다"고 주장했다.[3]

그러나 조선시대는 문을 숭상하고 무를 경시했다는 것은 알려진 사실인데 그 구체적 내용은 다음과 같다.

> 만일 문文만을 숭상하여 나약하고 위엄을 떨치지 못하거나, 무武만을 강조하여 너무 강하고 굽힐 줄 모른다면, 무슨 일이든 반드시 무한한 낭패만을 거듭하게 되고 말 것이니…
>
> 내 생각건대, 정치가가 자신을 수양하고 남을 대함에 있어 문·무의 도道를 제대로 병용한다면, 자연 식견이 높아지고 도량이 넓어져서 때로는 문을 사용하여 너그럽기도 하고, 때로는 무를 사용하여 위엄을 보이기도 할 것이다. 그리하여 자로 잰 듯이 사리에 틀리지 않게 할 것이니, 무슨 일에서나 한 쪽으로 치우치는 실수가 있을 수 있겠는가?
>
> 근래에 문을 숭상하는 정치를 시행하였다. 그 결과, 재주가 뛰어나고 명망이 높으며, 문장이 훌륭하고 필재가 아름다운 학자들이 숲처럼 많다고 말하여도 결코 지나치지 않게 되었다. 그러나 무관武官에 종사하는 무신들로 말하면, 대부분 반쯤 전진하다가 그만 둔 자들로서 병서를 연구하며 활쏘기·말 타는 것을 천한 일이라 생각한다. 그리하여 병서 연구와 활쏘기·말타기 등의 무예는 날로 멀리하고 달로 퇴보하여 관심을 두지 않게 되었다.[4]

그 결과로 임진왜란(1592~1598)과 병자호란(1636~1637)을 자초하였고, 일제의 침략에 대해서는 한 번도 정규군에 의한 대전투도 해보지 못하고 주권과 독립을 강탈당하고 말았다는 사실史實을 중시해야 한다. 냉엄한 국제사회에 있어서 정의正義는 힘이 결코 아닌 것이다.

오늘날의 분단된 한반도는 냉전체제와 무력에 의한 적화통일을 꿈꾸는 북한집단이 우리를 노리고 있다는 것을 잊어서는 안 될 것이다.

---

3) 孔子의 文武敎育에 대해서는 劉仲平, 『中國軍事思想』(臺北 : 中央文物供應社), pp. 90~106 및 『논어』를 참고함.

4) 『武臣須知』, pp. 13~14.

3. 장수의 자질

손무는, “나라가 망하면 다시 존속할 수 없고, 죽은 자는 다시 살아날 수 없다.…용병술用兵術을 잘 아는 장수는 국민의 생명을 맡은 사람이요, 국가의 안위安危를 좌우하는 사람이다”[5]고 하였고, 프랑스의 포슈 장군은 “전투의 승패는 지휘관에 의해서 결정되는 것이지 병사에 의해서 결정되는 것은 아니다.…전쟁의 큰 성과는 지휘관에 의해서 달성되는 것이다. 그러므로 역사는 정당히 지휘관으로 하여금 승리에 대한 책임을 지게 하여 그 때에는 영관榮冠을 누리게 하고, 또 패전에 대해서도 책임을 지게 하여 그 때에는 굴욕을 당하게 하는 것이다. 지휘관 없이는 전투도 있을 수 없고 승리도 있을 수 없다.”[6]고 했다. 장수의 중요성은 전쟁시 국민의 생사와 국가의 존망과 직결되기 때문에 아무리 강조하여도 지나치는 법이 없을 것이다. 그렇다면 구체적 내용은 어떤 것일까?

> 장군에게는 다섯 가지 조심해야 할 것(오신五愼)과 다섯 가지 시행하여야 할 일(오시五施)이 있으니, 이를 지키기 위하여 언제나 조심하고 조심하여 마치 적과 대치한 것처럼 해야 한다.
>
> ·다섯 가지 조심해야 할 것이란,
>
> 첫째 : 통제를 잘하여 다수의 병졸을 소수의 병졸처럼 다스리는 것이고,
> 둘째 : 경계심을 늦추지 않아 출입할 때마다 적군을 본 듯이 하는 것이고,
> 셋째 : 용맹성을 발휘하여 싸움터에 나가면 생명을 돌보지 않는 것이고,
> 넷째 : 방비를 튼튼히 하여 승전하더라도 자만하지 않고 처음 싸울 때처럼 수비에 만전을 기하는 것이고,

5) 『孫子』, 作戰 第二.

6) Edward M. Earle, ed., *Makers of Modern Strategy*, Princeton University Press, 1943, pp. 228～229.

다섯째 : 법령을 시행함에 있어 까다롭지 않고 간략하게 하는 것이다.

• 다섯 가지 시행해야 할 일이란,

첫째 : 신의이니, 진실하고 속이지 않으며 약속을 변치 않고 끝까지 지키는 것이다.

둘째 : 용맹이니, 과감하게 선두에 서서 적진을 쳐부수는 것이다.

셋째 : 엄격함이니, 군정軍政을 바로 잡고 명령을 바르게 시행하는 것이다.

넷째 : 지혜이니, 전술에 밝고 적의 허실을 잘 판단하는 것이다.

다섯째 : 인자함이니, 병졸들을 사랑하고 아껴 잔혹한 행위를 하지 않는 것이다.[7]

장수의 자질이 실제 전장戰場에서 어떤 결과를 가져오는가를 전례戰例를 통하여 구체적으로 살펴보고자 한다. 예컨대, 임진왜란 때, 이순신(1545~1598)과 원균(1540~1597)이 지휘했던 수군水軍은 똑같이 우리의 수군이었지만, 이순신이 지휘해서 싸울 때는 연전연승했으나, 이순신이 모함에 의하여 삼도수군통제사三道水軍統制使의 직을 파면당하고 원균이 대신하자, 칠천량 해전(1597. 7. 14.~16.)에서 완전히 패배당하고 말았는데, 그 이유는 무엇일까?

사료① 원균(?~1597) : 임진왜란 때의 무장武將…1592년 경상우수사가 되었다. 이 해 4월에 왜적의 침입에 겁이 나서 도망하려다가 이운룡(李雲龍) 등의 권고로 전라좌수사 이순신의 구원을 얻어 적을 깨뜨리고 왕의 표창을 받았다. 1594년 이순신이 3도 수군통제사가 되고 원균이 그 휘하에 있게 되자 이를 부끄럽게 여겨 명령에 불복하매, 조정은 1595년 충청병사로 전임시켰다. 그 후 원균의 시기와 남·북인의 모함으로 이순신이 하옥되고, 원균이 통제사가 되었으나 주색에 빠지고 군무에 태만하다가 1597년 왜적의 재침 때 패전하여 해군이 전멸되고 자신도 육로로 도망가다가 잡혀 죽으니 조정에서는 이에 당황, 이순신을 재기용하였다. 1603년 선무공신宣武功臣 1등으로 좌

7) 『武臣須知』, pp. 15~16.

찬성左贊成에 추증되고 원릉군에 추봉되었다.[8)]

사료② 침몰하는 어선에 선장이 끝까지 남아 선원 21명을 탈출시키면서 SOS 신호를 계속 보내며 선원들을 구하고 자신은 침몰하는 배와 함께 실종되었다. 즉, 남제주 남서쪽 370마일 해상에서 속초 선적 오징어 채낚기 어선 제602 하나호(100 t . 선장 유정충)가 높은 파도에 침몰하자 선원 21명에게 차례로 구명 조키를 입혀 하선시키고 자신은 선원들이 구조될 수 있도록 하기 위해 배에 남아 긴급 구조신호를 계속 발신하다가 실종되고, 선원 21명은 구조되었던 것이다.[9)]

어떤 사람은 원균이 죽은 후, 나라에서 그의 공을 인정했기에 선무공신 1등으로 좌찬성에 추증되고 원릉군에 추봉된 것이 아닌가 하고 주장하지만, 필자는 전연 견해를 달리한다. 그것은 임진왜란을 자초한 당시의 조정 권력층의 부패와 불공정한 논공행상의 표본이다. 통제사가 된 후의 무공武功이 전연 없고 패장敗將이 되었기 때문이다.

원균은 통제사가 되자 이순신이 아끼던 역전의 장군들을 대부분 교체하고 자신의 뜻에 맹종하는 자를 임명했으며, 전쟁 준비에는 관심이 없이 주색에 빠졌고, 왜군이 침공해 와도 싸울 생각이 없었으며, 여러 차례 싸움의 독촉을 받고서야 마지못해 함대를 끌고 나갔다가 작은 전투에 패하고 말았다. 패보를 받은 권율이 분노하여 원균을 사천까지 호출하여 곤장을 치면서 재출동을 명했다. 원균은 할 수 없이 200여 척의 함대를 지휘하여 무모한 작전으로 칠천량 해전에서 거의 전멸당하고, 부하들은 전사하는 데, 통제사는 부하를 버리고 혼자 살기 위해 육지로 도망을 쳤다는 것은 세계 해전사상 듣지 못한 추태를 부린 것이다. 오징어잡이 배의 선장인 유정충(사료②)과 비교하여 직책에 대한 책임감을 생각해 보아도 반성할 바가 많으리라. 모름지기 장수가 된 자는 다섯 가지 조심해야 할 것(오신五愼)과 다섯 가지 시행하

---

8) 李弘稙 編, 『國史大事典』下 (서울 : 知文閣, 1963), p. 997.

9) 「중앙일보」, 1990년 3월 3일자.

여야 할 일(오시五施)을 깊이깊이 성찰하여 실행해야 할 것이다.

4. 첩자와 첩보의 수집

적에 관한 정보도 없이, 전쟁과 군사작전을 준비·수행하려는 것은 마치 권투선수가 눈을 가리고 링에 오르는 것과 같은 것이리라. 그래서 손무(孫武)도, "총명한 군주나 현명한 장수가 행동만 하면 적에게 승리하고 여러 사람들보다 훌륭하게 공을 세우는 것은 먼저 적의 능력과 의도를 알기 때문이다."[10]고 했다.

> 첩자를 잘 이용하는 자는 식사를 하거나 휴식을 하거나 취침할 때에도 모두 적진을 대한 것처럼 대비하며, 말하거나 웃거나 하는 행동에도 모두 기변機變을 간직한다. 첩자를 활용함은 기법奇法의 하나로서 쓰기가 매우 어려운 것이다. 교묘한 말로써 상대방을 유도하여 상대방의 행동에 대한 진위眞僞를 탐지하기도 하며, 기뻐하거나 성을 내보아 상대방의 대응태세를 관찰하기도 한다. 또한 방비가 허술하고 나태한 틈을 타서 비밀리에 적과 내통하기도 한다.…나는 첩자의 활용은 난세에만 국한된 것이 아니라고 생각한다. 그러나 우리나라에는 전혀 첩자를 활용하려 하지 않고 있으니, 국방에 허술한 점이 없다고 하지 못할 것이다.[11]

첩자를 활용한 첩보의 수집은 국방에 있어서 필수조건이며, 또 전시와 평시를 통해서 언제나 이루어져야 한다는 점을 역설하고 있다. 첩자의 첩보수집은 비단 군사 분야 뿐만 아니라, 산업·기술분야에도 확대된 것이 오늘날의 추세이다. 필자는 60년대 중반경 당시 국방부 전사편찬위원장이었던 문희석 장군(고인故人)을 찾아가서(옛 국방부 건물은 서울역 앞 부근에 있었다) 문의를 했다.

---

10) 『孫子』, 用間 第十三.

11) 『武臣須知』, pp. 113~114.

"본인은 공군사관학교 교수부 군사학과 과장입니다. 한국전쟁 초기 작전의 패인에 관심이 있어서 연구를 했는데, 초기 작전에서의 채병덕 육군 총참모장의 여러 가지 조치사항은 납득이 가지 않습니다. 즉 방위진지 건설 건의를 묵살한 것, 6월 10일 군 수뇌·사단장의 대폭적인 인사이동을 실시한 것, 6·25발발 3일전 그동안 계속된 비상경계를 해제한 것, 24일 주말에 외출·외박을 실시한 것, 6·25발발 한 달 전, 각 연대에 4문씩 있던 대전차포對戰車砲를 수리 차 거둬들인 것 등입니다. 위원장님의 솔직한 의견을 듣고 싶습니다."

현역 군복을 입고 간 필자를 문 장군은 잠시 물끄러미 응시하더니 말문을 열었다.

"당시 수상한 점이 여러 가지 있었지요. 한 가지만 소개한다면, 6월 24일 저녁에 군 수뇌들이 주말 댄스파티를 하고, 2차의 심야파티는 국일관國一館에서 25일 새벽 2시경에 끝났는데, 그 파티의 비용을 낸 사람은 정국은(鄭國殷)이었습니다."

필자는 놀랍고 당황하지 않을 수 없었다. 정국은은 언론인으로 활동하다가 1954년 간첩으로 총살당한 자였기 때문이다. 오늘날 우리의 젊은 지성인 가운데는 6·25전쟁이 북한이 주장하는 것처럼 북침설北侵說을 믿는 자도 있다고 하니—6·25전쟁에 관련된 소련의 비밀문서가 공개되었는데도 불구하고—, 우리들은 실사구시實事求是의 태도로 6·25전쟁에 대한 연구를 해서 후세에 남겨 교훈으로 삼도록 해야 할 것이다.

5. 기奇·정正과 허虛·실實에 대하여

병법의 연구에 있어서 기정과 허실의 문제는 핵심적 과제이며, 이것을 어느 정도 이해하고 실천하는가 하는 문제는 전략가로서의 수준을 말하는 것이라 해도 과언이 아니며, 또한 동양병학東洋兵學의 진수라 해도 좋을 것이다.

당 태종은 말했다.

"짐은 여러 병서兵書를 보았지만 모두 『손자병법孫子兵法』에서 벗어나지 않았으며, 손무의 13편은 모두가 허실에 벗어나지 않는다고 생각되오. 용병에 있어서 허실의 세勢를 잘 알고 있으면 싸움에서 승리하게 마련이오. 지금 여러 장수들이, '적의 세勢가 실實한 경우에는 싸움을 회피해야 하고, 적의 세가 허虛한 경우에는 적을 공격해야 한다'고 말은 하고 있으나, 막상 적과 부딪치게 되면 허실의 세를 정확히 파악하여 대처하는 자가 많지 않을 것이오. 이것은 적을 유인하여 적의 세를 완전히 파악하지 못하고, 도리어 적에게 유인을 당하여 군세를 적에게 노출시키기 때문이오. 경은 여러 장수들을 위하여 이에 대한 병법의 요점을 말해 주기 바라오."

이정(李靖)은 대답하였다.

"장수들에게 병법을 가르치려면, 먼저 기와 정이 서로 변화하는 방법을 가르친 다음에야 허·실의 형세를 가르칠 수 있을 것입니다. 대부분의 장수들은 기병奇兵을 정병正兵으로 변화시키고, 정병을 기병으로 변화시켜 사용하는 방법을 모르고 있습니다. 그러니 허한 것처럼 보이는 형세가 사실은 실한 것이고, 실한 것처럼 보이는 형세가 사실은 허한 것임을 어찌 알겠습니까?"[12]

---

12) 『李衛公問對』, 問對 中.

정正이 없으면 기奇를 이루지 못하고, 기가 없으면 정을 이루지 못한다(정은 병력을 집중시켜 정면으로 대결하는 것이요, 기는 병력을 분산시켜 기습 공격하는 것이다). 정병은 옛 사람의 병법을 그대로 따라서 군을 정돈시키는 것이며, 기병은 그때그때의 상황에 따라 변통하는 것이다. 군은 정병이 없으면 기병이 의지할 데가 없고, 기병이 없으면 정병이 손을 쓸 수가 없는 것이다. '체體와 용用은 서로 떨어질 수 없다'는 말은 바로 이것을 가리킨 것이다.

기·정의 병법은 공격과 방어에 쓰고, 군세의 허·실은 기·정의 운용에서 나타난다.

허虛란, 군의 기강이 바로 잡혀지지 않아 혼란한 것, 식량이 부족하여 군사들이 굶주려 있는 것, 군세가 약한 것, 군사들이 피로에 지쳐 있는 것, 병력이 적은 것, 적침에 대한 대비가 없는 것 등이다.

실實이란, 군사들이 용감한 것, 군세가 강한 것, 군의 기강이 바로 잡혀 정돈되어 있는 것, 식량이 풍부하여 군사들이 배불리 먹을 수 있는 것, 병력이 많은 것, 군사들이 편안히 있는 것, 적침에 대비가 있는 것 등이다.

장수는 먼저 피·아의 군세에 대한 허실을 파악한 다음에야 비로소 기·정의 병법을 운용할 수 있다.[13]

필자는 허실·기정에 대하여 『무신수지』만큼 간략하면서 명확하게 설명한 내용을 아직 못 보았으며, 또 6·25전쟁 때 인민군의 남침 기습작전은 이 병법을 철저하게 활용한 것으로 평가한다.[14]

6. 공격의 중심重心

작전의 준비·수행을 함에 있어서 고려해야 할 점이 무엇이며, 또 만약 공격작전을 수행한다고 가정하면, 적의 어느 곳을 공격해야 하는가 하는 문제는 대단히 중요하다.

---

13) 『武臣須知』, pp. 102~104.

14) 6·25전쟁 초기작전에 대해서는 拙著, 『韓國軍事史序說』(서라벌군사연구소, 1990), pp. 316~325 참조할 것.

> 방비가 철저한 곳은 어느 곳이든 안전한 곳이요, 방비가 허술한 곳은 어느 곳이든 불안전한 곳이다. 이것은 진법陣法의 대요를 말한 것이다. 싸움에 있어서는 군세의 허와 실을 가장 먼저 알아야 한다.
>
> 공격이란, 비단 적진만을 공격하는 것이 아니라, 적군의 마음을 공격하여 지혜를 짜내지 못하게 하고 사기士氣를 꺾어야 하는 것이다. 수비란, 비단 성벽만을 굳게 지키는 것이 아니라, 아군의 기운을 지켜야 하는 것이다. 이것은 병법의 요체要體를 말한 것으로서, 승패의 관건이 이 속에 담겨 있다고 할 수 있다. 적을 기만하는 갖가지 권모와 술수가 모두 여기에서 벗어나지 않는다.
>
> 여러 가지 방책을 세워서 적이 가장 중요시 하는 곳을 공격하여 탈취하면, 적군의 마음이 불안해지고 혼란해져서 안정되지 못할 것이니, 이는 적의 진영을 공격하지 않고도 스스로 격파할 수 있는 방법인 것이다.[15]

군사전략軍事戰略이란 다음과 같은 등식으로 표시할 수 있다.[16]

군사전략=군사목표+군사전략개념+군사자원

군사목표란 군사능력 및 자원을 투입해야 할 특정 임무 혹은 과업으로 표시할 수 있는데, 이것을 구체적으로 명시한 것이 공격목표요, 또한 공격의 중심重心이 되는 것이다. 군사목표는 정치목적 내지 전쟁목적을 달성하는데 이바지할 수 있는 목표가 설정되어야 하며, 훌륭한 군사전략이나 승리라는 것도 궁극적으로 전쟁목적의 달성 여부에 의해 평가되는 것이다.

조미니(1779~1869)는 군사목표에 두 가지가 있다고 했다. 즉 '기동상機動上의 목표'와 '지리상의 목표'이다. '지리상의 목표'는 중요한 요새, 하천의 선, 유리한 방어선 등이다. '기동상의 목표'의 중요성은 이와 대조적으로 적주력敵主力의 상황에 의해 결정된다. 그리고 이것은 적 주력군의 격멸과 깊은

15) 『武臣須知』, pp. 147~150.

16) 李鍾學, 『軍事戰略論』(서울 : 博英社, 1987), pp. 335~340.

관계가 있으며, 나폴레옹의 훌륭한 승리를 획득하는 최선의 길은 적 야전군의 섬멸에 있었다고 지적했다. 그러나 조미니는 '지리상의 목표'를 강조했고, 특히 한 나라의 수도首都는 교통상의 중추일 뿐만 아니라, 권력과 행정부의 소재지로서 훌륭한 군사목표라 했다.[17]

클라우제비츠(1780~1831)는 조미니와 견해를 달리했다. 즉

> "전쟁에 의해서, 또한 전쟁에 있어서 무엇을 달성하려고 하는가" 하는 이 두 가지 질문에 대답하지 않고서 전쟁을 개시하는 사람은 아무도 없다. 이 질문의 첫째는 전쟁목적에 관한 것이고, 둘째는 군사목표에 관한 것이다.
>
> 군사목표는 언제나 적의 타도, 즉 적 전투력의 격멸이야말로 모든 군사행동의 주요 목표라는 결론에 도달한다.
>
> 공격은 각각의 경우 적의 중심重心, 즉 힘과 운동과의 중심中心이 생겨 모든 것은 그 중심重心에 의해 결정된다. 따라서 공격자는 전력을 기울여 적의 그러한 중심重心에 총공격을 가해야 한다. 알렉산더 대왕, 구스타브 아돌프, 샤를 12세 및 프리드리히 대왕 등에 있어서 중심重心은 그들의 군에 있으며, 따라서 만약 군 자체가 분쇄된다면 그들의 역할은 그것으로 종말을 고했으리라. 당파黨派로 인하여 분열되어 있는 국가에 있어서는 중심重心은 대개 수도首都에 있다. 열강국에 의존하고 있는 약소국에 있어서는 중심重心은 그들의 동맹군에 있다. 여러 국가가 서로 모여 결합된 동맹에 있어서는 중심重心은 이해관계利害關係의 일치에 있다. 국민총무장의 경우에는 중심重心은 주로 지도자 자신에게 있다.[18]

1967년 6월 5일에 있었던 중동전쟁에 있어서 이스라엘 공군의 기습작전은 2시간 50분 만에 아랍 공군의 항공기 300여 대를 격파함으로써 제공권을 완전히 장악했다. 이것은 아랍군인들로 하여금 싸우려는 의지를 말살하고 말았던 것이다. 이리하여 소련에서 가져온 각종 최신의 전차와 장비도 쓸모없는 고철이 되어 6일 만에 완패당하고 말았다.

17) 조미니, 『조미니의 兵術論』 이종학 역(서울 : 博英社, 1987), pp. 85~94.
18) 클라우제비츠, 『戰爭論』 이종학 역(서울 : 一潮閣, 1986), pp. 202~203.

클라우제비츠가 잘 숙지하고 있었던 나폴레옹 전쟁에 있어서, 프랑스의 국가 지도자로서의 나폴레옹을 제거함으로써, 프랑스 혁명전쟁이 최종적으로 종결되었다는 사실에 주목해야 한다. 제2차 세계대전에 있어서 독일의 패전이 불가피하다는 것을 알면서도 장기간 히틀러가 지배하고 있는 동안은 전쟁은 종결되지 않았다.

1991년 1월 17일, 이라크 전쟁에 있어서 미국이 주도하는 다국적군은 이라크 본토에 연일 폭격을 가했고, 2월 24일, 지상전투를 개시하여 이라크군을 격파했으며, 3일 후인 27일 이라크의 항복이라는 형식으로 정전停戰되었으나, 미국의 수뇌들은 공격의 중심重心을 오인하였다. 즉, 중심重心은 사담 후세인에게 있는 것이지, 이라크군에 있는 것은 아니었다. 그들은 제공권을 완전히 장악하였고, 지상전에 몰두하는 것처럼 양동佯動을 하면서 특공작전으로 적 지도자를 제거 내지 실각시켰더라면 전쟁목적을 달성할 수 있었으리라. 다국적군은 전술적으로는 승리했으나, 전략적 성과나 전쟁목적을 달성할 수 없었던 것은 중심重心의 오인에서 기인한 것이었다.

조미니와 클라우제비츠의 군사목표는 적군의 수도나 적의 군대 등, 물리적 측면에 지향하는 것이었으나, 『무신수지』는 적의 군대나 적의 진지 등, 물리적 측면보다는 적군의 마음, 적의 사기士氣 등 심리적 측면에 지향되었다는 것은 오늘날의 군사학적 관점으로 보아도 탁견이라 하지 않을 수 없으리라.

7. 맺음말

문을 숭상하고 무를 천시했으며, 또 오랫동안 편안했던 조선시대에 있어서, 무신武臣의 부자父子(이정집·이적)가 2대에 걸쳐, 군인의 본분을 수행하기 위해 알아야 할 병서, 『무신수지』를 저술했다는 것은 놀라운 지혜이며, 조선왕조가 500여 년 동안 지속된 이유도 이런 충성스러운 신하가 버티고 있었다는 데서 기인하리라. 물론 병서라 한다면, 전쟁이란 무엇인가, 즉 전쟁철학이 포함되어 있어야 하지만, 이 책은 이 분야가 없다는 것이 흠이기도 하다. 그러나 군인으로서 요긴한 군사지식을 망라하고 또 해설을 붙여 설명했다는 점에서 높이 평가된다.

우리들은 지금까지 우리 조상들이 저술한 병서를 접할 기회가 적었다. 첫째는 책의 부수가 제한되어 구하기가 어려웠고, 둘째는 한문漢文으로 되어 있어서 상당한 수준의 한문 실력이 없이는 이해하기 어렵기 때문이었다. 이제 상황이 달라져서 뜻만 있으면 길은 활짝 열려 있는 실정이니, 우리 조상의 병서도 소중히 그리고 열심히 연구할 시기가 되었다.

필자는 『무신수지』 가운데 관심이 있는 문제를 다루었으나, 지면상 상세히는 다루지 못하고 다만 문제 제기로 끝난 듯하다. 그러나 그 속에 포함되어 있는 기본 원리·원칙은 시대와 무기체계의 변화에도 구애되지 않고 적용될 수 있는 내용이기에 오늘의 관점에서 재분석·평가를 통해 활용되어야 하고 또 활용될 수 있다는 점을 강조하는 바이다.♣

(『한국군사』 제2호, 한국군사연구원, 1996년)

VII

한국과 일본의 미래를 위한 단상斷想

1. 역사란 무엇인가

영국의 역사가 E. H. 카(E. H. Carr, 1892~1982)는 그의 명저, 『역사란 무엇인가』(What is History?, 1961)에서, "나는 지난 강연에서 역사를 과거와 현재와의 대화라고 말씀드렸습니다만, 오히려 역사는 과거의 여러 사건과 점차적으로 우리들 앞에 출현하게 될 미래의 여러 목적과의 대화라고 말씀드렸어야 했을 것입니다. 과거에 대한 역사가의 해석도, 의의 있는 것과 적절한 것의 선택도, 새로운 목표가 점차적으로 출현함에 따라서 진화되어 나아가는 것입니다."라고 말했다.

역사란 과거를 대상으로 하여 연구하지만, 결국 미래 지향적인 학문임을 밝히고 있다. 필자도 그동안 '역사란 무엇인가' 하는 문제를 곰곰이 생각하여 다음과 같이 풀이해 보았다. 즉, 역사란 지난날 인간생활에서 일어난 여러 가지 사건의 인과관계因果關係의 진실을 밝히고, 그것으로 현실을 이해하는 자료로 삼고 또 후세에 넘겨주어 교훈으로 삼게 함으로써 삶을 유익하게 하는 학문이다.

필자는 한국과 일본은 상호 이해하고 평화를 유지하며 함께 번영하기를 바라고 있었다. 그래서 일본의 메이지(明治, 1868)정부 수립 이후의 소위 대륙 정책을 분석·평가하지 않을 수 없었다. 마침 2000년 1월 28일, 일본 항공자위대 간부후보생학교(나라(奈良) 소재)에서 특강을 할 기회가 있었다. 거기서 일본정부의 대륙정책은 '침략'정책이라고 얘기했는데, 질문의 기회를 주었더니, 학생장교(중위)가 그것은 '침략'이 아니라, '진출'이라고 했다. 그래서 '진출'이란 예컨대 어느 무역상사가 외국에 나가서 장사하는 것을 뜻하고, '침략'이란 군대를 이끌고 가서 타국의 영토와 주권을 탈취하는 것을 뜻한다고 설명했다. 1974년 유엔총회에서 내린 '침략'의 정의는 다음과 같다. 즉

일본항공자위대간부후보생학교 강의(2000. 1. 28.)

"침략이란 어느 나라가 타국의 주권, 영토 보전, 또는 정치적 독립에 대해 무력을 행사하는 것을 뜻한다."

필자는 그 후 일본인들이 '진출'과 '침략'을 식별하지 못하는 원인이 무엇인가를 살펴보았다.

① 일본의 대륙정책은 '침략'이 아니고, '진출'이었다.(日本航空自衛隊 幹部學校의 學生將校)

② 나카소네(中曾根) 총리는 도쿄재판(東京裁判)을 긍정하고, 그리고 전후의 총리 가운데 처음으로 대동아전쟁은 침략전쟁이었다고 말하고 말았다. 그의 발언을 알았을 때, 나카소네 총리는 본인 속에서 가치관이 도착倒錯되지 않았나 하고 생각했다.(龜井靜香 自民黨代議士)

③ 일본국민 가운데는, 특히 지도적 입장에 있는 사람 가운데, 확신범적確信犯的인 사죄를 거부하는 사람들이 있다는 것이 문제이다. 졸저, 『역사의 종말』을 번역한 와타나베 쇼이치(渡部昇一) 교수가 그 전형典型이

다. 와타나베 교수는 제2차 세계대전에 관련하여 완전히 난폭한 발언을 했다. "난징(南京) 대학살은 없었다. 일본군이 난징을 떠날 때, 중국인은 눈물을 흘리면서 전송했다"고 말했다. 와타나베 교수와 같은 사회적 지위의 인물이 상상을 넘어선 얘기를 했다. 이런 얘기를 히틀러에 대해 말하는 사람이 있다면 서구사회에서는 용서받지 못하지만, 일본에서는 허용된다는 것이다. 독일에서는 네오 나치집단(Neo-Nazi Group)이 출현했어도 그것은 커다란 세력이 아니다. 일본에서는 이러한 종류의 사람이 국수주의 세력으로 보편적으로 존재하고 있다. 그것을 사회가 수용하고 있으며, 그것이 일본과 독일의 차이점이다.

사죄의 방식이 서툴다거나, 표현이 조잡하다는 차원의 문제가 아니고, 일본은 진실로 반성도 사죄도 하지 않고 있다. 그것이 문제이다.(프란시스 후쿠야마 교수)

④ 일본의 역사 교과서의 결함에 대해서는 여러 가지 원인이 있으나, 가장 큰 문제는 일본의 정부·문부성의 방침이 일본이 아시아 침략, 식민지 지배, 전쟁에 대해서 그 책임을 명확히 시인하지 않으며, 가능한 한 은폐하려는 것이다. 그리고 교과서의 검정권檢定權은 문부성이 장악하고 있으며, 그 검정은 일본사 교과서에 대해 가장 엄격하며, 문부성의 방침을 반영시키고자 한다.(中村 哲 名譽教授)

⑤ 한국의 역사 교과서는 일본의 침략에 대해 사실에 바탕을 두고 상세히 기술記述하고 있으나, 일본의 교과서는 이 점에 관한 서술敍述은 대단히 빈약하다고 말하지 않을 수 없다. 특히 근현대에 있어서 일본의 조선침략에 관한 기본적인 사실에 대해서는, 그 평가는 고사하고 지식으로서도 일본과 한국의 국민이 공유共有해야만 한다. 한국의 교과서에 명기明記되어 있고, 한국인은 누구나가 알고 있는 일본의 침략과 식민지 지배의 실태에 대해, 일본인만이 알지 못한다면 이웃과의 대화와 신뢰는 깊어지지 않으리라.(高本 享 教諭)

필자는 일본 항공자위대의 젊은 장교(중위)가 '침략'과 '진출'의 용어에 대한 식별을 알지 못하는 원인은 어디에 있을까, 하고 찾았더니, 그 해답은 ④, ⑤에 있었다는 것을 알았다. 그리고 일본 총리가 태평양전쟁을 침략전쟁이었다고 발표했을 때, 한 국회의원은 수상의 정신상태가 어그러져 거꾸로 뒤집힌 것이(倒錯도착) 아닌가 하고 생각했다는 데, 일본에서 극우·국수주의 세력이 사회에서 수용되고 있으나, 독일에서는 그렇지 않으며, 일본과 독일의 침략전쟁에 대한 인식의 차이점이라 지적했다.(③)

일본의 청일전쟁(1894~1895), 러일전쟁(1904~1905), 한일합방(1910), 만주사변(1931), 중일전쟁(1937~1945), 그리고 진주만 기습작전에 의한 태평양전쟁(1941~1945)은 침략이며, 과거의 침략행위에 대한 진실을 알지 못하고서는 미래의 정확한 판단과 이웃나라와의 화해와 우호관계의 증진은 성립되기 어려우리라.

> 천황은 기자회견에서, "나 자신으로는, 환무천황桓武天皇의 생모가 백제의 무령왕武寧王의 자손이라는 것을 『속일본기續日本記』에 기록되어 있는 것에 대해, 한국과의 연고를 느끼고 있습니다.…더욱이 과거를 정확히 아는 데 노력하고, 각 개인으로서의 서로의 입장을 이해한다는 것은 대단히 중요하며, 양 국민 사이의 이해와 신뢰감이 깊어지기를 바랍니다."고 말했다.
>
> (「아사히 신문(朝日新聞)」, 2001년 12월 23일)

필자는 천황의 견해에 전적으로 동의한다. 그리고 1986년 10월 국방대학원 재직 중 학생 10여명을 인솔하여 도쿄(東京)를 방문했을 때, 아베 신타로(安倍晋太郎) 외무장관의 강화講話를 통역할 기회가 있었다. 그는 역사적 관점에서도 한국과 일본의 상호 이해와 관계의 중요성을 역설했는데, 감명 깊게 들었고 통역했으며, 일본 의사당으로 우리들 일행을 초대하여 구경시켜 주기도 했다. 그 후 필자는 그의 명의로 발간된 외교문서를 읽으면서, 이 분이 차기의 총리가 된다면 한일관계는 한 단계 더 높게 발전하리라, 생각하면서 총리가 되기를 바랐다. 그런데 애석하게도 1991년 5월 15일 타계하고 말았다. 하지만 그의 아들 아베 신조(安倍晋三)는 총리를 역임했고, 또 앞으로 재차 총리로 출마할 모양인데, 그는 최근의 신문 인터뷰(2012. 8.)에서 과거사 반성 담화 폐지와 헌법 개정 등을 하겠다고 했으니, 그가 만약 재집권하게 된다면, 동북아시아의 파도는 높아지리라.

2. 침략에 대한 진정한 사죄란?

동북아시아의 평화와 공동번영이라는 기치 아래 한국·중국·일본 3국 협력사무국이 서울에 문을 연 지 1년이 지났다. 이들 3국이 잘 협력한다면 세계의 경제 주도권을 좌우하게 되리라. 즉, 국내 총생산(GDP)의 관점에서 보면, 중국이 세계 2위요, 일본이 3위이며, 한국도 10위권에 들어갈 뿐만 아니라, 조선, 정보·통신, 철강, 자동차 등의 분야에서 첨단을 달리고 있다. 그래서 미국의 전략국제문제연구소(CSIS), 브루킹스, 헤리티지 재단 등에서 우려와 경계의 시선을 던지고 있는 실정이다.

그런데 지난 10월, 일본의 센카쿠(尖閣, 중국명 댜오위다오(釣魚島)) 국유화 조치로 중·일간 갈등이 불거져 아직 해결의 실마리를 찾지 못하고 있다. 일본은 한국과의 영토분쟁의 씨앗인 독도문제를 안고 있으며, 언제 표면화될지 알 수 없는 상황이다. 3국간의 갈등의 씨앗은 과거사와 영토분쟁인데, 이를 어떻게 해결하느냐 하는 과제가 동북아시아의 평화와 공동번영의 열쇠가 되리라.

2차 대전이 끝난 지 26년 만에 서독 수상인 빌리 브란트가 폴란드 바르샤바를 방문한 것은 1970년 12월 7일이었다. 나치에 의해 수 백 만의 시민이 희생된 폴란드의 희생자 위령탑을 방문하게 되었다. 도저히 용서할 수 없는 독일이었지만, 독일과 폴란드의 화해 없이는 유럽 전체의 평화와 번영은 기대할 수 없는 걸림돌이었다. 전 세계의 이목이 쏠려있는 가운데 비에 젖은 위령탑 앞으로 나아가 향을 피우고 커다란 화환을 올리고 두 손을 잡고 묵념하면 끝나는 공식적인 겉치레 행사였다.

그런데 두 손을 마주 잡고 있던 서독 수상인 빌리 브란트가 갑자기 털썩 무릎을 꿇었다. 그리고 한동안 그 상태로 묵념을 했다. 비에 젖은 맨바닥에 무릎을 꿇은 브란트 수상의 모습이 폴란드뿐만 아니라, 전 세계에 알려졌고, 외교적이고 관례적인 과거에 대한 겉치레 반성 같은 것보다 훨씬 강력한 감명을 주었다. 그의 사죄의 모습은 독일 나치가 저지른 모든 죄악에 대한 독일인으로서의 진정어린 반성과 사죄였기에 냉전 분위기를 뒤집어 평화로의 초석을 이루는 데 밑바탕이 되었던 것이다.

일본은 패전 후 정치가·관료들은 과거의 한반도·중국에 대한 침략과 피해를 입힌 데 대한 진정어린 사죄의 모습을 보이지 않았을 뿐만 아니라, 그들의 죄과를 은폐하는 교육을 실시하여 '침략'과 '진출'도 식별하지 못하는 국민을 육성하고 있다. 일본정부는 교과서뿐만 아니라, 방위백서인 『일본의 방위』라는 책자에서도 '독도'를 일본의 영토라고 명시하고 있으니, 아마도 그들은 '독도 탈환 작전계획'도 수립했으며, 기회만 노리고 있는 것으로 짐작한다. 따라서 우리는 만반의 대비태세를 갖춤으로써 그들의 의도를 사전에 억제해야 하리라.

동북아시아의 평화와 공동번영이라는 기치 아래 한국·중국·일본 3국 협력사무국이 서울에 설치되었지만, 독일의 브란트 수상처럼 일본 위정자의 진정한 과거 침략에 대한 사죄와 일본 국민의 호응이 없다면, 그것은 모래 위에 세운 누각(砂上樓閣사상누각)에 지나지 않으리라.♣

(月刊『自由』, 2013년 1월호)

VIII

한반도와 중국의 미래관계를 위한 단상斷想

2012년은 세계적인 '권력 이동'의 한 해였다. 오바마 미국 대통령의 재선 성공, 중국 시진핑(習近平) 총서기의 등장, 일본 우파의 아베 신조(安倍晋三)의 재출범, 푸틴 러시아 대통령의 재등장이다. 거기에다 미국과 중국이 새로운 패권 경쟁에 돌입한 사이에 북한 김정은은 2012년 12월 장거리 로켓의 발사를 성공시켰다. 이에 대해 유엔 안전보장이사회가 대북제재를 결의하자, 북한은 금년(2013년) 1월 24일 제3차 핵실험 가능성을 시사하면서 한반도의 긴장을 높이고 있다. 세계적인 경제 위기와 한반도의 긴장 속에 새누리당의 박근혜 후보가 대한민국의 대통령으로 당선되었다.

외교통상부의 외교안보연구소가 2012년 12월 27일에 발간한 「2013~2017년 중기 국제정세」에서 "내년 2월 출범하는 차기 정부는 21세기 들어 가장 어려운 대외 환경에 직면할 것"이라고 전망했다. 보고서는 "북한의 핵무장과 북한이 기대고 있는 중국의 부상으로 북핵협상 패러다임이 전환될 것"이라며, "북한의 도전이 과거보다 더 심각하고 복잡하며 다양한 성격을 띠고 있다"고 분석했다.

북한의 어린 지도자 김정은(1983~)의 등장과 그들 군사력의 위협 속에서 뾰족한 해결책을 찾아내지 못하는 지금의 한반도 정세는 위기임에 틀림없다. 그러나 우리가 항상 명심해야 할 사항은, '위기'를 지혜롭게 대응하면

'기회'가 된다는 것이다. 그래서 남·북한의 평화적 통일과 앞으로의 중국 향방에 대한 견해를 밝혀보려고 한다.

1. 평화적 남북통일에 대한 새로운 제안

2007년 2월 일본 도쿄에 소재하는 「일본 전략연구 포럼」(Japan Forum for Strategic Studies)에서 '한반도의 현황과 전망'의 시평時評을 집필해 달라는 원고 청탁이 와서 발표했고 또 『自由』(2007년 5월호)에도 번역·발표했다. 평화적 남북통일에 대한 새로운 제안을 간략하게 요약하면 ; 한반도 통일에 관한 시나리오에는, ① 북한 해방을 통한 남·북한의 연방제, ② 북한의 붕괴 후 한국에 의한 흡수통일, ③ 무력충돌에 의한 통일 등이 논의되고 있으나, 강대국의 개입과 피해의 가능성이 언제나 존재하고 있다. 그래서 바람직한 시나리오는, 935년 신라의 경순왕이 태자의 반대를 무릅쓰고 고려의 태조에게 국가의 권력을 이양한 것처럼, 김정일 국방위원장은 한국정부에 권력을 이양하고 따듯한 제주도에서 여생을 편안하게 사는 것이리라. 이렇게 함으로써 김일성이 범한 민족적 비극(6·25전쟁)에 대한 보상도 되고 또 한민족의 평화적 통일과 동북아시아의 평화와 번영에 공헌하는 것이 되리라.

필자는 새로운 제안에 대해 지면상 구체적인 배경 설명을 생략했으나, 그 내용을 소개하면 아래와 같다.

·첫째 : 김정일 국방위원장은 절대 권력자요, 안정된 정치기반을 구축해 두었다는 것이다. 북한을 통치하는 데 '헌법'이 있고, 그 위에 '조선로동약규약'이 있으며, 그 위에 '김정일 국방위원장'이 있기 때문이다. 만약 그가 새로운 제안을 결심하기만 한다면 아무도 반대하지 못하고 실현하게 되었으리라.

·둘째 : 중국은 북한에 개입할 문제만 발생하면 적극적으로 개입하여 북

한을 자국의 영토화 하려는 음모를 꾸미고 있다고 생각했기 때문이며, 이 문제는 차후 구체적으로 논의하고자 한다.

・셋째 : 한반도가 통일된 연후에도 주변 강대국이 한반도를 침략하여 획득되는 이득보다 그 반격에 의해 입는 손해가 크다는 것을 사전에 계산케 함으로써 침략을 포기케 하는 군비를 『한반도韓半島의 억지전략이론抑止戰略理論』(1979 ; p. 335.)에서 아래와 같이 밝혔다.

① 전술핵무기체계를 보유하지만 방위용이며, 결코 타국에 대해 선제공격을 하지 않는다.
② 기동성이 높은 소규모의 재래식 상비군을 보유한다.
③ 범국민적 민병대의 조직을 갖춘다.

그런데 김정일 국방위원장은 셋째 아들 김정은에게 2010년 9월 27일 인민군 대장 칭호를 수여했고, 이어 다음날 28일 30년 만에 소집된 당대표자회의에서 중앙군사위원회 부위원장에 올라 권력 승계자 지위를 공식화했다. 이리하여 북한은 '김일성→김정일→김정은'으로 이어지는 근・현대사상 초유의 '3대 세습체제'를 구축했다.

북한은 2011년 12월 19일 김정일이 "17일 자강도의 현지 지도 강행군 길을 이어가다 겹쌓인 정신・육체적 과로로 인하여 열차에서 순직했다."고 발표했다. 북한 내부사정에 정통한 소식통에 의하면, 12월 17일 급사 직전 "'화천발전소가 부실공사로 인해 누수현상이 심각하다'는 보고를 받고 크게 화가 난 그는 '빨리 수리하라'고 호통을 친 뒤 분을 삭이지 못한 채 자강도로 현지시찰을 서두르다가 급사했다."는 것이다. 만약 김정일 국방위원장이 권력을 한국정부에 이양하고 제주도에서 요양을 했더라면 이런 사태는 발생하지 않았을 터인데…평화적 남북통일이 잠시 물 건너 가버린 사태에 필자는 깊은 아쉬움과 애통함을 느꼈다.

이제 북한은 김정은이 권력을 계승했으나, 권력기반을 구축하는 데 시간이 소요될 것이며, 그는 「조선로동당 규약」에 의해 권력을 행사할 것이며, 2012년 4월 11일 개정을 했다.

그 내용을 보면, "최종 목적은 온 사회를 김일성-김정일주의화"하고, "위업의 승리를 위하여 투쟁한다"고 했는데, 이것은 무력에 의한 한반도의 적화통일이 그들의 최종 목적임을 명시하고 있다. 그리하여 북한은 한국(약 5천만 명)의 절반도 안 되는 인구이지만, 한국군은 병력 63만 9천여 명인데 북한은 119만여 명이며 20여만 명에 달하는 특수전 부대를 보유하고 병력의 70% 이상을 휴전선에 배치하여 병력의 기동·집중 없이도 전쟁을 도발할 수 있는 준비태세를 갖추고 있다. 그러니 우리는 만반의 전비태세를 갖추어 사전에 그들의 전쟁도발을 억제해야 한다.

그리고 "조선로동당은…맑스·레닌주의의 혁명원칙을 견지한다"고 했는데, 마르크스-레닌주의에 의하면 "자본주의가 없어지면 전쟁이 없어진다"고 하였고, 레닌에 의하면 "피압박 계급의 해방은 폭력혁명이 없이는 불가능하다"고 했다. 북한은 아직도 옛 소련에서 폐물로 버린 마르크스-레닌주의를 고수하고 있다는 데에 한반도 위기의 심각성이 도사리고 있다.

역사의 연구란 과거의 진실을 밝히고 그것을 기초로 하여 현재의 위상을 이해하고 미래의 방향을 제시하는 데 있다고 생각한다. 이런 견지에서 지난날의 역사를 살펴볼 때, 660년 신라의 3국 통일 과정에서 당唐과 왜倭가 전쟁에 개입했고, 또 김일성은 무력에 의한 적화통일을 하기 위해 1950년 6월 25일 남침을 개시했지만, 미국을 위시한 16개국의 군대와 중국·소련의 군대가 개입하여 한반도는 축소판 세계 전쟁터가 되어 폐허가 되었다. 이제 또다시 북한의 수뇌들이 전쟁을 일으키고자 결심하기 전에 군사고전인 클라우제비츠의 『전쟁론』(1832)에서 "최초의 한 걸음을 내어 디딜 때, 최후의 결과를 미리 고려할 것을 절실히 요구한다"(8편 3장)는 경고를 상기하기 바란다.

한반도에서 만약 북한이 전쟁을 일으킨다면 역사적·지정학적으로 보아도 외세가 개입하기 마련이며 또 새로운 휴전선이 생기리라. 그리고 한반도가 핵전쟁으로 완전히 황폐화된 연후에 통일이 무슨 소용이 있는가. 27년간 펠로폰네소스 전쟁(Peloponnesian War, 431~404 B.C.)으로 스파르타가 아테네에 승리했으나, 그리스 민족은 그 후 번영에서 쇠퇴의 길로 접어들었고, 그 영향이 오늘날까지 미치고 있다. 한반도에서 북한이 전쟁을 일으킨다면 어느 편이 승리하느냐가 문제가 아니라, 핵전쟁이 일어나 평양 금수산 태양궁전을 비롯하여 한반도 전체가 완전히 폐허로 변할 것이며, 그것은 한민족의 영원한 쇠퇴와 몰락을 뜻하는 것이 되리라. 그러니 북한의 수뇌자들은 전쟁을 일으키기 전에 그 전쟁의 결과가 어떻게 될 것인가를 깊이깊이 생각하기 바란다.

2. 패권주의 중국의 향방은?

마오쩌둥(毛澤東)이 이끄는 공산당은 국민당과 함께 일제日帝를 몰아낸 뒤, 국민당을 타이완(臺灣)으로 쫓아버리고 공산주의 중국을 1949년 10월에 건설했는데, 사유재산과 시장경제를 인정하지 않으니 농산물의 생산과 공산품의 생산이 위축되었다. 그리고 마오가 주도한 대약진운동, 문화대혁명 등은 재앙을 가져왔으며, 수천만 명의 아사자餓死者가 발생했다. 저우언라이(周恩來) 총리의 만년의 병상일기에 의하면, "국가가 대단히 불행하다. 건국 26년이 지났는데도 6억의 인민이 밥도 제대로 먹지 못하고 있다. 공산당만을 노래 부르고 지도자만을 칭찬하고 있으니, 이것은 공산당 실패의 한 장면이다."(1975년 12월 28일)

그러나 1978년 덩샤오핑(鄧小平)의 결단으로 개혁개방(사유재산과 시장경제를 허용했으나, 북한은 수정주의자라 비난·배제하고 있다) 이후 중국은 유례없는 경제성장을 이룩했다. 미국 국가정보위원회(NIC)가 2012년 말에 발표한 「2030년 미래전략 보고서」에 의하면 2020년이 되면 '팍스 아메리카'는 끝나고, 중국이 경제적으로 세계 1위가 될 것으로 예측했다. 이어 동아시아 질서를 예측한 4가지 시나리오 가운데 중국을 정점으로 상의하달식上意下達式 폐쇄적인 세력권이 형성될 가능성을 배제하지 않았다.

한편 중국의 싱크탱크(think tank)인 중국과학원은 2013년 1월에 발표한 「국가 건강보고」에서 "지금 같은 성장세가 이어지면 2019년 경제 총량에서 미국을 능가할 것"이라고 전망하면서도 "부패와 사회 불안정, 부적절한 자원배분, 미약한 기술 혁신 등으로 성장에 도전을 받고 있다"고 지적했다.

중국은 1990년대 이후 고구려사를 중국 소수민족의 지방정권, 즉 중국사의 일부라고 주장하며 역사를 왜곡하고 있다. 이것은 단순한 역사문제에만 관련이 되는 것이 아니라, 영토문제, 국가전략문제와도 관련이 있는 정치적 프로젝트이며, 이것을 소위 '동북공정東北工程'이라고 한다. 이것은 마치 일제가 1910년 조선왕조를 합병하기에 앞서, 육군 참모본부가 중심이 되어 광개토왕 비문의 신묘년(391) 기사를 5년간 연구하여 1889년에 연구결과를 발표한 것과 같다. 즉 "倭는 辛卯年(391)에 바다를 건너와 百殘과 新羅를 破하고 臣民으로 삼았다"고 왜곡·해석하고 이것을 역사교과서에 넣어 학생들에게 가르쳤고, 한일합방을 정당화하는 데 활용했다.

필자가 2007년 2월, 앞의 '새로운 제안'을 집필할 당시, 중국의 기업은 북한에 9억 달러를 지출하여 첨단산업에 불가결한 희소금속이 풍부하게 매장되어 있는 무산광산을 앞으로 50년간 독점 채굴권을 획득했는가 하면, 동해의 나진항 부두의 독점사용권을 획득하는 등, 북한은 중국의 '남길림성'으로 불릴 정도로 예속화가 진행 중에 있다. 만약 북한에 급변사태가 발생한다면, 중국은 군사력으로 개입·점령하고는 일제처럼 옛 고구려의 영토를 회복한 것뿐이라고 주장하리라. 이것이 필자가 평화적 남북통일에 대한 새로운 제안을 했던 근본적 배경이었다.

2012년 11월 새로 출범한 시진핑 총서기 체제의 공산당은 부패 척결의 깃발을 다시 들었다. 2012년 2월 초 보시라이(薄熙來) 전 충칭(重慶)시 서기의 측근이 미 영사관에 피신하면서 시작된 '보시라이 사건'은 중국은 물론이고 전 세계를 들썩이게 했다. 이 사건의 강경처리를 주장했던 원자바오(溫家寶) 총리도 일가 재산이 27억 달러(약 3조원)에 이른다는 폭로가 나오면서 곤경에 빠졌고, 고위관리들은 고액의 현금을 가지고 국외로 잠적하는 사건이 계속 발생하고 있다고 신문은 보도했다.

최근의 중국정부는 19세기 영국을 비롯한 유럽 열강이 아프리카와 아시아의 식민지를 약탈했던 패권주의 수법으로 이웃나라를 삼키려 할 뿐만 아니라, 남중국해의 섬에 대한 영유권 분쟁으로 베트남·필리핀과 대립하고 있고 또 일본과는 센카쿠 열도에서 위기에 놓여 있으며, 한국과도 이어도 영유권을 둘러싼 중국의 억지 주장은 한국에도 악몽의 전조일 수 있다.

이러한 상황 속에서 특히 중국 고위층 내부의 고질적인 부패는 이제 체제의 안정을 위협하고 있다고 그들은 말했는데, 옛 소련이 1991년 8월 고르바초프의 서기장 사임과 권고에 의해 공산주의 깃발을 내리고 해체하여 여러 민족에게 독립 국가를 형성케 한 것처럼, 중국도 시진핑 체제에서 평화적으로 해체하여 티베트족과 위구르족 그리고 만주의 조선족을 각각 독립국으로 분리시키고, 중국도 양자강 남북으로 분리 독립국으로 만드는 것이 중화민족中華民族뿐만 아니라, 아시아의 평화와 번영을 위해 바람직한 조치가 되리라.

이미 남·북한 체제의 우열경쟁은 끝났다. 즉 2011년의 기준에 의하면 남·북한의 경제적 격차가 37배나 벌어졌고, 한국의 무역규모는 1조 달러를 달성하여 세계 9위의 무역 대국이며, 수출 규모만으로는 세계 7위이다. 그러니 북한은 '평화적 남북통일에 대한 새로운 제안'을 하루 빨리 수락·실행하기 바라며, 북한의 사회주의자들은 조선 인조왕이 병자호란 후의 사례처럼 대동강에서 목욕을 시켜 새로 태어나게 한 후, 북한의 경제개발과 민둥산의 녹화사업에 힘을 기울일 기회를 주어야 한다. 이렇게 함으로써 한민족은 세계가 우러러 보는 '동방의 밝은 등불'이 되리라.♣

(月刊『自由』, 2013년 3월호)

IX

급변하는 동북아 정세와 일본의 '집단적 자위권'

영국에 있어서 영원한 우방도 없으며 또 영원한 적도 없다. 다만 영원한 국가이익이 있을 뿐이다.
- 파머스턴(1784 ~ 1865) -

1. 급변하는 동북아 정세

2013년 10월 1일 최대 규모로 치러진 '건군 65주년 국군의 날 기념행사'를 TV화면을 통해 관람하면서 흐뭇한 감정에 휩싸였다. 젊은 군인들의 늠름한 모습, 최신 무기·장비의 공개, 그리고 화려한 공군 블랙 이글의 에어쇼를 보면서 매료되었다. 더욱이 박근혜 대통령은 기념사에서 "군대의 진정한 존재 가치는 전쟁을 막는 데 있다. 튼튼한 안보를 바탕으로 평화통일을 이루겠다"며 국민들 앞에 다짐했다.

다음 날(10월 2일) 한국과 미국의 국방장관은 연합안보협의회(SCM)를 열고 북한이 핵무기를 사용할 징후가 포착되면 지상·해상·공중에서 선제적으로 공격하는 '맞춤형 억제전략'에 합의했다. 이것은 핵무기 사용이 임박할 경우 선제공격의 길을 열어둔 전쟁 억제의 획기적인 진전이기도 하지만, 반면에 한반도에서 핵전쟁이 일어날 가능성을 증대시킨 조치이기도 하다.

현재 미국은 북한의 핵·미사일 위협과 미국의 패권에 도전하는 중국의 등장이라는 두 가지 위협에 직면하고 있다. 10월 3일 존 케리 미국 국무장관은 일본을 방문하여 기자회견에서 "일본의 집단적 자위권 노력을 환영하며 일본과 긴밀히 협력해 나아가겠다"는 의지를 분명히 했다. 일본의 '집단적 자위권'이란 동맹국이 공격받을 때, 이를 자국에 대한 침략행위로 받아들여 반격할 수 있는 권리를 뜻한다.

한편 중국은 일본과의 센카쿠(尖閣) 열도(중국명 댜오위다오) 영유권 분쟁, 필리핀·베트남과도 남중국해 영유권 문제로 옥신각신하고 있다. 그리하여 항공모함, 핵잠수함, 차세대 전투기 등 군사력 증강에 여념이 없다가 갑자기 그들은 2013년 11월 23일 '방공식별구역'(ADIZ)을 발표했다. 미국은 26일 중국의 방공구역에 B-52 폭격기의 훈련비행이라는 '위력과 과시'를 보임으로써 중국이 일방적으로 설정한 구역을 인정하지 않겠다는 메시지를 보냈다.

중국에 대해 주먹을 보여준 미국은 이번에 존 바이든 부통령의 외교적 해법을 모색했다. 즉 일본에는 12월 2일~4일까지, 중국에는 12월 4일~5일까지 체재했는데, 미국과 중국의 입장 차이만 확인한 채 별 성과 없이 끝났다. 4일 시진핑(習近平) 중국 국가주석과 바이든 간의 단독 회동이 끝난 후 브리핑에서 "바이든 부통령은 중국의 방공식별구역을 인정하지 않으며, 이로 인해 동북아 갈등이 고조되는 데 대해 깊은 우려를 갖고 있다는 뜻을 분명히 전달했다."고 미국 측은 밝혔다.

남재준 국가정보원장은 2013년 10월 8일 "북한이 영변 원자로를 재가동했고 최근 북한이 수도권과 서해 5도를 겨냥한 포병화력을 증강하고 있다"고 밝혔다. 남 원장은 특히 "김정은 노동당 제1비서가 3년 내 무력통일을 하겠다고 내부적으로 수시로 호언하고 있다."고 보고했다.

북한 김정은의 고모부이자 사실상 2인자인 장성택 국방위원회 부위원장이 공개석상에서 끌려 나간 지 나흘만인 2013년 12월 12일 특별군사재판에서 사형선고를 받고 즉시 처형됐다. 북한은 조선중앙통신을 통해 장성택에 대한 판결문을 공개했다. 즉 "권력 탈취 후 외국의 인정"을 받으려 했다 했는데, 아마도 장성택의 처형은 김정은의 독재 권력을 강화하기 위한 수단이며, 앞으로 무서운 숙청작업이 진행되어 북한의 정세는 불확실하여 갈피를 잡지 못하리라.

한·미 연합사령부에는 「작전계획 5029」가 있으며, 이것은 ① 북한 내 정변으로 인한 소요사태 및 대량 탈북, ② 홍수·지진 등 대규모 자연재해, ③ 북한 정권의 핵 및 생화학무기 등 대량 살상무기(WMD)에 대한 통제력 상실 등 북한의 6가지 불안정 사태에 대비한 유형별 대비계획이다. 최근 북한의 접경지대에서 중국군의 훈련이 빈번하다고 하니, 우리도 「작전계획 5029」의 수정·보완과 훈련이 필요하리라.

박근혜 대통령은 2013년 12월 6일 바이든 부통령을 만나 여러 가지 문제를 논의했는데, 특히 부통령의 주장을 중심으로 한반도 정세의 급변상황을 살펴보려고 한다.

2. 일본의 '집단적 자위권'

일본의 '집단적 자위권'을 이해하기 위해서 알아야 할 것은, 일본의 패전 후 새로운 헌법이 '맥아더 노트'를 기초로 하고 있다는 점이다. 즉 1946년 2월, 그의 노트에 의하면, ① 천황은 국가원수, ② 전쟁포기, ③ 봉건제도의 폐지 등 3원칙이었다. 전쟁포기에 관한 내용은 헌법 제9조이며, 일체의 군비와 국가의 교전권을 인정하지 않는 결과, 자위권 발동으로써의 전쟁과 또한 교전권도 포기했다. 역대 일본정부는 '집단적 자위권'행사를 위헌違憲으로 해석했다. 그런데 요즘 아베 총리는 헌법 해석을 바꾸려 하고 있다는 것이다.

아베 총리가 '집단적 자위권'을 추진하는 이면에는 북한의 급변사태 혹은 전면적 도발을 예상하고 있으리라. 한반도 유사시 주한 미군이 공격을 받을 경우, 일본이 미·일 안보조약에 따라 적극 개입하지 않을 수 없으며 미국도 이와 같은 논리이다.※ 6·25전쟁 초기, 맥아더 장군은 미군 병력의 부족을 메우고자 옛날 일본병을 재소집해서 한국전선에 투입하는 계획을 밝혔는데, 이승만 대통령이 단호하게 "그렇다면 김일성과 휴전하고 먼저 일본군과 싸우겠다."고 말하자, 그 계획은 꼬리를 감추고 말았다. 요즘 미국의 국무부·국방부 고위 관계자가 "일본의 집단적 자위권 행사는 동북아 안보와 평화에 기여하고 미국은 이런 일본의 움직임을 환영한다."고 했는데, 이것은 미국의 동북아 정책의 커다란 전환이며, 한반도에 위협을 가하는 처사임을 결코 잊어서는 안 되리라.

필자는 잠시 지난날의 역사를 들추어 보고자 한다. 즉 러일전쟁(1904~1905)은 러시아의 남하정책을 저지하기 위해 영국·미국이 일본을 앞세운 전쟁이라 볼 수 있다. 1905년 3월 봉천전투 이후 지상전선은 교착상태에 빠졌으나, 일본은 5월 대마도 해전에서 러시아의 발틱 함대를 격멸하여 제해권의 확보에 성공했다. 그러나 병력·탄약 그리고 전비戰費의 부족에 허덕였고, 러시아는 1월에 혁명이 일어나 전쟁을 계속하기 어려운 사정이었다. 6월 미국의 시어도어 루스벨트(1858~1919) 대통령의 주선으로 포츠머스 조약(러·일 강화조약)이 1905년 9월에 조인되었으며, 그 내용은 다음과 같다.

① 조선에 대한 일본의 지도권의 승인
② 여순·대련의 조차권租借權과 장춘 이남의 철도…

포츠머스 조약이 체결되기 전에 루스벨트 대통령은 7월 육군장관 태프트를 일본에 파견하여 일본 수상 가쓰라 다로(桂太郎)와 더불어 '미·일 비밀협약'을 체결했는데, 그 내용은 다음과 같다.

※ 국방부는 2014년 4월 21일 "일본측에서 한국의 사전 동의 없이는 한반도에서 '집단적 자위권'을 행사하지 않겠다는 점을 분명하게 알려 왔다"고 밝혔다. 그러나 이런 내용은 아베정부의 겉으로 하는 말인 '다테마에(建前)'이지, 속마음인 '혼네(本音)'는 아니리라.

① 일본은 필리핀에 대하여 미국의 지배를 확인할 것.
② 극동의 평화를 유지하기 위하여 미국·일본·영국은 실질적으로 동맹 관계를 확보할 것.
③ 일·러 전쟁의 원인이 된 조선은 일본이 이를 지배할 것을 승인할 것.

조선정부의 수뇌들은 한미 수호조약(1882) 제1조에 "만약 타국이 체약국締約國 중 그 어느 한편에 대해 경모輕侮하는 일이 있게 되면 반드시 서로 도와 조치를 잘 취한다"는 조약의 문구만 믿고 이승만을 밀사로 워싱턴에 파견했으나 냉대만 받고 말았다. 미국은 2차대전 때, 일본을 견제하기 위해 중국의 장제스(蔣介石) 국민정부를 지원했는데, 오늘날은 중국을 견제하기 위해 일본의 아베정권을 지원해서 '집단적 자위권'을 허용하는 태도로 전환했다.

3. 바이든 미국 부통령의 방한 목적은 무엇인가?

박근혜 대통령은 2013년 12월 6일 청와대에서 미국 부통령을 만나 여러 가지 현안문제를 논의했으며 방한의 주안점은 다음 세 가지를 밝히는데 있었다고 해석한다.

첫째, 미국의 아시아·태평양으로의 '재균형' 정책에 대한 강력한 의견의 천명

둘째, 미국은 행동으로 옮기지 않을 말은 결코 하지 않는다.

셋째, 부통령이 말한 "It has never been a good bet to bet against America"를 밝히는 일.

청와대를 방문한 바이든 부통령은 본격적인 대화에 앞서 덕담을 나누는 공개된 자리에서 박 대통령에게 셋째의 내용을 영어로 두 번이나 반복해서 말했다는 것이다. 미국 측 통역 담당자는 이를 "미국의 반대편에 베팅하는

건 좋은 베팅이 아니다"고 통역했다. 이 말은 무슨 뜻으로 해석해야 하는가 하는 문제가 양국 외교관에 의해 야기되었다. 한국 외교부측은 "미국을 믿어 달라"는 말뜻이라 풀이했고, 미 국무부는 7일 "미국이 아·태 지역을 떠나려는 것이 아니라는 의미였다. 아시아와 한국 중시 약속을 지키지 않을 것이라는 데 베팅하는 것은 좋은 베팅이 아니다"는 뜻이라고 해명했다.

미국은 걸프 및 이라크 전쟁과 아프가니스탄 전쟁의 개입으로 인한 재정적자로 앞으로 군사비 1조 달러 이상을 삭감하지 않을 수 없기에 일찌감치 일본 손을 들어주었고, 영국·호주도 일본을 지지했다. 미국은 한·일 3국으로 중국을 견제하고자 하는 전략인데, 한국은 역사인식 문제, 독도 그리고 위안부 문제로 일본을 멀리하고 중국과 가까워지고 있으니 미국으로서는 한·중 밀착을 더 이상 방치할 수 없다는 뜻에서 '중국 편에 베팅하는 것은 좋은 베팅이 아니다'는 경고의 뜻이 셋째에 담겨져 있다고 필자는 해석한다.

그날 오후 바이든 부통령은 연세대학교 특강에서 "미국인들은 수십 억 달러를 들여서 불평도 하지 않고 한국을 지원하고 있다."고 밝히고 "미국 장병 2만 8천 5백 명이 한국 장병과 어깨를 나란히 하면서 보초를 서고 있다. 아무 불평도 하지 않고 말이다." 하면서 한국에 대한 미국 측의 노력과 은혜를 강조했다. 그러나 필자는 바이든 부통령과는 6·25전쟁에 대한 역사적 진실을 밝힌다는 관점에서 전연 견해를 달리하고 있다. 즉 6·25전쟁은 김일성이 스탈린의 '조건부 승인'과 마오쩌둥(毛澤東)의 '동의'를 얻어 1950년 6월 25일 새벽에 전쟁의 방아쇠를 당겼지만, 김일성으로 하여금 방아쇠를 당기도록 유도한 것은 미국의 트루먼 대통령이라고 가정하여 논거를 제시해 보았다.

필자는 지난 40여 년 간 미국의 웨드마이어(Albert C. Wedemeyer, 1897~1989) 대장(예)의 회고록 『웨드마이어는 보고한다!』(*Wedemeyer Reports!*, 1958)를 연구했다. 웨드마이어가 1947년 9월 19일 트루먼 대통령의 특사로 중국과 한국을 방문하고 정책보고서를 제출했는데, 발표금지가 되었고 또한 트루먼 대통령이 6·25전쟁에 개입한 원인(동기)은 무엇인가? 그들이 전쟁에 개입하여 달성코자 했던 전쟁의 정치적 목적은 무엇인가 하는 문제를 연구함에 따라 트루먼 대통령의 졸렬한 정책결정의 자업자득自業自得이라 해석한다.(『웨드마이어 회고록과 논평』(2014), 「웨드마이어 보고서와 6·25전쟁의 원인」, pp. 247~272 참조)

4. 아베 총리가 야스쿠니 신사를 참배한 뜻은?

일본의 아베 신조(安倍晋三) 총리는 "침략이라는 정의定義는 학계에서도 국제적으로도 정해지지 않았다"면서 2013년 12월 26일 태평양전쟁 A급 전범자 14명을 합사한 야스쿠니 신사를 참배함으로써 심상치 않은 충격을 일으켰다. 전범자를 합사한 연후에는 천황(일본왕)도 참배를 중지했던 것이다. 그곳은 전쟁자료실인 유슈칸(遊就館)을 포함해 2차대전 전 일본의 침략행위를 정당화하는 상징적 존재인데 총리가 이곳을 참배하는 것은, 1952년 샌프란시스코 강화조약에서 일본이 "전범을 단죄하고 전후 질서를 받아들인다."는 강화조약을 통해 국제사회에 복귀한 것을 파기한다는 뜻이 담겨져 있기 때문이다.

따라서 아베 총리의 야스쿠니 신사의 참배는 태평양전쟁을 일으킨 일본의 침략적 행위의 잘못을 부정하는 잘못된 역사 인식이 깔려있다는 증좌로 보아야 하리라. 호소가와 모리히로(細川護熙) 총리는 취임 기자회견에서, 과거 전쟁에 대해 질문을 받자 "침략이었다"고 확실하게 말했다. 그리고 김영삼 대통령과 경주회담에서도 호소가와 총리는 식민지 시대의 창씨개명, 일본군 위안부, 징용 등을 열거하며 "가해자로서 진심으로 반성하고 깊이 사죄하고 싶다"고 말했다.

그러나 아베총리는 과거의 침략전쟁과 위안부 등을 전혀 인정하지 않을 뿐만 아니라, 독도도 일본 고유의 영토라고 주장하고 있다. 그는 평화헌법을 개정하려 하고 군비를 확장하는 등 과거 1930년대의 국수주의·군국주의로 뒤돌아가고 있다는 것이 필자의 해석이다. 오바마 정부의 아시아 전략의 핵심은 한·미·일 협조를 통한 동북아 지역 안정과 평화인데, 아베 총리는 정면으로 이를 무시하고 아시아의 갈등을 심화시키고 있다. 그래서 미국 언론은 아베에 대해 '극단적 국수주의자', '동북아의 문제아'로 부르고 있다.

한국정부는 26일 아베 총리의 참배에 대해 "개탄과 분노를 금할 수 없다." 면서 강하게 비판했다. 유진룡 문화체육관광부 장관이 정부 대변인 자격으로 성명을 내고 "아베 총리가 신사를 참배한 것은 그의 잘못된 역사 인식을 그대로 드러낸 것으로 한일관계는 물론이고 동북아의 안정과 협력을 훼손시키는 시대착오적 행위"라고 밝혔다.

한편 국회 외교통일위원회는 30일 전체회의에서 '아베 신조 일본 총리의 야스쿠니 신사 참배 규탄 결의안'을 만장일치로 가결했다. 즉 "아시아 주변 국가들에 씻을 수 없는 상처를 준 과거 침략전쟁에 대한 진정한 반성 없이 오히려 침략행위를 미화하는 것"이라고 규탄했다. 또 "종국에는 일본정부가 과거 침략전쟁을 정당화해 군국주의 부활을 의도하는 것으로서 한반도를 포함한 동북아시아의 평화와 안정에 명백히 위협이 되는 행위"로 규정했다.

일본 주재 미 대사관은 2013년 12월 26일 성명을 통해 "일본은 미국의 귀중한 동맹국이자 친구이지만, 일본 지도부가 주변국과의 갈등을 악화시키는 행동을 취했다는 점에 실망했다."고 밝혔다. 그러면서 "미국은 일본과 주변 국가들이 과거 예민한 문제를 청산하고 관계를 개선시키며, 아·태지역 평화와 안정이라는 공통의 목적을 이루기 위해 협력을 증진할 수 있는 건설적인 방법을 찾게 되기를 희망한다."고 전했다. 아베의 참배에 대해 미국은 다음날까지 기다리지 않고 대사관을 통해 바로 성명을 발표하는 형식을 취했다. 교도(共同)통신은 "오바마 정권이 아베 총리에게 야스쿠니 신사를 참배하지 않도록 비공식 교섭을 해온 만큼 이번 성명서는 사실상의 비난 성명"이라고 전했다.

미국 워싱턴포스트(WP)는 2013년 12월 28일 사설에서 “아베 총리의 국제적 지위와 일본의 안보를 약화시킬 수 있는 도발적인 행동이며, 중국과 북한의 침략에 맞서 군사적 대응태세와 미일동맹을 강화하려는 아베 총리의 정책은 이유가 있지만, 이런 정책과 과거 대일제국의 향수를 연결시키는 것은 그의 대의를 깎아내릴 것”이라고 경고했다. 한편 뉴욕타임스(NYT)는 27일 ‘신사참배로 일본 총리는 일본이 평화주의에서 멀어졌다고 확인시켰다.’는 제목의 기사에서 “(신사참배 때문에) 중국과 다투게 된 일본은 미국에 안정적인 동맹이라기보다는 또 다른 아시아 문제가 되고 있다.”고 비판했다. 이 신문은 다카하시 데쓰야(高橋哲哉) 일본 도쿄대 교수가 “아베 총리의 행보는 불에 기름을 붓는 격이며, 아베 총리의 역사관은 미국과 점점 멀어져 결국에는 미국이 수립한 전후 세계질서를 믿지 않게 될 것”이라 우려했다고 전했다.

미국 최고의 일본 전문가로 꼽히는 제럴드 커티스 미국 컬럼비아 대학교 석좌교수(일본 와세다대학교 객원교수)가 아베 총리에 대해 2014년 2월 20일 쓴소리를 쏟아냈다.

> 한국과 중국에서 봤을 때, 야스쿠니 신사는 군국주의의 상징일 수밖에 없다.…주변국과의 관계를 개선하려면 아베는 야스쿠니에 다시 가서는 안 된다. 일본 총리가 참배하면 야스쿠니가 표방하는 역사관을 지지한다는 의미로 해석되기 때문이다.…
>
> 과거사는 결코 미뤄두고 넘어갈 문제가 아니다. 한국·중국 사람들에겐 지울 수 없는 상처이다. 이미 두 번 시도됐지만, 한·일 간 역사 공동연구와 같은 사업에 더 역점을 두는 것이 해결책이 될 수 있다.…
>
> 한국이 일본과의 대화를 거부하는 데에 부정적인 시각이 많았다. 그러나 아베의 야스쿠니 방문 후엔 분위기가 바뀌었다. 그럼에도 박근혜 대통령이 아베와 계속 만나지 않으면 이해 못하겠다는 목소리가 커질 것이리라.

한편 중국 국방부 경옌성(耿雁生) 대변인은 “일본 지도자가 중국과 아시아

전쟁피해국 인민들의 감정을 난폭하게 유린하고, 공연히 역사 정의와 인류 양심의 길에 도전한 것에 강력히 분개하며 이로 인한 모든 부정적 결과에 대해 일본이 책임을 져야 한다."고 비난했다. 양제츠(楊潔篪) 중국 외교·안보 담당 국무위원은 28일 담화문에서 "아베 총리는 며칠 전 천하에서 가장 옳지 못한 행동을 감행했다. A급 전범들이 합사된 야스쿠니 신사를 참배한 것은 평화를 사랑하는 전 세계인에 대한 공개적 도발이자 역사 정의와 인류 양심에 대한 난폭한 유린 행위이고, 동시에 유엔헌장에 기초한 전후 국제질서에 대한 분별없는 도전"이라고 맹비난 했다. 중국이 대일관계에서 부총리급인 국무위원까지 나서 공개적으로 비난한 것은 매우 이례적이다.

중국 외교부 친강(秦剛) 대변인은 30일, 정례 브리핑에서 "아베는 총리 취임 이후 중·일관계를 오판하고 잘못을 거듭해 왔다. 특히 제2차 세계대전의 A급 전범이 있는 야스쿠니 신사를 참배했다"고 밝혔다. 그는 A급 전범은 '일본 군국주의 대외 침략전쟁의 기획자·실행자', '아시아의 나치'로 그들의 손은 피해국 인민들의 피로 범벅이 돼 있다고 지적하며 "아베가 A급 전범을 참배한 것은 실질적으로 도쿄재판을 뒤집고 일본 군국주의의 대외침략, 식민통치를 미화한 것"이라고 비난했다. 그는 "신사 참배는 인류 양심을 제멋대로 유린한 것이며 공리公理·정의에 대한 오만한 도발이며, 이런 일본 지도자를 중국 인민은 당연히 환영하지 않으며, 중국 지도자는 그와 대면하지 않을 것"이라고 말했다.

무라야마 도미이치(村山富市) 전 일본 총리는 1995년 8월 15일 일본의 식민지배와 침략전쟁으로 아시아 국가가 피해를 본 데 대해 사과한 '무라야마 담화'의 당사자이다. 그는 제2차 세계대전 종전 50주년을 맞이하여 "식민지 지배와 침략으로 아시아 제국의 여러분에게 많은 손해와 고통을 줬다"며 통절한 반성과 사죄를 담고 있다. 이후 거의 대부분의 일본 정권이 담화의 계승의사를 밝혔으나, 아베정권은 2012년 총선 때부터 '무라야마 담화'를 부정하는 태도를 보여 왔다.

한국을 방문한 무라야마 전 총리는 2014년 2월 12일 국회 의원회관에서 열린 '올바른 역사 인식을 위한 한일관계 정립' 강연회에서 군 위안부 문제에 대해 "여성의 존엄을 빼앗은 형언할 수 없는 잘못을 저질렀다. 일본이 해결해야 한다."고 말했다. 그리고 그는 '무라야마 담화'를 일본정부가 계승해야 한다는 뜻도 분명히 밝혔다. 그는 최근 일본의 우경화에 대해 "20년간 경제적으로 침체하면서 중국에 국내 총생산(GDP)을 추월당하고 한국이 급성장하면서 일본 국민이 자신감을 많이 잃었다. 이런 상황에서 큰소리 치고 허세를 부리면서 강하게 보이는 정치인(아베 총리를 지칭)이 등장했다"고 분석했다.

한편 일본 나루히토(德仁) 왕세자는 2월 23일 자신의 54번째 생일을 맞이하여 가진 기자회견에서 "일본은 전후戰後 헌법을 기초로 평화와 번영을 향유하고 있다. 헌법을 준수해야 한다."고 밝혔다. 아키히토(明仁) 일왕도 작년 12월 기자회견에서 "전후 연합군 점령 하에 있던 일본이 평화와 민주주의를 소중한 가치로 삼아 헌법을 만들고 다양한 개혁을 통해 지금의 일본을 만들었다"면서 기존 평화헌법을 높이 평가했다. 일본 역대 내각은 집단적 자위권 행사가 헌법 9조에 위배된다고 해석해 왔다.

그러나 2012년 12월에 출범한 아베 총리는 미군이 왜 일본을 점령했는지에 대한 원인을 망각하고, "현행 헌법이 미군 점령기에 강요로 만들어졌다."면서 전쟁과 군대 보유 금지를 규정한 헌법 9조의 개정을 추진하려 했으나, 참의원과 중의원 각각 3분의 2 발의와 국민투표를 거치는 것이 쉽지 않다고 보고 헌법해석 변경이라는 우회 전략을 택했다. 아베 총리는 이를 위해 헌법해석을 담당하는 내각 법제국 장관을 집단적 자위권 행사파로 교체했다.

일본의 유력지 아사히(朝日) 신문(2013. 9. 17.)은 사설을 통해 "헌법해석 변경은 전후 정책의 대전환이며 평화주의에서 이탈하는 것"이라면서 "정권이 독단으로 바꾸는 것이 가능하다면 헌법의 신뢰성이 땅에 떨어질 것이며 권력을 제한하는 입헌주의 부정으로 이어질 수 있다"고 비판했다. 그리고 "헌법 9조는 전쟁과 식민지 지배에 대한 반성을 담은 국제적 선언이라는 의미가 있다."면서 "아베 정권의 역사인식에 대한 의문이 제기되는 마당에 성급하게 해석 변경을 추진할 경우 이웃나라와도 관계가 나빠질 수 있다."고 우려했다.

한편 일본집권 자민당의 현직 중의원인 무라카미 세이치로(村上誠一郎, 61)는 2014년 4월 13일 헌법해석 변경을 통한 집단적 자위권 행사 추진을 "승부조작보다 더한 일"이라며 아베 총리를 강하게 비판했다. 그는 "헌법해석의 최종 책임 소재는 사법부에 있다. 입법부와 행정부가 할 일은 최고재판소(대법원)가 위헌이라고 판단하지 않는 법을 만들고 해석해 운영하는 것뿐이다."고 했다. 그는 이어 "집단적 자위권 행사가 필요하다면 정정당당하게 개헌을 주장해야 할 것"이라고 주장했다.

아베 정부는 '집단적 자위권을 보유하고 있지만 행사할 수 없다'는 기존 헌법해석을 각의(국무회의) 의결만으로 바꿔 집단적 자위권 행사가 가능하도록 밀어붙이면서 논란이 일고 있다. 무라카미 의원은 "각의 결정만으로 헌법해석을 바꾸는 방법이 통하면 주권재민, 기본적 인권 존중 등에도 영향을 미친다. 그렇게 되면 헌법 자체의 존재 의의가 사라지는 매우 위험한 상태에 빠질 우려가 있다"고 강조했다.

오늘날 동북아의 국제정세가 급하게 변하고 있는 상황에서 우리가 지켜야 할 기본적 원칙은 무엇인가? 필자는 1951년 공군사관학교에 입교한 이래 오늘날까지 한평생 전쟁을 연구대상으로 하는 군사학(military art and science)을 배웠고, 연구했고 또한 가르치고 있으며, 그 결론을 간략하게 요약하면 아래와 같다.

평화를 바란다면, 전쟁을 이해하고 거기에 대비하라.
그리고 국토·국민·주권의 수호도 거기서 비롯됨을 명심하라! ♣

(2013년 12월 탈고)

제 2 부

군사사학으로 본 역사 산책

I

광개토왕 비문의 '倭'의 연구※

— 군사사학적軍事史學的 연구방법에 의한 —

1. 머리말

광개토왕 비문(廣開土王碑文, 차후 비문이라 약칭함)을 일본 육군 참모본부의 사가와 가게아키(酒匂景信) 중위가 1883년 가을 일본으로 가져가서 연구한 지 1세기가 흘렀지만, 아직도 논쟁은 계속되고 있다.

현재 일본에서 비문에 나타난 왜倭의 해석에 의한 통설通說은 ① 비문은 4세기 후반에 일본 세력의 한반도 진출을 분명히 하는 확실한 사료史料이다. ② '신묘년辛卯年'의 부분은 '왜倭'를 주어로 하며, 왜가 백제·신라를 복종시켰다고 해석한다(임나일본부설任那日本府說의 근거). ③ 비문 가운데의 '왜'는 야마도 조정군(大和朝廷軍), 일본군 등으로 일본의 통일 군사력統一軍事力으로 한다. ④ 이런 것을 전제로 야마도 조정에 의한 일본의 통일은 4세기 중엽이라는 것이다.[1)]

※ 이 글은 필자의 아래 논문을 종합·요약한 내용이다.

① 「廣開土王碑文의 倭에 대한 新考察」, 『自由』242호(서울 : 자유사) 1993년 10월호
② 「廣開土王碑文의 倭의 實體에 대한 新考察」, 『新羅의 對外關係史硏究』15집(경주 : 신라문화선양회, 1994)
③ 「廣開土王碑文 辛卯年記事의 檢討」, 『軍史』32호(서울 : 國防軍史硏究所, 1996)
④ 「広開土王碑文の倭に関する一考察」, 『東アジアの古代文化』81号(東京 : 大和書房, 1994)

지금까지의 비문 연구는 주로 문헌사학적·고고학적 연구방법과 금석문金石文 연구방법에 의해 진행되어 왔다. 비문의 연구가 수수께끼에 휩싸여 해결의 실마리를 찾지 못한 이유는 연구방법에 있었으리라. 그 이유는, 비문의 왜는 언제나 군사작전에 참가하고 있었기 때문에 전쟁의 준비·수행·결과에 대한 분석·해석은 군사이론軍事理論에 바탕을 둔 군사사학적軍事史學的 연구방법[2]이 가장 적합하고 또 타당성이 있음에도 불구하고 지금까지 아무도 이 방법으로 규명을 시도하지 않았기 때문이다. 연구 대상의 본질에 따라 연구방법도 달라져야 하는 법이다.

더욱이 32자로 구성된 신묘년 기사(記事 : 차후 기사로 약칭함)는 오늘날까지 국제적 논쟁의 초점이 되어 왔고, 그 내용 가운데 "渡海破百殘ㅁㅁㅁ羅以爲臣民"의 주어는 바다를 건너 정복전쟁을 수행했다는 뜻인데, 지금까지 자형字形·문맥·어법語法의 관점에서만 1세기 이상 연구되어 왔다. 이 문제는 결국 전쟁수행 능력의 유무有無의 논의가 전제되어야 하리라. 이제 필자는 지금까지의 비문 연구의 성과를 기초로 하여, 새롭게 군사사학적 연구방법으로 비문의 왜와 이와 관련된 문제점에 대해 규명을 시도해 보고자 한다.

2. 비문의 왜의 군사 이론적 해석

비문 연구의 논쟁사論爭史는 결국 기사記事에 대한 해독·해석의 문제였다고 해도 과언이 아니다. 그러나 기사의 왜倭뿐만 아니라, 비문 전체에 등장하는 왜의 활동 결과가 어떻게 되었는가를 종합적·군사 이론적 관점에서 분석·

---

⑤「広開土王碑文の倭の実体」, 上揭書, 85号, 1995.
①, ②, ④는 졸저拙著『新羅花郎·軍事史研究』(경주 : 서라벌군사연구소, 1995)에 수록되어 있다.

1) 前澤和之,「広開土王碑文をめぐる2·3の問題」,『続日本紀研究』159, 1972. p. 13.

2) 李鍾學,『韓國軍事史序說』(경주 : 서라벌군사연구소, 1990), pp. 11~77. 참조.

평가되어야 하리라. 비문에 등장한 왜의 활동에 대한 양상은 다음과 같다.

사료 ① 기사記事 : 백잔百殘과 신라는 예로부터 속민屬民으로서 조공을 해왔다. 그리고 왜는 신묘년(391년)에 바다를 건너와 백잔과 신라를 파하고 신민臣民으로 삼았다.(일본의 통설通說)

② 영락永樂 10년 경자(庚子, 400년)에 왕은 보기步騎 5만을 파견하여 신라를 구원하게 했다. 관군官軍은 배후로부터 급히 추격하여 임나가라任那加羅의 종발성從拔城에 이르니 성이 곧 항복했다.…왜구를 크게 궤멸(대궤大潰)시켰다.

③ 영락 14년 갑진(甲辰, 404년)에 왜가 대방帶方으로 침입하여…왜구는 궤패潰敗되고 살상자가 무수히 많았다.

일본에서의 통설처럼 왜가 백제·신라를 신민으로 만들었다면 왜의 군사 활동은 다음과 같이 상정할 수 있다.

(1) 강력한 해군력과 병원兵員, 물자를 수송하는 선단船團의 존재
(2) 한반도 남부에 광역廣域의 작전기지 확보
(3) 백제·신라의 주력군主力軍의 격멸
(4) 백제·신라의 수도 점령과 왕의 항복

이 네 가지 사항이 왜의 군사 활동에 의해 391년에 달성되었다고 가정해도, 그 후 왜는 400년과 404년에 대궤·궤패 당함으로써 한반도 남부의 점령 지역뿐만 아니라, 작전기지를 상실함으로써 통치세력의 발판이 없어지므로 임나일본부설任那日本府說의 근거가 전연 될 수 없는 것이다. 이 문제에 대해 클라우제비츠는 그의 명저名著 『전쟁론戰爭論』(1832)에서 다음과 같이 주장했다.

전쟁이란 적을 굴복시켜 자기의 의지意志를 강요하기 위해 사용되는 폭력 행위이다.… 전쟁은 정치의 행위일 뿐만 아니라, 진실한 정치적 도구이며, 다른 수단을 사용한 정치적 활동의 계속에 지나지 않는다.… 이와 같은 전

쟁의 형태에 있어서 영관榮冠은 최후의 승리자에게 주어진다는 것을 언제나 기억해야 한다.[3]

여기서 유의할 점은 전쟁에서의 정치적 목적(영토·자원·인력 등의 획득)의 달성 여부는 최후의 승리에 의해 결정된다는 것이다. 예컨대 나폴레옹은 초전初戰과 그 후의 전투에 승리하여 황제가 되고 유럽대륙을 지배했으나, 1815년 6월 워털루 전투에서 패배 당하자 퇴위退位하게 되고, 대서양의 고도孤島 세인트헬레나에 유배되었다. 일본의 관동군關東軍은 만주사변滿洲事變을 일으켜 1932년 만주국을 창설하여 만주를 지배했으나, 1945년 8월 우세한 소련군의 공격에 의해 대패大敗당하자, 만주국은 지상에서 사라지고 관동군은 포로가 되어 시베리아 강제노동수용소에 연행되었다. 지금까지 비문 연구자들은 "영관榮冠은 최후의 승리자에게 주어진다"는 군사적 원칙을 간과看過해 왔던 것이다.

3. 일본 열도의 왜는 한반도 출병出兵이 가능했던가

일본에서는 비문의 통설에 따라 다음과 같이 주장하고 있다.

- 이 석비石碑의 표면에는…일본의 군대는 고구려의 군대와 14년 동안 여러 번 치열한 전투를 했다는 것을 알 수 있다. 일본군은 고구려의 영토 깊숙이 북한의 평양 부근까지 침공한 것 같다. 이처럼 오랫동안 많은 군대를 조선에 파병한 것으로 보아, 야마도국(大和國)이 일본의 국내를 대체로 통일한 것으로 생각된다.(学習研究社의 『少年少女学習大辞典』 第1巻, 「日本の歴史」(1))
- 신묘년조辛卯年條에 있어서 왜는 백잔·신라를 신민으로 만든 것이 아닌가

---

3) Carl von Clausewitz, *ON WAR*, translated by Michael Howard and Peter Paret, Princeton University Press, 1976. p. 75. p. 87, p. 582.

할 정도로 강력한 존재였다.… 이만한 동원력, 해상 수송력, 보급력을 가진 세력이라면 역시 지방의 해적이 아니라 일국의 정부의 정규군으로 생각해야 한다.[4]

비문의 왜를 일본 열도에서 파견한 왜병이라고 주장하려면, 파견된 병력의 규모, 병력을 운반한 선박의 구조 및 적재능력 등 구체적인 논거論據가 있어야 할 단계이다. 이 점에 대해 비문 연구의 저자著者 시라사기 쇼이치로(白崎昭一郞)에게 문의했던 바, "금후의 고고학의 발전을 기다려야 하는 문제로 생각한다."는 회신이 왔다. "그렇다면, 사실史實처럼 주장하는 것은 고고학의 발전을 기다려서 해도 늦지 않을 것이다."고 응수했다.

필자는 사회적 요인, 산업적 요인, 경제적 요인, 군사 이론적 요인, 해상세력적 요인으로 분석했으나,[5] 가장 결정적 요인 두 가지만 들기로 한다.

• 첫째 : 14년간(391년~404년) 일본열도의 왜가 한반도에 파병派兵을 했다면, 구조선構造船을 만들 조선술造船術과 항해술航海術을 보유하고 있었다는 논거가 제시되어야 한다. 겨울에 대한해협을 항해하자면 구조선이 아니면 불가능하다.

사료 ④ (420년 혹은 480년) 신라의 관에서 갑자기 실화失火가 있었다.… 이 때문에 신라인을 책하였다. 신라왕이 듣고 겁이 나고 놀라서 훌륭한 장인을 바쳤다. 이가 이나베(猪名部)들의 시조이다.(『일본서기』10, 오진천황(應神天皇) 31년조)

『일본서기日本書紀』의 초기 기록은 2주갑(周甲 : 120년) 내지 3주갑(180년)을 내려야 하고, 또 이 내용은 왜왕의 요청에 의해 신라왕이 조선造船의 장인匠人을 보냈다는 기사이리라. "당시 저명선猪名船이란 신라식의 배였다는 것

4) 白崎昭一郞, 『広開土王碑文の研究』(東京 : 吉川弘文館, 1993), pp. 356~357.

5) 李鍾學, 『新羅花郞·軍事史硏究』, pp. 230~242 및 「広開土王碑文の倭に関する一考察」, pp. 76~87.

은 물론이고, 이것이 일본의 조선造船에 커다란 영향을 미친 것으로 생각된다. 고선(刳船 : 준구조선準構造船)의 요소가 완전히 전폐全廢된 형태의 구조선의 출현은 일본에서 신라 조선기술造船技術의 도입 등이 계기가 되었다."[6] 일본에서는 아직 문헌상으로 또는 고고학적 유물로도 4세기 후반 이전에 구조선의 존재를 제시하지 못하고 있다.

•둘째 : 전쟁을 수행하자면 병사들의 무장이 필요하며, 이를 위해 국내 산업기술의 기반이 요청된다. 청동기시대에서 철기시대로 전환된 가장 중요한 이유는 청동에 비해 철의 강도가 2.3배나 높기 때문이었다. 따라서 예리한 철제무기와 농기구를 만듦으로써 전투에서 승리할 수 있었고, 또 농산물의 생산량을 높일 수 있었다.

246년 고구려의 동천왕은 보기步騎 2만을 지휘하여 적을 물리쳤고, 또 철기鐵騎 5천을 거느리고 나가 쳤다고 했는데, 집안集安의 세간 무덤 벽화에는 사람과 말이 모두 갑옷으로 무장한 모습을 하고 있다.

> 사료 ⑤ 변진에서는 철이 생산되었는데, 한·예·왜인들이 모두 와서 사간다.
> (『삼국지』 동이전東夷傳 변진弁辰)

4세기 후반의 한반도 제국諸國은 이미 철 생산이 보편화되어 있었다. 한편 일본 열도의 왜의 제철개시製鐵開始 시기는 언제였을까?

- 일본열도에서의 제철의 개시—그것은 수요의 태반을 충족시킨다는 뜻의 제철이다—는 6세기에서 찾을 수 있다고 생각한다.[7]
- 일본열도 내의 제철유구製鐵遺構에서 철 제련(smelting)이 확인되는 추정 연대는 6세기 후반에서 7세기까지이다.[8]

---

6) 茂在寅男, 『古代日本の航海術』(東京 : 小学舘, 1979), p. 48.
7) 森浩一 編, 『鉄』(東京 : 社会思想社, 1987), p. 83.
8) 大澤正巳, 「古墳供献鉄滓からみた製鉄の開始時期」, 『考古学』8(東京 : 雄山閣, 1984), p. 36.

지금까지 일본에서의 연구결과를 본다면, 수요의 태반을 충족시킬만한 제철의 시기는 6세기 후반으로 보는 것이 타당하다. 그리고 고구려의 5만 병력과 싸우고 또 백제·신라를 신민으로 만들자면 적어도 그 병력은 3만 이상은 되어야 하리라.

그렇다면 4세기 말의 왜병의 무장은, 일부 지휘관은 수입한 철제로 무장했겠지만 대부분의 병사들은 나무·돌·뼈·청동제로 무장했으리라. 이런 열세한 무장으로, 철제로 무장하고 또 보기병步騎兵의 합동작전을 수행하는 백제·신라를 격파하고 신민臣民으로 만들었다는 주장은 우승열패優勝劣敗의 군사 원칙에도 위배된다. 당시의 왜는 미개한 농경사회 집단이고, 철의 생산능력이 없었기 때문에 빈약한 무장밖에 할 수 없는 상태였다. 열세한 군사력으로 우세한 상대에 대해 정복전쟁을 시작한다는 발상 자체가 없었으리라. 더욱이 대군大軍에 의한 14년간이라는 장기전 수행에 필수조건인 재원財源·물자의 빈곤, 대군 운용을 위한 병법도 없었고, 대규모 전투경험도 없었다.

필자는 다섯 가지 요인 분석에 의해 4세기 후반 일본열도의 왜가 한반도로 출병하고 또한 정복전쟁을 수행한다는 것은 불가능하다는 결론에 도달했다.

4. 비문의 왜의 실체

비문에 나타난 왜의 실체에 관한 여러 학자들의 견해는 다음과 같다.

(1) 4세기 후반에 야마도 정권이 대규모의 군사행동을 한반도에 일으켰다는 것은 움직일 수 없는 사실史實이지만, 이 얘기에는 그 전쟁의 경과는 어디에도 적혀 있지 않다.…국토 통일과 조선에의 출병은 같은 시기에 평행해서 진행되었다.(이노우에 미츠사다(井上光貞))

(2) 왜정권倭政權이 부족적 통일체의 대표자로서 안정되기 위해서는 군사·외교에 있어서 탁월성을 요구하고, 그 반영으로서 4, 5세기의 왜는 한반도에서 비교적 대규모의 군사 활동을 행한 것으로 생각한다.(키도 기요아키(鬼頭清明))

(3) 이 왜는 기타규슈(北九州)의 백제 계통의 왜이며, 고국을 위해 동원된 사람들이리라.(김석형(金錫亨))

(4) 일본에 현존하는 사료를 분석해 보면, 당시 야마도 조정에 의한 일본이 통일되어 있었다는 것은 불가능하다. 당시의 일본은 제국諸國이 분립分立해 있고, 각 지방별로 할거割據하고 있었다. 기타규슈 일대의 호족豪族은 때때로 해적 행위를 했으며, 바다를 건너 삼한三韓에 침입하여 교란했다. 호태왕비好太王碑의 기술記述에 의하면, 이것은 사실事實이었다.(왕건군(王健群))

(5) 필자는 호태왕 비문의 왜군을 대한해협大韓海峽을 건넌 일본의 어느 군대가 아닌가 한다. 가령 대한해협을 건넌 왜군이 있다 하여도, 그 수는 수백을 넘지 않으리라. 그것을 둘러싼 수천의 왜군은 왜로부터의 도래渡來의 유무에 상관없이, 왜인이라 칭하는 것이 정치적·군사적으로 유리하다고 판단한 임나제국任那諸國의 지방 호족들의 세력이었다고 추정한다.(이노우에 히데오(井上秀雄))

(6) 나는 '신묘년'의 왜는 왜군·왜병이라기보다 왜사倭使 혹은 그 호위 병력과 같은 것이었으리라고 본다. 만일 왜군이 신묘년(391년)부터 와 있었다고 하면, 그 수년 뒤인 396년에 백제왕이 고구려에게 항복을 할 정도의 대전투에 그 왜군의 동향이 기록되지 않았을 리가 없기 때문이다.(천관우(千寬宇))

(7) 호태왕의 비碑에 나오는 왜의 실체를 어떻게 생각하는가 하는 것이 커다란 논쟁점이다.…이것을 검토하면, 낙동강 하류 지역 및 대마도를 포함한 기타규슈가 『삼국사기』에 적혀 있는 왜의 실체라 생각해도 좋을

것이다.(우에다 마사아키(上田正昭))

왜가 등장했던 시기의 광개토왕의 무공武功은 당시의 동아시아 및 한반도 정세에 바탕을 두고 이루어졌다. 따라서 비문의 해독·해석 그리고 왜의 실체를 규명하려고 한다면, 당시의 정세(특히 군사정세)와 역사의 조류에 대한 정확한 판단이 전제되어야 한다.

당시 한반도의 역사 무대에 있어서의 주역은 고구려와 백제였고, 그들은 3만~5만의 병력을 동원하여 보기步騎 합동작전을 구사하고 있었다. 한편 그 무대의 조역으로 신라는 앞 편에, 임나가라는 뒤편에 속하여 투쟁을 연출하였다.

여기서 유의할 점은 백제를 '백잔百殘'이라고 멸칭한 것처럼 비문에 등장하는 '倭'란 임나가라에 대한 멸칭이었다. 그 이유는 비문의 영락 10년조(400)에 의하면, '倭·倭賊·倭寇'가 등장하지만, 고구려군의 공격목표는 '임나가라'였기 때문이다.

그리고 임나가라(금관가야)와 일본 열도의 왜의 관계이다. 일본 열도에는 승문인繩文人이 살았고, 그들은 채집·수렵·어로를 생업으로 하는 승문문화를 가지고 있었다. 거기에 기원전 3세기경 기타규슈 지방에 수도水稻 농업과 금속기의 사용을 특징으로 하는 야요이彌生문화가 등장하여 전국에 전파되었다. 이것은 야요이인彌生人이 승문인을 정복·지배했다는 것을 뜻하며, 일본 열도의 주인공이 교체되는 대변혁으로 해석되고 또 일본 민족과 문화의 형성을 생각하는 데 근본적인 중요성을 가진다.

요컨대, 일본 문화는 '일본의 통치민족' 즉 천신天神이 가져온 문화이며, 그것의 근간을 이루는 것은 도작稻作문화이다. 이것이 모도오리 노리나가(本居宣長 : 1730~1801)에서 야나기다 구니오(柳田國男 : 1875~1962)가 계승한 기본이념이었다.[9] 일본의 야요이 문화의 고향은 가야지역(김해)이었다는 것은

9) 上田春平·佐原真 編集, 『稲作文化』(東京 : 中央公論社, 1985), p. 4.

고고학적 유물뿐만 아니라, 도래항로渡來航路의 관점에서 보면, 김해-쓰시마(對馬)-이키(壹岐)-당진 항로가 당시로는 안전·유일한 간선로였다. 따라서 고대의 기타규슈는 한반도 남부와 '동일문화권'이었고, 특히 야요이 시대부터 5세기경까지 일본 열도(왜)는 가야의 분국分國·식민지(고국과는 혈연적·정신적 연결은 있어도 정치적·행정적인 직접 연결은 없었다)였다고 보는 것이 당연하리라. 이것은 비문의 왜의 실체를 규명하는 데 관련되는 기본적 관계로 생각한다.[10]

하다다 기요시(旗田巍)는 『삼국사기』 '신라 본기'에 나오는 왜를 세밀히 검토하여 다음과 같은 결론을 내렸다. 즉 왜인은 바다를 건너서 부단하게 내습하였다. 그 계절은 하기(4월·5월·6월)에 집중하고 있다. 그것은 계절풍의 관계에 의한 것 같고, 왜인은 계절풍의 제약을 극복할 만한 조선·항해 기술을 아직 가지지 못하였던 것 같다. 왜인은 수도 금성(경주)을 비롯하여 신라의 성읍을 위협할 정도의 강한 힘을 지니고 내습하는 일이 있었다. 그러나 지속적인 점령 지배를 한 형적은 없다. 왜인의 내습은 물건이나 사람의 약탈을 목적으로 한 것 같다. 이상의 여러 점을 종합해서 생각해 보면, 신라를 내습한 왜인은 일본 열도로부터 계절적으로 바다를 건너서 내습하여 물품이나 사람을 약탈하는 해적적 집단이었다고 생각된다.

이 논문은 당시 비문의 왜는 야마도 정권의 군대라고 주장하는 시기였는데, 왜의 성격을 '해적적 집단'으로 주장한 것은 용기가 있고 또 탁견이라 생각한다. 그러나 그는 이 왜를 비문의 왜와 연결시키지 않았고 또 일본 열도에서 출항했다는 데 필자는 동의하기 어렵다.

여러 사학자들은 비문의 왜의 실체로 기타규슈 설(北九州說)을 내세우지만, 해적적 집단이 성립되기 위해서는 철제무기로 무장해야 하고, 조선·항해술이 우수해야 하며, 집단적 전투능력 등의 구비조건이 전제되어야 하는데, 4세기 이전의 일본 열도의 왜는 전제조건을 구비하지 못한 것으로 생각

10) 李鍾學, 「広開土王碑文の倭の実体」, pp. 154~155.

한다. 값비싼 철로 무기를 만들기보다 농기구를 만들어 도작稻作 농경에 적합한 광대한 츠쿠시(筑紫) 평야(기타규슈)에서 농사를 짓는 것이 계절적이고 불안정한 해적행위보다 더 행복이 약속되어 있었다고 생각하기 때문이다.

비문의 왜와 직접 관련된 사료는 다음과 같다.

사료 ⑥ 393년 5월에 왜인이 금성을 에워싸고 5일 동안 풀지 아니 하니… 적이 아무런 성과가 없이 물러갔다. 왕이 날랜 기병騎兵 200명을 보내어 그들의 퇴로를 막고, 또 보병 1,000명을 보내어 독산까지 추격하여 양쪽에서 협격하여 이를 크게 부수어 수없이 죽이고 잡고 하였다.(『삼국사기』3, 나물이사금 38년조)

⑦ 402년 3월에 왜국과 우호관계를 설정하고, 나물왕의 아들 미사흔으로 볼모로 삼았다.(위의 책, 실성이사금 원년)

⑧ 405년 4월에 왜병이 와서 명활성을 치다가 이기지 못하고 돌아가는데, 왕이 기병을 거느리고 독산 남쪽에서 막고 두 번 싸워 이를 쳐부수고 사람머리 30여개를 얻었다.(위의 책, 4년조)

⑨ 418년 가을에 왕의 아우 미사흔이 왜국으로부터 도망해 왔다.(위의 책, 6년조)

사료 ⑥, ⑧은 비문에 나오는 왜의 실체일 것이며, 왜인을 추격한 신라의 병력이 기병 200명, 보병 1,000명이고 보면 침공한 왜인은 700~800명 정도가 되고, 배에 남은 자를 합하여도 1,000명 이하이리라. 박제상이 처형당한 곳은 『삼국사기』45, 박제상조와 『삼국사기』1, 나물왕과 김제상조에서 함께 목도木島로 표기되어 있는데, 목도는 목출도木出島의 '出'이 생략된 것으로 보며, 목출도가 기록된 것은 탈해왕 17년(73)이고, 미사흔이 왜국에서 돌아온 것은 눌지왕 2년(418년)이다. 목도와 목출도는 같은 섬이고 대마도임을 알 수 있다.[11] 박제상이 죽은 곳은 대마도의 미나도(湊)로 비정되고, 그 곳에 신라사순국新羅使殉國의 비가 세워져 있다.[12]

---

11) 李炳銑, 『任那國과 對馬島』(서울 : 亞細亞文化社, 1987), pp. 204~207.

사료 ⑩ 397년 5월 왕이 왜국과 우호관계를 맺고, 태자 전지(腆支)를 볼모로 보냈다.(『삼국사기』25, 아신왕 6년)

⑪ 402년 5월 왜국에 사신을 보내어 큰 구슬(大珠)을 구하여 왔다.(위의 책, 11년)

⑫ 403년 2월 왜국에서 사신이 오매, 왕이 이를 맞아 특별히 후하게 대접하였다.(위의 책, 12년)

⑬ 404년 백제왕이 아직기를 보내 양마良馬 2필을 바쳤다.(『일본서기』10, 오진(應神)천황 15년)

⑭ 409년 왜국이 사신을 보내어 야명주夜明珠를 보내니, 왕이 특별한 예로서 대우하였다.(『삼국사기』25, 전지왕 5년)

백제왕이 왜국에 사신을 보내어 진주를 구해왔고(사료 ⑪), 왜왕이 백제왕에게 야명주를 보냈는데(사료 ⑭), 진주의 특산지는 옛날이나 지금이나 대마도이다. 그리고 백제왕이 왜국에 양마 2필을 보냈는데(사료 ⑬), 『위지』 '왜인조'에 의하면, 대마도의 원명原名은 '대해국對海國'이며, 섬의 이름이 언제 '대마도對馬島'로 변경되었는지는 알 수 없으나, 양마 2필을 사육하여 말의 출산지가 됨으로써 변경된 것으로 추정한다. 따라서 백제가 왕자 전지를 보내고, 진주를 구하고 또 양마를 보낸 왜국은 대마도로 생각한다.

사료 ⑮ 왜에 가려면 해안을 좇아 한국을 지나서…처음 바다를 한 번 건너려면 천여리가 되는 데 바로 대해국對海國에 이른다.… 그들이 살기는 절해絶海이지만, 사방은 400여리나 된다. 땅은 산이 험하고 깊은 숲이 많다. 길은 겨우 새가 기어 다니고, 사슴이 걸어 다닐 만한 좁은 길이다. 1,000여 호이고 좋은 논(田)이 없고, 해산물을 먹고 산다. 그리고 배를 타고 남쪽, 북쪽으로 다니면서 식량을 구입한다.(『위지』 '왜인전')

대마도인들은 기타규슈(남쪽)나 가야(북쪽)에서 무역을 통해 식량을 획득

12) 永留久恵, 『対馬古代史論集』(東京 : 著出版社, 1991), p. 53.

하지 못한다면 생존을 위해 해적 노릇을 하지 않을 수 없는 지리적 환경에 놓여 있었다(사료 ⑮). 그래서 1389년 2월 고려는 왜구의 소굴인 대마도에 대해 또 조선왕조는 1419년 6월에 대마도 정벌을 감행했다.

하다다(旗田)는 왜의 성격에 대해 '해적적 집단'이라 했지만, 비문에 의하면 타국의 국명과 국왕에 대해 차별을 해서 기록하고 있다. 즉 신라에 대해서는 신라, 매금寐錦이며, 백제에 대해서는 백잔百殘, 잔주殘主이나, 왜에 대해서는 왜적倭賊, 왜구倭寇로 고구려의 신민에도 끼어들지 못하는 존재였다. 그들의 생활 자연환경이 해적적 집단의 발생에 적합한 지리적 조건, 한나절 정도의 뱃길로 왜의 세력에서 벗어날 수 있는 지리적 위치, 진주의 특산지, 목재의 생산지, 그리고 필자가 1994년 5월 대마도 답사를 통하여 직접 지리적 조건, 즉 경작지가 없는 것을 확인하고 지금까지의 논의를 종합해 보았을 때, 사서史書에 등장하는 왜倭란 '대해국', 즉 '대마도'라는 결론에 도달했다.

5. 신묘년 기사의 검토

가. 주어의 논쟁

비문의 쌍구본雙鉤本을 처음으로 일본으로 가져간 것은 1883년 가을이었고, 그 직후부터 참모본부 편찬과원 겸 육군대학 교수인 요코이 다다나오(橫井忠直)가 중심이 되어, 여러 학자들을 동원하여 상세한 연구가 진행되었다. 그리하여 1889년 6월 『회여록會餘錄』 제5집이 비문 연구의 특집호의 형태로 간행되었으며, 거기서 기사의 석문釋文은 다음과 같다.

> 百殘新羅舊是屬民, 由來朝貢. 而倭以辛卯年來渡海, 破百殘□□[斤]羅以爲臣民 (『회여록』 제5집)

요코이는 "…신묘년에 바다를 건너 백제와 신라를 파하여 신민으로 삼았다는 몇 구이다."[13]라고 적었다. 일본에서의 종래의 해석은, "백잔(제)과 신라는 속민으로서 조공을 해 왔다. 그리고 왜는 신묘년(391년)에 바다를 건너와 백잔(제)과 신라를 파하고 신민으로 삼았다."고 했다. 기사의 후반에 있어서 일본에서의 통설通說은 왜가 주어이며, 3결자缺字 가운데 마지막 한 자를 新으로 한 것은 요코이라는 것은 거의 확실하리라.

이처럼 일본에서의 전통적인 해석에 대해 근본적인 비판을 제출한 것이 정인보이다.[14] 그는 기사記事의 후반을 다음과 같이 해독·해석하였다.

> 而倭以辛卯年來, 渡海破. 百殘聯侵新羅, 以爲臣民.
> (그런데 왜가 신묘년에 왔다. [고구려가] 바다를 건너서 [왜]를 파했다. 백잔이 신라를 연침聯侵하여 신민으로 삼았다.)

이것은 '신묘년에 왔다'의 주어는 왜이지만, '바다를 건너서 파했다'의 주어는 고구려로 하고 '파했다'의 목적어는 왜이다. 다음은 또 백잔이 주어가 된다. 이것은 어법상 주어가 너무 자주 바뀐다는 난점을 면치 못하며, 해석에 있어서 [ ]를 제거한다면 그 내용은 이해하기 어려우리라.

비문 연구에 있어서 최초로 종합적인 견지에서 단행본의 저서를 출판한 것은 박시형(朴時亨)의 『광개토왕릉비』(1966년)일 것이다. 그는 정인보와 같은 입장을 취했는데, 그의 해석은 다음과 같다.

> 그런데 왜가 신묘년에 고구려에 침입하니 고구려가 바다를 건너 왜를 격파하였다. 이때 백제가 왜와 연합하여 신라에 침입하니…[15]

한편 김석형은 그의 저서 『초기 조일관계사 연구』(1966)에서 다음과 같이 해독·해석하였다.[16]

---

13) 橫井忠直, 「高句麗古碑考」, 『會餘錄』第5集(東京 : 亞細亞協會, 1889), p. 50.

14) 鄭寅普, 1955「廣開土境平安好太王陵碑文釋略」, 『蒼園 鄭寅普全集』5(서울 : 연세대학교 출판부, 1983), pp. 251~263.

15) 박시형, 『광개토왕릉비』(평양 : 사회과학원 출판사, 1966), p. 163.

而倭以辛卯年來, 渡海破百殘 □□□ 羅以爲臣民.

(왜가 신묘년부터 와서, 바다를 건너서 백제를 파하고, 신라를□□하여 신민으로 삼았다.)

그는 바다를 건넌 주어는 역시 고구려이지만, '파破'의 목적어를 백제로 하였다. 즉 고구려군은 백제를 격파했을 뿐만 아니라, 다시 더 나아가 신라와 접촉하여 이 나라도 자기편으로 끌어들였던 것으로 보인다고 했다.

사헤기 아리키요(佐伯有淸, 1925~2005)는 지금까지의 기사를 검토하여 다음과 같이 요약했다.

(1) 광개토왕릉비廣開土王陵碑의 "百殘□□□羅"의 박탈된 부분은 '任那' 혹은 '加羅'의 문자를 넣는다는 것은 불가능하고 또 잘못이며,
(2) 신묘년에 왜가 도해渡海하여 백제·신라를 파破하여 신민으로 삼았다는 것은 사실史實로 생각할 수 없는 데 반하여, 고구려의 경우는 백제를 파하고 신라를 신민으로 삼았다는 것이 사실史實로 생각될 수 있고,
(3) '渡海破百殘'의 주어는 박시형이나 김석형의 지적처럼 고구려라고 생각할 수 있다.[17]

한편 기사의 후반에 있어서 구두점을 어디에 찍는가 하는 것이 문제가 된다. 즉 "而倭以辛卯年來渡海, 破百殘…" 혹은 "而倭以辛卯年來, 渡海破百殘…"이다.

김석형은 "일본 사람들은 '왜가 신묘년(391년)에 바다를 건너와서 백제와 신라를 격파하고 이 나라들을 신민으로 만들었다'고 해석한다. 이 문장의 주어를 왜로 잡고 특히 '來渡(海)'를 '바다를 건너왔다'고 푸는 것이다. '바다를 건너왔다'의 한문 글이 '來渡海'로는 되지 않을 것이며, 그렇게 된다고 하

---

16) 김석형, 『고대한일관계사』(서울 : 한마당, 1988), pp. 398~401.

17) 佐伯有清, 『広開土王碑と参謀本部』(東京 : 吉川弘文館, 1976), p. 175.

더라도 다음의 '破百殘…'의 주어가 왜일 수는 없다"[18]고 주장했다.

지금까지의 논의는 1960~1970년대의 견해였다. 그런데 1980년대 후반의 일본인의 견해는 초기의 견해, 즉 통설로 되돌아가는 데 우리들은 주목해야 하리라. 대표적인 것이 다케다 유키오(武田幸男)의 견해이다.

> 이 신설新說을 종래의 통설에 대비시키면, 말할 필요도 없이 통설과의 상위相違 대립점만 한층 현저하다. 통설에서는 왜의 활약을 강조하고, 왜가 백잔·신라를 신민으로 삼았다는 데 대해, 신설에서는 고구려가 주도적 역할을 수행하고, 왜는 무시되거나(金·佐伯說), 오히려 고구려의 격파 대상이 된다(鄭·朴說). 통설을 왜 주도형倭主導型으로 해석한다면, 신설은 모름지기 고구려 주도형의 해석으로 특색이 있다. 고구려 주도형의 신설의 등장을 맞이하여, 왜 주도형의 통설적 해석은 근본적으로 재검토되어야 한다.… 이것으로 '渡'자의 주체는 비문에서 이미 판독되었던 '왜'에 지나지 않는다는 것이 확정적으로 되고, 또 이 왜를 무시하고, 감히 주어의 '고구려'를 보입補入하여야 한다는 신설新說 성립의 근거는 소멸되었다.[19]

그러나 왜가 백제·신라를 파하여 신민으로 삼았다는 통설적 해석을 채택한다면, 사실史實·사리事理(비문 내부에서의 인과관계), 그리고 정복전쟁에 대한 왜의 전쟁수행 능력의 근거를 제시하는 것이 더 근본적인 재검토가 아닐까? 그리고 앞에 말한 바와 같이 구두점에 대해서는 왕건군(王健群)의 견해를 소개한다. 즉 일본의 일부 학자는 '來渡海'로 연독하여 '來'를 동사로 보고 있으나, 이것은 물론 올바르지 않다. 두 개의 동사 '來, 渡'가 연속되어 있으나, 연동구가 아니면 이해하기 어렵다는 것도 당연하다. 왜는 이미 조선에 와 있는(來) 이상, 또 바다를 건너게 되면 전연 뜻이 통하지 않는다. 와서 또 바다를 건너서 돌아간다면 어떻게 백제와 신라를 파할 수 있는가. 이것은 모두 '來'의 해석을 잘못했기 때문이다.[20]

---

18) 김석형, 前揭書, p. 408.

19) 武田幸男, 『高句麗史と東アジア』(東京 : 岩波書店, 1989), p. 157. p. 160.

그러면 기사를 세 문단으로 나누어 고찰하기로 한다.

(A) 百殘新羅舊是屬民由來朝貢
(B) 而倭以辛卯年來
(C) 渡海破百殘□□□羅以爲臣民

(A)의 주어는 고구려이고, (B)의 주어는 왜라는 데는 이론異論이 없으나, (C)의 주어는 위에 말한 바와 같이 왜와 고구려로 나뉘어져 논쟁의 초점이 되어 반세기가 되었다. 앞에 말한 것처럼 기사의 자형字形·문맥·어법의 문제는 초보적·기초적 연구단계인 동시에 금석문·문헌사학의 영역이지만, (C)의 주어는 정복전쟁을 수행했다는 뜻이다. 그래서 필자는 다음과 같은 척도를 가지고 논의하고자 한다.

1) 비문의 조사·탁본·사진에 의한 충실한 판독
2) 문맥이나 어법
3) 사리事理
4) 사실史實(다른 자료에 의한 역사적 사실事實과의 연관)
5) 전쟁수행 능력

요코이 다다나오(橫井忠直)는 쌍구본雙鉤本을 바탕으로 하여 (C)의 주어를 왜로 하고 또 마지막 결자缺字를 新羅로 판독했고, 그것이 일본에서의 통설의 원조元祖가 되었다. 그러나 쌍구본은 1959년 미즈다니 데지로(水谷悌二郎)가 지적할 때까지[21] 비문의 탁본으로 잘못 알고 있었던 대용품이었다. 엄밀히 말해서 쌍구본은 탁본이 아니며, 그것은 학문적 자료로 활용할 수 없는 것이고, 결자의 新자도 근거가 명확하지 않다. 그리고 문맥과 어법은 무난

20) 王健群, 『好太王碑の研究』(京都 : 雄渾社, 1984), p. 179.
21) 水谷悌二郎, 『好太王碑考』(東京 : 開明書院, 1977), pp. 13~14.

하지만, 왜가 백제·신라를 파하고 신민으로 삼았다는 것은 어느 사료史料에도 없을 뿐만 아니라, 백제와 왜는 우호·협력관계에 있었다는 것을 생각하면 사리事理에도 위배된다. 예컨대, 영락 6년 병신(396년)조에 광개토왕이 스스로 수군水軍을 지휘하여 백제를 토벌했고, 백제왕은 무릎을 꿇고 이제부터 영구히 고구려 국왕의 노객奴客이 되겠다고 항복할 때, 왜 총독과 왜병이 전연 출현하지 않는 이유는 무엇인가? 9년 기해(己亥, 399년)조에 의하면 "백제는 맹세를 위반하고 왜와 더불어 화통和通하였다"고 기록되어 있는데, 이것은 백제가 왜에 정복되어 있는 상태가 아니라는 확실한 증거이다. (C)의 주어를 왜로 해서는 사리에도 위배됨을 알 수 있다.

주어의 문제에서 초점이 되어 있는 고구려의 전쟁수행 능력에 관한 사료는 다음과 같다.

> 사료 ⑯ (392년) 가을 7월, 남진하여 백제의 10성城을 공략攻略했다. 겨울 10월, 백제의 관미성을 함락했다.(『삼국사기』 18, 광개토왕 원년조)
>
> ⑰ (392년) 고구려왕 담덕(광개토왕)은 4만의 군대를 지휘하여 북부 변경을 침공해 와서 석현성 등 10여 성을 함락했다.(위의 책 25, 진사왕 8년조)
>
> ⑱ (396년) 영락 6년 병신丙申에 왕은 친히 수군을 지휘하여 백제를 토벌했다.…백제왕이 곤경에 빠져 남녀의 포로 1,000명과 세포細布 1,000필을 내어 왕에게 항복하고 이제부터 영구히 고구려 국왕의 노객奴客이 되겠다고 맹세하였다.(비문)

위에 말한 사료 ②, ③, ⑯, ⑰, ⑱은 고구려가 사리事理·사실史實을 만족시키고 또 적측인 백제·임나가라를 격파했을 뿐만 아니라, 전쟁수행 능력을 보유하고 있었기 때문에 (C)의 주어가 마땅히 되어야 한다. 그리고 이 비碑는 비문 속에 명기되어 있는 것처럼 광개토왕의 훈적勳績을 후세에 남기기 위해 세웠다는 점에 유의해야 한다.

나. 결자의 보완

기사의 결자 부분, 즉 "渡海破百殘□□□羅以爲臣民"은 지금까지 다음과 같이 보충의 견해가 있었다.[22)]

橫井忠直, □□新
管政友, 擊新新
那珂通世, 任那新 또는 加羅新
大原利武, 又伐新
水谷悌二郎, □□新
橋本增吉, 又服新
林屋辰三郎, 故服新
朴時亨, 招倭侵 또는 聯侵新
滎禧, 隨破新
王健群, □□新
千寬宇, 將侵新 또는 欲取新

필자의 결자 보충에 대한 견해는 다음과 같다.

(1) 필자의 현지조사(1992. 7. 31.)·주운대탁본(周雲臺拓本, 1981년 채탁)[23)]·『광개토왕비 원석 탁본집성』[24)]의 사진에 의해서도 제3자의 판독은 불가능하며, □斤의 흔적도 확인되지 않았다. 따라서 3자는 결자로 한다. 필자는 최근 미야게 요네키치(三宅米吉)의 논문을 읽었는데, 그는 최초 '破百殘□□新羅로 판독했으나, 직후 고마츠노미야(小松宮) 탁본에 의한 『고려고비고추高麗古碑考追』에서는 '破百殘□□□羅'로 해독되어 있다는 것을 확인했다.[25)]

---

22) 佐伯有清, 『研究史·広開土王碑』(東京 : 吉川弘文館, 1974), 千寬宇, 『伽倻史硏究』(서울 : 一潮閣, 1991), 王健群, 前揭書 등 참조.

23) 王健群, 前揭書, p. 251.

24) 武田幸男 編著, 『広開土王原石拓本集成』(東京 : 東京大学出版会, 1988), pp. 18～19.

25) 三宅米吉, 「高麗古碑考」, 『考古學會雜誌』 1898年 4月號, p. 43 및 同誌 9月號. p. 187.

(2) (C)의 주어가 고구려인 경우, 마지막 결자에 新羅의 보충은 불가능하다. 그 이유는 당시 신라와 고구려는 동맹·복속관계에 있었기 때문에 그 신라를 파하고 신민으로 만들었다면, 그것은 대왕의 훈적勳績이 되기보다는 오히려 배신행위가 되기 때문이다.

(3) 비문의 10년조는 다음과 같이 해석한다.

> 10년 경자庚子에 왕은 보병과 기병 5만 명을 파견하여 신라를 구원하게 했다. 고구려군이 남거성으로부터 신라성에 이르니 거기에 왜인들이 가득 차 있었다. 관병(官兵, 고구려군)이 막 도착하자 왜적들은 퇴각하였다. 관군은 왜의 배후로부터 급히 추격하여 임나가라(김해)의 종발성에 이르니 성이 곧 항복하였다. …왜구를 크게 궤멸시켰다.[26)]

필자는 이 비문을 읽고 두 가지 의문점이 생겼다.

첫째는 고구려가 5만의 병력을 신라·임나가라에 파견할 수 있었던가?

둘째는 파견경로가 육로·해로海路 어느 것일까?

주지하는 바와 같이, 비문은 당대의 기록으로 일등 사료의 가치를 지니고 있기 때문에 아무도 이의를 제기하지 않았다. 특히 일인 사학자들은 고구려군 5만과 대적한 왜군은 대군이었고 또 대군이어야 한다는데 주력하여 왔다. 그러나 문헌 기록에 의하면, 광개토왕은 392년(391년의 기록일 것이다) 4만의 병력을 동원하여 백제를 침공해서 석현성 등 10여 성을 함락했다(사료 ⑰). 광개토왕이 즉위하기 이전까지 백제가 약간 우세했다는 것을 감안했을 때, 이 4만의 병력은 고구려가 동원할 수 있었던 총병력으로 짐작된다. 그렇다면 신라를 구원하기 위해 파병한 5만 명의 병력은 고구려의 동원 가능한 총병력인데, 이들을 한반도 최남단인 신라와 임나가라에 파병 후, 서북 방면의 후연·거란과 남쪽의 백제가 수도인 집안을 공격한다면 고구려는 어떻

---

26) 十年庚子敎遣步騎五萬往救新羅從男居城至新羅城倭滿其中官軍方至倭賊退自倭背急追至任那加羅從拔城城卽歸服…倭寇大潰…(王健群의 釋文, 前揭書, pp. 160～161.)

게 대처할 것인가? 따라서 고구려는 적의 침공에 대비하여 주력군은 본국에 주둔시켜 두고 1만~1.5만의 병력을 파견했으리라고 추정하는 것이 필자의 견해이다.

다음은 파견 경로에 대해 비문은 전연 밝혀 놓지 않았는데, 파견 경로에 대한 지금까지의 견해는 다음과 같다. 즉, 신라의 도성都城인 경주에의 진군로에 남거성이 있다. 어느 쪽인가는 불명이지만 평양에서 경주로 가는 도중에 있다는 견해,[27] 그리고 광개토왕은 보병과 기병 5만을 파견하여 신라를 구했으니 평양에서 신라의 땅까지 가자면 백제의 영역을 통과해야 한다. 그리하여 아마도 죽령이나 조령을 넘어 신라의 땅에 들어갔으리라.[28] 동북아의 패주覇主인 광개토 대왕도 신라를 구원하기 위하여 무려 5만의 보기步騎를 파견하였다. 이때는 물론 육로의 행군이었을 것이 분명하다.[29] 왕이 고구려와 동맹관계에 있던 신라를 구하기 위해 보기 5만을 낙동강 방면의 신라성으로 보내고 이어 임나가라(김해? 고령?)까지 추지追至시켜 안나(함안)·왜의 연합군을 토벌한 것으로 파악된다(지도 참조).[30] 천관우는 경로를 밝히지 않았으나, '광개토왕의 정복활동과 영역(추정)' 지도에 의하면 분명히 육로로 명시되어 있다. 지금까지 학자들의 견해는 육로로 생각되어 왔으나, 필자의 견해는 다르다.

만약 고구려군이 육로를 택하여 집안→평양에서 신라로 가자면, 당시 백제의 수도는 한성(서울부근)이고 보면 백제의 영토를 통과해야 하고 또 죽령·조령을 통과하자면 백제군의 측방 공격·후방 차단을 당하고 말 것이리라. 따라서 작전상의 관점에서 육로를 택한다면 작전의 성공은 불가능하고 또 백제군에 의해 궤멸당하고 말리라.

---

27) 酒井改藏, 「好太王碑の地名について」, 『朝鮮學報』第8集, 1955. p. 60.
28) 金廷鶴, 『百済と倭国』(東京 : 大興出版, 1981), p. 128.
29) 이형구·박노희, 『광개토왕능비 신연구』(서울 : 동화출판공사, 1986), p. 135.
30) 千寬宇, 「廣開土王의 征服活動」, 『韓國史市民講座』 제3집(서울 : 일조각, 1988), pp. 50~51. 地圖 p. 53.

고구려군은 동해의 해로를 택하여 신라를 구원하기 위해 병력을 파견했으리라 생각하며, 그 근거는 다음과 같다.[31]

•첫째 : 비문의 영락 6년조(396년)에 의하면 광개토왕은 친히 수군을 지휘하여 백제를 침공해서 많은 성과 부락을 탈취하고 백제왕의 아우와 그 대신大臣 10명을 볼모로 잡아 개선했다고 하니, 그 수군의 병력 수송능력은 상당한 규모였으리라 추정된다.

•둘째 : 왕도王都 집안에서 동해의 함흥지역까지 병력 이동이 가능한 육로가 있었다. 즉 고구려는 동옥저에 대해 조세로 맥·포·어 등을 운반시켰고(지도), 동천왕은 246년 관구검의 공격을 받아 남옥저까지 도망쳤으며, 관구검군은 거기까지 추격했다.

•셋째 : 대마도의 승문繩文 시대의 해인海人이 소지하고 있었던 어로구漁撈具는 동해 북부에서 한반도 동해 연안으로 남하해 온 문화의 흐름으로 보이는 것이 많으며, 유라시아 북부에 발생한 다양한 골각기(재질은 동물의 뼈이며 낚시바늘, 화살촉, 뼈창 등)를 수용하고 있다. 8월 초가 되면 한류(리만 해류)의 세력이 확장하여 대마도까지 미치게 되며, 북방의 고대인古代人은 이 해류를 이용하여 대마도까지 갔던 것이 확실하다.

•넷째 : 비문 10년조에 의하면 "관군은 왜의 배후로부터 급히 추격하여 임나가라의 종발성에 이르니 성이 곧 항복하였다."고 했는데, 이것은 고구려의 구원군이 적의 후방, 즉 김해부근에 기습적인 상륙작전(도해작전渡海作戰)을 했다는 상정을 해야만 이해가 가능하다고 보며 또 비문 9년조에 "왕은 신라의 사자使者에게 밀계密計를 주어 돌려보냈다."고 했는데, 아직 밀계가 무엇을 뜻하는지 아무도 밝히지 않았지만, 그것은 적의 배후에 대한 기습적 상륙작전을 뜻하는 것으로 생각한다.

---

31) 李鍾學, (1995)前揭書, pp. 251~253 참조.

광개토왕의 정복활동과 영역(추정)

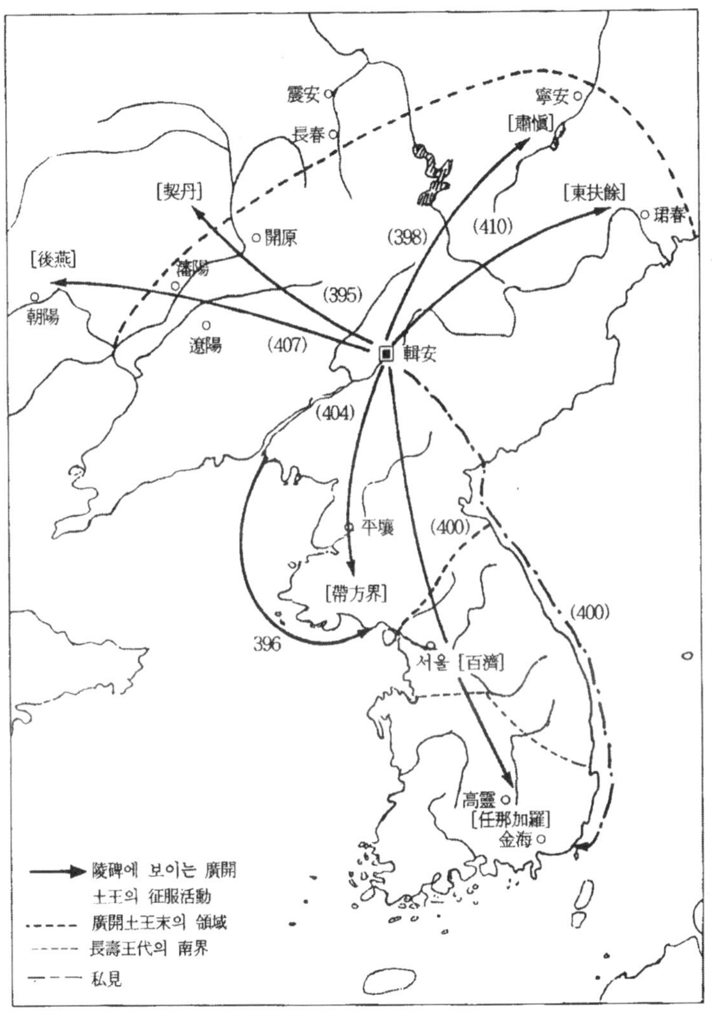

따라서 필자는 신라를 구원하기 위한 고구려 파견군은 집안에서 동해로 진출하여 함흥부근에서 해로를 이용하여 동해안을 남하해서 김해에 기습적 상륙작전을 감행하여 임나가라를 항복시킨 것으로 해석한다. 그런데 필

자는 영락 10년 경자조의 도해작전을 기사·병신조와 곧 연결시키지를 못했다. 그 이유는 이미 밝힌 바와 같이 기사가 일본에서의 통설처럼 전연 '임나일본부'설의 근거가 될 수 없다는 것을 이미 논증했기 때문이다. 그래서 기사에 대해 별로 흥미를 가지고 있지 않았는데, 1995년 5월 30일 갑자기 다음과 같은 착상이 떠올랐으며 그 내용은 다음과 같다.

渡海破百殘(丙申條)＋渡海破任那加羅(庚子條)
＝渡海破(百殘＋任那加羅)
→渡海破百殘[任][那][加]羅(C)

고구려의 적측은 백잔·임나가라였고, 고구려가 도해작전으로 파한 것은 백잔과 임나가라였기 때문에(표A 참조), 3결자는 당연히 [任][那][加]가 되어야 할 것이다.

만약 '일본의 통설'처럼 (C)의 주어를 倭로 한다면, 『일본서기日本書紀』 신공황후神功皇后 49년 3월에 "남가라南加羅(김해)·가라加羅(고령)…평정했다"는 내용과 모순되기 때문에 3자를 뭉긴 것으로 추정한다.

오늘날까지 비문 연구자들은 10년 경자조가 도해작전이라는 것을 제시하지 못했다. 기사에 있어서 3결자가 오랫동안 수수께끼로 남았고 또 6년 병신조의 전치문前置文으로 오해된 것도 여기에 원인이 있었기 때문이리라. 따라서 필자는 다음과 같이 기사를 해독·해석한다.

百殘新羅舊是屬民由來朝貢, 而倭以辛卯年來. 渡海破百殘[任][那][加]羅以爲臣民
(백제와 신라는 예전부터 속민으로 고구려에 조공하였다. 그런데 임나가라가 신묘년(391년)부터 (침공해)왔다. 고구려가 바다를 건너 백제와 [任][那][加]羅를 파하고 신민으로 삼았다.)

다. 기본적 성격

기사에 대한 올바른 해독·해석을 하고자 한다면, 먼저 기사의 기본적 성격을 규명해야 한다. 그런데 기사의 논쟁이 지금까지 장기간 계속된 주요 이유는 처음부터 기사의 기본적 성격을 규명하지 않고 자의적恣意的으로 해독·해석을 하고서 다음에 기본적 성격을 합리화하려고 시도한 데서 기인된 것이리라. 예컨대 기사를 편년체적編年體的 본문과 대등하게 해석하여 사실史實로 수용하려는 것 등이다.

광개토왕에 의해 수행된 비문의 정복 기사를 순서·내용에 따라 작성한 것이 [표 A]이며, 기사의 기본 성격을 이해하는 데 도움이 되리라.

비문에서의 왕의 전공戰功은 연대순으로 기술되어 있고 또 전쟁의 대상, 원인, 정복방법, 작전지역, 작전형태, 결과 등이 기록되어 있다. 그런데 [표 A]에서 보는 바와 같이, 기사는 전공기술방법戰功記述方法과는 전연 다른 형식이며 또 독립적인 삽입문의 성격을 나타내고 있다는 것을 알 수 있으리라. 그렇다면 어떤 성격의 삽입문인가를 밝혀 보려고 한다.

"바다를 건너 百殘과 任那加羅를 파하고 신민으로 삼았다"(C)는 것은 6년 병신조와 10년 경자조의 정복전쟁의 결과에 대한 요약이며 또 원인을 나타내는 접속사 '以'자를 가지고 절묘하게 병신조와 연결시켰다. 따라서 병신조의 주어가 고구려이기 때문에 (C)의 주어는 고구려가 되지 않을 수 없다.

"倭가 신묘년부터 왔다"(B)고 했는데, 즉 임나가라가 신라를 침공하기 위해 왔으며 또 그것을 실행했으나, 고구려군의 배후로부터의 기습적인 도해渡海 상륙작전에 의해 대궤大潰되었다(10년 경자조). 또 황해도의 대방지역에 상륙작전을 감행했으나, 대왕의 군대에 의해 궤패潰敗되었고 많이 살상 당했다(14년 갑진조).

[表 A]

碑文征服記事一覽表

內容 / 區分	年代	對象	原因	方法	作戰地域	作戰形態	結果	備考
				兵力數				
①	五年乙未 (395)	碑麗	不歸	王躬率	太子河上流		往伐/破其三部洛六七百營牛馬群羊	
②	辛卯(元年) (391)							而倭以辛卯年來渡海破百殘□□□羅以爲臣民
③	六年丙申 (396)	百濟		王躬率	漢江·廣州	渡海上陸	討伐/從今以後永爲奴客	
④	八年戊戌	帛愼		敎遣	江原道(?)		觀/自此以來朝貢論事	
⑤	九年己亥 (399)	百濟	違誓与倭和通	王巡			巡下平穰/新羅以奴客爲民歸王請命	
⑥	十年庚子 (400)	任那加羅倭	往救新羅	敎遣 步騎5万	蔚山·金海	渡海上陸	至新羅城/任那加羅城卽歸服/倭寇大潰	
⑦	十四年甲辰 (404)	倭	不軌	王躬率	黃海道 (帶方界)		率…平穰/倭寇潰敗斬殺無數	
⑧	十七年丁未 (407)	百濟		敎遣 步騎5万			?/斬殺蕩盡	
⑨	二十年庚戌 (410)	東夫餘	不貢	王躬率	豆滿江下流		往討/王恩普覆	

"백잔과 신라는 예전부터 속민으로 고구려에 조공하였다"(A)는 내용은 논란이 많은 내용이다. 지금까지 비문 연구자들은 문헌을 통해 예전부터 백제와 신라가 고구려의 속민이 된 적이 없으며, 이것은 비문이 현창비顯彰碑이기 때문에 과장·허구라는 게 대부분의 견해이다. 그러나 예전부터(舊是)란 과거를 표현하고 있지만, 반드시 신묘년 이전까지 확대 해석할 필요는 없다고 생각한다. 비문의 찬자撰者는 비를 건립한 414년을 기점으로 하여, 왕의 즉위년인 신묘년 이후를 '예전부터'로 표현한 것으로 해석한다. 따라서 백제왕이 항복하고 이제부터 영구히 고구려 국왕의 노객奴客이 되겠다고 맹세하였고(6년 병신조), 이전에 신라왕은 스스로 조공을 하지 않았으나…광개

토왕이 (이번에 신라를 구원하고 왜구를 파했기 때문에) 신라왕은…스스로 조공하러 왔다(10년 경자조)고 했기 때문에, 414년을 기점으로 하여 고구려 남진정책의 명분과 의의를 부여하고 또한 병신년(396년)부터 정미년(407년)까지의 공적 내용을 요약한 것으로 생각한다.

6. 맺음말

비문의 왜의 연구에 있어서 지금까지 논쟁이 계속되고 해명의 실마리를 찾지 못한 가장 큰 원인은 연구방법에 있었다고 생각한다. 필자는 최초로 군사이론에 바탕을 둔 군사사학적 연구방법에 의해 다음과 같은 결론에 이르렀다.

•첫째 : 일본 사학계의 통설처럼 신묘년 기사를 "왜는 신묘년(391년)에 바다를 건너와 백제와 신라를 파하고 신민으로 삼았다"고 가정해도, 이것은 전연 임나일본부설의 근거가 될 수 없다. 그 이유는 왜가 경자년(400년)과 갑진년(404년)에 격멸되었기 때문이다. 전쟁에서의 정치적 목적(영토·자원·인력 등의 획득)의 달성 여부는 최후의 승리에 의해 달성된다는 군사적 원칙이 있으며, 비문 연구자들은 이 점을 간과해 왔던 것이다.

•둘째 : 4세기 후반의 일본 열도의 왜는 한반도 출병의 전제조건인 구조선構造船을 제작할 조선술이 없었고 또 병사들을 무장시킬 제철산업의 미비 등으로 인하여 한반도에 대한 출병과 정복전쟁의 수행은 불가능했다.

•셋째 : 사서史書에 등장하는 倭의 실체는 대해국對海國, 즉 대마도이지만, 비문에 등장하는 倭는 임나가라에 대한 멸칭이었다.

•넷째 : 과거 1세기 이상이나 연구·논쟁의 초점이 되어 왔던 기사에 대해 다음과 같이 해독·해석한다.

百殘新羅舊是屬民由來朝貢, 而倭以辛卯年來.

渡海破百殘[任][那][加]羅以爲臣民.

(백제와 신라는 예전부터 속민으로 고구려에 조공하였다. 그런데 임나가라가 신묘년(391년)부터 (침공해)왔다. 고구려가 바다를 건너 백제와 [任][那][加]羅를 파하고 신민으로 삼았다.)

기사의 후반부(C)의 주어는 전쟁수행 능력의 관점에서 보았을 때 당연히 고구려이며, 3결자는 고구려가 도해작전渡海作戰에 의해 파破한 적측은 백제와 임나가라였기 때문에[任][那][加]이며, 거기에는 결코 [新]羅가 보충될 수 없는 이유를 명시했다.

왜는 신묘년부터 왔고(B), 전투에 참가했으나 대궤·궤패되었던 것이다.

기사의 첫머리(A)는 414년을 기점으로 하여 고구려 남진정책의 명분과 의의를 부여하고 또한 병신년(396년)부터 정미년(407년)까지의 공적 내용을 요약한 것이다.

따라서 신묘년 기사의 기본적 성격은 병신년부터 정미년까지의 공적 내용을 총괄적으로 요약하고, 그것의 명분과 의의를 부여하는 내용인 동시에 광개토왕의 남진정책의 유지遺志를 계승한 장수왕의 결의와 당위를 표명한 독립적(편년체적 본문과 틀리는)인 삽입문으로 생각한다.

그동안 필자는 고대 한왜 관계사古代韓倭關係史의 정립에 있어서 가장 귀중한 사료인 비문의 왜에 대해 지금까지 일인日人 사학자들에 의해 야기된 역사 왜곡의 근본문제요, 반세기나 끌어왔던 논쟁의 초점에 대해 구명究明을 시도함으로써 논쟁에 종지부를 찍겠다는 생각을 가지고 연구하여 3부작의 논문을 완성했다. 이제 그 결과에 대한 가부는 독자들이 판단할 문제이며 지도편달을 바란다.♣

(『나라사랑』 제94집, 1997.)

II

한·일 고대사의 사실史實을 둘러싸고

박형, 그동안 안녕하셨소?

매일 30도가 웃도는 찜통더위가 기승을 부리고 있지만, 이것은 머지않아 결실의 계절인 시원한 가을이 찾아온다는 징조가 아니겠소?

박형도 알다시피, 나는 1990년대 초에 고구려 군사사상을 연구하다가 광개토왕 비문에 등장하는 왜倭의 실체와 신묘년 기사辛卯年記事에 관해 규명하고자 7, 8년간의 시간을 연구하며 논문을 집필하여 우리나라뿐만 아니라, 일본의 고대사 학술지에도 발표했소.

그런데 2007년 우리나라 역사학계의 중진으로 활약하고 있는 서울대학교의 노태돈 교수는 일본 육군 참모본부의 요코이 다다나오(横井忠直)가 주동이 되어 해독·해석한 비문의 신묘년(391) 기사, 즉 "'백제와 신라는 예부터 고구려의 신민으로 조공해 왔다. 그런데 왜가 신묘년에 바다를 건너와 백제와 ㅁㅁ와

신라를 쳐서 신민으로 삼았다'로 풀이하는 것이 통설이었다.…신묘년 조 기사의 해석 자체는 '통설'과 같이 하는 게 순리라고 여겨진다. 단, 신묘년 조에서 전하는 기사의 내용은 그대로 다 사실성이 있는 것이라고는 보기 어렵다."※ 고 하였소. 그렇다면 비문 자체가 잘못된 내용을 기록했다는 말인가요?

그래서 나는 「제32회 동아시아 고대학회 학술발표대회」(2007. 12. 26.)에서 「군사사학이란 무엇인가?-광개토왕 비문 신묘년 기사를 중심으로-」를 발표했고, 거기에 추가하여 『일본서기日本書紀』(720)에 기록되어 있는 신공황후神功皇后의 「남한정벌」의 내용에 대해 견해를 밝혀보려고 합니다. 이 문제는 한·일간의 역사문제일 뿐만 아니라, 양국 국민의 현재와 미래에도 관련이 깊은 문제이기도 합니다. 마침 『日本戦略研究フォーラム会誌』(2008. 7.)에 발표했기에 아래와 같이 옮겼으니, 읽고 논평해 주기 바랍니다.

오늘날에 있어서 한·일간의 현안문제는 역사문제, 독도 영유권 문제 그리고 위안부 문제 등이 있지만, 2회에 걸친 수뇌회담은 「미래지향」에 치닫다보니 현안문제는 깊이 다루지 않거나, 또는 화제에도 오르지 못했다. 그러나 2월 25일 이명박 대통령 취임 후, 후쿠다 야스오(福田康夫) 수상은 수뇌회담에서 스스로 역사문제를 꺼냈다. "과거의 사실事實은 사실로서 인정하는 것이 중요하다.…역사는 겸허하게 맞이하는 것이 중요하며, 상대편이 어떻게 생각하는가를 언제나 생각해야 한다."[1]고 지적했다.

한편 이명박 대통령은 4월 21일 일본을 방문했을 때, 아키히토 천황(明仁天皇)과의 회견에서, "역사의 진실은 잊지 않고 실용의 자세로 미래 지향적이며 성숙한 동반자 관계를 만들어야 한다."고 말했다. 아키히토 천황은, "양국의 국민은 역사의 진실을 알기 위해 노력하고, 서로의 입장을 이해하려고 노력했을 때, 상호 신뢰와 이해理解가 깊어진다."[2]고 말했다.

※ 노태돈, 「광개토왕 능비」, 『한국고대사연구의 새동향』(서울 : 서경문화사, 2007), pp. 445~446.

1) 「朝日新聞」, 2008年 2月 26日.

2) 「조선일보」, 2008년 4월 22일.

양 국민이 과거의 역사의 진실을 알고 또 상호의 입장을 이해하려고 노력했을 때, 상호 신뢰와 이해가 깊어진다는 견해에는, 나는 전적으로 동의한다. 그러나 과거의 진실을 알려고 하는 노력이 과거에 집착하여 미래에 지장을 가져오는 것이 아닌가 하고 생각한다면, 이와 같은 역사관에 대해서는 견해를 달리한다. 그 이유는, 과거의 역사에 대한 진실은 현재의 입장을 이해하는 데 필요할 뿐만 아니라, 미래의 상호 신뢰와 이해에도 필수조건이라는 것이 나의 견해이다. 이 문제 대해 영국의 역사가 E. H. 카(1892~1982)는, "역사란 과거와 현재와의 대화라고 전번 강연에서 얘기했지만, 오히려 역사란 과거의 여러 사건과 차츰 나타나는 미래의 여러 목적 사이의 대화라고 생각합니다."[3]고 했다.

한·일관계의 고대사 문제의 현안은, 『일본서기日本書紀』(720)에 있는 신공황후神功皇后 49년(249)의 한반도 남부 7개국 평정과 광개토왕 비문 신묘년(391) 기사의 해독·해석의 문제이리라. 신공황후 49년 3월, 장군을 파견하여 현재의 경상도의 7개국을 평정했다는 내용인데, 보주補註에 의하면, "서기 기원으로 249년, 아마도 백제기百濟記에 바탕을 둔 글. 간지干支 2운運을 내려 369년의 사실史實을 포함한다. 이케우치 히로시(池內宏)는 6세기경, 임나일본부任那日本府 관할의 여러 소국小國의 복속기원服屬起源으로 본다. 스에마쓰야스카즈(末松保和)는 이것을 사실史實로 본다."[4]고 소개되어 있다.

1883년 가을, 일본 육군 참모본부의 간첩이었던 사가와 가게노부(酒匂景信) 중위가 가져간 광개토왕 비문(차후 비문으로 약칭함)의 쌍구본을 참모본부 편찬과원 겸 육군대학교 교수인 요코이 다다나오(橫井忠直) 씨가 중심이 되어 상세한 연구가 실시되었다. 1889년 6월 『회여록會餘錄』 제5집이 비문 연구의 특집호 형태로 간행되어, 거기서 신묘년 기사(차후 기사로 약칭함)는 다음과 같이 해독·해석되었다. 특히 기사 후반부의 주어는 왜倭이고, 또 세 글자

---

3) Edward H. Carr, *What is History?* (New York : Vintage Books, 1961), p. 164.
4) 坂本太郎外 校注者, 『日本書紀』(上)(東京 : 岩波書店, 1984, 19刷), pp. 355~356.

의 빠진 것 가운데 마지막 글자를 [新]으로 유도한 것은 요코이 씨이리라.[5)]

(사료) 百殘(濟)과 新羅는 옛부터 屬民으로 朝貢해 왔다. 그런데 倭는 辛卯年(391)부터 와서 바다를 건너 百殘□□[新]羅를 破하고 臣民으로 삼았다.(일본의 통설)

사에키 아리키요(佐伯有淸) 교수에 의하면, "나는 참모본부를 중심으로 하는 왜곡된 고대 한·일관계사관古代韓日關係史觀의 완성 시기를 1888년 10월로 생각한다.…계속하여 참모본부에서 해독·해석되고, 그것이 원형原型이 되어…당시 일본의 조선에 대한 침략의 의도를 역사적으로 정당화시키기 위해 「왜의 활동」의 기록을 비문 속에서 찾으려는 것이 의식적이든, 무의식적이든 작용했으리라고 생각해야만 하리라"[6)]고 주장했다.

일본의 고대사학계에서는 참모본부에서 해독·해석된 기사가 통설이 되어 일본열도의 倭가 391년에 「한반도에의 진출」뿐만 아니라, 「임나일본부」설의 일등사료一等史料의 논거가 되었다. 예컨대, 연표에 다음과 같이 기록되어 있다.[7)]

- 369, 이때에 야마토 정권(大和政權)의 통일이 진행. 이 때 임나일본부 성립.
- 391, 일본군이 조선에 출병, 고구려와 싸우다.(고구려 호태왕 비문)

일본의 저명한 고대사학자, 이노우에 미쓰사다(井上光貞, 1917~1983) 박사는 회고록에 다음과 같이 기록했다.

- 국사학과에 입학하여 무엇보다도 이상하게 생각한 것은 주임교수인 히라이즈미 기요시(平泉澄) 박사가 황국사관皇國史觀의 대표적인 주창자였다는 것이다.… 주임교수가 무릇 학문과 전연 연관도 없는 황국사관을 설득하고 의심치 않는다는 이상한 풍경을 전개하고 있었던 것이다.[8)]

---

5) 橫井忠直, 「高句麗古碑考」, 『會餘錄』 第五集(東京 : 亞細亞協會, 1889), p. 50.

6) 佐伯有淸, 『広開土王碑と参謀本部』(東京 : 吉川弘文館, 1976), p. 121, p. 127.

7) 『日本史事典』(東京 : 平凡社, 1983), p. 446.

• 고대사 연구는 문헌만으로는 안 되며, 고고학도 함께 연구해야 한다는 것을 몸소 가르쳐 준 분은 이시다(石田) 선생이었다.[9)]

이처럼 학식이 풍부했던 이노우에 박사가, 고대사 연구기관도 아닌 육군 참모본부의 요코이 씨가 중심이 되어 해독·해석한 기사를 사료비판도 하지 않고, 그대로 삼켜 역사 교과서에 다음과 같이 발표했다.

고구려의 호태왕 비문에는, 倭가 한반도에 진출하여 고구려와 교전했다는 것이 기록되어 있다. 이것은 야마도 정권이 한반도의 진보된 기술과 철 자원을 획득하기 위해 가라加羅(임나任那)에 진출하여, 거기를 거점으로 해서 고구려의 세력과 대항했다는 것을 얘기하고 있다.[10)]

일본의 육군 참모본부에서 해독·해석한 신묘년(391) 기사가 과연 사실을 전하고 있을까? 비문에 등장하는 倭는 직접 군사작전에 참가하고 있어서, 전쟁의 준비·수행·결과에 대한 해석은 군사이론과 역사학을 결합한 군사사학(軍事史學, military history)에 의해 규명하는 것이 타당성이 있다는 입장에서 규명을 시도한 논문을 발표했으나,[11)] 여기서는 연구 성과의 결론만 소개코자 한다.

1) 일본열도의 倭가 391년부터 한반도에 진출했다면, 도해작전渡海作戰에 필요한 병력·무기·식량 등을 운반하기 위해 「구조선構造船의 존재」가 전제·필수조건이지만, 일본의 고대사학계는 아직도 문헌사학 뿐만 아니라, 고고학에서도 이것을 실증하지 못하고 있다.

8) 井上光貞, 『井上光貞－わたしの古代史学－』(東京 : 日本図書センター, 2004), p. 23, p. 25.

9) 上揭書, p. 47.

10) 井上光貞·笠原一男·児玉幸多, 『詳説日本史』(東京 : 山川出版社, 1993), p. 25.

11) 李鍾學, 「広開土王碑文の真実－軍事史学的研究方法による辛卯年記事の検討－」, 『日本及日本人』(東京 : 日本及日本人社, 1998), pp. 144~154. 及び 『東アジアの古代文化』 創刊100号, 1999. 夏. 轉載.

2) 일본의 통설과 마찬가지로, 倭가 391년 백잔百殘(濟)·신라를 파하고 신민으로 삼았다고 가정해도, 비문의 영락 10년(400)과 14년(404)에 倭는 대궤·궤패되었기 때문에 한반도 남부에 발판이 되는 거점(작전기지)의 상실로 인해 「임나일본부」설은 전연 성립되지 않는다.

예컨대, 1796년 3월 나폴레옹은 이탈리아 방면군 사령관에 임명된 이후, 연전연승하여 황제에 취임하여 유럽대륙에 군림했으나, 워털루 전투(1815)에 패배하여 남대서양의 외딴 섬, 센트 헬레나에 유배되었다. 일본은 태평양전쟁에 패배함(1945)으로 인해 청일전쟁(1894) 이래 획득한 식민지를 모두 상실했다. 전쟁철학자 클라우제비츠는 명저, 『전쟁론』(1832)에서 다음과 같이 주장했다. "이와 같은 전쟁의 형태에 있어서, 영관榮冠은 최후의 승리자에게 주어진다는 것을 언제나 기억해야 한다." (제8편 제3장). 여기서 영관이란 전쟁에서의 정치적 목적의 달성을 뜻하는데, 지금까지 비문연구가들은 이처럼 중요한 군사이론의 내용을 간과해 왔던 것이다.

3) 비문에 의하면, 영락 6년(396), 고구려왕은 친히 수군을 거느리고 가서 백잔국百殘國을 토벌하였다.…적들의 도성을 포위했다. 백제왕은 남녀생구男女生口 1,000명과 세포細布 1,000필을 바치면서 왕에게 항복하고, 이제부터 영구히 고구려왕의 노객奴客이 되겠다고 무릎을 꿇고 맹세하였다. 또 영락 9년(399), 신라왕이 사신을 보내어 아뢰기를, "왜인들이 신라 국경에 가득 쳐들어와서 성지城池를 파괴하고 있습니다. 이 노객(신라왕)은 대왕의 백성이 되어 있으니 구원을 요청합니다."고 했다.

이들의 비문 내용에서 396년에 백제왕이, 399년에 신라왕이 등장한다는 것은 기사(391)에 대한 일본의 통설이 전연 잘못된 해독·해석이라는 것의 직접적 증거일 것이다.

4) 비문을 작성한 찬자撰者는, 고구려의 적측인 백제를 '백잔百殘'이라고

멸칭한 것처럼 비문에 등장하는 '倭'란 일본열도의 야마도 정권이 아니라, 임나가라에 대한 멸칭이었다. 그 이유는 비문의 영락 10년조(400)에 의하면, 비문에는 왜倭·왜적倭賊·왜구倭寇가 등장하지만, 고구려군의 공격목표는 임나가라였기 때문이며, 또 "도래계 집단은 야요이 시대(300 B.C~ 300)부터 계속하여 급속히 그 수를 증가하여, 아마도 기타규슈(北九州)를 중심으로 많은 소왕국(부족국가)을 만든 것으로 생각한다."[12]고 했기 때문이다.

5) 필자는 기사에 대하여 다음과 같이 해석한다.

> 百濟와 新羅는 옛날부터 속민으로서 高句麗에 朝貢해 왔다. 그런데 任那加羅는 신묘년(391)부터 (침공해) 왔다. 高句麗가 바다를 건너 百濟와 [任][那][加]羅를 破하고 신민으로 삼았다.…

일본에서 역사학을 조금이라도 연구한 사람들에게는, 물론 황국사관[13]에 사로잡힌 사람을 제외하고, 『일본서기日本書紀』(720)의 5세기 전반 이전은 가공으로 만들어진 내용이며, 안강천황(安康天皇, 재위 : 453~456) 정도가 되면 비교적 실제 연대가 되어 있다는 것이 상식으로 알려져 있다.

따라서 한·일간의 고대사에 관한 현안문제인 '신공황후 49년조'나 '광개토왕 비문의 신묘년(391) 기사'에 대해서, 사실史實이 아닌 것은 사실이 아니라고 시인하는 것이 중요하며, 역사의 진실을 알기 위한 노력은 현재와 미래에 있어서 양쪽 국민의 신뢰와 이해를 깊게 하는 중요한 계기가 되리라.♣

(月刊『自由』, 2008년 11월호)

12) 埴原和郎, 『日本人の成り立ち』(京都 : 人文書店, 1996, 2刷), p. 283.

13) 日本의 神話 가운데 最高神으로 太陽神과 皇祖神의 두 성격을 지닌 天照大神이 그의 자손에게 三種의 神器(거울·曲玉·劍)를 주어 日本國을 통치케 했다. 따라서 일본은 神國이며, 天皇은 萬世一系요, 또한 神性과 그 통치의 정당성·영원성을 주장한 역사관이다. 2차 대전 패배 후, 1946년 1월에 천황은 인간선언을 했다. 그러나 오늘날에도 일본의 우익단체는 皇國史觀을 뿌리 깊게 신봉하고 있다.

III

원광법사와 세속오계에 대한 신고찰※

1. 문제의 제기

근래에 와서 신라의 군사문제에 관심을 가지게 되자 무엇보다도 화랑도花郎道를 다루어야 했고, 그러자니 자연히 원광법사圓光法師의 세속오계世俗五戒에 대해 유의하지 않을 수 없었다.

세속오계는 신라인의 생활신조生活信條·좌표座標가 되었을 뿐만 아니라, 더 나아가서 화랑도의 중심 이념으로 발전된 것으로 추정하였다. 그리하여 원광에 대해 조사했던 바, 그는 설씨 가문薛氏家門의 6두품頭品 출신이요, 승僧이 된 것도 사회적 출세가 제약받고 있던 현실에 대한 반항적인 행동이며, 진골眞骨이 아니라는 신분이 원광의 생애와 사상을 이해하는 데 큰 도움이 된다[1]고 했다.

원광은 608년(진평왕 30년) 고구려를 치기 위해 수隋에 군사원조를 청하는 글, 걸사표乞師表를 쓰라는 왕의 요청을 받았을 때, "자기가 살고 남을 멸하

※ 본고는 1990년 4월 14일 韓國古代史研究會에서 발표한 내용임.

1) 李基白, 1968「圓光과 그의 思想」, 『新羅思想史研究』(서울 : 一潮閣, 1986). pp. 96~99.

는 것은 승려의 할 짓이 아니나, 빈도貧道가 대왕의 나라에 살고 대왕의 수초水草를 먹으면서 어찌 감히 명령을 좇지 아니 하겠습니까"[2] 하고 요청에 응했다. 이에 대해 필자는 원광법사란 정말 국가관이 투철하고 안목眼目이 넓고 사려思慮가 깊은 승려였구나 하는 생각을 가졌으나 이와 다른 견해도 있었다. 즉 불교에 어긋남을 스스로 인정하고…위험한 바다를 건너 진리를 찾아 서유西遊의 길을 떠나던 때의 구도자求道者로서의 정열과 패기를 찾아볼 수 없으며, 진리와 현실과를 적당히 타협시키고 있으며 여기에 그의 불철저함이 있다. 단지 그의 타협은 치사스런 이론의 농락에 의한 것이 아니라, 강요된 현실에 할 수 없이 순종하는 데서 이루어진 것이었다.[3]

아무튼 원광은 그 후 신라의 정치에 관여했고, 외교문서도 작성하는 등 왕의 신임과 국민의 추앙을 받았다. 그런데 그가 죽자 나라에서 의식장구儀式葬具를 내리어 왕자王者의 예禮와 같이 했다[4]고 했는데, 과연 당시 신라의 골품제 신분사회에 있어서 6두품 출신에게 그렇게 할 수 있었을까 하는 의심을 가졌고 또 납득이 가지 않았다.

그래서 필자는 본고本稿에서 다음 사항을 규명해 보고자 한다.

첫째, 원광법사의 신분은 무엇이며, 그의 시대적·사상적 배경은 무엇인가?

둘째, 화랑문제에 있어서 풍류도風流道에서 화랑도로 옮겨가는 데 깊은 연관성이 있는 것은 원화源花에서 화랑제도로 교체되는 제정시기와 세속오계로 추정했다. 특히 세속오계는 지금까지 원광의 사상적 배경에서 다루어져 왔으나, 오계五戒를 이해하고 실천한 것은 귀산·추항이기 때문에 그들의 사상적 배경과 나아가서 풍류도의 사상적 연원淵源을 밝혀 보고자 한다.

셋째, 세속오계의 현대적 의의는 무엇인가?

---

2) 『三國史記』4, 眞平王 30年條.

3) 李基白, 前揭書, p. 108.

4) 『三國遺事』4, 圓光西學.

2. 원광법사와 그의 시대적 배경

원광의 출생 및 사망년死亡年은 확실한 정설은 없다. 『속고승전續高僧傳』에 의하면 선덕왕善德王 10년(641)에 99세로 임종했다고 한다. 한편 『고본수이전古本殊異傳』에 의하면 진평왕 11년(589) 36세 때 서학西學의 길을 떠났고, 84세에 임종했으니 선덕여왕 6년(637)이요 따라서 그의 출생년出生年은 진흥왕眞興王 15년(554)이 된다는 견해[5]는 타당성이 있다고 생각된다.

신라는 법흥왕(法興王, 514~540)과 진흥왕 초기까지는 밖으로 크게 발전하여 낙동강 하류와 함흥평야에 이르기까지 영토를 확장했다. 그리고 진흥왕 14년(553) 신라는 한반도의 전략적 요충지인 한강유역을 점령했을 뿐만 아니라 중국대륙과 직접 내왕할 수 있는 통로를 획득했다.

그러나 이로 인해 신라는 백제와의 동맹관계를 잃고 원수지간이 되었으며 또한 고구려·백제의 공격 목표가 되었다. 신라는 그 후 거의 100년간, 즉 660년 나·당 연합군이 백제를 침공할 때까지 존망의 위기에 몰렸고, 군사적으로는 수세적守勢的 입장에 놓여 있었다. 예컨대,

- 602년 8월 백제가 신라의 아막성阿莫城을 공격해 왔는데, 이 전투에서 귀산·추항이 전사했다.(『三國史記』4, 眞平王 24年)
- 603년 고구려가 신라의 북한산성北漢山城을 침범하므로 왕이 몸소 군사 1만을 지휘하여 막았다.(『三國史記』4, 眞平王 25年)
- 608년 고구려가 자주 신라의 영토에 침범하므로 수병隋兵을 청하여 고구려를 치려고 원광에게 걸사표를 쓰라고 왕이 요청했다.(『三國史記』4, 眞平王 30年)
- 616년 백제가 신라의 모산성母山城을 공격했다.(『三國史記』4, 眞平王 38年)
- 624년 백제가 신라를 쳐서 6성城을 취했다.(『三國史記』4, 眞平王 46年)

5) 李基白, 前揭書, pp. 111～112.

•642년 백제가 신라의 40여성을 탈취하고 대야성大耶城을 함락했다. 그리고 백제는 고구려와 공모하여 당항성黨項城을 취하여 당으로 통하는 길을 차단하려고 하므로 왕이 사신을 보내어 당 태종에게 위급함을 고했다.(『三國史記』5, 善德王 11年)

원광은 600년(진평왕 22년) 수隋에서 귀국하였으며, 그로부터 세속오계의 가르침을 받은 귀산·추항이 602년 8월의 전투에서 전사했으므로 원광이 세속오계를 가르친 연대는 600년에서 602년 사이가 된다. 필자는 원광이 귀국하자 왕과 온 국민이 환영하고 존경했던 것으로 보아, 그의 귀국 후 가까운 시일 내에 귀산·추항이 찾아간 것으로 생각하여 세속오계를 가르친 연대는 600년으로 추정한다.

3. 필사본 『화랑세기』와 화랑의 제정시기

1989년 2월 「서울신문」에 필사본筆寫本 『화랑세기花郎世紀』가 소개되었으며, 그 후 이에 대한 사료적史料的 가치를 논의한 두 편의 논문이 발표되었다.[6] 필자는 이들과 상이相異한 접근방법을 시도해 보고자 한다. 즉 "필사본 『화랑세기』는 사료적 가치가 있다."는 가설假說에 입각하여 논고論考를 진행시키고자 한다.[7]

---

6) 李載浩, 「「花郎世紀」의 史料的 價値」, 『정신문화연구』통권 제36호, 1989년, pp. 107~123 및 權悳永, 「筆寫本 「花郎世紀」의 史料的 檢討」, 『歷史學報』 第123輯, 1989, pp. 155~201.

7) 이 접근법은 다음과 같은 논리에 입각하고 있다. 즉 "여러 가지 現像·事實이 있다. 지금 어떤 假說을 참이라고 한다면, 그 여러 가지 現像·事實을 잘 설명할 수 있다. 따라서 그 假說을 참이라고 할 이유가 있다."

假說이란 긍정 또는 부정하기 위해서 세워 놓은 연구문제에 대한 提案的 또는 豫測的 해답이다(J. C. Townsend, *Introduction to Experimental Method*, New York : McGraw-Hill, 1953, p. 45). 假說은 연구문제에 대한 잠정적 해답이며 實證的 檢證을 통하여 긍정되면 연구문제에 대한 해답을 얻게 된다.(朴龍治, 『現代社會科學方法論』, 서울 : 고려원, 1989, pp. 236~271 및 채서일, 『사회과학 조사방법론』, 서울 : 法文社,

화랑의 기원과 그것이 제도로 제정된 시기는 다르며 아직 이 문제에 대해 정설이 없는 실정이다. 여기서는 다만 화랑의 제정 시기만 논의해 보고자하며, 이것은 원화에서 화랑으로 언제 교체되었나 하는 시기를 밝히려는 것이다. 이에 관련된 문헌은 다음과 같다.

A① 37년 봄에 비로소 원화를 받들게 되었다.…드디어 미녀美女 두 사람을 뽑았는데, 하나는 남모南毛이고 다른 하나는 준정俊貞이었으며 모인 무리는 300여명이었다. 두 여자는 아름다움을 다투어 서로 질투하게 되었는데 준정이 남모를 자기 집으로 유인하여 술을 마시도록 강권하여 취하게 만든 후 끌어다가 강물에 던져 죽였다. 이에 준정은 사형에 처해지고 무리들은 화목을 잃고 흩어졌다. ② 그 후 다시 얼굴이 아름다운 남자를 뽑아 곱게 단장하고 이름을 화랑이라 하여 받들게 되니, 무리들이 구름같이 모여 서로 도의道義로서 연마하고… (『삼국사기』4, 진흥왕 37년)

B① 제24대 진흥왕의 성은 김씨이고…왕은 천성이 풍미風味가 있어 신선神仙을 크게 숭상했다. 인가人家의 낭자娘子들 중 아름다운 자를 뽑아 원화原花로 삼고 사람을 뽑아 무리를 만들고 그들에게 효제충신孝悌忠信을 가르치려 하였으니 역시 나라를 다스리는 대요大要이다. ② 이에 남모랑南毛娘과 교정랑姣貞娘을 두 원화로 취하였다. 모여든 무리가 300~400명이나 되었다. 교정은 남모를 질투하여… 남모의 시체를 북천 속에서 찾아내었다. 이에 교정랑을 죽였다. 이에 이르러 대왕은 명령을 내려 원화를 여러 해 동안 폐지하였다. ③ 왕은 또한 나라를 일으키고자 해서 풍월도風月道를 먼저 일으키고자 다시 명령을 내려 양가良家의 남자로 덕행 있는 자를 뽑아 화랑이라 고치게 하였다.(『삼국유사三國遺事』3, 미륵선화彌勒仙花…)

C① 법흥왕 27년 진흥왕 원년元年… 삼맥종립(彡麥宗立, 진흥왕)의 나이 7세로 태후가 섭정攝政했다. 신라에서는 얼굴과 풍채가 단정한 남자를 뽑

1990, pp. 70~78 參照.)

「筆寫本『花郎世紀』에 대한 史料的 評價」에 대해서는, 이종학 외, 『花郎世紀를 다시 본다』(서울 : 주류성, 2003)를 참고하기 바란다.

아 풍월주風月主라 부르며, 착한 선비를 구하여 무리를 만들어 효도·어른공경·충성·신의(孝悌忠信)를 장려했다.(『동국통감東國通鑑』5, 경신庚申)

『동국통감東國通鑑』의 진흥왕 37년 진지왕眞智王 원년조元年條는 A①을 요약·인용한 내용으로 생각되며, 『신증동국여지승람新增東國輿地勝覽』 22권 경주부慶州府의 법흥왕 원년 풍월주의 기록은 C①을 오독誤讀한 것으로 추정된다.

A①에 의하면 화랑의 제정 시기는 진흥왕 37년(576) 봄이 된다. 그런데 화랑인 사다함斯多含이 귀당비장貴幢裨將으로 가야정벌에 출전하여 공을 세웠는데,[8] 가야정벌은 진흥왕 23년(562)이기 때문에 진흥왕 37년에 화랑이 제정되었다는 것은 모순이 아닐 수 없다. 이 모순을 가장 먼저 지적한 사람은 문헌상 신채호申采浩이며, 「조선역사상일천래 제일대사건朝鮮歷史上一千年來 第一大事件」(「동아일보」, 1925.)이라는 논문에서 밝혔다.[9]

그리고 A①, B①을 통하여 낭도郎徒를 이끌던 중심인물이 원화였던 시기와 화랑이었던 시기로 나누어 볼 수 있는데, 원화의 시기가 더 오래된 것은 분명하지만, 그러면서도 화랑의 제정 시기가 언제였는지 단정하기 어려우며, 이와 관련된 종래의 견해는 다음과 같다.

진흥왕대(540~576)에 화랑이 제정되었다는 견해,[10] 진흥왕 초년 민족의 전통을 받들어 민간청년의 애국운동인 화랑도가 차츰 발전했다는 견해,[11] 화랑제도의 설치 연대는 진흥왕 10년 이후라는 견해[12] 등이 있다. 한편 손진태(孫晋泰)는 "화랑제도는 누가 창안하였는지는 모르되…조정의 모후 섭정

---

8) 『三國史記』44, 斯多含.

9) 申采浩, 『丹齋申采浩全集(中)』(서울 : 螢雪出版社, 1979), p. 120.

10) 三品彰英, 『新羅花郎の研究』(東京 : 三省堂, 1943), p. 209 및 李基東, 『新羅骨品制社會와 花郎徒』(서울 : 一潮閣, 1984), p. 326.

11) 李瑄根, 『花郎道研究』(서울 : 東國文化社, 1949), p. 3.

12) 劉昌宣, 「新羅花郎制度의 研究」, 『新東亞』 1935, 5-11, p. 87.

母后攝政과 이것을 아울러 생각했을 때, 시초기試初期의 화랑은 진흥모후眞興母后의 발안發案이 아니었던가도 상상된다."[13]고 했는데, 화랑제도와 진흥모후인 지소태후只召太后를 관련시켰다는 것은 놀라운 상상력이라 평가된다. 그리고 『화랑세기』에 나타난 화랑제도의 제정된 시기와 관련된 기록은 다음과 같다.

H① 우리나라에서는 여자로서 원화로 삼다가 지소태후가 이를 폐지하고 화랑을 두어 나라 사람들로 하여금 받들게 하였다.(머리말)

② 그러나 대왕(진흥)은 그 사실도 모르고 미실美室을 받들어 원화로 삼고 두 화랑으로 하여금 낭도를 거느리고 조회하였다. 대왕이 전주(殿主, 미실)와 함께 남도南桃에서 조회를 받으니 원화의 제도가 폐지된 지 29년 만에 다시 부활되었고 곧 연호를 고쳐 대창大昌이라고 하였다.(세종世宗)

③ 태후는 또 낭도들이 부리기에 넉넉하지 못한 것을 염려하여 위화공魏花公에게 부탁하여 낭도를 갑절로 늘리게 하자 준정俊貞이 이를 시기하여 술을 가지고 남모南毛를 유인하여 수상水上에서 해쳤다. 남모의 낭도들이 이를 고발하니 태후는 곧 원화를 폐지하고 선화仙花를 화랑으로 삼아 그 무리를 풍월風月이라 칭하고 그 우두머리를 풍월주라 칭하였는데 위화공이 화랑의 우두머리가 되고 공公이 차석次席… (미진부공未珍夫公)

우리들은 지금까지 준정이 남모를 살해한 사건이 어느 연대인지를 확실하게 알지 못하고 있었으나, 김대문金大問이 우연하게 원화제도源花制度의 부활을 기록함으로써 결정적 단서를 제공해 주었다. 즉 원화의 제도가 폐지된 지 29년 만에 다시 부활시키고 연호를 고쳐 대창大昌이라 했는데(H②), 이것은 바로 진흥왕 29년(568)이다. 따라서 준정이 남모를 살해하여 원화제도가 폐지된 것은 진흥왕 원년(540)이 된다.

그러면 원화가 폐지되고 곧 화랑제도를 창설했는지, 아니면 여러 해 후에

13) 孫晋泰, 『韓國民族史槪論』(서울 : 乙酉文化社, 1948), pp. 127～128.

창설했는지가 문제이다. 이에 대해 먼저 제도의 존폐를 관장한 것은 지소태후였으며(H①, ③), 남모의 낭도들이 고발하자 태후는 곧 원화를 폐지하고 화랑의 우두머리인 풍월주로 위화공을 임명했다는(H③) 문맥과 당시의 상황으로 미루어 보아 원화의 폐지 후 곧 위화공을 지명하여 화랑제도를 창설한 것으로 해석된다. 더욱이 C①의 내용은 이를 뒷받침해 주고 있다.

C①의 내용은 지금까지 그 출처가 분명치 않아서 소홀하게 다루어져 왔으나, H①, ②, ③과 더불어 종합적으로 고찰하면 사료적 가치가 있는 내용임을 알 수 있다. 더욱이 고기류古記類 중에서 『신지神志』, 『삼한고기三韓古記』, 『해동기海東記』 등 몇 종류는 조선시대까지 잔존하여 『동국통감』의 수찬修撰에 참고가 되었고,[14] 또한 그 책의 편수과정으로 보아[15] 아무 근거 없이 마구잡이로 풍월주의 탄생을 진흥왕 원년(540)에 삽입했으리라고는 생각되지 않는다. 그리고 지소태후가 정권을 담당하여 화랑을 설치할 때 위화랑魏花郞을 임명했다[16]고 했으니 화랑제도의 설치시기는 540년 7월부터 12월 사이가 될 것이다.

4. 원광법사의 신분과 사상적 배경

『당속고승전』에 의하면 원광의 속성俗性은 박씨朴氏라 했고, 또 『고본수이전』에 의하면 설씨薛氏로 왕경인王京人이라 했다.[17] 박씨라면 진골출신眞骨出身일 것이며, 설씨라면 6두품일 것이나 어느 것으로 확정지을 만한 단서도 없고 또 그의 가계家系에 관해서도 지금까지 전연 알려져 있지 않았다. 그런

14) 申一澈, 「申采浩의 近代的 國史像 發達過程」, 『丹齋申采浩와 民族史觀』(서울 : 螢雪出版社, 1980), p. 142.

15) 鄭求福, 「『東國通鑑』에 대한 史學史的 考察」, 『韓國史硏究』第21, 22輯, 1978, pp. 119~190 參照.

16) 金大問, 『花郞世紀』 魏花郞.

17) 『三國遺事』4, 義解 5, 圓光西學.

데『화랑세기花郎世紀』에는 다음과 같이 기록하고 있다.

원광의 조부祖父인 위화랑魏花郎은 이찬의 지위에 올랐고, 그의 아들 이화랑二花郎은 준실부인俊室夫人이 낳은 아들이었다. 준실부인은 수지공守知公의 누이이고 자비왕慈悲王의 외손으로 처음에는 법흥대왕의 후궁이 되었으나 아들이 없었으므로 다시 공에게 시집와서 이화랑을 낳았다. 이화랑 역시 얼굴이 잘생기고 문장文章을 잘 하였으므로 지소태후只召太后가 총애하여 항상 좌우에서 모시고 있게 하였다. 그런데 태후의 딸 숙명공주淑明公主가 진흥왕의 총애를 입어 태자를 낳아 황후로 봉해졌으나, 이화랑을 좋아하여 둘이 함께 도망하여 아들을 낳았는데 그가 바로 원광법사였다. 원광의 동생 보리菩利는 숙태자의 딸 만용萬龍에게 장가들어 예원각간禮元角干을 낳았는데 그는 곧 나(김대문)의 할아버지였다.(위화랑·이화랑)

원광은 김대문의 종증조부가 되며, 예원은 문무왕 11년(671)에 중시中侍로 임명되었다.[18] 따라서 원광의 가계家系는 진골출신일 뿐만 아니라, 왕실과 대단히 밀접한 관계를 맺고 있었다는 것을 알 수 있다.

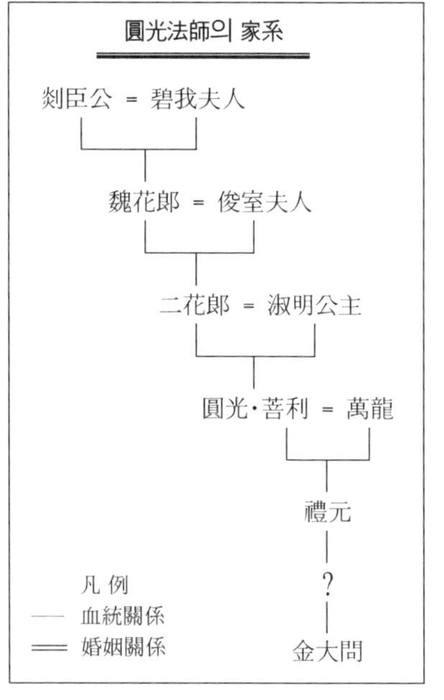

위화랑은 초대의 풍월주요, 2대의 미진부공未珍夫公, 3대의 모랑毛良은 위화랑의 사위였고,[19] 이화랑은 4대, 보리는 12대의 풍월주였다. 특히 보리는 여형女兄인 화명花明과 옥명玉明이 진평대왕의 후궁으로 왕의 총애를 받았기 때문에 조정에서 그를 중용重用하

18) 『三國史記』7, 文武王 11年.

19) 金大問,『花郎世紀』未珍夫公 毛良.

려고 했지만, 그는 거절하면서 "우리 가문은 대대로 화랑을 이어온 것으로 만족하는데 어찌 벼슬을 하겠는가"[20] 하였으니, 원광의 가문은 대대로 이어온 화랑의 가문일 뿐만 아니라, 그들은 이에 대해 높은 긍지를 가지고 있음을 여실히 보여 주고 있다.

원광은 대대로 해동海東에 살아 조상의 풍습風習이 오래 계승되었는데, 도량이 컸다. 즐겨 문장을 연습하고 도학道學과 유학儒學을 섭렵하고 제자諸子와 사학史學을 연구하여 문명文名이 삼한三韓에 떨쳤다. 그는 중국에 11년간 유학하여 삼장三藏에 널리 통하고 겸하여 유술儒術을 배웠다. 그가 귀국하자 온 국민이 기뻐하였고 진평왕도 공경하고 성인聖人처럼 우러렀다. 그는 나라의 정치에 조언도 하는 한편 중국으로 보내는 외교문서를 작성하기도 했다. 고령에 이르자 수레를 타고 대궐을 출입했고 의복과 약식藥食을 모두 왕이 손수 마련해 주기도 했다. 그는 정법正法을 널리 펴고 매년 두 번 강론하여 후학을 양성했다. 보시布施로 받은 재물은 모두 사찰경영寺刹經營에 충당했으므로 남은 것은 오직 의복과 식기뿐이었다.[21]

한편 『고본수이전』에 의하면, 원광이 홀로 삼기산三岐山에서 수양하고 있는데 신神이 나타나서, "이곳에만 계시면 비록 자신을 이롭게 하는 행위는 있을 것이나 남을 이롭게 하는 공은 없을 것이니 지금 고명高名을 드러내지 않으면 미래에 승과勝果를 취하지 못할 것이다. 어째서 불법佛法을 중국에서 취해 와서 이 나라의 혼미한 중생을 지도하지 않는가?"

"중국에 가서 도道를 배우는 것은 원래 소원이나 바다와 육지가 멀리 막혀 있으므로 스스로 가지 못할 뿐입니다."

신神이 중국 가는 데 행할 계책을 자세히 일러 주자, 법사는 그 말에 따라 중국으로 유학하여 불법과 유학을 배워 귀국했다. 그는 신에게 감사를 표하고자 전에 거주했던 삼기산에 가서 신을 만나, "신의 큰 은혜를 입어 편안히

20) 上揭書, 善利.

21) 『三國遺事』4, 義解 5, 圓光西學.

도착했습니다." 하고 보고했다.[22]

여기서 원광과 신과의 대화 내용 그리고 원광의 행적을 어떻게 해석할 것인가? 그가 중국으로 유학한 것도 신의 권유에 의한 것이요, 귀국해서 삼기산에 가서 신에게 사의를 표했다는 것은 신라의 고유종교固有宗敎(선교仙敎)를 간직하고 있으면서 불교를 수용했다는 설화說話의 내용으로 해석이 가능하리라. 이와 관련하여 『화랑세기』는 다음과 같이 기록하고 있다.

> 원광은 일찍이 동생 보리에게 가르쳐 말하기를, '나는 불도佛徒가 되고 너는 선도仙徒가 되면 가히 우리 가문과 나라를 편안하게 할 수 있을 것이다'고 하였다.[23]

이것은 대단히 중요한 내용으로 원광의 사상적 배경을 잘 표현하고 있다. 그의 세속오계 및 걸사표를 쓴 그의 입장과 태도의 일관성을 해명하는 열쇠가 된다고 생각한다.

원광은 국가와 열반에 안주安住하는 것을 분리해서 생각하거나 또 왕도王道와 불도佛道의 모순에 빠지는 그런 승려는 아니었다. 그에게 있어서 법도法道는 왕도를 위한 수단으로 생각했으며, 불도가 된 것은 수단(방편方便)이고, 가문과 국가를 편안하게 하는 것이 목적이었다.

불교의 발상지는 인도이지만, 그것이 중국, 한반도의 3국, 즉 고구려·백제·신라 그리고 일본에 전파되면서 그 특징이 서로 달랐다. 그런데 특히 신라의 불교가 호국불교護國佛敎의 색깔이 유난히도 진하고, 그것이 고려·조선시대로 내려오면서 전통화된 것은 바로 원광법사로부터 연유된 것으로 생각한다.

---

22) 上揭書.

23) 金大問, 前揭書, 菩利.

5. 세속오계와 풍류도·화랑도

원광의 세속오계에 대한 사료는 다음과 같다.

귀산貴山은 사량부 사람이며…같은 부의 사람 추항을 벗으로 삼았다. 두 사람은 서로 말했다.

"우리들은 덕행이 높고 학문이 있는 이와 교유하기로 기약했는데 먼저 마음을 바루고 몸을 닦지 않으면 아마 치욕을 당함을 면하지 못할 것이니, 어찌 어진 사람 곁에 가서 도리를 듣지 않으랴."

이때 원광법사가 수나라에서 공부하고 돌아와서 가실사에 있었는데 그때 사람들이 그를 존경했다. 귀산 등은 그 문하로 가서 공손히 나아가 아뢰었다.

"속세의 인사가 우매하여 아무 것도 아는 바가 없사오니 부디 한 말씀 내리셔서 평생의 잠언을 삼도록 해 주십시오."

법사는 말했다.

"불교의 계율에는 보살계菩薩戒가 있어 그 조항이 열이 있으나, 너희들은 남의 신하와 자식 된 몸이 되었으니 아마 감당하지 못할 것이다. 지금 세속의 5계율이 있으니, 첫째는 충성으로써 임금을 섬기는 일이요(사군이충事君以忠), 둘째는 효도로써 어버이를 섬기는 일이요(사친이효事親以孝), 셋째는 신의로써 벗을 사귀는 일이요(교우이신交友以信), 넷째는 싸움터에서는 물러서지 않는 일이요(임전무퇴臨戰無退), 다섯째는 생물을 죽이되 가려서 죽이는 일이니(살생유택殺生有擇), 너희들은 이 일을 실행하여 소홀히 하지 말라."

귀산 등이 말했다.

"다른 것은 이미 말씀을 알아들었습니다만, 이른바 '생물은 죽이되 가려서 죽인다'는 말씀만은 아직 이해되지 않습니다."

"여섯 젯날과 봄철·여름철에는 생물을 죽이지 않는 것이니, 이는 시기를 가림이요, 가축을 죽이지 않음은 곧 말·소·닭·개를 이름이며, 잔 생물을 죽이지 않음은 곧 고기가 한 점도 되지 못하는 것을 이름이니 이는 생물을 가림이다. 이도 또한 그 소용되는 것만 하지, 많이 죽이지는 않을 일이다. 이것이 세속의 좋은 경계이다."

귀산 등은 말했다.

"지금부터는 이 말씀을 받들어 실행하여 감히 어기지 않겠습니다."(『삼국사기』45, 귀산貴山)

지금까지는 원광이 어떤 사상적 배경에서 세속오계를 가르쳤는가 하는 것이 거의 논의의 초점이 되어 왔으며, 그 견해는 대략 다음과 같다.

•유교적 배경

이 오계五戒는 글자 그대로 세속적인 계명誡銘이니, 대개 유가덕목儒家德目(충·효·신·용·인)에 의한 것이다. 그 중의 '살생유택'은 유가의 사상도 되고 불가의 예외적例外的·현세적現世的인 사상도 된다고 하겠다. 그러나 불교의 근본덕목은 아니다.[24]

이들 덕목이 유교에서 주장하는 기본덕목들과 일치한다는 점은 역시 간과할 수 없을 것으로 믿는다. 이들 덕목의 유래를 혹은 불교에서 찾아보려는 시도도 있는 듯하나, 적어도 이들 덕목이 불교의 기본사상과 직결될 수는 없다. 게다가 원광은 '노장老莊과 유학儒學을 널리 읽고 제자諸子와 사서史書를 연구했다'(『續高僧傳』13, 圓光傳)고 하였으므로 그는 유교에 대한 풍부한 지식을 갖고 있었음이 분명하다. 그러므로 원광 자신은 승려였지만 세속인世俗人에게 오히려 이러한 유교덕목이 적합하다고 믿고서 이를 주었다는 설이 온당할 것으로 생각된다.[25]

---

24) 李丙燾, 『韓國史 古代篇』(서울 : 乙酉文化社, 1959), p. 601.

25) 李基白, 1973「儒教受容의 初期形態」, 『新羅思想史研究』, p. 202.

•불교적 배경

우리는 이상에서 효와 살생과 신信이 결코 반불교적反佛敎的이 아니라, 다시 말하자면 한갓 유교덕목에 한한 것이 아니며 오히려 불가佛家에 있어서 효와 살생과 신은 호법護法을 위한 그리고 수도修道의 근본적인 제일보第一步라는 것을 말하여 왔다. 따라서 원광법사의 세속오계도 종전과 같이 전적으로 충·효·신·용·인의 유교덕목으로 해석하려는 관점은 이제 방향을 돌리어 정법正法을 수호하고 만행萬行을 닦고 수도하려는 신라인의 국가 생활규범이라는 방향에서 검토되어야 할 것이다. 원광이 유술儒術도 겸비하였다 하더라도 그가 불도수행佛道修行의 승僧이요 또한 세속오계가 불교윤리로서 혹은 경전經典으로서 해명될 수 있으니 일단 불교의 방향에서 다루어 가는 것이 순리일 것이다.[26]

우리는 원광의 세속오계는 모두 불교적인 근거가 있다고 믿는다. 더구나 원광은 스님이었다. 무엇 때문에 남의 종교에서 실천 수행덕목을 빌려와야 한단 말인가.[27]

•삼교 조화적三敎調和的 배경

원광의 세속오계는 그 조목 자체에서 볼 때 불가佛家의 계목戒目보다는 다르고 오히려 유가오륜儒家五倫에 가깝다. 그러나 여기서 주의해야 할 것은 충·효·신의 덕목을 꼭 유가儒家만의 것으로 보아서는 안 되고, 또 살생유택계殺生有擇戒도 그것을 불교만의 것으로 보아서는 안 된다는 것이다. 그러므로 원광의 세속오계는 그것이 원광이 승려라 해서 불교에서 사상의 배경을 찾아서도 안 되고 물론 유교에서만 찾아서도 안 된다는 점이다. 원광 자신이 불제자佛弟子가 되기 전에 이미 유학이나 도교道敎에 조예造詣가 깊었다

---

26) 安啓賢, 「新羅人의 世俗五戒와 國家觀」, 『韓國思想』3, 1960. p. 89.

27) 鄭柄朝, 『佛敎文化史論』(서울 : 韓國佛敎硏究院, 1988), pp. 77~78.

는 것과 진陳이나 수隋에 유학했을 때 그 곳 사정이 이미 삼교 조화사상三敎調和思想이 이론적으로 특히 불승佛僧들의 주동적인 노력에 의해 성숙되어 있었다는 것…특히 원광의 세속오계 중 임전무퇴는 당시 신라의 국가적 처지와 피치 못할 전쟁 상황 속에서는 어쩌면 실제적으로 가장 중요한 계목戒目이며 이것은 유불양가儒佛兩家의 기성덕목旣成德目이 아니라, 바로 원광 자신이 국가가 처한 운명을 직시한 데서 제정된 계목이며, 「걸사표」를 손수 지은 것만 보더라도 원광의 위인爲人이 삼교를 회통會通한 위대한 학문승學問僧이요, 현실을 중시하고 국가관이 투철한 사상승思想僧임을 알 수 있다.[28]

•신라인의 양속良俗**·미덕적**美德的 **배경**

이러한 역사와 신라의 미덕을 잘 아는 원광이 세속에서 정심지신正心持身할 평생의 교계敎誡를 일러줌에 있어서…그러므로 원광은 옛부터 내려오는 신라의 미덕양풍의 전통을 당시의 시대 사정에 맞추어서(불교와 유학의 풍조까지도 참작하여) 통일과업을 앞둔 삼국전쟁기의 신라 젊은이들에게 가장 적합하도록 다섯 가지로 덕목화德目化한 것이 이 세속오계였다고 할 수 있을 것이다. 그리고 보통 다섯 번째의 '살생유택'을 불교적인 것이라고 본다. 그러나 실제에 있어서 이것은 불계佛戒와는 정반대가 된다. 불교에서는 어떤 계율에서든지 불살생不殺生을 첫째로 내세운다.…그러므로 글자 그대로 본다면 살생유택은 '살생은 하라. 그러나 삼가서 하라'는 뜻이 되기 때문에 불살생의 불교교의佛敎敎義에는 어그러지는 것이 된다. 그와 동시에 원광은 불살생을 실천해야 하는 불승佛僧의 입장에서 살생을 하라(유택有擇이라도 살생은 살생이다)고 권장한 결과가 되고 마는 것이니 불교인으로서는(특히 대덕고승大德高僧으로서는) 불계에 크게 위배되었다고 할 수 있다. 그러기 때문에 원광은 불가에서 지켜야 할 보살계가 있다는 것을 밝히고 세속에서는 세속인에 적합한 오계가 있음을 전제하였던 것이다. 즉 이것은 불계가 지켜야 하는 수

28) 金忠烈, 「花郎五戒의 思想背景考」, 『亞細亞硏究』1971, 14－4, p. 215.

도인修道人도 아니고 불법을 신봉하는 불교인이 아닌 세속생활을 하는 일반 국민을 상대로 한 교계敎誡였기 때문이다.[29]

•신라인의 풍류도적 배경

지금까지의 세속오계에 대한 사상적 배경을 규명하는 접근법은 원광의 사상적 배경에 국한되어 왔고 또 외래종교의 사상과 교리(신라인의 양속良俗·미덕적 배경은 제외)에 합치하는가의 여부에 초점을 맞추어 논의되어 왔다.

그러나 필자는 원광이 세속오계에 대해 어떤 사상적 배경을 가지고 귀산·추항에게 가르쳤는가 하는 것을 규명하는 것도 중요하지만, 더 중요한 것은 귀산·추항이 어떤 사상적 배경을 가지고 세속오계를 이해·실천했는가를 규명하는 것이라 생각한다. 그들은 원광에게 살생유택만 질문했을 뿐이라는데 유의할 필요가 있다. 이것은 지금까지의 세속오계에 대한 연구접근법과는 본질적으로 상이相異한 주객主客이 달라졌다는 것을 밝혀 둔다.

600년경을 기점으로 하여 당시 신라의 일반인들(귀산·추항을 포함하여)이 세속오계를 이해할 만한 사상적 배경은 무엇이며, 그것은 외래종교인가 아니면 전통사상인가 그리고 전통사상이라면 무엇일까 하는 것을 규명해 보고자 한다.

필자는 유교·불교·도교가 신라에 언제부터 전래·수용되었는가를 상세히 논의할 지면의 여유는 없다.[30] 그러나 신라에 외래종교가 전래된 것은 고구려·백제보다 늦었을 뿐만 아니라, 일반인들의 수용은 아무래도 삼국통일전쟁이 끝난 676년 이후로 보는 것이 타당할 것이다. 왜냐하면, 앞에 말

29) 金煐泰, 1975「新羅佛教受容의 國家的 理念」, 『新羅佛教研究』(서울 : 民族文化社, 1987), p. 31.

30) 다음 문헌을 참고할 것.
- 趙芝薰, 『韓國文化史序說』(서울 : 探求堂, 1964), pp. 77～112.
- 李基白, 『新羅思想史研究』(서울 : 一潮閣, 1986), pp. 192～209.
- 車柱環, 『韓國道教思想研究』(서울 : 서울大學校, 1978), pp. 90～117.

한 바와 같이 신라는 당시 국가 존망의 위기 속에서 전쟁을 치르고 있었기 때문에 외래 종교를 수용할 정신적 여유가 없었으리라. 거기에다 고구려·백제의 불교 수용이 무반성無反省인데 비하여, 신라의 그것의 특징은 반성과 자각自覺이 수반되었다[31]고 했는데 신라인들은 외래 종교에 대해 신중한 태도와 자세를 취했기 때문이었다.

그렇다면 옛날 신라인들의 도의적·종교적 기조는 어떤 것이었을까? 이에 관련된 자료는 다음과 같다.

자료 ① 왜인들이 군사를 끌고 와서 변경을 침범하려다가 시조始祖에게 뛰어난 덕이 있음을 듣고 돌아갔다.(『삼국사기』1, 혁거세赫居世 8년, B.C. 50년)

② 낙랑 사람들이 군사를 지휘하여 침범하려다가 변방 사람들이 밤에도 문을 닫지 않았고, 한데에 쌓아 둔 곡식더미가 들판을 덮은 것을 보고 서로 일러 말했다. "이곳 백성들은 서로 도둑질을 하지 않으니, 도덕이 있는 나라라고 할 수 있겠소. 그런데 우리들이 몰래 군사를 이끌고 와서 그들을 습격함은 도둑과 다름이 없으니, 어찌 부끄럽지 않으리오." 하고 군사를 이끌고 돌아갔다.(『삼국사기』1. 혁거세 30년, B.C. 28년)

③ 나해왕이 왕이 된지 17년(212)…그 때 물계자의 무공武功이 으뜸이었다. 그러나 태자에게 미움을 받아 그 공을 상 받지 못했다. 어느 사람이 물계자에게 말했다.

"이번 싸움의 무공武功은 오직 당신뿐인데 상은 당신에게 미치지 않았으니 태자가 당신을 미워함을 그대는 원망하시오?"

물계자는 말했다.

"임금께서 위에 계신 데 태자를 어찌 원망하겠소."

"그렇다면 이 사실을 왕에게 아뢰는 것이 좋지 않겠소?"

"공을 자랑하고 이름을 다투며 자기를 나타내고 남을 가리는 것은 지사가 하지 않는 일이니 그저 힘써 때만 기다릴 뿐이요.…"

20년 을미(215)에…왕이 친히 군사를 거느리고 이를 막았더니 세

31) 村上四男, 『朝鮮古代史研究』(東京 : 開明書院, 1978), p. 10.

나라가 모두 패전했다. 물계자가 죽인 적병이 수십 급이었으나 사람들은 물계자의 공을 말하지 않았다. 물계자는 그 아내에게 말했다.

"내 들으니 임금을 섬기는 도리는 위태함을 보고는 목숨을 바치고, 환란을 당해서는 자기 몸을 잊어버리며 절의節義만을 지키고 사생死生을 돌보지 않음을 충忠이라 하는데, 보라·갈화의 싸움은 진실로 나라의 환란이었고 임금의 위태로움이었는데도 나는 일찍이 자기를 잊고 목숨을 바친 용맹이 없었으니 이것은 불충不忠이 심한 것이오. 이미 불충으로서 임금을 섬겨 누를 아버님께 끼쳤으니 이를 효라고 하겠소? 이미 충효의 도를 잃었으니 무슨 면목으로 다시 조정과 시정에 설 수 있겠소."

이에 머리를 풀어 헤치고 거문고를 메고, 사체산에 들어가서…(『삼국유사』5, 물계자)

④ 옛날에 물계자는 "하늘은 사람의 마음을 알고 땅은 사람의 행실을 알며, 해와 달은 사람의 뜻을 비추고 귀신은 사람이 하는 것을 본다"고 말했다.(『규원사화揆園史話』 서序)

⑤ 10년 을축(425)에 눌지왕은 여러 신하와 나라 안의 호협豪俠들을 소집하여 "만일 (불모로 간) 두 아우를 만나보고 함께 선왕先王의 사당에 고하게 된다면 나라 사람에게 은혜를 갚겠는데, 누가 그 계책을 이룩할 수 있겠소?"

왕이 (제상堤上을) 불러 물으니 제상이 두 번 절하고 아뢰었다.

"신이 듣자오니 임금에게 근심이 있으면 신하는 욕을 당하고, 임금이 욕을 당하면 신하는 죽게 된다 하였으니 만약 일이 어렵고 쉬운 것을 헤아려서 행한다면 그것은 충성되지 못하다 할 것이오며, 죽고 사는 것을 생각하와 움직인다면 그것은 용맹이 없다 할 것이오니, 신이 비록 불초하오나 왕명을 받들어 행하겠습니다."(『삼국유사』1, 내물왕奈勿王 김제상金堤上, 『삼국사기』에는 박씨로 되어 있음)

⑥ 제24대 진흥왕의 성은 김씨요…양나라 대동 6년 경신(540)에 왕위에 올랐다.…왕은 천성이 멋스러워 신선을 크게 숭상하여 민가의 아름다운 처녀를 가려서 원화로 삼았다. 그것은 무리를 모아 (그 중에서) 인물을 선발하고 또 그들에게 효제충신을 가르치려 함이었으

니, 또한 나라를 다스리는 대요였다.…왕은 나라를 흥하게 하려면 반드시 풍월도를 먼저 일으켜야 된다고 생각하여 양가의 덕행 있는 사내를 뽑아 그 명칭을 고쳐 화랑이라 했다.(『삼국유사』3, 미륵선화…)

⑦ 최치원崔致遠의 난랑비서鸞郎碑序에는 "나라에 현묘玄妙한 도道가 있는데, 이를 풍류라 한다. 교敎가 베풀어진 기원은 『선사仙史』에 자세하다. 알맹이는 바로 삼교를 포함하여 이들이 상접융화相接融化해 동근총생同根叢生하는 것이다. 이를테면, 안으로 집안에 효도하고 밖으로 나라에 충성하는 것은 노魯나라 사구司寇였던 이의 교지敎旨와 같고, 작위作爲없는 일에 처하고 말 않는 가르침을 행하는 것은 주周나라 주사柱史를 지낸 이의 종지宗旨와 같고, 모든 악을 짓지 않고 모든 선을 받들어 행하는 것은 천축국天竺國 태자였던 이의 교화敎化와 같다."[32]고 했다.(『삼국사기』4, 진흥왕 36년)

⑧ 그 후에 다시 얼굴이 아름다운 사내를 뽑아 이를 곱게 꾸며서 화랑이라 이름 하여 받들게 했는데, 무리들이 구름처럼 모여 들었다. (그들은) 도덕과 의리로써 서로 연마하고, 노래와 음악으로써 서로 즐겼으며, 산과 물에 노닐고 즐겨 멀리 가보지 않은 곳이 없었다. 이로 말미암아 그 사람들이 간사함과 정직함을 알게 되어 착한 이를 뽑아서 그들을 조정에 추천했던 것이다. 그러므로 김대문의 『화랑세기』에는 "어진 보필과 충성스러운 신하는 여기서 선발되었고 훌륭한 장수와 용감한 병졸도 이에서 나오게 되었다"고 했다.(『삼국사기』4, 진흥왕 36년)

자료①은 신라의 시조요, 왕인 박혁거세朴赫居世가 '뛰어난 덕이 있다.'고 했는데, 이것은 왕이 올바른 정치를 하고 있었다는 것을 뜻하는 것이다. ②는 신라인들이 '서로 도둑질을 하지 않고' 또 '도덕이 있는 나라'라고 했는데, 당시 신라인들은 서로 신뢰하는 믿는(신信) 사회였고 또 질서를 지키면서 살고 있었다는 것을 알 수 있다.

---

32) '난랑비 서'의 번역은 金裕晟, 「「鸞郎碑序」解釋에 대한 考察」, 『대구한의대 논문집』(제1집) 1983, pp. 58~59에 의거했다.

옛날 중국인들도 동이東夷를 군자국君子國이라고 칭송했다. 즉 『산해경山海經』에서는 '동이는 군자국으로서…의관衣冠을 하고 칼을 차고…사람들이 서로 사양하는 것을 좋아하고 다투지 아니 한다.' 하였고, 『산해경찬山海經讚』에서는 '동방은 천성이 어질고 나라에 군자가 있었으니…예양禮讓을 좋아하되 예禮는 이치에 맡긴다.' 하였고, 『논어論語』에서는 '공자孔子는 그 도道가 행하여지지 못함을 한탄하여 뗏목을 타고 바다에 떠서 구이九夷(조선)에 가서 살고 싶다.' 하였고, 『예이경禮異經』에는 '동방 사람들은…태연하게 앉아 서로 범하지 아니하며, 서로 기리고 서로 헐뜯지 아니하며, 사람에게 환란이 있는 것을 보면 목숨을 내걸고 이를 구하여 주니 선인善人이라 하였다.' 하였고, 『설문說文』에서는 '오직 동이는 대大를 좇으니 대인大人이다. 이속夷俗이 어지니 어진 자는 수壽를 한다. 군자君子가 죽지 않는 나라가 있다 하니, 공자와 같은 성인聖人 조차도 뗏목을 타고 가고자 하였다'고 했다.[33] 후세에 와서 당 태종도 김춘추에게 '정말 군자君子의 나라이다'고 했다.[34]

자료③에 있어서 물계자는 임금과 나라의 위태함을 보고 사생을 돌보지 않음을 충이라 했고, 목숨을 바칠 용맹이 없음을 불충이라 했다. 그리고 불충은 곧 불효와 직결된다는 것이다. 역으로 말하면 충은 곧 효가 된다는 것이다. 이것은 또한 충이 효보다 상위에 있다는 것을 뜻하고 있다. 그리고 물계자는 무공武功(해야 할 바를 행하는 것)을 세웠으면서도 다투어 자기를 나타내지 않고 남을 가리지 않고 때만 기다리며, 또 ④의 내용으로 보아 그는 신라에 도교가 전래되기 전에 거의 도교의 진수를 터득했던 것으로 해석된다. 신라의 옛 기록에 도교에 관한 내용이 거의 보이지 않는 것은 신라인의 이러한 전통과 그리고 유오산수遊娛山水 등에서 비롯된 것으로 추정된다. "신선사상神仙思想(여기서는 도교를 뜻함)의 진원지震源地가 중국이 아니고 우리 해동 땅이었다고 단정할 과학적인 근거는 내세울 수 없기는 하지마는 그러한

33) 北崖子, 『揆園史話』漫說, 1675.

34) 『三國史記』41, 金庾信 上.

관념을 가져볼 만한 가능성이 전무全無하지는 않을 것 같다"[35]는 견해가 있는데, 자료③, ④는 그러한 주장의 사료적 근거가 될 수 있는지 검토해 볼만한 것으로 생각된다.

자료⑤는 제상堤上이 임금과 나라의 일에 대해 어렵고 쉬운 것을 헤아려 행한다면 충성이 아니고, 죽고 사는 것을 생각하여 행동하면 용맹이 아니라면서 왕명을 받들어 행하겠다고 함으로써 충성과 용맹을 역설했다.

자료⑥에 있어서 신선·효제충신·풍월도 사이에 깊은 관계가 있는 것이 확실한데, '신선'을 어떻게 해석하는가 하는 것이 관건이다.

화랑은 처음부터 도가 내지 신선도神仙道의 입장에서 창시創始되었다. 그러나 삼국에서 모두 끝내 대중적인 종교로서의 도교가 외면당했다는 것은 확실하다는 견해[36]에는 도무지 수긍이 가지 않는다. 왜냐하면, 신라에 언제 도교가 전래·수용되었는지도 밝히지 않고 또 종교로서의 도교가 외면당했는데 어떻게 화랑이 도가의 입장에서 창시되었다고 주장할 수 있는지? 도교의 중추사상中樞思想은 신선사상이거니와…'난랑비서鸞郎碑序'에서 풍류도의 '說敎之源 備詳仙史'라고 했으니, 풍류도가 '신선도'였기에 그 역사적인 기록이 '선사仙史'에 있다는 견해[37]도 있다.

한편 '신선'이란 신라 고유의 국풍國風인 원화·화랑의 도道를 선仙에 비比하는 데서 나온 필법筆法이며 풍월도는 화랑도라는 견해,[38] 신선이란 신라 고유의 현묘한 도인 풍류를 가리킨 것이라는 견해[39]도 있다. 일찍이 신채호는 여섯 가지 이유를 열거하며 선교仙敎가 중국의 도교道敎가 아님을 주장하면서, 선교라 칭함은 단지 당시 한학자漢學者가 그처럼 역譯함이요, 실은 장

---

35) 車柱環, 「道敎의 移入과 韓國的 受容」, 『韓國民族思想史大系』2 古代篇, 亞細亞學術研究會, 1973, p. 113.

36) 鄭璟喜, 「三國時代社會와 仙道의 研究」, 『史學研究』40, 1989. p. 105 및 p. 143.

37) 都珖淳, 「風流道와 神仙思想」, 『新羅宗敎의 新研究』第5輯, 新羅文化宣揚會, 1984. p. 305 및 p. 307.

38) 李丙燾 譯註, 『三國遺事』(서울 : 廣曺出版社, 1979), p. 344.

39) 李載浩 譯, 『三國遺事』(서울 : 養賢閣, 1982), p. 402.

생불사長生不死의 미신迷信을 포抱한 지나支那 선교仙教, 즉 도교와는 성색취미聲色趣味와 그 역사가 전혀 같지 않다[40]고 했고 특히 그는 "국선國仙의 '선仙'자로 인하여 장생불사를 구하는 중국의 선도仙道로 알면 대오大誤다. 국선國仙은 투쟁에서 생활하여 '무위無爲'와 '불언不言'과는 거리가 천만리千萬里나 떨어지는 교敎"[41]라 했다.

아무튼 자료①에서 ⑥까지는 600년경 원광이 세속오계를 가르치기 이전의 신라인들의 사상적·도덕적 기조이며, 따라서 귀산·추항이 오계五戒의 충·효·신을 이해하는데 조금도 어려움이 없었을 것이다. '임전무퇴臨戰無退'에 대해 "전쟁도덕戰爭道德이며, 신라와 같은 정복주의 국가가 절실히 필요로 하는 것"[42]이라는 견해도 있으나, 그것은 앞에 말한 바와 같이 당시 신라는 백제·고구려의 협공挾攻으로 전략적 수세에 몰려 있었기 때문에 생존권 확보의 결의와 수세적 태세로 이해하는 것이 온당할 것이다. 귀산·추항이 유일하게 질문한 '살생유택殺生有擇'은 원광이 추가 설명에서 말한 것처럼 가축에 관한 것이다. 농경사회에 있어서 가축의 필요성과 중요성은 재론할 필요가 없을 뿐만 아니라, 전시戰時에 군수물자軍需物資의 수송에서도 불가결한 것으로 생각했기 때문이리라.

풍월도(풍류도)가 신라 고유의 도라고 생각하는 이유는 효孝보다 충忠을 상위에 두고 있다고 생각하기 때문이다(자료③ 참조). 즉 충이 효에 앞서 등장하는 것은 유교의 근본윤리와는 근본적으로 다르니, 유교에서는 '부자천합父子天合', '군신의합君臣義合'이라 해서 충은 효에 대해서 제2차적인 의미 밖에는 없는 것으로 되어 있다. 명明의 '육유六諭'나 청淸의 '성유聖諭'에 효는 있으

---

40) 申采浩, 1910 「東國古代仙教考」, 『丹齋申采浩全集』別集(서울 : 螢雪出版社, 1979), pp. 47~48.

41) 申采浩, 1931 「朝鮮上古史」, 『丹齋申采浩全集』上, 1979, p. 229 그리고 '仙'의 漢意에 眩惑해서 字義에 구애되어 議論을 세운 것이 적지 않다는 견해(崔南善, 『崔南善全集』 2, 玄岩社, 1973, p. 361 참조.)

42) 李基白, 『新羅思想史研究』, p. 111.

나 충이 등장하지 않음은 그것이 오히려 유교의 본의本義일 수 있다.[43]

자료⑥의 기록은 그것을 어떻게 해석하는가에 따라 화랑도 연구뿐만 아니라 신라사 연구에 있어서 차이점을 가져오는 것으로 생각하며 여러 학자들의 견해를 살펴보고자 한다.

- 그의 마음은 유·불·선 삼교, 특히 유·불 양교의 융합에 관심을 가진 듯한 점이 엿보인다.…당시의 세태가 순수한 유교적인 정치이념을 펴나갈 수 없는 상황 속에서 유학자들이 공통으로 느끼고 있던 일종의 좌절감의 소산이라 생각한다.[44]
- 최치원崔致遠이 화랑도花郞徒의 전통에는 유불선 삼교의 전통을 모두 지닌다고 하고 있지만, 불교의 영향을 받고…유교사상의 영향을 받고…도교사상의 영향을 받은 것을 말하는 것이라고 본다. 다시 말하면 최치원의 그러한 평은 곧 신라문화 자체의 발전과정을 화랑의 예에서 돌아본 것에 지나지 않는다고 생각할 수 있다.[45]
- 그의(최치원) 삼교 포함평三敎包含評은 유교·불교·도교를 일체적一體的으로 수용하려고 했던 그의 이상理想이 화랑도에 가탁假託하여 표현된 것에 지나지 않는다고 본다.[46]

한편 이와 다른 범주에 속하는 학자들의 견해는 다음과 같다.

- 실내實乃「포함包含」삼교三敎라 했으니, 이「포함」이자二字도 용이容易하게 간과해서는 안 되는 것이다.…말하자면 이 고유의 정신이 본래 삼교의 성격을 포함했다는 의미로 해석해야 할 것이다.…여기 하나 중대 문제가 들어 있는 것은 풍류도가 이미 유불선 그 이전의 고유사상일진대는 유불선적 성격의 각면各面을 내포內包한 동시에 그 보다도 유불선이 소유하지

---

43) 都珖淳, 前揭論文, p. 302.

44) 李基白, 1970「新羅骨品體制下의 儒敎的 政治理念」, 『新羅思想史硏究』, pp. 235~236.

45) 金哲埈, 1971「三國時代의 禮俗과 儒敎思想」, 『韓國古代社會硏究』(서울 : 知識産業社, 1975), p. 212.

46) 李基東,「花郞像의 變遷에 관한 覺書」, 『新羅文化』5, 新羅文化硏究所, 1988, p. 112.

않은 오직 풍류도만이 소유한 특색이 있는 것이다.[47]

- 『삼국사기』에 보이는 최치원의 난랑비 서문에 「현묘지도玄妙之道…」라는 구절이 있다. 이 현묘지도라고 하는 이른바 「풍류도」의 상세한 내용에 대해서는 그것이 어떤 것이라고 단언할 길이 없으나 「국유國有」라고 한 것으로 보아 틀림없이 유불도儒佛道는 아니다. 이 풍류도가 당시 민간신앙인 샤머니즘적 요소를 지닌 한국 고유의 사상내용을 담았다고 볼 수 있다.[48]
- 이 글(난랑비 서) 전체의 대의大義를 요약하면 우리나라 고유의 국교國敎인 「현묘지도」를 「풍류風流」라고 이름한다는 것이고, 이 교敎가 실시된 역사적인 기원을 「선사仙史」라는 전거典據를 제시해 밝힌 것이고, 그 내용에 삼교가 포함되어 있되 이들이 완전한 통합체(integrity)로서 삼교 그 자체가 아닌 다른 새로운 가치로 발현하는 것임을 말한 것이고, 이러한 「풍류도」의 가치소價値素들을 분석해 유·불·도 삼교에 조응照應시켜 부연한 것이라고 말할 수 있다.[49]

필자는 최치원(857~?)의 '난랑비 서'(자료⑦)는 신라인들이 유·불·도교를 수용하기 이전의 그들의 고유한 풍류도를 간략하게 설명한 내용으로 해석하며, 자료①~⑥까지의 분석한 관점에서 ⑦, ⑧의 견해를 택하는 입장이다.

더욱이 자료⑥, ⑦에 의거하여 풍월도와 풍류도는 동일한 것이며, 그것의 주요 사상은 효제충신이며, '난랑비 서'(⑦)에서 "안으로 집안에 효도하고 밖으로 나라에 충성하는 것은…천축국 태자였던 이의 교화敎化와 같다."는 내용은 유·불·도교의 가르침을 빌려서 풍류도를 부연한 것으로 해석한다. 이것이 바로 진흥왕이 나라를 흥하게 하려면 반드시 먼저 일으켜야 할 풍월도(풍류도)였다.

따라서 위에 말한 내용은 이미 물계자(자료③, ④)가 알고 실천한 행동이니, 풍류도는 나해왕대(196~230)에 이미 신라에 정착되어 있었다고 생각된다. 그

---

47) 金凡父, 「風流精神과 新羅文化」, 『韓國思想』3, 1960, p. 109.

48) 申一澈, 『韓國을 探求한다』(서울 : 探求堂, 1964), p. 272.

49) 金裕宬, 前揭論文, p. 59.

이유는 중국인의 기록도 뒷받침하기 때문이다. 이런 관점에서 귀산·추항이 세속오계 가운데 충·효·신은 전통사상으로 내려온 풍류도에 입각해서 이해했다고 생각된다. 그리고 원광법사도 계誡를 이해하고 실천할 사람이 귀산·추항이기 때문에 풍류도와 당시 신라가 당면할 국가적·현실적 요청을 가미하여 세속오계를 명확히 우선순위에 따라 가르친 것이며, 이것이 후에 화랑도로 발전된 것으로 해석한다.

따라서 그 후 신라 젊은이들의 전장戰場에서의 태도는 종전과는 전연 달랐다. 예컨대, 660년 황산전투黃山戰鬪에서 장군 흠순欽純이 그의 아들 반굴盤屈에게 말했다. "신하 노릇을 하자면 충忠만함이 없고, 자식 노릇을 하려면 효孝만한 것이 없다. 위태한 것을 보고 목숨을 바치면 충효를 둘 다 완전히 할 수가 있는 것이다." 그러자 반굴은 '그리하겠습니다.' 대답하고 곧 적진으로 뛰어 들어가 힘써 싸우다가 전사하였다.(『삼국사기』5, 무열왕 7년)

6. 풍류도와 선교仙敎

여기서 필자는 풍류도의 사상적·종교적 연원淵源이 어디서 유래된 것인가를 규명해 보고자하며 이와 관련된 자료는 다음과 같다.

A① 남해차차웅南解次次雄 : 차차웅은 자충慈充이라고도 한다. 김대문은 '방언에 무당을 이른다. 세상 사람들이, 무당이 귀신을 섬기고 제사를 숭상하므로 무당을 두려워하고 공경하여 마침내 존장자尊長者를 자충이라 하였다.' 한다.(『삼국사기』1, 남해차차웅 즉위년)

A② 신라 종묘의 제도를 살펴보면, 제2대 남해왕 3년(6) 봄에 처음으로 시조 혁거세의 묘廟를 세워 사시에 제사를 지냈는데, ③ 친누이 동생 아로阿老에게 제사를 주관하게 했다. ④ 제22대 지증왕은 시조가 탄생한 땅 나을奈乙에 신궁神宮을 창립하여 제사 지냈다.(『삼국사기』 32, 제사)

A⑤ 9년(487) 봄 2월에 신궁을 나을에 설치했다.(『삼국사기』 3, 소지마립간)

A⑥ 화랑은 선도仙徒이다. 우리나라에서는 신궁을 받들어 큰 제사를 하늘에 지냈다.…우리나라에서는 여자로서 원화로 삼다가 지소태후가 이를 폐지하고 화랑을 두어 나라 사람들로 하여금 받들게 하였다.(『화랑세기』 서序)

A⑦ 7년(253) 여름 5월부터 가을 7월까지 비가 오지 않았는데 조묘祖廟 및 명산名山에 기우제祈雨祭를 지내니 그제야 비가 내렸다.(『삼국사기』 2, 첨해 이사금沾解尼師今)

A⑧ 5년(665) …이때에 이르러 백마를 잡아서 맹세하고, 먼저 천신天神과 지신地神 및 천곡川谷의 신神에게 제사지낸 후…(『삼국사기』 6, 문무왕)

A⑨ 임신년壬申年 6월 16일 두 사람이 함께 하느님 앞에 맹서하여 기록한다.… (「임신서기석壬申誓記石」)

A⑩ 나는 위로 천지天地의 도움을 입고 아래로는 종묘宗廟의 영조靈助를 받아… (『삼국사기』 8, 신문왕 원년)

김대문에 의하면(A①), 차차웅이란 무당(shaman)이며, 무당은 귀신을 섬기고 제사를 지내며, 두려움과 공경을 받았다고 한다. 그래서 무당(巫)의 기능이 무엇이고, 무당이 섬긴 귀신은 어떤 것이며 샤머니즘(무속巫俗)이 무엇인가를 밝혀 보려고 한다.

『설문해자說文解字』에 의하면, 무巫란 여자가 무형의 신을 섬길 새 양편 소매를 드리우고 춤을 춤으로써 신을 내리게 하는 현상을 따서 만든 글자라 했다.[50] 무당(巫)이란 고대에 있어 신교神敎를 주제主祭하던 사람이다. 그들은 춤으로써 신을 내리게 하고 노래로써 신을 모셨고, 사람들을 위해 기도하여 재난을 물리치고 복을 재촉하였다. 그러므로 노래와 춤을 곧 무속의 기원이라고 한다.[51] 따라서 무당이란 노래와 춤으로 귀신을 섬기고, 하늘과 땅, 신과 인간을 연결케 하는 사람이라 할 수 있다. 그리고 무당의 기능은 대개 사제(司祭, priest)·예언자(豫言者, prophet)·의무(醫巫, medicine man)의 세 가지를

50) '女能事無形, 以舞降神者也, 象人兩袖無形.'

51) 李能和, 1927「朝鮮巫俗考」, 『韓國의 民俗·宗敎思想』(서울 : 三省出版社, 1986), p. 551.

가지고 있다.[52]

신라의 시조인 박혁거세는 진한 6부족의 사람들에 의해 추대되어 거서간(居西干, 왕의 칭호)이 되었다. 『후한서後漢書』를 보건대, 오직 마한계통馬韓系統의 사람이 진국辰國의 왕이 되었다고 운운하였는데, 그렇다면 박혁거세는 반드시 마한계통의 사람이고, 마한의 여러 국읍國邑에서는 각기 한 사람이 천신天神에 제사 드리는 것을 주관하였는데, 그를 천군天君이라 호칭했다. 그러므로 박혁거세도 역시 천신에 제사 드리는 것을 주관했던 천군이요, 천신에 제사 드리는 것을 주관하는 천군은 곧 차차웅 다시 말해 무당인 것이다. 남해차차웅은 그 친누이 동생인 아로阿老로 하여금 시조묘에 드리는 제사를 주관케 하였다. 무릇 신라의 풍속은 기왕에 무당으로서 제사 드리기와 귀신 섬기기를 숭상하였으니 아로 또한 무당임이 틀림없다는 견해[53]는 실로 탁견이라 하겠다.

남해왕은 왕호王號에 차차웅을 붙였으니 왕이 무당으로서 존경을 받고 있다는 것을 직접적으로 표현하고 있다. 그래서 신라의 왕권이 샤머니즘(무속)을 본질로 하고 있고, 또 신라정치를 샤머니즘에 의한 제정祭政으로 본다면 이해하기 쉽고 또 제정일치祭政一致의 정치형태를 발견할 수 있다.[54]

샤머니즘이란 동북아시아 일대의 보편적인 한 원시종교현상原始宗教現象을 가리키며, 이것은 인류가 지닌 가장 오랜 문화이며, 하나의 역사를 넘어서 각종 민족과 그 사회구조, 풍토, 역사적 환경 등에 따라 여러 갈래의 분화分化 또는 습합習合을 이루어 온 가장 생명력이 긴 문화소산이다.[55] 샤머니즘은 이 민족의 신앙의 기반과 핵심을 이루는 원시종교로서 지금까지 민간신앙에 그대로 전승되어 있는 원시 고유 신앙의 유물이다. 이는 문명의

52) 趙芝薰, 前揭書, p. 78.

53) 李能和, 前揭書, p. 559.

54) 井上秀雄, 「朝鮮の王権とシャーマニズム」, 『日本古代史講座』10(東京 : 学生社, 1984), p. 238.

55) 柳東植, 『韓國巫敎의 歷史와 構造』(서울 : 延世大出版部, 1975), pp. 60~61.

단계에 있어서는 민중의 저층低層에 잔존해 있는 만큼 계통적 체계와 조직을 가진 것은 아니나, 아직도 많은 민중에게 살아있는 신앙이요, 사상이다. 발달된 모든 종교도 그 근원을 캐면 그 민족의 원시종교를 바탕으로 하여 형성된 것이듯이 우리 민족의 신앙에 있어서 샤머니즘도 신앙 심리와 사고방식에 깊은 뿌리를 내리고 있어서 외래 종교의 수용에 자가적自家的 풍화습합風化習合의 경향이 현저하고 한국적 형성에도 크게 작용하였다.[56]

고대인의 농경사회에 있어서 천신·지신은 생존을 위해 불가결한 것으로 생각했으리라. 특히 바람·비·구름을 주재主宰하는 천신은 절대적 존재였고, 그 천신은 인간의 운명, 선악의 행동까지도 주재하는 것으로 생각했었다.[57] 신라인도 예외는 아니며 A①은 이를 명시하고 있다.

시조가 탄생한 땅 나을에 신궁神宮을 창립했는데(A④, ⑤), 연대에 차이가 있으나, 필자는 소지왕炤知王 9년(487)을 택하고자 한다. 그리고 신궁의 주신主神이 누구인가에 대해 학계의 견해가 분분했다. 즉 박혁거세, 김알지, 미추왕, 나물왕 그리고 천·지신[58] 등이다.

한편 문무왕릉비문文武大王陵碑文에 '祭天之胤傳七葉'의 뜻은 신라에 제천祭天의 의儀가 행해졌고…이 신궁에서의 제천祭天의 의儀는 5세기 말·6세기 초에 갑자기 시작한 것은 아니리라. 그 기원은 『위지魏志』한전韓傳에 "國邑各立一人, 主祭天神, 名之天君"이라 했는데, 천군이 주제하는 천신의 제의祭儀에서 구할 수 있으리라. 다만 신궁의 제사 이전에 신라에서 제천의 의가 행해졌다는 명증明證은 보이지 않는다. 그러나 4~5세기의 신라의 왕은 제정적祭政的 군장君長의 성격을 띠고 마립간의 호를 칭하고 있었는데, 이 마립간이 주재하는 제사야말로 신궁의 축제로 성장한 것으로 생각한다. 즉 신라의 국가형성 과정에서 마립간이 주재하는 제사가 신라에 있어서 유일한 제천

56) 趙芝薰, 前揭書, pp. 77～78.

57) 高翊晋, 『韓國古代佛敎思想史』(서울 : 東國大出版部, 1989), pp. 7～17 參照.

58) 崔光植, 「新羅의 神宮設置에 대한 新考察」, 『韓國史硏究』43, 1983, p. 78.

祭天의 의례로 성장하여 신궁이 그 제전祭殿으로서 창립된 것으로 이해된다[59]는 견해에는 수긍이 가지만, "김씨족金氏族이 제천의 의儀를 유일주재唯一主宰하는 입장에서 그 시조를 「천天」에 유래케 하려는 자세이리라"[60] 하는 데는 동의하지 않는다.

필자는 새로이 발굴된 『화랑세기』의 첫 머리에 신궁은 하늘(천신)에 제사지내는 곳(A⑥)으로 명기明記하고 있어서 신궁의 주신主神은 천신으로 이해하지만, 그 신궁을 시조 박혁거세의 탄생지인 나을에 창립한 이유는 시조가 하늘에서 내려온 천손족天孫族[61]임을 표시하고 또 믿게 하려는 것으로 해석한다. 그리고 새로이 창립된 신궁의 사제장司祭長(무당)은 원화였고(A⑥), 그 기원은 소지왕 9년(487)이며(A⑤), 원화를 폐지하고 화랑을 두게 된 것은 앞에 말한 바와 같이 진흥왕 원년(540) 지소태후가 섭정을 할 때 이루어진 것으로 해석한다(A⑥).

신라인의 귀신鬼神(고유신固有神)은 천신(A④, A⑤, A⑥, A⑦, A⑧, A⑨, A⑩), 지신(A⑧의 지신地神 및 천곡川谷의 신, A⑩), 조신祖神(A②, A⑦, A⑩) 그리고 잡신雜神(호신虎神, 용신龍神 등)이었다. 따라서 옛날의 신라인들은 샤머니즘에 바탕을 두고 위에 말한 귀신들을 섬기고 믿었는데 이를 한역漢譯하여 '선교仙教'라 칭했다. 위에 말한 내용을 다룬 것이 최치원의 난랑비서鸞郎碑序(자료⑦)에 나오는 바로 '교教가 베풀어진 기원은 『선사仙史』에 자세하다'(說教之源, 備詳仙史)고 한 것으로 해석한다. 그러니 화랑은 선도仙徒이다(A⑥) 했을 때, 선도는 도교를 닦는 사람들[62]이 결코 아니다. 화랑들이 도덕과 의리로써 서로 연마하고, 노래와 춤으로 서로 즐긴다 했으나, 이것은 제천의 의儀이며 이런 모든 것은 선교에서 비롯되었음을 알 수 있다.

---

59) 浜田耕策, 「新羅の神宮と百座講会と宗廟」, 『日本古代史研究講座』9, 1982, pp. 224~226.
60) 上揭書, p. 227.
61) 『三國遺事』1, 新羅始祖 赫居世王 參照.
62) 李泰吉 譯, 『花郎世紀』(釜山 : 民族文化, 1989), p. 19.

지금까지 논의한 내용(사상적 측면)을 이해하는데 도움을 주기 위해 그림으로 표시하면 다음과 같다.

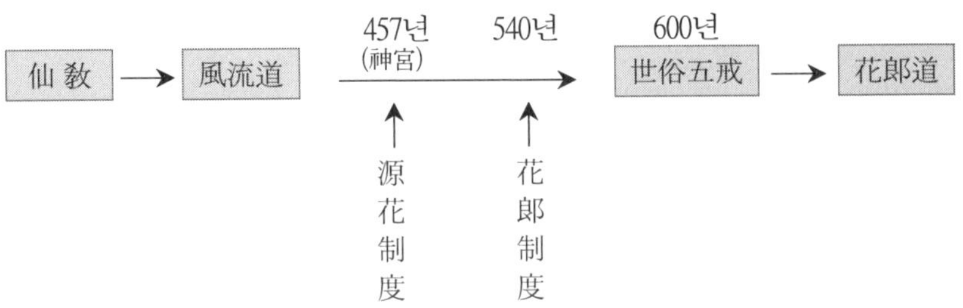

원화제도源花制度는 신궁에서 천신을 모시는 종교단체요, 또한 사제적司祭的 기능을 수행하고 있었다. 그러다가 화랑제도로 변혁되면서 인재등용·양성기능이 첨가되었다가 신라의 국가적·현실적 요청을 가미한 세속오계에 의해 군사적 기능(임전무퇴)이 더 첨가되었던 것이다. 원화源花·화랑제도는 공히 선교에 바탕을 둔 풍류도이며 국가적·시대적 요청에 의해 그 기능의 우선순위가 달라졌었다는 것뿐이라 생각한다.

> 화랑도의 도의사상은 본래 우리의 고유 도덕에서 기원한 것으로, 그 무사도적武士道的 정신은 시대정신의 자극을 받은 것이고, 그 충효사상은 한편으로는 유교사상에서 더 자극을 받은 것이니, 화랑도와 유교의 충효정신 간에는 깊은 교섭과 영향이 있었던 사실을 부인할 수 없다.[63]

필자는 신라가 유교뿐만 아니라, 불교의 영향을 더 많이 받기 시작한 것은 600년경 이후로 짐작한다. 즉, "진陳·수隋의 시대에 해동사람으로서는 바다를 건너가서 도道를 물은 이는 적었으며 설혹 있어도 아직 이름을 크게 떨치지는 못 했는데, 원광 이후에는 뒤를 이어 중국으로 배우러간 이가 끊어지지 않았으니 원광이 바로 길을 열었던 것이다."[64]

63) 李丙燾, 『韓國儒敎史』(서울 : 亞細亞文化社, 1987), p. 38.

신라인들이 본격적으로 도교를 수용하기 시작한 것은 앞에 말한 바와 같이 통일전쟁이 끝난 676년 이후로 생각되며, 여기서 유의할 사항은 그들이 외래 종교를 수용하는 태도와 자세이다.

신라인들은 그들의 고유사상인 풍류도를 견지하고 그것을 바탕으로 하여 불교·유교의 장점을 수용함으로써 신라문화의 전성기(문무왕~혜공왕)를 구가했던 것이다. 그러나 신라 하대기新羅下代期에 와서 풍류도를 소홀히 하고 유·불·도교에 몰입했을 때, 신라문화도 쇠퇴·몰락하기 시작했다고 생각한다. 이것은 오늘날 국제화 사회의 물결 속에서 우리가 외래문화를 어떻게 수용해야 하느냐, 하는 문제에 대해 시사해 주는 바가 많다고 여겨진다. 외국문화에 대한 맹목적인 수용(단점)으로 우리 고유의 것을(장점) 작고 초라하게 만드는 것이 요즘 우리 문화의 현주소라 한다면, 이것은 문화사대주의文化事大主義요 망국亡國을 자초하는 결과가 되리라.

7. 세속오계의 재평가

600년 원광이 수隋에서 신라로 귀국했을 때, 신라는 위기에 처해 있었고, 한반도는 삼국이 정립하여 투쟁을 계속하고 있었다. 한편 수·당 그리고 倭가 관여하고 있었으니, 오늘날의 한반도가 남·북으로 분단되어 언제 6·25 전쟁의 재판이 일어날지 예측하기 어려운 상황이고, 거기다 미·소·중·일의 이해관계利害關係가 엉켜져 있으니 1,400여 년 전이나 지금이나 한반도의 국내외 정세는 유사성이 있다. 즉 분단국이라는 것, 전쟁위기에 처해 있다는 것 그리고 외세의 개입 가능성 등이다.

오늘날 우리들이 직면하고 있는 민족적·국가적 그리고 사회적 당면과제는 실로 많고 또 복잡하다. 이러한 문제를 해결하는 방도는 없을까 하는 생

---

64) 『三國遺事』4, 圓光西學.

각을 곰곰이 하고 있을 때, 진흥왕의 "나라를 흥하게 하려면 반드시 풍월도(풍류도)를 먼저 일으켜야 한다."는 구절이 회상되었고, 필자는 이 견해에 전적으로 동의할 뿐만 아니라 수용하고자 한다.

원광은 풍류도를 바탕으로 하여 현실적 요청을 감안해서 '세속오계'를 설파했는데, 이제 시대와 상황이 달라졌으나 우리의 당면 과제를 해결하기 위해 다음과 같이 '새로운 세속오계'를 한 방도로서 제의한다.

첫째, 조국과 민족을 위해 충성을 바친다.
둘째, 부모를 효도로써 섬긴다.
셋째, 벗과 이웃을 믿음으로 사귄다.
넷째, 전쟁터에서는 물러서지 않는다.

- 한 나라의 생존권 확보와 자주독립의 유지는 그것을 수호하기 위해 자신의 신명身命을 희생할 각오와 용기에 의해 좌우되어 왔다. 조선왕조는 유교를 정치지도 이념으로 택하면서 문·무에 대한 그릇된 수용으로 결국 망국을 자초하고 말았다. 공자孔子는 "문文에 종사하는 사람은 반드시 무武를 갖추어야 한다"(有文事者, 必有武備 (『史記』孔子世家))고 했고, 또 "선비란 나라가 위급할 때 목숨을 바쳐서 구해야 하고, 이익을 보았을 때는 의리를 생각해서 처리하고 불의한 이익을 뿌리쳐야 한다.…"(『논어論語』)

다섯째, 자원을 보호한다.

- 생물(가축·수산자원 등) 뿐만 아니라 무생물(임산물·광물 등)에 대한 자원의 절약과 보호.
- 자연환경의 보존과 미화 : 전국토가 중금속·쓰레기·폐수 등으로 오염되는 것을 방지할 뿐만 아니라, 살기 좋은 국토를 가꾸어 후손들에게 물려주어야 한다.
- 검소한 생활태도 : 자원이 풍부하지 못한 우리나라에서는 소비가 결코 미덕이 아니며, 검소한 생활태도를 견지해야 한다.

8. 맺음말

필자는 가설假說에 입각하여 필사본『화랑세기』를 활용해서 몇 가지 문제를 규명코자 시도해 보았다. 즉 원광법사는 김대문의 종증조부이며 그의 가계는 진골·화랑의 가문일 뿐만 아니라, 왕실과 대단히 밀접한 관계를 맺고 있었다. 그는 가문과 국가를 편안하게 하기 위해 승려가 되었으며, 이런 관점에서 세속오계와 걸사표는 이해되어야 하고 또 그가 죽자 나라에서 의식장구儀式葬具를 내려 왕자王者의 예禮와 같이 하여 그의 공로를 기렸다는 것이 쉽게 납득이 되었다. 그리고 신라불교, 더 나아가서 한국불교가 전통적으로 호국불교의 특징을 가지게 된 연유는 원광법사에서 비롯된 것으로 생각한다.

신라에서 천신에 대한 제의祭儀는 시조 혁거세 때부터 이미 실시되고 있었던 것으로 추정되나, 원화제도는 소지왕 9년(487) 신궁을 창건함으로써 시작되었으며, 화랑제도로의 변혁은 진흥왕 원년(540) 지소태후에 의해 이루어졌다.

풍류도란 효제충신의 사상이며 물계자의 행적으로 미루어 보아 그것은 나해왕대(196~230)에 이미 신라에 정착되어 있었다고 생각된다. 따라서 귀산·추항이 세속오계의 충·효·신을 이해하는 데 어려움이 없었다. 원광법사도 신라 고유의 풍류도에 바탕을 두고 당시 신라가 당면한 국가적·현실적 요청을 고려하여 세속오계를 가르쳤으며, 이것이 후에 화랑도로 발전한 것으로 해석한다.

풍류도의 사상적·종교적 연원은 샤머니즘에 바탕을 둔 천신·지신·조신祖神 그리고 잡신을 섬기는 교이며, 이를 한역漢譯하여 '선교仙教'라 칭했으며 최치원의 난랑비서鸞郎碑序에 나오는『선사仙史』는 위에 말한 내용을 상세히 기록한 책으로 해석한다.

원광법사가 '세속오계'를 가르친 600년과 오늘날 한반도의 국내외 정세는 비슷한 점이 있다. 그리고 우리들이 직면하고 있는 민족적·국가적 그리고 사회적 당면과제를 해결하는 방도의 하나로 필자는 시대와 상황의 변화를 고려하여 '새로운 세속오계'를 제의하였다. 많은 지도와 편달을 바란다.♣

IV

주류성 · 백강의 위치비정에 관하여

―군사사학적 연구방법에 의한 고찰―

1. 머리말

7세기 후반의 한반도는 고구려·백제·신라, 삼국 대립의 최종단계에 이르렀다. 백제의 공세攻勢에 의해 위기에 몰린 신라는 당唐의 협력을 얻어, 660년 먼저 백제를 항복시켰다. 그러나 옛날부터 백제와 긴밀한 관계에 있었던 왜국倭國은 백제 부흥군의 활동을 지원하기 위해 출병했으나 663년 백강白江[1] 해전海戰에서 참패를 당했다.

나·당 연합군과 백제부흥군·왜군에 의한 백강·주류성[2]을 무대로 하는

1) 『三國史記』에는 '白江', '白沙'로, 『日本書紀』에는 '白村江', 『唐書』에는 '白江', '白江口'로 표기되어 있다.

2) 『三國史記』에는 '豆良尹城', '豆陵尹城', '豆率城'으로, 『日本書紀』에는 '州柔城', '疏留城'으로, 『唐書』에는 '周留城'으로 표기되어 있다.
『新增東國輿地勝覽』(1530)의 扶安縣에 의하면,
- 禹陳巖 : 변산 꼭대기에 있다. 바위가 몸은 둥글면서 높고 크고, 바라보면 눈(雪)빛이다. 바위 밑에 3개의 굴이 있는데…
- [備考] 禹金城 : 禹金巖 기슭에 있다. 둘레는 10리인데, 妙香寺가 그 안에 있다.

그 후, '禹陳古城', '遇金山城', '位金岩山城'으로 불렸으나, 1994년 3월 발행 이후의 國立地理院 5만분의 1 지도에는 '周留山城'으로 기재되어 있다.

백제 최후의 결전장은 여러 가지 이유가 있어서 지명 비정地名比定에 혼선이 있고, 그것이 현재의 어디인가에 대해서 아직도 정설定說이 없다. 그렇다면 그 원인은 무엇일까? 그것은 고전장古戰場의 위치 비정의 규명에는 군사이론을 바탕으로 하는 군사사학적軍事史學的 연구방법[3)]을 전연 고려하지 않았기 때문이 아닐까? 군사이론의 필요성을 조금이라도 시인한 것은, 이마니시 류(今西 龍)가 "나는 군사에 무식하지만 상식적으로 생각하여…"[4)] 하는 정도이고, 많은 연구자들은 고전장의 위치 비정에 군사이론의 필요성, 그 자체를 알지 못하고 있었던 것이 아닐까.

병법兵法에 의하면, "싸우는 장소, 싸우는 일시日時를 적보다 먼저 알고 있다면, 가령 천리의 길을 원정해도 적과 싸울 수 있다"[5)]고 했고, 또 나폴레옹은 "전쟁이란 위치의 상거래이다"[6)](War is a business of positions)고 주장했는데, 이것은 전략지점戰略地點의 점유는 전쟁·작전의 성공을 결정하는 중대사이며, 새삼스럽게 전례戰例를 소개할 필요도 없이 시골장터에서 아낙네들의 자리다툼을 보더라도 알 것이다.

필자는 주류성·백강의 위치 비정에 관해 흥미를 가지고 있었지만, 그동안 현지답사의 기회를 얻지 못하다가 금년(2003) 6월 3일, 일본 방위청 방위연구소의 하야시 요시나가(林 吉永, 전사부장戰史部長)와 부안군청의 문화재 전문위원 김종운金鍾云 박사의 안내로 함께 조사·답사를 했는데, 이것은 그 결과이며, 군사사적軍事史的 연구방법에 의한 주류성·백강의 위치 비정에 관한 시도이다.

---

3) 李鍾學, 『韓國軍事史序說』(경주 : 서라벌군사연구소, 1989), pp. 11~77.

4) 今西 龍, 1930「白江考」, 『百濟史硏究』(東京 : 國書刊行會, 1970), p. 358.

5) 孫武, 『孫子』(513 B.C.?) 虛實 第6.

6) Alfred T. Mahan, *Naval Strategy*(Westpoint, Conneticut : Greenword Press, 1911), p. 127.

2. 종래의 여러 견해

1) 안정복安鼎福에 의하면, 두량윤성豆良尹城은 지금의 정산(定山, 충청남도 청양군 정산면)이고…고사비성古沙比城은 지금 미상未詳이라 했다.[7]

2) 쓰다 소키치(津田左右吉)에 의하면, 주류성의 위치는 명확하지는 않지만, 금강 하류의 서안西岸에 있는 것 같다. 『구당서舊唐書』에 후년後年 주류성을 함락시킨 모습을 기록하여, 「劉仁軌…率水軍及糧船, 自熊津江往白江, 以會陸軍, 同趨周留城, 仁軌遇扶餘豊之衆於白江之口, 四戰皆捷, 楚其舟四百艘, 賊衆大潰, 扶餘豊脫身而走」라 말하고,…문무왕文武王의 서書에, 「行至周留城下, 此時倭國船兵來助百濟, 倭船千艘停在白沙, 百濟精騎岸上守船, 新羅驍騎爲漢前鋒, 先破岸陣, 周留失膽, 遂卽降」이라 말한 것도 이를 가리킨다. 이러한 글에서 미루어보아, 주류성 함락의 원인은 백강의 패전에 있었으니, 따라서 주류성의 위치가 백강의 연안임을 알 수 있으리라. 백강은 「제기濟紀」에 기벌포伎伐浦의 별명別名이라 하니, 금강의 하구, 또는 하구에서 멀지 않은 하류일 것이다.…州柔가 周留이어야 하는 것은 『일본서기日本書紀』에 이것을 가지고 복신福信이 풍장豊璋을 옹립하여 거수據守시킨 백제군의 근거로 만들었다는 것을 알기 때문에…백촌강白村江은 소위 백강으로서, 또한 그것이 금강의 하구 부근이라는 것은 일본군이 해로海路로 곧 도달할 수 있는 지점이라는 것으로도 알 수 있다. 그렇다면 백강의 패전에 의해 곧 함락한 州柔, 즉 周留城의 위치가 금강의 하류이어야 한다는 것, 『일본서기』도 또한 이를 증명하고 있다.…또 문무왕의 서書에, 「福信起於江西」라 했는데, 소위 강서江西의 근거지는 주류성인 것으로 보이는

7) 安鼎福, 1778 『東史綱目』 第4 上, 辛酉年.

것으로도 알 수 있다.…나는 여전히 주류성을 가지고 한산韓山 부근이라 하고, 또 이것을 두량윤성이라 기록했다는 가정설을 유지한다.[8]

3) 오다 쇼고(小田省吾)에 의하면, 백강, 이 강명江名은 종래 보통의 책에는 금강錦江, 즉 웅진강熊津江의 하류라 부르고 있지만, 나는 이에 동의할 수 없다. 왜냐하면, 금강의 강구江口는 『삼국사기』에 웅진강구熊津江口 또는 웅진강이라 하고, 백강의 하내河內는 별도로 백강구白江口로 기록되어 있고, 결코 동일한 하천으로 볼 수 없기 때문이다. 또 동서同書 주류성 포위조包圍條에, "유인궤劉仁軌 등이 수군 및 양선糧船을 이끌고 웅진강으로부터 백강으로 나가, 거기서 육군과 만나…"라고 기록되어 있는 것을 보면, 당의 수군은 웅진강구를 나와 백강으로 향한 것이 틀림없다. 두 강은 분명히 각각 다른 것이어야 한다.

그렇다면, 백강은 어느 강에 해당하는 것일까? 다행히 『삼국사기』에 "백강 혹은 기벌포라 한다."고 되어 있다.…생각컨대, 주류성 공격 때, 유인궤劉仁軌의 당 수군은 웅진강구를 나와 백강구, 즉 동진강구東津江口로 향했으리라. 따라서 나는 백강구, 즉 기벌포를 현재의 동진강 하구로 비정하고자 한다.…이미 동진강구를 백강으로 시인한다면, 나는 지금의 부안읍扶安邑 혹은 그 부근의 고성지古城址를 주류성으로 비정하는 것을 가장 타당하다고 생각한다.[9]

4) 이케우치 히로시(池内 宏)에 의하면, 이들 양 설兩說을 보건대, 쓰다(津田)씨가, "『통감通鑑』 및 『구당서』에 당군이 웅진강구에서 백강으로 향했다는 것은, 상류에서 하항下航했다는 뜻이며, 웅진 부근을 웅진강이라 말하고, 하구 부근을 백강이라 칭했다."고 주장한 데 대하여, 오다(小田)씨는 "당의 수

---

8) 津田左右吉, 1913「百濟戰役地理考」,『津田左右吉全集』第11卷(東京 : 岩波書店, 1964), pp. 172~173, p. 177.

9) 小田省吾, 1927『朝鮮史大系』(上世史)(東京 : 原書房復刻版, 1975), pp. 194의 1~196.

군은 웅진강구를 나와 백강으로 향한 것이 틀림없다. 두 강은 분명히 각각 다른 것이어야 한다."고 주장했다. 견해의 가장 현저한 차이는 여기에 있다. 어느 것을 택할 것인가 하면 나는 전설前說의 타당함을 믿는다.

전게前揭의 『구당서』 백제전百濟傳에 "도침道琛 등이 웅진강구에 양책兩柵을 세워 관군官軍을 막았다"고 하는 이상, 소위 웅진강은 금강의 하구를 가리키는 것이어야 한다. 즉 웅진강의 명칭은 금강의 하류에 적용되고 있는 것이다. 또한 웅진강의 하류에 대해 백강의 명칭도 있었던 것은, 용삭龍朔 3년의 주류성 공격에 관하여 백제전百濟傳에 「劉仁軌…自熊津江往白江, 以會陸軍」이라 하고, 『통감』에는 「仁軌…自熊津入白江, 以會陸軍」으로 되어 있는 것으로도 안다.…나는 주류성의 위치를 부안읍 혹은 그 부근이라는 오다(小田)씨의 설을 부인하고, 쓰다(津田)씨의 견해에 따라 이 명성名城의 고지古址를 금강 하류의 우안右岸 가까운 데서 찾고자 한다.[10]

5) 이마니시 류(今西 龍)에 의하면, 주류성의 위치는 어디인가. 먼저 얘기한 바와 같이, 그것은 고부古阜 부근에 있는 것에 의심할 여지가 없다. 용삭 3년(663), 이것을 공격하는 데, 웅진 도독부熊津都督府로부터 수륙로水陸路로 나누어, 수군이 웅진강(지금의 금강)을 내려와 백강으로 가서 육군과 만나는 방법을 택한 것, 주류를 평정하자 곧 군대를 돌려 임존任存을 공격한 것을, 「南方已定, 廻軍北伐」이라 기록한 데서도 그 위치의 대강을 추측할 수 있다.…그렇다면 고부 부근에 산성山城을 구한다면, 고부에 가깝고 그 동남에 위치하는 두승산성斗升山城과 그 서쪽 약 16킬로미터에 있는 우금암산성遇金岩山城이다. 이 두승산이야말로 주류성이다…[11]

변산邊山의 동쪽 한 봉오리에 거대한 바위가 서 있으며, 아무데서나 멀리서 바라볼 수 있다. 이 바위가 곧 위금암位金巖이며, 이 바위를 한 모퉁이로

10) 池內 宏, 1934「百濟滅亡後の動亂及び唐·羅·日三國の關係」,『滿鮮史硏究』上世 第二冊(東京 : 吉川弘文館, 1960), pp. 113~115.

11) 今西 龍, 1930「周留城考」,『百濟史硏究』(東京 : 國書刊行會, 1970), pp. 346~348.

해서 산성지山城址가 있다. 즉 위금암고산성位金巖古山城이며, 내가 오랫동안 찾고 있었던 주류성이다.[12]

만약 당·나의 육군이 주로 부안방면으로부터 주류성으로 향했다면, 백강은 오다(小田) 교수가 비정한 것처럼 동진강이 되어야 하지만, 만약 당·나군의 육군이 주로 고부방면을 근거로 하여 주류성으로 향했다면, 전기前記의 두 강 외에 변산반도의 남쪽에 있는 줄포내포茁浦內浦도 가해야 한다.… 나는 만경강萬頃江·동진강을 백강의 후보지로 하는 외에, 이 내포도 여기에 가해야 한다고 생각한다.[13]

6) 신채호申采浩에 의하면, 당장唐將 소정방蘇定方은 백강구白江口의 기벌포에 이르러 수리數里의 진풀(이해泥海, 개펄)에 행군할 수 없어 초목草木을 베어다가 바닥에 깔고 간신히 들어오는 데…의직義直이 중군衆軍을 호령하야 격전하다가 죽으니…신라인이 의직의 죽은 곳을 이름하여 조용대釣龍臺라 하니…백촌강白村江은 『해상잡록海上雜錄』에 보인 바, 의직의 죽은 곳이라 함이 가可하니라.[14]

•주류성周留城(김유신전金庾信伝의 두솔성豆率城이니 금연기今燕岐의 원수산元帥山?)을 …[15]

7) 이병도李丙燾에 의하면, 복신福信·도침道琛 등은…임존성任存城으로부터 남하하여 주류성(한산韓山)에 거據하고 웅진강구(熊津江口, 백강) 연안에 양책兩柵을 세워…[16]

주류성은 첫째 험고險高하다는 것과 또 사비성泗沘城과의 거리가 그렇게 멀지 않다는 점, 웅진강(금강)구 부근에 있어 왜국倭國과의 교통이 편리한 점

---

12) 上揭書, pp. 513～514.

13) 上揭書, pp. 357～359.

14) 申采浩, 1931 『朝鮮上古史』(서울 : 鐘路書店, 1948), p. 354.

15) 上揭書, p. 359.

16) 李丙燾, 『韓國史』(古代篇)(서울 : 乙酉文化社, 1959), p. 514.

등을 생각해 볼 때, 나는 흔히들 말하는 바와 같이 이를 지금 서천군舒川郡 한산면韓山面의 건지산성乾芝山城에 비정하고 싶다.[17]

이러한 견해는 그 후, 이홍직,[18] 이기백,[19] 이기동,[20] 정효운,[21] 김창석[22] 등에 의해 수용되었다.

8) 전영래全榮來에 의하면, 주류성은 연안지방인 백강구에 기벌포 해안이 있고, 이 일대에 고사비성古沙比城, 피성避城 등이 서로 이웃하고 있다고 전제하고, 기벌포를 백제의 개화현皆火縣으로 후의 부령지방扶寧地方으로 보아, 고사비성은 고사부리古沙夫里로 현現 고부지방古阜地方이고, 백촌 곧 백강은 백제 소량매현所良買縣인 현 부안군扶安郡 백산면白山面 일대이며, 피성은 백제 벽골군碧骨郡으로 현 김제지방이라 하여, 주류성(두량윤성)의 위치를 현 줄포만茁浦灣을 거느린 부안군 상서면에 있는 위금암산성과 그 주변에 비정하였다.[23]

9) 노도양盧道陽에 의하면, 주류성이란 지명은 661년대에는 지금의 충남 청양군 정산면의 두릉윤성豆陵尹城을 지칭하였고, 662년대에는 지라성支羅城이라고도 하였다. 그러나 일반적으로 또는 역사적으로는 663년 8월에 나·당군에게 함락된 백제 부흥군의 최후의 근거지 주류성을 말한다. 이 주류성의 위치를 전라북도 부안군 변산반도에 있는 위금암산성으로 비정한다. 백

17) 李丙燾 譯註, 『三國史記』(國譯篇)(서울 : 乙酉文化社, 1983, 4版), p. 429.

18) 李弘稙編, 『國史大事典』(서울 : 知文閣, 1963)(上), p. 558 및 (下) p. 1455.

19) 李基白, 『韓國史新論』(서울 : 一潮閣, 1967), pp. 86~87.

20) 李基東, 『百濟史硏究』(서울 : 一潮閣, 1996), p. 35.

21) 鄭孝雲, 「七世紀代의 韓日關係의 硏究-白江口戰에의 倭軍派遣 動機를 中心으로-」(下), 『考古歷史學志』 第7輯, 東亞大學校 博物館, 1991, pp. 219~220.

22) 金昌錫, 「唐의 東北亞戰略과 三國의 對應」, 『軍史』 第47號, 國防部 軍史編纂硏究所, 2002, p. 252.

23) 全榮來, 「周留城·白江 位置比定에 관한 新硏究」, 1976, p. 65.

강·기벌포·백강구를 지금의 금강의 하류로 보는 데는 동의할 수 있으나, 『일본서기』의 「백촌」 및 「백촌강」과는 서로 확실히 다르며, 또 「백촌강」은 부안군의 서부를 흐르는 「두포천斗浦川」이라 주장했다.24)

10) 김재붕金在鵬에 의하면, 『일본서기』에 나타나는 소유성疏留城을 주류성으로 보고, 이의 기록을 주안점으로 하여, 이 주류성(소유성)의 백제군 때문에 당인唐人들이 그들의 당시의 근거지인 사비, 웅진으로부터 북상하여 고구려 남계南界를 칠 수 없었을 뿐 아니라, 신라가 서쪽에 있는 성에 물자를 수송할 수 없었다고 보아, 안성천安城川을 백강 또는 백촌강으로 보고 안성천 하구인 백석포白石浦를 백촌으로 파악하여, 주류성을 전의지구全義地區 일대에 비정하고 두솔성豆率城을 도살성道薩城의 이칭異稱이라 하여, 고려산성에 비정하였다.25)

『일본서기』에 전하는 백촌강은 안성천 하구에 위치한 백석포이며, 백촌강으로 표기하고 『일본서기』에서 'ハクスキのエ'로 읽는 것은 백석포를 일본어의 음音으로 읽고 뜻을 붙인 것이라고 생각한다. 'ハクスキ'는 백석에 대한 일본인들의 발음이지만, 'スキ'는 일본고어日本古語에서 '村'이었다. 그리고 'エ'는 江·浦를 의미하는 말이다.26)

11) 심정보沈正輔에 의하면, 제2기 이후에는 부흥군의 중심 거점으로, 주류성이 임존성에 대신하여 중요한 지위를 확보하게 되었는데, 그 이유는 주류성이 금강 하류에 위치하였으며, 당 수군의 진입을 견제할 수 있는 지리적 이점을 점하고 있기 때문이라고 할 수 있겠고, 필자의 연구로서는 한산 건지산성 설이 가장 유력시 된다. 그리고 백강구, 즉 기벌포의 위치에 대해서도 역시 금강 하구로 비정하는 것이 가장 타당하다고 믿게 되었다.27)

---

24) 盧道陽, 「百濟 周留城考」, 『明知大論文集』 12輯, 1979~1980, pp. 26~33.

25) 金在鵬, 「全義 周留城 考證」, 1980, pp. 17~18, pp. 30~36.

26) 金在鵬, 「百濟周留城의 硏究」, 1995, p. 24.

12) 스즈키 오사무(鈴木 治)에 의하면, 백촌강은 백강이라고도 하고, 공주를 흐르는 부근을 옛날에는 웅진강이라 했다. 금강의 중류이다. 조금 내려가면 웅진 다음에 수도가 된 부여가 있다. 옛날에는 사비라 했다. 이 부근에서부터 수류水流가 바위에 부딪쳐 흰 파도가 일어나기 때문에, 지금도 백마강白馬江의 이름이 있다. 백마강은 수직으로 남하한 후, 강경江景으로부터는 거의 직각으로 흐름을 바꾸어, 서해안을 향해 흘러 군산의 북쪽으로 빠진다. 이 사이의 40킬로, 이것이 금강의 하류, 즉 백촌강 혹은 기벌포이다.[28)]

백제군은 에치와타노다구츠(朴市田來津)의 전략戰略에 따라 주류성을 근거지로 했다.…'주류성'이 어디인가에 대해 논의가 있으나, 백촌강 강구 북안北岸의 한산韓山에 비정된다.[29)]

13) 기토 기요아키(鬼頭清明)에 의하면, 유인궤劉仁軌는…수군을 이끌고 웅진으로부터 하류의 백강(금강)으로 나가 육군과 합류하여 주유성(지도에 의하면 한산으로 비정되어 있음—필자)으로 향했던 것이다.[30)]

14) 고바야시 야스코(小林惠子)에 의하면, 기벌포 = 웅진강(금강), 백강 = 아산만으로 추정하지만, 당군이 산동반도로부터 황해 횡단의 최단 수로最短水路를 택하여 아산만의 덕물도德物島에 도착, 덕물도로부터 아산만 남쪽의 당진부근에 상륙하는 것이 약간의 어려움이 있지만, 백제에 들어가는 가장 가까운 길이라 말할 수 있다.[31)]

15) 가와사키 아키라(川崎 晃)에 의하면, 8월 당·신라의 연합군은 부흥군의

---

27) 沈正輔, 「百濟復興軍의 主要據點에 관한 研究」, 『百濟研究』 14輯, 1983, p. 178.

28) 鈴木 治, 『白村江』(東京 : 学生社, 1972), p. 37.

29) 上揭書, p. 50.

30) 鬼頭清明, 『白村江』(東京 : 教育社, 1981), p. 150.

31) 小林恵子, 『白村江の戦いと任申の乱』(東京 : 現代思潮新社, 1987), p. 75.

거점인 주류성(주유성·충청남도 금강 하류)에 수륙으로 압박했다. 금강 하류의 백촌강(백강)에서 당 수군과 일본 수군이 조우했으나…[32)]

필자는 주류성·백강의 위치 비정에 관한 지금까지의 연구 성과를 검토하면서, 연구자의 견해가 엇갈리고 또 정설이 없는 원인을 다음과 같이 분석해 보았다.

가) 주류성·백강의 지명이 각 국의 사서史書에 따라 다르기 때문에 연구자의 머릿속을 혼란케 하고 있다는 점이다. 예컨대, 주류성은 『삼국사기』에는 「두량윤성」, 「두릉윤성」, 「두솔성」으로, 『일본서기』에는 「주유성」, 「소유성」으로, 『당서唐書』에는 「주류성」으로 기록되어 있다.

나) 동일한 사료(한문漢文)에 대한 연구자들의 서로 다른 이해·해석이다. 예컨대 『구당서』의 「劉仁軌…率水軍及糧船, 自熊津江往白江以會陸軍, 同趨周留城」 등이다. 사료의 선택·비판·해석은 역사학 연구의 알파요 오메가(alpha and omega)인 동시에, 이 문제는 사람에 따라 달라지며, 대가大家의 이해·해석이 반드시 옳다고는 할 수 없다. 바로 이 점이 개인의 능력, 사료의 이해·해석방법 그리고 연구대상과 연구방법에 대한 적합성·타당성 등이 검토되어야 하는 과제이다. 예컨대, 오늘날 일본과 한국의 고대사학계에서는 쓰다 소키치(津田左右吉)의 학설이 주류를 형성하고 있지만, 거기에는 연구대상에 대한 방법론에 문제점을 내포하고 있다는 것이 필자의 견해이다.

다) 주류성과 백강의 위치는 서로 가까운 곳에 있다는 것은 위에 말한 사료에 의해 모든 연구자들은 동의하고 있다. 그렇다면 사료로 그 위치를 확실하게 증명할 수 있는 쪽을 택하는 것이 바람직한 방법이라 생각했다. 그런데 "이 백강에 대한 올바른 해석이, 주류성의 위치 해명을 위한 선결 문제라 하겠다."[33)]고 했는데, 동의할 수 없으며, 필자는 주류성의

32) 川崎 晃, 「白村江の戦い」, 『日本古代史事典』(東京 : 大和書房, 1993), p. 266.

위치 비정에 필요한 확실한 사료가 더 많기 때문에 이 방법을 택했다.

라) 주류성·백강이라는 고전장古戰場의 위치 비정을 규명함에 있어서, 여러 연구자들은 문헌사학적·고고학적·지리학적 그리고 음운학적音韻學的 연구방법 등을 구사해 왔다. 그런데 군사사학적軍事史學的 연구방법, 즉 군사이론과 역사학을 통합한 학문으로써, 군사문제로 연구한 사람은 아무도 없었기에, 필자는 이 방법으로 문제의 규명을 시도해 보고자 한다.

3. 군사사학적 연구방법에 의한 고찰

가. 제해制海의 관점에서

해양력(sea power)과 해상 통제(control of the sea)가 역사의 흐름이나 정치, 국가의 번영에 미치는 영향이 지대하다는 것은 아득한 옛날부터 알려져 있었지만, 이 문제를 학문적으로 체계화한 것은 미국 해군의 마한(1840~1914) 대령의 명저名著『해양력이 역사에 미친 영향』(1890)이었으며, 그는 다음과 같이 주장했다.

> 역사가는 대체로 바다의 사정에 어둡다. 그들은 바다에 대하여 특별한 관심이나 지식을 가지고 있지 않기 때문이었다. 그래서 그들은 해상력이 커다란 여러 문제에 있어서 깊고 결정적인 영향을 미친다는 것을 간과해 왔었다.…
>
> 여기서 말하는 넓은 뜻의 해양력이란, 무력에 의한 해상 혹은 그 일부분을 지배하는 해상의 군사력뿐만 아니라, 평화적인 통상通商 및 해운海運도 포함하고 있다. 이처럼 평화적인 통상 및 해운이 있어야만 비로소 해군의 함대가 자연스럽게 또 건전하게 태어나고, 그것이 함대의 건실한 기반이

33) 沈正輔, 前揭論文, p. 172.

되는 것이다.[34]

마한 대령은 해양력에 영향을 미치는 주요 조건으로써, (1) 지리적 위치, (2) 자연적 형태, (3) 영토의 범위, (4) 인구의 수, (5) 국민성, (6) 정부의 성격(국가의 여러 제도도 포함)을 다루며 상세하게 설명했으나,[35] 해상 통제에 관해서는 명확한 정의를 내리지 않았다. 그러나 일반적인 견해는, 전시나 비상사태에 임하여 자국自國이 필요로 하는 해상을 자유롭게 사용하는 동시에, 적으로 하여금 자국을 공격하는 목적을 위하여 일정한 해역海域을 자유롭게 사용치 못하게 하는 것을 뜻한다.

진실로 해상을 관제했다 하여도, 제해란 전파 탐지기가 없는 시대에 있어서 적의 단독 행동의 함선이나 작은 전대戰隊도 살며시 항구에 잠입 혹은 탈출할 수 없다거나, 긴 해안선상의 무방비의 지점에 대해 적을 괴롭히는 습격도 가할 수 없다는 뜻이 아니라, 상대적인 성질을 가진다. 어느 국가가 해상 병참선을 이용하여, 혹은 적에 대해 그 이용을 거부할 능력이 전반적인 전략의 견지에서 거의 만족한 상태에 있을 때, 이것을 '제해가 확립되었다'고 말하고, 적의 위협에 의해, 그 국가의 해상 병참선을 이용할 수 없거나 혹은 적의 사용을 거부하는 능력이 감소하여, 그 결과로 그 국가의 전략적 요구가 만족할 수 없는 경우, 이것은 '제해를 상실했다'고 일반적으로 말한다.

제해를 획득하는 것이 해군의 사명이며 또 무력武力에 의해 해상 혹은 그 일부분을 지배하는 해상의 군사력, 즉 우세한 해군력을 확보·유지해야 하는 것이다. 그렇다면, 어떻게 제해를 획득할 것인가? 마한 대령에 의하면, 전쟁에 있어서 해군의 주요 목표는 적의 해군을 격멸하는 데 있다. 적은 산재散在하는 전략지점 간의 연락을 유지하기 위해, 그 해군을 필요로 하기 때문에, 이것을 공격한다는 것은, 즉 적의 전략지점에 가할 수 있는 가장 확실

34) Alfred T. Mahan, *The Influence of Sea Power upon History, 1660~1783*(Boston : Little, Brawn and Company, 1890), Preface and p. 28.

35) *Ibid.*, pp. 29~89.

한 공격이다,[36]고 말했다. 그가 만약 클라우제비츠의 『전쟁론戰爭論』(1832)을 읽었더라면, 해군의 주요 목표를 더 상세히 체계화했을 터인데…

당의 수군이 바다를 건너왔을 때, 백제로서는 해상에서 요격하는 것이 최상책이며, 그 다음은 상륙군의 반수가 상륙했을 때 공격하는 것이 유리하며,[37] 그 다음은 상륙군이 교두보를 설치하고 전비를 갖춘 연후에 공격하는 것으로 이것은 최하책이다.

660년 6월, 13만의 당군이 덕물도에 왔을 때, 태자 법민은 병선 100척을 거느리고 소정방을 맞이했는데, 663년 8월 倭 수군이 백강에서 패배할 때까지, 백제 수군이 전연 등장하지 않는 이유는 무엇일까? 마한 대령의 해양력에 영향을 미치는 주요 조건을 비교했을 때, 신라보다는 백제가 유리했음에도 불구하고, (6) 정부의 성격, 즉 백제 의자왕은 주색酒色에 빠져 수군의 육성에 관심이 없었기 때문이었다.

따라서 당의 성산城山으로부터 신라의 덕물도 그리고 웅진강(금강)을 통하여 사비성(부여)에 이르는 당의 해상 병참선은 안전했으며, 또 당군의 제해가 확립되어 있었다고 보아야 할 것이다. 그렇다면 주류성이 웅진강구 좌측의 한산에, 혹은 아산만의 동남에 주류성(연기군 전의면)이 소재한다면, 다음 사료들은 어떻게 해석할 것인가?

> (사료 1) 齊明 6년(660) 10월, 백제의 좌평 鬼室福信이 좌평 貴智를 보내, 당의 포로 100여 인을 바쳤다.… 또 군사를 빌고 구원을 청하였다. 아울러 왕자 余豊璋을 되돌려 줄 것을 청하였다.… (『日本書紀』 권제26)
>
> (사료 2) 7년(661) 8월, 前軍의 將軍 大花下 阿曇比邏夫連…들을 보내, 백제를 구하게 하였다. 무기와 식량도 보냈다.
>
> •9월, 小山下 秦造田來津을 보내 軍士 5,000을 거느리고, 본국에 돌아가는 길에 호위를 하게 했다.

36) Alfred T. Mahan, *Naval Strategy*, p. 199.

37) 『孫子』 行軍 第九에는 「令半濟而擊之利」라고 했다.

(사료 3) 天智 元年(662) 春正月, 백제의 좌평 귀실복신에 화살 십만 촉, 실 500근, 솜 1,000근, 피륙 1,000단, 다룬 가죽 1,000장, 종자용 벼 3,000석을 주었다.

•3월, 백제 왕(풍장)에 피복 300端을 주었다.…그래서 장군을 보내 소유성疏留城에 웅거하게 하였다.

•5월, 大將軍…수군 170척을 거느려서, 豊璋 등을 百濟國에 보내고 칙하여, 豊璋에 그 위를 계승시켰다.

•12월, 州柔(周留)에서 避城(金堤)으로 도읍하였다.

天智 2年(663) 春2月, 신라인이 백제의 남부 四州를 불태우고…이 때 避城은 적에게 너무 가까웠다. 그래서 거기에 있기가 어려워, 도로 州柔로 돌아왔다.

•3월, 前軍 將軍 上毛野君稚子…를 보내, 27,000명을 거느리고 新羅를 치게 했다.

•8월 27일, 일본의 수군 중 처음에 온 자와 大唐의 수군과 대전하여 일본이 져서 물러났다.

28일, …진을 굳건히 한 大唐의 군사를 나아가 쳤다. 大唐은 좌우에서 수군을 내어 협격하여, 눈 깜짝할 사이에 관군이 패적하였다.(『日本書紀』권 제27)

당시의 주류성은 백제 부흥군의 왕성王城·작전기지 그리고 倭로부터 병원兵員·전략 물자의 보급이 계속되었음에도 불구하고, 663년 8월 백강 해전 때까지 당 수군과의 충돌이 전연 없었다는 것은 무엇을 뜻하는 것일까? 이것은 주류성이 당 수군의 제해권 외制海圈外에 소재하고 있었다고 보아야 하리라.

필자는 처음부터 주류성의 한산(건지산성乾芝山城) 설에는 의문을 가졌었다. 그 이유는 사비성으로부터 한산까지는 한나절의 행군 거리 내에 소재하고, 난공불락難攻不落의 지리적 특징도 없는데, 어떻게 3년간이나 버티고 있었을까? 군사작전의 관점에서는 이해하기 어려웠다. 최근 건지산성의 성벽

단면조사城壁斷面調査의 결과에 의하면, 고려 말기의 축조로 보이며, 백제시대까지는 거슬러 가지 않았다는 것이 밝혀졌다.(『韓山乾芝山城』 忠淸埋藏文化財研究院·忠淸南道 舒川郡, 2001年)

그렇다면 주류성의 위치는 당 수군의 제해권 외의 어디일까? 663년 8월의 백강 해전과 주류성 전투의 양상을 살펴보고자 한다.

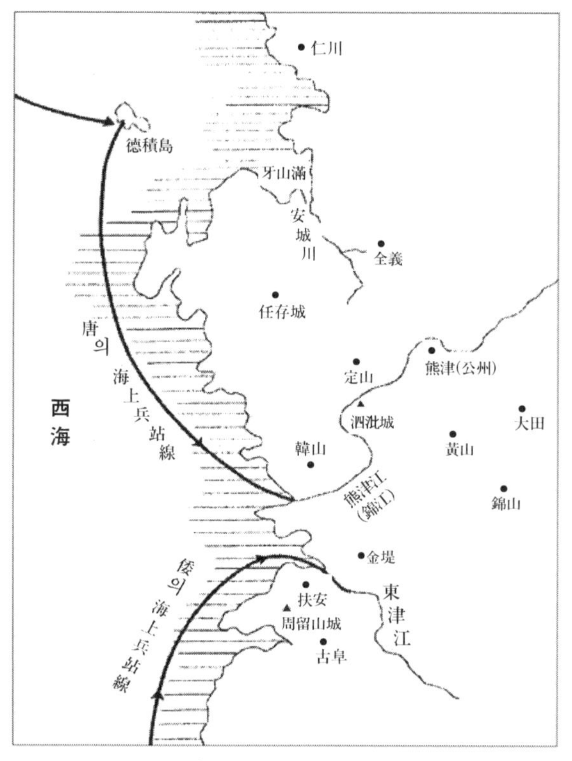

〈백강 해전과 주류성 전투〉

(사료 4) 이에 孫仁師·劉仁願과 新羅王 金法敏은 육군을 이끌고 진격했고, 劉仁軌 및 別帥 杜爽·扶餘隆은 水軍과 糧船을 거느리고 웅진강으로부터 백강으로 나아가 육군과 합류하여 함께 주류성으로 향하였다. 仁軌는 백강의 입구에서 扶餘豊의 무리들을 만나, 네 번 싸워

모두 이기고 적선 400척을 불태웠으며… (『구당서』 백제)

(사료 5) 龍朔 3년(663)에 총관 孫仁師가 군사를 거느리고 熊津府城을 來救할 때에 신라의 兵馬도 출동, 함께 가서 周留城下에 다다랐다. 이때 倭國의 船兵이 와서 백제를 도울 새, 倭船 1,000척은 白沙[38]에 停在하고 백제의 精騎는 岸上에서 그 선함을 수호했다. 신라의 날랜 騎兵이 唐의 先鋒이 되어 백제의 岸陣을 깨뜨리니, 周留城은 실망하여 드디어 곧 항복하였다. 남쪽이 이미 평정되자, 군을 돌이키어 북쪽을 칠 새, 任存城만이 완강하게도 항복치 아니하므로… (『삼국사기』 신라본기 제7 문무왕 11년)

여기서 중요한 사실은, "劉仁軌는…水軍과 糧船을 거느리고 熊津江으로부터 白江으로 나가 陸軍과 합류하여 함께 周留城으로 향하였다."고 기록되어 있다는 것이다. 이것은 당의 수군은 웅진강을 나와 백강으로 갔다는 것이며, 이것을 최초로 주장한 것은 오다 쇼고(小田省吾)로서 탁견이라 말하지 않을 수 없다. 주류성의 위치와 방향은 작전일지作戰日誌를 조사하면 명백해 지리라.

신라군과 당군은 웅진(공주)에서 육군의 연합군을 편성했으며, 663년 7월 17일에 출발하여 8월 13일에 두솔성(주류성)에 도착했고,[39] 17일에 州柔(周留)에 와서 왕성을 포위했다. 27일과 28일의 백촌강의 해전에서 왜 수군은 패배했고, 9월 7일 백제의 주유성(주류성)은 항복했다.[40] 10월 21일부터 임존성을 공격했으나 승리하지 못했다.[41] 남쪽(주류성)이 이미 평정되자 군을 돌이

---

38) 白沙는 白江 근처의 모래사장을 두고 말한 것으로 볼 수 있다. 東津江 하구와 연결되는 下西面의 모래사장은 짧지만 지금도 규사가 많아 강한 햇빛 아래에서는 희게 보인다. 『三國史記』의 白沙는 어디를 말한 것인지 알 수 없으나, 규사가 있는 모래사장은 扶安郡 下西面 長信里 밖에 없다.(卞麟錫, 「白江口戰爭을 통해서 본 古代韓日關係의 接點－白江·白江口의 歷史地理的 考察을 중심으로－」, 『東洋學』 第24輯, 檀國大學校 東洋學硏究所, 1994, p. 124.)

39) 『三國史記』 卷第42, 列傳第2(金庾信 中)

40) 『日本書紀』 卷第27, 天智天皇 2年.

41) 『三國史記』 新羅本紀 第6, 文武王 3年.

켜 북쪽(임존성)을 쳤다[42](南方已定, 廻軍北伐)고 했으니, 주류성은 남쪽에 소재하고, 공주로부터 26일간의 행군거리에 있다는 것을 알 수 있다.

전영래는 주류성 함락 이후의 사항을 구체적으로 설명하고 있다. 즉 나·당 연합군은 9월 7일 주류성 함락 후 10월 21일 임존성을 공격하기까지 자그마치 44일이 흘렀다. 부안·주류성으로부터 대흥大興까지는 444리(177.6km)라는 엄청난 거리이다. 연기로부터 대흥까지는 공주를 거친다 해도 138리(55.2km)에 불과하다[43]고, 이것은 김재붕의 주류성의 연기설에 대한 반론이다.

나. 작전기지 또는 교두보橋頭堡의 관점에서

전쟁의 준비·수행에 있어서 기지·근거지(base), 작전기지(base of operation) 그리고 교두보(beach-head)는 육·해군에 의해 사용되는 용어는 다르지만, 이들의 기능은 동일하다. 기지는 진군·공격을 개시하고, 또 사태가 불리한 경우에는 철수할 수 있는 자기 소유의 영토이며, 이곳은 군대의 인적·물적 힘의 원천, 즉 병력, 무기와 장비, 보급품, 그리고 식량을 구비하고 있는 장소이다. 이것은 마치 인간의 신체에 혈액을 공급하는 심장과 같다.

그래서 본국에서 멀리 떨어져 작전하는 군대는, 작전기지 부근에 본국의 기지와 동일한 조건을 구비한 제2 기지를 설치하고 또 확실한 병참선(line of communication)에 의해 양편을 연결해야 한다는 원칙이 있으며, 만약 이를 무시하면 패배하는 것이다. 예컨대, 태평양 전쟁 중 솔로몬 군도群島의 과달카날도島 전투에서 일본군의 패배이다. 제17군의 하쿠다케(百武) 중장中將 휘하 약 3만 명의 장병 가운데, 적의 포화로 죽은 자는 약 5,000명, 굶어죽은 자는 약 15,000명, 약 10,000명만이 구출되었다.[44] 본국으로부터 멀리 떨어진 해

---

42) 上揭書, 新羅本紀 第7, 文武王 下.

43) 全榮來, 「周留城·白江戰鬪에 관한 硏究」(全州 : 2001), p. 12.

44) 今村 均, 『私記·一軍六十年の哀歡』(東京 : 芙蓉書房, 1971), p. 413.

상작전에 대해 미국의 마한 대령은 다음과 같이 주장했다.

> 본국으로부터 먼 해역에서의 작전은, 다만 일반 작전의 특별한 경우에 지나지 않는다. 즉 전쟁목적에 대해 유용한 지점을 곧 보유하고 또는 아직 보유치 않은 원양遠洋에서 실시하고 또 그러한 지점을 보유할 것인가의 여부에 관계없이 공세적 행동을 취하며 또한 적의 영토를 점령하고, 혹은 적어도 이것을 관제하기를 바라는 해상원정이다.…먼저 합리적으로 안전한 본국 국경과 적과 제해권을 다툴 수 있는 해군의 근본적 조건을 구비하고 있다면, 다음에 취할 조치는 원정 목적의 달성상 가장 적절한 작전계획을 책정하는 일이다. 작전계획에 있어서 결정해야 하는 것은 기지(base), 목표(objection), 그리고 작전선(line of operation)이라는 모든 작전에 존재하는 세 가지이다.[45]

본국으로부터 멀리 떨어진 도해渡海 상륙작전에 있어서 교두보를 어디에 설치할 것인가는 전쟁목적, 군사목표, 작전선을 고려해서 결정해야 하며 또 작전의 성패에도 중대한 영향을 미치는 문제이다. 문헌사료에 의하면, 당군의 교두보는 백강(기벌포)이지만, 거기는 현재의 어디일까?

> (사료 6) 600년 백제를 토벌하기 위해 군대를 이끌고 소정방(蘇定方)은 성산(城山, 현재 중국 산동성 영성)으로부터 바다를 건너 웅진강구에 이르렀다. 적병은 강을 따라 진을 치고 있으니, 定方은 동쪽 강기슭으로 올라 산위에 진을 치고 이와 싸워 크게 이겼다. 돛을 달고 바다를 덮으며 꼬리를 물고 들이닥치니 적병은 무너지고 수 천 명이 죽어갔고, 나머지는 흩어졌다.…도성 밖 20여리를 남기고 적은 온 힘을 기울여 막았으나, 크게 이겨 이를 물리치고 만여 명을 사로잡았다.(『구당서』 열전 소정방)

위에 말한 사료에 의해, 定方은 13만의 대군을 이끌고 성산으로부터 곧바로 웅진강구로 상륙하여 적병을 패주시켰다고 해석하는 연구자도 있다. 예

---

45) Alfred T. Mahan, *Naval Strategy*, pp. 204~205.

컨대, 이마니시 류(今西 龍)에 의하면 덕물도로부터 나와 금강에 들어가 왕도王都 부여로 향하는 당 수군이 만경강 혹은 동진강에 들어가 다시 금강에 들어간다는 일은 결코 없기 때문이다.[46] 고바야시 야스코(小林惠子)에 의하면, 웅진강을 금강으로, 백강을 동진강으로 하는 설을 취한다면, 「백제 본기」에 당군이 백강을 지났다는 것을 듣고 서둘러 웅진강을 방어하기 위해 출병했다고 했는데, 당군이 덕물도에 도착한 것은 확실하기 때문에 웅진강(금강)을 지나서 동진강에 가서 다시 북상하여 웅진강에 들어간 것이 된다. 따라서 백강을 금강의 남쪽에 비정하는 설은 모두 성립될 수 없다,[47]는 것이다.

바다를 건너온 상륙군이 최초로 해야 할 중요한 일은 어디에 교두보를 설치할 것인가이며, 이마니시(今西)·고바야시(小林) 양인은 이것을 전연 고려하고 있지 않는 것 같다. 필자는 (사료 6)에는 定方이 덕물도에서 태자 법민을 만난 것과 교두보 설치에 관한 사항이 생략된 것으로 해석한다.

> (사료 7) 6월 21일, 왕이 태자 법민으로 병선兵船 100척을 이끌고 덕물도에서 定方을 맞게 했다. 定方이 법민(法敏)에게 이르기를, "내가 7월 10일에 백제 남쪽에 이르러 대왕大王의 군사와 만나 의자(義慈)의 도성都城을 무찔러 파破하려 한다." 하매… (『삼국사기』 신라기 태종왕 7년)

蘇定方이 신라와 합류하는 날짜와 장소를 제시했다는 것은 당군의 깊은 계략이 숨겨져 있는 것이 아닐까? 그것도 덕물도에서 금강 하류까지는 일주일간이면 충분히 기습적 상륙작전의 실시가 가능한 데, 13만의 병력과 병선 1,900척(「鄕記」에 의하면 병력 122,711명, 병선 1,900척, 『三國遺事』卷第1 太宗 春秋公)이 20여 일간 어디서 무엇을 하고자 하는 계획일까? 클라우제비츠는 그의 명저 『전쟁론』(1832)에서 다음과 같이 주장했다.

---

46) 今西 龍, 前揭書, p. 361.

47) 小林惠子, 前揭書, p. 75.

전쟁에 의해 또한 전쟁에 있어서 무엇을 달성하려고 하는 이 두 가지 질문에 대답하지 않고서 전쟁을 개시하는 사람은 없을 것이다. 또한 당사자로서 현명하다면 전쟁을 개시해서는 안 될 것이다. 이 질문의 첫째는 전쟁목적에 관한 것이고, 둘째는 작전목표에 관한 것이다. 이 두 가지의 주요 사항에 의해 군사적 행동의 일체의 방향, 사용해야 할 수단의 범위, 전쟁을 수행하는 힘의 정도가 규정된다. 그리고 전쟁계획은 군사적 행동의 극히 사소한 말단에까지 그 영향을 미친다.[48]

蘇定方은 "의자(義慈)의 도성都城을 무찔러 파破하려고 한다"고 함으로써 작전목표는 명시했지만, 전쟁에 의해 달성하고자 하는 전쟁목적은 명시하지 않았고 또 명시할 수 있는 문제가 아니었다. 그러나 당의 전쟁목적을 알지 못하고 작전의 전반적인 문제를 논의할 수는 없는 일이다.

648년 신라가 백제의 침략에 의해 위기에 직면했을 때, 김춘추(金春秋, 후의 무열왕)가 당에 가서 원군의 파견을 요청했을 때, 당 태종은 "짐이 지금 고구려를 치는 것은 다른 까닭이 아니라, 그대 신라가 백제·고구려에 핍박되어 매양 그 침해를 입어 편안할 때가 없음을 애달피 여김이니, 산천토지山川土地는 나의 탐하는 바가 아니며…내가 양국을 평정하면, 평양이남, 백제 토지는 다 그대 신라에게 주어 길이 편안하게 하려 한다."[49]고 말했다.

그러나 定方은 백제를 무찌르고 백제왕 및 중신 93명과 병 2만 명을 포로로 잡아 660년 9월 귀국하여 천자에게 포로를 바쳤다. 천자는 그를 위로하면서, "어찌하여 이내 신라를 치지 않았는가?" 하고 물었더니, 定方이 "신라는 왕이 어질고 백성을 사랑하며, 그 신하는 충성으로 나라를 섬기고 아랫사람들이 윗사람 섬기기를 부형父兄과 같이 하니, 비록 나라는 작지만 도모할 수가 없었습니다."고 하였다.[50] 당은 백제·고구려를 멸망시키고는, 각각

48) 이종학 편저, 『전략이론이란 무엇인가－손자병법과 전쟁론을 중심으로－』(경주 : 서라벌군사연구소, 2002), p. 237.

49) 『三國史記』 新羅本紀 第7, 文武王 下.

50) 『三國史記』 列傳 第2 金庾信 中.

웅진 도독부熊津都督府·안동도호부安東都護府를 설치했다.

여기서 중요한 것은 원군援軍으로 바다를 건너온 당군의 전쟁목적은 백제뿐만 아니라, 신라마저도 토벌·정복하는데 있었다는 것을 잊어서는 안될 것이다. 이것은 '以夷制夷이이제이'의 계략에 의한 한반도의 정복에 있었기 때문에 신라와 백제, 신라와 고구려를 처음부터 싸우게 하여 서로 약화·피로케 만들어 그것을 이용해서 전쟁목적을 달성하는 데 있었다. 定方의 6월 21일부터 7월 10일까지의 행동과정에 관해서는 상세한 기록을 아직 보지 못했지만, 다음 사료에 의해 추정이 가능하리라.

(사료 8) 蘇定方이 군사를 거느리고 城山(中國 山東省)에서 바다를 건너 덕물도에 이르니, 신라왕이 김유신 장군을 보내어 정병 5만을 거느리고 백제방면으로 가게 하였다. 의자왕은 이 정보를 듣고 군신을 모아 공·수세攻守勢의 어느 쪽을 택할 것인가를 물었다.

좌평 의직은 말하기를 "당병唐兵은 멀리 바다를 건너왔으므로, 물에 익숙지 못한 자는 배에서 반드시 피곤할 것이니, 처음 육지에 내려서 사기士氣가 안정치 못할 때에 급히 치면 가히 뜻을 얻을 수 있을 것입니다.…그러므로 먼저 당병과 결전하는 것이 좋을 것입니다."고 했다.…

좌평 홍수가 말하기를, "당병은 수가 많고 군율이 엄격하고…만일 평원광야平原廣野에서 대전하면 승패를 알 수 없을 것입니다. 백강(혹은 기벌포)과 탄현(炭峴, 혹은 심현沈峴)은 아국我國의 요로要路입니다.…당병으로 하여금 백강을 들어오지 못하게 하고, 신라인으로 하여금 탄현을 넘지 못하게 하소서. 그리고 대왕은 방어를 굳게 하여 적의 군량軍糧이 다하고 사졸士卒이 피로함을 기다려서 이를 습격한다면, 반드시 적병을 깨뜨릴 것입니다"고 하였다.

대신들은 말하기를 "당병으로 하여금 백강에 들어와서 흐름에 따라 배를 정렬할 수 없게 하고, 신라군은 탄현에 올라서 소로小路를 따라 말을 정렬할 수 없게 한 다음, 이때를 당하여 군사를 놓아 치면, 마치 조롱 속에 있는 닭을 죽이고, 그물에 걸린 물고기를 잡는 것과 같습니다."고 하니, 의자왕은 대신들의 의견에 찬성하였다.

그러던 중 나·당의 군사가 이미 백강과 탄현을 거쳤다는 말을 듣고 장군 계백으로 하여금 결사대 5,000명을 거느리고 황산(黃山, 연산連山)에 나아가 신라병과 싸우게 하였는데, 네 번 싸워 모두 이겼으나 병력이 적고 힘이 꺾이어 드디어 패하고 계백도 전사했다.

이에 여러 군사를 소집하여 웅진강구를 방어하기 위해 강변에 군사를 포진케 했다. 定方이 강의 좌측 언덕으로 상륙하여 산에 올라 진을 치니 아군이 싸워서 대패했다.…定方이 보기步騎를 거느리고 그 도성으로 직향直向하여 30리 되는 곳에 머물렀다. 아군은 모든 병력을 다하여 막았으나 또 패하여 죽은 자가 만여 명이 되었다. 당병은 승전하여 성으로 육박하니 왕은 면하지 못할 것을 탄식하여 말하기를… (『삼국사기』 백제본기 제6, 의자왕 20년)

蘇定方은 덕물도로부터 직통으로 웅진강구의 좌측에 상륙한 것이 아니라, 백강(기벌포)에 상륙했던 것이다. 그 이유는 의자왕이 대신들을 모아 공·수세의 대책을 논의하여 끝날 무렵, 당군은 백강을, 신라군은 탄현을 통과했다는 보고를 받자, 계백 장군을 먼저 황산에 파견했다는 것은 백강이 더 멀고 또 위협이 적었기 때문이었으리라. 계백 장군의 군대가 패배하고, 그가 전사한 후에 백제는 여러 군대를 모아서 웅진강구를 방위하기 위해 군대를 포진시켰던 것이다. 따라서 당군의 교두보는 백강이며, 웅진강과는 별도의 강이라는 것을 기억해야 한다. 또 663년 "劉仁軌는…수군과 양선糧船을 거느리고 웅진강으로부터 백강으로 나아가 육군과 합류하여 함께 주류성으로 향했다."(사료 4)는 기록을 보아도 명확하며, 백강은 주류성의 부근에 위치하고 있다는 것도 알아야 한다.

만약 定方이 6월 21일 태자 법민과 만나고 일주일 후에 웅진강구에 교두보를 설치했다면 백제의 주력군과 최초로 전투를 해야만 했으며, 이것은 앞에 말한 바와 같이 전쟁목적에도 위배되는 조치이리라. 따라서 백강은 사비성의 입장에서 본다면 웅진강구보다 더 먼 위치에 있어야만 했다.

전영래에 의하면, 蘇定方이 다소라도 군사 상식이 있는 장수라면 다음과 같은 이유로 20여 일간을 13만 대군을 만재한 1,900척의 대선단을 그대로 서해바다에 멍청히 띄우고 있지는 않았을 것이다. 즉,

(1) 덕물도에서 보급을 받았다손 치더라도 시량柴糧이 충분치 못하였을 것이며, 특히 여름철에 식수·채소류 등을 20여 일간이나 저장 비축한다는 것은 불가능하다.

(2) 선상의 병사와 말은 좌평 의직이, "물에 익숙지 못한 자는 배 위에서 필시 피곤할 것"이라 한 대로 대부분이 승선에 익숙지 못하므로 하선 즉시 전투한다는 것은 어려움으로 반드시 상륙 후 충분한 휴양과 육상에서의 정비가 필요하다.

(3) 음력 6월 하순~7월 상순까지는 태풍 전선에 들어있으므로 폭풍우가 내습하는 기간에 한 척당 65명을 태울 정도의 소범선 1,900척을 그대로 해상에 방치해 두지는 않았을 것이다.[51]

고 주장했는데, 도해상륙군渡海上陸軍에 있어서 교두보의 필요성을 역설한 것은, 이 주제의 연구자에 있어서 최초이며, 탁견이라 행각한다.

필자는 (사료 6)의 "定方은 城山으로부터 바다를 건너 웅진강에 이르렀다…"(定方自城山濟海 至熊津江口)의 내용은, 定方이 성산으로부터 덕물도에 와서 신라의 법민에게 7월 10일 왕도의 남쪽에서 합류하자는 것을 통고하고, 거기서 백강에 들어가 교두보를 설치하고, 병사들의 휴양과 전투준비를 갖추고, 백제·신라의 주력군이 치열한 전투를 개시했으리라는 것을 계산하면서, 천천히 백강에서 웅진강에 도착한 것을 기록한 것으로 해석한다.

660년 9월 3일, 유인원(劉仁願)이 당병 10,000명, 신라병 7,000명과 사비성을

---

51) 全榮來, 『白村江에서 大野城까지』(全州 : 新亞出版社, 1996), pp. 30~31.

지키게 되었다. 蘇定方은 백제왕과 왕족·중신 등의 포로를 이끌고 사비에서 배를 타고 당으로 돌아갔다. 그런데 벌써 23일부터 백제의 부흥군이 사비성에 침입하여, 항복한 백제인들을 약탈해 데리고 가고자 했다. 유수역留守役의 劉仁願은 당군과 신라군을 동원하여 그들을 격퇴했다. 당시 백제의 부흥군이 각 지역에서 거병을 했기 때문에 신라군은 그들을 진압하는 것이 급선무였다.

> (사료 9) 661년 2월, 백제의 잔적殘賊이 사비성을 공격하므로 왕이 이찬伊飡 품일品日을 대당장군大幢將軍에 임하여…가서 사비성을 구원케 하였다. 3월 5일, 중로中路에 이르러, 품일이 휘하 군대를 나누어 먼저 가서 두량윤성 남에서 진영(작전기지)할 곳을 살피게 하였던 바, 성중城中의 백제군이 나진羅陣의 정돈되지 아니함을 바라보고 갑자기 나와 기습을 가하매 아군은 놀라 도주했다. 3월 12일, 대군이 고사비성 외古沙比城外에 주둔하여 두량윤성을 공격하였으나, 한 달 엿새가 되도록 이기지 못하였다.(『삼국사기』 신라본기 제5, 태종무열왕)

이 내용(사료 9)은 사비성을 공격하는 백제 부흥군의 소굴이며 근거지인 두량윤성(주류성)을 공격하기 위해 신라군은 그 성의 남쪽, 고사비성 외에 작전기지를 설치하고 공격했으나 실패했다는 기록이다. '3월 5일 중로에 이르러'(至中路)에서 '中路'란 무슨 뜻인가? 백제 도성부근에 도착한 것을 '中路에 至하다'고 기록했고,[52] 661년 당시 중부라고 하면 웅진성을 의미한 것으로 보아야 하며, 이어서 '中路에 至하다'라는 것도 '백제 도성(웅진성) 부근에 도달한 것'으로 해석해야 하며,[53] '中路'란 말이 어떤 루트를 뜻하는 게 아니고, '中方'이란 지방을 달리 적은 표현에 불과하고, '中方古沙城'은 '國南二百六十里'라 한 거리상으로 보아도 지금 고부古阜가 틀림없다,[54]는 여러 견

52) 今西 龍, 前揭書, p. 311.
53) 金在鵬, 前揭論文, p. 12.

해가 있다. 필자는 신라의 주력군이 3월 12일 고사비성 외에 작전기지를 설치하여 두량윤성을 공격했으니, 고사비성이 고부라면, '중로'는 고부, 아니면 그 부근의 지명을 지칭한 것으로 해석한다.

앞에 말한 바와 같이, 작전기지는 전쟁목적·군사목표·작전선 등을 고려하여 결정한다고 했는데, 이 작전의 목적·목표는 두량윤성의 타도·격멸에 있었기 때문에, 그 작전기지는 가능한 한 두량윤성의 주변, 즉 1일 행군거리인 20킬로미터[55] 이내에 설치하는 것이 당연하다. 따라서 고사비성의 위치를 규명한다는 것은 두량윤성의 위치 비정에 중요한 근거가 될 것이다.

쓰다 소키치(津田左右吉)에 의하면, 인용한 「나기羅紀」(사료 9)를 보건대, 나군의 선봉이 두량윤성 남에 둔영屯營하니 성병城兵의 출격을 만나 먼저 패하고, 다음에 본군本軍이 고사비성 외에 오는 것을 기다려, 다시 두량윤성을 공격하였으니, 두량윤성은 고사비성과 멀지 않은 지점에 있는 것 같다.…고부는 금강의 남쪽에 있고, 지금은 전라도에 속한다. 그런데 고사비성을 고부라 하고, 두량윤성을 정산定山이라 한다면, 두 성의 위치가 너무 떨어져, 「나기羅紀」가 나타내는 것과 같은 관계는 아닌 성 싶다.[56]

이케우치 히로시(池內 宏)에 의하면, 신라의 선봉군 및 잇따라 고사비성 외에 주둔한 본군의 작전목표인 두량윤성은 의심할 바 없이 '熊津江口의 兩柵'의 본성本城인 주류성 그것이다.…신라본기의 고사비성은 『통감通鑑』의 고사古泗에 해당하고, 『삼국사기』(권36) 「지리지地理志」에 "古阜郡, 本百濟古眇夫里郡"으로 설명하고 있는 고묘부리古眇夫里—부리夫里는 성읍城邑을 뜻하는 백제어百濟語— 즉, 부안의 남쪽에 위치하는 지금의 고부이다,[57]고 했다.

---

54) 全榮來, 『白村江에서 大野城까지』, p. 70.

55) 步兵의 一日行軍距離는 부대의 규모·휴대무기와 장비, 도로의 사정·계절·기상 및 장애물(도보로 건널 수 없는 河川) 등으로 인하여 일률적으로 정하기란 어렵지만, 예컨대, 나폴레옹이 지휘한 프랑스軍의 우수성은 20만의 대병력이 하루 평균 20킬로미터씩 행군을 계속하여 800킬로미터의 유럽大陸을 횡단한 그 기동력에서도 알 수 있었다. 李鍾學 外, 『綜合世界戰史』(서울 : 博英社, 1968), p. 157.

56) 津田左右吉, 前揭書, p. 175.

필자도 고사비성은 지금의 고부라 하는 데는 동의한다. 그러나 쓰다(津田)·이케우치(池內) 두 사람의 견해는 두량윤성(주류성)을 정산과 마찬가지로 금강 하류의 우안(右岸, 한산지방)으로 비정하고 있는 데, 이것은 신라군의 작전기지와의 거리가 너무 동떨어져 있다. 신라군이 주류성(한산 혹은 정산)을 공격하기 위해 일부러 먼 고부에 작전기지를 설치하고 또 동진강·금강은 도보로 도강할 수 없으니 배를 만들어 운반해서 강을 건너 공격했을 것인가?

주류성이 고부(전북 정읍군 고부면)의 주변(20㎞ 이내)에 있다는 것은 신라군의 작전기지의 위치에 의해(사료 9) 수수께끼를 푸는 확실한 근거를 마련해주는 것으로 해석한다.

다. 군사지리軍事地理의 관점에서

필자가 발표한 논문, 「군사학의 이론체계」(1980)에서, '군사지리'란 군사작전 및 전쟁 전체의 준비와 수행에 영향을 미치는 입장에서 여러 국가·전장·각 지역의 정치적·경제적·자연적 그리고 군사적 조건의 현황을 연구하는 군사학의 한 구성분야이다. 군사지리는 군사학의 요구에 따라 필요한 자료를 연구하고, 또 영토와 지형 등의 자연 지리적 여러 조건이 전쟁 및 군사작전의 수행에 어떤 영향을 미칠 것인가를 판정한다.[58]

전쟁·군사작전의 수행을 위해 지리적 조건을 고려한다는 것은 전쟁술(전략과 전술)과 거의 같은 시기의 옛날부터 존재하고 있었으리라. 예컨대, 한 장수가 부대를 지휘하여 전투를 하고자 한다면, 적의 부대 혹은 요새의 위치와 그 지형, 접근로, 공격에 유리한 고지 등을 고려하지 않을 수 없기 때문이다. 『손자』에는 지형에 의한 행군·전투의 수행법을 다음과 같이 가르치고 있다.

---

57) 池內 宏, 前揭書, pp. 118～119.

58) 李鍾學, 『軍事論文選』(慶州 : 徐羅伐軍事硏究所, 1991), pp. 55～56.

•고지高地에 진을 치고 있는 적에게 정면 공격은 하지 말아야 한다.
•무릇 지형에는 다음과 같은 위험한 곳이 있다.
·절간絶間—절벽에 둘러싸인 깊은 계곡
·천정天井—사방이 높고 가운데가 낮아 물이 괴는 분지
·천뢰天牢—험준한 산에 둘러싸여 좁은 길이 하나만 있는 곳
·천라天羅—초목이 빽빽하여 행동이 자유롭지 못한 곳
·천함天陷—수렁이 된 늪지대로 통행이 어려운 곳
·천극天隙—길고 좁으며, 땅은 울퉁불퉁한 곳
•대저, 지형이라는 것은 전투를 수행하는 데 있어서 중요한 보조 수단이다. 적군의 정세를 헤아리고 승리를 획득하기 위해서 지형이 험하고 좁고 멀고 가까움을 헤아리는 것은 장수의 용병하는 방법이다. 이것을 알고 싸우는 자는 반드시 승리할 것이며, 알지 못하고 싸우면 패배하는 것이다.59)

주류성과 백촌강은 서로 가까운 곳에 위치하고 있고, 또 주류성을 공격하기 위한 작전기지가 고부에 위치했다는 것을 기억한다면, 사료에 의해 지형·위치를 더 많이 명확하게 설명하고 있는 것이 주류성이니, 이에 관련된 사료를 검토하는 것이 더 바람직하리라.

(사료 10) 이 州柔(周留)는 논·밭과 멀리 떨어져 있고, 토지가 척박하다. 농잠할 땅이 아니다. 방어하고 싸울 장소이다. 여기에 오래 있으면 백성이 기근이 들 것이다. 避城(金堤)으로 옮기자… 지금 적이 함부로 오지 않는 까닭은 州柔가 산험에 가리어 있어서 모든 것이 방어하기에 적합하다. 산이 험준하고 계곡이 좁으니 지키기 쉽고 치기 어렵기 때문이다. 만일 낮은 곳에 있으면, 무엇으로 굳게 지켜 동요하지 않고, 오늘에 이르렀겠는가.(『日本書紀』卷第27, 天智天皇 元年)

(사료 11) 복신은 거짓 병을 칭하여 굴실窟室에 숨고 부여풍扶餘豊이 병문

59) 『孫子』 九變 第8, 行軍 第9 그리고 地形 第10.

안 오기를 기다렸다가 기습하여 왕을 살해하려 하였다. 그러나 이를 먼저 눈치 챈 부여풍은 심복을 이끌고 복신을 끌어내어 살해했다.(『구당서』 백제)

(사료 12) 변산은 봉오리들이 백여 리를 빙 둘러 높고 큰 산이 첩첩이 싸이고 바위와 골짜기가 깊숙하며…우진암은 변산 꼭대기에 있는데, 암체는 둥글고 높고 거대하며 눈처럼 눈부시다. 바위 기슭에는 3곳의 굴이 있어 저마다 승려들이 기거하곤 한다. 바위 정박이는 평탄하여 올라가서 조망할 만하다.(『동국여지승람』 부안 산천조山川條)

(사료 13) 9월 7일(663), 백제의 주유성이 마침내 당에 항복하였다.…드디어 전부터 침복기성枕服岐城에 있는 처자들에 가르쳐, 나라를 떠나갈 것을 알렸다. 11일, 牟弖(모데)를 출발, 13일, 弖禮(데레)에 도착하였다. 24일에는 일본의 수군 및 佐平 余自信…아울러 국민들이 弖禮城에 이르렀다. 다음 날 배가 떠나서 처음으로 일본으로 향하였다.(『日本書紀』 卷27, 天智天皇 2年)

전영래에 의하면, 주류성의 지리적 특징을 정리한다면, 그것이 어디인가 하는 수수께끼를 푸는 열쇠가 된다고 생각한다. 주류는 전지와 멀리 떨어져 있고…방어하고 싸울 장소이다. 산이 험준하고, 계곡이 좁으니, 지키기 쉽고 치기 어렵다. 이런 주류의 지리적 조건을 설명한 『동국여지승람東國與地勝覽』 부안현扶安縣 산천조에는, “변산은 봉오리들이 백여 리를 빙 둘러 높고 큰 산이 첩첩이 싸이고, 바위와 골짜기가 깊숙하며…”라고. 거기에다 주류성 안에는 굴실窟室이 있다는 사실이다. 이것은 주류성의 위치를 밝혀주는 결정적인 증거물이다. 우진암은 변산의 꼭대기에 있는데, 바위 기슭에는 3곳의 굴이 있는 것이다. 그리고 9월 7일 주류성이 함락되고 탈출한 망명군亡命軍이 모데牟弖에 도착한 것은 13일이다. 만약 주류성이 금강 이북에 소재한다면, 걸어서 강을 건너지 못하는 금강·만경강 등이 있어서 적어도 7일 이상의 시간이 소요되리라60)고 했다.

위에 말한 내용은 지리적 조건에 의한 주류성(부안군 상서면 감교리)의 위치 비정으로는 참으로 탁견이며, 필자도 수용하는 입장이다. 이마니시 류(今西龍)은 만경강·동진강을 백강의 후보지로 하는 외에 줄포도 여기에 가해야 한다고 주장했으나, 줄포 방면에는 커다란 강이 없다는 것이 결점으로 생각하고 있었다. 그러나 지도상으로 보면, 왜로부터 원군援軍이 주류성으로 가는 길은 줄포가 근거리이기 때문에 안내자 김종운(金鍾云) 박사에게 질문했다. 그는 "지금은 아스팔트 길이 되어 자동차로 가면 알지 못하지만, 줄포~주류성의 길은 험해서 옛날에는 별로 이용하지 않았으며, 부안~주류성의 길은 평탄하여 잘 이용되고 있었다."는 대답이었다.

661년 3월 신라의 품일 장군이 고부에 작전기지를 설치하고 36일간 전투했으나, 실패했다는 것은 지형, 즉 작전선을 험준한 산길(천뢰天牢)로 택한 것이 주요 원인이라 생각했다. 만약 작전기지를 부안에다 설치했다면?

663년 8월 나·당 연합군의 육군은 부안을 통하여 주류성으로 가서 포위했다는 것이 확실하다. 그 이유는, 왜선倭船이 백사白沙에 정박하고 백제의 기병대가 그 선단을 지키고 있는 것을 신라의 기병대가 안변岸邊의 진지를 격파했다(사료 5)고 기록하고 있기 때문이다. 따라서 백강은 동진강으로 비정하지 않을 수 없는 것이다.

4. 맺음말

663년 나·당 연합군과 백제 부흥·왜군의 국제적 결전장인 백강과 주류성의 위치 비정의 문제가 연구자에 따라 여러 가지로 서로 다른 근본적 원인은, 군사이론에 바탕을 둔 군사사학적 연구방법을 도외시 한데서 비롯되었

60) 全榮來, 『白村江から大野城まで』(全州 : 新亞出版社, 1996), pp. 109~110, p. 118, pp. 140~141.

다고 진단함으로써, 그 방법에 의해 규명을 시도해 보았다.

1) 제해制海의 관점에서 중국 산동성山東城의 성산城山으로부터 덕물도, 남하하여 웅진강구를 통과하여 사비성의 해로海路는 당의 해상 병참선이기 때문에, 주류성은 당의 제해권 외制海圈外, 즉 남쪽에 위치하고 있어야 한다. 나·당의 육군 연합군은 663년 7월 17일 웅진(공주)을 출발하여 8월 13일 두솔성(주류성)에 도착·포위하여 9월 7일에 백제 부흥군을 항복시켰다. "남쪽이 이미 평정되자, 군을 돌이켜 북쪽을 치다"(南方已定, 廻軍北伐) 함으로써 주류성은 남쪽에, 공주로부터 26일간의 행군거리 내에 소재한다.
2) 작전기지 또는 교두보의 관점에서, 본국에서 멀리 떨어진 도해상륙작전渡海上陸作戰에 있어서, 전쟁목적·군사목표·작전선을 고려하여 최초에 교두보를 설치하는 것이 중요하며, 당군의 최초의 교두보는 백강(기벌포)이었다. 661년 3월 신라군은 두량윤성(주류성)을 공격하기 위해 고사비성 외古沙比城外에 작전기지를 설치했다. 고사비성은 고부이기 때문에 주류성은 고부의 주변(20㎞ 이내)에서 찾아야 한다.
3) 군사지리의 관점에서 전쟁·군사작전의 준비·수행을 위해 지리적 조건을 고려해야 한다는 것은 주지의 사실이다. 주류성과 백강은 서로 가까운 거리에 위치하며, 고부의 주변에서 또 문헌사료에 의한 주류성의 지형적 조건과 일치하는 것은 주류산성(부안군 상서면 감교리)이다. 따라서 필자는 지금까지의 연구 성과를 참고하면서, 군사사학적軍事史學的 연구방법에 의해 주류성은 주류산성으로, 백강은 동진강으로 위치 비정을 하는 바이다.♣

(『軍史』 52호, 군사편찬연구소, 2003년)

V

신라의 해상세력과 감은사 창건

— 재조명돼야 할 신라·왜倭 관계와 문무왕의 해양정책 —

일찍이 미술사학자 고유섭은 1940년 8월 다음과 같은 글을 발표했다.

> 경주에 가거든 문무왕의 위적偉蹟을 찾으라. 구경거리의 경주로 쏘다니지 말고 문무왕의 정신을 길러 보아라. 태종무열왕의 위업偉業과 김유신의 훈공勳功이 크지 않음이 아니나 이것은 문헌에서도 우리가 가릴 수 있지만, 문무왕의 위대한 정신이야말로 경주의 유적遺蹟에서 찾아야 할 것이니 경주에 가거들랑 모름지기 이 문무왕의 유적을 찾아라…

그가 말한 '문무왕의 위대한 정신'이란 무엇이며, 그의 유적은 어떤 것이 남아 있을까? 만약 문무왕의 위대한 정신을 바르게 이해하지 못한다면, 그의 유적에 대해 바른 해석을 하기가 어려우리라. 예컨대, 감은사感恩寺는 문무왕이 왜병倭兵을 진압하기 위해 창건하기 시작했는가? 한일고대사韓日古代史, 특히 신라와 倭는 해상세력에 있어서 어느 편이 우세했는가? 통일신라의 안전·번영과 찬란한 문화는 어디서 유래한 것일까?

1. 엇갈리는 감은사感恩寺의 창건 유래

경주군 양북면 용당리에 위치한 감은사지感恩寺址는 사적 제31호로 지정되어 있는데, 안내판에 다음과 같이 적혀 있다.

> 감은사는 신라 第30대 문무대왕이 삼국통일의 대업을 성취하고 난 후 부처님의 힘으로 왜구의 침입을 막고자 이곳에 절을 세우다 완성하지 못하고 돌아가자, 아들인 신문왕이 그 뜻을 좇아 즉위한지 2년 되던 해인 682년에 완성한 신라시대의 사찰이었다.…

감은사

감은사지에서 바닷가로 조금 나가면 두 갈래의 길이 있고, 여기서 오른편으로 가면 양북면 봉길리라는 해안 마을이 나온다. 봉길리 해안에서 200미터쯤 떨어진 바다 속에 바위가 있는데, 이것이 유명한 문무왕의 해중릉海中陵인 대왕암이다.

왼편 길로 가면 길가에 1989년 10월에 건립한 '동해구東海口'라는 비석이 서 있고, 거기서 조금만 가면 이견대利見臺가 있다. 1970년에 새로 누각을 지었는데, 그것이 이견정利見亭이다. '동해구'라는 비석에는 다음과 같은 내용이 적혀 있다.

> 이 곳 바다와 땅은 신라 으뜸의 성역聖域인 동해구이다. 통일의 영주英主 문무대왕이 왜병을 진압코자 창건한 감은사와 승하 후 호국용護國龍이 되기를 유언하여 뼈를 묻은 해중릉 대왕암海中陵大王岩과 아들 신문왕神文王이 사모하여 해안에 쌓은 이견대 등 세 유적이 전하고 있다.…

오늘날 감은사는 문무왕이 왜병을 진압코자 창건하기 시작했다는 것이 거의 정설定說로 되어 있는데, 과연 그것이 사실일까?

감은사의 창건 유래를 『삼국유사三國遺事』는 다음과 같이 전하고 있다.

> 제31대 신문대왕의 이름은 정명政明이요, 성은 김씨이다. 개료 원년 신사(681) 7월 7일에 왕위에 올랐다. 아버지 문무대왕을 위하여 동해가에 감은사를 창건했다.(『사중기寺中記』에 의하면, 문무왕이 왜병을 진압코자 이 절을 짓다가 마치지 못하고 돌아가자 바다의 용이 되고, 그 아들 신문왕이 왕위에 올라 개료 2년(682)에 마쳤다…).(권卷2, 만파식적)

감은사의 창건 유래에 관해 본문과 그 주註인 『사중기寺中記』의 기록이 엇갈리고 있는데, 일연(一然)은 서로 다른 사료史料가 있어 분명하게 진위眞僞를 식별할 수 없는 경우, 두 사료를 그대로 수록하는 입장을 취했다.

그렇다면 감은사는 신문왕이 아버지 문무왕을 기리기 위해 창건한 것인가, 아니면 문무왕이 왜병을 진압하기 위해 절을 짓다가 마치지 못하고 돌아가자 신문왕이 완성한 것인가.

만약 우리들이 전자를 택하는 경우, 다음과 같이 해석할 수 있으리라. 즉, 문무왕은 당 세력唐勢力을 한반도에서 축출함으로써 삼국통일을 완성했다. 따라서 그의 왕릉을 신라에서 가장 거대한 것으로 축조한다 해도 온 국민들은 즐겁게 그 요역에 참가했을 것이다. 그러나 왕은 유언을 통해, 분묘는 재물만 허비하고 또 헛되이 인력만 낭비하는 것이니 임종 후 화장해서 동해구의 큰 바위에 장사하라고 했다. 그리고 문무왕은 평소에 늘 지의법사에게,

"내가 죽은 후에 호국대용護國大龍이 되어 불법佛法을 높이 받들어 나라를 수호하리라."

고 했다. 따라서 신문왕은 살아서 삼국통일을 완수하고 또 죽어서도 큰 용이 되어 나라를 지키겠다는 문무왕의 숭고하고도 위대한 정신을 기리기 위해 왕의 해중릉인 대왕암에 가까운 곳에 감은사를 세웠다.

2. 당시의 왜倭의 실체實體

그러나 후자인 『사중기』의 내용대로 문무왕이 왜병倭兵을 진압코자 감은사를 짓기 시작했다는 것을 사료로서 채택하고자 한다면, 먼저 당시 신라와 倭 사이의 군사정세의 평가가 전제되어야 한다. 즉 왜군은 신라를 침공할 준비태세와 능력(침공 가능성)을 갖추고 있었던가? 양국의 긴장도는 어느 정도인가? 문무왕은 왜병의 효과적 진압수단이 절을 창건하는 것이라고 생각했을까?

倭의 신라에 대한 침공위협 가능성에 관한 사료는 다음과 같다.

① 이 해(657) 신라에 사신을 보내, "사문 지달沙門智達 등을 그대 나라의 사신에 딸려서 대당大唐에 보내려고 한다"고 말했다. 신라는 듣지 않았다.…

이 달(658년 7월)에 사문 지통·지달智通·智達이 칙勅을 받들고 신라의 배를 타고 대당大唐에 가서 무성중생의無性衆生義를 현장법사가 있는 곳에서 배웠다.(『일본서기日本書紀』권 26, 사이메이(齊明) 천황 3, 4년)

② 663년, 백강구白江口에서 왜인倭人을 만나 네 번 싸워 모두 이기고 배 400척을 불태우니 연기와 불꽃이 하늘을 붉게 하고 해수海水도 빨갰다.(『삼국사기』권 28, 의자왕 19년 및 『일본서기』권 27, 덴지(天智) 천황 2년 참조)

③ 665년 8월, 달솔 답발춘초達率 答炑春初를 보내 나가토쿠니(長門國)에 성을 쌓게 하였다. 달솔 억례복류憶禮福留 등을 쓰쿠시쿠니(筑紫國)에 보내 오노(大野) 및 기(椽)의 두 성을 쌓게 하였다.…667년 3월, 도읍을 오미(近江)로 옮겼다.(『일본서기』권 27, 덴지(天智)천황 4, 6年)

④ 676년, 사찬 시득沙飡 施得은 수군水軍을 거느리고 설인귀(薛仁貴)와 소부리주 기벌포에서 싸워 패전했으나, 다시 나가 크고 작은 22회의 전투에서 승리하여 적의 머리 4천여급을 베었다.(『삼국사기』권 7, 문무왕 16년)

⑤ 839년, 다자이후(大宰府)에 명하여 신라선新羅船을 만들게 했더니 풍파

에 잘 견디었다.(『속일본기續日本書紀』권 8, 닌묘(仁明)천황 승화承和 6년)

⑥ 839년 3월17일, 사절단 일행은 각각 9척의 배에 분승하여 각각의 선장이 지휘했다. 선장은 일본인 선원을 통솔하는 외에 신라인으로 해로海路를 잘 아는 자를 60여명 고용하여 각 배에 7명, 6명 혹은 5명씩 배치했다. 또 신라인 통역 김정남(金正南)에게… (엔닌(圓仁), 『입당구법순례행기入唐求法巡禮行記』권 1, 3월 17일)

3. 일본에 앞섰던 신라의 항해술

무열왕 4년(657)에 倭는 신라 사신에 딸려서 그들의 승려를 당나라에 보내려고 했으나 거절당했다가, 다음 해에 당나라에 갔다는 것인데(①), 당시 倭는 서해를 횡단하여 당나라에 갈 배와 항해술도 없었다는 것을 말하고 있다.

문무왕 3년(663) 倭는 백제를 돕고자 병선兵船 1,000척, 병력兵力 2만 7천명을 파견했으나 나·당 연합군에 의해 백강구 해전白江口海戰에서 400척이 궤멸당하고 말았다(②).

그 후 倭는 나·당 연합군의 침공에 대비하기 위해 백제의 병법가兵法家인 달솔 답발춘초 등에 명하여 침공 접근로인 지금의 기타규슈(北九州)지방과 야마구치(山口)현縣에 성城을 쌓게 했을 뿐만 아니라, 수도首都를 내륙지방으로 옮겼다(③). 당시 倭는 완전히 수세적 입장에 몰려 있었다.

문무왕 16년(676) 신라 수군은 기벌포 해전伎伐浦海戰에서 당의 수군을 격멸함으로써, 서해뿐만 아니라 주변 해역의 제해권制海權마저 완전히 장악하게 되었다(④). 그리고 신라는 이 해전海戰에서 승리함으로써 당으로 하여금 신라에 대한 재침공의 의욕과 능력을 상실케 만들었다.

신라가 주변의 제해권을 장악한 후, 160여년이 경과했어도 신라의 조선술造船術은 일본보다 훨씬 우수했고 또 그들을 가르쳤다(⑤). 그리고 심지어 일본에서 파견하는 사신의 배에 신라인 항해사 외 통역자가 동승해야 하는 실정이었다⑥. 일본의 고승 엔닌(圓仁 : 794~864)은 이런 사실을 충실하게 기록해 두었는데, 그는 입당入唐할 때 두 번이나 실패하고 세 번째도 난파당하면서 겨우 당에 도착했으며, 10년 후인 847년에 귀국할 때는 아예 신라선을 타고 순조롭게 돌아왔다. 따라서 당시 일본의 조선술과 항해술로 보아, 일본의 문화가 한반도를 거쳐 온 것이 아니라 중국에서 직접 수용했다는 주장은 잘못임을 알 수 있다.

『입당구법순례행기入唐求法巡禮行記』(838~847 사이의 일기日記)의 선구적 연구가였던 미국의 라이샤워(주일 미국대사駐日美國大使 역임) 교수는, 당시 신라인들은 활발한 해상무역을 수행하여 그 역사적 의의를 가지고 있지만 거기에 대해 일본인들의 관심이 적다는 것과 특히 항해술에 있어서 신라인들이 일본인보다 훨씬 우수했다는 것을 지적하고,

"일본인은 결코 용기에 있어서 부족함이 없었지만, 그들이 험한 파도를 넘어 타는 선원으로서의 기술이 무사로서의 대담성과 어깨를 나란히 하기까지는 수 세기를 더 기다려야 했다. 그 때가 되어 일본인들은 항해술과 검술에 의하여 '서해西海의 적賊'(왜구倭寇)이라는 달갑지 않은 명성을 획득하기에 이른다."

고 했다. 그렇다면 신라는 박혁거세 8년(B.C. 50)에서부터 소지왕 22년(500)까지 30여 차례 '倭'의 침입을 받았고 또 여섯 차례나 금성에 대한 포위·공격을 받았는데, 이 倭의 실체는 무엇인가?

이것은 고대한일관계사古代韓日關係史에서 최대의 걸림돌이 되고 있다. 일본의 고대사학자古代史學者들은 그 '倭'를 야마도 정권(大和政權)으로 생각하고, 이른바 '임나일본부任那日本府'의 한반도 진출과 지배로 해석하고 있다. 한편 우리 측에서는 삼한三韓의 일본열도에의 진출과 분국分國의 설치, 혹은 우리 민족에 속하는 '한인왜韓人倭'로서 남해안 일대부터 규슈(九州)의 북부까지 분포된 부족을 倭라고 해석하기도 한다.

필자는 신라사新羅史와 바다를 끼고 있는 한일고대사韓日古代史, 특히 신라

와 倭의 관계는 이제 조선술·항해술 그리고 해상세력 이론海上勢力理論의 관점에서 재조명되어야 진실이 밝혀질 것으로 생각한다.

4. 제해권制海權의 확보와 문무왕

650년 진덕왕은 「태평송」을 지어 법민(法敏, 문무왕)을 보내 당나라 황제에게 바쳤으며, 당 고종은 그에게 대부경大府卿이란 벼슬을 주어 보냈다. 법민은 외교에서도 성과가 있었지만, 국제정세를 보는 안목과 식견을 넓히고 또 당의 정치·제도·문물 등을 수용하여 신라문화의 개발에 어떻게 기여할 것인가를 생각했을 것이다. 또한 당의 장안長安까지 왕래하면서 수륙교통수단水陸交通手段의 장단점도 비교해 보았으리라.

660년 법민은 병부령(국방부 장관)으로서 병선 100척을 지휘, 덕물도에 나가 당의 소정방(蘇定方)을 맞이했고, 또 백제정벌을 위한 전략계획도 수립했으며, 지상군 지휘관으로 이례성과 사비성 남령의 전투에서 공을 세우기도 했다.

그는 수군을 지휘하면서, 만약 백제와 고구려의 수군이 강력하다면 당과 신라의 수군이 자유로이 활동할 수 없으리라고 생각했을 것이다. 더욱이 642년 백제와 고구려가 연합하여 신라의 대당외교對唐外交의 창구인 당항성黨項城을 공격한 바 있었고, 또 김춘추는 648년 당에서 귀국하는 길에 고구려의 순찰선과 조우하여 간신히 죽음을 면한 적이 있지 않는가. 그러니 바다의 항로를 자유로이 활용하기 위해, 그리고 적의 선박활동을 방해하기 위해서는 자군自軍의 수군水軍이 우세해야 한다는 것을 생각했을 것이다. 이것이 바로 제해권의 확보이며, 더 정확히 말하면 해상우세(sea superiority)의 기본 개념이다.

661년, 법민은 왕으로 즉위한 다음 신라군의 총사령관으로 백제·고구려의 정복 및 당군의 한반도에서의 축출을 위해 진두지휘를 했다. 한편 그는 금성의 방위를 위해 663년 남산성과 부산성, 673년 서형산성을 증축하였고 또 북형산성을 신축했다. 여기서 유의할 것은, 왜군의 가장 쉬운 접근로인 동쪽의 명활산성과 감은사 뒤편 성고개의 산성 및 감포성은 증축하지 않았다는 사실이다. 이것은 신라 수군이 제해권을 장악하고 있기 때문에 왜병의 침공은 불가능하다고 판단한 데서 취한 조치였다.

그리고 고려시대 몽골군의 침공 때처럼 수도가 강화도로 천도하고 갖가지 수단을 강구해도 효과가 없자 부처의 힘을 비는 극한 상황이라면 몰라도, 문무왕 때는 그런 상황도 아니었다. 문무왕은 왜병을 진압하는 데 절을 짓는 전략·전술가가 아니었고, 또 왜병이 침공할 가능성도 전연 없는 시기였다. 따라서 감은사는 신문왕이 부왕인 문무왕을 기리기 위해 세웠던 절이다.

5. 주목해야 할 '선부船府'설치

제해권은 국가의 흥망에 지대한 영향을 미친다는 것은 아득한 옛날부터 알려져 왔지만, 이것을 학문적으로 체계화하는데 성공한 미국의 마한(Alfred T. Mahan : 1840~1914)은 그의 명저『해상세력이 역사에 미친 영향』(1890)에서 다음과 같이 밝혔다.

> 역사가는 대체로 바다의 사정에 어둡다. 그들은 바다에 관하여 특별한 관심도 지식도 가지고 있지 않기 때문이다. 그래서 그들은 해상력이 여러 큰 문제에 대해 깊고 결정적인 영향을 미친다는 것을 간과해 왔다.…여기서 말하는 넓은 뜻의 해상세력(sea power)이란 군사력에 의한 바다 내지 그 일부분을 지배하는 해상의 군대뿐만 아니라, 평화적인 통상通商 및 해운海運을 포함하고 있다.…해상무역이 국가의 부富와 힘에 지대한 영향을 미친다는 것을 국가의 성장과 번영을 지배하는 참다운 원칙이 발견되기 훨씬 이전부터 분명히 알고 있었다.

문무왕은 767년 당군을 한반도에서 축출하여 삼국통일을 완수했고, 그 이듬해인 768년 정월에 선부령船府令 1명을 두어 선박의 사무를 관장케 했다. 원래는 진평왕 5년(583) 병부(兵部, 국방부)에 선부서船府署가 있어 선박사무를 관장해 왔는데, 이제 병부와 동격인 '선부船府'를 따로 설치하고 영(令, 장관)을 두었다는 것은 무슨 뜻인가? 이에 관해 지금까지 역사가들은 적절한 해석을 하지 못했을 뿐만 아니라 간과해 왔다.

'선부'가 병부와 동격이요, 또한 '선부령'을 두어 선부의 사무를 관장케 한 것으로 보아, 병선兵船 뿐만 아니라 무역선·어선까지도 관장했고, 수병과 선원들의 양성, 그리고 조선술·항해술 등의 직무도 관장했던 것으로 추정된다.

이런 제도가 당이나 일본에도 있었는가를 조사해 보았다. 지상군에 의해 국가의 운명이 결정되는 대륙국가인 당에서는 기대할 수도 없겠지만 실제로도 없었다. 그러나 해양국가인 일본에는 존재할 것으로 예상했으나, 721년경에 제정된 양로율령養老律令에 의하면 병부성兵部省 관할하에 '주선사主船司'가 설치되어 있었으니, 신라의 '선부'는 당시 독특하고 독창적인 제도였음을 알 수 있다.

6. 해양정책海洋政策에 주력한 문무왕의 탁견卓見

『삼국사기』에 의하면 "법민은 외모가 영특하고 또 머리가 총명하고 지략智略이 많았다."고 했다. 그가 신라의 외교사절로 당에 가서 식견을 높인 것 가운데 하나는 신라의 발전·번영을 위해 당과는 우호관계를 유지해야 한다는 것이었으리라. 그래서 고구려를 멸망시킨 후 당과 전쟁을 치르면서도 외교관계만은 결코 단절하지 않았다. 그는 당의 문물제도를 수용하고 무역을 함에 있어서 해상교통수단의 이로움을 알았고, 또한 해로海路의 위험과 어려움을 통해 불굴의 투지도 가꾸게 되었으리라.

문무왕은 주변의 제해권도 장악했고 통일전쟁도 완수했으니, 이제 장래 신라의 국가목적과 국가정책을 어떻게 정할 것인가를 곰곰이 생각했을 것이다.

통일신라는 반도국의 특성인 수륙양서국水陸兩棲國의 이점利點이 있기 때문에 대륙정책大陸政策과 해양정책海洋政策 어느 것이나 택할 수 있었다. 만약 대륙정책을 취한다면 말갈·여진족과 전쟁을 계속해야 하리라. 문무왕은 유조遺詔에서 "무기를 녹여 농구農具를 만들어 백성들을 인수仁壽의 경지로 이끌었다."고 한 것으로 보아, 대륙정책을 취하지 않기로 한 것이 분명하다. 한편 해양정책에 있어서는 이미 신라가 제해권을 장악하고 있었으므로 국제무역을 통한 부의 축적, 문화의 수용과 교류 및 해외진출 등으로 국가의 안전과 번영을 누릴 수 있다고 판단했던 것으로 보인다.

그래서 문무왕이 678년 정월에 병부에서 독립시켜 '선부'를 창설했다는 것은 신라가 해양정책을 택했음을 뜻하고, 국가전략의 관점에서 본다면 '육주해종陸主海從'에서 '해주육종海主陸從'의 전략사상戰略思想으로 전환했음을 뜻한다. 이것은 실로 놀라운 선견지명先見之明이 아닐 수 없다.

통일 후의 신라인들은 서해의 해상 교통로를 통하여 당나라에 가서 구도승求道僧·유학생·숙위·군인·상인 등 넓은 분야에 걸쳐 중국대륙에서 활동했고, 또 이들이 당의 문물제도를 수용하는 데 지대한 영향을 미쳤다. 그리하여 신라의 전성시대와 찬란한 신라문화를 꽃피게 하는 주역을 담당하기도 했다.

7. 바다의 중요성 환기시킨 해중릉海中陵

전쟁의 종식에 따라 젊은이들을 산업역군으로의 인력활용, 각지 교통의 원활, 산업의 발달로 인하여 가공품이 수출무역의 주류로 점점 변하게 되었다. 그리하여 제49대 헌강왕(재위 875~886) 때는 서라벌에서 지방에 이르기까지 집과 담이 연이어져 있었으며 초가집은 하나도 없었고, 풍악과 노랫소리가 길거리에 끊이지 않았다. 왜인들의 눈에는 신라가 "금·은의 나라…재보財寶의 나라"(『일본서기』 권9)로 보였다.

또 최근의 연구에 의하면, 중세 아랍 사학자史學者이며 지리학자인 알 마끄다시는 966년에 저술한 『창세創世와 역사서』에서 신라의 아름다운 자연경관과 풍요로움을 다음과 같이 묘사했다.

> 중국의 동쪽에 한 나라(신라)가 있는 데, 그 나라에 들어간 사람은 그 곳이 공기가 맑고 부富가 많으며 땅이 비옥하고 물이 좋을 뿐만 아니라, 주민의 성격 또한 양순하기 때문에 그 곳을 떠나려고 하지 않았다.

신라 말기 장보고의 해상무역 활동과 신라인들의 왕래가 빈번한 산동반도 등지에는 신라방新羅坊이라는 거주지마저 생겼다. 이는 바로 문무왕이 '선부'를 설치하고 해양정책을 구체화한데서 비롯되었는데, 이 점에 대해 지금까지 사학자들은 간과해 왔던 것이다.

알프레드 마한의 해상세력 이론에 의하면, 우세한 해군력을 통한 제해권의 획득과 해상무역, 식민지 및 시장의 확보는 국가의 안전과 부강·번영에 지대한 영향을 미친다고 했다.

문무왕은 기벌포 해전의 승리로 서해와 주변 해역의 제해권을 획득했고, '선부'의 설치로 해양정책을 적극적으로 추진하는 기초를 마련했다. 그가 죽은 후에 나라를 지키는 대용大龍이 되겠다고 한 것은 해상세력의 확보를 통해 나라의 안전과 번영을 누리게 하겠다는 뜻이며, 대왕암에 장사케 한 것은 재정과 인력의 낭비를 방지하고 나아가 위정자와 국민들로 하여금 바다의 활용에 관심을 갖도록 하기 위함이었다.

실제로 통일신라는 안전과 번영을 누리며 찬란한 문화를 구축했으니 문무왕이야말로 '해상세력의 선각자先覺者'요, 또한 선견지명先見之明과 지략智略이 풍부한 '대전략가大戰略家'로서 재조명되어야 마땅하다. 이것이 곧 문무왕의 위대한 정신이라 생각한다.♣

(『역사산책』(범우사), 1991년 10월호)

부기附記

문무왕의 해중릉인 대왕암은 '산골릉'이냐, '장골릉'이냐 견해가 분분했으나, 'KBS 역사 스페셜'팀에 의해 '산골릉'으로 판명되었고, 2001년 4월 28일 KBS TV에서 방영되었다.

VI

다시 살펴본 명량해전의 승리

나는 오랜만에 영화관에 가서 '명량'을 관람하면서 박진감 넘치는 혈투의 장면, 피난민들의 응원·후원하는 모습 등을 보면서 잘 만든 영화라는 인상을 받았다. 영화이기 때문에 허구(fiction)가 포함되는 것은 어쩔 수 없으리라. 그러나 우리는 사실史實을 알고 있어야 올바른 이해와 해석이 가능하고 또한 미래의 교훈이 될 수 있다는 차원에서 기본적인 내용 3가지 문제점에 대해 논의해 보고자 한다.

•첫째 : 영화 광고문에 의하면 "330척에 맞선 12척의 배, 역사를 바꾼 위대한 전쟁이 시작된다."고 했는데, 이순신의 『난중일기』(1597년 9월 16일)에 의하면, "적선 130여척"이라 했다. 이 병선은 대선大船인 아다케(安宅)가 아니고 중선中船인 '세키부네(關船)'였다. 한편 해전에 참가한 조선 수군의 전함 수는 밝히지 않았으나 『선조실록』에 "전선 13척"이라 했는데, 이것은 이순신이 올린 승첩장을 근거로 한 것이며 승첩장은 아직 발굴하지 못한 상태이다. 따라서 명량해전은 이순신의 13척(판옥선)과 일본 수군의 130여척(세키부네)이 싸운 해전이며, 조선 수군은 적선 31척을 쳐부쉈으나 아군은 거의 손실이 없는 완전한 승리의 해전이었다.

•둘째 : 명량해전의 해전장은 어디인가이다. 해전장에 대해서는 두 가지

견해가 있는데, 하나는 명량해협(울돌목)이고, 다른 하나는 우수영 앞바다이다. 지금까지의 일반적 견해는 '울돌목'으로 생각하여, 명량대첩 기념공원 내의 전시관의 그림과 설명도 여기에 속하고 또한 영화 '명량'도 울돌목을 해전장으로 묘사하고 있다. 필자는 1992년 10월과 2006년 6월, 두 번의 현지답사와 『난중일기』 및 참고문헌을 세밀히 연구한 결과, 일반적 견해와는 다른 견해를 가지게 되었다. 즉,

울돌목과 대교

> 이른 아침에 별망군이 와서 보고하기를 "헤아릴 수 없이 많은 적선이 명량을 거쳐 곧 바로 진지(우수영)를 향해 옵니다."라고 했다. 곧 여러 배에 명령하여 닻을 올리고 바다로 나가니, 적선 130여척이 우리 배를 에워쌌다.…
>
> 나는 노를 저어 앞으로 돌진하며 지자地字와 현자玄字 등 각종 총통을 마구 쏘니…적의 무리가 감히 저항하지 못하고 나왔다 물러갔다 했다.(1597. 9. 16.)

별망군의 보고를 받고 바다로 출동하니 적선 130여척이 조선 수군을 포위했고, 사거리 1,600미터인 현자와 사거리 640미터인 지자 등 각종 총통을 발사하니, 적선이 전진·후퇴를 했다고 했는데 울돌목에서는 불가능한 작전행동이다. 따라서 영화에서는 울돌목이 해전장으로 묘사되어 있으나, 필자는 우수영 앞의 넓은 바다가 해전장이라는 견해이다.

필자(왼쪽)와 일본 방위청 하야시 요시나가(林吉永)戰史部長

•셋째 : 영화에서는 선상船上에서의 백병전으로 해전에서 승리한 것으로 전투장면이 길게 나왔는데, 그것은 군사용어로 '등선登船 백병전술'(boarding tactics)이라 하며 일본 수군의 특기였다.

명량해전에서 선상에서의 백병전은 없었으며, 만약 이순신 함대가 선상에서 백병전을 수행했다면, 판옥선의 손실과 전투의 승리는 어려웠으리라.

그렇다면 이순신은 13척의 병선으로 어떻게 130여척의 적선을 상대하여 승리했는가의 원인을 군사이론과 역사학을 결합한 군사사학(military history)의 관점에서 밝혀보려고 한다.

•첫째 : 이순신의 탁월한 지휘와 리더십에서 연유했다.

나폴레옹에 의하면, "골을 정복한 것은 로마의 군대가 아니라 카이사르였다. 로마를 전율케 한 것은 카르타고의 군대가 아니라, 한니발이었다."고 했고, 포슈 장군은 "전투의 승패는 지휘관에 의해서 결정되는 것이지, 병사에 의해 결정되는 것은 아니다."고 했는데, 전사상 불변의 원칙이다.

이순신이 백의종군하면서 7월 21일 노량에 이르니, 우후(수군절도사 다음가는 벼슬) 이의득(李義得)이 찾아왔기에 패했던 상황을 질문했다. 모든 사람들이 울면서 말하되, "대장 원균이 적을 보고 먼저 뭍으로 달아나고 여러 장수들도 모두 그를 따라 뭍으로 달아나서 이 지경에 이르렀다."고 했다. 칠천량해전(1597. 7. 15.)에서 조선 수군이 완패한 근본적 원인이 여기에 있었다.

이순신은 8월 3일 왕으로부터 '삼도 통제사'를 겸하라는 명령을 받았고, 명량해전 전날 밤 여러 장수들을 불러 모아 말하기를 "병법에 이르기를 '반드시 죽을 각오로 싸우면 살고, 살려고 하면 죽는다'"(必死則生 必生則死)고 하였으며, 그는 다음 날 해전에서 진두지휘와 리더십을 발휘하여 주저하는 장수들을 독전하면서 용감히 싸워 승리했다. 즉, "지휘선이 홀로 적진 속으로 들어가 포탄과 화살을 비바람처럼 쏘아댔다.…"

한편 적장 마다시(馬多時)는 그림으로 무늬 놓은 붉은 비단옷을 입고 물에 빠진 시체로 있는 것을 갈고리로 올려 목을 잘라 장대에 올려놓고 시체를 적에게 보이자 적의 기세가 크게 꺾였는데, 이것은 놀라운 심리전의 과시였다. 해전장에서 적은 31척이나 격파당하고 거기다가 최고 지휘관마저 죽었으니 그들의 사기는 땅에 떨어지고 철수하지 않을 수 없었으리라.

•둘째 : 이순신은 용병술에 능통했다.

그는 임진왜란 중에, 옥포해전(1592. 5. 7.)•한산도 해전(1592. 7. 8.) 등 20여회의 해전에서 교묘한 용병술로 전승을 거두었다. 그는 통제사로 재임명되었고, 9월 15일 일기에 이렇게 적었다. 즉 "조수潮水를 타고 여러 장수들을 거느리고 진을 우수영 앞바다로 옮겼다. 그것은 벽파정 뒤에 명량鳴梁이 있는데 수가 적은 수군으로써 명량을 등지고 진을 칠 수 없기 때문이다"고 했다. 『손자병법』에도 "저 편의 능력과 의도를 알고 이편의 그것을 알고 있으면, 백번 싸워도 위태롭지 않다"고 했다. 만약 벽파정에 있었다면, 300여척의 일본 수군과 싸워야 했고 또 정세가 불리하면 철수하는데 어려움이 뒤따르기 때문에 우수영으로 옮겼다. 이로 인해 명량해협 때문에 일본 수군은 중선인 '세키부네'만 출전시키고, 주력전함인 '아다케'는 후방에 대기시켜 두었다.

•셋째 : 병선의 성능과 무장의 비교이다.

16세기 중반 왜구의 신형 선박에 대응하기 위해 개발된 조선 수군의 주력함인 판옥선의 특징은, ① 전투원과 비전투원인 격군을 각각 1, 2층의 갑판에 분리시켜, 노를 젓는 격군은 아래층에서 안전하게 노역에 종사하고, 전투원은 2층 갑판에서 자유로이 화포와 활을 편리하게 조작할 수 있고, ② 판옥선은 전투원이 2층의 갑판 위에 배치되어 있기 때문에 적을 아래로 내려보고 공격할 수 있고, ③ 왜병들이 접근하여 육박전을 하려 해도 높이 설치된 2층의 상장으로 인해 배에 뛰어오르기가 매우 어려웠다. ④ 판옥선은 '세키부네'보다 거대할 뿐만 아니라, 전투원 250명 내외와 격군 125명 그리고 '지자' 및 '현자'의 대포와 화약의 힘으로 날아가는 화살인 신기전神機箭 등으로 무장하고 있었다. 한편 일본의 중선인 '세키부네'는 대포를 탑재할 수 없었는데, 배의 구조면에서 용골을 사용하지 않았기 때문이며, 또한 충돌하면 파손되기 쉬웠다. 그리고 전투원 30명, 수부 40명의 인원으로 구성되어 있었고 소총과 칼로 무장하였다. 따라서 해전 승리의 필수적 요인인 병선의 성능과 무장에서 판옥선이 훨씬 우세했다는 것을 알 수 있다.

- 넷째 : 이순신은 해전의 결과에 대해 "이번 일은 실로 천행天幸이었다"고 일기에 기록했다.

그는 해전의 승리를 천행, 즉 하늘이 준 큰 행운으로 겸손하게 생각했다. 클라우제비츠도 그의 명저 『전쟁론』(1832)에서 "전쟁은 자유로운 정신활동으로 만드는 개연성·우연성과 도박의 요소가 포함되어 있다"고 했는데, 천행이 수반되리라. 이순신은 해전의 승리 자체를 겸손하게 천행으로 생각한 듯 기록했으나, 필자는 좀 더 구체적으로 천행을 생각해보기로 했다. 즉 ① 해전장을 당초 그가 병서를 인용한 구절을 보면, 즉 "한 사람이 길목을 지키면 천 명도 두렵게 할 수 있다"고 해서 울돌목에서의 저지작전을 구상했으나, 별망군의 보고가 늦어 결국 넓은 우수영 앞바다에서 해전을 수행하게 되었고, ② 적에게 함상 백병전의 기회를 주지 않고 함포사격과 화살로 해전을 치렀고, ③ 전투의 주인공인 적 지휘관 마다시의 시체를 적에게 전시함으로써 적군의 사기를 떨어뜨려 패배를 자인하고 철수케 만들었다.

필자는 일본 수군은 주력 전선 '아다케' 200여척을 가지고 다음 날 왜 반격을 하지 않았나 하는 것이 궁금했다. 그런데 필승을 과신하고 해전을 참관하려고 참가한 주력 전선의 주요 지휘관 10명이 전사하고 2명은 물에 빠져 겨우 구조되는 위급한 사태가 발생하자 일본 수군은 모두 웅천으로 철수하여, 서진西進한다는 방책은 좌절되었다고 일본 참모본부 편찬의 『日本의 戰史·朝鮮의 役』(1924)에서 밝힌 것을 보고, 이것이야말로 해전의 승리에 '천행'이 속하는 요인이 아닐까 생각했다.

이순신은 선조왕으로부터 종이 한 장의 임명장 밖에 받지 못했다. 그리하여 그는 흩어진 병사들을 모으고 남은 병선을 정비하고, 병사들의 먹는 식량과 입을 옷은 피난민의 지원을 받았다. 우세한 적군을 앞에 둔 위태로운 상황에서 이순신은 탁월한 리더십으로 두려움에 떠는 장병들을 필사의 정신으로 싸우게끔 만들고, 교묘한 용병술로 일본 수군을 완패시켰다. 그는 죽음을 초월한 책임감과 희생정신 그리고 위기를 기회로 장식한 그의 놀라운 창조정신과 결단력은 오늘날 국내외로 어려운 상황에 놓인 대한민국에 활로를 찾게 하는 훌륭한 활력소가 되리라고 생각한다.♣

(月刊『自由』, 2014년 10월호)

VII

6·25전쟁의 역사적 고찰과 교훈

북한은 남북통일을 위해 해방전쟁을 했다고 하지만,
사실에 있어서는 우리 민족으로 하여금 소련의
실험동물인 모르모트 역할을 하도록 강요한 데
지나지 않았다.

1. 머리말

무서운 동족상잔의 비극을 치른 지도 20여년의 세월이 흐르고 보면 당시의 괴로움과 서러움도 잊어버리게 마련이다. 그러나 조국의 산하를 잿더미와 피투성이의 전장터로 만들었고, 형제와 부모가 서로 죽이며 증오하고 피비린내나는 살육을 거쳐 그 수가 수백만 명에 이르고 보면 우리 민족사상 가장 비참한 전쟁을 치렀다고 하지 않을 수 없다. 그런데 6·25전쟁에서 대결하였고, 중공을 침략자로 낙인을 찍는데 주도적 역할을 담당했던 미국이 이제 중공과도 화해하고 있는 데도 불구하고 우리의 현실은 그렇지가 못하다. 즉 북한은 또 다시 전쟁 준비의 완료와 무력 적화통일을 호언하고 있으니 말이다.

우리들 조상으로부터 물려받은 이 국토에 지금까지 여러 주변 강대국이 우리를 침공해 왔지만, 그들을 물리치고 오늘날까지 버티어 온 한민족이다. 그러니 앞으로도 무한히 번영되고 발전되어 나아가도록 그 터전을 마련해 주어야 하는 역사적 사명을 간직한 지금의 우리들은 지난날의 과오를 들추어보고 반성함으로써 그런 과오를 다시는 반복하지 않도록 해야 할 것이다.

2. 6·25전쟁의 역사적 고찰

전쟁은 반드시 원인과 동기에 의해서 발발한다는 것이다. 원인이란 가스가 충만하는 작용이며, 동기는 점화點火의 작용이다. 예컨대 제1차 세계대전에 있어서 페르디난트 황태자에 대한 세르비아 청년의 한 발의 권총은 점화였으며, 이 점화가 전쟁을 확대하기 전에 유럽의 국제정세는 영·불 양국과 독일과의 대립을 중심으로 가스가 이미 천지에 충만하고 있었던 것이다. 마찬가지로 2차 대전 후 미국과 소련의 대립은 냉전冷戰이라는 가스를 세계에 충만 시켰으며, 1950년 1월 애치슨 장관의 성명은 북한의 군사적 총공세에 점화의 작용을 했던 것이다. 그렇다면 6·25전쟁의 원인은 어디에 있단 말인가? 이 문제에 대해서는 사람에 따라 견해를 달리하겠지만, 필자는 1945년 2월 11일의 얄타협정에서 비롯한다고 본다. 그것은 소련이 대일참전對日參戰의 대가로서 미국에 요구해서 획득한 것이다.

> 미·영·소 3대국의 지도자는 독일이 항복하고 또한 유럽전쟁이 종결된 뒤에 2개월 내지 3개월 내에 소련이 다음 조건으로 연합국에 가담하여 대일전쟁에 참가할 것을 협정한다.
>
> ① 외몽골의 현상은 유지한다.
>
> ② 1940년 일본의 배신적 공격으로 침해된 제정帝政러시아의 구권리舊權利는 다음과 같이 회복된다.…
>
> (「얄타 협정문」)

스탈린이 이 얄타협정에서 제정 러시아의 구권리를 열거하면서도 한국에 대해서는 분명하게 기술記述하지 않았고 또 협상을 통해 별로 거론하지 않은 데는 복선이 있었던 것이다. 왜냐하면 올리버(Robert T. Oliver) 박사가 주장하듯, 러시아는 적어도 75년간 한국점령을 그 외교의 기본 목표로 삼아

왔으며, 러일전쟁에 앞서 니콜라이 2세가 그의 외무장관에게 서한을 보내 "러시아는 부동항不凍港이 필요하며, 확실히 육로로서 러시아 영토와 연결되어야 한다."고 했다. 그리고 러일전쟁 직전에 제정러시아는 극동총독에게 일본 함대가 만약 38도선 이북의 서해안에 진입해 오는 것을 발견하면 곧 발포하라는 비밀명령을 내림으로써 38선 이상은 자국自國의 세력권임을 시사하고 있다.

한반도 분단의 역사적 고찰을 하면, 러시아와 정면 대결할 실력이 없었던 일본은 1896년 5월 26일, 러시아 황제 니콜라이 2세의 대관식에 참석하는 야마가타 아리토모(山縣有朋)에게 한반도를 38도선에서 남북으로 분할 점령하자고 러시아에 비밀리에 제안케 했다. 이에 대하여 러시아는 한국의 운명은 러시아 제국 장래의 조직지역으로 정치적·지리적 조건에 기초하여 그들에게 예정된 판도라고 생각했다. 그래서 러시아는 한반도의 남단을 조약에 의해서 일본에 양도한다는 것은 전략적으로 가장 중요한 지역(부산, 인천 등의 항구)을 포기하게 되어 장래에 있어서 러시아의 행동자유를 스스로 속박하는 것이라 하여 거부하였다.

그리고 1899년 11월 청국淸國의 의화단義和團사건을 계기로 러시아는 동청철도東淸鐵道를 보호한다는 구실 아래 대병력을 만주에 진주시키고, 사건이 해결되었음에도 불구하고 철병撤兵할 기색을 보이지 않자, 그들의 태평양 진출을 저지코자 하던 영·일 양국은 청국정부를 통하여 병력의 만주 철수를 강경히 요구했으나 그들은 시일만 끌었다. 그러고는 1900년 3월 조선정부를 위협하여 마산항을 조차租借한다는 명목으로 점거하고, 다시 1902년 그 부근을 해군기지로 조차코자 하다가 일본의 책동으로 실패했다.

한편 3국의 간섭 이후 가상적국假想敵國을 러시아로 단정하고 국력이 허락하는 한, 최대의 군사력 증강을 거국적으로 실시해 온 일본은 군사력을 토대로 하고 또 영·미 양국의 후원을 얻어 러시아에 대하여 강경한 태도로 나왔다. 정세의 불리함을 알게 된 러시아는 한반도를 39도선에서 분할하여 그 이북을 중립지대로 할 것을 제안하였으나 일본은 이를 거부하고 1904년 2월 전쟁이라는 최후수단으로 자웅雌雄을 다투었다.

따라서 이 얄타협정은 소련이 러일전쟁 직전의 모든 권익을 복구시키는 것으로, 스탈린의 외교정책은 제정 러시아의 남하정책을 그대로 답습하였다. 뿐만 아니라, 그는 중국과 직접 이해관계利害關係가 있는 문제도 협정문서의 한 구절 즉 "확실히 이행할 것을 협정한다"고 못을 박았다. 이 문구는 만약 중국정부가 그 요구의 이행을 거부할 것 같으면 조인국은 그들 요구를 중국에게 이행할 것을 강요할 의무가 있다는 시사를 인정하였으니, 그의 능글맞고 교활한 외교술은 당시 영·미의 수뇌를 앞지르고 있었다.

소련은 일본이 미국의 원자폭탄 세례를 받고 이제 그 여명餘命이 얼마 가지 않을 것을 확신하고 또 대일對日전쟁의 대가를 획득하기 위해 1945년 8월 9일 군사력을 동원하여 만주와 한국에 대해 침공을 개시했다. 8월 13일 소련군 1개 사단이 청진에 상륙했고 또 계속하여 기갑부대도 상륙했다. 만약 이와 같은 속도로 군사행동을 계속한다면 아무런 방해도 받지 않고, 수일 내에 전 한국을 점령할 수 있는데 반하여 미국의 전투부대는 남한에서 600마일이나 떨어진 오키나와에 있었다. 당황하게 된 것은 미국의 군사지도자들이었다. 그래서 그들은 소련군의 전 한반도 점령을 저지하고 또 일본을 비무장화시킬 목적으로 「일반명령 제1호」, 즉 한국은 38도선을 분단선으로 하여 그 이북의 일본군은 소련군 사령관에게 항복할 것이며, 이남에 있는 일본군은 미군 사령관에게 항복할 것을 규정한, 미·소 양군의 군사행동의 범위에 관한 문서를 트루먼 대통령의 결재를 얻어 8월 15일 스탈린에게 송부하였다.

이튿날인 8월 16일 스탈린은 "그 명령의 내용에는 대체적으로 이론異論이 없지만, 이러한 경우 요동반도는 만주의 일부이며 소련군에 의한 일본군의 항복구역降伏區域에 쿠릴열도(지시마 열도千島列島)의 전부와 홋카이도(北海道)의 북반부를 포함시킬 것…" 등의 일본 영토의 일부를 점령한다는 조건을 내세우고, 그 대신에 한반도의 38도선 이북만을 점령한다는 것을 수락하기에 이르렀다. 스탈린이 미국의 제안대로 소련군의 진격을 38도선에 멈추게 한 것은 한반도의 북반부에 발판을 구축한 이상 남반부의 공산화는 시간문제로 보고 남반부를 대신할만한 것으로 일본 본토 내의 일부 지역의 점령을 꾀하였던 것이다. 스탈린의 외교 전략은 외관상 미국과 협조하는 듯이 위장하였지만 사실에 있어서는 얄타협정에 들어있지도 않는 홋카이도의 일부 지역을 점령함으로써 일본을 지배하려는 의도였다.

아무튼 소련군은 한반도에 주재하는 즉시로 소련에 거주하고 있었던 정치적 피난민 혹은 한국인 제2세를 선두에 내세워서 북한 각지에 인민위원회를 조직케 했으며 또 치스차코프 사령관은 달콤한 「조선인민에게」라는 포고문을 발표했다. 그리고 1945년 10월 14일, 김일성을 평양의 시민대회에서 민족 영웅으로서 대중들에게 소개시켰으며, 그 후 소련 군정당국이 그에게 정치권력의 핵심인 당의 조직사업을 위임하였으며, 북한인민에게는 절대 권력자로 등장하였고 소련에 대해서는 철저한 추종자가 되었다. 그가 수반으로 있는 북조선 인민위원회는 1948년 2월 8일, 조선인민군의 창건을 세계에 선포하였으며, 특히 남북한의 병력 차이의 계기를 만든 것은 중공군 내의 조선인민부대의 귀환이었다. 그리고 소련은 적극적으로 전차, 항공기 및 중포重砲 등 신장비를 북한에 공급해 주었다.

한편 미국의 대한對韓군사정책은 소련과는 대조적으로 일관성이 없었고, 또 소극적인 것이었다. 즉 1947년 9월, 미 합동참모본부는 한국의 군사적 안전의 입장에서 고려할 때, 한국에 미군을 주둔시키거나 기지를 유지할만한 전략적 가치가 없으며, 극동지역에서 적대상태가 야기되었을 경우, 주한미군은 군사적 부담이 될 것이라고 했다. 그리고 1949년 3월, 미군이 한국으로부터 완전히 철수하더라도 한국에서의 미국의 지위에 악영향을 미치는 일이 없다는 판단으로 동년 6월 500명의 미 군사고문단원만 남겨두고 철수하고 말았다.

이에 앞서 이승만(李承晩) 대통령은 미군 철수에 즈음하여 한국군이 보유하고 있는 군수물자는 3일분 밖에 되지 않는다는 것을 경고하고, 조병옥(趙炳玉) 특사의 군원요청을 재고할 것을 미 정부에 촉구했다. 미국은 이미 정한 방침대로 한국에서 미군을 철수시키는 데만 관심을 두고 힘의 공백상태에서 오는 인민군의 위협에 대한 대책에는 관심이 없었다. 사태가 급해지자 이승만 대통령은 1949년 6월 마침내 해군기지인 진해를 미국의 해군기지로서 제공할 것을 간접적으로 제안했으나 이것도 거절되고 말았다.

1950년 1월 12일, 애치슨 국무장관은 워싱턴의 전국기자클럽(National Press Club)에서 행한 「아시아의 위기」(Crisis in Asia)라는 연설에서 극동방위에 대한 미국의 공식적인 태도를 밝혔다. 즉

> 미국의 극동방위권은 알류산 열도에서 일본 본토를 거쳐 오키나와로 연장되는 선에서 다시 필리핀을 연결하는 선으로 결정한다. 이 방위권 외의 태평양 지역의 군사적 안전보장에 관한 한, 방위권 외에 속하는 여러 지역에서 야기되는 군사적 공격에 대해서는 아무도 이를 보장할 사람이 없다.

이러한 애치슨 장관의 충격적인 발언내용은 대만臺灣이나 한국을 미국의 극동방위권에서 제외시킴으로써 북한 공산주의자들의 침략 야욕을 자극하였는데, 당시 북한 기관지 「민주조선」의 주필을 담당하고 있었던 한재덕(韓載德) 씨의 회고담에 역력히 나타난다. 남북한의 군사적 불균형과 남한에는 혁명기운이 감돌며 20만의 남로당원이 건재하다는 박헌영의 주장, 거기다 애치슨 장관의 선언은 김일성에게 무력통일의 절호의 기회로 판단되었으리라.

6·25전쟁에 있어서 전면적인 인민군의 무력남침은 1950년 6월 25일부터 시작하여 1953년 7월 27일의 판문점에서 휴전협정이 성립될 때까지 3년 1개월을 통하여 조국의 산하를 피로 물들게 했다. 그동안 미국을 위시한 서방측 16개국이 참전했고 또 중공군도 개입했다. 그리고 분단선인 38선은 휴전선으로 변경되었으며, 그 길이 250킬로미터를 사이에 두고 남북한은 다시

대치하게 되었다. 이 전쟁을 북한은 "조선인민의 정의의 조국해방전쟁"이라고 부른다 하여도, 그것은 소련의 스탈린이 제2차 대전 후 미국과 대립하여 냉전冷戰을 실시하여 오다가 좀 더 적극적인 방책으로 세계적화世界赤化를 하기 위해 미국의 태도를 시험해 보려고 북한으로 하여금 전쟁을 도발케 했던 것이다. 그러니 북한은 남북통일을 위해 해방전쟁을 했다고 하지만, 사실에 있어서는 우리 민족으로 하여금 소련의 실험동물인 모르모트의 역할을 하도록 강요한 데 지나지 않았다.

3. 6·25전쟁의 원인

6·25전쟁을 통하여 우리들이 배워야 할 교훈은 너무도 많다. 그 가운데서도 가장 중요한 것은 분단된 조국과 민족의 통일을 어떻게 할 것인가를 결정하는 과제이다. 지난날 이승만 대통령은 심심찮게 '북진통일'을 자기의 신념같이 여기고 때때로 호전적好戰的인 언사를 솔직하게 표명하기도 했다. 이것이 미국 고위 정책가들로 하여금 한국군에 중무장과 공격용 무기를 공급해 주지 않는 중요한 이유이기도 했다. 그는 1950년 6월 14일 올리버 박사에게 보낸 편지에서 "여러 가지 한국정세에 대하여 간단히 한 말씀합니다. 나는 지금이 우리가 공격하여 평양에 있는 잔당을 소탕하는데 절호의 시기라고 생각합니다. 우리는 김일성의 도당을 산악지대로 구축하여 그 자들을 아사餓死케 하고 우리의 방어선을 두만강과 압록강으로 만들 심산이오. 우리 국민은 북벌을 갈망하고 있소. 북한에 있는 우리 국민은 우리의 북벌을 애타게 기다리고 있는 상태요."라고 하였다.

그리고 육군 참모총장 채병덕 장군도 "국군이 한 번 움직이는 날에는 조반은 서울서 먹고, 점심은 평양에서 먹고, 저녁은 신의주에서 먹는다.", "우리 국군은 대통령의 진격명령만 내리면 일제히 쳐들어갈 수 있도록 만반의 태세를 갖추고 있다."고 언명하였다. 이승만 대통령의 서간문을 보면 항상 북벌을 계획하고 있었고, 북벌을 실천으로 옮기는 참모총장은 만반의 준비를 갖추었다는 얘기이다. 그러나 당시의 우리 국군에는 전투기와 전차도 없었고, 병력 및 훈련 그리고 장비에 있어서 월등하게 열세하였으니 도저히 전쟁을 도발할 형편이 되지도 않았다. 그러나 북한은 이러한 것을 증거물로 한국군이 먼저 공격했다고 전 세계에 선전하였다. 그들의 호언장담은 결국 북한에게 귀중한 선전宣傳 자료를 제공한 결과에 지나지 않았다.

일찍이 중공의 마오쩌둥(毛澤東)은 그의 논문 「전쟁과 전략의 문제」(1938년)에서 "혁명의 중심 임무와 최고 형태는 무력武力으로 정권을 탈취하는 것이며, 전쟁으로 문제를 해결하는 것이다. 이 마르크스·레닌주의의 혁명원칙은 보편적으로 바르며, 중국에서나 외국에서나 모두 바르다. 그러나 같은 원칙이라도 프롤레타리아 정권이 여러 가지 조건하에서 이 원칙을 실행하는 표현 형태에 대하여 말하면, 그것은 조건의 상위相違에 의하여 달라진다."고 주장했는데, 북한은 충실하게도 이 원칙을 추종하였다. 왜냐하면 북한의 정권수립이 1948년 9월 8일인데, 인민군 창설을 선언한 것은 1948년 2월 8일이기 때문이다. 하물며 그들에게 지도원리指導原理를 가르쳐 준 레닌도 "사회주의자가 전쟁에 반대한다면 벌써 사회주의자는 못 된다."고 갈파했으니, 그들은 무력 외는 믿지 않는다. 그리고 입으로는 언제나 평화를 얘기하지만 우리들이 생각하는 평화와는 그 개념이 다른 평화이다.

북한은 6·25전쟁을 통하여 무력통일을 시도했으나 유엔군의 개입으로 실패하였다. 그러나 그들은 또 다시 무력통일을 감행하려고 하니 우리 민족의 앞날에 어두운 그림자를 던져주고 있다. 즉 북한은 이미 1962년부터 적극적인 무력남침을 위한 4대 군사 노선을 실천해 왔고, 요즘은 전쟁 준비완료를 호언하고 있으니 말이다. 값비싼 대가를 지불한 6·25전쟁에서 우리들이 배워야 할 최대의 교훈은 이데올로기의 차원에서 무력통일을 의도해서는 안 된다는 것이다. 그 이유는 다음과 같다.

·첫째, 한반도의 지정학적 위치는 지금 미·일·중공 및 소련의 강대국 사이의 이해관계利害關係가 얽혀져 있기 때문에 무력에 의한 남북통일은 6·25 전쟁의 재판再版을 초래한다는 것이다. 왜냐하면 한반도의 공산화는 일본과 미국에 위협을 줄 것이며, 반면에 민주화는 중공과 소련의 국가안보에 위협을 가하기 때문이다. 뿐만 아니라, 그러한 위협을 제거하기 위해서는 자기네의 국내에서가 아니라 외국을 전장으로 택하기를 즐겨온 것이 이들 강대국의 생리이다.

·둘째, 따라서 우리의 강토는 강대국의 최신 무기의 시험장으로 변할 것이며, 우리 민족은 또 한 번 모르모트가 된다는 것이다. 가장 좋은 실례가 지금의 월남전쟁이다. 월맹지도자들의 선견지명을 잃은 헛된 공산화 정열은 그들 민족을 강대국의 최신무기를 시험하는 모르모트로 만들고 있는 현실이다.

·셋째, 이렇게 된다면 우리의 배달민족은 영영 융합할 수 없는 원수가 되어버릴 가능성이 짙다는 것이다.

·넷째, 오늘의 세계조류世界潮流는 1950년대처럼 이데올로기 만능의 시대가 지나고 이미 국가이익과 민족주의 시대로 접어들었다는 사실이다. 같은 공산주의 국가인 소련과 중공의 국경분쟁, 또 중공과 미국의 교류는 이것을 단적으로 제시하고 있다.

이제, 우리들은 우리의 민족통일을 이데올로기 차원에서의 무력통일이 아니라, 한층 그 단계를 높여서 국가이익과 민족주의의 차원에서 평화적 수단에 의하여 달성해야 한다는 것이다. 비록 그 방책이 여러 가지 난관을 내포하고 또 장시일이 소요된다 할지라도 꼭 우리들이 성취하여 후손들에게 물려주어야 하며, 그것이 오늘날의 우리의 역사적인 사명일 것이다. 이 점에 대해 1972년 4월 30일 박정희 대통령은 북한이 만약에 평화통일을 바란다면 남침야욕을 버린다는 것을 실증하는 조건으로 먼저,

① 4대 군사 노선의 강행으로 표시된 무력적화의 통일야욕을 즉각 철회할 것
② 비무장지대 내의 불법 병력 및 무기의 철수
③ 무장간첩 남파 중지와 비정규군의 완전 해체
④ 납북된 KAL기의 승무원과 어부·어선의 즉각 송환
⑤ 대한적십자사의 제의 수락과 가족 찾기 운동 등에도 성의를 보여야 한다.
고 거듭 촉구하였다. 이러한 구체적 방책의 수락 여부는 평화통일을 향한 성패成敗의 길잡이가 될 것이다.

4. 6·25전쟁의 교훈

평화통일에 대한 우리의 희망과 현실 사이에는 엄청난 차이가 있다는 것을 직시하고 이에 만반의 준비태세를 갖추어야 한다. 외국인들은 지금의 남북한의 긴장상태를 가리켜 월남전의 다음 화약고로 간주하고 있으니 말이다. 우리의 국가안보를 위해 우방국과의 우호관계와 방위조약 그리고 비적대적 공산국가와의 관계개선도 중요하다. 그러나 자국의 국가안보를 외국과의 조약문에만 매달리게 한 국민에게는 언제나 시련이 닥쳐온다는 역사적 교훈을 잊어서는 안 될 것이다.

예컨대 한국은 미국과 1882년 5월 한미 수호조약을 체결했으며, 제1조에 "조선국과 미국 간에는 영구한 평화와 우호관계를 유지할 것이다. 한편 제3국으로부터 불공경모不恭輕侮를 당하여 이를 통지하는 경우에는 타방은 조력보호助力保護하고 조정하여 우의를 표시할 것이다."고 되어 있었다. 러일전쟁으로 우리의 국권이 위태롭게 되자 한미 수호조약의 제1조를 믿고 윤병구 및 이승만 양인이 루스벨트 미 대통령에게 구원을 청하러 갔다.

그러나 루스벨트 대통령은 그의 주선으로 개최될 포츠머스 회담에 앞서 육군장관 태프트를 일본에 파견하여 일본 수상 가쓰라 다로(桂太郎)와 더불

어 미·일 비밀협약을 체결케 했다. 그것이 소위 「태프트·가쓰라」 협약으로 미국의 필리핀에 대한 권익과 일본의 한국에 대한 권익을 상호간 교환조건으로 승인하는데 동의했던 것이다.

1939년 폴란드는 나치독일의 위협에 대해 강경일변도로 나아가니 히틀러는 드디어 9월 1일, 신예 폭격기와 기계화 부대 및 보병 등의 군사력을 총동원하여 소위 전격전電擊戰을 전개해서 1주일 만에 폴란드군의 주력부대를 격멸하였다. 폴란드는 무기력하게 참패를 당했는데, 그들이 믿었고 또 강경하게 나간 이유가 바로 8월 25일에 조인한 영·불과의 동맹조약 때문이었다. 즉 "폴란드가 공격을 받으면 모든 수단에 의해 폴란드에 대해 군사원조를 부여한다."고 했으며, 또 3개월 전 파리에서 열렸던 프랑스·폴란드의 양군 수뇌에 의한 작전회담에서도 "개전 첫날 프랑스 공군은 즉시 독일을 폭격한다. 3일째는 지상병력에 의한 소규모의 공격을 가한다. 15일째는 대규모의 공격을 개시한다."고 약속했지만 그 약속은 공약空約으로 끝났다.

1954년 11월에 발효하게 된 「대한민국과 미합중국 간의 상호방위조약」의 제2조를 보면, "당사국 중 어느 나라의 정치적 독립 또는 안전이 외부로부터의 무력 공격에 의하여 위협을 받고 있다고 어느 당사국이든지 인정할 때에는 언제든지 당사국은 서로 협의한다."고 되어 있는데, 연전年前에 한동안 '협의'를 '즉각 개입'으로 고쳐야 한다는 견해가 나왔다. 그러나 원래 조약이라는 것은 당사국으로서 지키는 것이 국가이익이 될 때만 지켜지는 것일진대, 우리들이 미국 정부에 대해 조약문구의 수정을 운운한다는 그 자체가 무의미한 일로 여겨진다.

오늘날까지 대륙국가와 해양국가의 분쟁교섭의 접촉점인 한반도는 언제나 중요한 역할을 담당해 왔고 또 한편으로는 열강국의 이권利權개입으로 복잡한 처지에 놓여 타의에 의해 국가의 운명이 좌우되기도 했다. 그러나 이러한 원인을 한반도의 지정학적 위치에만 돌린다면 큰 잘못이다. 만약 우리가 우리의 민족적 주체의식과 역사적 사명을 깨닫고 또 국력을 배양한다면 우리는 대륙이나 해양으로 얼마든지 신장할 수 있는 요충지에 자리 잡고 있다는 것을 알아야 한다. 그리고 오늘날 남북한의 대립으로 부득이 군사력을 증강하지 않을 수 없는 어려운 고비에 서 있기는 하지만, 그러나 긍정적 관점에서 이것을 계기로 하여 수백 년 동안의 숭문억무정책崇文抑武政策으로 잃어버렸던 상무정신을 다시 찾는다면 오히려 민족통일과 국가발전을 위해 전화위복轉禍爲福이 될 수도 있다는 것이다.

지금 우리들은 전쟁준비 완료를 호언하면서 재남침을 꿈꾸고 있는 북한의 침략의도를 어떻게 저지할 것인가 하는 문제는 당면한 가장 중대한 과제일 뿐만 아니라, 그것의 성취는 곧 전쟁재발을 막고 평화스러운 속에서 나라를 건설하고 나아가서는 평화적인 남북통일의 터전을 마련하는 길이기도 하다. 그런데 어떤 사람은 지금 세계는 이른바 화해 무드로 새로운 세계질서를 형성해 나아가고 있는 이 마당에 우리들은 왜 그러한 사조에 역행하는가, 혹은 한반도에 진정한 평화와 민족적 통일을 이룩하기 위해서는 미·일·소 및 중공 등 4개국의 전쟁억제보장안戰爭抑制保障案 강구가 선결문제라고 주장한다.

그러나 필자는 이러한 사람들과는 견해를 근본적으로 달리하고 있다. 즉 우리의 국가안보는 동맹이나 조약처럼 믿을 수 없는 불확실성 위에 두어서는 안 되며, 또 우리의 자주독립과 평화를 누리기 위해서는 외부의 어떠한 도전에도 대응할 수 있는 군사력을 갖추고 있어서, 적이 함부로 넘겨다보지 못하도록 해야 하며, 만약 불행하게도 전쟁이 발발하면 효과적인 군사력 운용으로 정치적 목적을 신속하게 달성해야 한다.

그리고 나라를 부강하게 만들려면 인재양성에서 반드시 문무文武는 병중竝重되어야 한다는 것이야말로 우리들이 배워야 할 역사적 교훈이다.♣

(『국제문제』 1972년 6월호)

Ⅷ

초기 공군사와 6·25전쟁※

(Early history of the ROK Air Force and the Korean war)

1. 머리말

'공군사'를 연구함에 있어서 '역사란 무엇인가?'라는 질문을 염두에 둔다는 것은 공군사의 내용을 알차고 바르게 해 주는 계기를 마련한다고 생각한다.

필자는 '역사란 무엇인가'에 대해 "역사란 지난날 인간생활에서 일어난 여러 가지 일의 인과관계因果關係의 진실을 밝히고, 그것으로 현실을 이해하는 자료로 삼고 또 후세에 넘겨주어 교훈으로 삼게 함으로써 삶을 유익하게 하는 학문이다."[1]고 풀이해 보았다.

공군역사재단 세미나(2014. 11. 20.)

※ 이 논문은 2014년 11월 20일, 공군본부·공군역사재단 주최의 세미나 「역사적 고찰을

공군사는 항공전략이론과 역사학을 결합한 연구분야이고, 군사사학(military history)의 한 부분이며, 군사사학이란 과거의 군사문제를 연구대상으로 하는 학문이고, 군사이론과 역사학을 결합한 분야이다. 군사학(military art and science)의 이론적 기초는 바로 군사사학에 두고 있다.[2)]

영국의 저명한 역사학자 E. H. 카(1892~1982)는 "나는 지난 강연에서 역사를 과거와 현재와의 대화라고 말씀드렸습니다만, 오히려 역사는 과거의 여러 사건과 점차적으로 우리들 앞에 출현하게 될 미래의 여러 목적과의 대화라고 말씀드렸어야 했을 것입니다. 과거에 대한 역사가의 해석도, 의의 있는 것과 적절한 것의 선택도, 새로운 목표가 점차적으로 출현함에 따라서 진화되어 나아가는 것입니다"[3)]고 했으며, 역사의 연구 대상은 과거이지만, 미래와 관련이 깊다는 것을 역설했다.

필자는 주어진 제목에서 주요하다고 생각되는 과제에 대해 논의와 해석을 시도해 보고자 한다.

2. 해방 이후 공군의 창설과 미국의 대한정책對韓政策

가. 공군의 독립과정

인류의 역사는 투쟁사요, 거기서 군대가 탄생하면서 자연히 '육군'과 '해군'이 탄생했다. 그러나 '공군'은 하늘을 나는 항공기가 발명되어야 했기 때문에 늦어서, 미국의 라이트 형제가 1903년 12월 14일 12마력의 가솔린 엔진을 부착한 항공기로 59초간에 260m를 비행하는 데 성공함으로써 시작되었다.

통한 한미 연합공군력 발전방향」에서 발표한 내용임.

1) 이종학, 『한국군사사연구』(대전 : 충남대학교 출판부, 2010), p. 21.

2) 이종학·길병옥 편저, 『군사학 개론』(대전 : 충남대학교 출판부, 2009), pp. 19~20.

3) Edward H. Carr, *What is History?*, New York : Vintage Books, 1961, p. 164.

미국은 제1차 및 제2차 세계대전을 거치면서 육군항공대 및 해군항공대는 존재했으나, 독립된 '공군'(Air Force)이 탄생한 것은 겨우 1947년 9월 18일이며, 공군사관학교가 콜로라도 주의 덴버에 설립된 것은 1955년 7월 11일이었다. 필자가 진해의 공군사관학교에 입교한 것은 1951년 11월인데, 당시 3군 사관학교가 모두 진해에 소재하고 있었다. 일요일 중학교 동창생들이 육군·해군사관학교에 재학하고 있어서 만나고 나면, 육사·해사 생도의 복장과 신발은 양질의 미제인데 왜 우리 공사 생도 것은 허름한 국산인가? 나중에서야 알았지만, 미국 공군에는 공군사관학교가 없었기 때문에 한국의 공군사관학교는 미국의 군원軍援대상에서 제외되어 있었다는 것이다.

해방 후 항공인들의 활동을 살피면, 1946년 8월 10일 서울 종로의 중앙기독교청년관에서 '한국항공건설협회'가 창설되어, 최용덕(崔用德, 1898~1969)을 회장으로 선출했다. 이 단체는 항공계를 대표하는 유일한 민간단체로 발족했으며, 구성원은 일본군 항공출신, 중국군 항공출신 및 일본 민간항공출신이 대부분이었다. 미군정은 1945년 11월 13일 통위부(현, 국방부)를 창설하면서 한국국방경비대에는 공군이 필요하지 않다는 이유를 들어 육군과 해군만을 창군했다. 그래서 '한국항공건설협회'는 당시 통위부와 한국경비대 미 고문관이었던 미 육군 프라이스 대령의 협조를 바탕으로 1948년 3월 미군정 당국으로부터 한국경비대에 경항공기부대 창설의 승인을 받아냈는데, 그는 "항공분야의 지도급 인사들은 일본군과 중국군에 종사한 사람이 대부분이므로 미국식 훈련을 받아야 하며, 이를 위해 한국경비대 보병학교에 입교하는 것이 좋겠다."고 하였다.[4)]

항공부대 창설을 위한 간부요원 7명이란, 최용덕(1898년생), 장덕창(1903년생), 이영무(1904년생), 박범집(1917년생), 김정렬(1917년생), 이근석(1917년생), 김영환(1921년생)으로, 이들 대부분 부대장급이거나 그 이상의 경력을 가진 사람들이었다. 이런 사람들에게 이등병 훈련을 시키는 보병학교에 입교하라니.

---

4) 공군본부, 『공군사 - 공군 창군과 6·25전쟁 -』 제1집 개정판, 2010, pp. 22~24.

그들은 참으로 불쾌하게 생각했고 도저히 있을 수 없는 일이라고 불평을 토로했을 때, 최용덕 장군은 비장한 어조로 말했다.

> 동지들! 참으로 불쾌하기 그지없는 것은 나도 마찬가지요. 하지만 이제 해방되어 새로운 나라가 만들어지려 하고, 우리는 그 나라의 하늘을 지킬 공군을 창설하려 하오. 공군이 창설되어 우리가 우리 군대에서 우리의 영공을 지킬 수만 있다면 이까짓 모욕이 뭐 그리 대수겠소! 옛날 이순신 장군도 조국을 위하여 백의종군하지 않았소! 대의大義를 위하여 우리가 참읍시다![5]

보병학교 입교문제는 공군 독립의 위기요, 기회였다. 다행히 최용덕 장군의 설득으로 불쾌한 마음을 억누르고 항공부대의 창설을 위해 이들은 보병학교에 입교하기로 결정했다. 1948년 4월 1일 간부요원 7명은 수색에 있는 조선경비대 보병학교에 입교하여 미국 군제에 의한 새로운 훈련을 1개월간 받고 다시 태릉에 있는 조선경비대 사관학교에 들어가 2주간 장교후보생 교육을 받고 5월 14일부로 육군항공 소위로 임관하여 정식으로 항공부대 간부로서 활약을 시작했다.

1948년 8월 15일 남한에 대한민국 정부가 수립되어 통위부는 국방부가 되었고, 당시 항공기지부대 사령관이었던 최용덕 대위가 국방차관이 되었으며, 신응균 특별보좌관(이등병으로 입대하여 한 달 만에 대위로 진급했다)이 국군조직법을 기초하게 된 기회를 놓치지 않고 공군의 독립을 실현시키고자 간부요원들이 맹렬한 운동을 전개했으나 실현하지 못하고, 다만 조직법 부칙에 "장차 필요에 따라서 육군항공대를 공군으로 조직한다."라는 단서를 붙여 1948년 12월 15일에 공포되었다.

1949년 1월 14일 육군항공사관학교가 설치되어 김정렬 중령이 초대 교장으로 취임했고, 그는 4월에 『항공의 경종警鐘』이라는 책자를 발간하여 정부 요로와 기타 관계기관에 돌리고 각성을 촉구했는데, 요점은 다음과 같다.

---

5) 김정렬, 『항공의 경종-김정렬 회고록-』(서울 : 대희, 2010), p. 84.

나는 항공력 육성의 필요성을 호소하는 것에 초점을 맞추어 이 책을 서술하였다. 물론 나의 궁극적 목표는 공군 독립이었지만, 당시의 상황은 '공군 독립'이라는 말만 나와도 대부분의 사람들이 고개를 내저으며 황당하게 여기는 분위기이니, 일단 항공력 육성의 필요성을 인식시키는 게 보다 설득력 있는 접근 방법이었던 것이다. 여기서 나는 북한의 남침 가능성이 매우 높다고 보고, 북한의 항공력 강화의 실상을 제시했다. 그러고 나서 만약 북한이 남침할 경우 현재와 같이 남한의 항공력이 전무한 상태에서 과연 어떠한 일이 벌어질 것인지를 상상하여 아주 상세하게 서술하였다.…[6]

김정렬 중령의 책이 처음 나왔을 때, 일반의 반응은 지극히 냉담했다. 그러나 점차로 공군 독립의 추세로 기울어져 이범석 국무총리, 신성모 국방장관 그리고 손원일 해군 총참모장은 공군 독립에 찬성하는 입장이었으나, 채병덕 육군 총참모장은 반대했다. 1949년 6월 28일 마침내 국방부에 항공국이 설치되었고, 동년 10월 1일 대통령령 제254호 「공군본부직제」에 의거하여 육군항공사령부는 1,600여명의 병력과 20대의 L-형 항공기를 가지고 육군으로부터 분리 독립되었다. 이로써 대한민국 국군은 육·해·공군의 3군 체제로 정립되었고, 초대 총참모장에 김정렬 대령이 임명되었다.

지금까지 '공군사'는 해방 이후와 1949년 10월 1일 공군이 독립된 이후를 중점적으로 다루어 온 경향이 있었다. 그러나 1920년 3월 미국 캘리포니아주 북부에 독립전쟁을 위한 조종사를 양성하는 비행학교가 창설되었는데, "이 비행학교는 독립전쟁을 준비하는 임시정부의 군사정책 아래서 '국무총리→군무총장'으로 이어지는 공식적 지휘계통에 따라 임정의 지휘를 받는 군사학교였다."[7]고 했다.

한편으로 최용덕 장군은 비록 중국 공군에서 복무하고 있었지만, 중국에

6) 상게서, p. 89.

7) 한우성·장태환, 『1920, 대한민국 하늘을 열다』(파주 : 21세기 북스, 2013), pp. 149~153.

서 활동하고 있었던 광복군을 계속 지원했다.

> 중일전쟁(1937)이 일어나고 나서는 남들과 똑같은 고생을 하였다. 창석이 대한민국 임시정부 광복군의 일을 하면서 중국 공군에서 받은 월급 중 십분의 칠을 임시정부에 헌납하고 나머지 십분의 삼을 아내에게 갖다 주었다. 호용국 여사는 그 작은 월급으로 생활해나갔다고 한다.[8)]

최용덕 장군은 중국으로 망명하여(1913) 중국 육군군관학교를 졸업하고(1916), 중국 육군소위로 임관했다. 그 후 중국 공군군관학교를 졸업하고(1920) 모교에서 교관생활을 했으며, 중국 육군대학을 졸업하고(1940) 중국 공군 부사령관까지 역임했는데, 특히 장제스(蔣介石) 총통의 신임이 두터웠다. 그는 한국 임시정부 군무부 항공건설위원회 주임(1937년부터) 등을 역임했고, 1945년 8월 일제가 항복하자, 장 총통의 중국 공군 고위직 권유도 뿌리치고 귀국했다.

이제부터 우리들은 광범위한 사료史料 수집과 비판을 통해 공군사의 연구범위를 확대할 필요가 있으리라. 즉, 일제시대에 외국에서 창공을 바라보며 항공력으로 조국의 독립을 열망했던 항공력 선구자들(Pioneers in Air Power)의 『항공독립운동사』(가제假題)를 발간해야 하리라.

1949년 1월 14일 육군항공사관학교가 설치되었고, 5월 31일 김포비행장으로 이전했다. 그리하여 중학교 6학년 재학생 및 졸업 이상의 학력을 가진 20세 미만의 학생을 대상으로 선발한 사관후보생 97명을 6월 10일에 입교시켰다. 10월 1일에 공군이 독립됨에 따라 육군항공사관학교는 '공군사관학교'로 개칭되었는데, 유의할 사항은 공군 독립을 이끌어왔던 간부요인들은 공군 초급간부의 인재를 양성하는 문제의 중요성을 깨닫고, 미 공군보다 6

---

8) 이윤식 지음, 『창석 최용덕의 생애와 사상』(공군본부 정책홍보실, 2007), p. 237.

년 가까이 먼저 사관학교 교육을 개시했다는 점이다.

나. 1948년경의 미국의 대한정책對韓政策은 무엇인가?

김정렬(1917~1992) 장군은 1988년 국무총리 퇴임 이후에도 회고록을 집필하지 못하다가 1991년 초부터 본격적으로 집필에 착수했으나, 병세가 악화되어 1992년 9월 7일에 운명하여 회고록은 결국 미완성으로 남았다. 그러나 가족들에 의해 1993년 『김정렬 회고록』(을유문화사)이 발간되었다. 최근에 회고록이 재발간 되었으며, 그는 '회고록'에서 1948년 11월경의 미국의 한국에 대한 정책을 다음과 같이 밝혔다.

(자료 1) 당시 미국의 대한정책對韓政策은 한국을 아시아에 있어서 민주주의와 공산주의가 대결하는 '쇼윈도'(show window)로 생각하고 있었다. 그리하여 한국의 정치적 안정과 경제적 발전을 시급히 기함으로써 공산통치하의 북한과 비교하여 아시아에 있어서 미국의 정치적 이익을 구하고자 하였다. 군사문제를 뒤로 미룬 이러한 미국의 소극적인 정책을 채택하게 된 동기는 1947년 트루먼 대통령의 특사로 한국 및 중국을 시찰하고 제출한 웨드마이어 중장의 보고서에 기인한 것이었다. 이 보고서는 북한의 남침 가능성이 가까운 장래에 일어나지 않으리라는 매우 낙관적인 견해를 피력했다.[9]

(자료 2) 당시 김포비행장에는 미군 소속 B-26 경폭격기 30대가 있었는데, 마침 미군 당국은 이를 해체하여 팔려고 하였다. 우리 쪽에서 비행기를 해체시키지 말고 한국군에 인도해 달라고 요청하였다. 그러자 미국측은 "우리의 방침은 이들 비행기를 해체시키는

9) 김정렬(2010), 전게서, p. 88.

것이지, 한국군에 인도하는 것이 아니다."라고 말하면서 그야말로 도끼로 비행기를 부숴 고철로 팔아버리고 말았다. 참으로 야속하고 안타까운 일이었다. 미국이 얼마나 한국에 대한 군사원조를 등한시 했는지를 보여주는 좋은 일례一例라 할 것이다.[10]

(자료 3) 1949년 8월부터 비행기 헌납운동을 벌였는데, 언론기관의 협조도 좋고 하여서 일이 잘 진행되었다. 각계각층의 성원으로 헌납 목표액인 30만 달러는 얼마 지나지 않아 채워질 수 있었다.

그러나 문제는 비행기 구입이었다. 그때는 제2차 세계대전이 막 종결된 시점이었기 때문에 전투기는 공급과잉의 상태였다.…비행기를 사고자 민간 채널을 통하여 미국 무기제작회사와 교섭하였으나, 반응은 의외로 부정적이었다. 그 이유를 물으니 미국정부의 정책이니 별 수 없다는 것이었다. 그래서 어쩔 수 없이 다른 나라의 비행기를 알아볼 수밖에 없었는데 결국 전투기는 구입하지 못하고, 고작 캐나다로부터 AT-6 고등연습기를 들여오는 것으로 만족해야 했다.[11]

(자료 4) 1950년 6월 25일 북한군이 전면 남침해 왔다. 탱크도 비행기도 하나 없는 군대가 북한군의 기습을 막아낸다는 것은 애초부터 불가능한 일이었다.…

후에 알게 된 일이지만, 미국은 6월 25일(미국시간)에 이미 유엔에 정전결의안停戰決議案을 제출하여 통과시켰고, 6월 27일(미국시간)에 유엔 안전보장이사회에서는 유엔군의 전쟁 참여 결의안이 채택되었다.…

미군의 참전 자체가 상당한 의외의 일이었지만, 그 시기도 매우 신속하게 느껴졌다. 미국이 이와 같이 한국전에 재빨리 참전결정을 내린 것은 후에 알게 된 것이지만, 당시 있었던 미국의 정책변화 때문이었다.[12]

---

10) 상게서, p. 118.

11) 상게서, pp. 118~119.

12) 상게서, pp. 120~124.

아는 바와 같이 김정렬 장군은 6·25전쟁을 맞이했을 때 공군 총참모장으로 전쟁을 체험했고, 1963년 4월부터 주미대사駐美大使를 역임했다. 그런데 1948년 김포비행장에 미국 소속 B-26 경폭격기 30대가 있었는데, 한국군에 인도하지 않고 부숴 고철로 팔아버렸고(자료 2), 육군항공대에 전투기가 없어 국민의 헌금으로, 미국에서 구입하지 못하고 캐나다에서 AT-6 고등연습기를 구입하게(자료 3) 된 원인은 1947년 트루먼 대통령의 특사로 한국 및 중국을 시찰하고 제출한 보고서, 즉 군사문제를 뒤로 미루는 소극적인 정책을 웨드마이어가 건의했기 때문이라는 것이다(자료 1). 그러나 미국이 6·25전쟁에 개입하는 모습은 의외로 신속했다(자료 4)고 밝혔다.

웨드마이어 중장은 1947년 7월 9일 트루먼 대통령의 특사로 임명되어, 중국과 한국을 방문하고 동년 9월 19일 「대통령에게 보내는 보고서」를 제출했으나, 곧 발표금지가 되었다. 그의 회고록 『웨드마이어는 보고한다!』(*Wedemeyer Reports!*, 1958)[13]의 부록에 보고서 전문이 수록되어 있는데, 김정렬 장군은 그 보고서를 읽어보지 못한 것이 확실하다. 왜냐하면, 그의 건의에는 한국의 군사문제에 대해 소극적인 정책을 취하라 하지 않고 그와 반대의 건의를 했기 때문이다. 이와 관련된 논의는 본 발표주제의 영역에서 벗어난 것이므로 다음 기회로 미루고자 한다.

13) 웨드마이어 장군의 회고록은 초역抄譯하고, 부록인 「웨드마이어 보고서」를 우리말로 번역·발간했다. 이종학 편저, 『웨드마이어 회고록과 논평』(대전 : 충남대학교 출판문화원, 2014)

3. 6·25전쟁의 원인과 한국 공군의 단독작전

가. 6·25전쟁의 원인은 무엇인가?

6·25전쟁의 원인, 특히 전쟁의 방아쇠를 누가 당겼나 하는 문제는 세계 여러 학자 및 전사戰史 연구자에 의해 견해가 많았다. 그러나 1991년 12월 소련의 붕괴로 1993년부터 비밀문서가 공개됨으로써 그 진상이 밝혀지기 시작했다. 김일성은 1950년 3월 30일부터 4월 25일까지 모스크바에 체재하면서 스탈린을 만나 남침의 승인과 구체적 방법에 대해서도 교시를 받았는데, 그 내용은 다음과 같다.

> 스탈린은 첫째, 미국이 결국 개입할 것인지 아닌지를 고려해야 하고, 둘째, 조선의 해방은 중국 지도부가 이를 찬성할 때만 개시될 수 있다는 것을 알아야 한다.…
>
> 스탈린 동무는 소련은 다른 곳, 특히 서쪽 방면에서 대처해야 할 심각한 도전에 직면해 있으며, 따라서 조선 사람들은 소련이 전쟁에 직접 참여해 줄 것으로 기대해서는 안 된다고 덧붙였다.
>
> 그는 재차 마오쩌둥(毛澤東)과 상의하도록 김일성에게 촉구했다.…북조선군의 동원을 1950년 여름까지 완료하고 이때까지 소련 고문단의 도움을 받아 조선군 참모들이 구체적인 작전계획을 수립하기로 합의했다.[14)]

위의 사료史料는 김일성에 의한 남침의 결정적인 증거이다. 김일성은 남침에 대한 마오쩌둥의 동의를 얻어야 한다는 스탈린의 전제조건 때문에 박헌영과 함께 5월 13일 베이징(北京)에 가서 마오쩌둥을 만나 15일에 동의를 얻어 1950년 6월 25일 새벽 4시를 기해 전면적 남침을 개시했다. 북한은

---

14) 예프게니 비자노프 외, 『소련의 자료에서 본 한국전쟁의 전말』, 김광린 역(서울 : 열림, 1998), pp. 52~55.

11:00시에 평양방송으로 대한민국에 선전포고를 했다.

6월 26일 유엔 안전보장이사회에서 북한군에게 한국 침공을 중단하고 북한군을 38도선 이북으로 철수시킬 것을 요구하는 결의안을 가결했다. 그리고 27일에는 미 극동 해·공군을 그리고 30일에는 지상군까지 6·25전쟁에 참전시켰다. 이것은 트루먼 대통령의 놀라운 그리고 신속한 결단으로 전쟁개입을 함으로써 한국은 구출되었다고 필자와 대부분의 한국인들은 생각해 왔다. 김정렬 장군의 '회고록'에 의하면, "당시 한국군의 책임을 맡고 있었던 주요 장성들의 경우, 미군의 참전은 사실상 기적과 같은 일이었다."[15]고 밝혔다.

영국의 저명한 사학자 카(E. H. Carr, 1892~1982)는 역사 연구의 태도에 대해 다음과 같이 주장했다.

> 역사의 연구는 원인의 연구입니다. 역사가는 '왜'(why)라는 질문을 끊임없이 추구하는 것이며, 해명의 희망이 있는 한 쉴 수는 없는 것입니다.…
>
> 역사가는 많은 원인의 복합체를 취급하는 것입니다.…여러 원인의 상호관계를 결정할 수 있도록 거기에 상하관계를 설정해야 합니다. 모든 원인 중의 원인이라고 보아야 할 것인가를 결정지어야 하겠다는 직업적인 강박감 같은 것을 느끼게 될 것입니다. 이것이 주제에 대한 역사가의 해석이라는 것입니다.[16]

필자로 하여금 6·25전쟁에 대한 원인을 더 깊게 밝혀야 하겠다는 계기를 만들어 준 것은 웨드마이어 대장(1897~1989)의 회고록 『웨드마이어는 보고한다!』(1958)이며, 첫째는 '대통령에게 보내는 보고서'로서 한국에 대한 정책건의의 핵심이며, 둘째는 '6·25전쟁에 대한 논평'이다.

15) 김정렬(2010), 전게서, p. 115.

16) Edward H. Carr(1961), 전게서, pp. 113~115.

• 소련군 방식으로 장비되고 훈련된 북한 인민군은 약 12만 5천명이며, 미국이 조직한 1만 6천명의 남한 경비대(일본군의 소화기小火器로 무장)보다 훨씬 우세하다. 소련이 그의 점령군을 북한에서 철수시키고, 남한으로부터의 미군 철수를 강요할 가능성이 짙으므로, 북한 인민군은 남한에 대해 잠재적 군사상의 위협이 되고 있다.…

북한으로부터의 위협에 대처하기 위해 현재의 경비대 대신 미국인을 장교로 한 충분한 병력을 가진 한국 의용군을 창설할 것. 한국에는 당분간 미군부대가 계속 주둔할 것. 기술전문가와 전술부대의 훈련에 대해 조언을 할 것.[17]

• 중국과 한국에 관한 나의 보고서가 공표금지公表禁止가 되고 또 본래의 군 복무로 돌아왔을 때, 나는 어쩌면 중대한 과오를 범했고 국가에 대한 의무義務를 태만했다는 생각이 들었다. 그 당시 내가 현역에서 물러나고 미국 국민에게 진실을 전했으면, 피비린내나는 무익한 한국전쟁(bloody, futile Korean war)과 필연적인 결과를 가져온 공산주의자의 지배로부터 중국을 구출했을지 모른다.[18]

김정렬 장군은 6·25전쟁에 "미군의 참전은 의외이고, 매우 신속하게 느꼈고" 또한 "기적과 같은 일"이라 했는데, 이 문제는 차후 논의하고자 한다.[19]

나. 공군의 단독 출격과 주요 전승 작전

6·25전쟁이 발발할 당시, 한국 공군에는 경비행기 22대뿐이고, 북한에는 전폭기·연습기 등 220여대가 있었다. 빈약한 공군에서 출발하여 강력하고 훌륭하게 작전수행을 감당했던 공군으로 발전했는데, 이강화(1926~) 장군은 공군력을 통한 6·25전쟁의 재해석을 시도했으며, 다음과 같이 요약하였다.

---

17) Albert C. Wedemeyer, *Wedemeyer Reports!* (New York : The Devin-Adair Company, 1958), pp. 475~479.

18) 상게서, p. 402.

19) 이종학 편저(2014), 전게서, pp. 258~263 참조.

• 첫째 : 6·25전쟁은 항공 전력이 전쟁의 승패를 좌우한 최초의 본격적인 항공전이었다.
• 둘째 : 6·25전쟁은 우리에게 처음으로 공지합동작전의 중요성을 일깨워준 전쟁이었다.
• 셋째 : 6·25전쟁 동안 항공 전력은 결코 파괴만을 위한 것이 아니었다. 6·25전쟁 당시 공군은 인도주의적인 작전을 펼침으로써 비극적인 전쟁 상황을 뛰어넘어 휴머니즘을 구현해 냈다.[20]

6월 26일 미 공군으로부터 한국 공군에 10대의 F-51D 전투기 지원이 결정되어 이근석 대령을 비롯한 10명의 조종사들이 이날 19:00시경 전투기를 인수하기 위해 수원기지에서 미군 수송기로 일본 이타즈께(板付) 기지를 향해 출발했다. 그들은 기상 불량으로 훈련을 제대로 받지 못하다가 7월 2일 단 한 번의 비행훈련(20~30분)을 마치고 곧바로 현해탄을 건너 대구기지(K-2)에 도착했다. 7월 4일 안양 상공으로 출격한 비행단장 이근석 대령은 적의 전차부대를 공격하다 전사하고 말았다. 이근석 대령의 전사 원인에 대해, "적 대공포의 집중사격에 피탄되어 적 전차에 돌입, 전사하였다"[21]고 했으며, 그 원인을 밝히는 데 김정렬 장군의 '회고록'은 참고가 되리라.

> 적 전차 다섯 대가 시흥始興을 향해 돌진한다는 보고를 받고…나는 앞뒤도 생각지 않고 전화를 들어 이근석 대령에게 명령을 하달했다.…자리에 돌아가 흥분이 깨어 자기 정신으로 돌아왔을 때, 나는 나의 무모한 명령을 생각해 보았다. 전투기를 수령하고 한 번도 하강下降한 일이 없는 조종사에게, 즉 비행기의 성능이 어떠한지 모르고 낯설기만 한 조종사에게 전차 공격을 명하다니. 비행기를 모르는 사람이라면 모를까 비행기기를 잘 아는 나로서 과연 이것이 공군의 책임자가 내려야 했던 명령이었던가?…그렇게도 애절하게 무장 전투기를 고대하더니, 지휘관인 본관의 무모한 명령으

20) 이강화 지음, 『대한민국 공군의 이름으로』(서울 : 플래닛미디어, 214), pp. 24~25.
21) 공군본부(2010), 전게서, p. 110.

로 말미암아 그 기다리던 전투기를 단 3시간도 못 타고 전사하다니…

전장에서 순국함은 무인武人으로서 당연하다마는 불초한 상관 때문에 충분히 실력을 발휘하지 못하고 세상을 떠나니 어찌 한이 없겠는가?[22)]

김정렬 장군이 자기의 잘못된 판단으로 유능한 부하를 전사케 했다는 사실을 솔직히 시인한 '회고록'을 읽으면서 필자는 깊은 감명을 받았다.

공군본부 일반명령 제52호(1951. 7. 29.)에 의거하여 '공군비행단'은 1951년 8월 1일부로 제1 전투비행단으로 개편 창설되었다. 이로써 한국 공군은 최초로 1개 전투비행단을 보유한 군으로 성장했다.

1951년 9월 13일 공군본부 작전명령 제36호에 의거, 제1 전투비행단의 비행단 일부 전력(F-51D 전투기 12대, T-6 정찰기 1대, 항공지원 장비 14대, 병력 275명)을 9월 28일 18:00시까지 강릉기지로 이동하여 10월 1일부터 한국군 제1 군단의 지상작전을 지원하기 위한 제반준비를 완료하게 되었다. 6·25전쟁 기간 한국공군이 거둔 주요 전승은 승호리 철교 차단작전('52. 1. 12.~15.), 평양 대폭격 작전('52. 8. 29.), 351고지전투 항공지원작전('52. 10. 28.~'53. 7. 27.) 등이 있는데, 그 중에서도 가장 극적이고도 자랑스러운 전승은 승호리 철교 차단작전이라고 할 수 있다.

여기서는 시간관계상 '승호리 철교 차단작전'에 대해서만 언급하고자 한다.

승호리 철교 차단작전은 공전의 히트를 기록한 영화 '빨간 마후라'의 배경이기도 하고 또한 우리 공군이 단독 작전을 개시한 지 겨우 3개월 밖에 안 되는 시기였다. 승호리 철교는 평양 동쪽 10㎞ 지점에 위치하고 있으며 평남 중앙선이 지나는 대동강 지류인 남강에 설치된 철교로서 군수물자를 중·동부전선으로 수송하는 적 후방 보급로의 요충지였다.

유엔 공군에서 500회나 출격했으나 성공하지 못하자, 미군 참모 측에서

---

22) 김정렬(2010), 전게서, p. 332.

한국 조종사를 보내보자는 주장이 있었고, 논란 끝에 일단 한국 공군을 한 번 시험해 보자는 선에서 얘기가 마무리 되었다.

승호리 철교 차단임무를 인수한 제10 전투비행전대장 김신 대령은 1952년 1월 12일 아침과 오후 두 차례 출격했지만 폭파하지 못했다. 8천 피트 상공에서 강하해 3천 피트에서 폭탄을 투하하는 기존의 폭격전술은 무용지물이었다. 그래서 김신 전대장은 4천 피트 상공에서 강하해 1,500피트에서 폭탄을 투하하는 전술을 펴기로 결정했다. 1월 15일 윤응렬 대위의 편대와 옥만호 대위의 편대, 즉 두 편대가 출격하여 철교폭파에 완전히 성공했다.

1월 16일 미 제5 공군 합동작전센터(JOC)에서 한국 공군 출격조종사의 결과보고(debriefing)와 완전하게 일치하는 폭파된 철교의 항공사진을 우리 측에 보내왔고 또한 미 제5 공군사령관 에베레스트(Everest) 장군으로부터 축하의 메시지가 오기도 했는데, 단독작전을 개시한지 겨우 3개월 밖에 되지 않았는데도 우리 공군의 눈부신 전투력 향상을 인정했기 때문이었다. 이 일로 미군으로부터 F-51 전투기가 추가 공급되고, 제10 전투비행전대는 미국 대통령의 표창을 받기도 했다.

이 작전의 성공은 미 공군의 실패와 한국 공군의 1차 실패를 분석하여, 새로운 전술의 개발과 노련한 비행술 그리고 위험을 무릅쓰고 실천한 감투정신에 의해 달성되었던 것이다.

이 작전 이후 김신 대령은 미 제5 공군 휘하 부대장들의 회의가 있어 서울에 갔다. 그가 실내에 들어서자 사람들이 회의를 하다 말고 김 대령을 주목했다. 그리고는 미군 장교 한 사람이 말을 건넸다.

"한국 공군 축하한다!"

승호리 철교를 끊으려고 미군이 수없이 폭격을 했지만, 결국 한국 공군이 해냈다는 칭송이었다. 나중에 안 일이지만, 그 미군 장교는 한국 공군이 작전에 성공할 것인지 여부를 놓고 50달러의 내기를 했는데, 한국 공군의 성공 덕분에 내기에서 이겼다는 것이다.[23]

승호리 철교 차단작전을 비롯하여 6·25전쟁 후반 우리 공군이 거둔 전승의 기록은 오늘날 나가서 싸우면 반드시 이기는 자랑스러운 필승 공군의 전통으로 이어져 내려오고 있다.

4. 맺음말

공군의 역사가 모든 장병과 국민에게 올바르게 알려지고 또한 관심을 가지도록 하기 위해서는 언제나 '역사란 무엇인가?'를 깊이 생각해야 할 것이다. 그리고 역사는 과거를 연구대상으로 하지만 현실을 이해하게 해주고 미래를 밝혀주는 등불의 역할을 한다는 것을 알아야 하리라. 본고의 결론을 내린다면 ;

•첫째 : 지금까지 공군의 역사는 해방 이후와 1949년 10월 1일의 공군의 독립 그리고 6·25전쟁을 살피는 데 관심을 집중해 왔다. 최근 들어 주권회복을 위한 독립전쟁을 수행함에 있어서 항공력의 긴요함을 인식하고 외국에서 비행학교를 설립하여 조종사를 양성한 항공력의 선구자들을 몇몇 소수의 민간 전문가들이 연구하고 연구서를 펴내고 있지만 아직은 만족스러운 수준이 아니므로 앞으로 이들에 대한 사료史料를 광범위하게 수집하여 사료비판을 통해 공군사의 연구범위를 확대하여 정사正史로서의 『항공독립운동사』(假題)를 공군에서 편찬할 필요가 있다는 것을 강조한다.

•둘째 : 미국의 군사제도에서 '공군'이 독립된 것은 1947년 9월 18일이며, 공군사관학교가 콜로라도 주 덴버에 설립된 것은 1955년 7월 11일이었다.

---

23) 승호리 철교 차단작전에 대해 아래 자료를 참고했다.
·공군본부, 『공군사-공군 창군과 6·25전쟁-』 제1집 개정판, 2010.
·김신, 『조국의 하늘을 날다-백범의 아들 김신 회고록-』(서울 : 돌베개, 2013)
·윤응렬, 『상처투성이의 영광』(서울 : 황금알, 2010)

한편 우리 '공군'이 육군으로부터 독립한 것은 1949년 10월 1일이지만, 앞으로 공군의 초급·중견간부를 양성하기 위해 1949년 1월 14일 '육군항공사관학교'가 설치되었고, 그 후 공군의 독립과 더불어 '공군사관학교'로 개칭되었는데, 미 공군보다 6년 가까이 먼저 사관학교 교육을 개시했다는 것은 공군 독립을 위한 간부요원들의 놀라운 선견지명先見之明이 있었기 때문이며 또한 칭찬해야만 하리라.

•셋째 : 6·25전쟁 이후의 한국 공군의 발전과 활약에 대한 재해석은 앞으로도 계속 이루어져야 하며, 특히 공군의 단독 출격과정을 밝히면서 주요 전승 작전 중의 압권인 승호리 철교 차단작전을 소개했다. 즉 유엔 공군이 500회를 출격했으나, 성공하지 못한 것을 한국 공군이 한 번 실패하고 두 번째에 성공한 것이 1952년 1월 15일이며, 단독 작전을 개시한지 겨우 3개월만이었다. 이 작전의 성공은 실패한 사례를 분석하여 새로운 전술을 개발했고, 노련한 비행술 그리고 위험을 무릅쓴 감투정신에 의해 달성되었으며, 싸우면 반드시 이기는 필승 공군의 위상을 참전한 유엔군에 널리 알리게 되었다.♣

제 3 부
대학교육과 국방

I. 대학교육과 국방

II. 대학교육과 국방의식

III. 학도 군사훈련의 방향

VI. 진보주의 교육사상에 대한 허친스 박사의 비판

I

대학교육과 국방

문치文治에 종사하는 사람은 반드시 무예武藝로
방비防備할 줄 알아야 한다.
- 공자(孔子) -

돌이켜 생각해 보면, 1967년 10월 연세대학교에서 제6회 한국교육학회 학술연구발표 대회가 개최되었을 때, 필자는 「대학교육과 국방 의식」이라는 제목으로 발표를 하면서 대학생들에게 군사훈련(軍事訓練, Military Training)뿐만 아니라, 군사학(軍事學, Military Science)도 가르쳐야 한다고 제의했다. 그 후 사태의 급변으로 인하여 1969년부터 대학에서 본격적인 교련이 실시되었고, 금년(1971)부터는 새로운 차원의 군사교육이 실시되려고 한다.

그런데 일부 인사와 대학생들 가운데는 교련은 대학의 자율성과 학문의 자유 분위기를 파괴하는 요인으로 간주하는가 하면, 어느 저명한 대학 교수가 학생들에게서 "교련을 받아야 하느냐?"는 질문을 받을 때면, 마치 일제시대日帝時代 당시 애국지사들이 학도 지원병들로부터 "지원병으로 나가야 하느냐?"는 질문을 받았던 것과 같은 어려운 처지에 지금 놓여 있다고 하는 얘기를 들었다. 그 때 필자는 망치로 뒤통수를 얻어맞은 것 같은 체험을 했다. 그래서 필자는,

첫째, 공산주의자의 전쟁관과 북한의 침략 의도

둘째, 평화의 획득·유지는 전쟁이나 군대에 대한 멸시 그리고 증오로 가능한가?

셋째, 대학 교육은 군사교육과 상반되는 것인가?

하는 데 대해서 논의해 보려고 한다.

1. 북한의 침략의도侵略意圖

공산주의 변증법의 기본 법칙은 언어言語의 전도轉倒이다. 그래서 그들의 필요에 따라 언어의 개념과 의미가 변화하기 때문에 공산주의자가 아닌 사람들에게는 그 언어 사용에 당황과 혼란을 곧잘 가져다준다.

공산주의자들은 평화라는 단어를 전술(tactics)과 목표로 사용하고 있다. 전술로서의 평화는 폭력적 공세와 타국의 사기士氣 저하에 대비키 위하여 비폭력적 그리고 비군사적 방법을 사용한다는 것이요, 또 공산주의적 평화의 목표는 전 세계를 공산주의적 독재하에 '완전히' 굴복시키자는 것이다. 독재자 스탈린은 그의 저서 『레닌주의의 여러 문제』에서 "우리들은 평화라는 강력한 무기를 사용하였다. 그것으로 서방에 있는 노동자들 사이와 동방의 압박 민족 가운데 우리들의 혁명에 대하여 대중의 지지를 낳게 하였다"고 함으로써, 평화라는 단어도 하나의 혁명수단으로 사용하고 있음을 표시하고 있다.

소련의 군사 전문가인 샤포슈니코프는 "만약 전쟁이 다른 수단에 의한 정치의 계속이라면, 평화도 다른 수단에 의한 투쟁의 계속에 지나지 않는다."고 했다. 이렇게 되면 전쟁(戰爭, War)과 평화(平和, Peace) 사이에는 구별이 없어지고 다만 군사력의 사용 정도에만 차이가 있을 뿐이다. 그리고 이것이 바로 소련을 비롯한 공산주의자들의 교리(敎理, Doctrine) 및 전략(戰略, Strategy)의 기반이 되고 있다.

공산주의자들의 전쟁에 대한 태도를 살펴보면 레닌은,

"사회주의자가 전쟁에 반대한다면 벌써 그는 사회주의자는 못된다. 우리들은 전쟁의 근본적인 뿌리, 즉 자본주의자와 겨루어 투쟁하고 있다. 그러나 아직 자본주의가 근절되지 않는 한, 우리는 일반적으로 전쟁과 투쟁鬪爭하고 있는 것이 아니라, 반동전쟁反動戰爭에 대항하며 그리고 혁명전쟁을 위해 투쟁하고 있다."
고 했다. 그리고 전쟁은 목적 그 자체가 아니라 오히려 정책의 수단이라는 전제에서 출발한다. 즉 전쟁과 정치는 서로 치환置換할 수 있는 것이나, 전쟁은 정치 목적을 달성하는 수단이라는 것이다. 그들의 목적은 "공산주의 사회의 건설이 바로 그것이다."고 함으로써 그들의 야망이 세계 적화통일에 있음을 알 수 있다.

중국의 마오쩌둥(毛澤東, 1893~1976)도 "전쟁은 정치의 계속이다. 이러한 관점에서 볼 때 전쟁은 정치요, 전쟁 그 자체가 정치적 성격을 가진 행동이다.…그러므로 정치는 피를 흘리지 않는 전쟁이요, 전쟁은 피를 흘리는 정치라 할 수 있다."고 했다.

스탈린은 『볼셰비키의 교리대요敎理大要』에서 전쟁을 정의正義와 불의不義의 두 가지로 분류하여 다음과 같이 설명했다.

- 정의正義의 전쟁 : 정복의 전쟁이 아니라 해방의 전쟁이며, 인민을 외세의 공격에서 또 노예화의 기도에서 방어하기 위하여 일어나며 혹은 인민을 자본주의의 노예로부터 해방시키기 위하여 혹은 마지막으로 식민지나 예속된 국가를 제국주의의 예속에서 해방시키기 위해서 일어나는 전쟁이다.
- 불의不義의 전쟁 : 정복의 전쟁이며 외국과 외국민을 정복하고 예속하기 위하여 일으키는 전쟁이다.

마오쩌둥(毛澤東)은 스탈린의 약간 관념적인 정의 및 불의의 전쟁을 부연하여 "역사상에는 다만 두 가지의 전쟁, 즉 정의와 불의의 전쟁이 있다. 우리들은 정의의 전쟁을 지지하고, 불의의 전쟁에 대항한다. 모든 반혁명적 전쟁은 불의의 전쟁이고, 모든 혁명적 전쟁은 정의의 전쟁이다"고 하였다.

이런 관점에서 볼 때, 정의 및 불의의 전쟁을 결정하는 기준은 그들의 정치 목적인 '공산주의 사회의 건설', 즉 세계 적화이며 이 목적을 달성하기 위해서 일으키는 모든 전쟁은 정의의 전쟁이요, 그렇지 않은 것은 불의의 전쟁이라는 것이다. 그러니 북한에서 발간한 '6·25전쟁사'의 제목을 『조선 인민의 정의의 조국 해방전쟁사』라 붙인 것도 납득이 갈 것이다.

공산주의자들이 전쟁과 평화의 구별을 없애고 평화라는 배경에서 행하고 있는 전쟁과 닮은 수단을 사용하는 현상을 표현하기 위해 미국의 애트킨슨 교수는 폴리레코닉 전쟁(Polyreconic Warfare)이라는 말을 만들었다. 이 단어는 희랍어의 Polyreconism에서 온 말로, 전쟁과 평화의 융합 혹은 병합을 뜻한다. 그래서 폴리레코닉 전쟁은 비군사적 행동에서부터 군사적 행동에 이르는 광범한 투쟁 방법, 즉 '선전, 경제전, 테러, 사보타지, 간첩행위, 파괴활동, 스트라이크, 심리 및 정치적 공격, 외교적 압력, 게릴라전 그리고 선전포고를 하지 않는 재래식 전쟁' 등이 포함된다. 그러니 이 말은 공산주의자의 새로운 투쟁방식을 잘 표현한 것이라 하겠다.

따라서 1950년 6월 25일에 북한 공산주의자들이 남침을 개시했다는 견해見解는 부분적으로만 타당하다. 그들은 군사적 총공세를 취하기 전에 평화적 수단을 통한 한국의 내부 붕괴를 꾀하였고 그것이 실패하자, 1948년부터 게릴라전도 실시한 것이다. 이러한 현상을 1950년 6월 25일의 군사적 총공세와 분리하거나 고립된 것으로 본다는 것은 공산주의자의 평화 및 전쟁관戰爭觀에 대한 오해 내지 몰이해에서 기인한 것으로 생각된다.

우리나라의 일부 지성인이나 대학생들 가운데는 우리의 현실평가에 있어서 지금 북한의 위협은 받고 있으나 아직 전쟁상태가 아닌 평화로운 상태이며 대학생의 군사훈련은 학원의 병영화兵營化를 만들기 위한 것이라고 반박한다. 그들의 머릿속에는 전쟁과 평화는 확연한 구별이 있으며 전쟁은 국가 간의 선전포고宣戰布告에 의한 무력충돌이라는 19세기의 낡은 이론으로 무장되고 있다. 이러한 이론으로는 1945년 이후의 공산주의자의 침략전쟁을 이해하지 못할 뿐만 아니라 설명할 수도 없는 것이다. 이 점에 대해 애트킨슨 교수는 다음과 같이 말하고 있다.

> 평화를 가장한 새로운 전쟁을 이해하고 있는지의 여부는 검토해 볼 필요가 충분히 있다. 오늘날 세계 위기의 현저한 특징은 많은 국민이 현재의 전쟁 수행을 가장한 폴리레코닉 전쟁을 이해하고 있지 않을 뿐만 아니라, 우리들의 저명한 저술가와 평론가의 일부까지도 그 참다운 특성을 파악하고 있지 않은 것으로 생각된다.

이것은 비단 미국에서 뿐만 아니라 공산주의자의 생리를 가장 잘 알고 또 체험을 했다고 자부하는 우리들의 일부 지성인知性人에 있어서도 마찬가지가 아닌가 한다.

북한의 침략 의도에 대해서는 그들의 소위 「4대 군사노선」에서 명백히 엿볼 수 있다. 즉 '전 인민의 무장화', '전 지역의 요새화', '군의 간부화', '장비의 현대화'이다.

1967년 12월 새로 구성된 북한의 최고인민위원회 석상에서 김일성(金日成)은 "우리들의 세대에서 남북통일을 이룩해야 한다."는 내용의 연설을 하였고, 일설에 의하면 그는 "회갑回甲을 서울에서 지내고 싶다."고 했다는 것이다. 1970년 8·15 경축사에서 박정희(朴正熙) 대통령이 제시한 남북 간의 긴장완화에 관한 제의를 그들이 전면 거부하고 무력 적화통일을 위한 유일한 수단은 대한민국을 전복하는 것뿐이라고 했다. 그리고 1970년 11월 2일 제5차 당 대회에서 김일성은 그의 연설을 통하여 전 한국의 '적화통일'을 목표로 한국에 대한 투쟁정책을 계속 추진할 것이라고 밝혔으며, 그들의 전쟁준비 완료를 호언했다.

1969년 7월 25일 닉슨 대통령이 발표한 소위 「닉슨 독트린」으로 주한 미군이 철수함에 따라 김일성은 혁명전쟁의 '결정적 시기'가 성숙되었다고 오산할 가능성도 없지 않다. 오늘의 한반도 정세는 북한이 전쟁을 도발할 것인가 하는 것이 문제가 아니라, 우리들이 북한에 오산의 기회를 만들어 주느냐, 안 주느냐 하는 것이 문제인 것이다.

2. 평화의 유지방안維持方案

평화와 자유를 사랑하는 지성인은 비군사적·비통제적인 것을 좋아하며, 전제성, 독재성 그리고 전체주의적인 색채를 가지고 있는 군대라는 생리적 구조에서부터 배치될 뿐만 아니라, 그것을 싫어하고 멸시하고 또 나아가서 평화를 파괴하는 비참한 전쟁을 증오하고 또 그것을 얘기하는 것마저 수치로 생각해야 한다는 것이다. 그리하여 전쟁에 관한 문제를 연구하는 사람은 호전가好戰家요, 군국주의자軍國主義者로 간주해 버리고 만다. 이러한 지성인의 태도가 과연 참다운 평화주의자의 취할 바 태도일까?

이러한 소극적 태도로는 결코 전쟁을 억제하고 평화를 누릴 수 없을 것으로 생각한다. 왜냐하면, 무섭고 위태로운 전염병傳染病이 만연되었을 때, 그 전염병을 싫어하고 멸시하고 증오함으로써 방지할 수 있다고 생각하는 사람은 없기 때문이다.

전염병을 예방하기 위해서는 의학도醫學徒가 병리 실험실에서 무서운 병균의 발견과 그 생태를 연구해야 예방법을 알 수 있듯이, 전쟁을 방지하고 평화를 누리기 위해서는 먼저 전쟁을 이해하고 연구해야 하는 것이다. 그러나 대학에서는 비서학과에서부터 시작하여 실내장식학과에 이르기까지 거의 모든 각종의 학과가 있지만, 국민의 생사生死와 국가의 존망存亡을 다루는 국방학과國防學科나 군사학과軍事學科가 없다는 것은 우리의 국가안보를 위해 바람직한 현상이 아닌 것만은 확실하다.

한 국가의 흥망성쇠興亡盛衰는 그 국가의 국민들 자체가 전쟁을 어떻게 이해했으며 그리고 전쟁에 대하여 어떻게 대비했는가에 따라서 좌우되었다는 것을 역사는 우리들에게 가르쳐 주고 있다. 인류는 오랜 옛날부터 평화를 희구希求하여 왔다. 그러나 또 한편으로는 자기를 보호하고 남을 정복하기 위하여 무기를 제조하여 온 것도 사실이다. 그래서 인류가 있는 곳에 투쟁이 없는 때가 없었다. 많은 성현군자聖賢君子가 출현하여 투쟁이 없는 평화로운 사회로 만들기 위하여 끊임없는 노력을 하여 왔건만 그것은 모두 실패로 돌아갔다.

그리고 각 민족과 국가 간의 분쟁을 방지하고 또 해결하는데 필요한 여러 가지 수단 방법이 안출되어 시험을 거듭해 왔다. 처음부터 개인 간의 싸움인 경우에는 효과적인 해결방법이 발견되어 왔지만, 그러나 한 민족이나 국가처럼 규모가 커짐에 따라 분쟁의 조정기관은 한 번도 성공해 본 적이 없었다는 것을 역사는 말해 주고 있다. 그래서 이 모든 노력이 실패로 돌아갈 경우 유일한 해결방법으로 전쟁을 구사해 왔다.

우리들이 전쟁을 국가 간의 무력충돌이라고 하든, 국가 정책의 계속 혹은 영웅의 광적 발작이라 하든, 그것은 각자의 견해에 속하는 일이겠지만, 전쟁은 자연 현상이 아니며 우리의 생존과 문화 그리고 사회에 지대한 영향을 미치며 또 우리가 전쟁을 좋아하거나 싫어하거나 그것은 인류의 생존경쟁의 기본요소가 되어왔다는 사실을 알아야 한다. 그러기 때문에 전쟁은 인간의 천성天性이 변화되지 않는 한 여전히 우리들과 함께 그 형태를 달리하면서 존재할 것이다. 그리고 이러한 전쟁이 가져오는 파괴로 인하여 국가는 경제적·사회적 및 정치적으로 지대한 영향을 감수해야 한다. 패자敗者는 국민의 수많은 피의 희생은 더 말할 나위도 없고, 부귀영화뿐만 아니라 그 국가의 존립마저 말살 당함으로써 승자勝者의 의지에 굴복하지 않을 수 없는 것이다.

그리고 이러한 전쟁은 상호의 계약에 의하여 이루어지는 것이 아니라, 전쟁을 개시하고자 하는 한 국가나 집단만으로도 충분히 성립된다는 사실이다. 하물며 힘 이외는 믿지 않는 북한 공산주의자들에 있어서 전쟁의 가능성은 다만 우리들의 힘의 억제력 여하에 달려 있는 것이다.

국가 간의 교섭은 정의正義, 법法 그리고 평화적 수단으로 목표가 달성되어야 한다는 것은 하나의 희망이지, 현실은 파스칼이 갈파하듯 "힘없는 정의正義는 허약한 것이고, 정의가 없는 힘은 폭력이니 힘과 정의는 결부되어야 한다."는 것을 명심해야 한다.

이러한 문제를 가장 잘 알고 대처하여 국가의 독립과 평화를 누리는 것은 스위스와 이스라엘인 것이다. 일찍이 이탈리아의 마키아벨리(Machiavelli, 1469~1527)는 현지에서 스위스의 군사제도를 연구하고는 그의 유명한 저서, 『군주론君主論』에서 "스위스인들은 완전 무장되어 있으며, 거의 자유롭다." 고 감탄했다. 그는 그가 출생한 플로렌스에 이와 유사한 군대를 만들자고 권고했다.

여기서 간단히 영세 중립국永世中立國인 스위스의 군사제도를 살피면, 그들은 헌법상 철저한 국민개병주의國民皆兵主義를 채택하고 있으며, 모든 남자에게 20세부터 50세까지 병역 의무를 부과하고 있다. 그리고 병역 면제를 받는 이는 재직 중인 특정한 관리, 목사, 경찰관 등이지만, 대학생은 방학 중 군사훈련을 의무적으로 받아야 한다. 병역 문제자 및 신체검사 불합격자는 군 복무를 면제하는 대신 48세까지 28년간 병역 면제세를 내야하니 국방의무國防義務에 공짜가 없다.

이러한 노력의 대가는 충분히 보답되었다. 20세기에 들어 스위스를 침공하려는 강대국의 유혹은 그들의 힘의 과시로 저지될 수 있었다. 예컨대 1943년 3월 스위스의 정보기관情報機關은 스위스 공격계획이 독일의 최고 사령부에서 심각하게 논의되고 있다는 경고를 접하게 되자 스위스군 사령관 기장(Henri Guisan, 1874~1960) 장군將軍은 독일의 히틀러 친위대의 셀렌베르크 장군과 회담하여 스위스인들은 그들의 독립을 유지하기 위해 싸울 결의決

意가 되어 있다는 것을 확신시켰다. 히틀러는 스위스를 "조그마한 고슴도치"라고 부르면서 손을 대지 못했던 것이다.

우리가 군사력을 유지·강화하는 목적은 침략자의 침략 의도를 사전에 억지抑止하고 저지하는 데 있다.

물론 이렇게 하기 위해서 우리의 어려움과 고통은 측정하기 어려울 만큼 큰 것이다. 그러나 우리가 지금 땀 흘리는 것을 아끼면, 우리뿐만 아니라 우리 후손에까지 피로서 그 대가를 지불케 되는 것이다. 이 점에 대해 가장 이해타산利害打算의 계산이 빠른 경제학자들의 견해를 살펴보기로 하자.

국가의 물질적 번영은 정부의 간섭을 줄이고 개인의 자유를 보장하는데 기초를 두어야 한다고 주장한 영국의 애덤 스미스(Adam Smith, 1723~1790)는 국가의 안전보장에 관계할 때는 이 일반적 원칙이 절충되지 않으면 안 된다는 것을 쾌히 인정하였다. 그 이유는 방위防衛가 재화財貨보다 훨씬 중요한 것이기 때문이다.

거의 모든 문제에 대해 스미스와 견해를 달리하던 프리드리히 리스트(Friedrich List, 1789~1846)도 이 점에 관해서는 완전히 동의하였다. 즉 "힘은 재화보다 더 중요하다. 왜냐하면, 힘의 반대인 허약은 이미 획득한 재화뿐만 아니라 우리의 생산력, 우리의 문명, 우리의 자유, 그리고 비단 우리의 독립마저도 힘이 우세한 측의 손아귀로 넘어가게 하기 때문이다."고 했다.

한편 미국의 정치사상가 알렉산더 해밀턴(Alexander Hamilton, 1757~1804)도 필요시에는 안전보장의 명령에 자유까지도 양보해야 한다고 했다. 그 이유는 사람들은 보다 안전하기 위해서는 자유가 좀 적어지는 것도 달갑게 참아야 한다고 했다. 조국의 자유 독립과 평화를 염원하는 참다운 지성인知性人은 평화로울 때 전쟁을 연구하고, 전쟁을 할 때는 평화의 방향을 제시해야 하는 것이 아닐까.

3. 대학교육과 군사교육은 상반相反되는가?

고대 중국의 병서兵書인 『오자吳子』에 다음과 같은 내용이 있다.

> 옛날 제후의 한 사람인 승상씨丞桑氏는 덕德만 닦고, 무비武備를 게을리 함으로써 그 나라를 멸망시켰다. 또 유호씨有扈氏는 병사가 많다는 것을 믿고 용맹만 좋아하였으므로 그 나라를 잃었던 것이다. 현명한 군주는 이것을 거울삼아 안으로 문덕文德을 닦고, 밖으로 무비에 힘써야 할 것이다. 그러니 적이 공격해 왔는데 나가 싸우지 않는다면 그것은 정의正義라 할 수 없으며 적에 의해 쓰러진 송장을 보고 슬퍼하여도 그것은 인仁이라 할 수 없다.

한 국가가 독립과 평화를 누리고 발전해 나아가려면 문文과 무武는 동등하게 존중되어야 한다. 그것은 마치 수레의 양 바퀴와 같은 것이다. 만약 바퀴의 크기가 다르다면 그 수레는 제대로의 기능을 발휘하지 못할 것이다. 그러나 우리들이 잘못 해석한 유교의 숭문억무정책崇文抑武政策으로 문과 무는 갈라지고 또 제멋대로 그 크기도 달라졌으니 독립과 자유 그리고 평화의 유지를 할 수 없었던 것은 당연한 일이라 하겠다. 왜냐하면 공자(孔子)도 "문치文治에 종사하는 사람은 반드시 무예武藝로 방비防備할 줄 알아야 한다."(有文事者必有武備)고 했으니 말이다.

그리고 한 가지 주목할 것은 3백여 년 전에 실학자實學者인 반계 유성원(磻溪 柳馨遠, 1622~1673)이 그의 명저名著『반계수록磻溪隧錄』에서 문무文武에 대하여 다음과 같이 주장했다. 즉,

> 대저 문과 무는 본시 두 길이 아니다. 옛적에는 선비를 학교에서 가르침에 육예六藝를 강습하여 현능賢能한 이를 뽑아서 능력을 헤아려 직무를 맡기니 안에서 살면 향수(鄕遂 : 행정단위)에서 백성을 기르는 관리가 되고, 밖에 나가면 군사를 거느리고 외적의 모욕을 막는 장수將帥가 되었다. 이는

선비가 모두 실제에 쓰이는 학문을 하고 학문을 아니 한 자는 진실로 군사나 백성의 위에 올려놓을 수가 없는 것이다.

백성을 맡고 군사를 맡음이 진실로 두 가지 길이 될 수 없는데, 지금 무사武士들은 평상시에 흔히 염치가 없고 백성들에게 사납게 구는 것이 많고, 문사文士들은 전진戰陣에 다다라 어린 애기나 계집아이와 같으니 어떻게 하면 좋으냐 하는데, 본시 문과 무는 두 길이 아님은 옛적에 졸·여·사·군(卒旅師軍 : 군의 편성 단위)의 장수將帥는 모두 이들이 족·당·향·수(族黨鄉遂 : 행정단위)의 향사鄉士로서 안에 들어와서는 백성을 기르는 관리가 되고 밖에 나가서는 외모外侮를 막는 사람이 되는 것이니, 이는 선비는 모두 실용의 학문을 해야 하고, 학문을 아니 한 자는 진실로 장수가 될 수 없는 것이다. 후세에 문文은 붓에 물을 찍어 아로새기고 다듬고 하는 업業이 되고, 무武는 활을 당기어 조잡하고 사나운 일을 하는 것이 될 뿐이니, 이는 사람을 가리어 취함이 그 도道가 아니므로 말미암아 온 세상을 몰아서 그렇게 시키는 것이다. 진실로 사람을 기르고 사람을 취하고 하는 두 가지 일에 지금의 하는 짓을 변경하지 아니하면 그 위에 어찌 도수度數의 말단末端을 논하리오.

오늘날 우리의 지성인들 가운데는 아직도 "민족의 장래를 위해 학원에만은 군화軍靴소리보다도 한껏 자유가 있어야만 민족의 앞길이 탁 트이고…", "지성知性이나 진리眞理의 전당과 군화소리와는 원칙적으로 대립되는 개념이다"고 말하는 마당에 3백여 년 전 우리의 한 선비가 주장한 문·무에 대한 위와 같은 견해는 오늘날 우리의 현실과 미래전의 형태로 미루어 볼 때 놀라운 탁견卓見이라 하지 않을 수 없다. 왜냐하면, 국가 안보의 문제는 정치나 학문의 자유 그리고 학원의 자유 이전의 문제이기 때문이다.

그러니 만약 대학교육이 학문을 익히고 또 장차 우리나라의 지도자를 육성하는 곳이라면, 평시에 있어서는 국민을 지도하고 또 학술 연구에 전념하지만, 일단 유사시 그들이 앞장서고 나가서 싸우는 기백과 실력의 양성이 현시점에서 국가 안보의 첩경이니 군사교육과 훈련은 대학교육에 있어서 불가결한 것이 되어야 할 것이다. 뿐만 아니라 대학생들은 우리가 누리는 평화와 자유 그리고 독립의 유지는 하늘에서 자연히 떨어지는 것이 아니라 우리들 스스로의 노력으로 쟁취해야 한다는 것을 몸소 배우도록 해야 한다. 그래서 대학교육과 군사교육은 결코 상반되지 않을 뿐만 아니라, 결합될 수 있고 또 결합되어야 실효를 거두는 교육이 될 것이다.

우리나라의 근세사近世史는 우리 스스로가 국가를 지키고자 하는 결의決意와 준비의 소홀로 국가의 주권主權과 자유를 상실하는 굴욕적인 역사를 남겼다. 또 지난 날 동족상쟁의 피비린내나는 전쟁에 대한 일차적 책임은 북한 공산주의자들에게 있지만, 한편 공산주의자들에게 무력행사의 기회를 만들어 준 우리 스스로도 책임의 일단을 느껴야 한다. 오늘날 전쟁준비를 완료했다고 호언하는 북한에게 또다시 무력 침공의 오산을 범하지 않도록 우리의 힘을 실제로 과시하는 것은 우리의 중대한 당면 과제라 하지 않을 수가 없다.

대학에서의 군사교육 및 훈련은 우리의 당면 과제인 북한의 도발을 저지하기 위해서 뿐만 아니라, 앞으로 남북의 통일 정부가 이루어진다 하여도 필요한 것이다. 왜냐하면, 우리나라의 지리적 위치가 호주나 뉴질랜드가 아니라 중국, 소련, 일본 등 강대국 사이에 끼어 있어 국가의 독립과 자유의 보장은 입으로만 이루어지는 것이 아니고 힘의 배경에 의해서 이루어지기 때문이다. 그래서 감히 강대국이 엿보지 못하는 "고슴도치"가 되어야 하는 것이다. 이렇게 되기 위해서는 여러 가지 어려움과 고통이 수반되겠지만, 이것이야말로 우리들 후손들에게 주어야 하는 귀중한 유산이 아닌가 한다.♣

(『자유공론』, 1971년 3월호)

II

대학교육과 국방의식

평화를 바란다면 전쟁을 이해理解하라.
- 리델 하트 -

1967년 10월 26일부터 28일까지 한국교육학회韓國教育學會의 제6회 학술연구발표대회가 개최되었을 때, 필자는 두려움을 무릅쓰고 「대학교육과 국방의식國防意識」이라는 제목으로 발표를 했다. 이러한 제목을 택하게 된 동기는 우리들이 처해 있는 현실과 우리의 학교교육이 국방이라는 문제에 있어서 너무나 동떨어져 있다고 생각했기 때문이다.

국가의 복지사회福祉社會 건설 및 각 개인의 부귀영화는 국가안전보장(National Security), 즉 우리 국가를 타국의 공격이나 침략의 위험이 없는 상태에 안치하며, 타국의 공격·침략을 미연에 방지하는 동시에 만약 그러한 것이 발생할 경우에 그것을 진압할 수 있는 수단과 방법을 구비하고 있지 않다면, 우리들의 바람과 소망은 하나의 공상空想이나 잠꼬대에 지나지 않을 것이다. 이것은 지난 날 6·25전쟁을 통하여 뼈아프게 체험한 귀중한 교훈이라 생각한다. 그러나 때때로 서울 거리를 다니노라면 사마법(司馬法)의 "천하天下가 비록 평안平安하다 할지라도, 전쟁을 잊으면 반드시 위태롭다."(天下雖安 忘戰必危)는 구절이 머리에 떠올랐다. 이것이 필자로 하여금 그러한 제목을 택하게 한 이유였다.

그런데 그 후 모대학某大學의 여교수女敎授가 일간지日刊紙에 발표한 「어머니의 기원祈願」이라는 짤막한 글을 읽고 놀라지 않을 수가 없었다. 그 내용을 간추려 보면 다음과 같다.

> 우리의 오라버니들이 어렸을 때, 어머니들은 전쟁을 저주했고 하늘을 원망했다. 옆집에서 징병으로 끌려 나갈 때마다 어머니들은 합세해서 통곡을 했고, 전사통지戰死通知가 날아오면 온 동네가 초상난 집을 위해 근신했다. 당시의 군국주의軍國主義 교육을 받은 나는 학교에서 배운 애국심과 집안에서 느낀 모자母子간의 정리情理 사이의 갈등을 이해하지 못했다. 동서고금의 생활모습이 아무리 서로 다르다 할지라도 자식을 위한 어머니의 소원은 한결 같기만 하다. 자손들만은 오래 오래 평화를 누리도록 내가 못다 한 생生의 즐거움과 사랑을 마음껏 주고받기를 두 손 모아 기원하는 외곬 속 마음, 크고 작은 수 없는 전쟁 속에서 생명을 이어가는 동안 우리에게는 삶에 대한 강렬한 의욕만이 남았고 단 한 번만이라도 싸움의 위협이 없는 생을 살아 봤으면 하는 평화에의 희구希求만이 눈덩이처럼 커져왔다. 적어도 다음 세대에만은 그와 같은 평화가 오리라는 희망 속에 오늘의 비극을 살아왔다.

나는 이 글을 읽고 누구는 평화를 싫어했던가 하는 반문反問을 하고 싶은 심정이었으나, 한편 평화를 획득하기 위한 방법에 있어서 의견을 달리했다는 것과 또 해방 후 우리나라에 들어온 국적 불명의 코스모폴리타니즘(Cosmopolitanism)인 듀이의 진보주의 교육사상進步主義敎育思想이 의외로 뿌리를 갖고 있는데 놀라지 않을 수 없었다.

그런데 우리들이 열망하는 평화는 다만 평화를 바란다는 글이나 구호, 그리고 전쟁을 증오하고 싫어하는 것만으로 획득 가능한 것일까?

1. 역사와 전쟁

'전쟁이란 무엇인가?' 하는 개념규정概念規定을 하기에 앞서 전쟁이 인류사와 더불어 어떤 모습으로 관련을 맺어 왔는가 하는 것을 먼저 살펴보려고 한다.

인류의 역사는 바로 전쟁사戰爭史요, 투쟁사鬪爭史라고 해도 과언이 아닐 성 싶다. 저명한 브루셀 교수의 연구에 의하면, 서기전 1496년~1861년 사이의 3357년 동안 인간은 3130년간을 전쟁으로 소일消日하고 다만 227년간만이 평화로웠다는 것이다. 그러나 실상 227년간도 따지고 보면 전쟁 준비기간에 지나지 않았던 것이다. 이렇게 전쟁의 상처만 지니고 있었던 인간이지만 끊임없이 평화를 갈망하였고 또 추구했던 것이다. 예컨대 1920년부터 제2차 세계대전이 발발한 1939년 사이에 국제연맹國際聯盟에 의하여 조인된 평화조약에 대하여 생각해 보면 19년 동안에 무려 4,568회의 평화조약이 조인되었으며, 또 제2차 대전이 발발하기 직전 11개월간에는 211회의 평화조약이 조인되었다는 것은 아이로니컬한 현상이라 하지 않을 수 없다.

그런데 전쟁은 국가 간의 무력충돌이며 무서운 것이라 하지 않을 수 없다. 지난 6·25전쟁을 상기한다면 우리는 전쟁이 가지는 파괴와 살상과 혼란의 처참함을 골수에 사무치도록 체험했다. 이런 전쟁이 가져오는 파괴로 인하여 국가는 정치적, 경제적 그리고 사회적으로 지대한 영향을 감수해야 한다. 패자敗者는 국민의 수많은 피의 희생은 더 말할 나위도 없고, 부귀영화富貴榮華 뿐만 아니라 그 국가의 존립마저 말살 당함으로써 승자勝者의 의지意志에 굴복할 수밖에 없다는 것을 알고 있다.

인간은 오랜 옛날부터 평화를 희구希求하여 왔지만 또 인간이 있는 곳에 전쟁이 존재해 왔다는 것도 사실이다. 수많은 성현군자聖賢君子가 출현하여 싸움이 없는 평화로운 사회를 만들기 위하여 끊임없는 노력을 하여 왔건만 그러한 모든 것은 실패로 돌아갔다. 그리고 각 민족과 국가 간의 분쟁을 방지하고 또 해결하는데 필요한 여러 가지 수단 방법을 안출하여 여러 세대를 두고 무수히 시험을 거듭하여 왔다.

처음부터 개인 간의 싸움인 경우에는 효과적인 해결방법이 발견되었지만, 그러나 한 민족이나 국가처럼 범위가 넓어짐에 따라 분쟁의 조정기관調整機關은 한 번도 성공해 본 일이 없었다는 것을 역사는 말해주고 있다. 그래서 이 모든 노력이 실패로 돌아갈 경우 유일한 해결방법으로 전쟁을 구사해 왔다. 그런데 이 전쟁은 상호계약이 아니기 때문에 타국의 염원念願이나 욕구를 무시하고 전쟁을 시작하고자 하는 한 국가만으로도 충분히 성립되며, 또 전쟁은 인류 생존경쟁의 기본요소가 되어 왔던 것이니 인간의 천성天性이 변하지 않는 한, 그것은 여전히 인간과 더불어 어떤 형태로서든지 존재한다는 것을 알아야 하리라.

독일의 저명한 군사사상가軍事思想家 클라우제비츠는 전쟁을 정의定義하여 "전쟁이란 자국自國의 의지意志를 관철할 때까지 적국을 강제하기 위하여 행해지는 무력적武力的 행동이다."고 하였다. 이 정의定義에는 세 가지의 요소가 포함되어 있다.

첫째는 전쟁의 수단인 무력武力이다. 무력이란 물리적 폭력으로 구성된 것이며, 목적을 달성하기 위한 수단이며, 그 자체가 목적이 아니다.

둘째는 적국의 저항력을 상실시킨다는 것은 군사작전軍事作戰의 원래의 목표이기는 하지만 전쟁 그 자체의 목적은 아니다.

셋째는 적국의 저항력을 격멸한다는 것은 정치적 목적을 달성하기 위한 수단에 지나지 않는다.

그래서 세계에 전쟁 그 자체의 목적은 무엇인가 하면, 그것은 적국에 대하여 자국의 의지를 강제하는 것이다. 자국의 의지란 전쟁에 의하여 달성하고자 하는 자국의 정치적 목적에 지나지 않는다. 그래서 "전쟁은 다른 수단에 의한 정치의 계속이다."고 하는 전쟁과 정치와의 관계에 관한 그의 견해는 오늘날에도 탁견卓見이라 하지 않을 수 없다. 이것은 공산주의자들의 게릴라 전략·전술을 이해하는 데 기본요소가 된다.

동양의 병학자兵學者 손자(孫子)가 쓴 병서兵書, 『손자孫子』는 개권벽두開卷劈頭에서 "전쟁이라는 것은 국가의 중대사로서 국가의 존망存亡과 국민의 사생死生을 좌우하는 것이니 신중하게 고려하지 않으면 안 된다."고 지적하고, 전쟁을 소홀히 다루어서는 안 됨을 가르쳐도 전쟁이란 무엇인가 하는 개념규정이나 그것의 본질구명本質究明은 각자의 판단과 자각에 맡기고, 계속하여 "국가가 멸망하면 다시 살아나지 못하며 죽은 자도 다시 살아날 수 없다. 그러므로 현명한 왕은 전쟁에 대하여 신중하며 훌륭한 장수將帥는 전쟁에 대하여 심히 주의를 한다. 이러한 조치는 국가를 평안케 하며 군軍을 온전하게 하는 길이다."고 했다.

아무튼 우리들은 다만 전쟁을 싫어만 할 것이 아니라, "평화를 바란다면 전쟁을 이해理解하라."고 한 리델 하트(Basil Henry Liddell Hart, 1895~1970)의 말을 되새겨야 하리라.

2. 공산주의자의 전쟁관戰爭觀

"그러므로 저편의 능력과 의도를 알고, 이편의 그것을 알고 있으면 백 번 싸워도 위태롭지 않다."고 한 『손자孫子』의 명구名句는 옛날이나 오늘날에나 변함없는 진리이다. 우리들이 공산주의자의 위협에 대항하기 위해서는 먼저 적의 능력과 의도를 알아야 한다. 소련의 공산주의 지도자들은 군사력을 국제관계의 외교에 있어서 불가결한 요소로 생각했다. 그러나 공산주의 이론은 보편적 평화를 소련 외교정책의 주요한 목적이라고 이론구성을 했으나, 그것은 또한 전쟁을 자본주의의 불가분의 산물産物이라고 판정을 내렸다. 즉 전쟁은 자본주의를 폭력으로 전복함으로써만 제거할 수 있다는 것이다. 그래서 레닌은 다음과 같이 주장하였다.

> 사회주의자社會主義者가 전쟁에 반대한다면 벌써 사회주의자는 못된다. 우리는 전쟁의 근본적인 원인, 즉 자본주의와 겨누어 투쟁하고 있는 것이다. 그리고 자본주의가 아직 근절되지 않는 한 우리는 일반적으로 전쟁과 투쟁하고 있는 것이 아니라, 반동전쟁反動戰爭에 대항하여 그리고 혁명전쟁革命戰爭을 위해 투쟁하고 있는 것이다.

그리고 1919년 3월에 열린 제8차 공산당회의 중앙위원회에 대한 보고報告 가운데 레닌(Vladimir Ilyich Lenin, 1870~1924)은 다음과 같이 기술記述했다.

> 우리는 비상사태에 살고 있을 뿐만 아니라, 조직상태 가운데 살고 있다. 소비에트 공화국이 제국주의帝國主義 국가들과 오랫동안 공존共存한다는 것은 생각할 수 없다. 어느 쪽이 종국에는 승리해야만 한다. 그리고 그 종국이 오기 전에 소비에트 공화국과 부르주아 국가들 사이에는 일련의 무서운 충돌이 불가피하다.

이러한 레닌의 입장은 1928년 제6차 국제공산당 회의에서 명백하게 확인되었다. 자본주의의 전복은 폭력 없이는 불가능하다. 즉 부르주아지들에 대항하는 무력궐기나 전쟁 없이는 불가능하다는 것이다.

스탈린(Iosif Vissarionovich Stalin, 1879~1953)이 죽은 후, 소련 공산당은 자본주의 국가와 사회주의 국가 간의 전쟁이 불가피하다는 이론을 공식적으로 포기하여 왔다. 그러나 이것은 결코 그 우연성마저도 배제한 것은 아니다. 1956년 2월 흐루시초프(Nikita Sergeevich Khrushchyov, 1894~1971)의 연설은 공산주의의 정치교리政治敎理에 대한 엄격한 수정이라고 일컬어지고 있는데, 그는 분명하게 전쟁의 불가피성에 대한 레닌의 주장을 거부하고 간접적으로 열핵무기熱核武器를 저지하는 효과를 가르친 것이다. 뿐만 아니라, 그는 치밀한 공산주의자의 입장에 대하여 행한 성명 속에서, "착취자들의 저항의 정도 및 형태가 폭력으로 진압할 필요까지는 없다면, 사회주의로의 변천은 힘이나 시민전쟁市民戰爭을 거쳐 올 필요는 없다."고 선언하였다.

이러한 공산주의 교리敎理의 새로운 해석은 소위 경쟁적인 공존의 새로운 전술戰術 및 자본주의 국가의 여러 모순의 사리적私利的 이용利用에 대한 이론적 근거로서 지대한 의미가 있지만, 결코 그들이 군사적 강제를 수단으로 보는 데는 아무런 변화도 없는 것이다.

공산주의자의 입장에서는 여전히 전쟁의 합리성이란 기타의 폭력과 마찬가지로 보편적 도의적道義的 원칙으로서가 아니라, 구체적인 정치목적에 대한 수단의 관계로 판단되어야 한다. 전쟁은 사정에 따라서 공산주의의 목적에 이바지 할 수도 있고 또 못할 수도 있으나, 전쟁 자체는 도의道義와는 아무런 관계가 없다. 전쟁은 평화와 마찬가지로 그들에게 있어서는 목적에 이르는 수단이다. 그러므로 전쟁은 그 자체의 특유한 정치적, 사회적 특색과 공산주의 정권에 대한 그들의 세계적인 기지基地, 즉 소련에 대한 특수한 효용으로서 판단을 내려야 한다.

공산주의 이론가理論家들은 전통적으로 전쟁의 형태를 제국주의 전쟁, 국민전쟁 그리고 혁명전쟁으로 분류하여 왔으나, 스탈린은 그것을 다시 '정의正義의 전쟁'과 '불의不義의 전쟁'으로 통일하였다. 즉,

- 정의正義의 전쟁 : 정복의 전쟁이 아니라 해방의 전쟁이며, 인민을 외세外勢의 공격에서 또 예속화의 기도에서 방비하기 위하여 일어나며 혹은 인민을 자본주의의 노예상태로부터 해방시키기 위하여, 혹은 마지막으로 식민지 또는 종속된 국가를 제국주의의 예속에서 해방시키기 위해서 일어나는 전쟁이다.
- 불의不義의 전쟁 : 정복의 전쟁이며 외국과 외국민을 정복하고 예속화하기 위해서 일어나는 전쟁이다.

첫 번째 종류의 전쟁을 공산주의자들은 지지하며, 두 번째 종류의 전쟁에

대해서는 단호한 투쟁을 일으켜 대항하여 혁명을 일으켜 그 제국주의 정부를 전복시켜야 한다고 주장했다. 그렇다면 정의正義 및 불의不義의 전쟁에 있어서 그것의 결정 기준은 어디에 있는가? 그것은 바로 공산주의 국가의 이익에 의하여 결정되는 것이다. 그래서 1950년 6월 25일 북한에 의한 전쟁 도발을 그들은 「조선인민의 정의正義의 조국해방 전쟁」이라고 서슴지 않고 선전하고 있다.

공산주의자들이 전쟁의 불가피론不可避論을 포기하였다고 언명言明하는 것은 그들이 평화를 애호하기 때문이 아니라 핵무기核武器의 극대화로 인하여 총력전쟁總力戰爭은 그들의 정치목적과 상반되기 때문에 일시 피하고 있을 뿐이다. 그래서 그들은 서방측 여러 국가에 대한 결정적 군사상의 우위 획득을 구하여 이 큰 목적을 달성할 때까지 정치·심리에 의한 서방측의 약체화를 노리고 있다. 이 목적을 달성할 때까지의 공산전략共産戰略의 중간 목표는 서방의 우월한 자원의 통합을 방해하기 위해 서방 여러 국가의 분열을 악화시키는 데 있다.

공산주의자들은 군사상의 우위를 확보하지 않는 한 주로 정치·심리전의 전략을 취하겠지만, 최종적으로는 그들의 의지意志를 군사적 방법에 의하여 획득하려고 노리고 있다. 가능하다면, 군사력을 사용한다는 협박에 의하지만, 만약 서방西方이 굴복하지 않는다면 실제로 군사력을 사용하는 것이다.

서방측의 전략에 의한 군대의 사명은 "전쟁에 대비하여, 만약 전쟁이 발발할 경우 싸워서 승리한다."는 개념에 안주安住하고 있다. 이런 전통적 견해를 가지고 오늘날의 공산주의 전략에 대항할 수 있을까? 그들의 평화와 전쟁의 선의 구분을 흐리게 함으로써 서방측의 군사력을 약화시킨다는 것이다.

그리하여 소련의 샤포슈니코프 장군將軍은 "만약 전쟁이 다른 수단에 의한 정치의 계속이라면 평화도 역시 다른 수단에 의한 투쟁의 계속이다."고 주장했다. 이것은 그들 전략의 기본사상基本思想이 되어 있으며, 또 전쟁과 평화 간의 구별은 없어지고 다만 항구적 투쟁에서 사용되는 역량의 정도 차이가 남아있을 뿐이다. 그들이 애용하는 투쟁방식은 선전宣傳, 경제전經濟戰, 사보타지, 첩보諜報, 파괴활동, 스트라이크의 도발, 시민의 동요, 심리·정치적 공격, 외교적 압력, 게릴라 전戰, 한정된 재래형在來型의 선전宣傳하지 않는 전쟁 등이 포함되는 것이다.

3. 우리의 군사적 유산遺産

삼국시대三國時代의 우리 조상의 민족성이나 무사도武士道는 마치 서구세계西歐世界에 있어서 찬란한 문화와 전통을 수립한 그리스의 스파르타 그리고 로마의 그것과 거의 비슷함을 엿볼 수 있다. 그들은 스스로가 군인이 되는 것을 가장 슬기로운 명예名譽로 여겼고 국가에 대한 복종심과 헌신적인 정신이 투철하였으며 또 사회적 자부심을 그대로 무사정신武士精神으로서 실천에 옮겼다.

예컨대 고구려高句麗의 태학太學은 귀족자제貴族子弟와 정부관리政府官吏의 양성기관이며, 여기서는 경학經學과 문학文學 외에 무예武藝도 학과목으로 가르치는 문무일치文武一致의 교육을 실시했다. 또 각 지방에는 경당扃堂에 미혼소년未婚少年들이 모여 송경誦經과 활쏘기의 연습 등 무예를 닦았다. 그들은 평상시 종교적 도야陶冶와 무예를 수련하다가 일단 유사시에는 전장戰場으로 나갔다.

우리들은 고구려에서 문무일치의 조화된 학교 교육의 참모습을 찾아볼 수 있다. 특히 고구려 후기에 있어서 평민의 자제들이 들어갈 수 있었던 경당은 방방곡곡에 보급되어 있었다. 그들은 검소하고 무武를 숭상했으며 특히 기사騎射에 능하였다. 동서고금을 통하여 국가를 건설하고 발전시킨 곳에서는 그러하듯 고구려도 군비軍備의 철저, 무사도武士道의 진작振作, 그리고 엄격한 군율軍律을 가지고 있었기 때문에 중국의 수隋·당唐의 침입을 격퇴시킬 수 있었다.

신라新羅의 화랑花郞은 너무나 유명하다. 이 화랑을 중심으로 양가良家 청년들이 구름같이 모여들어 훈련과 인재양성의 본부를 이루었고 특히 통일신라統一新羅의 토대가 되었던 것이다. 화랑제도花郞制度의 목적은 청소년들의 집단훈련을 통해 통일신라의 터전을 이룰 슬기롭고 용감한 청년의 양성, 즉 현좌충신賢佐忠臣과 양장용사良將勇士 등 야인방국治人防國의 인재를 뽑아 육성하는 데 있었다. 그 훈련 내용을 보면 학문學問과 도덕道德을 습득하는 한편 무술을 연마하여 훌륭한 군인이 되는 스파르타적인 기풍氣風이 있는 한편, 산천山川을 유람하면서 노래와 풍류風流로서 즐기는 정서생활情緖生活도 소홀히 하지 않았다.

무엇보다도 화랑은 신라가 삼국통일을 이룩하기 위한 군사적 기반을 제공하여 주었음은 의심 할 여지가 없다. 이 점에 대해 일본日本의 사학가史學家 하타다 다카시(旗田巍) 교수의 견해를 소개하면 다음과 같다.

> 신라왕국新羅王國의 중핵中核을 형성한 것은 골품骨品으로 편성된 신라인이요, 특히 제일골第一骨에 속하는 귀인층貴人層이었다. 신라의 발전은 고구려, 백제, 일본과의 전쟁 속에 있었으나, 그 전쟁에 필요한 군대의 중핵을 이룬 것은 귀인貴人의 청년이었다. 그들은 무용武勇과 절의節義를 자랑으로 하는 전사戰士, 화랑이 되어 신라군新羅軍의 선두先頭에서 분투했다. 그것은 씨족사회氏族社會의 청년단체의 전통을 가지고 공동의 적敵을 타도하고 공동운명을 타개하기 위해서는 자신의 신명身命을 바치는 용사勇士였다.

그런데 통일 이후의 중대中代 신라가 전제적인 왕권의 확립을 위하여 유교儒敎의 정치이념을 채용하려고 한 것은 주목할 만한 경향이라 하겠다. 유교를 중국中國으로부터 받아들이므로 문화적 발전을 가져온 것만은 사실이지만, 원래 유교 정신에는 봉건적 정치이념을 내포하고 있으며 상고적尙古的 전승적傳承的 내용을 가지고 있으므로 우리나라 민족의 자주적이며 과감하고 진취적인 민족성을 점차로 약화시켜 사대사상事大思想을 조성케 했던 것이다. 유교의 영향은 서민보다도 왕가, 귀족, 그리고 양반兩班 등 특권계급에 더욱 현저하였다. 왜냐하면 조정에서 왕권확립을 위하여 유교를 이용한 것과 양반계급들이 자가自家의 권위와 생활을 분식粉飾하기 위해 유교를 이용했기 때문이다.

신라에서는 원래 인재등용에 있어서 본인의 품성品性, 행실行實 그리고 무술武術을 기준으로 했는데 삼국三國을 통일한 후로는 군사력 강화에 대하여 소홀하게 생각하게 되고 안일에 흐르면서, 신라 38대 원성왕元聖王에 이르러서는 유교 지식知識의 다소多少에 따라 인재등용의 기준으로 삼았기 때문에 상무정신尙武精神은 이때부터 점점 폐퇴하고 소멸해 갔던 것이다.

이런 결과의 좋은 예는 고려시대의 '정중부(鄭仲夫)의 난亂'(1170)일 것이다. 숭유호문崇儒好文의 폐단은 문무文武의 차별 대우로 조성케 되어 무신武臣에 대한 천대는 마치 노예와 같았다. 이에 무신들의 원한이 날로 더하여 마침내 반란反亂이 일어났고 또 급기야 무단정치시대武斷政治時代도 나타났던 것이다.

조선시대朝鮮時代에 있어서는 더욱 숭문억무정책崇文抑武政策으로 일관했으며, 인재등용의 과거科擧에 있어서도 문·무과文武科가 있었으나 문과는 많이 뽑아도 무과는 뽑지 않거나 혹은 그 채용비율이 아주 낮았다. 이러한 사회 환경에서 국가를 수호하는 훌륭한 장수將帥나 병사兵士의 출현을 바란다는 것은 어처구니없는 노릇이다. 이이(李珥, 이율곡, 1536~1584) 같은 이가 국제정세로 미루어 임진왜란 전에 방위력의 쇠약함을 지적하고, 선조왕宣祖王에게 '10만 양병론十萬養兵論'을 상소하였으나 그의 의견에 찬성하기는커녕, 유성룡(柳成龍, 1542~1607) 같은 이는 오히려 무사한 때에 군대를 양성하는 것은 화를 가져오는 일이라고 반대했다.

그러나 철추는 가차 없이 떨어졌으니 그것이 바로 임진왜란壬辰倭亂이었다. 이이(李珥)는 이미 세상을 떠나 없었지만 유성룡은 몸소 그 난亂을 겪고 후회하는 말로, "나는 그 때 민심民心이 소란할까 하여 반대하였더니 지금 생각하여 보면 율곡(栗谷)은 참으로 성인聖人이다. 그 때 그의 말을 채용하였더라면 오늘날 이 나라의 형세形勢가 이 같이 극도에는 이르지 않았을 것이다"고 했다.

정치지도자들은 권력쟁탈을 위한 골육상쟁 그리고 타국을 위해서 목숨을 바칠 줄은 알아도 자국의 국방문제國防問題에는 관심이 적었다. 그러기에 임진왜란 후 또 병자호란丙子胡亂을 자초하였고, 청일淸日·러일전쟁을 통하여 주권은 땅에 떨어졌다. 한 국가의 왕이 자기 나라의 수도首都에 있으면서 위태로워 외국 공사관에 숨어 있어야만 했으니 이것은 역사상에 있어서도 드문 일이다. 그러니 국가의 주권을 일본에게 빼앗기면서도 한 번 크게 싸워보지도 못하고 말았으니 원통한 일이 아닐 수 없다.

사가史家 신채호(申采浩)는 "수백 년 동안 썩어 빠진 선비(유인儒人)들이 어리석은 붓 끝으로 소용없이 지껄이는 것이 '무공武功이 문치文治만 같지 못하다'고 하며 몇몇 기개 없는 신하들이 혀를 놀려 그릇된 수작을 하여 어진 사람은 강한 자에게 무조건 굴복하는 것이 좋다는 사대주의적事大主義的인 정책으로 날로 자기의 강토가 줄어 들어가는 것도 돌보지 않고 민심은 타락하여 과거에 굳세고 우렁차게 나간 사실史實은 덮어 버리고…"라고 말한 데 대하여 우리들은 귀를 덮어서는 안 되리라.

옛날 로마 공화국에서는 시민권市民權을 가진 국민이라야만 병역의무兵役義務를 가졌고, 노예는 군인이 될 수 없었던 것이다. 그러나 우리나라는 무력武力의 행사를 부인하고 또 천시했기 때문에 군인은 가장 천한 노예나 무지몽매한 무례한 따위가 할 일이라고 생각했다. 그러니 국가와 국민이 평안하지 못하였을 뿐만 아니라, 노예의 굴레를 벗어나지 못하는 것도 당연한 이치이리라.

4. 국방과 학교교육

우리의 지정학적地政學的 위치는 아시아에 있어서 중요한 곳이다. 중국대륙이나 만주 등에서 일어난 큰 세력이 일본 및 태평양 쪽으로 진출하고자 하거나 또 일본이 중국이나 만주로 진출하고자 하면 반드시 우리나라를 통과해야만 한다. 그래서 우리나라는 외세外勢의 좋은 침략 대상이 되었다. 그런데 우리의 군사적 유산은 부정적 요인을 가지고 해방을 맞이했다. 해방과 더불어 국토의 양단, 공산주의자의 위협에 대항하는 등 우리의 국가 현실에 이바지하는 데 있어서 우리의 학교교육은 과연 무엇을 했던가? 국가정책을 수행하는 가장 훌륭한 수단은 교육이라고 한다. 그렇다면 국가존립國家存立의 가장 기본이 되는 국가의 안전보장 문제에 대해 학교교육은 어떤 역할을 했던가?

필자는 다음 몇 가지 이유로 일반학교一般學校 교육이 큰 역할을 하지 못한 것으로 생각한다.

• 첫째, 국방의 문제와 학교교육은 별개 차원의 문제로 생각하는 이가 적지 않다. 즉 국방문제는 군인들의 영역에 속하고 일반국민이나 학교교육은 상관할 바가 아니라는 사고방식이다. 그러나 현대전現代戰은 국방의 문제가 군인뿐만 아니라, 온 국민의 문제가 되었음을 말해주고 있는 것이다. 서양에 있어서는 나폴레옹 이후부터 전쟁은 전 국민의 총력에 의하여 수행되는 것으로 통용되었는데, 우리나라의 지성인知性人 가운데는 아직도 전쟁은 군인에게만 넘겨버리는 버릇이 있는 것은 불행한 일이 아닐 수 없다. 그래서 교육전문가敎育專門家라는 분도 "대학에서까지 전면적으로 군사훈련을 실시한다고 하는 것은 대학교육의 근본 목적에 위배 되는 일이며 또 전체적인 학력 저하가 우려된다."(「조선일보朝鮮日報」, 1965. 9. 21.)고 말하였다.

필자는 이 분들의 견해에 이해는 가지만 동의同意는 할 수 없다. 미국의 대통령이었던 토마스 제퍼슨(Thomas Jefferson, 1743~1826. 재임 : 1801~1809)은 그의 친구 먼로에게 보낸 편지에서 다음과 같이 말했다. "모든 국민이 병역兵役의 의무를 가질 필요가 있으며, 그리스와 로마의 경우가 그랬고 또한 자유국가라면 모두 그러해야 할 것이다. 우리는 전국의 남성을 교육시키고 분류하여 군사학軍事學 교육을 대학大學의 정규과정으로 만들어야 한다. 이것이 완성되지 않는 한 우리의 안전은 기할 수 없다." 국민의 생존과 국가의 존망存亡 및 안전에 관심이 없는 학교교육이란 그 나라를 위해 존재가치存在價値가 없는 것이다.

•둘째, 해방 후 우리나라에 유행했던 진보주의 교육사상進步主義敎育思想이다. 이 문제에 대해서는 필자가 다른 곳에서 상론詳論했기 때문에 요점만 얘기하려고 한다. 모든 가치판단의 기준이 현금가치現金價値나 실용적 공리功利에만 있다고 한다면, 애국심 또는 국가와 민족을 위하여 의로운 죽음이나 희생을 바치는 것이야말로 명예롭고 가치 있는 일이라는 얘기는 얼빠진 사람의 잠꼬대가 아니면 시대착오적인 말로 되어버리기 마련이다. 거기다 진보주의 교육은 어디까지나 피교육자의 자유를 존중하고 또 취미본위趣味本位를 강조한다.

그러나 군대교육은 임무본위任務本位의 교육이라고 표현하는 것이 좋을 것이다. 군대교육은 본질상 피교육자被敎育者의 자유나 취미의 영역을 훨씬 넘어서 있는 것이다. 우리들이 그냥 잊어버릴 수 없는 것은 진보주의 교육사상은 코스모폴리타리즘의 성격을 지니고 있다는 것이다. 오늘날 우리 교육이 "한국인韓國人이 없는 교육"이라고 지탄을 받는다면 여기서 연유한 것으로 생각하는 것이다.

입과 글로 전쟁을 증오하며 세계평화를 부르짖고 또 무비武備를 반대하는 것이 세계평화를 획득하는 유일한 길이며, 군軍·병兵 그리고 '무'자武字를 입밖에 내는 사람은 군국주의자軍國主義者로 생각하고, 자기만 평화주의자인

냥 과신하는 사람들 가운데 코스모폴리타니즘에 빠진 사람이 많은 것이다. 오늘날의 국제정치는 힘의 정치이며, 또 파스칼(Blaise Pascal, 1623~1662)이 갈파하듯, 힘없는 정의正義는 무력함을 알아야 한다. 이에 대하여 맥나마라 전前 미 국방부 장관도 "적어도 국제 문제를 처리하는데 세계가 유효한 법法의 지배를 발전시킬 때까지는 외교정책의 기초는 힘이다."고 했다.

아무튼 우리나라 사회의 풍토가 국방문제나 군인이 되는 것을 명예롭게 여기지 않았던 원인은 앞에 얘기한 바와 같이 숭문억무정책崇文抑武政策에 의한 것이며 그렇기 때문에 학교교육은 그 문제에 관심을 두지 않았던 것만은 사실이다. 그러나 현실은 우리들이 생존과 평화를 바란다면 국방의 문제는 학교교육의 기본 요소가 되어야 한다고 생각한다. 그 이유는 부단한 공산주의의 침략위협과 우리 조국의 수호에 있는 것이다. 1964년 2월 북한 인민군 창군創軍 16주년 축하대회에서 참모총장參謀總長 최광(崔光) 대장은 다음과 같은 요지를 발표했다.

① 전 인민무장全人民武裝, 전국 요새화, 즉 인민군대를 중핵中核으로 하는 전 인민적인 방어태세가 확립되었다.
② 군사과학과 최신기술로써 자력으로 군대건설의 복잡한 문제를 해결하였다. 또 전 인민全人民 무장武裝에 필요한 간부도 충원시켰다.
③ 모든 면에서 국방력을 강화하고 제국주의帝國主義의 침략을 배제하는 동시 수정주의를 단호하게 반대한다.

북한의 전쟁 일변도의 체제는 날로 강화되어 가고 있다. 1967년 2월 8일 김일성金日成은 한반도 통일韓半島統一을 또 무력수단으로 달성해야 한다는 점을 분명히 하고 1968년을 전쟁준비의 해로 설정했다. 1967년 12월 16일 김일성은 일대숙청을 끝내어 약 백 명으로 추산되는 요직인물들을 추방하고 북한을 전시정권 체제하에 두었었다. 그리고 북한의 군사훈련은 현재 수세전략守勢戰略에서 공세전략攻勢戰略으로 변경되었으며, 군사교육 특히 방공

교육防空教育이 학교, 공장 및 집회를 통해 일반인에게 실시되고 있다. 3천명 이상의 직공을 가진 모든 공장의 예비부대에는 대포가 제공되어 왔고 또 모든 주요 군사시설은 지하로 들어갔으며 모든 항공기의 격납고는 산기슭에 파놓은 지하실로 옮겨졌다.

그들 국방예산의 급증急增, 최신무기의 도입 등은 그들의 선언宣言이 결코 허위가 아님을 말해 주고 있다. 다만 우리 국민 및 국가의 상태가 김일성에게 결정적인 승리를 확신케 하는 날에는 서슴지 않고 제2의 6·25전쟁을 유발한다는 것은 공산주의 전쟁관戰爭觀에서 이미 설명한 바와 같은 것이다. 베게티우스가 "평화를 원한다면, 전쟁에 대비하라"고 한 말은 새로운 이미지를 가져온다. 힘의 균형이 무너지는 때와 곳에서는 언제나 전쟁이 일어나기 마련이며, 공산주의자는 이것을 그들의 중간 목표로 삼고 있기 때문이다.

에이브러햄 링컨(Abraham Lincoln, 1809~1865. 재임 : 1861~1865) 대통령은 "현재 우리가 있는 곳이 어디이고 우리는 어디로 흘러가고 있는지를 먼저 알 수 있으면, 우리는 무엇을 해야 하고 어떻게 해야 할 것인가를 더 판단할 수 있다."고 했다. 그런데 어떤 이는 말하기를 "우리의 교육은 어떠한 형태이건 개혁改革이 필요하다는 기운에 차 있다. 이것은 그동안의 교육의 실패에서 오는 반성적反省的 귀결이 아니라, 오히려 보다 잘 해 보겠다는 의욕적 발동에서 그 시발을 찾아야만 한다."고 했고, 또 어떤 이는 "한국의 교육이 병든 지도 오래되고 병세病勢는 점점 악화되어 가고 있어 식자간識者間에는 정확한 진단과 적절한 처방이 무엇일까에 대해서 중지衆智를 모으려고 힘쓰고 있으나 별 묘안이 없는 모양이다."고 했는데, 그것은 각자의 가치기준에 따라 서로 다르겠지만, 아무튼 일반학교 교육이 해방 후 20년간 학생들에게 어느 정도 국방의식國防意識을 넣어 주었으며 또 국토방위의 중요성을 인식시켰느냐 하는 문제를 생각할 때 말하기는 거북하지만 두드러지게 기여하지 못했으며 이런 현상은 고등교육高等教育을 받은 사람일수록 더 심했다는 것을 말하지 않을 수 없다.

군대의 의무복무 연한義務服務年限은 청춘의 허송세월虛送歲月이며 제대일자除隊日字만 손꼽고 있는 군인들에게는 만리장성萬里長城, 마지노선線, 그리고 최신무기인들 무슨 소용이 있겠는가.

자기 나라는 자기의 힘으로 지켜야 하고 또 그런 일에 보람을 가지게끔 하는 교육은 어려서부터 학교교육을 통해서 하는 것이 효과적이며, 군대교육은 최신과학무기最新科學武器의 조작과 새로운 전략·전술의 연구계발硏究啓發에 집중하는 것이 좋을 것이다.

이제 우리들도 일반학교에서 군사훈련(軍事訓鍊, military training)을 하리라고 한다. 필자는 장차 우리나라의 지도적指導的 인재를 양성하는 대학교육에 있어서는 비단 군사훈련뿐만 아니라, 군사학(軍事學, military science)도 필수과목으로 가르쳐야 한다고 생각한다. 즉, 학기 중에는 군사학의 핵심이고 군사고전인 『손자병법』(513 B.C?)과 클라우제비츠의 『전쟁론』(1832) 및 전쟁사 등을 가르치고, 여름방학 때는 군사훈련을 실시하는 것이 좋으리라.

이렇게 함으로써 우리들은 평화와 안전이란 결코 공포의 부산물이 아니라 지대한 노력과 강한 신념信念의 부산물이며 또 평화는 다만 전쟁을 증오하고 평화를 사랑한다는 말로써 획득되는 것이 아님을 배워야 한다.

평화를 사랑하고 또 평화를 바라는 사람들은 그것을 획득하기 위해서 땀 흘리는 것을 두려워하지 말아야 한다. 만약 그렇지 않다면 평화는커녕 피와 노예가 그를 반겨 맞아 주리라.♣

(『교육평론』, 1968년 8월호)

III

학도 군사훈련의 방향

반세기半世紀 이래, 암, 결핵, 페스트 그리고
황열병黃熱病을 연구하기 위한 연구소가 무수히
세워져 있다. 그럼에도 불구하고 모든 천재天災를
합한 것보다 더욱 많은 피해자를 내고 있는
전쟁에 대하여 연구기관을 세우려는 생각은
어디서도 왜 일어나지 않는 것일까.
-가스톤 부트르-

1968년 11월 17일의 신문 보도에 의하면 문교부는 현재 전국 각 시·도의 시범 고교에서만 실시하고 있는 군사훈련을 1969년도부터 고교 및 대학의 전 학년에 걸쳐 실시하기로 하고 지방에선 1970학년도부터 실시키로 했다고 한다. 또 문교부 당국자는 이 군사훈련을 '교련敎練'이란 명칭을 붙여 정규과목으로 매 주 2시간씩 실시될 것이라고 밝히고, 고교 1·2·3학년은 도수각개 훈련 등 기초과정을, 고등전문학교·초급대학·교육대학 및 대학 1·2년생은 전술학 등 초급과정을, 대학 3·4학년은 사격술 등 고급과정의 군사훈련을 받게 될 것이라고 밝혔다.

이러한 교육정책이 이제 와서 실시된다는 것은 늦은 감이 없지 않지만 지금이라도 실천단계에 들어갔다는 것만이라도 다행한 일이라 하겠다. 왜냐하면, 우리의 국가안전보장의 문제는 우리를 둘러싸고 있는 현실의 정세에 입각하여 수립해야 하기 때문이다.

북한의 공산주의자들은 한국을 적화통일하는 것을 민족적 과업이며 우리 시대에 반드시 해결해야 할 숭고한 혁명임무라고 외치면서 전군 간부화, 전군 현대화, 전인민全人民 무장화 그리고 전국 요새화를 기본목표로 하여 전쟁준비에 광분하고 있는 현실이다.

이번 울진방면에서 생포한 무장공비 정동춘(鄭東春)의 기자회견기를 보아도 북한은 1·21사태, 푸에블로 호 사건 이후에 전쟁준비를 노골화하였다는 것이다.

인민군대는 국방공사를 진행 중이며 노농적위대의 훈련도 강화되었고, 자동무기·중무기까지 공급되었고, 항공모형·인형 등을 만들어 놓고 훈련을 하고 있으며, 유사시에는 군당위원장이 연대장으로 이당위원장里黨委員長이 중대장이 되게끔 조직되었고 일주일에 2회 이상 동원되어 훈련을 하고 있다는 것이다.

이제 우리들이 당면하게 될 전쟁양상은 전선도 후방도 없을 뿐만 아니라, 평화와 전쟁의 구별도 없는 싸움일 것이며, 휴전선을 견고히 방어하고 있으면 있을수록 공산주의자의 공세목표攻勢目標는 후방의 교란 및 침투작전으로 나올 가능성이 훨씬 많다.

그래서 필자는 북한의 학도 군사훈련이 어떻게 실시되고 있는가 하는 것을 소개하고, 나아가서 우리의 학도 군사훈련을 계획대로 실시한다 하더라도 군사교육은 어떤 방향으로 나아가야 할 것인가를 살펴보려고 한다.

1. 북한의 학도 군사훈련

(1) 대상 : 북한에서의 학도 군사훈련 대상은 고등기술학교, 2년제 대학 및 4년제 대학의 재학생이 해당되고 있다.

(2) 학년별 교육내용 : 여기서 한 가지 특기할 것은 여대생들도 제식훈련

과 사격훈련을 받으며, 기타 여러 가지 전술 훈련시간에는 간호학을 습득한다는 것이다.

(3) 교육시간 : 4년제 대학을 예로 본다면, 연간 최저 200시간이며 단 졸업식 전의 40일간의 야영훈련은 별도이다. 각 학년별로 보면, 1~2학년은 주당週當 4시간, 3~4학년은 주당週當 2시간 그리고 매학기에 배운 것은 실제 야외훈련을 통해 총 복습을 하기 위해 연중 시간계획에 의거 1~2주간 계속 주·야간 야외훈련을 실시한다.

(4) 교육방법 : 강의 1시간에 대하여 실습 1~2시간을 충당하며 저학년에는 전술훈련 시간이 많지만, 상급학년에 올라갈수록 이론적인 강의시간이 많이 배정되어 있고, 1958년부터는 원자전에 관한 이론 강의를 점차 많이 배정하였다.

구분 / 학교	학년	교육내용
4년제 대학	1	제식훈련(기본동작 및 도수훈련), 위병衛兵근무, 내무규율
	2	무기취급훈련, 분대 및 소대단위 훈련
	3	중대 및 대대단위 훈련, 지휘통솔(중대장까지의 동작 훈련, 현대식 작전훈련, 즉 과학전科學戰에 대한 훈련)
	4	합동작전, 전술훈련, 과학전 훈련, 지휘에 대한 훈련
2년제 대학	1	제식훈련, 분대 및 소대단위 훈련, 무기취급훈련
	2	사격훈련, 분대장 및 소대장으로서의 동작훈련, 과학전에 대한 훈련

이상과 같은 군사교육 과정을 필하면 약 40일간의 야영훈련이 실시되는데, 이는 4년간 습득한 군사과정 전반에 관한 복습훈련이 23일간 가상 적정하에 각 병종 종합작전 훈련 및 실탄사격을 3일간, 군사과정 졸업시험을 위한 과목별 약 3일간씩의 복습훈련이 2주간 계속된다. 만약 군사과정 졸업시험에 합격하면, 예비군관 자격(2년제 대학과 고등기술학교는 분대장급의 예비하사관)을 획득한다.

학도 군사훈련의 지휘통제는 「민족보위성民族保衛省」에서 장악하며, 4년제 대학의 교관은 「민보성民保省」에서 파견하는 현역군관現役軍官(영관領官 및 위관급尉官級 장교), 2년제 대학 및 고등기술학교의 교관은 고등교육성 체육국 소속의 예비역 군관에 의해 충원된다. 예컨대 김일성대학, 김책金策공과대학 등 재학생 3,000명 이상의 4년제 대학에는 현역군관이 무려 22명이나 배속되어 있다고 하니 그들이 얼마나 학도 군사훈련에 힘을 기울이고 있는가를 짐작할 수 있다.

2. 필수과목으로서의 군사학軍事學

전쟁이란 무엇인가? 이 문제에 대하여 많은 군사사상가軍事思想家, 장수將帥, 그리고 학자들이 정의定義를 내렸다. 즉, 스타크(J. G. Stark)는 "전쟁은 주로 무력행사를 통하여 자기가 원하는 평화의 조건을 상대방에게 강요하려는 국가 간의 전면적 투쟁이다."고 했고, 클라우제비츠(Carl Von Clausewitz)는 "전쟁이란 적을 굴복시켜 자기의 의지를 강요하기 위하여 사용되는 폭력행위"라 했고, 또 "전쟁은 다른 수단에 의한 정치의 계속"이라고 했다.

그런데 소련의 샤포슈니코프 원수元帥는 "만약 전쟁이 다른 수단에 의한 정치의 계속이라면, 평화는 다른 수단에 의한 투쟁의 계속이다."고 했고, 마오쩌둥(毛澤東)은 "정치는 피를 흘리지 않는 전쟁이며, 전쟁은 피를 흘리는 정치이다."고 했다.

이러한 전쟁이 가지는 특성은 다음과 같다. 즉, 패전은 국가존립의 말살抹殺과 승자의 의지에 굴복해야 한다는 것. 민족이나 국가 간의 분쟁에 있어서 조정기관調停機關은 아직 그것을 성공시키지 못했고, 유일한 해결수단으로써 전쟁을 구사해 왔다는 것. 그리고 전쟁은 인류생존의 기본요소가 되어 왔고 또 인간의 천성天性이 변하지 않는 한 앞으로도 전쟁형태를 달리하며 존속한다는 견지에서 우리들은 진지하게 전쟁을 연구해야 하고 또 이에 대비해야 한다는 것이다.

대학교육이 우리나라의 지도자를 배출하는 곳이라고 한다면, 그들에게 다만 군사훈련(Military Training)뿐만 아니라, 군사학(Military Science)도 가르치고 또 연구되어야 한다고 필자는 주장하는 것이다. 그런데 우리나라에서도 아직 군사학의 중요성이 알려져 있지 않은 것이 사실이다. 이러한 인습은 조선시대의 숭문억무정책崇文抑武政策에서 기인한 것이라 보아도 좋을 것이다. 임진왜란 후 선조왕 때의 왕조실록王朝實錄을 보면 다음과 같은 기록이 있다.

> 우리나라 무사武士는 병서兵書와 옛 사람의 용병술用兵術을 알지 못하니 이와 같은 사람으로서 강한 적을 막으려는 것은 어려운 일이다. 지금 병서를 권하면 듣는 사람이 냉소할 것이다. 그러나 비록 3년 묵은 쑥이라 할지라도 구하지 않는다면 병을 고칠 날이 없을 것이다.

이것은 요즘의 용어로 말한다면, 군사학의 연구를 권한 말이다. 군사학이란 넓은 뜻으로 생각한다면, 전쟁론·전략사상·국가전략·국방정책 및 군제軍制·군사전략·전술 및 무기체제武器體制 그리고 전쟁사 등의 연구분야를 말한다. 이것을 조금 설명하면 다음과 같다.

- 전쟁론戰爭論 : '전쟁이란 무엇인가'를 연구하는 것으로 전쟁의 의의와 본질, 원인과 그 특질 등을 연구한다.
- 국가전략國家戰略 : 이것은 국가정책을 실현하기 위한 책략과 수단을 말하며, 일명 대전략(Grand Strategy)이라고도 한다. 국가전략에는 보통 네 가지 수단, 즉 ① 정치적 수단, ② 경제적 수단, ③ 사회심리적 수단, ④ 군사적 수단이 있는데, 그 중 군사적 수단은 국가전략의 최후 수단인 동시에 국제간의 분쟁해결을 위한 최종수단이 되는 것이다.

- 국방정책國防政策 : 국가정책은 크게 둘로 나누어 대외정책對外政策 및 대내정책對內政策으로 구분하는 바, 대외정책에는 외교정책 및 선전정책이 포함된다. 대내정책 가운데 국방정책은 국가전략의 최후수단인 군사적 수단을 위주로 한 사용방법 및 방안이다. 따라서 국방정책 실현의 수단 및 책략策略은 첫째, 군사전략이 핵심이 되며, 둘째, 전략의 뒷받침이 되는 전력戰力의 유지維持·운영과 예산, 그리고 셋째, 외교활동이 그 주요 요소가 된다. 국방정책은 국가목적을 달성하기 위한 군사력의 조직과 행사에 관한 정책이라고 요약해서 말할 수 있다.
- 군사전략軍事戰略 및 전술戰術 : 전략이란 국가전략상 허용된 범위 내에서 지휘관이 군사적인 여러 수단을 운영하는 기술이며, 전술이란 전장에서의 전투술을 뜻한다.
- 전쟁사戰爭史 : 지금까지의 전쟁을 여러 가지 관점에서 분석, 평가하는 것으로 다음과 같은 내용을 획득할 수 있다. ① 광범한 군사적 지식을 획득하고, ② 전쟁의 원칙과 전술교리를 연구하도록 흥미와 자극을 주며, ③ 군사적·문화적 관점에서 관련적으로 연구함으로써 오늘날의 군사문제에 영향을 끼친 고금古今의 위대한 인물과 대사건을 이해할 수 있고, ④ 전사戰史는 전장戰場에서 하는 전투중심에서 탈피시켜, 사회현상의 중요한 한 부분의 전사로서 보아야 한다는 것이다.

군사이론이 실제 전쟁에 있어서 어떤 역할을 해 왔는가 하는 것을 살펴보려고 한다. 예컨대, 미국은 생산력에 있어서 적을 압도하였으므로 세계 제1·2차 대전에서 승리를 거두었다. 그래서 그들은 미국의 자원과 기술의 우세를 군사상의 우세와 동일하다고 생각하는 경향이 있다. 그러나 역사는 전략이론상의 우월성이 자원에 있어서의 우세와 거의 같이 승리의 원인이 되었다는 것을 예시하고 있다. 1940년 독일은 전략이론戰略理論이 우월하였기 때문에, 장비에 있어서는 거의 동일하며 수에 있어서 우세하였으나 시대에 뒤떨어진 전쟁이론(military theory)에 집착하고 있었던 연합군을 패배시킬 수 있었다.

영국의 리델 하트(Liddell Hart) 및 풀러(J. F. C. Fuller, 1878~1966) 등 군사이론가들은 전차戰車가 장래의 전장을 지배할 것이라고 예언하고, 특히 풀러는 전차에 의한 기갑부대의 운용에 관한 이론계발理論啓發의 저서著書(*Lectures on Field Service Regulation Operations between Mechanized Forces*)도 출판했다. 이 저서가 영국에서는 500부가 팔린데 반하여 독일에서는 3만부가 팔렸고, 소련에서는 이 책이 많이 보급되었다. 이런 기갑부대의 운용에 관한 이론理論은 영국에서 개척되었으나 실제 적용자는 독일이었고 그것도 독일 기갑부대의 창설자인 구데리안(Heinz W. Guderian, 1888~1954) 장군에 의하여 성취되었다.

당시 독일의 고위 장성들은 반신반의로 이 새로운 기술을 관망했으나, 1940년 5월 10일 전쟁발발과 더불어 연합군을 격파하여 뎅케르크까지 압박한 전격적이고 경이적인 승리를 이룩했다는 것은 주지의 사실이다. 또 나폴레옹의 승리는 기동과 화포火砲의 적절한 운용에서 왔으며, 이순신(李舜臣)의 왜 수군倭水軍의 격파, 한니발의 칸네전투에서 로마군의 섬멸작전 등은 자원에 의한 승리가 아니라 전략이론에 의한 승리라 하겠다. 뿐만 아니라 국가전략은 국가의 원수元首이며 국군의 총사령관인 이중의 임무를 가진 대통령에 의하여 안출되어야 하는 것이다. 이 국가전략은 재래의 전략이나 군사 계획보다 훨씬 광범해야만 한다. 고도의 전략 영역에서는 군사적 사항과 정치적 사항을 분명하게 구별할 수 없는 것이다.

정치상의 지령指令은 군사력의 실체에 확실히 기반을 둔 것이어야 한다. 국가전략은 정치, 군사, 경제에 관한 정보, 그리고 산업기술에 관한 고찰을 가장 긴밀히 통합함으로써만이 책정할 수 있다. 국가전략은 이것을 실행할 능력이 있는 정부의 모든 부部와 기관機關의 최선의 생각이 일치된 것이어야 한다.

정치가 및 국민은 전쟁을 군인에게만 위임할 문제가 아닐 뿐만 아니라, 정치적 목적을 달성하기 위한 하나의 수단으로써 지휘 관장해야 한다는 것을 알아야 한다. 오늘날 이미 순수한 군사전략이란 존재하지 않는다. 근대 전략의 특성을 이해하지 않고 정책을 계획하고 실행한다는 것이 얼마나 치명적인 과오와 손실을 가져오는가를 제2차 대전의 종말에 있어서 소련과 미국의 정책 및 전략을 비교하여 보면 확연히 알 수 있다. 이 점 소련의 작전에 관한 법칙은 정치와 군사 그리고 기타 여러 가지 요소의 긴밀한 결합을 언제나 반영하고 있음을 알 수 있다.

우리나라에서는 아직 군사훈련에 관한 얘기는 들어도 군사학軍事學의 연구 및 교육에 대한 얘기는 듣지 못하고 있다. 필자의 과문한 탓인 줄은 모르나, 우리나라 대학의 ROTC 교육과정에도 아직 엄밀한 의미에서의 군사학 시간이 없는 것으로 안다. 예컨대 미국 ROTC 일반군사학 교육과정(Army ROTC General Military Science Curriculum)에 의하면 1학년에 90시간, 2학년에 90시간, 3학년에 150시간, 4학년에 150시간이 들어 있다. 교육내용은 개인화기個人火器, 사격술, 전쟁사, 독도법, 지휘통솔작전, 병참 등이 포함되어 있다.

3. 결 론

공산주의자들은 서방측 제국에 대하여 결정적인 군사상 우위의 획득을 구하며, 이 큰 목적을 달성할 때까지 정치·심리전에 의하여 서방측의 약체화를 목표로 삼고 있다. 이 목적을 달성할 때까지 공산전략의 중간목표는 서방측의 우월한 자원의 통합을 방해하기 위해 서방측 제국간의 분열을 악화시키는 데 있다. 공산주의자는 군사상의 우위를 확보하지 않는 한 주로 정치·심리전의 전략을 구사할 것이지만, 마지막에는 그들의 의지를 군사적 방법에 의하여 성취하고자 할 것이다. 만약 군사력을 사용한다는 협박으로 굴복하지 않는다면 실제로 군사력을 사용할 것이다.

이제 전쟁은 군인의 문제일 뿐만 아니라, 정치가와 온 국민의 문제가 되어야 하고 또 되어 있다. 미국의 캠벨(W. G. Campbell) 교수는, "국가안전보장에 있어서 가장 중요한 것은 이것에 충당하는 경비보다는 오히려 정치 수뇌부의 지력知力-조사와 숙려熟慮와 결정을 위한 적당한 시간이다. 지금 미국 정부가 대처해야 할 중요 문제의 증가에 의하여 커다란 책임이 우리 정부 수뇌부에 부가되어 있고, 그 사람들은 이러한 문제의 일부를 무시하고서는 난국難局을 잘 처리할 수 없다. 핵시대核時代에 있어서 국가안전보장의 필요조건을 판단하기 위해서는 끝없이 넓은 시야와 훌륭한 지식과 통찰력을 필요로 한다."고 했다.

장래의 국가안전보장 문제를 짊어지게 될 우리의 젊은 학도들에게 군사훈련뿐만 아니라 군사학의 교육 및 연구는 시급한 과제임을 재삼 강조해 두는 바이다. 그리고 나아가서 국방학과國防學科가 대학 정규과정으로 설치되어야 할 것이다.♣

(『교육평론教育評論』, 1969년 1월호)

Ⅳ

진보주의 교육사상에 대한 허친스 박사의 비판

인간은 구두를 만들고, 못을 치고 또 핀을 꽂기
위해서 교육을 받는 것이 아니라, 인간이 되기
위해서 교육을 받는 것이다.
- 채닝(Channing) -

1. 서 론

사회를 변혁케 할 수 있는 방법에는 혁명과 교육의 두 가지가 있는데, 그 가운데서 교육은 사회 개선의 위대한 평화적 수단을 마련해 주며, 또한 정신적 혁명을 이룩하는 가장 확실하고 유일한 방법이라고 허친스는 갈파하였다.

해방 후 우리 국민이 가장 열의와 성의를 쏟은 것이 교육이요, 그 다음은 정치일 것이다. 이 땅에 민주주의를 가져 오기 위하여 새 교육의 목표를 민주교육이라 하여 미국의 교육사상과 제도를 무조건 수입하여 왔다.

June 18, 1963

Mr. Lee Chong Hak
Evaluation Section
Air Force Academy
Seoul, Korea

Dear Mr. Lee:

Thank you for your letter of June 13. I was glad to hear from you. I should be happy to have you translate my book Education For Freedom into Korean.

Sincerely yours,

ROBERT M. HUTCHINS
President

February 24, 1964

Mr. Lee Chong Huk
Air Force Academy
Seoul, Korea

Dear Mr. Chong Huk:

Thank you very much for your kind letter. I am glad to give permission for the translation of The Great Conversation. I'm happy to send you a picture herewith.

Sincerely yours,

Robert M. Hutchins
President

enc:

우리들은 교육이라는 단어에는 무한 한 존경과 애착을 가지고 있으면서, 한 걸음 더 나아가서 교육의 기반이 되는 교육철학에 대해서는 너무나 소홀히 다루어 온 것 같다.

우리나라에서 민주교육이라고 하면 곧 진보주의 교육을 뜻하는 것으로 알려지고 있다. 그러나 미국의 왈키스트 교수는 그의 저서에서 미국의 교육철학을 크게 세 가지로 분류하였다. 즉 이상주의理想主義, 실재주의實在主義 그리고 실용주의實用主義이다.[1] 교육에 대한 이들의 견해는 대단히 상이相異하지만 공통적으로 의견이 일치하는 것은 인간의 존엄성에 관한 것 정도이다.

우리나라를 재건함에 있어서 교육에서 교육철학의 중요성은 아무리 강조하여도 지나치지 않을 것이다. 왜냐하면 교육철학의 내용에 따라 교육받은 인간상人間像이 그대로 반영되어 나타나기 때문이다. 나무는 그 열매를 가지고 판단을 할 수 있는 것과 마찬가지로 교육받은 인간상을 가지고 역逆으로 교육사상敎育思想을 평가할 수 있는 것이다.

그러면 우리나라 교육계에서 독보적인 존재로 알려지고 있는 진보주의 교육사상은 그 사상이 대두한 본국本國에서 어떠한 비판을 받았는가 하는 것을 안다는 것은 우리들이 외국사상外國思想을 수입하는데 있어서 어떠한 태도와 자세를 가져야 하는가도 아울러 명시하여 주는 것이다.

2. 철학과 교육철학

철학은 무엇인가 하는 문제는 학자와 학파學派에 따라 서로 다르지만 일반적으로 말해서 인간의 문제를 다루는 학문이라 할 수 있다. 즉 인생의 목적은 무엇인가? 좋은 인생이란 어떠한 것인가? 좋은 사회란 어떤 것인가?

---

1) J. T. Wahlquist, *The Philosophy of American Education* (New York : The Ronald Press, 1942), pp. 40~82.

등의 일련의 근본문제를 다룬다. 그런데 교육이라는 것은 단적으로 말해서 사람을 기르는 활동이라 말할 수 있다. 그러기 때문에 서양철학西洋哲學의 발생지인 그리스의 소크라테스나 플라톤이 교육에 대해서 크게 관심과 성의를 표시한 것도 우연한 것이 아닌 필연적인 귀결인 것이다. 그래서 교육이 각광을 받게 된 것도 철학이 발달한 연후였다.

이처럼 철학과 교육은 밀접한 관계를 가지고 있다. 이 문제에 대하여 독일의 철학자 피히테(Fichte, 1762~1814)는 "철학은 교육활동 없이는 광범하게 이해되지 못한다. 더욱이 철학을 인생의 문제에 응용하려고 하면 더욱 그러하다. 또 철학이 없이는 교육활동은 그 자신의 참다운 모습을 확실하고 올바르게 나타내지 못한다. 따라서 철학과 교육은 서로 협조하여야 한다. 둘 중에서 하나라도 없으면 불완전하며, 또 아무 소용이 없다."고 갈파하였다.

그러니 교육에 종사하는 교사들은 대단히 중요한 교육적 여러 문제를 연구하자면 철학을 응용하기 위하여 철학의 연구가 필요한 것이다. 모든 교육적 여러 문제의 해결 기반에는 다음과 같은 문제가 가로 놓여 있다. 즉 교육의 목적은 무엇이며, 내가 성취하고자 노력하는 것은 무엇인가이다. 교육목적은 인생 자체의 목적 및 목표와 분리해서 결정할 수 없는 것이다. 왜냐하면 교육목적은 인생의 목적으로 성장하여 가기 때문이다.

교육에 종사하는 교사들은 우선 인간으로서 철학이 필요할 것이며 또 교사로서도 철학이 필요할 것이다. 그러니 교사는 어차피 어떤 철학을 터득해야 하는 것이다. 바람직한 인생철학은 교육을 위하여 미리 필요로 한다는 것은 재언再言을 필요치 않는다.

그런데 어떠한 철학을 가지느냐 하는 것이 문제가 된다. 브루바허는 "건축가가 현대식 고층건물, 즉 마천루(Skyscraper)를 세우자면 튼튼한 토대를 만들고자 깊은 곳에 내려가야 하는 것과 마찬가지로 교육자도 교육이라는 건물의 토대를 튼튼하게 하기 위하여 근본적인 문제에까지 파고 들어가지 않으면 안 된다. 이러한 교육사업의 가장 밑바탕은 현재의 본질이다. 이러한 실재實在의 본질에 대한 타당하고 확고한 개념이 없이 교육철학이란 존재할 수 없다."[2]고 하였다.

실재의 본질을 어떻게 보느냐, 이것이 곧 이 세상에 많은 철학과 또한 교육철학이 존재하는 이유이다. 서양철학을 관통하고 있는 두 개의 조류가 있으니, 하나는 합리주의이며, 다른 하나는 경험주의이다. 합리주의자는 추상적인 영원의 원리原理를 주장하는 사람들이요, 경험주의자들은 현재 있는 그대로의 잡다한 사실을 사랑하는 사람들이다.

이러한 대립은 어디에다 중점을 두느냐에 따라서 생기는 것이며, 또 세상 끝마칠 때까지 대립이 존재할 것이다. 극단적인 합리주의자는 플라톤이나 헤겔에서 볼 수 있고, 또 극단적인 경험주의자는 그리스시대의 소피스트(Sophist)와 실용주의자에서 볼 수 있다. 이러한 양 극단의 철학을 종합한 이가 아리스토텔레스요, 내려와서 성聖토마스 아퀴나스이다. "우리가 어떤 철학을 선택하느냐 하는 문제는 그가 어떠한 인간이냐에 의하여 결정된다."고 말한 피히테의 명언名言이 우리들 자신을 판가름 짓고야 만다.

교육철학은 교육의 문제를 연구하는 철학의 응용이다. 그러기 때문에 교육철학은 다음 세 가지 질문에 대하여 명확한 해답을 해야 하는 것이다.

- 첫째 : 교육이란 무엇인가? 즉 교육활동 또는 교육작용의 성질을 연구하는 것이다. 따라서 여기서는 교육현상의 본질(The what of education)이 문제가 된다.
- 둘째 : 교육은 무엇을 성취하려고 하는가의 문제이다. 즉 교육의 목적이 연구분야가 된다. 여기서는 교육활동이 도달할 목표 또는 그 이유(The why of education)가 추구된다.
- 셋째 : 교육의 목적을 실현하기 위해서는 어떻게 해야 할 것인가의 문제이다. 교육의 방법, 즉 교육목적 실현의 수단을 추구하는 것이

---

2) J. S. Brubacher, *Modern Philosophy Education* (New York : McGraw-Hill, 1939), p. 24.

다. 여기서는 교육과정이 꾀하는 바(The how of education)가 추구되는 것이다.[3]

교육철학에 있어서 교육의 목적에 관한 것이 가장 핵심이 되며, 또 가장 신중히 다루어야 할 문제임은 주지의 사실이다.

그리고 확고한 교육철학 없이 학생들을 가르친다는 것은 마치 조종간 없는 여객기에 손님을 태우고 비행하고자 하는 것과 마찬가지로 무모하고 위험하기 짝이 없는 것이다.

3. 진보주의 교육의 철학적 배경

진보주의 교육은 실용주의를 그 사상적思想的 기반으로 하고 있다. 이 실용주의의 철학은 피어스(Charles Peirce, 1839~1941)가 씨를 뿌리고, 제임스(William James, 1842~1910)에서 꽃이 피고, 듀이(John Dewey, 1859~1952)에서 열매를 맺었다고 보는 것이 정설定說로 되어 있다. 그러니 듀이는 확실히 미국의 대표적 철학인 실용주의의 완성자이기도 하다.

그의 철학은 그 후의 사상적 성숙과 더불어 도구주의(Instrumentalism), 실험주의(Experimentalism)로서도 알려져 있다. 이러한 명칭이 암시하여 주는 바와 같이 듀이는 철학을 전통적인 사변적 관념思辨的觀念의 애매성에서 벗어나 자연과학적인 확실성 있는 것으로 만들고자 노력하였다. 그리하여 그의 철학에 직접적인 영향을 미친 것이 꽁트(Comte)의 실증주의(Positivism)와 다윈의 진화론(Evolutionism)이다.

그러면 실용주의의 사상 내용을 한마디로 간단히 말하면, '지식과 진리에 대한 하나의 새로운 해석'이라고 할 수 있다. 이것이 실용주의의 사상적 구조와 내용의 중요한 두 요소이다. 진리에 대한 새로운 해석의 이론은 주로

3) 王學洙, 『教育學大要』(서울 : 정양사, 1962), p. 22.

제임스의 철학에서 찾을 수 있고 또 지식에 대한 새로운 해석의 이론은 주로 듀이의 철학에서 찾을 수 있다. 제임스와 듀이의 철학을 통틀어서 우리는 한마디로 실용주의라고 칭하지만 내용적으로 앞에 말한 바와 같이 약간의 차이와 특색이 있다. 그러나 둘 다 해석하는 입장과 원리는 동일하다. 즉 행동본위行動本位, 생활본위生活本位 그리고 실용본위實用本位의 입장이다.

먼저 진리관眞理觀부터 고찰하여 보면 어떤 관념, 어떤 사상 그리고 어떤 이론이 진리냐, 진리가 아니냐를 결정하는 기준은 그 관념, 그 사상 그리고 그 이론에서 생기는 실제적 결과 여하에 달린 것이라고 한다. 인식이나 관념은 우리의 행위를 인도引導하는 기능을 가지고 있는데, 그 인도引導의 결과가 우리들에게 도움이 되고 유효하고 그리고 유용할 경우에는 진리요, 그렇지 못한 경우에는 허위라고 한다. 그러니 인식이나 관념이 가지는 현금가치(cash value)가 그것의 진리성을 결정하는 기준이 된다는 것이다. 따라서 진리라는 것은 영원永遠 타당한 것이 아니고 그때그때 우리들의 행동의 결과에 의거, 그 작용가치에 의하여 결정된다는 것이다.

그러니 실용주의는 절대적 진리, 영원한 진리를 부인하고, 진리는 상대적이요, 그때그때의 행동에 의해서, 결과에 의해서, 작용가치作用價値에 의해서, 실제적 유용성에 의해서 결정된다고 하였다.

그러면 다음으로 지식관知識觀을 고찰하여 보면, 인간이 가지는 지식, 개념, 관념 그리고 사상이나 이념은 모두 생활과 행동을 위한 수단 내지 도구로서 생활에 예속하고 생활에 봉사하는 것이라고 한다. 우리가 산다는 것은 환경 속에서 산다는 것이요, 자세히는 환경에 자기를 적응해 나아가면서 사는 것이지만 인간이 환경에 적응할 때에 도구 노릇을 하는 것이 바로 지식이요, 지성이라고 한다. 인간의 지식과 지성을 하나의 도구로 보는 것, 이것이 듀이의 도구주의道具主義이다.

지식은 우리 인생에 대해서 어떠한 가치와 의의를 가지는가, 즉 지식의 윤리 문제를 살펴보면, 하나는 지식이란 지식을 위해서도 가치와 의의가 있다는 목적적 가치와 다른 하나는 수단적 가치이다. 전자前者를 가장 강조한 대표적 철학자는 그리스의 아리스토텔레스이고, 후자後者를 적극적으로 역설한 사상가는 영국의 프란시스 베이컨이다.

실용주의는 실제적 효과와 유용성을 강조한다는 점에 있어서 공리주의(功利主義, Utilitarianism)와 일치하고 과학적 증명을 거칠 수 없는 것을 연구 대상에서 제외한 결과 형이상학形而上學을 배격하는 점에 있어서 실증주의와 일치한다.

지금까지의 서양철학 사상을 검토하여 보면 거기에는 언제나 대립된 두 개의 사상 경향이 있다. 하나는 합리주의이요, 다른 것은 경험주의이다. 어느 시대를 막론하고 두 개의 사상이 공존하나 시대의 조류에 따라 한 쪽이 강하면 다른 쪽이 약하고, 다른 쪽이 강하면 한 쪽이 약하곤 하였다.

대체로 그들의 경향으로 봐서 경험주의자는 현재 있는 그대로의 잡다한 사실을 사랑하는 사람들로서 감각론적, 유물론적, 비종교적, 상대주의적, 비관주의적, 허무주의적, 회의주의적懷疑主義的인 특색을 가지고 있다. 그리고 합리주의자는 추상적인 영원의 진리나 원리를 사랑하는 사람들로서, 주지주의적主知主義的, 관념론적, 낙관론적, 종교적, 이상주의적理想主義的, 독단적인 특색을 가지고 있다.

실용주의는 영국의 경험주의와 공리주의功利主義의 미국적인 전개展開라고 할 수 있다. 다만 차이가 있다고 하면 실용주의가 영국의 경험주의보다 더 행동적이고 더 사회적인 점이다.

진보주의 교육의 철학적 배경에 대하여 이 정도 알고 있다면 그것이 실제 교육에 있어서 어떤 구실을 하는가를 이해하는데 퍽 도움이 될 것이다.

4. 교육목적

교육에 있어서 교육 목적이 가장 중요한 구실을 한다는 것은 이미 앞에서 말하였다. 목적이 명확하고 확실하지 않다면 우리는 목적에 대한 도달 여부를 말할 수 없는 것이다. 예컨대, 우리들이 도달하고자 하는 목적지가 분명치 않다고 가정하면, 우리들이 움직이고 또 가고 있지만 과연 그 운동이 목적지에 가까이 가고 있는지 혹은 오히려 멀어지고 있는지 판단할 수 없을 것이다. 교육에 있어서도 이와 마찬가지이다.

그러면 듀이의 명저名著로 알려져 있는 『민주주의와 교육』(1916)에서 그의 교육 목적에 관한 것을 찾아보면 다음과 같다. 즉,

> 교육이란 원래 그 자신의 목적이 따로 없는 것이다. 부모라든가 교사 같은 사람들이 목적을 가지는 것이요, 교육과 같은 추상적인 관념에는 목적이 없다. 그러므로 그들의 목적은 한이 없이 각각 달라서 아동兒童에 따라 그의 목적이 다를 것이며, 아동의 생장生長에 따라 달라지고 교사의 경험이 발전됨에 따라 변하는 것이다. 말로 표현할 수 있는 가장 적당한 목적일지라도 만약 우리가 그것을 목적으로 삼지를 않고 교육자에 대하여 어떻게 관찰하여 어떻게 앞을 내다보며, 당면한 문제인 여러 가지 구체적인 사정하에 있는 정책을 어떻게 자유롭게 하며 지도할 수 있을까에 대한 암시에 불과하다는 것을 인식하지 못할 것 같으면 이런 목적은 이익보다도 해가 될 것이다.
>
> 위에 논의한 것을 전제로 하여 우리는 좋은 교육의 목적이 어떠한 특징을 가지고 있는가함을 고찰하고자 한다.
>
> ① 교육의 목적은 교육을 받을 개인의 내재적內在的 능력과 요구(선천적 본능과 후천적 관습을 포함함)를 토대로 하여 세워야 한다.
>
> ② 목적은 교육을 받는 아동의 활동과 공동 협조할 수 있는 방법이 될 수 있어야 한다.

③ 목적은 우리들에게 직접 가치를 가지고 오는 것이지, 일반적 목적이나 종국적 목적은 아니다.[4)]

듀이는 계속하여 "교육의 과정은 교육과정 자체 이외에 목적을 가지지 아니하며 교육과정 자체가 목적이다. 교육의 과정은 끊임없이 개조(reorganizing)하는 것이며, 재건(reconstructing)하는 것이며, 변형(transforming)하는 것이다."[5)] "생장이 생명의 특징인 까닭에 교육은 모두가 생장 발달에 관한 것이다. 교육은 교육 이상에 또 다른 목적이 없다. 학교 교육의 가치를 판단하는 표준은 어디까지나 이것이 끊임없는 성장을 바라는 욕망을 만들며, 그 욕망은 실제로 효능 있게 실현시키기 위하여 수단을 제공하는 데 결정되는 것이다"[6)]고 하였다.

이러한 듀이의 교육 목적을 고찰하여 볼 때, 분명히 그는 인간의 생장이나 발달의 방향보다도 성장이나 발달의 과정 자체를 강조하였던 것이다. 여기에 대해서 심지어는 보드(Boyd Bode)와 같이 듀이의 철학 계열에 속하는 이마저 "오늘날 미국 교육의 주요 결함은 계획과 방향의식의 결핍이다. 그것은 적당한 임무나 사회적 복음福音을 가지고 있지 않다."[7)]고 하였다.

이런 비판에 대하여 해명한 것으로 듀이는 그의 저서『경험과 교육』(*Experience and Education*, 1938)에서 "생장은 분명치 않다. 그러니 우리들은 목적으로 향하는 생장의 방향을 지정해야 한다."[8)]고 했다. 그러나 그는 막연한 성장의 개념을 내세워 이것을 그의 교육 목적의 근본으로 삼았기 때문에 유감스럽게도 그의 교육 목적론을 체계화 할 수가 없었다.

---

4) 존 듀이,『民主主義와 敎育』(*Democracy and Education*), 임한영·오천석 공역(서울 : 大韓敎科書, 1970), p. 196.

5) 상게서, p. 97.

6) 상게서, p. 103.

7) Boyd Bode, *Progressive Education at The Crossroads*(New Son&Company, 1938), p. 100.

8) M. J. Adler and M. Mayer, *The Revolution in Education*(Chicago : The University of Chicago Press, 1959), p. 170.

프랑스의 저명한 철학자 마리땡(Jacques Maritain)은 실용주의의 교육 목적에 대하여 다음과 같이 논평하였다. 즉,

> 실용주의는 행동과 행위를 강조하는 점에 있어서는 많은 훌륭한 점이 있다. 왜냐하면 인생은 행동으로 되어 있기 때문이다. 그러나 행동과 행위는 어떤 목적을 지향하는 것이다. 그런데 이 목적은 결정적 목적이 없이는 행동과 행위는 방향과 활력을 상실한다. 그리고 인생은 역시 살만한 가치를 주는 목적을 위해서 존재하는 것이다. 실용주의적 정신의 범위는 인간생활이 꽃피우기를 열망하고 있는 관조觀照와 자기완성을 상실하고 만다.[9]

자연과학 및 산업의 비상한 발달은 과학적 방법을 시대의 총아寵兒로 만들었다. 그리하여 진보주의자들은 모든 가치, 목표 그리고 목적마저 과학적 방법에 의해서 검사되어야 하고, 또 과학적 방법만으로 검사되어야 한다고 말할 때, 그것은 비도덕적 세계에 있어서 비도덕적 인간에 대하여 비도덕적 교육을 제공하는 것 밖에는 되지 않는다. 왜냐하면 그들은 형이상학을 부정하기 때문이다.

허친스는 다음과 같이 주장한다. 즉,

> 우리는 사회 개선을 이룩하기 위해서 과학을 사용할 수가 있고 또 사용해야 하지만, 우리가 이 목적을 향하기 위해서는 과학을 따를 수 없다는 것은 아주 명백하기 때문이다. 그 이유는 과학은 어디로 가야 하느냐를 우리들에게 말해 주지 않기 때문이다. 사람들은 과학을 좋은 목적이나 혹은 나쁜 목적에 사용할지도 모른다. 그러나 목적을 가지는 것은 인간인데 인간은 목적을 과학적 연구로부터 배우지는 않는 것이다. 과학적 교육으로부터 우리들은 과학의 이해를 기대해도 좋다. 과학적 연구로부터 우리들은 과학적 지식을 기대해도 좋다. 그러나 만약 우리들이 과학으로부터 인생과 조직된 사회의 목적을 배우려고 한다면 우리들은 문제를 혼동하고 있으며

9) Jacques Maritain, *Education at the Crossroads* (New Haven : Yale University Press, 1943), p. 12.

또 요구할 권리가 없는 것을 요구하고 있는 것이다.

우리 민족이 보존되어야 하며 또 보존할 가치가 있는 한 우리 나라는 표면상으로는 해결 못할 것 같아도 반드시 해결하여야 할 여러 가지 문제로 오랫동안 시달려 왔다는 것을 시인하지 않을 수 없다. 이와 같은 문제는 물질적인 문제가 아니다. 우리들의 문제는 도덕적이며, 지적知的이고 또 정신적인 것이다. 풍부한 가운데 기아飢餓가 있다는 역설逆說은 우리의 어려운 문제를 밝혀 주고 있는 것이다. 이 역설은 공예적인 기술이나 과학적인 자료에 의해서 해결되지는 않을 것이다. 만약 그것이 해결된다고 하면 지혜智慧와 선善에 의해서 해결될 것이다.

그런데 고등교육의 목적은 지혜와 선이다. 지혜와 선은 인간생활의 목적이다. 만약 여러분들이 이것을 반박한다면 여러분들은 당장에 형이상학적 논쟁에 들어가게 된다. 왜냐하면, 여러분들은 실재의 본질과 인간의 본질에 관해서 반박하고 있기 때문이다. 인간의 있는 바의 그를 물어보지 않고서 우리는 어떻게 그의 운명을 생각할 수 있을까? 인생의 목적이 무엇인가를 물어보지 않고서 어떻게 인생에 대한 준비를 논의할 수 있을까? 모든 인간 활동의 기초에 형이상학이 있는 것과 마찬가지로 교육의 기초에도 형이상학이 있는 것이다.

오늘날 우리 대학교 졸업생들은 식민지 시대의 대학교 졸업생들보다 훨씬 많은 단편적 지식(Information)을 가지고 있으나 이해력理解力은 훨씬 더 떨어진다. 그리고 우리들의 대학교는 이 위기(2차 세계대전을 뜻함)에 있어서 오히려 효과 없는 직업학교 혹은 유쾌한 청춘 남녀들이 좋은 환경 아래서 훌륭한 남녀 어른들의 감독을 받으면서 재미있는 시간을 보내는 곳으로서 우리 국민 앞에 그 모습을 드러내고 있다. 더 치명적인 과오는 모든 것은 그 중요성에 있어서 똑같고 선善에는 상·하가 있을 수 없고 지성의 영역에는 등급이 있을 수 없다고 주장하는 데 있다. 그러기에 거기에는 중심적인 것이 없으니 말초적인 것도 없고, 1차적인 것이 없으니 2차적인 것도 없고, 근본적인 것이 없으니 표면적인 것도 없다. 학업의 과정은 그것을 연결시키는 것이 없으므로 단편적으로 흘러간다. 우리가 판단할 표준을 가지고 있지 않으므로 평범주의平凡主義, 범인주의凡人主義 그리고 직업교육주의職業敎育主義가 그 자리를 차지한다.

우리는 형이상학이 고등교육에 있어서 2중의 역할을 한다는 것을 안다. 교육자들은 그들의 형이상학에 의해서 어떤 교육을 할 것인가를 결정한다. 그들의 학생들은 형이상학에 의해서 도덕적, 지적知的 그리고 정신적 생활의 기초를 닦지 않으면 안 된다. 형이상학에 의해서 교육의 목적은 지혜와 선善이며, 우리들을 이 목표에 더 가까이 가게 해 주지 않는 학문은 대학에 있을 수 없다는 결론에 도달한다. 만약 여러분들이 다른 의견을 가졌다면 더 나은 형이상학을 가지고 있다는 것을 보여 주지 않으면 안 된다. 형이상학에 의해서 학생들은 그들의 편에서 우주와 우주에 있어서의 그들의 역할에 관한 합리적인 견해를 다시 찾을지도 모른다. 만약 여러분들이 이 명제命題를 거부한다면, 우주와 그 속에 있어서의 사람의 역할에 관한 합리적인 견해를, 불합리적인 견해나 혹은 전연 견해가 없는 것보다도 나은 점이 없다고 주장한다는 책임을 지게 되는 것이다.

우리들이 사회 비판과 사회 행동의 기준을 가져야 하고 또 만약 그 기준이 정서적인 기준이 아닌 다른 것이어야 한다고 하면 그 기준은 철학적·역사적 연구와 솔직한 사고방식思考方式에서부터 초래되지 않으면 안 된다. 사람들은 다른 사회가 아니라 보다 나은 사회를 원하여 왔던 것이다. 어떤 것이 보다 나은 사회이며 또 어떻게 그것을 성취하느냐 하는 것은 철학에 있어서 끊임없는 문제의 하나였으며, 서방세계의 전통에 있어서 근본적인 문제의 하나가 되어 왔던 것이다. 시민 교육에 있어서 철학과 민족이 지혜가 차지하는 중요한 지위를 인정하는 사람들만이 사회 개선에 이바지 할 수 있다. 그러기 때문에 회의주의懷疑主義, 현대주의現代主義, 과학주의科學主義 및 반주지주의反主知主義의 숭배崇拜는 우리들을 비단 교육뿐만 아니라 사회마저 절망으로 이끌고 갈 것이다.[10]

애들러(Mortimor Adler)는 주장하기를, "실증주의(Positivism)는 우리들 문명의 병의 원천이 되어 왔다. 왜냐하면 사람들로 하여금 과학만이 믿을 수 있고 종교와 철학은 미신이 아니면 헛된 공론空論으로 생각하게 만들었기 때문

10) R. M. Hutchins, *The Conflict in Education*(New York : Harper and Brothers, 1953), p. 53.

이라고 허친스는 이 문제에 대하여 더 예리하게 추구하였다. 듀이와 그의 추종자들의 철학인 실용주의는 마치 라이헨바흐(Hans Reichenbach)와 카르나프(Rudolf Carnap)의 철학인 실증주의와 마찬가지로 전연 철학이 아니다. 왜냐하면 선과 악에 대한 명료하고도 확고한 기준을 제공하여 주지 못하기 때문이다. 실용주의와 실증주의는 과학적 지식만을 지식이라고 주장한다. 그것은 마치 『이상한 나라의 엘리스』라는 유명한 동화 속에서 등장하는 두 주인공(Mad Hatter and March Hare)이 생일 아닌 날을 야단스럽게 생일로 축하를 하는 것과 마찬가지로 실용주의와 실증주의는 철학도 아닌 것을 야단스럽게 내세우고 있는 것이다."

5. 교육조직

진보주의에 의하면 교육과정은 피교육자의 생활, 경험, 요구 그리고 관심에 밀접하게 연결되어야 한다고 한다. 그러니 교육적인 교재의 조직과 계획은 외부로부터 부과되는 것이 아니라, 어디까지나 아동의 경험과 흥미와 요구 그리고 생활을 북돋아 주는데 직접 공헌이 되는데 기초를 두지 않으면 안 된다고 하였다.

허친스는 미국에 있어서 한 때 진보주의 교육이 교육계를 휩쓸게 된 이유를 다음과 같이 얘기하고 있다.

> 아리스토텔레스는 학습이란 고통을 수반하는 것이라고 말했다. 그러나 존 듀이의 추종자들은 그의 철학을 왜곡하여 40년간 미국 교육을 개조하는 한 가지 이유가 그들이 생각하는 교육은 학생이나 교사 양자가 모두 비교적 고통이 적은 것을 추구하는 것이라고 생각하였다. 미국에 있어서 듀이도 역시 참여한 소위 진보주의 교육이 성행하게 된 중요한 이유는 아동들이 학교 안에서 재미있게 놀 수 있기 때문이다.
>
> 예컨대, 미국과 같이 아동 중심의 사회에 있어서 학교에서 고통을 주는

일을 강조한다는 것은 당연히 어떤 저항을 받게 마련이다.[11]

자유와 무기율無紀律의 동일시同一視는 컬럼비아 대학교의 버틀러의 약간 어마어마한 말을 빌리면 「토끼 교육학설」(Rabbit theory of Education)이다. 이 학설에 의하면 "어떤 아이들일지라도 둘러싸인 들판을 돌아다니기를 좋아하게 되고 여기저기서 어떤 꽃나무 뿌리나 풀뿌리를 조금씩 씹어 먹이면 잠시 동안 그의 주목을 끌거나 그의 식욕을 자극할 것이다."라고 말했다. 버틀러는 말을 좀 바꾸어서 다음과 같이 부언하였다. "이러한 종류의 교육사업을 진보적이라고 하는 사람들은 자기네들이 낯선 바다 위에 항해도航海圖나 나침반羅針盤 심지어는 키(타舵)도 없이 바다에 떠 있다는 것을 폭로하는 것이다."

교육은 즉각적 필요를 충족시켜야 한다는 학설이 들어옴으로써 미국의 교육제도를 더욱 혼란케 하였다. 만약 교육의 목적이 교육받는 사람의 즉각적 필요를 충족시키는 것이며 또 학교를 졸업하면 그 이상 결코 교육을 받는 것이 아니라면 그는 학교에 있는 동안, 후일後日에 필요하리라고 생각되는 모든 것을 배우지 않으면 안 될 것이다. 졸업생들이 후일 무엇을 필요로 할 것인가에 대하여 예측하는 방법은 없으니 유일한 방법은 그 가운데서 조금이라도 유용하리라고 기대되는 것을 모두 조금씩 가르친다는 것이다. 그래서 미국의 고등학교나 대학은 곡예(Acrobatics)로부터 양조학(Zymurgy)에 이르기까지 모든 생각할 수 있는 제목에 대한 여러 가지 단편적 지식(information)을 꽉 채우는 곳으로 되었다.

거기다가 개인차(individual difference)에 대한 미신迷信은 미국 교육이 가지는 기본적인 미신의 하나이다. 그것은 즉, '모든 사람은 서로 다르다. 그러기 때문에 모든 사람들은 서로 다른 교육을 필요로 한다.'는 것이다. 이러한 미신이 미국 교육자들의 정신을 사로잡고 있기 때문에 오늘날 대학교의 총장마저 '본교本校에는 교육과정을 가지고 있지 않다.'고 자랑하는 소리를 때때

11) *Ibid.*, p. 86.

로 듣는다. 학생들 각자가 자신의 개인적 필요와 흥미에 적합한 학습과정을 가진다는 것이다.

18세의 학생에게 그 자신이 받을 교육의 실제 내용을 스스로 결정하는 것을 허용하는 것이 좋은가 어떤가 하는 문제는 시간을 끌면서 길게 논의할 것이 못된다. 우리들은 젊은이의 지력知力을 과소평가하는 경향을 가지고 있는 것과 마찬가지로 경험도 제대로 하지 않은 사람들의 경험이라든가, 그들의 흥미와 필요라는 표현의 의의를 과대평가하는 경향이 있다. 교육이 무엇인가에 대하여 교육자들은 그들 학생들보다 더 잘 알고 있어야 한다. 교육의 기술(art)은 대부분의 사람들이 당연히 흥미를 가져야 하는 사물에 흥미를 갖도록 하는데 있지만 실제는 그렇지가 못하다. 교육자의 임무는 먼저 교육이라는 것이 무엇인가를 알고, 다음에 학생들의 흥미를 그 방향으로 인도하는 방법을 발굴하는 데 있는 것이다.

도대체 교육이라는 것이 존재하는가? 개인차個人差라는 미신迷信을 신봉하는 사람들의 답변은 '없다'는 것이다. 서로 다른 개성을 가진 사람의 수만큼 서로 다른 교육이 존재한다는 것이다. 모든 사람에게 필요한 혹은 적합한 일정한 교육이 있다고 말하는 것은 '권위주의적'이라는 것이다.

만약 어떠한 공통의 계획이 불가능하고 또 모든 사람이 받아야 할 교육이라는 것이 존재하지 않는다면 우리들은 공동사회의 성립과 문명도 있을 수 없게 된다. 왜냐하면 문명은 하나의 생활수준도 아니며, 또한 생활방도生活方途도 아니다. 그것은 하나의 공통적 이념을 추구하는 것이기 때문이다.

물론 모든 인간은 서로 다르지만 역시 인간은 또 같은 것이다. 우리들은 모든 전문가가 되어야 하는 것과 마찬가지로 우리들은 모두 인간이 되어야 한다. 전문가 양성을 위한 오늘날의 광범한 설비가 이루어지고 있고 전문가가 가져오는 분리적이며, 붕괴적인 영향 그리고 통일과 공동사회를 실현하는 것이 대단히 필요하다는 견지에서 비추어 볼 때, 오늘날의 위기는 인간의 서로 다름보다는 오히려 그들의 공통성에 중점을 두는 교육을 먼저 요구해야 한다. 우리들은 지금 개성보다 오히려 우리들의 공통의 인간성을 끌어내어 주는 교육을 필요로 하고 있다. 개인차는 교육을 하는 방법이나 혹은 그 후에 오는 전문專門을 택하는 경우에 고려될 수 있는 것이다.

교육이 가지는 직업적 그리고 단편적인 지식의 철학이 점점 세력을 가지게 된 것은 그것이 과학적이며 실험적이고 또 자유주의적이라는 이유로 옹호되고 있기 때문이다. 그러나 교육은 무엇보다도 이념, 원칙, 지속적인 것과 영원성이 있는 것에 관계하여야 한다고 주장하는 사람이야말로 참된 과학자이며, 참된 자유주의자이다. 이와 같은 사람은 과학이 관계하는 영원성 있는 문제를 이해하고 있기 때문에 참된 과학자이며, 또 인간사회의 관습뿐만 아니라 인류의 본질과 가능성도 이해하고 있기 때문에 참된 자유주의자이다.

교육은 직업훈련과 동일한 것이 아니다. 그것이 한 푼의 돈을 벌어들이게 하지 못한다 할지라도 그 자체를 위해서도 가치가 있는 것이다. 교육의 목표는 사물에 대한 이치를 이해하고 또 아는 데 있다. 교육과 훈련의 차이는 교육이 지적(intellectual)인데 있다. 어떤 조작을 습관적으로 수행하도록 훈련받은 사람은 그 조작이나 그것의 결과에 대한 이치를 알 필요가 없는 것이다. 바꾸어 말하면 교육이라는 것은 선량한 생활로 인도하는 학습의 과정인 것이다. 선량한 습관의 영속永續은 선량한 행위에 의해서 형성된다. 선량한 행위를 권유케 하고 또 선량한 생활을 구성케 하는 것은 인생의 목표에 대한 지적知的 파악과 그 목표를 성취하고자 하는 수단에 의해서 보증되는 것이다.

그러니 교육에 있어서의 첫 단계는 선량한 습관을 정신에 주는 데 있다. 성聖 아우구스티누스(St. Aurelius Augustinus, 354~430)는 덕德이나 선량한 습관은 우리들의 자유의 올바른 사용법이라 얘기했다. 자유정신에 필요한 것은 기율紀律, 즉 정신을 올바로 움직이게 하는 습관을 형성하는 기율이다. 교육에 있어서 다음 단계는 무엇이 선善인가 하는 것을 이해하는 데 있다. 정신은 만약 그것이 악惡의 노예일 때 자유로울 수가 없다. 반면에 정신이 선의 노예일 때 자유로운 것이다.

선과 선의 순서를 결정하는 것은 모든 도덕적 교육의 제일 첫째 목표이다. 이러한 문제와 부딪친 적이 없는 사람이 좋은 시민이나 좋은 사람이 될 수 있을 것을 바랄 수 없다. 그러나 오늘날 이러한 문제에 부딪치지 않고서 대학교의 최고 지력知力에 도달하는 것이 완전히 가능하다. 이러한 문제를 그 관심의 중심으로 하지 않는 교육제도는 전연 교육제도가 아니다. 그것은 대규모의 건축 모험이다. 그것은 젊은 세대가 현대의 중대 문제를 해결하는 것을 돕지 못하는 것이다.

오늘날 미국의 고등교육에 있어서의 교육과정이 유용한 단편적 지식의 주력注力이나 직업교육 내용으로 바꾸어진 것은 듀이 때문인가? 이 문제에 대하여 브루바허와 루디는 "많은 듀이의 추종자들은 엄청나게도 교양과목을 희생하고 좁은 직업주의를 장려하는 과오를 범하였다. 그러나 이러한 과오는 듀이의 저서에서 그것의 출처를 밝히지 못하는 것이다."[12]고 했다.

허친스도 다음과 같이 얘기한다.

> 듀이는 단순한 직업훈련에 반대하여 "현명하게 관리된 일반 직업이나 전문 직업이 그 속에서 기능을 발휘해야 하는 사회적, 도덕적 그리고 과학적인 전후관계前後關係 속에서 행하여지는 계속적인 교육의 어느 단계에 있어서도 오늘날 직업적인 훈련과 격리하여 생각한다는 것은 참다운 자유와 정신을 높이는데 지향하는 교육의 견지에서 거절되어야 한다."고 주장하고 있다. 그는 일을 통한 교육은 흥미를 환기하는 수단−일을 연구함으로써 흥미가 환기되는 것으로 생각하는−, 학생의 직업선택을 돕는 수단 또 여러 가지 생계의 방도에 수반되는 의의를 찾는 수단으로서 제창提唱하는 것이다.

여기서 듀이의 학설을 정밀히 비판할 바는 아니다. 다만 그의 학설을 오

12) J. S. Brubacher and W. Rudy, *Higher Education in Transition*(New York : Harper&Row, 1959) p. 293.

해하고 또 잘못 적용된다는 것은 당연하며 또 피하지 못하는 것이었다는 것만 지적하면 된다. 그의 직업을 통한 교육안教育案은 실제에 있어서는 직업을 위한 교육안이 되지 않을 수 없다.

6. 인간교육

듀이의 인간관人間觀은 어떠한 것인가? 그는 생물학적 견지에서 이 지상의 존재를 생물과 무생물로 분류한 후 인간도 생물의 일종으로 규정한다. 듀이는 이러한 차가운 과학적 시점에서 인간의 생명활동을 포착한 후 교육의 의의를 추구하였다.

교육작용은 인간의 생명활동의 항구적恒久的인 존속을 위하여 필연적으로 요구되는 기능이라고 결론하는 듀이는 왜 그러한 욕구가 인간 속에 내재하는가에 대해서는 아무런 설명을 하지 않는다. '왜'라고 하는 의문에 대한 해답은 그의 실증주의적인 과학의 분야를 훨씬 초월하는 것이다. 이 문제를 해결하고자 하면 형이상학에 속하는 종교나 신학神學으로 가야만 한다. 그러나 그는 이미 종교나 신학은 모호하고 애매한 것이라 단정하여 연구대상에 넣지도 않았다. 아니 오히려 그의 철학적 기반으로는 연구할 수가 없다.

왈키스트도 말하기를 "실용주의자가 말하는 인간은 '야비한' 한 인간이다. 이러한 견지에서 볼 때 인간은 본질적으로 생물학적 그리고 사회학적 유기체이며, 언제나 생물학적 그리고 사회학적 자극에서만 행동하며 순간에서 순간으로 산다."13)고 하였다.

거기에다 실용주의의 철학적 배경에서 고찰한 바와 같이 그들은 만물萬物의 생성변화生成變化하는 현상의 통일적 원리로서의 불변의 진리를 탐구하는 것이 아니라, 인간의 실제 생활에 있어서의 효과 또는 유용성을 진리의

13) J. T. Wahlquist, *op. cit.*, p. 77.

기준으로 삼는다는 것을 상기想起하면 그들의 성공은 경제적 번영을 의미하지 않을 수 없다. 허친스는 그의 저서 『미국의 고등교육』(1936)에서 "돈에 대한 애착, 그것을 버는 자유를 위한 욕망 그리고 그것을 추구하기 위한 기회의 균등 이것이 아직 미국에서 통용되는 이상理想이다."고 하였다.

그러나 실제 생활에 있어서 진실한 실용주의자들은 물질주의에 사로잡히지 않을 수 없다. 그런데 물질주의는 우리의 문화와 국가를 사로잡고 또 교육마저도 사로잡고 말았다. 왜냐하면 교육의 가치는 교육을 받은 자들이 인생에 있어서 성공하느냐 못하느냐에 의하여 결정된다는 것을 부정하는 사람이 없으며 또 교육의 목표로서 지적 계발知的啓發을 주장하는 사람들까지도 부득이 계발된 지성을 가진 사람은 계발되지 못한 지성을 가진 사람보다 돈벌이를 더 잘 할 것이라는 것을 결부시키고 있기 때문이다.

리빙스턴(Livingstone)이 주장하는 그의 교육신조教育信條는 일반적인 동의를 얻고 있는 실상이다. 즉 "대부분의 사람들이 다음과 같은 대략적인 말은 시인하리라고 생각한다. 즉, 교육의 목적은 주로 그 근본에 있어서 식량, 피복, 주택 그리고 우리들의 생활수준을 윤택하게 하는 사치품 생산에 기여하는 데 가장 효과 있게 이용할 수 있는 지식과 기술을 청년들에게 부여함에 있다. 예술, 언어, 철학, 역사 그리고 기타 부문의 지식도 사회에 대하여 중요한 것이기는 하지만, 내가 생각하기에는 이와 같은 부문은 적어도 현재에 있어서는 물질적 필수품과 사치품의 생산에 비하면 2차적인 것이다. 왜냐하면 오늘날의 사회는 물질적인 것이 풍부하지 않는 한 행복할 수 없다는 것을 실증하고 있기 때문이다."고 하였다.

인간은 도덕적, 이성적 그리고 정신적 존재이다. 인간은 물질을 필요로 한다. 물질 없이 인간은 생존할 수 없다. 그러나 물질을 무제한으로 필요로 하는 것은 아니다. 물질에만 정신이 팔리면 인간의 특정한 힘을 완전히 발전시키려는 인간의 참된 목표에의 진보를 저해하고 돕지 않게 된다.

우리들은 미국이 이성理性을 통한 공동 선共同善을 달성하는데 몰두하는 국가가 아니라는 것을 알고 있다. 미국민은 지나치게 난폭한 수단이 아닌 한 어떠한 수단을 써서라도 물질적인 재물을 수중에 넣는데 정신이 없는 국민이라는 것을 우리들은 알고 있다. 이렇게 되면 "국적이 어디냐" 하는 질문을 받았을 때 "나는 부자의 한 사람이다."라고 대답한 고대 그리스의 국제적 부자富者의 경우와 마찬가지로 애국심과 애족심도 급격한 공격을 당하면 아무 소용이 없어지고 만다.

정치적 조직은 어떤 이념에 부합하느냐에 의해서 검토되어야 한다. 그 기반은 도덕이다. 그 목적은 인간을 위한 선善이다. 오직 민주주의만이 이 기반을 가지고 있다. 만약 우리들이 민주주의를 방위해야 한다면 이러한 원리를 우리들은 방위하지 않으면 안 된다.

그럼에도 불구하고 사회적 사상의 모든 영역에는 오직 의견이 있을 따름이라는 것이다. 의견 이외는 아무 것도 없으므로 각자는 그 자신의 의견에 따를 권리가 있다는 것이다. 선과 악의 사이에는 차이가 없으며, 편리한가, 편리하지 않은가의 사이에만 차이가 있다는 것이다. 우리들은 좋은 국가와 나쁜 국가 혹은 좋은 사람과 나쁜 사람에 관해서까지도 논의할 수가 없다는 것이다. 도덕이란 없으며, 다만 풍습이 있을 따름이라는 것이다. 인간은 다른 동물과 다른 바가 없으며, 인간사회는 동물사회와 마찬가지라는 것이다.

만약 목적이라는 것이 있다면 동물과 동물사회의 목적은 생존이라는 것이다. 만약 목적이라는 것이 있다면 인간과 인간사회의 주목적主目的은 물질적 만족이라는 것이다. 자유란 단순히 자기 멋대로 하는 것이라고 한다. 우리들이 가지기를 바라는 유일한 공통 원리라는 것은 원리란 것이 전연 없다는 것이라고 한다.

이 모든 것은 수단과 목적과의 커다란 혼동에서 유래한다. 재물과 권력이 인생의 목적이 되며, 인간은 단순한 수단이 된다. 그러니 우리들은 도덕적, 지적知的, 예술적 그리고 정신적 발전에 대한 교육의 공헌에 의해서 교육을 정상화하려고 애쓰는 일은 거의 없다.

만약 만사萬事가 의견의 문제이며 또 각자가 자기 의견대로 할 권리가 있다면 힘이 의견의 차이를 해결하는 유일한 방법이 된다. 그리고 물론 성공이 올바름의 기준이 되며, 정당正當은 힘의 강력한 쪽에 속하게 된다. 법률이란 이성理性이나 정의正義와는 관계가 없다는 것을 법과대학에서 나는 배웠다. 법정이 하는 것이 즉 법률이라는 것이다. 내가 하는 것이, 즉 법률이라고 히틀러는 말했다. 미국의 법과대학에서 내가 배운 원리와 히틀러가 선전하는 원리와의 사이에는 별로 다른 점이 없다. 그런데 히틀러와 왜 히틀러처럼 되어서는 안 되는가를 의심하고 있는 사람들과의 싸움에 있어서는 완성품이 승리하게 마련이다.

이러한 허친스의 의견은 오늘날 우리들에게 있어서도 마찬가지로 적용이 된다. 실용주의가 가지는 상대주의적 태도와 입장을 가지고서는 반공反共도 하지 못할 것이다. 왜냐하면 공산주의자와 왜 공산주의자가 되어서는 안 되는가를 의심하고 있는 사람들과의 싸움에 있어서는 완성품이 승리하게 마련이기 때문이다.

최근 우리들은 너무나 "미국은 강력해야만 한다."는 표어를 자신에게 반복하였기 때문에 우리들은 힘이란 무엇인가 하는 것을 망각하고 말았다. 우리들은 힘이란 다수의 인간과 기계로 성립된 것으로 믿게 된 것이다. 나는 그러한 것이 그러한 것으로서의 역할이 있음은 부인하지 않는다. 그러나 힘의 본질적 요소는 훈련된 지성, 애국심, 국가의 여러 이념理念에 대한 이해理解, 그리고 이러한 이념이 모든 시민의 사상과 생활의 일부가 되게 하는 이상理想에의 헌신과 같은 것임에 틀림없다.

오늘날 개인의 선善과 사회의 선의 원칙은 최소의 비용으로 최대의 이익을 거두려는 원칙에 의하여 대치되고 있다. 금욕주의와 희생의 신앙은 기술

技術의 신앙에 의하여 대치되고 있다. 애덕愛德을 기반으로 하는 질서는 탐욕을 기반으로 하는 질서에 의하여 대치되었다. 그러므로 이 세상이 고대하고 있는 도덕적, 지적知的 및 정신적 개선改善은 인간의 본질, 인생의 목적, 국가의 목적 및 재물의 질서에 관한 참되고 뿌리 깊은 확신 여하에 달려 있다고 허친스는 주장한다. 그는 교양과목과 대저서大著書를 통하여 인간교육을 끝마친 연후에야 직업교육이나 전문교육을 시켜야 한다고 하였다.[14)]

헨더슨(Henderson)은 실험주의와 민주주의에 관하여 다음과 같이 말하였다. 즉,

> 민주주의에 관해서 듀이만큼 많은 것을 쓴 사상가는 드물다. 그러나 실험주의의 철학을 추종한다는 것은 민주주의의 달성을 거의 불가능하게 할 것이다. 궁극적인 목표와 모든 사람들의 목적으로서 다루는 그 사회의 이상理想을 부정하고 개인의 인격에 대한 존중은 절대적이 아니라고 주장하는 등, 진리의 객관적인 지식의 가능성을 부정하며, 이성理性은 목적에, 관념은 행위에, 의무는 관심에 종속하며 그리고 어느 일이나 좋다고 동일시하는 원칙은 언제나 옳다고 해서는 진정한 민주주의의 달성을 불가능케 하는 것으로 여겨진다.[15)]

7. 결 론

우리나라에 있어서는 '새 교육', '민주주의의 교육', '진보주의 교육' 그리고 '듀이의 교육'은 동일어同一語로 듣게끔 되어 있다. 해방 후 미국에서 수입한 '새 교육'은 실제에 있어서는 폐물화 되다시피 한 것이었다. 왜냐하면

14) R. M. Hutchins, *Great Books of the Western World : The Great Conversation* (Chicago : Encyclopaedia Britannica, Inc., 1952) p. 61.

15) S. P. Henderson, *Introduction of Philosophy of Education* (Chicago : University of Chicago, 1947), p. 247.

환경에 적응하고 또 환경을 개조한다고 다짐한 진보주의 교육사상은 세계 제2차 대전 이후, 아이로니컬하게도 스스로 환경에 적응도 하지 못하였기 때문이다. 그리하여 그들 회원들은 줄어들고 1944년 초에는 회會의 명칭마저 변경하지 않으면 안 되었다.[16]

예컨대, 국가 간에 있어서 조약을 준수하는 이유는 무엇인가에 대하여 실용주의자와 실증주의자의 이론은 조약을 맺는 것이 이익이 있거나 편의便宜하기 때문에 구속력을 가진다고 하였다. 그렇다면 불가침조약不可侵條約을 맺고서도 자국自國에 이익이 있거나 편의하기만 하면 언제라도 조약을 포기해도 좋단 말인가. 그렇다면 독일의 네덜란드와 벨기에의 침입도 정당화되고 만다. 군대교육에 있어서도 개인의 자유, 흥미 그리고 요구를 듣고 한다면, 총을 들고 일선에서 싸울 사람은 아무도 나오지 않을 뿐만 아니라 군대의 운영도 불가능하게 만들고 만다. 헨더슨의 말을 빌리면 "진보주의 교육은 개인의 자유를 최고도로 허용한 까닭에 민주주의를 고취하였다. 그러나 그들의 민주주의에 대한 해석은 때때로 너무 이기주의적이며 또 의무보다는 권리를 내세워 왔던 것이다."[17]

실험주의는 그 사상의 기반도 불투명하다. 왜냐하면 그들의 진리관眞理觀에서 보는 바와 같이 상대적 입장을 가지고 있음에도 불구하고, 브루바허가 지적하다시피 그들은 또 '민주주의와 인간의 인격 존중'에 대해서는 절대적인 입장을 취하기 때문이다.

오늘날 우리나라의 교육 실정은 어떠한가? 초등학교부터 고등학교까지는 상급학교 입학시험을 위한 예비교豫備校가 되어 버렸고, 일류 학교의 기준은 상급학교의 입학률로 따지게 되었다. 교사들은 학생들에게 아침부터 저녁까지 단편적 지식의 주입에 바쁘다. 심지어 대학까지도 취직 및 국가고시의 예비교가 되다시피 되었다. 인간교육에는 도무지 관심조차 없다. 추

---

16) *Ibid.*, p. 251.

17) *Ibid.*, p. 252.

구해야 할 이상理想이 없는 그들은 현실주의자, 이기주의자, 물질주의자로만 굴러 떨어진다. 허친스가 지적한 그대로의 잘못된 인간상을 교육시키는데 여념이 없다.

우리는 진보주의 교육에 있어서 성장, 흥미, 자유, 요구 그리고 경험이라는 단어는 찾을 수 있어도 인간교육의 본질적인 문제에 대한 논의는 전연 찾아 볼 수가 없다.

"조국의 장래 운명은 그대들 교육자의 총명과 정열 그리고 실천에 달렸다."

고 한 피히테의 말이 진실이라면, 교육의 기반이 되는 교육철학을 외국에서 수입하는 것도 좋지만, 국가의 장래를 위하여 좀 더 신중한 검토와 비판이 있어야 한다는 것은 아무리 강조하여도 지나치지 않을 것이다.♣(1964. 7. 17)

(『에어리뷰』 20호, 空軍大學, 1964년 9월)

제 4 부

한 군사학도의 인생 단상斷想

I

나의 학문과 인생※

1. 서 론

미국의 저명한 경영학의 창시자, 피터 드러커(Peter F. Drucker, 1909~2005) 교수는 93세에 『다음 사회의 경영』(*Managing in the Next Society*, 2002)을 저술한 후, 그의 인생의 황금시절은 60대·70대·80대의 30년간이었다고 술회했다. 이것은 우리나라의 전통적인 노인들의 사고방식과는 전연 다른데, 즉 우리나라에서는 60세의 환갑잔치를 하고나면, 보통 사업이나 업무에서 은퇴하여, '이제 다 살았다. 남은 인생은 덤이니, 그저 고통 없이 죽기만 기다리고, 덧없이 희망 없는 삶을 누리는 것'으로 생각하여 왔다.

60대 이후의 인생을 '황금기'(golden age)로 생각하는가, 혹은 '황혼기'(twilight age)로 생각하는가 하는 문제는 각자의 인생관에 따라 달라지리라. 나는 인생이란 축구시합과 마찬가지로 전·후반전이 있는 것으로 생각하며, 전반전에서 실패해도 후반전에서 만회가 가능하니, 후반전이 더 중요하다는 생각을 가지고 있었다. 1973년 10월 중령에서 대령 진급의 심사에서 낙방하

※ 東아시아古代學會 세미나(2008년 6월 28일, 동의대학교)에서 '특별 기념강연'한 내용의 일부를 보완·삭제했음을 밝혀둔다.

자, 1974년 11월 1일이면 복무기간이 20년이 되어 연금을 탈 수 있으니, 그 후는 '하고 싶은 일을 하면서 인생의 후반기를 보내자'고 마음먹었는데, 아이들의 교육문제가 압박을 가하였다. 다행히도 국방대학원장 박현식 중장이 사람을 보내어 제대하고 국방대학원 교수로 오라는 요청이 왔고, 또 공군본부 인사국에서도 사람이 와서, 제대하여 군 교수로 공군대학 교수부 3처장으로 그대로 있을 의향이 있느냐는 것이었다. 나는 1974년 2월 제대를 하고 국방대학원으로 자리를 옮겼으며, 또 1980년 12월 문교부에서 주는 '군사학 정교수'의 자격도 획득했다. 그러고 보면 진급하지 못하여 '실망·위기'에 처했지만, 그것이 곧 '기회'였다는 것을 나중에서야 깨닫게 되었다.

나는 65세까지 신분이 보장되어 있었으나, 58세 때(1987) 명예퇴직을 하고 '하고 싶은 일'을 하기 위해 신라의 고도 경주로 이사했다. '하고 싶은 일'이란 독서·연구·답사 그리고 농사일이었다. 이제 퇴직한지 20여년의 세월이 흘렀는데, 그동안 저서와 공저를 합하여 13권을 발간했으니, 무위도식하지 않았다는 것만은 증명한 셈이 되리라.

2. 군사학의 이론정립

1960년대 중반, 공군사관학교 교수부 군사학과에 재직하고 있을 때, 미국의 미시간 대학교에서 물리학 석사학위를 받고서 귀국한 동기생이 하루는 "자네 군사학도 학문인가?" 하고 농담·조롱의 어투로 질문했다. 그것이 동기가 되어 평생의 연구과제가 되었다.

국방대학원에 재직하면서, 「군사이론 체계에 관한 연구」를 『국방연구』(국방대학원, 1979)에 발표했던 바, 천주원 원장이 관심을 가져 다음 해(1980. 10. 30.~31.) 학술세미나를 개최하게 되었고, 거기서 「군사학의 이론체계」[1]를 발

---

1) 李鍾學, 『軍事論文選』(경주 : 서라벌군사연구소, 1991), pp. 9~59.

표함으로써 우리나라에서는 최초로 학문으로서의 이론정립을 시도했다. 1999년 6월 10일 육군사관학교 화랑대 연구소 주최 세미나에서 「한국 군사학의 발전방향」[2]을 발표했다. 즉 "군사학은 군사훈련이 아니며, 그것은 학문으로서 전쟁에 대한 지식의 체계이다. 군사학은 사관학교 교육의 핵심이 되어야 하며, 유일한 소망이 있다고 한다면, 그것은 사관학교에서 군사학 학사 학위를 수여하는 모습을 보는 것과, 일반 대학교에서도 학문으로서 군사학을 연구하는 「군사학 연구소」의 설치가 실현되는 날이다."고 했다.

그런데, 2002년 10월, 충남대학교 평화안보대학원에 군사학 석사과정의 설치가 인가되어 학생모집을 한다는 신문광고를 보고, 그동안 군사학 연구의 논문을 보냈던 바, 대학원장이 경주에까지 와서 군사학과의 발전방향에 대해 의견을 나누었고, 또 학과 커리큘럼 구성 및 강사 선정 등 산파역을 수행했다. 그리하여 2003년 봄 신학기부터 군사학 강의를 다시 시작했고, 또 동년 8월 우리나라 최초의 '명예 군사학 박사' 학위를 받았다. 즉 "군사학 발전에 크게 공헌하였으며 나아가 본교의 발전에 기여한 공적이 현저하므로… "

그 후 2004년부터 민간대학교에서도 군사학 학사 학위과정이 설치되었으며, 오랫동안의 소망사항, 즉 2005년 3월 8일, 공군사관학교 졸업식에서 우리나라 최초로 수여하는 군사학 학사 학위 수여식을 지켜보면서 지난날의 우여곡절을 회상했다.

「군사학의 이론체계」(1980)의 뼈대만 소개하면 아래와 같다.[3]

- 군사학(military art and science)의 정의 : 군사학이란 전쟁의 본질과 성격 및 무력전의 준비·수행과 억제에 관한 통일된 지식의 체계이다.
- 군사학의 범위와 연구방법
  1) 전쟁철학

---

2) 이종학, 『한 군사학도의 연구 발자취』(대전 : 충남대학교 출판부, 2006), pp. 20～40.
3) 상세한 내용은 註 1)의 책을 참고할 것.

2) 전쟁학

가) 군제학, 나) 용병술(군사전략·작전술·전술)

3) 군사사학

4) 군사기술

5) 군사교육학

6) 군사지리학(해양학·기상학 포함)

7) 군사 보조학문(국방경제·군법·위생학 등)

8) 군사학의 각 분야의 연구방법의 확립

군사학의 연구대상은 전쟁이고, 보편적인 이론체계를 추구하지만, 나는 그 연구를 통한 궁극적 목적은 한민족의 생존과 번영을 도모하는 데 두었다. 그리고 지금까지 군사학이 학문으로서의 시민권을 획득케 하는 데 40여 년 간 노력을 기울여 왔으며, 이 목표는 달성되었다. 그러나 앞으로 알찬 결실을 맺을 수 있도록 뿌리를 내리게 하는 데 여생을 바칠 생각이다.

3. 군사고전에 대한 연구

가. 전략(strategy)이란 무엇인가

전략이란 희랍어의 'strategos'에서 유래된 용어이며, 그 뜻은 '장수의 직위', 혹은 '장수의 책략'(art of the general), 힘의 변증법적 술(art of the dialectic of force) 등으로 군사용어로 사용되었고, 동양의 병서에는 '用兵之法(용병지법)'이 여기에 해당되는 단어이다. 원래는 군사용어였지만, 제2차 세계대전 이후, 더 정확히 말하면, 1960년대 초부터 일본에서 병서에 담긴 전략이론을 기업경영에 도입하는 것이 유행했고, 일본경제가 폐허에서 소생하는 데 기여한 바가 컸다. 그리하여 '경영전략', '기업전략', '투자전략', '판매전략' 등의 용어가 일반화되었다. 이것은 특정한 과업·임무 혹은 목표를 달성하기 위한 어떤 개념을 표시하는 일반적인 용어가 되었다.

전략이란 용어의 정의定義는 사람에 따라 달라지게 마련이다. 그러나 '전략은 목표달성을 위한 하나의 사고방식이며, 각 현상을 계통적으로 배열해서, 그 우선순위를 확정하고 가장 효과적인 행동방책을 선택하는 데 있다'는 것이 보편적인 개념이다. 이 문제에 대해 역사적 사례에서 고찰해 보려고 한다.

병자호란(1636~1637) 때, 서울 사대부집 젊은 부녀자들만 해도 수 백 명이 호병胡兵의 포로가 되어 심양으로 끌려갔다. 그 후 화친이 성립되어 그들은 본국으로 돌아왔으나, 수년 간 적진에 머물러 있었던 유부녀와 처녀들의 몸이 성할 리가 없었다. 이들을 어떻게 처리해야 그들도 구하고 또 사회도 잠잠해 질 수 있을까? 아마도 인조왕은 다음 세 가지 방안을 두고 생각했으리라 추측한다. 즉,

[1]안 : 부녀자들을 그대로 귀가시킨다.

[2]안 : 부녀자들을 심사 후에 귀가시킨다.

[3]안 : "심양에 잡혀갔다가 돌아오는 여자들은 홍제원에서 모두 목욕을 하고 서울에 들어오라"(인조왕의 안). 이것이 무슨 뜻인가 하면, 목욕을 함으로써, 그들의 정조문제를 씻어버리기로 하고, 다시 거론하는 자는 엄벌에 처한다는 것이다. 이리하여 그들은 누명을 벗고, 다시 아내가 되고 또 어머니가 되었던 것이다.

인조왕이 채택한 [3]안은 시간이 지난 후, 그 결과로 보아 최적전략最適戰略임이 밝혀졌던 것이다. 이러한 전략은 오늘날의 상황에 비추어 볼 때, 멀지 않아 북한이 붕괴될 것은 확실하며, 민족통일이 이루어졌을 때, 공산주의 간부들은 대동강에서 목욕을 시켜 통일국가의 완성과 발전에 기회를 부여하는 것이 바람직한 전략이라 생각한다.

나. 손무孫武의 『손자孫子』 혹은 『손자병법』(513 B.C)[4]

일찍이 중국의 당 태종(재위 : 626~649)은 "나는 여러 병서를 읽어보았지만, 손무孫武에 비견할만한 것은 없다."고 했고, 상승장군 나폴레옹도 『손자병법』을 애독했다. 독일 황제 빌헬름 2세도 제1차 세계대전에 패한 후, 『손자병법孫子兵法』을 읽고는 "20년 전에 읽었어야 할 책이었다."고 술회했고, 또 2차 대전 후 일본의 저명한 장군도, "우리들이 바르게 『손자孫子』를 알고 있었다면, 이렇게 비참한 패전을 당하지 않았을 것이다."라고 했다.

한편, 영국의 저명한 군사평론가인 리델 하트(1895~1970)는, "『손자병법』의 작은 책자에는 내가 저술한 20권 이상의 저서에서 다루어 둔 전략 및 전술의 근본문제를 거의 포함하고 있다."고 높이 평가했다. 이미 앞에서 얘기한 것처럼, 일본의 기업가들은 패전 후, 『손자병법』을 기업의 경영에 활용해서 대성공을 거두었으며, 또 미국의 경영학의 창시자로 알려진 피터 드러커는 "수 천 년 전의 중국인들 역시 경영을 발명했다. 2,500여 년 전 춘추시대의 『손자병법』은 완벽한 경영학 교과서이다."고 말했다. 나는 군사고전인 『손자병법』과 『전쟁론』은 전쟁·경영학 분야뿐만 아니라, 우리들 인생의 경영에도 길잡이가 되는 귀중한 보고임을 여러분들에게 알려주고 싶다.

나는 공군사관학교(1954)와 공군대학(1970)을 졸업했지만, 군사고전인 『손자병법』과 클라우제비츠의 『전쟁론』(1832)을 전연 배우지 못했다. 그러한 군사고전을 가르칠 수 있는 군사 전문가가 당시 우리나라에는 없었다(예컨대, 6·25전쟁(1950) 때, 작전지휘를 수행했던 국군 제1 사단장 백선엽 대령은 29세였고, 제7 사단장 신상철 대령은 26세였다). 그 후 독학으로 군사고전을 연구하여 사관학교 생도, 공군대학 학생장교 그리고 국방대학원에서 가르쳤고 또 번역서도 발간했다.

---

4) 李鍾學 譯, (1973) 『孫子兵法』(서울 : 명문당, 1993), 중판 및 『전략이론이란 무엇인가』(충남대학교 출판부, 2006, 2쇄), pp. 53~105 참조할 것.

나에게 있어서 가장 중대한 영향을 미친 것은 『손자병법』의 첫 구절이었다. 즉 "전쟁은 국가의 중대한 일이다. 국민의 생사와 국가의 존망이 기로에 서게 되는 것이니 신중히 검토하지 않으면 안 된다."

생도시절에 배운 군사분야의 교육내용이란, 살인을 위한 새로운 무기의 성능과 군사훈련이었기 때문에 직업군인이 된다는 것에 깊은 회의심을 품고 있었다. 더욱이 중학시절에 『큐리 부인전』을 읽고는 그 영향을 받아, 앞으로 훌륭한 화학자(chemist)가 되어 사회와 국가에 공헌을 하고 싶어서 고민에 빠졌던 것이다.

그러나 『손자병법』의 첫 구절은 지금까지의 나의 전쟁에 대한 생각이 전술적戰術的 사고思考 이하에 머물고 있었다는 것을 알게 했고, 새로운 고차원의 안목을 열어주었다. 즉 전쟁이란 무엇이며, 직업군인이 해야 할 의무와 본분이 무엇인가를 명시해 주었다. 유사 이래, 인류사회에는 전쟁이 존재해 왔고, 전쟁은 우리가 좋아하거나 싫어하거나 간에, 국가의 존망과 국민의 생사를 좌우할 뿐만 아니라, 패자는 승자의 의지 앞에 굴욕적인 굴복을 당하고 만다. 그리고 전쟁은 시작하고자 하는 자의 의지에 의해 언제든지 시작할 수 있으며, 또 국가 간의 분쟁을 해결하는 최후 수단이 되어왔고, 인간의 천성이 갑자기 변하지 않는 한, 전쟁 양상을 달리하면서 계속 존재할 것이다. 이것이 바로 우리들이 왜 전쟁을 연구해야 하는가 하는 당위성과 이에 대비해야 하는 이론적 근거가 된다는 것을 알게 했다.

1981년 8월 초, 서울대학교 학훈단장 김종호 장군이 "서울대학교 내의 조교수·전임강사들에게 예비군 훈련을 해야 하는데, 그렇다고 제식훈련을 할 수 없으니 특별강의를 3시간 해 달라."고 요청해 왔다. 8월 20일 관악산 아래의 서울대학교 강당에 안내되어 가보니, 100여명 정도의 청강인이 강당을 꽉 메우고 있었다. 나는 중학생 때부터 군인은 군국주의자로 생각했고, 직업군인이 되어서도 한동안 업무수행에 회의를 품고 있었으나, 『손자병법』의 첫 구절을 읽고서 크게 깨달았다는 것과 전쟁이란 무엇인가를 설명했고, 문·무文武는 상반相反된 개념이 아니고 나란히 중시重視되어야 하며, 또 6·25전쟁의 실상을 상세히 소개했다. 강의 첫 시간에 서울대 총장이 강당에 들어와서 30분 정도 청강을 했는데, 어떤 자가 서울대 교수들에게 강의를 하는가 하고 궁금했던 모양이다. 그 후 특강이 퍽 유익했다는 뒷얘기를 학훈단장이 전해주었다.

군사고전인『손자병법』과『전쟁론』을 이해하기 위해서는 헤겔(1770~1831)의 변증법(Dialektik)을 알아야 한다. 즉 정립(Thesis)과 반정립(Antithesis)을 거쳐, 이 대립의 종합(Synthesis)에 도달하는 사상思想과 실재實在의 논리적인 발전이다. 모순을 배제하는 형식논리학에서는, "A는 非A가 아니다"고 한다. 즉 "生은 死가 아니다."

그러나 변증법에서는 모순·대립을 수용하여 "A는 非A가 된다"는 사고방식으로, 生과 死, 평화와 전쟁, 공격과 방어, 성공과 실패 등 얼핏 보아 모순으로 생각되는 대립마저도 유동화 함으로써 '生은 死가 된다'고 하는 역동적인 사고방식이다. 예컨대, 이순신은 명량해전(1597. 9. 16.) 바로 전날 지휘관들을 집합시켜, "병법에 이르기를, 반드시 죽고자 하면 살고, 살고자 하면 죽는다"(兵法云 必死則生 必生則死)고 했고, 즐거움은 고통의 씨앗이요, 고통은 즐거움의 씨앗이다. 모든 실패나 실망 속에는 그보다 큰 성공과 희망의 씨앗이 숨겨져 있다는 등이다. 변증법은 군사고전뿐만 아니라, 인생을 이해·해석하는 데도 대단히 중요하지만 지면상 상세한 내용은 생략하고,[5] 또한『손자병법』의 내용에 대해서도 생략하겠다.[6]

---

5) 李鍾學,『클라우제비츠와 戰爭論』(서울 : 주류성, 2004), pp. 232~252. 참조할 것.

6) 李鍾學,『軍事理論과 軍事敎育의 硏究』(경주 : 서라벌군사연구소, 1997), pp. 79~107. 참조할 것.

다. 클라우제비츠의 『전쟁론』(1832)[7]

독일의 군인이며 저술가였던 골츠 원수(1843~1916)는, "클라우제비츠 이후 전쟁을 논하고자 하는 군사이론가는, 마치 괴테 이후 『파우스트』를, 또 셰익스피어 이후에 『햄릿』을 쓰고자 하는 모험을 범하는 것과 같다"고 논평했을 정도로, 클라우제비츠(1780~1831)의 『전쟁론』(1832)은 군사학계에서는 유명했다. 그런데 공군사관학교 군사학 교관이었던 나(중위)는 클라우제비츠의 『전쟁론』을 1957년 7월 19일, 대구의 고서점에서 미국서 최초로 영어로 번역되어 1943년에 간행된 『전쟁론』을 처음보고 구입했으나, 그 때는 저자뿐만 아니라 책의 가치도 전연 알지 못하고 책명과 목차만 보고 구입했으니, 실로 부끄러운 얘기였다.

곧 『전쟁론』을 읽기 시작했으나, 제1편 제1장도 모두 읽기 전에 너무 어려워 읽기를 포기했다. 그 후 미국 유학에서 귀국한 선배가 가져온 클라우제비츠의 『전쟁의 원칙』(클라우제비츠가 황태자에게 가르친 군사학 강의 개요의 영역본)을 빌려서 읽고 번역해서, 기초훈련을 마치고 사관학교에 온 장교 후보생들에게 강의했다. 이것이 계기가 되어 「공사신문」 창간호(1957년 10월)에 「클라우제비츠 장군의 생애와 전쟁원칙」을 발표함으로써 그와 인연을 맺게 되어 연구가 시작되었다.

1982년 7월 말, 나는 미국의 워싱턴에서 개최된 국제군사사학회의 세미나에 참가했다. 그 기회를 이용하여 미국 국방대학원(National War College)과 미육군 전쟁대학원(U. S. Army War College)을 방문하여 자료를 수집하는 과정에서, 세계 최강을 자부했던 미 육군이 월남전쟁에서, '전투'에서는 언제나 승리했는데, '전쟁'에서 패배하고 말았다. 그래서 그 원인을 찾기 위해 군사고전인 『손자병법』과 『전쟁론』을 70년대 말부터 가르치고 또 토의를 한다는 것

7) 클라우제비츠, 『戰爭論』 李鍾學 譯(서울 : 대양서적, 1972) 및 李鍾學(2004) 앞의 책을 참고할 것.

을 알고, '미 육군은 패전하고서야 정신을 차리는 모양이군.' 하고 생각했다.

클라우제비츠는 23년간 나폴레옹과 싸웠으며, 또 『전쟁론』의 원고 집필 기간이 12년간이나 계속되었으나, 병으로 51세에 요절함으로 인해 미완성 작품으로 남게 되었다. 그럼에도 불구하고 오늘날 세계 주요 강대국의 군사 대학에서 『전쟁론』이 연구·토론되고 있는데, 그 이유는 과연 무엇일까?

- 첫째, 전쟁의 본질 및 구조에 대해 포괄적이고 깊이 있게 다루어지고 있다.
- 둘째, 정치와 전쟁의 관계정립이며, 오늘날의 문민통제(civilian control)의 원형을 제시하고 및 전략·전술의 기본적 고려요인의 고찰
- 셋째, 전쟁 수행 및 전략·전술의 기본적 고려요인의 고찰
- 넷째, 전쟁이론의 방법론적·이론적 기초의 정립 등이다.

『전쟁론』은 전연 관점을 달리하는 '절대전쟁'(absolute war, 적의 격멸을 목적으로 하는 전쟁)과 '현실전쟁'(real war, 적국의 국경부근에 있는 적 국토의 얼마간을 쟁취하려는 전쟁)의 혼작混作의 미완성 작품, 즉 현실전쟁의 관점에서 수정을 완성하지 못했으며, 또 철학적 용어의 추상성과 방대한 분량 그리고 이해하기 어렵고 오해를 받는 책으로, 평가는 사람과 나라에 따라 다르다는 것이 현실이다. 특히 『전쟁론』의 연구는 독일에 있어서도 제2차 세계대전 이후 본격적으로 시작되었다.

클라우제비츠는 『전쟁론』의 방법론적·이론적 기초를 정립함에 있어서 칸트(1724~1804)에서 헤겔(1770~1831)에 이르는 독일 관념주의 철학을 기초로 하고 있기 때문에 어느 정도의 철학적 기초지식이 필수적이다. 그러나 군인들이 『전쟁론』을 읽고 이해하기 위해 철학을 연구한다는 것은 대단히 어려울 뿐만 아니라, 예컨대 칸트철학 그 자체를 이해한다는 것은 쉬운 일이 아니다. 일본의 아마노 테이유(天野貞祐, 1884~1980) 박사는 칸트철학의 전공자이며 독일 유학을 마치고 일본에 돌아와서, 칸트의 『순수이성비판』(1781)을 일본어로 번역·출판하니, 일본의 대학에 와 있던 독일인 교수는, "독일인도 읽

고 이해하지 못하는 책을 어떻게 일본어로 번역했을까?" 하고 말했다는 에피소드를 남겼다.

나는 칸트의 『순수이성비판』을 읽는데 10년 가까운 세월을 보냈고, 헤겔의 저서는 일본어로 번역된 책을 거의 읽는데 많은 세월을 보냈으며, 그동안 『전쟁론』에 대해 발표했던 논문을 편집하여 47년 만에 『클라우제비츠와 전쟁론』(2004)의 단행본을 출간했다. 특히 2000년 1월 일본의 방위연구소 전사부에서 발표한 논문 「일본의 서양 군사이론 수용에 관한 연구–제국 육군 참모본부를 중심으로–」[8]는 그동안의 『전쟁론』 연구를 요약·정리한 것이다. 거기서 일본의 참모본부는 몰트케(1800~1891)의 독일 참모본부로부터 참모본부의 조직·운영, 통수권의 독립, 절대전쟁관에 의한 작전·전술 등을 배웠지만, 클라우제비츠의 현실전쟁관에 의한 정치와 전쟁의 관계 등, 전쟁철학의 연구를 소홀히 했다.

그 결과는 역사가 보여주듯 일본의 군국주의·침략전쟁·패전의 길로 간 것으로 해석할 수 있다. 따라서 우리들은 클라우제비츠 『전쟁론』의 참 뜻을 파악하여, 지금부터 더 노력을 해야 한다고 결론지었다. 이것이 계기가 되어, 일본의 클라우제비츠 학회의 회장 및 회원의 공저로, 『전쟁론의 읽는 법–클라우제비츠의 현대적 의의–』(2001)[9]가 일본에서 발간되었다.

클라우제비츠의 『전쟁론』에 관한 구체적 내용은 생략키로 한다.

8) 이 책의 第5部 「Ⅳ. 日本の西洋軍事理論受容に関する研究」에 수록되어 있다.

9) 郷田豊·李鍾學·杉之尾宜生·川村康之, 『戦争論の読み方－クラウゼヴィッツの現代的意義－』(東京 : 芙蓉書房出版, 2001.)

4. 군사사학에 의한 고대사 산책

가. 군사사학이란 무엇인가

군사사학(혹은 군사사, military history)이란 용어는 과거의 군사문제를 연구대상으로 하는 역사학(history)의 합성어로서 역사학의 한 분과이며, 마찬가지로 군사학의 한 분과인 군사사학은 군사학의 이론적 기초를 제공하고, 또한 발전 근원의 하나로 작용하는 과거 군사경험에 대한 지식의 체계이다.

나는 20여 년 전에 「현대 군사사의 연구방향」이라는 논문에서, 군사사학 연구의 의의, 군사사학의 개념과 범위, 군사사학의 연구방법, 군사사학 연구의 고려요소[10] 등을 논의했기 때문에 여기서는 생략키로 하고, 실제 응용의 사례를 소개하고자 한다.

나. 광개토왕 비문의 신묘년 기사의 해독·해석

광개토왕 비문(차후 '비문'으로 약칭함)의 쌍구본雙鉤本으로 일본에 가져간 것은 1883년 가을 일본 육군 참모본부의 간첩이었다. 그 후부터 참모본부 편찬과원 겸 육군대학 교수인 요코이 다다나오(横井忠直)가 중심이 되어 여러 학자들을 동원하여 상세한 연구가 진행되었다. 그리하여 1889년 6월 『회여록會餘錄』 제5집이 비문 연구의 특집호 형태로 간행되었으며, 거기서 신묘년(391) 기사(차후 '기사'로 약칭함)는 다음과 같이 해독·해석되었다.

---

10) 李鍾學, 「現代軍事史의 硏究方向」, 『軍史』 제3호(서울 : 국방부 전사편찬연구소, 1981), pp. 10~59. 및 『한국군사사연구』(충남대학교 출판문화원, 2013, 2쇄), pp. 15~76.

• 碑文 : 百殘新羅舊是屬民由來朝貢而倭以辛卯年來渡海破百殘□□新羅以爲臣民

• 解釋文 : 百殘(百濟)과 新羅는 옛부터 高句麗의 신민으로 조공해 왔다. 그런데 倭가 신묘년(391)에 바다를 건너와 百殘과 □□와 新羅를 쳐서 신민으로 삼았다.(日本의 通說)

육군 참모본부의 요코이의 주도로 해독·해석된 '기사'는 그 후 일본 고대사학계에서 일관된 정설로 야마도 정권(大和政權)의 조선출병과 '임나일본부'설의 논거가 되어왔다. 나는 일본에서의 '신묘년 기사'의 통설에 대해 논파論破한 논문, 「광개토왕 비문의 신묘년 기사의 검토」를 한국뿐만 아니라, 일본의 학술지에도 발표했다.11) 그런데 우리나라 역사학계의 중진으로 활약하는 학자들의 최근의 '기사'에 대한 해석 및 인식이 필자로 하여금 놀라게 했다. 즉,

• '백제와 신라는 옛부터 고구려의 신민으로 조공해 왔다. 그런데 왜가 신묘년에(또는 신묘년 이래로) 바다를 건너와 백제와 ㅁㅁ와 신라를 쳐서 신민으로 삼았다.'로 풀이하는 것이 '통설'이었다…

현재까지의 논의를 통해서 볼 때, 신묘년 조 기사의 해석 자체는 '통설'과 같이 하는 게 순리라고 여겨진다. 단 신묘년 조에서 전하는 기사의 내용은 그대로 다 사실성이 있는 것이라고 보기는 어렵다.12)

나는 '제32회 동아시아 고대학회 학술발표대회'(2007. 12. 26)에서, 「군사사학軍事史學이란 무엇인가?－廣開土王碑文 辛卯年記事를 중심으로－」를 발표했는데, 여기서는 지금까지의 연구 결과만을 소개코자 한다.13)

---

11) 李鍾學, 「廣開土王碑文의 辛卯年記事의 檢討」, 『軍史』 제32호(서울 : 국방군사연구소, 1996)와 「広開土王碑文の真実－軍事史学的研究方法による辛卯年記事の検討－」, 『日本及日本人』(東京 : 日本及日本人社, 1998) 및 『東アジアの古代文化』 100号(東京 : 大和書房, 1999) 轉載.

12) 노태돈, 「광개토왕 능비」, 『한국고대사 연구의 새동향』(서울 : 서경문화사, 2007), pp. 445～446.

· 첫째 : 일본열도의 왜倭가 신묘년(391)부터 한반도에 진출했다면, 대한해협을 건너 도해작전에 필요한 병력·무기·식량 등을 운반하기 위해 '구조선構造船의 존재'가 전제·필수조건이지만, 일본의 고대사학계는 아직도 문헌사학 뿐만 아니라, 고고학에서도 이것을 실증하지 못하고 있다.

· 둘째 : 일본의 통설과 마찬가지로, 倭가 391년 백제·신라를 파하고 신민臣民으로 삼았다고 가정해도, 비문의 영락 10년(400)과 14년(404)에 倭는 '대궤·대패'되었기 때문에 한반도 남부에 발판이 되는 거점(작전기지)의 상실로 인해 「임나일본부」설은 전연 성립되지 않는다.

예컨대, 1793년 3월 나폴레옹은 이태리 방면군 사령관에 임명된 이후, 연전연승하여 황제가 되어 유럽대륙에 군림했으나 워털루 전투(1815)에 패배하자, 남대서양의 외딴 섬 센트 헬레나에 유배되었다. 전쟁철학자 클라우제비츠는 명저 『전쟁론』(1832)에서 주장했다. "이와 같은 전쟁의 형태에 있어서, 영관榮冠은 최후의 승리자에게 주어진다는 것을 언제나 기억해야 한다."(제8편 제3장). 여기서 영관이란 전쟁에서 정치적 목적의 달성을 뜻하는데, 지금까지 비문 연구가들은 이처럼 중요한 군사이론의 내용을 간과해 왔던 것이다.

· 셋째 : 비문에 의하면, 영락 6년(396), 고구려왕이 친히 수군을 거느리고 가서 백제를 토벌했고, 백제왕은 항복하여 영구히 고구려왕의 노객奴客이 되겠다고 맹세했다. 또 영락 9년(399), 신라왕은 사신을 보내 구원을 요청했다.

일본의 신묘년 기사의 통설에 의하면, 391년 이후 백제왕·신라왕은 등장할 수 없을 터인데, 그 후 비문에 등장하는 것으로 보아 참모본부에서 해독·해석한 신묘년 기사의 통설은 전연 잘못된

13) 상세한 내용은 李鍾學 外, 『廣開土王碑文의 新硏究』(경주 : 서라벌군사연구소, 1999) 및 李鍾學, 『軍事史学による古代史散策』(慶州 : 徐羅伐軍事硏究所, 2007), pp. 122~140을 참고할 것.

해독·해석임을 실증하는 내용이다.

- 넷째 : 비문을 작성한 찬자撰者는 고구려의 적측인 백제百濟를 '백잔百殘'이라고 멸칭한 것처럼, 비문에 등장하는 '倭'란 일본열도의 야마도 정권(大和政權)이 아니라, 임나가라任那加羅에 대한 멸칭이었다. 그 이유는 비문의 영락 10년조(400)에 의하면, 거기에는 '왜倭·왜적倭賊·왜구倭寇'가 등장하지만, 고구려군의 공격목표는 '임나가라'였기 때문이며, 또 "도래계 집단(한반도)은 야요이 시대(300 B.C~300)부터 계속하여 급속히 그 수를 증가하여, 아마도 기타규슈(北九州)를 중심으로 많은 소왕국(부족국가)을 만든 것으로 생각한다."[14]고 했기 때문이다.
- 다섯째 : 기사 후반부의 3결자에 대해 많은 견해가 발표되었다. 그러나 비문 10년 경자(400)의 작전형태, 즉 도해상륙작전임을 알게 된 필자는 고구려를 주어로 생각하여 1995년 5월 30일, 6년 병신(396)과 결부시키는 착상을 가지게 되었다. 즉,

  渡海破百殘(丙申)＋渡海破任那加羅(庚子)

  = 渡海破(百殘＋任那加羅)

  = 渡海破百殘[任][那][加]羅
- 여섯째 : 필자는 신묘년 기사에 대해 다음과 같이 해독·해석한다.
  - 百濟와 新羅는 옛날부터 속민으로서 高句麗에 조공해 왔다. 그런데 任那加羅는 신묘년(391)부터 (침공해)왔다. 高句麗軍은 바다를 건너 百濟와 [任][那][加]羅를 파하고 신민으로 삼았다.…

일본 제국주의자들은 한반도를 침략·강탈하기에 앞서, 비문의 왜곡된 해독·해석을 통하여 고대로부터 倭는 한반도를 지배·통치해 왔다고 함으로써, 그들의 대륙정책의 침략을 정당화했었다는 것에 유의할 필요가 있으며, 최근(2008. 7. 14.) 일본정부는 독도를 '일본 고유의 영토'임을 교과서에 게재토록 조치를 취했는데, 그들의 침략적 근성에는 단호히 그리고 치밀한 대책이 필요하리라.

---

14) 埴原和郎,『日本人の成り立ち』(京都 : 人文書店, 1996), p. 283.

다. 日本天皇家는 어디서 왔는가?(河內巨大古墳의 수수께끼를 풀다)

1991년 10월 8일, 나는 가야의 철제무기·갑주甲冑·마구馬具 등에 관심이 있어서 부산시립박물관에서 개최하는 「신비의 고대왕국, 가야 특별전」을 관람하러 갔었다. 거기서 가져온 소책자에서 다음 내용을 읽고 놀랐다. 즉 "광개토왕의 남정南征이 있은 후, 복천동 유적에서 대형분의 주곽이 목곽묘에서 석곽묘로 변하는 5세기 전반에 있어서 김해 대성동 유적에서 수장급의 묘가 급격히 소멸되고, 그 후 한 때, 복천동의 세력이 낙동강 하구의 중심세력으로 부상했던 것이다." 그렇다면, 광개토왕 비문에 등장하는 임나가라任那加羅는 어디로 갔단 말인가?

나는 비문에 등장한 임나가라, 에가미 나미오(江上波夫, 1906~2002) 교수의 '기마민족 정복왕조騎馬民族 征服王朝'설, 그리고 『송서宋書』왜국전倭國傳에 있는 왜왕 무倭王武의 상표문을 근거로 하여, 5세기에 출현한 일본의 '가와우찌 거대고분(河內巨大古墳)'의 수수께끼를 풀기 위해 다음과 같이 가설을 세웠다. 즉, "400년 고구려군에 항복했고, 또 404년 대방지역(황해도)에 침입했다가 궤패당한 임나가라 왕조는 준비를 갖추어, 408년경 기마부대와 수군을 지휘하여 일본열도의 가와우찌(河內) 지방(오사카(大阪)지역)에 상륙해서 주술적·제사적인 미와 왕조(三輪王朝)를 정복하여 가와우찌 왕조(河內王朝)를 수립했으며, 정복왕조로서 거대고분을 축조했다. 이것이 소위 말하는 『송서』 왜국전에 등장하는 왜 오왕倭五王의 시대이리라."

나는 일본 고대 사학계의 가와우찌 왕조에 관한 학설사를 조사해 보았다.

일본은 뿌리 깊게 내려져온 '황국사관皇國史觀'에 의해, 즉 천조대신天照大神의 자손이 내려와서 일본을 통치했으니 일본은 신국神國이며, 만세일계萬世一系의 천황天皇이 통치해 왔으니, 천황의 신성神性과 그 통치의 정당성, 영원성을 주장해 왔다. 그러나 태평양전쟁에서 패전하여 일본 천황은 1946년 신神이 아니라는 '인간선언'을 한 바도 있다. 이것은 일본에서의 극우파 정치인들이 신봉하는 이데올로기이며 아직도 뿌리가 깊다.

나는 새롭게 수립한 가설에 입각하여, ① 인류학-일본인의 기원- ② 언어학-일본어의 유래- ③ 고고학-기마부대의 군사 지휘자는 어디서 왔나?- ④ 문헌사학-군부君父의 원수란?- 등 학제적 접근법(interdisciplinary approach)으로 9년 만에 논문을 완성하여, 일본에서 과연 게재해 줄 것인가 하고 의심하면서 투고했던 바, 2회에 걸쳐 게재해 주었으며, 논문 명칭은 「河內巨大古墳의 수수께끼를 찾아-5세기 전후를 중심으로 하는 새로운 가설-」[15]이다. 이 내용은 일본 방위청 방위연구소 전사부戰史部에서 2005년 12월 1일에 발표했는데, 이 논문에 대한 반론은 없을 뿐만 아니라, 우리나라에서는 아직 학술지에 소개한 바가 없다는 것을 밝혀둔다.

라. 6·25전쟁의 초기작전의 연구

우리들 세대는 6월만 되면 6·25전쟁을 회상하게 되지만, 요즘의 젊은 세대는 그렇지 않은 것도 같은데, 지난날의 역사에서 교훈을 배워야 한다는 점은 결코 잊어서는 안 될 것이다.

1950년 6월 25일에 일어난 전쟁은 3년 1개월에 걸쳐, 인적 피해(전사·부상·민간인의 피살 및 행방불명 등)는 남북한의 2,256,000여 명, 중공군의 972,600여 명, 유엔군의 545,908명, 소련군의 조종사 수 백 명이었으며, 전 국토는 철저히 황폐해졌고, 온 민족은 헐벗고 굶주리는 세계 제일의 가난한 민족으로 전락했다. 그리고 남북 분단의 고정화, 상호간의 불신과 증오, 또한 민족사상 최대의 비극을 초래했다. 뿐만 아니라, 이 전쟁은 20개 국의 군대가 한반도 내에서 싸웠으니, 세계전쟁의 축소판이라 해도 과언이 아니며, 이런 비극을 가져온 데 대한 책임은 실로 중대하며 또한 결코 잊어서는 안 될 것이다.

---

15) 李鍾學, 「河内巨大古墳の謎を探す－5世紀前後を中心とする新仮説－」, 『東アジアの古代文化』 第113·114号, 2002, 2003 및 이 책의 pp. 493~528. 참고할 것.

우리나라 사학계에도 알려진 미국 시카고 대학교의 브루스 커밍스 역사학 교수는 제1·2권의 저서, 『한국전쟁의 기원』(1981, 1990)을 발표했다. 그의 저서 제2권의 제18장은 「누가 한국전쟁을 시작했나」라는 제목이며, 거기의 결론은, "누가 한국전쟁을 시작했나? 이 의문에는 답을 할 수가 없다."고 주장했다. 그러나 그 후의 저서, 『북한 : 별개의 나라』(*North Korea : Another Country*, 2004)에서는, "1991년 이후 공개된 소련의 문서를 연구한 전문가들은 스탈린이 일으킨 전쟁이었다.…이러한 시각에서 본다면 1950년 6월 25일을 전쟁 발발일로 단정해야 한다. 북한은 이 날, 남한을 침략한 것은 확실하다."고 했다.

커밍스 교수는 6·25전쟁의 성격에 대하여 '내전'이라 주장했으며, 북한은 '해방전쟁'이라 주장했고, 동국대학교의 강정구 교수는 이에 동조한 인물이다. 그러나 이들의 주장은 허구이며, 동의할 수 없다. 그 이유는, 1950년 6월, 남북한에는 ① 현대전 수행에 필요한 무기·장비의 생산 능력, ② 10만 명 이상의 병력을 동원하여 전쟁을 수행하기 위한 군사전략·작전계획의 수립가, ③ 1개 사단 이상의 병력을 지휘한 실전 경험자, 이 세 가지 조건의 부재不在 때문이다. 김일성은 스탈린의 '승인'과 마오쩌둥(毛澤東)의 '동의'를 얻어 6·25전쟁을 일으켰는데, 그것은 스탈린의 '대리전쟁'으로 나는 해석한다.

1966년 3월, 김일성은 평양을 방문한 일본 공산당의 미야모토 겐지(宮本顯治) 일본 공산당 서기장에게 6·25전쟁에 관하여, "소련은 무기를 보내어 원조한다고 결정했다. 그러나 유상有償의 값비싼 무기였다.…조선전쟁(6·25전쟁)으로 돈벌이를 한 것은 소련이었다."고 실토했다.

나는 1960년대 중반부터 공군사관학교 교수부 군사학과에 재직하고 있으면서 생도들에게 전쟁사를 가르쳤다. 그런데 6·25전쟁 초기작전 시 한국군의 패인 규명에 납득이 가지 않는 요인이 있었다. 그래서 군사학 과장(중령)으로 있을 때(1968년 10월), 국방부 전사편찬 위원회의 문희석 위원장(해병대 준장 출신)을 정복을 입고 찾아가서 질문했다.

채병덕 총참모장의 모순된 여러 조치사항인데,

① 방어진지의 건설 건의를 묵살한 것.

② 6월 10일에 군 수뇌·사단장들의 인사이동의 실시.

③ 계속되었던 비상경계가 6·25전쟁 직전에 해제된 것.

④ 6월 24일 토요일 주말에 외출·외박을 실시한 것.

⑤ 개전 1개월 전 각 연대의 4문의 대전차포를 수리한다는 명목으로 회수한 것.

⑥ 전방사단의 예속 변경.

⑦ 6월 24일·25일의 심야 파티 등인데, 아무리 연구해도 이해가 가지 않습니다.

이렇게 말하고 문 위원장을 바라보았더니, 그 분도 나를 바라보면서 말문을 열었다.

"2차 심야 파티는 국일관에서 25일 오전 2시까지 진행되었으며, 그 비용은 정국은(鄭國殷)이 지불했소." 하고 말했다.

정국은은 북한의 거물간첩으로, 1953년 8월 31일 육군 특무대의 수사진에 의해 체포되었을 때, 그는 연합신문 주필이었으며, 무시무시한 간첩 행위를 순순히 자백했다. 그는 12월 5일 군재軍裁에서 사형을 언도받고, 다음 해 1954년 2월 19일 사형이 집행되었다. 나는 2004년 2월 14일, 육군본부 법무감실 고등검찰부 기록실장 앞으로 공문을 보내 정국은의 재판기록 열람을 신청했다. 그런데 2월 26일자 육군 참모총장(전결 : 고등검찰부장) 명의로, "정국은에 대하여 판결문 색인부를 열람한 바 관련 자료가 없음을 통보하니, 참고하시기 바랍니다."라는 통보를 받았다.

이것은 중대한 사건이 아닐 수 없다. 6·25전쟁 초기작전의 패인이 정국은의 재판기록에 담겨져 있을 터인데, 그 기록을 없애버리다니! 일찍이 프로이센의 클라우제비츠는 그의 명저, 『전쟁론』에서 다음과 같이 주장했다.

내적 힘의 충동에 의하여 그러한 일(전쟁의 이론화 작업)을 지망하는 사람은 이 경건한 일에 대해 긴 성지순례에 대한 마음가짐과 비슷한 준비를 해야 한다. 그는 많은 시간과 세월을 희생해야 하며, 어떠한 노고도 두려워하지 않으며, 그 시대의 권력과 권위를 두려워하지 않고 자기의 허영심과 수치를 극복하며, 프랑스의 법전 표현을 빌면, *진실을, 진실만을, 완전한 진실만을 말하도록 노력해야 한다.*(제2편 제6장)

6·25전쟁 초기작전의 패인은 철저히 규명해야 한다. 역사의 연구란 과거의 진실을 밝히고, 그것을 기초로 하여 현재의 위상을 이해하고, 미래의 방향을 제시하는 데 있다고 확신한다.

5. 결 론

평화를 획득하기 위해 길거리에서 데모를 하며, "평화! 평화!" 하고 외친다고 해서 결코 평화가 찾아오는 것은 아니다. 평화를 파괴하는 전쟁의 실체를 연구하여 이에 대한 대비책을 강구해야 획득되는 것이다. 그래서 나는, "평화를 바란다면, 전쟁을 이해하고, 거기에 대비하라!"고 주장하는 것이다. 군사학의 연구대상은 전쟁이며, 전쟁은 국민의 생사와 국가의 존망을 좌우하는 중대한 과제이니, 온 국민이 진지하게 생각해야 하며, 따라서 군사학의 연구를 통해 한민족의 생존과 번영을 도모하는 것이 궁극적인 연구목적이라 생각한다.

우리들 각 자는, 각 자의 연구 분야에 있어서 우리나라뿐만 아니라 세계적인 권위자가 되어야 하며, 그렇게 실력을 갖추게 된다면 기회는 언제든지 찾아온다는 것을 경험을 통해 말할 수 있다.

그리고 우리들은 인생 후반기의 결실을 맞이하기 위해 다음 사항을 고려하는 것이 좋으리라. 그 이유는, 준비 없는 노년과 장수는 축복이 아니라, 고독과 고통을 안겨주기 때문이다.

- 첫째 : 의식주衣食住로부터의 해방이다. 즉 직장을 그만 둘 때, 일시불이 아닌 연금을 택하고, 자식들에게 생계를 의존하지 말 것.
- 둘째 : 평생하고자 하는 일(연구과제)을 가짐으로써 생활에 활기를 찾을 것.
- 셋째 : 배운다는 자세를 가질 것.
- 넷째 : 정열과 기쁜 마음으로 생활할 것.
- 다섯째 : 건강을 위해 꾸준한 활동과 운동을 계속할 것.

인생의 후반기를 인생의 황금기로 생각하고 활기찬 활동을 할 것인가, 아니면 인생의 황혼기로 생각하고 무위도식으로 죽는 날만 기다릴 것인가는 각 자의 인생관에 따라 달라지겠지만, 전자를 택하는 것이 바람직한 인생의 결실을 가져오는 길이라 확신한다. 그리고 '부록'으로 「늙은 청춘은 가능한가?」는 고희를 맞이하면서 발표했던 글인데, 여러분들이 심심하거나 혹은 어려움에 처했을 때, 읽어보기 바란다.♣

(『東아시아古代學』 제18집, 2008)

부 록

늙은 청춘은 가능한가?

박형, 보내준 편지는 감사히 받았소.

오늘은 약간 감상적인 생각이 들고 또 지난날의 인생을 회고하고 싶소.

얼마 전 어스름한 달밤에 스쳐가는 구름을 바라보며 따끈한 녹차를 마시면서 좋아하는 가곡 '그리운 금강산'을 듣고 있자니, 지금 살아 숨 쉬고 있다는 자체만으로도 즐겁고 고마운 생각이 드는 것은 이제 내 나이 고희를 바라보고 있기 때문일까요?

어린 시절, 제2차 세계대전 말기의 암울했던 일제하의 어려운 시련, 20대가 되어 6·25전쟁의 쓰라림을 당하면서 '과연 나는 왜 살아야만 하는 것일까?' 하는 문제를 여러 번 곰곰이 생각했고, 때때로 인생에 대해 좌절감을 가지기도 했소. 그 때마다 나에게 삶의 어려움을 극복케 하고 또 인내와 용기를 불어넣어 준 비장의 詩가 있는데 소개할까 하오.

비 오는 날

롱펠로우(1807~1882)

날은 춥고, 어둡고, 쓸쓸한데,
비는 내리고, 바람은 그칠 줄 모르네.
담쟁이덩굴은 무너져 가는 담벼락에 매달린 채,

스쳐가는 바람이 불 때마다 잎은 떨어지고,
날은 어둡고, 쓸쓸하구나.

내 인생은 춥고, 어둡고, 쓸쓸한데,
비는 내리고, 바람은 그칠 줄 모르네.
내 생각은 무너져 가는 과거에 매달린 채,
스쳐가는 바람에 젊은 꿈은 우수수 떨어지고,
날은 어둡고, 쓸쓸하구나.

진정하라, 슬픈 가슴이여! 투덜거리지 말라.
저 구름 뒤에는 아직도 태양이 빛나고 있으니,
너의 운명도 모든 사람의 운명과 다름이 없고,
어느 인생에도 얼마만큼의 비는 내리는 법,
때때로 어둡고 쓸쓸한 날이 있는 법이네.

박형, 젊은 날에 인생에 대한 불안·초조·좌절을 체험하지 않은 사람은 없을 것이요. 나는 그런 상황에 처했을 때마다, 이 詩를 읊으면서 위안과 용기 그리고 신념을 찾았던 거요.

그래서 20대 후반에 미국으로 유학갔을 때, 「비오는 날」의 詩 한 수 때문에 내 생애 처음으로 우편 주문하여 구입한 책이 바로 『롱펠로우 시집』(모던 라이브러리)이었소.

박형도 알다시피 나는 퇴직 후, 신라의 군사문제를 연구하고 싶어 신라의 고도古都인 서라벌에 왔는데, 거기에는 약간의 이유가 있소. 사람에 따라서는 정년퇴직을 인생의 활동이 모두 끝나는 것으로 체념하여 할일이 없다 하여 비관하는 사람도 있고, 또 어떤 이는 직장의 굴레를 벗어나 자기가 하고 싶었던 일을 마음껏 할 수 있다고 생각하며 새로운 인생이 시작되는 것을 즐거워하는 사람도 있는데, 나는 후자에 속하고 싶었던 거요. 그런데 미국의 시인, 사뮤엘 얼만의 「청춘」이라는 詩를 만났을 때, 눈이 번쩍했는데, 아마도 20대에 이 詩를 읽었다면, 지금처럼 놀라고 마음에 와 닿지는 않았을 거요.

청 춘

사무엘 얼만(1840~1924)

청춘이란 인생의 어느 기간이 아니라, 마음가짐을 말하네.
그것은 장미 빛 뺨, 앵두 같은 입술, 하늘거리는 모습이 아니라,
강한 의지, 풍부한 상상력, 불타는 정열을 말하네.
청춘이란 인생의 깊은 샘물의 참신함을 말하네.

청춘이란 유약함을 물리치는 용기, 안이安易를 뿌리치는 모험심을 뜻하네.
때로는 20세의 청년보다 60이 된 사람에게 청춘이 있다네.
나이를 먹는다고 해서 늙는 것이 아니라, 이상理想을 잃어버릴 때
비로소 늙는 것이네.

세월은 우리의 주름살을 늘게 하지만,
정열을 잃으면 마음을 시들게 만드네.
고뇌·공포·실망 때문에 기력이 땅으로 들어갈 때,
비로소 마음이 시들어 버리는 것이네.

60세이든 16세이든 사람의 가슴에는,
경이驚異에 끌리는 마음, 어린 아이처럼 미지에의 탐구심,
인생에의 흥미의 환희가 있네.
너에게나 나에게도 보이지 않는 안식처가 마음속에 있네.
사람이나 神으로부터 아름다움·희망·기쁨·용기·힘의 영감을 받는 한,
당신은 젊다네.

영감이 끊어지고,
정신이 냉소주의의 눈雪과 비관주의의 얼음에 갇힐 때,
20세일 망정 그대는 늙는다네.
머리를 높이 치켜들고 희망의 파도를 타는 한,
80세라 할지라도 그대는 청춘이라네.

박형, 우리의 인생에는 몇 번인가 전기轉機가 찾아오기 마련인데, 이런 詩를 만나게 되면 좌절하지 않고 위기를 넘길 수 있다고 생각하오. 결국, 청춘이란 마음의 젊음이요, 신념과 희망에 넘치고, 용기를 가지고 달성 가능한 목표를 세워 매일 새로운 활동을 한다면, 청춘은 영원히 그 사람의 것이 되지 않겠소? 이런 뜻에서 비록 육신은 늙었어도 마음의 청춘은 간직할 수 있다고 생각하는데, 박형의 생각은 어떠하오? 건승을 빌겠소.♣

―『카네이션』, 1997년 9월호―

II

신라 삼국통일의 의의

1. 신라의 삼국통일은 외세外勢에 의해 달성되었나?

신라의 삼국통일 과정은 일반적으로 잘 알려져 있는 것 같으면서도 그렇지 못 한 것이 현실인 것 같다. 세계 역사상 한 나라의 통치자가 타국의 독립전쟁에 자기 국민의 생명을 바치고 또 자원을 소비한 예가 있었던가? 6·25 전쟁 때 미국이 참전한 것은 한국민을 불쌍히 생각했기 때문일까? 옛날이나 지금이나 국제정치는 냉혹하리만큼 현실적이고 타산적이다. 그래서 영원한 우방도, 영원한 적도 없으며 다만 국가 이익이 있을 뿐이라 했다.

당 태종은 여러 번 고구려 침공을 시도해 보았으나, 매 번 실패했기 때문에 타개책을 강구 중이었다. 그 가운데 하나가 고구려보다 약한 백제와 신라를 정복한 후 고구려에 대한 전·후방의 양면작전이었다. 이러한 전략을 구상하고 있을 무렵 백제의 침공으로 위급한 사태에 직면한 신라는 김춘추를 당에 파견하여 원병援兵을 청했다(648년).

당 태종은 김춘추에게 후한 대접을 했다. 즉 춘추가 국학國學에 나가 공자孔子를 제사지내는 의식과 경전을 강론하는 것을 보기를 청하니 태종이 이를 허락하고 이로 말미암아 손수 지은 온양비溫湯碑와 진사비晋祠碑 그리고 새로 지은 진서晋書를 내려 주었다. 또 불러서 한가로이 만나보고 금과 비단을 더욱 후하게 주면서 물었다.

"그대 무슨 할 말이 있는가?"

김춘추가 원병을 청하자 보내기를 허락했다. 또 그가 예복을 고쳐 중국의 제도에 따르기를 청하니, 이에 진귀한 의복을 춘추와 그를 따라온 이들에게 내려 주고 조칙詔勅으로서 벼슬을 주어 춘추를 특진特進으로 삼고 문왕文王을 좌무위장군으로 삼았다. 그리고 귀국할 때는 3품 이상의 관리들에게 명하여 그들에게 전송하는 잔치를 베풀어 예로 극진히 대접했다.

원병을 청하러 변경의 소국小國, 신라에서 온 사신에 대한 당 태종의 후의는 너무 지나친 것이 아닐까?

『삼국사기三國史記』에는 "춘추의 용모가 영특하고 위대함을 보고 그를 후히 대접했다."고 했으나 그 찬자撰者는 당 태종의 흉계, 즉 이이제이以夷制夷에 의한 고구려의 멸망과 한반도의 정복을 알지 못 한 것 같다.

당 태종은 춘추에게 후한 대접을 했을 뿐만 아니라 백제와 고구려를 평정하면 평양 이남과 백제의 토지는 아울러 신라에게 주어서 영원히 편안하게 하려고 한다고 했다. 그러나 당 태종의 흉계는 한반도의 정복에 있었다.

이것은 660년 당 고종이 소정방에게 백제를 정벌한 뒤에는 신라까지 병합하라는 밀령을 내렸던 것으로 알 수 있다. 당의 신라 정복에 대한 흉계는 몇 가지 방법으로 시도되었다. 신라에 대한 군사적 위협, 직접적인 정벌계획 그리고 분열책동 등이었다.

소정방은 신라군이 약속일보다 하루 늦게 도착했다는 것을 트집 잡아 신라의 독군 김문영을 군문에서 목을 베려고 했다. 이에 김유신은 대노하여 외쳤다.

"대장군大將軍이 황산의 싸움을 보지 못하고 기일에 뒤진 것을 죄로 삼으려 하나, 나는 죄 없이 욕을 받을 수 없다. 반드시 당군과 싸움을 결한 후에 백제를 파하겠다."

김유신의 기세에 눌린 소정방은 더 이상 이 문제를 거론하지 못했다.

백제의 정벌을 눈앞에 두고 소정방이 신라군을 죄로 다스리겠다는 위협은 신라군을 무시하는 수작이었고 미리부터 사기를 꺾어 버리려는 의도로 보여 진다.

당나라 군사는 이미 백제를 멸망시키고는 사비성의 언덕에 진을 치고 신라를 침공하려고 몰래 계획을 꾸미고 있었다.

신라왕이 이를 알고 여러 신하들을 불러 계책을 물었다. 김유신은 아뢰었다.

"개는 그 주인을 두려워 하지만 주인이 그 다리를 밟으면 주인을 물게 되니 어찌 난을 당하고서도 자신을 구원하지 않을 수 있겠습니까? 부디 대왕은 이를 허락해 주십시요."

당나라 소정방은 신라의 방비가 있음을 정탐해 알고 신라를 치지 못하고 백제왕과 포로들을 데리고 9월 3일 사비에서 배를 타고 돌아갔다.

그 후에도 기회 있을 때마다 당군의 신라 정벌의 야욕은 표출되었다. 전함을 수리하여 밖으로 왜국을 친다는 핑계로 신라를 침공하려고 기도하기도 했다.

백제 정벌이 끝난 뒤 소정방은 김유신, 김인문, 김양도 등에게 백제의 땅을 나누어 주어 식읍食邑으로 삼도록 하는 계책을 제시했다. 김유신은 이를 거절하면서 "우리의 임금이나 온 나라의 신하와 백성들이 백제의 정벌을 기뻐하는데 우리들만이 자신을 이롭게 한다면 의리가 아니니다."고 했다.

백제의 땅을 몇 명의 장수에게 식읍으로 나누어 갖도록 종용했던 당의 음모는 신라의 내부 갈등과 혼란을 유도하기 위한 책략이며 이런 수법은 그 후에도 계속되었다.

『삼국사기』 문무왕 11년(671)에 실린 「답설인귀서答薛仁貴書」는 신라의 대당전쟁對唐戰爭을 이해하는 데 없어서는 안 될 귀중한 문서이다. 이것은 대당총관 설인귀가 신라의 반당反唐 행동을 힐책하는 「설인귀서薛仁貴書」를 신라의 승僧 임윤법사琳潤法師를 통해 보내오자 이에 답한 준외교문서準外交

文書라 할 수 있다. 648년부터 670년까지 연대별로 당의 태도와 신라의 입장을 해명하며 이미 전개된 신라의 대당전쟁의 불가피성을 명백히 한 문서인 동시에 신라의 대당선전포고문對唐宣戰布告文일 뿐만 아니라 자주의식을 강렬히 보여준 내용이다.

신라와 당의 전쟁은 신라 사신 김양도가 당나라의 옥중에서 죽은 670년부터 본격화되었다. 즉, 이 해 3월에는 설조유(薛鳥儒)가 이끄는 1만 명의 신라군과 고연무(高延武)가 거느린 1만 명의 고구려 부흥군이 합세하여 압록강을 건너 당군을 공격했다.

그 후에도 매년 신라와 당 사이에는 전투가 계속되었으며, 특히 675년 9월 매소성 전투에서 당군 20만을 신라군이 격파함으로써 당을 한반도에서 축출하게 되었다. 그리고 676년 11월 기벌포 해전伎伐浦海戰에서 당의 수군을 격멸함으로써 서해의 제해권을 신라가 장악했기 때문에 당의 신라에 대한 재침再侵은 영원히 불가능하게 되었다. 이처럼 당군과 싸워서 승리할 수 있었던 신라군의 배경에는 신라인의 상하 일치단결과 단단한 각오 그리고 생사를 초월한 희생정신의 결과였다. 3국이 서로 싸우고 있었던 시기의 3국인들에게는 아직 민족의식은 싹트지 않았다고 본다.

그러나 이민족인 당과의 투쟁이 전개되면서부터 잠재되어 있던 민족의식도 서서히 고개를 들기 시작했다. 백제 및 고구려의 유민이 신라군에 합세하여 당군을 물리친 예가 적지 않기 때문이다.

따라서 신라의 삼국통일 그리고 한반도에서의 당군의 축출은 신라인들의 자주의식의 항전에 의해 달성되었던 것이다.

2. 고구려가 삼국을 통일했다면?

신라가 삼국통일을 한 것을 당 세력의 한반도에서의 축출을 기점으로 생각했을 때 676년이니 지금으로부터 1,300여년이나 지났다. 오늘날에도 신라가 통일의 과정에서 당군을 끌어들임으로써 한반도에 사대주의事大主義가 정착되었다는 평가, 외세를 이용하여 동족을 살육한 민족사의 오도자誤導者라는 평가, 신라가 삼국을 통일한 것은 우연한 것이라는 평가 등이 있다.

이러한 평가에 대해 필자는 신라의 삼국통일은 최초의 민족통일이라는 점, 즉 백제 및 고구려 사람들을 흡수하여 한민족韓民族의 원형이 이때에 와서야 비로소 형성되었고, 따라서 민족의식도 그 후부터 형성되기 시작했으며 한국사韓國史도 하나의 민족, 하나의 국가로서 기술記述하게 되었다고 본다. 그리고 앞서 얘기한 바와 같이 신라의 삼국통일은 자주적인 쟁취에 의해 달성되었다는 사실史實을 유의할 필요가 있다.

어떤 사람은 고구려에 의한 통일이 아니라 신라에 의한 통일은 민족사적으로 커다란 불행사라는 평가이다. 이러한 견해는 일제日帝 때의 민족사가들에 의해 주장되기도 했는데 근래에 와서 다시 이런 주장을 하는 사람들도 있다. 천연자원도 풍부하지 못하고 좁은 국토에 많은 인구, 거기다 주변 강대국에 의한 간섭과 침공, 특히 일제에 의한 36년간의 주권의 상실과 식민지 통치 등을 생각한다면 광대한 만주 벌판과 한반도에 걸쳐 대국大國을 건설하여 위세당당하게 살아보았으면 하는 소망은 한민족이라면 누구나 가지고 있다.

그러나 그것은 결코 역사적 현실도 아니며 또한 과연 고구려와 같은 대국이 지금까지 존재할 수 있다는 보장이 있는 것일까?

삼국을 통일한 신라가 고구려 영토의 대부분인 대동강~원산만 이북의 땅을 포기한 것은 힘이 약했고 또 농경지로서의 매력도 별로 없었기 때문일 것이다. 그 후 고려는 북진정책北進政策을 꾸준히 폈으나 압록강 동쪽의 땅에 성을 쌓았을 뿐이고 압록강과 두만강에 국경선을 확정한 것은 조선왕조의 세종대왕 때 육진六鎭(1444년)이 설치됨으로써 이루어졌는데 힘의 한계가 거기 밖에 미치지 못했다는 것이 역사적 현실이었다는 것을 알아야 한다.

당 태종이 안시성 전투에서 패배하여 돌아와서 다시 출병을 하고자 하니(649. 4.) 사공司空 방현령(房玄齡)이 병중에서도 상소하여 간하기를 "만일 고구려가 신절臣節을 어겼다면 이를 죽이면 될 것이요, 우리 백성을 침략했다면 이를 멸망시키면 될 것이며, 후일에 중국의 걱정거리가 된다면 이를 없애버리면 될 것입니다. 이제 이 세 가지 조건 중 어느 하나도 없는데 앉아서 중국을 번거롭게 하고 있습니다.…"고 했다. 특히 후일에 중국의 걱정거리가 된다면 없애버리면 될 것이라는 의견은 옛날이나 지금이나 국제사회에 있어서 통용되는 진리요, 또한 고구려가 대국으로 존속하기에 커다란 위협 요소가 아닐 수 없어서, 수隋·당唐은 대를 이어가면서 고구려를 침공해 왔으니 말이다.

고구려가 대국으로서 뿐만 아니라 한 걸음 더 나아가 중원中原까지 통일했다면 더욱 우리의 바라는 바이지만 또한 그 후 어떻게 되었을까?

이에 대한 해답은 아무도 할 수 없으리라. 그러나 역사는 우리들에게 다음과 같은 교훈을 남겨 주었다. 즉 거란족의 요나라는 중원을 209년간(916~1125) 통치했고, 몽골족인 원나라는 162년간(1206~1368), 여진족인 금나라는 119년간(1115~1234), 그리고 여진족인 청나라는 거의 300년간(1614~1911) 한민족漢民族을 통치했다.

그런데 지금 거란족과 여진족의 국토는 없을 뿐만 아니라 민족의 전통문화마저 상실하여 민족의 존재 자체를 상실하고 있는 실정이다. 이것은 대고구려大高句麗가 중원을 정복하여 통치했다 해도 그 후 어떻게 되었을 것인가에 대해 시사해 주는 바가 대단히 크며, 우리가 만주의 거란족이나 여진족에 정복당하여 중국의 한민족漢民族처럼 지배를 받지 않았다는 것은 기적이 아닐까?

따라서 고구려에 의한 삼국통일과 대국화大國化의 발상은 현실성도 가능성도 없는 환상과 관념의 유희에 지나지 않는다.

3. 신라 삼국통일의 원동력은 무엇인가?

가. 신라인의 통일의지 : 뜻이 있는 곳에 길이 있다

신라 사회에 통일의 의지가 싹트기 시작한 시기는 7세기 초이다. 그것은 주로 청소년 시절의 김유신·김춘추 그리고 일부 화랑도들에 의해 꿈꾸기 시작했다.

화랑 김유신은 611년경부터 삼국통일에 대한 뜻을 품었고 그 염원을 굳게 다지며 수련했다. 그는 15세에 화랑이 되었고, 17세에는 고구려·백제·말갈 등이 신라의 국경을 자주 침범하는 것을 보고 분개하며 그 적국을 정복할 뜻을 품었다. 그래서 그는 611년에 중악中岳 석굴로 들어가 몸을 단정히 씻고 하늘에 고하며 맹세했다.

"적국이 무도하여 승냥이와 범이 되어 우리 강토를 침략하니 거의 편안한 해가 없습니다. 저는 한낱 보잘 것 없는 신하입니다만 재주와 힘을 헤아리지 않고 화란禍亂을 없애려고 마음먹고 있사오니 오직 하느님은 이를 보살펴서 손을 제게 빌려 주옵소서."

김유신은 이듬해에도 열박산의 깊은 골짝이 속에 들어가서 향불을 피워놓고 하늘에 아뢰어 빌기를 중악에서 한 것과 같이 했다. 이로써 그의 통일의지가 굳고 단단한 것이었음을 짐작케 한다.

김춘추도 어린 시절부터 제세濟世의 뜻이 있었다고 한다. 뿐만 아니라 알

천閼川이 그를 왕으로 추대할 때도 실로 제세濟世의 영웅이라고 말했다. 제세, 즉 세상을 구제한다 함은 화란을 없앤다는 것과 같은 것으로 삼국통일의 염원을 품고 있는 내용이라 하겠다.

이들은 훗날 삼국통일의 주역을 맡아 수행했을 뿐만 아니라 젊은 시절부터 뜻을 함께 했고, 또 김유신의 누이동생 문희와 김춘추와의 결혼에 얽힌 얘기도 이를 강력히 시사하고 있는 것이다.

642년 백제가 신라를 침공하여 대야성 등 40여 성을 탈취했을 때 신라 사회에 팽배했던 위기의식은 오히려 통일의지를 확대, 심화시켜 주기도 했는데, 그것은 황룡사 구층탑의 건립으로 나타났다. 이 탑의 건립은 이웃 나라의 항복, 구한九韓의 내공來貢, 국운國運의 영안永安 등을 목적으로 했다.

진덕왕 초에 압량주押梁州의 군주軍主였던 김유신은 민심의 동향을 깊이 살폈다. 즉 648년 그는 군주로 있으면서 마치 군사軍事에 아무런 생각도 없는 것처럼 술을 마시고 음악을 즐기며 한 달가량 허송했다. 고을 사람들이 용렬한 장수로 여겨, "많은 사람들이 편안하게 지낸지 오래되어 여력이 있어 한 번 싸워 볼만 한데도 장군이 게으르니 어떻게 하면 좋은가." 하고 비방했다. 김유신은 이 말을 듣고 백성들을 쓸 수 있음을 알고 왕에게 백제 공격을 건의했다.

655년 김유신은 왕에게 전언하면서, "백제는 무도無道하여서 그 죄가 걸桀·주紂보다도 심하오니, 이때는 진실로 하늘의 뜻에 순응하고 백성을 불쌍히 여겨 죄인을 토벌해야 할 시기입니다."고 했다.

나. 상·하일치上下一致의 도道

삼국 중에서도 소국小國으로 알려져 있던 신라가 백제, 고구려를 병합한 뒤 당의 야욕을 꺾고 그 막강한 세력을 한반도에서 축출할 수 있었던 여러 요인 가운데 상·하일치의 단결력이 돋보인다.

손자병법에도 오사五事의 첫 번째가 도道이다. 즉 도는 국민들이 위정자와 같은 마음이 되어 생사를 함께 할 수 있으면 어떤 위험도 두려워 하지 않는다고 했다.

660년 나·당 연합군이 백제를 정복하고 난 후, 당군은 신라까지 정복하려는 기색을 보였다. 그러자 신라군이 항쟁의 태세를 보이자 소정방은 사태의 불리함을 깨닫고 계획의 실시를 포기하고 귀국했다.

당 고종은 소정방을 보고 "그대는 무슨 까닭으로 신라를 정복하지 못했는가?" 하고 묻자 소정방은 다음과 같이 대답했다.

"신라는 그 임금이 어질어 백성들을 사랑하고, 그 신하가 충성으로써 왕을 받들며 아랫사람은 윗사람을 섬기되 그 부형父兄 같이 하고 있으니 비록 작은 나라라 하지만 함부로 정복할 수가 없었습니다."

소정방의 이 말은 당시 일치단결해 있던 신라인들의 모습을 잘 증언해 주고 있다. 백제는 지배층의 사치와 도덕적 문란 그리고 불신풍조 등에 의해, 고구려는 불교와 도교의 갈등, 지배층의 분열 등이 멸망의 중요한 원인이 되었다는 사실을 생각할 때, 신라인의 상·하일치의 단결은 삼국통일의 중요한 원동력이었다.

다. 화랑제도花郎制度

신라의 화랑제도는 인재의 등용과 양성의 두 가지 기능을 훌륭히 수행했다. 그리하여 8세기 초, 신라 성덕왕 때의 역사가였던 김대문金大問은 자신이 서술한 『화랑세기花郎世紀』에서 화랑도를 다음과 같이 평가했다.

> 현명한 재상宰相과 충성스런 신하가 여기서 솟아나고, 훌륭한 장수와 용감한 병졸이 이로 말미암아 생겨났다.

귀산은 그의 벗, 추항과 함께 진평왕 때의 고승高僧인 원광법사圓光法師를 찾아가 종신의 계誡를 일러 달라고 청하자 법사는 다음과 같이 말하였다.

> 불교의 계율에는 보살계가 있어 그 조항이 열이 있으나 너희들은 남의 신하와 자식된 몸이 되었으니 감당하지 못할 것이다. 지금 세속의 5계율이 있으니, 첫째는 충성으로써 임금을 섬기는 일이요, 둘째는 효도로써 어버이를 섬기는 일이요, 셋째는 신의로써 벗을 사귀는 일이요, 넷째는 싸움터에서는 물러서지 않는 일이요, 다섯째는 생물을 죽이되 가려서 죽이는 일이니, 너희들은 이 일을 실행하여 소홀히 하지 말라.

이것이 소위 '화랑오계花郞五戒'로 알려진 내용이다. 그리고 1940년 5월 경주에서 발견된 '임신서기석壬申誓記石'은 다음과 같은 내용을 담고 있다.

> 임신년 6월 16일 두 사람이 함께 하늘에 맹세하여 기록한다. 지금부터 3년 이후에 충도忠道를 다져 갖고 과실이 없기를 맹세한다. 만일 이 서약을 어기면 하늘에 큰 죄를 얻을 것이다. 만일 나라가 편안하지 않고 어지러우면 모름지기 충도忠道를 행할 것을 맹세한다. 또 따로 앞서 신미년 7월 22일에 크게 맹세한 바 있는데 시詩, 상서尙書, 예기禮記, 춘추전春秋傳을 차례로 습득하기를 맹세하되 3년으로서 하였다.

당시 신라의 화랑도들이나 젊은이들은 평화로울 때는 충효의 도를 닦았고 일단 나라의 위급한 전쟁에 임해서는 용감한 무사로서 죽음을 두려워하지 않고 싸웠다. 『삼국사기』는 이러한 무용담을 여러 곳에 기록하고 있다.

예컨대, 660년 황산벌 전투에서 신라의 정병精兵 5만 명은 계백장군이 거느린 결사대 5천명과 싸워 패하여 지쳤다. 이때 우장군 김흠순은 자기 아들 반굴盤屈을, 좌장군 품일은 그의 아들 관창官昌을 희생의 제물로 바쳤다. 품일장군은 베어진 아들의 목을 안고 흐르는 피에 옷을 적시며 말했다.

"내 아이의 얼굴이 살았을 때와 같구나. 왕사王事를 위해 능히 죽었으니 장하다."

고 했다. 이 광경을 본 모든 병사들이 감격하여 죽기를 결심하고 싸워 승리했다. 이 사실을 통해 젊은이들뿐만 아니라 지도층에 넘치고 있던 희생정신을 엿볼 수 있다.

신라에는 젊은 인재의 등용과 양성을 위한 화랑제도가 있었기 때문에 국가의 위급시에는 훌륭한 장수와 용맹스러운 병졸들이 속출하여 통일전쟁을 성공적으로 완수할 수 있었고, 또 한편 평화시에는 빛나는 신라문화의 꽃을 피게 하는 역군도 되었던 것이다. 따라서 젊은이들에게 문무일치文武一致의 교육훈련을 시킨다는 것은 국가와 민족발전의 초석이라는 것을 알아야 한다.

필자는 이 원고를 쓰면서 문교부가 1989년 1학기부터 대학생 군사교육을 완전히 폐지하기로 결정했다는 보도를 신문에서 읽었다. 지난 19년간(1969년부터) 실시해 왔던 군사교육이 당초의 취지를 살리지 못하였을 뿐만 아니라, 오히려 역기능을 했다는 것은 정말 애석하고 정책의 실시에 따르는 문제점을 반성하지 않을 수 없다.

라. 호국불교護國佛敎

신라는 고구려와 백제에 비해 늦게 그리고 어렵게 불교를 수용했지만 그것은 신라 삼국통일의 정신적 지주요, 추진력으로 작용했다. 불교의 목적은 불타와 같은 깨달음의 경지에 도달하는 데 있지만 신라의 승僧들은 언제나 신라사회의 현실에 대한 투철한 사명감과 통찰력 그리고 깊은 이해를 가지고 있었고 신라의 정신적 지도자로서 부끄럽지 않은 학식과 인격을 겸비하여 젊은이들을 훈육하고 있었다.

예컨대 608년 원광법사는 신라의 적대국인 고구려를 치기 위하여 수나라에 보내는 걸사표乞師表를 짓도록 왕으로부터 요청을 받았을 때 다음과 같이 말했다.

"자기가 살기 위하여 남을 멸망시키는 것은 사문沙門이 할 일이 아니오나, 빈도貧道는 대왕의 땅에 살면서 대왕의 물과 풀을 먹고 있사오니 감히 명령을 따르지 않겠습니까."

그는 이에 승락하였고 또한 귀산 등에게 세속오계를 가르쳐 주기도 하였다.

당시 불교는 왕실의 열성적인 장려도 있었고 또 신라는 오래 전부터 불교와 인연이 있다고 생각하는 불국토 사상佛國土思想이 뿌리를 내렸으며 정법정치正法政治에 의한 이상국토理想國土를 건설하려는 사회의식으로 발전했기 때문에 호국護國과 호법護法이 일치하였다.

그리고 신라의 고승들은 아무리 국왕이라 할지라도 정도正道를 벗어날 경우에는 국왕의 지위를 상실한다는 뜻을 암암리에 명시하였다.

예컨대, 681년 문무왕은 서울의 성을 새롭게 쌓고자 스님 의상에게 물어보았는데 그는 다음과 같이 대답했다.

"비록 궁벽한 시골의 띳집에 있더라도 정도正道를 행하면 복업福業은 장구해지지만 진실로 그렇지 못하다면 비록 백성들을 괴롭혀서 성을 만들지라도 또한 이익 될 것이 없을 것입니다."

왕은 이 말을 듣고 그 공사를 그만 두었다.

삼국통일의 위업을 달성한 문무왕은 신라의 역대 왕릉 가운데 가장 거대한 왕릉을 쌓아도 나무랄 사람이 아무도 없었겠지만, 왕은 언제나 흥국이민興國利民의 사상에 투철했다. 그리하여 세상을 떠나면서 장례의 허례허식과 왕릉 조성에 따른 대규모의 역사役事로 많은 재력과 인력이 투입되는 것을 경계하고 또 인생의 무상함을 깨닫고 사후 불교식에 의하여 화장하고 그에 따른 모든 의식을 간소하고 검약하게 할 것을 당부했다.

그는 또 자신이 죽은 뒤에 호국護國의 대룡大龍이 되어 불법佛法을 숭상하고 나라를 수호하겠다고 했으니 경주시 양북면 봉길리 앞 바다의 대왕암大王岩이 바로 그 곳이다.

처절한 17년간의 전쟁으로 한반도에서 당의 군사를 축출하는데 신라인들은 혼신의 노력과 희생정신 그리고 헐벗음과 굶주림을 견뎌 왔다. 그러나 그들에게는 더 큰 과업이 주어졌는데, 그것은 나라를 잃은 백제인과 고구려인을 따뜻하게 감싸서 한민족韓民族을 형성하는 역사적 사명이었다.

이러한 시대적 고뇌와 민족의 화합을 이룩하는 역사적 사명을 달성하기 위해 위대한 사상가가 출현했으니 그가 바로 원효(元曉, 617~686)였다. 그는 신라 삼국통일의 정신적 바탕을 마련했을 뿐만 아니라 한국 불교의 창시자이기도 했다.

원효의 화쟁사상和諍思想은 단순히 교리상의 이견異見을 화합하려는 것이 아니라 국민정신의 총화단결을 목적으로 한 것이었다. 모든 것을 시간적인 관계에서 다룬 연기론緣起論과 공간적인 관계에서 보는 실상론實相論의 어느 것을 고집하지 않았고, 또 버리지도 않았다. 그는 항상 비판하여 분석하고 긍정과 부정의 두 가지 이론理論을 보다 높은 차원에서 융합하여 새로운 가치를 찾아냈다. 서로 모순과 대립을 이루는 두 가지 사항을 더 높은 차원에서 한 체계 속에 묶어 담는 이 기본 구조를 가리켜 원효는 화쟁和諍이라 했다. 통일·평화·화합은 바로 이 같은 정리와 종합에서 나온다는 것이 그의 굳은 신념이요, 생활이었다.

신라 삼국통일의 의의는 다음 세 가지로 요약할 수 있다.

- 첫째, 신라의 삼국통일은 최초의 민족통일, 즉 한민족韓民族의 원형이 이때에 와서야 형성되었다는 것.
- 둘째, 민족통일국가가 자주적 쟁취로 달성되었다는 것.
- 셋째, 민족문화의 융합, 토착화 및 발전을 가져왔다는 것.

나는 지금 이 글을 쓰면서 멀리 찬란한 아침 해가 돋기 시작한 동쪽의 토함산과 소나무 숲으로 우거진 왕릉을 바라보면서 분단된 지 40여년이 지난 이 민족에게 이데올로기의 아픈 상처를 아물게 하고 한층 높은 차원의 새로운 화쟁사상和諍思想을 설파할 위대한 사상가의 출현을 고대하는 마음이 간절하다.

일제하日帝下에 신음하고 있던 한국민에게 노벨 문학상을 수상한 인도의 시성詩聖 타고르(Tagore, 1861~1941)는 1929년 아래와 같이 읊었다.

일찍이 아시아의 황금시대에
그 등불의 하나였던 코리아(Korea)
그 등불 다시 한 번 켜지는 날에
너는 동방의 밝은 빛이 되리라.♣

(『國防』, 1989년 3월호)

III

원효대사와 그의 유적을 찾아서

박형,

내가 신라 군사문제를 다루고자 생각했을 때, 다만 신라의 군사만 연구하면 되겠지, 하고 안이하게 생각한 것이 얼마나 어리석은 생각인가를 절감했소. 예컨대 화랑도의 문제만 해도 전통적인 신라의 고유 신앙이 무엇이며, 그 후 불교의 수용, 그리고 유교와 도교의 영향 등을 생각하지 않을 수 없었지요. 그래서 경주에 와서 불교관계의 책을 뒤지기 시작하자 눈앞이 캄캄하고 아찔한 생각이 들었소. 인생은 유한한데 그리고 불교연구의 입문도 하기 힘든데, 언제 신라 군사를 연구할 수 있을까?

박형, 나는 불교에 대해 아는 바도 별로 없고 더욱이 깨달은 바는 더욱 없지만, 한마디로 말하면 '원효대사에 매료당했다'고 표현하는 것이 좋을 것 같소. 불교철학을 연구하는 김 교수를 만나기만 하면 불교에 관한 질문으로 괴롭혔는데, 몇 년 후 그 분에게 말했지요.

"내가 지금 30대의 젊은 나이만 되어도 원효사상을 연구하는 데 평생을 바쳐도 후회가 없을 텐데…"

박형, 내가 평생을 바쳐 그의 사상을 연구했을 텐데, 라고 할 정도면 어느 정도로 그를 좋아하는지 알지 않겠소?

1. 원효의 구도생활求道生活과 저술활동

원효는 617년(진평왕 39년) 경북 경산군 압량면 신월동 부근에서 탄생했는데, 어머니의 꿈에 유성이 품속으로 들어오더니 이내 태기가 있었으며 해산하려 할 때는 오색구름이 땅을 덮었다고 하오. 그러나 그의 탄생과정부터가 애통한 생각이 들게 합니다. 그의 어머니가 마을 골짝이의 밤나무 밑을 지나다가 문득 해산하게 되었으므로 너무 급해 집에 돌아가지 못했소. 그리하여 남편의 옷을 나무에 걸고 그 속에 누워 해산하였는데, 그로 인해 어머니는 병으로 죽고 말았다고 하오. "한 알의 밀이 땅에 떨어져 썩지 않으면 새싹이 나지 않으니…"라는 성경구절이 생각나오.

박형, 원효(617~686)는 어려서부터 뛰어난 재주와 슬기가 있어서 스승에게 배우지 않고도 스스로 깨쳤다고 하오. 그러나 그는 선진국 당唐나라에 유학하여 더 새롭고 깊은 불교의 진리를 터득하고 싶었소. 그리하여 650년 34세 때 의상義湘과 함께 당나라 유학의 길을 떠났으나, 요동로遼東路에서 간첩으로 몰려 뜻을 이루지 못했고, 그 후 다시 661년 45세 때 37세의 의상(625~702)과 함께 유학을 시도하여 이번에는 해로海路로 당에 들어가려고 하였소. 당나라로 가는 배를 타기 위해 항구로 가던 도중 동굴에서 하룻밤을 보내게 되었는데, 한 밤에 목이 말라 물을 찾다가 바가지에 있는 물을 시원하게 마시고 단잠을 잤소. 그런데 이튿날 아침에 일어나 보니 간밤에 마신 물은 해골바가지에 고인 오물이었소. 그는 구토증이 일어나기 시작했는데 이 순간, 깨달음을 얻게 되었소. 즉

> 한 생각이 일어나면 갖가지 법이 일어나고,
> 한 생각이 사라지면 갖가지 법이 사라진다.
> 삼계는 오직 마음뿐이고 만법도 오직 인식에 달렸으니,

마음 밖에 법이 없거늘 어찌 따로 구할 것이 있으랴.
나는 당나라에 가지 않겠네.

원효는 이제 새삼스럽게 당나라에 들어가서 법을 구하는 것이 필요 없게 되어 미련 없이 유학을 포기했고, 의상은 당나라로 갔소.

그 후 원효는 많은 독창적인 저서를 남겨 당나라뿐만 아니라, 중국과 일본의 불교계에도 영향을 미쳤으니 자랑스럽고 통쾌한 일이 아닐 수 없소. 예컨대, 중국 당나라의 법장(法藏, 643~712)이 저술한 『기신론의기起信論義記』에는 끊임없이 원효의 주석을 인용하며 그 논지에 따르고 있었다는 것은 주지의 사실이요.

박형, 나는 원효의 심오한 불교사상에 대해서는 알지 못하오. 그러나 그가 끊임없는 정진精進으로 동아시아 불교사상계佛敎思想界의 샛별이 되었다는 것만으로도 그를 너무너무 좋아하게 되었고 또 존경하고 있소. 그리고 원효의 일생은 우리들 범부凡夫로서는 헤아리기 어려운 점이 많은 것 같소. 하루는 그가 거리에서 노래를 불렀소.

자루 없는 도끼를 누가 빌려 주겠는가?
하늘 받칠 기둥을 찍으련다!

사람들은 아무도 그 노래의 뜻을 알지 못했는데, 이 때 무열왕이 이 노래를 듣고 말했소.

"이 스님은 아마 귀부인을 얻어 훌륭한 아들을 낳고 싶어 하는구나. 나라에 큰 현인이 있으면 그보다 더 이로움이 없을 것이다."

이 때 요석궁에는 과부로 있는 무열왕의 둘째 딸인 요석공주가 있었지요. 왕은 궁리宮吏를 시켜 원효를 찾아 요석궁으로 맞아들이게 했소. 궁리가 칙명을 받들어 원효를 찾으려 가는 데, 벌써 원효는 남산에서 내려와 문천교를 지나므로 만나게 되었지요. 그는 일부러 물속에 떨어져 옷을 적시었고 궁리는 그를 요석궁으로 인도하여 옷을 말리게 하니 그 곳에서 며칠을 머물게 되었소.

공주는 과연 아기를 잉태하여 설총薛聰을 낳았는데, 설총은 태어나면서부터 총명하여 경서經書와 역사책을 널리 통달했고 신라 10현賢 중의 한 사람이 되었소.

이 사실을 가지고 파계破戒니, 비윤리적이니 하며 요즘의 어느 교역자가 여러 명의 유부녀를 범하는 것과 동일시 한다는 것은 당치가 않소. 원효는 왕의 사위가 되어 부귀영화를 누릴 수 있는 처지에 놓여 있었지만, 그것을 거부하고 속인의 옷으로 바꾸어 입고, 스스로 소성거사小性居士라 일컬었소. 그리고 『화엄경華嚴經』의 "일체무애인一切無碍人은 한 길로 생사生死를 벗어난다"라는 문구에서 따서 이름 지어 무애無碍라 하며 노래를 지어 세상에 퍼뜨렸소.

원효는 여러 촌락을 돌아다니면서 노래하고 춤추면서 교화하였으므로 가난하고 무지몽매한 사람들까지도 모두 부처의 이름을 알게 되었고, 모두 나무아미타불을 부르게 되었으니 그의 법화는 컸답니다. 또한 그는 고구려 원정 때 종군하여 당나라의 소정방(蘇定方)이 보낸 암호를 풀어서 김유신(金庾信)의 군사작전을 성공케 하는 일을 돕기도 하였소. 따라서 원효와 공주와의 관계도 그가 승려이기에 앞서 신라인으로 신라를 무척 사랑했다는 것, 그리고 당시 승려들의 형식적이요, 교조적인 종교적 관습을 타파하여 자유인으로서 모든 중생들에게 부처님의 가르침을 전하며 구제하려 했던 것으로 풀이하는 것이 마땅하다고 생각하오.

그는 때로 술집이나 심지어 창가(倡家, 기생집)에서 거문고에 맞추어 노랫가락을 부르며 함께 어울렸고, 어느 때에는 흡사 거지모습을 하고는 길가에서 큰 호로박을 두드리며 둥실 둥실 춤을 추고 또 무애가를 불렀소. 그런가 하면 밤에는 깊은 산 속의 토굴 안으로 들어가 좌선坐禪하기도 했지요.

그러던 어느 날 왕이 『인왕경仁王經』을 듣기 위해 전국의 고승들을 초청하여 왕궁에 모여 경을 설하도록 하였소. 임금을 위하는 법회이며 더구나 직접 임금 앞에서 설법하는 법요이므로 적어도 뛰어난 학덕이 아니고서는 감히 나서기 어려우며 또 반면에 고승이라면 누구나 한 번 쯤은 나서보고 싶은 기회이기도 했소.

그 때에 누군가가 원효를 추천했지요. 임금도 원효의 후덕한 인품과 깊은 학문을 잘 알고 있었으므로 주위의 승려들에게 상의하였지만 모두가 한결같이 반대했소. 이유는 그의 광패를 말하고 절제 없는 생활을 들추며 심지어는 비행을 들어 감히 이런 높은 자리에 오르게 할 수 없다는 거요. 그래서 왕도 고승들의 의견에 따랐소.

그 후 얼마 뒤에 왕은 당나라에서 새로 간행된 경전 한 권을 얻게 되었는데, 바로 『금강삼매경金剛三昧經』이었소. 새로 접하는 이 경전이 대승불교의 모든 이치를 담았다는 것으로 왕은 이 경의 설법을 듣고 싶어서 유서 깊은 황룡사에서 대규모의 법회를 열게 했소. 문제는 이 경을 과연 누가 강론할 수 있느냐 하는 것이 큰 관심사였는데, 어떤 승려가 대안大安을 추천했지요. 비록 그가 기이한 행각으로 속계俗界에 묻혀 있지만 일찍이 당나라에 유학하였고, 깊은 학식이 있다는 것은 알려져 있었소.

왕은 그를 불렀는데, 그는 『금강삼매경』을 이리 저리 훑어보고는 고개를 좌우로 흔들며 왕에게 아뢰었소.

"저로서는 감히 이 경을 강론할 수가 없습니다."

왕은 놀라면서 말하기를,

"아니, 법사가 이 경을 모르겠다면 신라 천지에서 누가 이 경을 설법할 것인가?"

하고 반문하니 대안大安은 우리나라에 단 한 사람이 있다면서 대답하기를,

"지금 상주尙州에 있는 원효법사가 바로 그 사람입니다. 원효 이외에 어느 누구도 이 경을 이해할 자는 없습니다."

왕도 놀랐지만 주위의 여러 고승들도 의아하게 생각했소. 원효는 왕의 사

신으로부터 전갈을 받았고, 그리하여 그는 경의 요지를 5권으로 만든 『금강삼매경론金剛三昧經論』을 저술했소. 그런데 이 5권의 경을 모두 도둑맞는 불상사가 일어났는데, 그를 시기하는 무리들에 의한 의도적인 도난사고였지요. 원효는 강론할 날짜가 눈앞에 임박했으므로 또 붓을 들어 단숨에 『약소略疏』 3권을 다시 저술하였소.

황룡사에 당도한 원효는 감개무량하였소. 이미 대강당에는 왕을 비롯하여 고관대작이 좌우에 자리 잡았고 많은 고승들이 자리를 차지하고 있었지요. 그는 진지한 모습으로 그리고 당당하게 종횡무진으로 어둠 속에서 새벽해가 바다에서 솟아오르듯, 캄캄한 불경의 바다를 명쾌하게 설파하였소. 그리고는 장내를 한 번 휘 둘러 보며, 무엇인가 생각이 났다는 듯이 그는 입을 열어 말했소.

"지난 날 백 개의 서까래를 구할 때 나는 끼지 못했어도, 오늘 한 개의 대들보 노릇은 나만이 할 수 있구나."

이 말이 장내에 울려 퍼지자 지난 날 그를 매도하고 경원하던 그 많은 고승들은 얼굴도 들지 못 했다 하오.

박형, 원효가 이 때 저술한 『금강삼매경소金剛三昧經疏』는 중국에 전해졌는데, 뒷날 어느 역경삼장譯經三藏이 그 '소疏'를 '논論'이라 고쳤다는 얘기는 너무나 잘 알려진 얘기가 아니겠소!

박형, 나는 서라벌에 온 이후 답사 차 여러 사찰을 찾아다녔고 또 스님들과의 대화를 통해 느끼는 바가 한 두 가지가 아닌데, 오늘의 한국 종교계는 개혁을 해야 한다고 생각하며, 야운野雲의 『자경문自警文』이 생각났소.

> 좋은 옷과 맛있는 음식을 받아쓰지 말라. 밭 갈고 씨 뿌리는 일에서 먹고 입기까지 소와 사람의 수고는 물론…농사짓는 사람들도 늘 헐벗고 굶주리는 고통이 있고 길쌈하는 아낙네도 몸 가릴 옷이 없는데, 나는 항상 두 손을 놀려 두면서 어찌 춥고 배고픔을 싫어하랴…

박형, 원효가 항상 깨달음의 도를 구하고자 고행 수도하던 때 쓴 것으로 추정되는 『발심수행장發心修行章』을 소개하고자 합니다.

누구든 산에 가서 도 닦고자 않으랴만
다만 행하지 아니함은 애욕에 얽혀 있기 때문이요.
그러나 산과 숲 속에 들어가 수도정진 못 하여도
힘과 마음 닿는 대로 모든 선행 지어보세.
세상 쾌락 버린다면 성인처럼 공경 받고
어려운 수행을 닦아 나아가면 부처님처럼 존경받네.
재물만을 집착하면 바로 마귀의 권속이요,
자비보시 널리 하면 이는 바로 법왕자니라.
높은 산 치솟은 바위는 지혜로운 자의 살 곳이요,
푸른 숲과 깊은 산골은 수행자의 처소로다.
나무열매 풀뿌리로 주린 배를 위로하고
맑은 샘, 흐르는 물로 마른 목을 적셔 주네.
잘 먹어서 길러 봐도 이 몸 필경 무너지고
비단으로 감싸여도 이 목숨은 죽고 마네.
메아리치는 바윗굴로 염불 법당 도량삼고
우짖는 새 소리 즐겨 마음 벗 삼느니라.
절하는 무릎이 얼음처럼 시려도 불 생각을 말지며
주린 배가 끊어질듯 하여도 밥 생각을 말지니라.
백년이 잠깐인데 어찌 배우지 않으리오.
일생이 얼마기에 닦지 않고 방일만 하겠는가.

………

박형, 1,300여년 전 원효가 제시한 수행자의 지침은 영원히 그 빛을 발할 것이며, 정말 기막힌 내용이라 탄복하지 않을 수 없소. 그리고 오늘날 그 가르침이 더욱 절실한 때라고 생각하니 좀 부끄러운 시대가 아닐까요?

2. 그의 유적遺跡을 찾아서

박형, 원효의 유적지는 전국 여러 곳에 있지만, 오어사吾魚寺를 답사했소. 40여년 전 중학생 때 친구들과 오어사를 찾았으나 당시는 아무 것도 모르고 그냥 절만 구경했고 이번에는 상황이 달라졌소. 오어사는 원효대사(617~686)와 인연이 깊은 절이기 때문에 1989년 5월 14일 일요일 다시 찾아보고 싶어서 갔던 거지요.

원효가 여러 불경의 '소疏'를 저술하고 있었을 때, 때때로 오어사의 창건자인 혜공스님에게 가서 질의도 하고 또 서로 희롱도 하곤 했는데, 하루는 원효가 시내를 따라가며 물고기를 잡아먹고 돌 위에 대변을 보고 있는데 혜공이 그것을 가리키며 희롱했소.

"당신이 눈 똥은 내가 잡은 물고기일거요."

그로 인해 항사사恒沙寺에서 오어사吾魚寺로 이름을 바꾸었다고 하오.

오어사는 포항에서 동쪽으로 20킬로미터 떨어진 곳에 위치하며, 오천읍에서 양포 쪽으로 가다가 우측에 오어사 진입로가 있소. 우리나라의 사찰들이 대체로 명승지에 자리잡고 있지만, 이 오어사도 예외 없이 수려한 운제산을 등에 업고 좌우로 뻗어난 연봉에 둘러 싸여 앞의 넓은 오어호吾魚湖와 묘한 조화를 이루고 있었소.

갈 때는 원효가 대변을 봤다는 바위도 찾아볼 생각이었으나, 근래 생긴 오어호가 그 바위마저 삼켜버린 듯 했소. 오어사에 들려 우측의 법고法鼓와 좌측의 목어木魚 사이에서 대웅전의 고색창연한 건축물도 눈 여겨봤지만, 무엇보다도 절간에 보관해 둔 소위 원효대사의 유물이라는 삿갓과 수저 등을 보았는데, 그러나 그것은 믿을 것이 못 되는 것 같았소.

오어사에는 두 개의 부속 암자인 원효암과 자장암이 있는데, 절 옆에 있는 좁다란 다리를 건너면 원효암으로 올라가는 오솔길이 절벽을 끼고 간신히 나 있으며, 여기서 보는 오어사와 호수 그리고 절벽 위에 매달린 듯 지어져 있는 자장암은 주위의 풍경과 절묘한 조화를 이루고 있었소. 원효암으로 올라가는 양 옆은 잡목과 맑은 냇물이 흘러 내려 풍치가 아름다워서인지 등산객도 많더군요. 원효암에서 스님을 만나 원효에 관한 얘기도 나누고자 했으나 부재중이었소.

원효암에서 내려와 절 뒤편의 자장암으로 올라가니 여기서 내려다보이는 잔잔하면서 짙은 녹색으로 비치는 호수와 숲 속에 숨은 듯 놓여 있는 오어사의 절 지붕은 바로 발밑에 펼쳐져 있었는데, 그 경치의 아름다움은 어떻게 글로 표현할 수 있으랴! 그래서 옛날의 유명한 스님들이 이곳에 머물면서 수도를 했는데, 그 가운데는 『삼국유사』를 저술한 일연스님도 끼어 있소. 풍치는 아름다웠으나 젊은 스님과의 대화에서는 얻을 것이 없어 조금 실망했지요.

고선사지高仙寺址는 덕동댐 공사로 인하여 수몰되기 때문에 1975년 사지寺址에 대한 조사를 마치고 석탑을 비롯한 모든 유물은 경주박물관에 옮겨 놓았으며, 특히 높이 9미터의 거대한 석탑은 박물관 동쪽 편에 놓았으니, 나는 석탑만 여러 번 보았을 뿐이요.

그리고 분황사는 선덕여왕 3년(634)에 창건되었고, 건립 당시의 주지는 자장율사慈藏律師였으며, 그 뒤에는 원효대사가 거주했소. 원효는 이곳에서 『화엄경소華嚴經疏』 등을 저술했으며, 원효가 죽은 후 그의 아들 설총은 원효의 유해를 가지고 소상塑像을 만들어 분황사에 안치해 두었소. 그런데 설총이 예배할 때마다 그 소상은 살아 있는 것처럼 고개를 돌렸다고 하는데, 그 소상은 일연一然이 『삼국유사』를 쓸 때만 하여도 남아 있었다고 하오.

이 절은 신라의 조각가요, 또 석굴암의 조영사업에 참여했던 강고내말强古乃末이 경덕왕 14년(755)에 주조한 306,700근의 약사여래와 화가 솔거가 그린 관음보살상 벽화, 호국의 용이 살았다는 우물 그리고 석전탑石塼塔 등이 유명하오.

이 탑은 절이 건립될 때 함께 조성된 것으로 생각되어 삼국시대 석탑의 유일한 예라고 얘기되고 있으나, 금곡사지의 원광법사의 부도도 있으니 앞으로 더 연구·논의되어야 한다고 생각되오. 이 탑은 전탑처럼 보이나 전탑이 아니고 안산암安山岩을 전(塼, 벽돌)처럼 가공해서 쌓은 것이기에 석탑, 즉 석전탑이라 합니다. 이 탑의 건립 과정에는 많은 노력이 들어갔다는 것을 나타내고 있으며, 신라문화가 중국문화를 수용하면서 그대로 모방한 것이 아니라, 신라의 독자성을 발휘한 탑으로 높이 평가되고 있소.

현재 3층만이 남아 있으나, 5층·7층·9층 등의 견해가 구구하오. 임진왜란 때 왜병에 의해 반이 파괴되고, 그 후 어리석은 중이 이 탑을 고치려 하다가 다시 반 이상이 허물어졌는데, 현재의 모습은 1915년 일인日人들의 손으로 개축되었다 하오. 이 때 2층과 3층 사이에서 석함이 발견되었고 그 속에서 금바늘·은바늘·가위·옥류玉類 등이 나왔으며, 또 고려시대의 돈도 발견되어 이 탑이 고려시대에도 보수한 것으로 생각되고 있소.

박형, 분황사에서 좀 떨어져서 황룡사지로 가는 오른 편에 서 있는 당간지주幢竿支柱는 분황사의 것이며, 옛날 분황사의 사역寺域은 그 앞까지 상당히 넓었던 것으로 추정됩니다. 그리고 나는 심심하면 분황사를 찾는 버릇이 있는데, 그것은 원효가 이곳에서 살았고 또 그가 집필을 하다가 피로해지면 이 경내를 돌아다녔겠지, 하는 생각에서 찾는 거요. 그리하여 조금이라도 어떤 영감을 얻을 수 없을까 하고서.

박형, 원효는 말년에 혈사穴寺에서 살다가 686년 70세로 입적했는데, 그 혈사가 어딘지 알지 못하니 실로 답답한 생각이 드오. 아마도 남산 깊숙한 곳이 아닌지?♣

(月刊『自由』, 1998년 1월호)

IV

기번의 『로마제국 쇠망사』를 읽으며

1

박형, 안녕하셨소?

내가 도쿄(東京)에서 3일간 고서점가古書店街의 진보초(神保町)을 뒤지다 찾고자 하는 책은 찾지 못하고 엉뚱하게도 일역日譯된 기번의 『로마제국 쇠망사帝國衰亡史』(岩波文庫) 10권을 구입했다는 얘기는 생각나는지요? 그 책 내용은 너무나 방대하니, 관심이 가는 것만 소개하면 다음과 같소.

① 서기 2세기에 로마제국은 지구상의 가장 훌륭한 부분과 인류 가운데 가장 개화된 부분을 포괄하고 있었다. 광대한 제국의 변경邊境은 옛날부터의 무명武名과 기율 있는 용기에 의해 지켜지고 있었다.…로마의 무력武力에 대한 공포는 여러 황제의 평화주의에 무게와 위엄을 덧붙였다. 그들은 끊임없이 전쟁준비에 의해 평화를 유지했다.…국체國體가 아직 순수했던 시대에 무기의 사용은 시민계급市民階級에만 주어졌다. 즉, 사랑하는 국토와 보호해야 할 재산을 소유하고, 법률을 유지하는 것이 각자의 이익인 동시에 의무이기 때문에 그 법률의 시행에는 상당한 책임을 가진 시민계급에만 주어졌다. 그러나 정복征服의 확대에 의해 국민적 자유를 잃어버리게 됨에 따라 전쟁은 차차 하나의 기술로 변하고, 하나의 장사로 타락해 버렸다.

② 그들이 최초로 군에 입대할 때는 지극히 장중한 의식儀式을 가지고 선서宣誓를 했다. 그는 어떠한 경우에도 부대의 군기軍旗를 버리지 않으며, 지휘관의 명령에 복종하며, 황제와 제국의 안전을 위해 신명身命을 바칠 것을 선서했다. 로마 군대의 각 부대의 군기軍旗에 대한 애착은 종교심과 명예심과의 협력적 감화에 의해 고취되었다. 군단軍團의 선두에 빛나는 금솔개는 그들 군단의 추앙하고 열애하는 표적이었고, 이 신성한 표장標章을 위기에 처하여 버린다는 것은 불명예인 동시에 불경외不敬畏로 알고 있었다.

이러한 동기는 원래 상상성想像性에서 그 힘을 얻었지만, 한층 더 실질적인 공포와 희망의 정념情念에 의해 그 힘을 더했다. 정액의 봉급·임시 수당 및 일정 기간의 근무 후에 대한 규정의 보상·급여 등이 군대생활의 노고勞苦를 경감하는 동시에, 한편으로는 비겁하거나 명령 불복종에는 준엄한 형벌을 면할 수 없었다.

백인대장百人隊長은 구타·징계의 권한이 부여되어 있었고, 장관將官은 사형에 처하는 권한을 가지고 있었다. 그래서 선량한 병사들은 적敵 이상으로 자기의 상관을 두려워해야 한다는 것이 군기적軍紀的 격언格言이었다.

③ 그들의 국어國語에 있어서 군대라는 명사名詞는 훈련을 뜻하는 말에서 빌려올 정도였다. 군사훈련은 그들 군기軍紀의 중요한 끊임없는 목표였다. 새로운 입대자는 아침·저녁의 구별 없이 맹훈련을 실시했고, 고참자라 할지라도, 그 연공年功이나 지능智能에도 불구하고 이미 숙련된 기술의 복습은 면제되지 않았다. 군대의 동기주둔지冬期駐屯地에는 그들의 중요한 훈련이 변하기 쉬운 기후에 방해를 받지 않도록 거대한 훈련장이 건축되었다. 그리고 모의전模擬戰에 사용되는 무기는 실전實戰에서 다루는 것의 2배의 중량을 가진 것으로 실시되었다. 그들의 훈련은 신체의 역량을 증가시키고, 사지四肢를 민활케 하고, 그리고 그 운동을 우아하게 할 수 있도록 종합되었다. 그들의 훈련 종류는 행군·구보·높이뛰기·수영·중량 운반·공방 양전攻防兩戰의 전투 및 원격전遠隔戰이나 접전接戰에 사용되는 모든 종류의 무기의 조종, 여러 가지 전개 훈련 및 호루라기에 맞춘 군무軍舞 등이었다.

로마군대는 평화로운 때에도 전시 훈련에 익숙해 있었다. 이것은 로마군을 적으로 하여 스스로 싸운 경험을 가진 고대의 역사가 플라비우스 요세푸스(37?~100?)가 한 명언名言이지만, 로마군에 있어서 유혈流血만이 실전장과 훈련장을 구별하는 유일한 조건이었다. 탁월한 명장군名將軍들은 물론이요, 황제들도 스스로 친히 사열査閱을 하고, 실례實例를 보여 주고 이들의 군사훈련을 고무하는 것을 근본 정책으로 삼았다. 하드리아누스 황제(76~138. 제14대 황제. 재위 : 117~138)는 트라야누스 황제(53~117, 제13대 황제, 5현제 중 한 사람. 재위 : 98~117)와 마찬가지로 때때로 신병들의 훈련을 실시했고, 친히 장려상을 수여했으며 또 때로는 신병들을 상대로 역량力量과 기술의 우열을 가려 상을 수여하기도 했다. 이들 군주君主들의 평화로운 시대에도 전술戰術이 성공적으로 계발되었고, 제국이 무용武勇을 보유하고 있는 동안, 군사훈련은 로마군율軍律의 완전무결한 전형典型으로 존중되었다.

2

위에 말한 내용은 로마군대가 강력했을 때 군인들의 정신적 자세와 전통, 군사제도와 훈련 등을 소개한 내용인데, 그들이 정복전쟁을 한 사업으로 생각하게 되고 또 옛날의 건전한 군사전통軍事傳統을 서서히 잃어 갔을 때, 로마는 쇠망衰亡해 갔소.

박형, 나는 공직에 재직하고 있을 때는 느긋하게 이 책을 읽을 시간 여유를 찾지 못하였으나, 퇴직하고서는 『로마제국 쇠망사』 10권을 읽게 되었는데, 내가 기번(Edward Gibbon, 1737~1794)을 알게 된 것은 옛날로 거슬러 올라갑니다. 1955년 11월 17일, 대구의 한 고서점에서 일역日譯된 『기번 자서전自敍傳』(岩波文庫, 1943)을 저자著者를 전연 알지도 못하면서 구입했는데, 이 책은 그 후 40여년 간 머리맡의 애독서가 되었소. 그는 영국인으로 『로마제국 쇠망사』(1776~1788, 이하 『쇠망사』로 약칭함)를 저술함으로써 일약 유명인사가 되었을 뿐만 아니라, 명성과 부富도 함께 얻었소.

박형, 나는 『쇠망사』를 읽으면서, 그가 어떻게 해서 로마군의 훈련 상황 및 군사제도에 대해 상세히 알고 있는 것일까 하고 놀라워했으나, 『자서전』에 다음과 같이 적혀 있었소.

> 우리들의 이름을 제출하여 각각 햄프셔 연대의 소령 및 대위로 임명되었을 때(1759년 6월 12일), 아버지는 농장에서, 나 스스로는 책으로부터 떠나 2년 반 동안(1760~1762) 여러 곳으로 옮기면서 군대생활로 보내는 운명이 되리라고는 생각지도 못했다.…햄프셔 의용군義勇軍의 남부대대南部大隊는 476명의 장병으로 구성된 작은 독립부대이며 토마스 오즈리 중령의 휘하에 속해 있었다. 상급 대위로서의 나의 본직은 나의 중대를 지휘하는 것이며, 두 사람의 영관領官이 부재不在하거나, 아니 있을 경우에도 각 부대의 지휘 및 대대의 군사훈련을 맡고 있었다. 칼에 피도 묻히지 않고 전공戰功도 없는 종군사從軍史를 쓴다는 것은 쑥스럽지만…이 평화로운 복무기간에, 전술의 용어나 지식의 초보를 배웠고, 이것에 의해 연구와 관찰의 새로운 영역이 열렸다. 나는 대학교수와 군인의 특징을 한 몸에 겸비한 유일한 작가 퀸토스 이기리우스의 『군대의 회상回想』을 차근하게 읽으며 조용히 고찰했다. 오늘의 대대의 훈련이나 기동연습은 그리스의 방진方陣이나 로마의 군단에 대해 한층 더 명확한 개념을 부여해 주었다. 햄프셔 대대의 중대장—독자는 미소를 지으리라—은 로마제국의 역사가에 있어서 결코 쓸모없는 것은 아니었다.

그는 18세기의 번창하던 영국의 부유한 가정에서 태어나 순조로운 생애를 보낸 행운아지만, 이 『자서전』에서는 그의 신앙에서 일어난 여러 가지 사건을 담담한 필치로 기록했는데, 그의 사려 깊은 견해는 내 마음을 사로잡기에 충분하였소. 예를 들자면 이런 견해들이요.

> 인간의 정신적 행복은 원숙의 시대, 즉 우리들의 감정은 잠잠해지고, 의무는 수행했고, 야심은 채워졌으며, 명예와 부富는 튼튼한 토대 위에 확립된다고 생각한 연령에서 이어진다는 어느 현인賢人의 견해를 나는 수용하

고자 한다.…

자신의 신상문제身上問題를 타인의 선망이나 연민에 노출시키지 않는 것이 예법이기도 하고 현명한 방법이기도 하다. 선망은 증오를 낳게 하고, 연민은 너무나 경멸에 가까이 접하고 있기 때문이다. 그러나 이것만은 믿으며 또한 단언해도 좋으리라. 즉 만약 내가 너무 가난하거나 혹은 더 부유한 경우에 놓였다면 역사가의 일을 완성하고 역사가의 명성을 얻지 못했으리라.

만약 내가 가난하여 사람들의 경멸을 받는다면 나는 좌절해 버렸을 것이며, 또한 지나치게 많은 재산을 가져 헤프게 생활했다면 근면성이 이완되었으리라. 그러나 지금 나는 인생에 있어서 가장 행복한 자립·자족의 지위를 획득했고, 자신의 시간과 행동을 절대로 내 생각대로 옮길 수 있고 또 서재에 있노라면 하루를 연구와 교제로 나눌 수 있으리라 생각하기 때문이다.

그는 15세에 옥스퍼드 대학에 입학한 다음 해 가톨릭으로 개종했기 때문에 대학에서 추방당하게 되었고, 또한 아버지의 노여움을 사서 정신의 병을 고친다는 명목으로 유배지인 스위스 로잔의 목사牧師 집에서 5년간 교육을 받도록 강요되었소. 그러나 그는 다행스럽게도 그동안 라틴어 고전古典을 통해 문학·철학 그리고 프랑스어에 정통하게 되어 『쇠망사』를 저술하는 기초적 소양을 획득했지요.

박형, 사람은 누구나 역경에 처해지는 경우가 있는데, 어떤 사람은 거기서 좌절해 버리는가 하면, 어떤 사람은 그 역경을 활용하여 다음의 새 출발을 위한 디딤돌로 삼는 사람도 있는데, 훌륭하고 성공한 사람이란 후자後者를 두고 하는 말인 것 같소.

기번은 20대의 다정다감한 젊은이로 한 여인을 사랑하게 되었는데, 그녀는 시골 목사의 딸로서 재능·미모·학식이 뛰어나 그의 호기심을 눈뜨게 했고, 그녀 부모의 허락 하에 수일간을 그녀의 집에서 보내기도 했소. 그리하여 장래의 결혼에 대한 달콤한 행복감에 젖기도 했지만 1758년 아버지의 용서로 영국에 귀국했으며, 외국 여인과의 결혼에 대해 아버지는 단호히 반대했소. 그는 『자서전』에 다음과 같이 기록했지요.

…아버지의 동의를 얻지 못한다면, 나는 한 푼도 없는 빈털터리의 신세다. 나는 괴로운 번민 끝에 운명에 굴복하여, 연인戀人으로서 한숨을 내뱉고, 자식으로서 명령에 따랐다.(…and that without his consent I was myself destitute and helpless. After a painful struggle I yielded to my fate : I sighed as a lover, I obeyed as a son : …)

박형, 나는 기번의 절묘한 변명에 탄복하였소. 그 후 그는 평생을 독신으로 살았고, 아버지의 재산 덕분에 호구지책으로 직업을 가져야 할 처지가 아니었기 때문에 독서와 연구, 그리고 유적답사를 위한 여행을 즐겼소. 그의 『쇠망사』의 집필동기도 유럽대륙의 여행, 특히 로마에서 비롯되었소. 즉,

로마 쇠망의 사건을 책으로 저술한다는 생각이 최초로 내 머리에 떠오른 것은 로마에서였다. 1764년 10월 15일, 때마침 맨발의 수도자修道者들이 주피터의 신전神殿에서 저녁 기도를 올릴 때, 그 기도 소리를 들으면서, 카피톨의 유적 한 가운데 앉아 명상에 잠겼을 때였다.

3

그의 『쇠망사』의 첫 권은 1776년에 발간되자 초판은 2·3일 만에 매진되고, 그 후 2·3판을 계속 발간하는 베스트셀러가 되었소. 그리고 이 책의 마지막 원고는 영국을 영구히 떠나 젊은 날의 유배지였던 스위스의 로잔에서 1787년 6월에 완성하였으니, 12년간에 걸친 건강과 시간, 그리고 끈기와 투지로 이룬 결실로 생각되오. 그는 마지막 한 줄을 쓰고 난 날의 감상을 『자서전』에서 다음과 같이 적었소.

나의 정원에서 마지막 페이지의 마지막 한 줄을 쓴 것은 1787년 6월 27일의 밤 11시에서 12시 사이였다. 펜을 놓은 다음 나는 정원과 호수, 그리고

산을 한 눈으로 볼 수 있는 아카시아 가로수로 덮인 산책로를 여러 번 걸었다. 공기는 상쾌했고 하늘은 맑고 은빛의 둥근 달이 잔잔한 호수의 수면에 그림자를 던졌고, 주변은 조용히 정적에 잠겨 있었다.

나는 드디어 자유를 찾았고 또한 이로써 나의 명성도 확립되리라는 것을 생각하니, 최초의 그 기쁨을 굳이 감출 생각은 없었다. 마음이 통하는 옛 벗과도 이별하였고, 나의 『쇠망사』의 금후의 수명은 어떻게 될지, 대체로 사학가史學家의 생명이란 짧고 불안정한 것임을 생각할 때, 나의 자부심은 위축되면서 나의 마음은 깊이 우울한 생각으로 꽉 메워졌다.

그는 『쇠망사』를 완성하고 그 책의 수명과 사학가로서의 생명의 짧음을 불안하게 생각했으나, 그것은 하나의 기우에 지나지 않았소. 그 책이 발간된 지 200여년이 지난 오늘날에도 불후의 고전으로 여러 나라 말로 번역되어 아직도 읽혀지고 있기 때문이요. 『쇠망사』의 우리말 번역본 6권(1990~1992)은 최근에 완간되었으나, 그의 『자서전』, 더 정확히 말하면, 『나의 생애와 저술의 회상』(*Memoirs of my Life and Writings*)이 발간되었다는 얘기는 아직 듣지 못하였소. 기번의 『자서전』은 『쇠망사』를 이해하기 위한 입문서入門書일 뿐만 아니라, 그의 역사관歷史觀을 파악하는 데도 중요한 지침서가 된다고 생각하오. 그리고 이 책에는 그의 사상·저술·교육·역사 및 어학연구語學硏究의 방법 등을 상세히 기록해 두었기 때문에 그의 삶의 태도와 인생관을 이해하는 데도 유용하고 또 독자 자신의 인생을 진지하게 생각하고 회상케 하는 데도 도움이 되는 명저名著라 생각하오.

미국의 교육철학자, 존 듀이의 진보주의 교육사상을 날카롭게 비판한 전 시카고대학교 총장을 역임한 로버트 허친스 박사가 편집장이 되어 발간한 『서구세계의 대저서』(*Great Book of the Western World*) 속에 기번의 『쇠망사』가 포함되어 있다는 것을 이미 알고 있었지만, 1982년 8월 7일 오후 뉴욕의 허름한 고서점에서 두 권으로 된 『로마제국 쇠망사』(*The Decline and Fall of the Roman Empire*, 1952)를 발견했을 때의 기쁨이란 이루 형용하기 어려웠소. 더욱이 박형도 알다시피, 나는 허친스 박사의 두 저서, 『민주교육의 진로』(1963)와 『교양교육의 본질』(1965)을 우리말로 번역하여 소개했고 그와 서신 연락도 했기 때문에, 그의 이름을 발견했을 때 더욱 기뻤소.

기번의 『자서전』은 사위인 윤준尹埈 교수가 연구차 미국에 체재하고 있을 때 부탁했더니 1992년 10월에 우편으로 보내왔는데, 그 책명은 아예 *Autobiography of Edward Gibbon* (1923)으로 되어 있었소.

박형, 나는 이제 기번의 원서原書를 모두 갖추고 있으나, 지난 7, 8년간 광개토왕 비문廣開土王碑文의 연구에 몰두하다보니, 요즘은 꼬부랑글자가 생소해 지기 시작했는데, 하루 빨리 느긋하게 『쇠망사』와 『자서전』을 원문으로 읽을 날이 오기를 기대하고 있소.

박형의 건승을 빌겠소.♣

(月刊『自由』, 1997년 10월호)

V

6·25전쟁을 다시 생각한다

일찍이 프러시아의 비스마르크 수상은, "어리석은 자는 자신의 경험에서 배우지만, 현명한 자는 타인의 경험에서 배운다."고 했는데, 우리의 민족사상 최대의 비극인 동족상잔의 전쟁을 체험하고도, '자신의 경험에서도 배우지 못하는 자'는 어디에 속하는 것일까 하는 생각이 미치자, 이것만은 면하고 싶은 생각이 들어 서둘러 6·25전쟁 연구에 있어서 문제점을 규명해 보기로 했다.

이제 전쟁을 체험한지 반세기가 지났고 또한 1991년 12월 소련이 붕괴되어 1993년에 비밀 외교문서가 공개되었기 때문에 새로운 관점에서 역사의 진실을 밝히고 정책·전략·전술에 대해 잘했다, 못 했다의 가치론價値論이 들어있는 전쟁사戰爭史를 꾸며 후손들의 교훈이 되어야 한다고 생각했다. 특히 이 지면에서는 간략하게 왜 한반도에서 전쟁이 일어났는가 하는 원인과 한국군의 초전 패인初戰敗因을 규명하는 데 역점을 두고자 한다.

1. 스탈린·김일성·마오쩌둥의 남침모의南侵謀議

우리나라 사학계에서도 지명도가 높은 미국 시카고 대학교에서 역사학을 가르치고 있는 브루스 커밍스 교수는 제1 · 2권의 저서 『한국전쟁의 기원』(1981, 1990)을 발표했다. 그의 저서, 제2권의 제18장은 「누가 한국전쟁을 시작했나」라는 제목이며, 거기의 결론은 "누가 한국전쟁을 시작했나? 이 의문에는 답할 수가 없다."고 주장했는데, 어처구니가 없는 결론이다. 그러나 구소련이 붕괴되어 비밀문서가 공개되자, 그는 『북한—별개의 나라—』(2004)에서 "…1950년 6월 25일을 전쟁이 발발한 날로 단정해야 한다. 북한이 이 날 남한을 침공한 것은 분명하다."고 했다. 그러나 한국의 전교조에 속하는 교사들은 어린 초등학생·중학생에게 "한국이 북한을 침공했다."고 허위 사실을 가르치고 있는 현실이다.

김일성과 그의 대표단은 1950년 3월 30일부터 4월 25일까지 소련에 체재하면서 스탈린을 세 번 만나 결국 남침의 조건부 승인과 구체적 방법에 대해서도 교시를 받았는데, 이것은 결정적 사료史料이다.

> 스탈린은 첫째, 미국이 결국 개입할 것인지 아닌지를 고려해야 하고, 둘째, 조선의 해방은 중국 지도부가 이를 찬성할 때만 개시될 수 있다는 것을 알아야 한다.
>
> 그 다음은 구체적인 공격계획이 수립되어야 하며, 기본적으로 그것은 3단계로 구성되어야 한다. ① 38선에 인접한 특정 지역에 병력을 집중 배치한다. ② 북조선의 최고 권력집단이 새로운 평화통일 제안을 제시하며, 분명 이러한 제안들은 상대방에 의해 거부될 것임. ③ 북조선측이 공격하고 남측이 반격한 후에 전선을 확대할 기회가 마련될 것이다.
>
> 전쟁은 속전속결速戰速決을 지향해야 한다. 남한과 미국이 정신을 차릴 시간을 주어서는 안 된다.…북조선은 소련이 전쟁에 직접 참여해 줄 것으로 기대해서는 안 된다.
>
> 그는 재차 마오쩌둥(毛澤東)과 상의하도록 김일성에게 촉구했다. 북조선군의 동원을 1950년 여름까지 완료하고 이때까지 소련 고문관들의 도움을 받아 조선군 참모들이 구체적인 작전계획을 수립하기로 합의했다.

스탈린이 김일성에게 남침을 조건부로 승인했으며, 이에 앞서 소련의 총참모부는 남침용으로 작성한 「3일 작전」의 전략계획을 이미 작성했다. 그리고 실전경험이 풍부한 작전계획 수립가인 바실리예프 중장은 스탈린이 김일성에게 남침을 승인하기 전인 1950년 2월 23일 이전에 평양에 와서 남침용의 작전계획을 5월 27일에 완성했던 것이다. 한편 김일성은 남침에 대한 마오쩌둥의 동의를 얻어야 한다는 스탈린의 전제조건 때문에 박헌영과 함께 5월 13일 베이징(北京)에 가서 마오쩌둥을 만나 15일에 동의를 얻었다.

1950년 6월, 남•북한에는 ① 현대전을 수행하는 데 필요한 무기와 장비 등의 생산능력, ② 10만 이상의 병력을 동원하는 전략 · 작전계획 수립가, ③ 1개 사단 이상 지휘한 실전체험자實戰體驗者의 세 가지 부재不在로 인해, 북한이 주장하는 「민족해방전쟁」 혹은 「내전」설 등은 허구에 지나지 않는다. 김일성은 스탈린의 승인을 얻고 또 마오쩌둥의 동의를 얻어 6•25전쟁을 일으켰으며, 그것은 「침략•대리전쟁」으로 해석한다.

김일성은 스탈린의 남침에 대한 구체적 지침에 따라 개전開戰 3일 만에 서울을 점령했다. 그런데 3일간 지체하고 말았는데, 이것은 한국군과 미군에 있어서는 숨을 돌리는 시간적 여유를 주었고, 인민군에게는 재앙의 씨가 되었다. 1950년 7월 1일 평양주재 소련대사에게 스탈린은 다음과 같이 경고 발언을 했다.

"동무는 북조선 군사 당국의 계획이 무엇인지에 관하여 전혀 보고하지 않고 있다. 북조선 군사 당국은 전진하려는 생각을 갖고 있는가? 또는 진격을 멈추기로 결정하였는가? 우리의 견해에 의하면, 진격은 의심할 나위 없이 계속되어야 하며, 남조선이 빨리 해방되면 될수록 그만큼 더 미국의 개입 가능성이 줄어들게 될 것이다."

2. 한국군 초전의 패인과 북한의 간첩들

한국군이 개전 3일 만에 수도 서울이 점령되고 패배한 원인은 무엇일까?

그 이유는 한 두 가지가 아니지만, 중요한 이유의 하나는 첩보전일 것이다. 평양주재 소련 대리대사인 툰킨은 1949년 9월 12일 김일성 · 박헌영과의 논의한 내용을 모스크바에 상세히 보고하는 가운데, "북조선이 남조선군의 모든 부대 내에 첩보원을 갖고 있다"고 했다. 이 점에 대해 특히 유의할 필요가 있다. 한국군의 월북 · 반란사건, 그리고 초기 전투의 주요한 패인은 여기서 유래한다고 생각하기 때문이다.

예컨대, 채병덕 육군 총참모장의 부관 나최광 중위는 한국군의 군적軍籍에도 없는 자이다. 총참모장 집의 식모 말에 의하면, 개전 후 한강 이남으로 철수하지 않고 집을 지키다 자살했다고 말했지만, 아마도 북한군으로 원대복귀했으리라 추정한다.

필자는 1960년대 후반, 공군사관학교 교수부 군사학과장(중령)으로 있을 때, 국방부 전사편찬위원회의 문희석 위원장을 방문하여 채병덕 총참모장의 모순된 여러 조치, 즉 ① 방어진지 건설 건의의 묵살, ② 1950년 6월 10일의 군수뇌·사단장의 인사이동, ③ 비상경계를 6월 23일에 해제하여 주말의 외출·외박의 실시, ④ 대전차포對戰車砲를 수리 명목으로 회수, ⑤ 전방 사단의 예속 변경, ⑥ 6월 24·25일의 파티 등인데, 아무리 연구해도 이해가 가지 않는다고 하니, 문 위원장은 필자를 물끄러미 바라보며 말문을 열었다. "2차의 심야 파티는 국일관國一館에서 25일 오전 2시까지 진행되었으며, 그 비용은 정국은(鄭國殷)이 지불했고, 더 큰 사건이 있지만" 하더니 말을 멈추고 말았다.

정국은(당시 연합신문 주필)은 1953년 8월 31일 육군 특무대에 의해 체포되었고, 동년 12월 5일 육군 고등군법회의에 회부되어 사형언도를 받아, 1954년 2월 19일 사형이 집행되었다. 필자는 70대의 중반을 넘어서는 지금까지 30여 년 간 채병덕(蔡秉德)·정국은의 행적을 찾으려 애썼으며, 2004년 2월 14일 육군본부 법무감실 고등검찰부 기록실장 앞으로 공문을 내어 정국은의 재판기록 열람을 신청했다. 2월 26일자 육군 참모총장(전결 : 고등검찰부장) 명의로 "정국은에 대하여 판결문 색인부를 열람한 바, 관련 자료가 없음을 통지하오니, 참고하시기 바랍니다."라는 통보를 받았다. 이 문제는 젊은 연구자들에게 과제로 남겨두게 되었음을 밝히고, 앞으로도 계속 규명해 주었으면 하는 생각이다.

6·25전쟁은 3년 1개월에 걸쳐, 인적 피해(전사·부상, 민간인 피살 및 행방불명 등)는 남·북한의 2,256,000여명, 중공군의 972,600여명, 유엔군의 545,908명이었으며, 전 국토는 철저히 황폐해졌고, 온 민족이 헐벗고 굶주리게 된 분단의 고정화固定化, 상호간의 불신과 증오, 그리고 민족사상 최대의 비극을 초래했는데, 그에 대한 책임은 대단히 중대하다.

오늘의 한반도 군사정세는 마치 6·25전쟁 직전을 방불케 하는 듯 한 생각이 드는 것은 다만 필자 혼자만의 기우일까? 요즘 남·북한 사이에 일어나고 있는 변화의 추세는 화해·평화로 가는 듯이 보인다. 그러나 북한의 변화는 전술적 변화이지, 결코 진심으로의 전략적 변화는 아닌 듯 하다. 그 이유는 기아선상에서 헤매는 북한 주민들에게 국제사회에서 거지처럼 식량을 구걸하면서도, '강성대국'을 외치면서 핵무기·탄도미사일을 개발하고, 과대한 110여만의 병력을 보유하면서 그 주력을 휴전선에 배치해 두고 있기 때문이다. 그리고 만약 전쟁이 일어난다면, 폐허가 된 한반도에서 통일이 무슨 소용이 있는가?! 혹은 외세의 개입으로 새로운 휴전선이 생길 뿐이리라. 북한의 수뇌자들은 전쟁의 첫걸음을 내딛기 전에 전쟁의 최후 결과를 깊이, 깊이 생각하기 바란다.

우리들은 6·25전쟁의 재발을 막을 수 있는 만반의 임전태세를 언제나 갖추고 있어야 하며, 이것이야말로 전쟁억제의 기본 원칙이며, 그래야 평화적 통일도 가능할 것이다.♣

(「공군전우회」 제30호, 2004. 6. 21.)

VI

6·25전쟁 초기작전의 패인은 무엇인가

박형, 6월이 오면 무엇을 생각하게 될까요?

우리들 세대는 6·25전쟁을 회상하게 되지만, 요즘의 젊은 세대는 그렇지 않은 것 같소. 예컨대 우리나라의 주요 월간지의 작년 6월호에는 6자회담 등으로 한반도의 군사정세가 어수선한데도 불구하고 6·25전쟁에 관한 논의는 자취를 감추고 말았소.

6·25전쟁은 3년 1개월에 걸쳐, 인적 피해(전사·부상, 민간인의 피살 및 행방불명 등)는 남북한의 2,256,000여 명, 중공군의 972,600여 명, 유엔군의 545,908명, 소련군의 조종사 120여명이었으며, 전 국토는 철저히 황폐해졌고, 온 민족은 헐벗고 굶주리는 세계 제일의 가난한 민족으로 전락했고, 남북 분단의 고정화, 상호간의 불신과 증오, 그리고 민족사상 최대의 비극을 초래했소. 뿐만 아니라, 이 전쟁은 세계전쟁의 축소판이라 해도 과언이 아니며, 이런 비극을 가져온 데 대한 책임은 대단히 중대하다고 생각하며, 또한 결코 잊어서는 안 될 전쟁이요.

우리나라 사학계에도 알려진 미국 시카고 대학교의 브루스 커밍스 역사학 교수는 제1·2권의 저서, 『한국전쟁의 기원』(1981, 1990)을 발표했소. 그의 저서 제2권의 제18장은 「누가 한국전쟁을 시작했나」라는 제목이며, 거기의 결론은 "누가 한국전쟁을 시작했나? 이 의문에는 답할 수가 없다."고 주장했습니다. 그러나 최근의 저서, 『북한 : 별개의 나라』(*North Korea : Another Country*, 2004)에서는, "1991년 이후 공개된 소련의 문서를 연구한 전문가들은 스탈린이 일으킨 전쟁이었다.…이러한 시각視角에서 본다면 1950년 6월 25일을 전쟁 발발일로 단정해야 한다. 북조선은 이 날, 남조선을 침략한 것은 확실하다."고 했소.

그는 6·25전쟁의 성격에 대하여 「내전」이라 주장했고, 북한은 「해방전쟁」이라 주장하고, 동국대학교의 강정구 교수는 이에 동조한 인물이요. 그러나 나는 이들의 주장이 허구虛構이며 동의할 수 없습니다. 그 이유는, 1950년 6월, 남북한에는 ㉮ 현대전 수행에 필요한 무기·장비의 생산 능력, ㉯ 10만 명 이상의 병력을 동원하여 전쟁을 수행하기 위한 군사전략·작전계획의 수립가, ㉰ 1개 사단 이상의 병력을 지휘한 실전 경험자, 이 세 가지의 조건 부재不在 때문이요. 김일성은 스탈린의 '조건부 승인'과 마오쩌둥(毛澤東)의 '동의'를 얻어 6·25전쟁을 일으켰는데, 그것은 스탈린의 '대리전쟁'으로 나는 해석합니다. 그리고 1966년 3월, 김일성은 평양을 방문한 일본 공산당의 미야모토 겐지(宮本顯治) 서기장에게 6·25전쟁에 관하여, "소련은 무기를 보내어 원조한다고 결정했다. 그러나 유상有償의 값비싼 무기였다.…조선전쟁(6·25전쟁)으로 돈벌이를 한 것은 소련이었다."고 실토했습니다.

전쟁 전에 신성모 국방장관은 한반도에서 전쟁이 일어나면, 우리 국군은 점심은 평양에서 먹고, 저녁밥은 신의주에서 먹는다고 호언장담을 했는데, 막상 1950년 6월 25일 북한 인민군이 새벽에 기습적 남침을 개시하자, 3일 만에 서울을 점령당해 버리고 남쪽으로 후퇴를 거듭했는데, 그 패인은 무엇인가, 이것이 지난 40여 년 간의 숙제였소.

박형도 알다시피, 전쟁 초기에 국군 제1 사단을 지휘하여 인민군과 싸웠던 백선엽(1920~) 대장(예)은 그의 6·25전쟁 회고록 『군과 나』(1989)에서 다음과 같이 밝혔소.

전쟁 중 사단장, 군단장, 참모총장이라는 지휘관으로 항상 전선에 임했던 나로선 회한悔恨 또한 적지 않았다.

우리는 좀 더 잘 싸울 수 없었느냐는 반성이었다.

국군은 세 가지 큰 결점을 안은 채 전쟁을 맞았다. 첫째는 훈련 미숙, 둘째는 장비 부족, 셋째는 지휘능력 결함이었다.

박형, 나는 백선엽 장군님의 견해에 전적으로 동의합니다. 그러나 한 가지 중대한 내용이 빠진 것이 아닌가 하는 의문을 가져왔습니다. 그래서 전쟁이 일어났을 때, 육군본부 인사국장을 역임했고 또 1954년 내가 공군사관학교를 졸업할 때, 교장이었던 신상철(1924~2005) 장군님을 찾아뵙기로 했소. 그리하여 10여일 전에 편지로 약력과 일본에서 공저共著로 발간한 『〈전쟁론〉의 읽는 방법—클라우제비츠의 현대적 의의—』(東京 : 芙蓉出版, 2001)을 보내면서, 6·25전쟁의 체험담을 듣고 싶다는 방문 목적도 알리고, 2001년 11월 2일 자택을 방문했지요.

먼저 신 장군님의 약력을 소개하면, 1924년 공주에서 태어났고, 일본 육군사관학교 58기로 항공병과 소위로 임관하여 중위로 해방을 맞이했소. 1946년 2월 군사영어학교를 졸업하고 소위로 임관하여 제2 연대(대전) 창설에 참가했고, 1948년에 헌병사령관, 1949년 육본 정보국장, 1950년 제6 사단장, 그리고 1950년 6월 육본 인사국장, 8월 7사단장, 1951년에 공군으로 전과하여 공본 작전국장, 사관학교 교장으로 부임하였소. 그리고 1960년 소장으로 제대하여 베트남 대사, 체신부 장관 및 스페인 대사 등을 역임하였소.

신 장군님과는 5시간에 걸친 면담이었으나, 그 가운데서 몇 가지만 박형에게 얘기하지요.

1) 신 장군님은 마음에 내키지 않았던 헌병사령관에 임명되었는데, 당시 남로당 좌익분자가 군대에 침투해 있었기 때문에 대단히 어려운 보직이었습니다. 당시 나이가 많았던 군악대장이 체포되어 왔으나, 사정을 듣고 구명해 주었으며, 특히 1949년 초에 박정희 소령(육본 작전교육국 과장, 5·16혁명 후 대통령)이 "내 앞에서 눈물을 흘리면서 '자술서'를 썼다."고 하였소.

2) 신 장군님은 6사단장으로 있다가 1950년 6월 10일부로 인사국장으로 육군본부에 왔고, 6월 24일 토요일 비상체제로 당직 총사령관으로 육본의 국장급(대령)이 서게 되었는데, 바로 그 날 당직을 서게 되어 육군회관 개관식의 파티를 볼 수 있었고, 또한 6·25전쟁 당일의 급박한 정세의 변화를 체험하였다 했소. 그리고 27일 오후에 김포방면의 전황을 살피러 나갔다가, 28일 오전 2시 30분경에 한강 인도교가 폭파되었는데, 28일 새벽에 한강 인도교의 폭파된 현장을 직접 목격했다는 것이었소.

그래서 나는 "한강 인도교가 기술적으로 폭파가 되지 않았다면 당연히 최창식 공병감이 책임져야 할 문제이지만, 폭파 시간이 너무 빨랐다 하는 문제는 전쟁의 전반적인 흐름을 아는 채병덕 총참모장이 결정할 문제라고 생각합니다."고 얘기하니, 수긍하는 듯 했소. 그리고 1981년 10월 국방대학원에 재직시 해외시찰로 영국에 갔을 때, 당시 주영 한국대사관에서 강영훈(1922~ 2016) 대사와 만찬을 즐기다가 우연히 이 문제가 거론되었을 때, 강 대사(당시 대령, 육본 인사국장을 역임하고 도미 유학을 위해 대기 중)는 "채병덕 총참모장의 지프차 뒤에 앉아서 한강교를 지났는데, 채 총장은 아무런 신호도 하지 않았다."는 얘기를 하기에, "이미 그 전에 전화로 폭파명령을 내린 것으로 압니다."는 얘기도 했지요.

박형도 알다시피, 최창식 대령의 부인은 1961년 9월에 재심 청구서를 육군본부 보통군법회의에 제출하였고, 1964년 10월 23일 결심공판에서 최창식 대령에게 무죄가 선고되었소.

3) 신 장군님은 1950년 8월 제7 사단장으로 영천·안강방면의 전투에 참전했는데, 이 때가 6 · 25전쟁 승패의 분수령이었지요. 전투가 끝나고 귀에서 피가 난다고 해서 살펴보니, 인민군 다발총이 스쳤는데, 위기일발로 살아남았다는 얘기였소. 다음은 38선을 돌파하여 어느 부대가 먼저 평양에 입성했느냐 하는 문제가 제기되었는데, 제1 사단이 가장 먼저 입성했다는 것이 정설이 되었으나, 요즘 와서는 잠잠해졌다는 얘기였소. 그래서 그 후 조사해 보니, 사리원—황주—중화의 남쪽에서 평양으로 가는 통로에서는 미 제1 기병사단과 제1 사단이 경주를 했는데, 대동강 남쪽의 선교리 로터리에 제1 사단이 10월 19일 11시에 도착했고, 미 제1 기병사단은 40분 후에 도착했소. 제7 사단은 평양의 우측 우회공격을 예상보다 신속히 성공하여 18일 오후에 평양 중심가에 도착했다는 것을 알았소.

박형, 이 때 신상철 제7 사단장은 나이가 26세였고, 백선엽 제1 사단장은 29세였다는 것을 감안했을 때, 그 분들의 지휘 통솔력과 용맹스러움은 놀라울 뿐이며, 만약 내가 그 나이에 그 자리에 선다면… 하고 생각하니 아찔한 생각이 들었소.

4) 1950년 6월 30일 채병덕(일본 육사 49기로 병기장교 소령 출신) 총참모장은 패전의 책임 때문에 정일권 소장에게 총참모장직을 물려주고 부산에 갔소. 7월 하순에 채병덕 소장은 실재 병력도 없는 영남 편성관구 사령관으로 임명되어 호남방면에서 진격해 오는 인민군을 방어하기 위해 하동으로 갔다가 7월 26일 하동 마루고개에서 전사하고 말았소. 그런데 이 때 신상철 대령은 참모장으로 임명되어 부산에 내려가 오랜만에 친구들과 술과 회를 먹고 복통이 일어나 병원에 입원하여 다음 날 하동으로 출발하여 마산에 도착하니 전사했다는 소식을 들었다는 얘기인데, 신상철 대령이 채병덕 소장의 참모

장으로 임명되었다는 사실은 지금까지 문헌에서는 전연 보지 못했고 처음 듣는 얘기였소.

박형, 나는 신상철 대령이 참모장으로 임명되었다는 것을 알자, 오늘의 면담은 소기의 성과를 얻기가 어렵겠다는 직감이 들었소. 그런데 신 장군님은 채병덕 총참모장에 대한 패전 책임이 너무 과하고, 요즘 복권운동이 일어나서 발간물도 나온다는 얘기를 해주었소. '기회는 왔구나' 하고 얘기를 했지요.

"60년대 중반부터 공군사관학교 군사학과에 재직하고 있으면서 생도들에게 전쟁사를 가르치면서 6·25전쟁 초기작전시 한국군의 패인 규명에 납득이 가지 않는 요인이 있었지요. 그래서 공군사관학교 교수부 군사학 과장(중령)으로 있을 때(1968년 10월), 국방부 전사편찬 위원회의 문희석 위원장(해병대 준장 출신)을 정복을 입고 찾아갔습니다. 그리고 질문을 했지요.

채병덕 총참모장의 모순된 여러 조치사항인데,

① 방어진지의 건설 건의를 묵살한 것.

② 6월 10일에 군 수뇌·사단장들의 인사이동의 실시.

③ 계속되었던 비상경계가 6·25전쟁 직전에 해제된 것.

④ 6월 24일 토요일 주말에 3분의 1의 병력을 외출 · 외박시킨 것.

⑤ 개전 1개월 전 각 연대의 4문의 대전차포를 수리한다는 명목으로 회수한 것.

⑥ 전방사단의 예속 변경.

⑦ 6월 24일 · 25일의 심야파티 등인데 아무리 연구해도 이해가 가지 않습니다.

고 말하고 문 위원장을 바라보았더니, 그 분도 저를 바라보면서 말문을 열었습니다.

'2차 심야 파티는 국일관에서 25일 오전 2시까지 진행되었으며, 그 비용은 정국은이 지불했소.'라고 말했는데, 신 교장님은 이 문제에 대해 아는 바가 없습니까?" 하고 질문하니, 조금은 긴장된 얼굴로 변하면서, "모른다"는 대답이었소.

박형, 나는 퍽 실망하였소. "그 내용은 내가 죽고 난 다음에 발표한다는 것을 전제조건으로 하고…" 하면서 진실을 말해 줄 것을 기대했는데… 그리고 이것이 방문한 목적의 핵심이었지요.

박형에게 참고로 정국은(鄭國殷)에 대해 소개를 하지요.

그는 북한의 거물간첩이었지만, 재일 조총련계에서 제공한 막대한 자금을 활용하여 정당·사회단체의 요인들과 접촉했을 뿐만 아니라, 치안국 경무관 대우의 신분증을 가지고 경찰의 지프차와 경비전화까지 가지고 활동했소. 1953년 8월 31일 육군 특무대의 수사진에 의해 체포되었을 때, 그는 연합신문 주필이었으며, 무시무시한 간첩행위를 순순히 자백했소. 12월 5일 군재軍裁에서 사형을 언도받고, 다음 해인 1954년 2월 19일 사형이 집행되었소. 나는 2004년 2월 14일 육군본부 법무감실 고등검찰부 기록실장 앞으로 공문을 내어 정국은의 재판기록 열람을 신청했소. 그런데 2월 26일자 육군참모총장(전결 : 고등검찰부장) 명의로 "정국은에 대하여 판결문 색인부를 열람한 바 관련 자료가 없음을 통보하오니, 참고하시기 바랍니다."라는 통보를 받았소.

박형, 이것은 중대한 사건이 아닐 수 없소. 6·25전쟁 초기작전의 패인이 정국은의 재판기록에 담겨져 있을 터인데, 그 기록을 없애버리다니! 1954년 2월 이후의 육군 참모총장을 역임한 분 가운데는 이 사실을 아는 분이 있을 터인데… "진실을 말하라. 그러면 그 진실은 너희를 자유롭게 하리라"는 어느 철인哲人의 독백이 생각나는군요. 일찍이 프로이센의 전쟁 철학자 클라우제비츠(1780~1831)는 그의 명저 『전쟁론』(1832)에서 다음과 같이 주장했소.

> 내적 힘의 충동에 의하여 그러한 일(전쟁의 이론화 작업)을 지망하는 사람은 이 경건한 일에 대해 긴 성지순례聖地巡禮에 대한 마음가짐과 비슷한 준비

를 해야 한다. 그는 많은 시간과 세월을 희생해야 하며 어떠한 노고도 두려워하지 않으며 그 시대의 권력과 권위를 두려워하지 않고 자기의 허영심과 수치를 극복하며, 프랑스 법전法典 표현을 빌면, 진실을, 진실만을, 완전한 진실만을 말하도록 노력해야 한다.(제2편 제6장)

박형, 6·25전쟁이 끝난 지 반 세기가 지난 오늘날에도 규명해야 할 사항이 많을 뿐만 아니라, 배워야 할 교훈이 많다는 것을 신상철 장군님과의 대화를 통해 절실히 느꼈소. 그리고 학문이란 결국 진실을 탐구하는 행위라 할 수 있지요. 실사구시實事求是, 즉 공론이나 허위가 아니고, 사실에 바탕을 두고 진리를 탐구해야 하며, 특히 역사의 연구란 과거의 진실을 기초로 하여 현재의 위상을 이해하고 미래의 방향을 제시하는 데 있다고 생각하오.

그럼, 박형의 건승을 빌면서!… ♣

(月刊『自由』 2007년 6월호)

Ⅶ

50대의 인생전략

1. 왜 자살자가 많은가?

올해 7월은 한반도에서 6·25전쟁의 포화가 멈춘 전정협정 60주년을 맞이하여 남·북한 및 미국에서 커다란 행사가 집행되었다. 그러나 필자의 마음을 사로잡은 것은 80세가 넘은 외국의 참전용사들을 국가보훈처에서 그들을 초청하여 행사를 진행한 사진을 보았을 때였다. 60년 만에 한국을 찾은 늙은 한 참전용사의 방문소감이다. 즉, "1952년 1월 추운 한겨울 하사로 참전했다. 인천으로 들어왔는데, 그때는 아무것도 없었다. 1954년 미국으로 떠날 때, 이 나라가 과연 언제 일어날 수 있을까 걱정했다. 하지만 60년 만에 온 한국은 정말로 믿기지 않았다. 인천국제공항에 처음 내렸을 때부터 눈부신 발전을 한 눈에 알아볼 수 있었다."

1962년 우리나라는 1인당 국민소득이 87달러였고, 필리핀과 태국은 약 250달러, 북한은 200달러였다. 그런데 2011년 한국은 2만 3천 달러이고, 필리핀이 약 2천 달러, 태국이 약 5천 달러였다. 그리고 2011년 12월 세계에서 9번째로 '무역 1조 달러 클럽'에 가입했고, 2012년에는 '20-50 클럽'에 가입했다. 이것은 1인당 국민소득이 2만 달러 이상이면서 동시에 인구가 5천만 명을 넘는 나라를 뜻하며, 지금까지 단 6개국뿐이었는데 7번째로 한국이 가입했다. 그리고 정보통신·조선·철강 및 자동차 생산분야에 있어서 세계 첨단을 달리고 있으니, 이로써 한국은 2차 세계대전 이후 후진국에서 선진국·강국의 문턱에 진입했다고 볼 수 있다.

그런데 한국이 근래 세계 1위를 차지하고 있는 분야는 유감스럽게도 자살이고, 경제협력개발기구(OECD) 30여개 국 가운데 부동의 1위라고 한다. 예컨대 2010년 자살자가 15,666명으로 하루 평균 42.6명이 목숨을 끊고 있으며, 특히 50대가 증가하는 추세라는데 필자로 하여금 이 글을 집필케 하는 동기를 부여했다.

자살문제 전문가의 견해에 의하면, 한국사회에서 자살률이 급증하는 이유는 40여 년간 고도 경제성장을 해오는 과정에서 생긴 과도한 경쟁주의, 물질 만능주의, 취업난 등에 따른 불확실한 장래 등 구조적인 사회 모순이 주원인이라고 한다. 필자는 거기에다 한 가지 첨가한다면 젊었을 때부터 '인생철학', 즉 인생의 목적·가치·수단 등에 관해 가르침을 받아보지 못한 데에 더 큰 원인이 있다고 진단한다.

2. 50대의 인생전략

요즘 우리나라 대학교의 가치평가는 취직률에 기준을 두고 있는 것 같고, 인생의 의의와 가치문제를 다루는 인문학을 소홀히 다뤄 오다가 요즘 와서야 반성하는 징후를 나타내고 있는 듯하다. 인문학의 궁극적 목적에 대한 설명은 다음과 같은데, 다시 생각할 문제이리라.

"인문학은 젊은 사람들의 마음을 바르게 지켜주고, 나이든 사람의 마음을 행복으로 안내합니다.

또한 풍요로운 삶을 가져다 줄 뿐만 아니라, 우리가 역경에 처해있을 때, 마음의 안식과 평화를 줍니다."

얼마 전 신문지상에 부인과 자식이 있는 50대의 가장이 갑자기 직장을 그만두게 되자, 부인에게 유서를 남기고 목숨을 스스로 끊었다는 기사를 읽고 충격을 받았는데, 전공이 '군사전략'이기에 이것을 응용하여 '인생전략'을 생각해보았다. 즉 인생전략이란 자기의 능력(수단)을 감안하여 인생의 목표를 정하고, 그것을 달성하기 위한 전반적인 행동방침이다. 그래서 '50대의 인생전략'을 어떻게 수립·수행할 것인가를 소개하고자 한다.

▲ 인생전략 = 인생목표+방법+수단
- 인생목표 : 인생에서 행동을 통해 이루려는 결과
- 방법 : 행동방안
- 수단 : 인생목표를 달성하기 위한 도구

▲ 수립된 인생전략은 다음 세 가지 기준에 입각하여 검토되어야 한다.
- 적합성 : 성과가 바라던 결과를 달성할 수 있는가?
- 가능성 : 행동이 이용 가능한 수단에 의하여 달성될 수 있는가?
- 수락성 : 비용의 결과가 바라는 결과에 의하여 정당화 되는가?

여기서 50대라고 한다면, 부모의 유산상속 없이 부인과 자식 3명을 월급만으로 부양하는 가장이라고 가정한다. 이런 50대는 지금까지 사는 것이 바쁘고, 직장에서 승진하고 출세하는 것이 중요하고, 가족들을 부양하고 가정을 꾸려나가는 것이 급해서 앞만 보고 달렸으니, 인생의 본질과 목표 등은 생각해 볼 여유도 없었으리라. 그러나 50대 전후하여 누구에게나 위기가 닥쳐오기 마련이다. 이 위기를 자신의 삶을 진지하게 성찰하는 신호로 수용할 것인가, 아니면 좌절·절망으로 인한 죽음 혹은 자살로 이어질 것인가는 각자의 인생관에 의해 달라지리라.

50대에서 어려운 문제 하나는 자식들 교육비와 결혼비용을 제공하고도 노후생계에 지장이 없는가의 여부를 인생전략에 의해 수립하고, 적합성·가능성·수락성에 의해 판단·결정하는 문제이리라. 지금 70대 이상의 부모들은 자식들의 교육비·결혼비용을 투자로 생각하고 노후의 생계를 자식들에게 의존해 왔는데 문제가 많이 발생했다. OECD회원국 가운데 한국의 노인들이 가장 가난하고, 요즘의 젊은이들은 늙은 부모를 모신다는 생각을 가진 사람이 30%도 안 된다는 것이 현실이다. 최근 조사에서는, "부모를 모신 마지막 세대이자, 자녀에게 버림받은 첫 세대"인 우리나라 '65세 이상' 연령층의 고단한 삶을 실증적으로 보여주었고, 2011년 노인 100명당 빈곤층이 무려 77명 선까지 늘어났다는 것이다. 전략이란, 실행 가능한 해결책을 추구하면서, 진실을 탐구하는 분야이다.

한 가지 해법은 부모들은 자식들에게 고등학교까지는 부모가 양육하지만, 그 이후는 스스로의 인생을 판단·결정해야 하며, 부모들도 노후의 생계를 자식들에게 의존하지 않는다는 것을 가르치고 원활하게 수용토록 해야 한다는 것이다. 1985년 서독의 학술세미나에 참석하여 여가의 시간을 만들어 조사해 봤더니, 서독의 부모들은 대부분 위의 방식을 채택하고 있다는 것을 확인했다.

3. 인생 후반전의 인생설계

•첫째 : 의·식·주衣食住로부터 해방되고, 자식들에게 생계를 의존하지 말 것.

연금제도가 확립되어 있는 직장에 근무한다면 20년 이상 일을 하면 연금을 받을 수 있으며, 결코 연금을 거부하고 일시금을 수령해서는 안 된다. 필자가 명예퇴직을 하던 1987년에는 50% 정도가 일시불을 선호했는데, 그들은 지금 대부분 빈곤층으로 전락하고 말았다.

인생 후반전에서 자기가 하고 싶은 일을 하자면 반드시 생활에 어려움이 없어야, 모든 노력과 정열을 인생목표의 달성을 위해 집중할 수 있기 때문이다.

• 둘째 : 배운다는 자세를 가질 것.

유대교의 법전 『탈무드』(Talmud)의 명언을 소개한다.

"인생에 있어서 가장 현명한 사람은 누구인가,
모든 사람한테서 배우는 사람이다.
이 세상에서 가장 강한 사람은 누구인가,
자기가 자기와 싸워 이기는 사람이다.
이 세상에서 가장 부유한 사람이 누구인가,
자기가 가진 것으로 만족하는 사람이다."

위에 소개한 세 가지 명구는 우리들의 인생을 풍요롭게 하는 지혜요 또한 생활신조라 하겠다. 퇴직하여 두뇌와 몸을 사용하지 않는다면 뇌의 세포가 점차로 소멸하여 두뇌가 몽롱해지고 또 치매에 걸리게 되며, 몸의 근육은 시들어 버린다. 두뇌와 몸을 쉬지 않고 언제나 적절하게 사용하게 되면 심신이 긴장되어 장수무병의 결과가 온다는 것이 의사들의 견해이고 지금까지 체험해 보니 사실로 증명되었다.

• 셋째 : 하고 싶은 일(연구과제)이 있어야 한다.

사람이 건강하게 또한 오래 살려면 반드시 한평생 추구하는 일(연구과제)을 가져야 한다. 이것은 한평생 추구하는 인생목표가 되고 또한 죽는 날까지 달성하고자 하는 일이 있을 때, 우리의 심신心身은 강건해진다고 생각한다. 필자는 한평생 군사학(military art and science)의 이론정립과 연구를 계속해 왔다. 군사학이란 전쟁을 연구대상으로 하며, 전쟁의 본질과 성격 및 무력전의 준비와 수행, 그리고 전쟁의 억제에 관한 통일된 지식의 체계이다. 『손자병법』에 의하면, "전쟁이란 국가의 중대한 일이며, 국민의 생사와 국가의 존망이 기로에 서게 되는 과제이니 깊이 연구하지 않을 수 없다."고 했기에 평생의 연구과제로 삼았고 또한 지금까지 연구 결론은, "평화를 바란다면 전쟁을 이해하고 거기에 대비하라."는 것이다.

• 넷째 : 긍정적·낙관적인 사고방식

우리들에게는 50대를 전후하여 위기가 닥쳐오기 마련이며, 예컨대 직장을 그만두는 경우이다. 이런 위기에 직면했을 때, 이것을 슬기롭게 극복한다면 기회가 된다는 것을 알아야 한다. 즉 자신의 인생을 진지하게 성찰하는 신호로 수용해야 한다.

원효(617~686)는 661년 45세 때, 의상(義湘)과 함께 당나라로 유학을 가던 도중에 해변에 가까운 토굴에서 하룻밤을 자게 되었다. 밤중에 목이 말라 물을 찾다가 바가지의 물을 시원하게 마시고 단잠을 잤다. 그런데 이튿날 아침에 일어나서 보니 간밤에 마신 물은 해골바가지에 고인 오물이었다. 그 순간 원효는 "이 세상은 오직 마음먹기 나름이요, 모든 법은 오로지 인식하기 나름이다"는 생각을 했고, 『화엄경』의 "이 세상 모든 것은 마음먹기에 달렸다"(一切唯心造)고 하는 구절을 체험으로 깨달았다. 그래서 원효는 당나라로 가지 않고 신라로 돌아와 포교와 저술을 했는데, 훌륭한 불교사상가로 그의 저서는 중국·일본뿐만 아니라, 인도의 범어로 번역되기도 했다.

• 다섯째 : 건강을 위해 꾸준한 활동과 운동

건강에 관한 서양의 명언에 의하면, "돈을 잃어버리는 것은 적은 것을 잃어버리는 것이다. 용기를 잃어버리는 것은 인생의 많은 것을 잃어버리는 것이다. 그러나 건강을 잃어버리는 것은 인생의 전부를 잃어버리는 것이다."

마무리 하고 싶은 인생의 목표가 있다 해도 건강을 잃어버리면 실천할 수 없으니 소용이 없다는 것이다.

군사학이 학위를 주는 학문으로 인정되어, 필자는 2003년 3월부터 충남대학교 평화안보대학원에서 다시 군사학 석사·박사과정의 강의를 시작하여 오늘에 이르렀다. 어느 날 강의 마지막 시간에 사관학교 침대전우에 관한 얘기를 했다. 그는 경기중학교 6년을 졸업하고 서울대학교 정치외교학과 3학년 때 6·25전쟁이 발발했다. 그는 처음에 육군에 입대했는데, 영어가 능통하여 통역장교(중위)로 활동하다가 공군사관학교 생도로 입교했으며 졸업 후 조종사가 되었고, 중령 때 미국 유학을 해서 경영학 석사학위를 취득하여 대령까지 순조롭게 진급했다. 그러나 장군 진급에 실패하여 제대해서 대기업에 취직했으나, 진급에 대한 좌절·절망감 그리고 스트레스로 인해 1년 조금 지나 요절하고 말았다.

그러나 나는 중령에서 대령 진급에 실패했지만, 아직 싱싱하게 활동하고 있지 않은가! 인생은 전반전보다 후반전이 더 중요하다는 것을 역설하고 또 "이 세상의 모든 것은 마음먹기에 달렸다"고 얘기하면서 원효대사의 고사故事도 소개했다. 강의가 끝나고 교실을 나가는데 50대 초반의 한 학생이 나의 손을 잡으며 진지하게 감사하다는 인사를 했는데, 알고 보니 그는 대령에서 장군진급이 되지 않아 고민하고 있었다는 것이다. 그 후 근황을 알아보니, 제대하여 민간 건설회사의 사장을 역임하고 요즘 퇴직했다는 얘기를 들었다.♣

(月刊『自由』 2013년 11월호)

Ⅷ

인생에서 가장 행복했던 날은?

박형, 그동안 안녕하셨소?

그런데 박형이 질문한 내용 즉, "80여 평생에 있어서 가장 보람되고 영광스럽게 생각한 일은 무엇이라 생각하오?"에 관해서 곰곰이 생각해 보았는데, 그것은 2005년 12월 1일, 일본 방위청 방위연구소 전사부에서 「한 군사사학도의 연구궤적」이라는 제목으로 3시간 발표회를 가졌던 일이라 생각했습니다.

이러한 발표 요청을 하야시 요시나가(林 吉永) 전사부장이 필자에게 했는데, 거기에는 사유事由가 있었던 것으로 짐작합니다. 즉, 일본 방위청 방위연구소에서 다음과 같이 하루 3시간씩 한 제목으로 연구발표를 했고, 또 공저共著로 책을 발간하는 등이라 생각하오.

- 「일본의 서양군사이론 수용에 관한 연구」(2000년 1월 25일)
- 「태평양 전쟁사관」(2000년 1월 26일)
- 「조선전쟁사관」(2000년 1월 27일)
- 「바람직한 역사인식을 위한 전사연구」(2001년 3월 6일)
- 鄉田豊·李鍾學·杉之尾宜生·川村康之 共著, 『戦争論』の読み方ークラウゼヴィッツの現代的意義ー』(東京 : 芙蓉書房出版, 2001)
- 우리나라 최초의 '명예 군사학 박사'학위의 수령(2003년)

박형, 내 인생에 있어서 다시 이런 기회가 찾아오기 어려울 것 같아서 치밀한 준비를 했소. 즉 그동안의 연구 성과를 정리·소개하는 것과 왜곡되어 있는 '고대 한일관계사'를 시정해야 하겠다는 생각이었고, 또 연구방법은 학제적 접근법(interdisciplinary approach)으로 규명을 시도했으며, 그 주요 내용의 제목은 아래와 같소.

1. 군사학이란 무엇인가?
   가) 군사학(military art and science)
   나) 군사사학(military history)
   다) 클라우제비츠의 『전쟁론』(1832)에 관하여
2. 한국에서의 6·25전쟁 연구에 관하여
3. 군사사학에 의한 고대사 산책
   가) 일본열도의 고대의 조선술과 항해술
   나) 『고사기古事記』(712)와 『일본서기日本書紀』(720)의 사료비판
   다) 광개토왕 비문의 신묘년 기사
   라) 가와우찌(河內) 거대 고분의 수수께끼를 캔다—5세기 전후를 중심으로—
   마) 신라의 화랑도와 일본의 무사도

박형, 여기서는 다만 「가와우찌 거대고분(河內巨大古墳)의 수수께끼를 캔다」만 소개해 보지요.

5세기 중반부터 일본열도의 가와우찌 지방(오사카(大阪))에 갑자기 어마어마하게 큰 고분이 등장했는데, 그 유래에 대한 학설이 일본 고대사학계에서 논란이 많았지요. 나는 원고 집필의 마무리 단계가 되어, 1994년 9월 직접 답사를 하고 놀랬소. 예컨대, 닌토쿠 천황릉(仁德天皇陵)이라고 일컬어지는 고분의 길이가 486m나 되고, 그 주위는 호를 파서 물로 가득 채웠습니다. 이런 거대한 토목공사는 정복왕조가 아니면 불가능하다는 생각을 굳혔소.

仁德天皇陵(추정)

하늘에서 본 仁德天皇陵(추정)

1991년 1월 8일, 부산시립박물관에서 개최된 「신비의 고대왕국, 가야특별전」을 가서 관람하고 설명서를 가져왔는데, 그 속에 "광개토왕의 남정南征이 있은 후,…김해 대성동 유적에서 수장급의 묘가 급격히 소멸되어…"라는 기사를 읽고 번쩍하는 암시를 얻었소. 고구려군이 신라의 원군 요청에 의해 김해의 임나가라를 정복했다는 기록은 『삼국사기』(1145)나 『삼국유사』(1285)에는 전연 없고, 다만 '광개토왕 비문'에만 있습니다. 그리하여 광개토왕 비문의 연구 성과, 에가미 나오미(江上波夫, 1906~2002) 교수의 「기마민족 정복왕조」설, 『송서宋書』 「왜국전倭國傳」에 있는 '왜왕 무倭王武의 상표문'을 근거로 하여 아래와 같이 가설을 수립했습니다.

> 400년 고구려군에 항복했고, 또 404년 대방지역帶方地域에 침입했다가 궤패당한 임나가라 왕조任那加羅王朝는 준비를 갖추어 408년경 기마부대와 수군을 이끌고 일본열도의 가와우찌 지방(오사카)에 상륙하여 미와(三輪) 왕조를 정복하여 가와우찌 왕조를 수립했고, 정복왕조로서 거대 고분을 축조했다. 이것이 『송서』 「왜국전」에 등장하는 '왜오왕倭五王'의 시대이리라.

이런 가설에 바탕을 두고 아래와 같이 논의했습니다.

a) 인류학 : 일본인의 기원에 대하여 하니바라 가즈로(埴原和郞) 교수의 '2중모델'을 수용했다. 즉, 한반도에서의 도래계 집단은 먼저

기타규슈(北九州)에 살기 시작하여 그 수가 많아짐에 따라 긴키(近畿)지방으로 진출했고, 마침내 조정을 성립시킨 것은 야마도(大和) 왕조의 주체 세력이 임나가라로부터의 도래계의 정치집단으로 해석한다.

b) 언어학 : 일본어의 문법적 그리고 구문적 구조는, 한국어를 포함하는 알타이 언어형에 속하지만, 특히 남인도의 트라비타어와 계통적 관계를 가지고 있다는 것은 외국인 선교사에 의해 지적되어 왔다. 이 문제는 한국어에 있어서도 동일한 현상이나, 전래 루트에 대한 증거가 없어서 지금까지 설득력이 별로 없었다. 그런데 김수로왕의 황후 허황옥이 인도 고사라국의 중심 도시였던 아유다(Ayudhya) 출신이라는 것이 최근 규명됨으로써, 언어학상으로 보아도 일본왕실은 가야계라고 하는 언어학자의 견해는 가와우찌 왕조의 출신을 나타내는 훌륭한 증거이다.

c) 고고학 : 에가미 나미오(江上波夫) 교수는 진왕조辰王朝에 의한 '기마민족 일본정복'설을 주장했는데, 그 이론적 기초인 8가지 근거에 대해 필자는 대체로 수용한다. 그러나 정복왕조의 주체, 도래지·정복시기에 관해서는 견해를 달리하며, 필자가 주장하는 가설의 근거는, ① 말(馬)의 문화, ② 스에기(須惠器)의 원류는 김해토기金海土器, ③ 가와우찌 거대 고분의 축조 등이다.

d) 문헌사학 : 『송서』「왜국전」의 '왜왕 무의 상표문'은 귀중한 사료이다.

① 왜왕 무의 조상은, "동쪽의 모인毛人을 정복하고, 서쪽의 중이衆夷를 복종시켰다"고 했는데, 이것은 출신이 일본열도 밖에서 온 정복왕조이며, 또 5세기 초에도 국내 통일 전쟁이 수행되었다는 증거이다.

② "바다를 건너 북쪽(한반도)을 평정하기를 95개국"이라 했고, 또 고구려를 '무도無道'라 비방함으로써 정복왕조의 출신이 비문에 의해 임나가라임이 확실하리라.

③ 『일본서기』(欽明天皇 23年條)에 의하면, 임나(고령)가 신라 진흥왕에 의해 멸망당했을 때(562), "군부君父의 원수를 갚지 못하는 것은 죽어서도 신자臣子의 도를 다하지 못한 한을 남길 것이라고 말하였다."고 기록했다.

박형, 나는 가와우찌 왕조 및 천황가天皇家의 출신은 한반도의 임나가라(김해)의 왕조임을 주장했는데, 거기에 참석한 일본인 군사사학자 및 방위연구소 교수들은 아무도 반론을 제기하지 않았소. 일본 클라우제비츠학회의 고다(郷田豊) 회장은 외국에 갔기 때문에 발표회에 참석하지 못했지만, 배포했던 요약문을 보내달라기에 보냈던 바, "「한 군사학도의 연구궤적」은 어느 뜻으로는 충격적인 내용을 포함하고 있습니다. 나는 선생의 깊은 식견識見에 압도당하고 말았습니다.…선생의 조선전쟁(6·25전쟁을 뜻함)은 물론이고, 고대사 산책은 방위연구소 연구관들에게 커다란 감동을 불러일으켰음에 틀림없습니다."는 회신이 왔소.

고다 회장이 말하는 "충격적인 내용"이란, 아마도 일본 천황가가 김해에서 왔다는 주장일 것으로 예측합니다. 그는 일제 때의 육군사관학교 출신이기 때문에 황국사관皇國史觀으로 머리가 굳어져 있었을 것이며, 오늘날에도 우파에 속하는 인사들은 아직 믿고 있기 때문입니다. 황국사관이란, 일본은 신국神國이며, 천황의 선조는 하늘에서 내려왔고, 천황의 신성神性과 그 통치의 정당성 및 영원성을 뜻하는 내용이지요. 일본의 패전(1945. 8.) 이전에는 아무도 여기에 이론異論을 제기하지 못했소.

그러나 에가미 교수는 1949년 『민족학연구民族學研究』라는 잡지에, 「기마민족 일본정복」설을 발표했으나, 우익단체의 압력으로 공개석상에서는 발표하지 못했지요. 그러다가 28년 만에, 즉 1977년 11월 19일 연세대학교 국학연구소 주최의 학술회의 공개석상(200여명의 참석자)에서 최초로 그의 학설을 발표하면서, 70세가 넘은 노학자는 감사하다며 눈물을 글썽이던 모습을 맨 앞자리에서 지켜봤기 때문에 지금도 생생하게 기억하고 있소.

박형, 나는 일본의 천황가가 김해에서 왔다는 학설을 일본 도쿄(東京) 한복판에 자리 잡고 있는 방위청 방위연구소 전사부 강당에서 군사사학자들 앞에서 당당하게 발표했을 뿐만 아니라 강사료까지 받았으니, 지금도 통쾌하게 생각하고 있소.

그러면 오늘은 이만 줄이고, 박형의 건승을 빌겠습니다.♣

(『星武』 40호, 2011년)

IX

광개토왕 비碑를 찾아서

박형, 그동안 안녕하셨소?

박형도 알다시피 나는 국방대학원 교수였기에 65세까지 신분이 보장되어 있었소. 그러나 인생 후반기는 '내 하고 싶은 일을 하면서 산다'는 신념을 가지고 있었기 때문에 58세(1987년) 때, 명예퇴직을 하고 옛 서라벌인 경주로 왔소. 여기는 경주역에서 12㎞정도 떨어진 시골인데 공기도 맑고 경치도 좋은 곳이며 아담한 정원도 있소.

최초로 하고 싶었던 연구는, 7세기 한반도에는 고구려·백제·신라가 병립하고 있었는데, 가장 국력이 약했던 신라가 어떻게 해서 삼국을 통일하여 한민족韓民族을 형성케 했는가, 였습니다. 다음은 고구려의 군사사상을 연구하다가 '광개토왕 비문廣開土王碑文'(차후 '비문'으로 약칭함)이 존재한다는 것을 알게 되었었고, 거기의 '신묘년 기사辛卯年記事'(차후 '기사'로 약칭함)가 남·북한, 일본 및 중국의 고대사학계古代史學界에 커다란 논쟁점이 되어 있다는 것을 알게 되었습니다.

올해는 광개토왕 서거 1600주년입니다. 광개토왕비는 장수왕 2년(414)에 건립되었고, 비석의 높이는 6.29미터, 무게는 37톤으로 추정되고, 비석의 4면에는 1,775자가 새겨져 있으나 판독할 수 없는 글자가 141자나 됩니다. 그런데 비문의 기사가 일본의 고대사학계가 주장하는 '임나일본부설任那日本

府說'의 논거가 되어 있기에 이런 역사왜곡歷史歪曲은 반드시 시정되어야 한다는 생각을 했습니다. 왜냐하면, 이 비는 장수왕이 부왕父王인 광개토왕의 송덕비頌德碑로 건립했기 때문입니다. 비문연구의 막바지인 1992년 7월 중국 지안(集安)에 있는 광개토왕비를 답사하러 가서 비를 처음 봤을 때, 그것은 다만 거석巨石으로 보이지 않고 옛 친구를 만난 듯 기뻤으며, 손을 잡고 사진을 찍었습니다.

박형, 비문연구를 8년 가까이 했으며, 그 연구결과를 간략하게 아래와 같이 소개하고자 합니다.

■ 광개토왕 비문 신묘년 기사의 해독·해석

광개토왕 비문(차후 비문으로 약칭함)의 쌍구본을 처음으로 일본에 가져간 것은 1883년 가을 일본 육군 참모본부의 간첩이었다. 그 후부터 참모본부 편찬과원 겸 육군대학 교수인 요코이 다다나오(横井忠直)가 중심이 되어, 여러 학자들을 동원하여 상세한 연구가 진행되었다. 그리하여 1889년 6월『회여록會餘錄』제5집이 비문 연구의 특집호 형태로 간행되었으며, 거기서 신묘년(391) 기사(차후 기사로 약칭함)는 다음과 같이 해독·해석되었다.

- 碑文 : 百殘新羅舊是屬民由來朝貢而倭以辛卯年來渡海破百殘□□□斤羅以爲臣民
- 解釋文 : 百殘(百濟)과 新羅는 옛부터 高句麗의 신민으로 조공해 왔다. 그런데 倭가 신묘년(391)에 바다를 건너와 百殘과 □□와 新羅를 쳐서 신민으로 삼았다.(日本의 通說)

육군 참모본부의 요코이 주도로 5년간 연구하여 해독·해석된 기사는 그 후 일본 고대사학계에서 일관된 정설로 야마토 정권(大和政權)의 조선출병과 '임나일본부'설의 논거가 되어왔다. 필자는 일본의 '신묘년 기사'의 통설에 대해 논파論破한 논문, 「광개토왕 비문의 신묘년 기사의 검토」를 한국뿐만 아니라, 일본의 학술지에도 발표했다.[1] 그런데 우리나라 역사학계의 중진으로 활약하는 서울대학교 국사학과 노태돈 교수의 '기사'에 대한 해석 및 인식이 필자로 하여금 놀라게 했다. 즉,

> • '백제와 신라는 옛부터 고구려의 신민으로 조공해 왔다. 그런데 왜가 신묘년에(또는 신묘년 이래로) 바다를 건너와 백제와 □□와 신라를 쳐서 신민으로 삼았다'로 풀이하는 것이 '통설'이었다.…
>
> 현재까지의 논의를 통해서 볼 때, 신묘년 조 기사의 해석 자체는 '통설'과 같이 하는 게 순리라고 여겨진다. 단 신묘년 조에서 전하는 기사의 내용은 그대로 다 사실성이 있는 것이라고 보기는 어렵다.[2]

노태돈 교수의 견해에 의하면, 그의 '기사'의 해석은 일본의 통설과 같을 뿐만 아니라 순리라 했고, 그러면서 그 '기사'의 내용은 사실성이 있는 것으로 보기는 어렵다고 했는데, 그렇다면 비문의 내용은 허위사실을 기록해 두었다는 뜻인지? 필자는 '제32회 동아시아 고대학회학술 발표대회'(2007. 12. 26.)에서, 「군사사학軍事史學이란 무엇인가?－광개토왕비문廣開土王碑文 신묘년 기사辛卯年記事를 중심으로－」를 발표했는데, 여기서는 지금까지의 연구 결과만을 간략하게 소개코자 한다.[3]

• 첫째 : 일본열도의 왜倭가 신묘년(391) 이전부터 한반도에 진출했다면,

---

1) 李鍾學, 「廣開土王碑文의 辛卯年記事의 檢討」, 『軍史』 제32호(서울 : 국방군사연구소, 1996)와 「広開土王碑文の真実－軍事史学的研究方法による辛卯年記事の検討－」, 『日本及日本人』(東京 : 日本及日本人社, 1998) 및 『東アジアの古代文化』 100号(東京 : 大和書房, 1999) 轉載.

2) 노태돈, 「광개토왕 능비」, 『한국고대사 연구의 새동향』(서울 : 서경문화사, 2007), pp. 445～446.

3) 상세한 내용은 李鍾學 外, 『廣開土王碑文의 新硏究』(경주 : 서라벌군사연구소, 1999) 및 李鍾學, 『軍事史学による古代史散策』(慶州 : 徐羅伐軍事硏究所, 2007), pp. 122～140을 참고할 것.

대한해협을 건너 도해작전에 필요한 병력·무기·식량 등을 운반하기 위해 '구조선構造船의 존재'가 전제·필수조건이지만, 일본의 고대사학계는 아직도 문헌사학뿐만 아니라, 고고학에서도 이것을 실증하지 못하고 있다.

• 둘째 : 일본의 통설과 마찬가지로, 倭가 391년 백제·신라를 파하고 신민臣民으로 삼았다고 가정해도, 비문의 영락 10년(400)과 14년(404)에 倭는 '대궤·대패'되었기 때문에 한반도 남부에 발판이 되는 거점(작전기지)의 상실로 인해 「임나일본부」설은 전연 성립되지 않는다.

예컨대, 1793년 3월 나폴레옹은 이태리 방면군 사령관에 임명된 이후, 연전연승하여 황제가 되어 유럽대륙에 군림했으나 워털루 전투(1815)에 패배하자, 남대서양의 외딴 섬 센트 헬레나에 유배되었다. 전쟁철학자 클라우제비츠는 명저 『전쟁론』(1832)에서 주장했다. "이와 같은 전쟁의 형태에 있어서, 영관榮冠은 최후의 승리자에게 주어진다는 것을 언제나 기억해야 한다."(제8편 제3장). 여기서 영관이란 전쟁에서 정치적 목적의 달성을 뜻하는데, 지금까지 비문 연구가들은 이처럼 중요한 군사이론의 내용을 간과해 왔던 것이다.

• 셋째 : 비문에 의하면, 영락 6년(396), 고구려왕이 친히 수군을 거느리고 가서 백제를 토벌했고, 백제왕은 항복하여 영구히 고구려왕의 노객奴客이 되겠다고 맹세했다. 또 영락 9년(399), 신라왕은 사신을 보내 구원을 요청했다.

일본의 신묘년 기사의 통설에 의하면, 391년 이후 백제왕·신라왕은 등장할 수 없을 터인데, 그 후 비문에 등장하는 것으로 보아 참모본부에서 해독·해석한 신묘년 기사의 통설은 전연 잘못된 해독·해석임을 실증하는 내용이다.

• 넷째 : 비문을 작성한 찬자撰者는, 고구려의 적측인 백제百濟를 '백잔百殘'이라고 멸칭한 것처럼, 비문에 등장하는 '倭'란 일본열도의 야마도(大和) 정권이 아니라, 임나가라任那加羅에 대한 멸칭이었다. 그 이유

는 비문의 영락 10년조(400)에 의하면, 거기에는 '왜倭·왜적倭賊·왜구倭寇'가 등장하지만, 고구려군의 공격목표는 '임나가라'였기 때문이며, 또 "도래계 집단(한반도)은 야요이 시대(300 B.C.~300)부터 계속하여 급속히 그 수를 증가하여, 아마도 기타큐슈(北九州)를 중심으로 많은 소왕국(부족국가)을 만든 것으로 생각한다."[4]고 했기 때문이다.

- 다섯째 : 필자는 신묘년 기사에 대해 다음과 같이 해독·해석한다.
  - ○ 백제와 신라는 옛날부터 속민으로서 고구려에 조공해 왔다. 그런데 임나가라는 신묘년(391)부터 (침공해)왔다. 고구려는 바다를 건너 백제와 任那加羅를 파하고 신민으로 삼았다…

일본 제국주의자들은 한반도를 침략·강탈하기에 앞서, 비문의 왜곡된 해독·해석을 통하여 고대로부터 倭는 한반도를 지배·통치해 왔다고 함으로써, 그들의 대륙정책의 침략을 정당화했다는 것에 유의할 필요가 있으며, 최근(2008. 7. 14.) 일본정부는 독도를 '일본 고유의 영토'임을 교과서에 게재토록 조치를 취했는데, 그들의 침략적 근성에는 단호히 그리고 치밀한 대책이 필요하리라.

'기사'에 대한 일본의 통설에 대해 비판적인 논문을 발표한 주요 학자와 발표 연도를 소개한다면, 정인보(1955), 박시형(1966), 김석형(1966), 천관우(1979), 이가원(1995), 이재호(1996) 등 입니다. 비문연구자, 특히 '기사'의 연구·비판의 논문은 계속 나왔으나, 그 연구는 주로 문헌사학적 연구방법으로 이루어져 왔습니다. 그럼에도 불구하고 반세기 이상이나 해결의 실마리를 찾지 못한 이유는 과연 무엇일까요? 비문의 倭에 대한 연구는 倭가 언제나 군사작전에 참가했고 그 결과에 대한 해석을 함에 있어서, 즉 전쟁의 준비·수행·결과에 대한 분석·해석은 군사이론에 바탕을 두고 있는 역사학인 군사사학(military history)이 더 적합하고 타당성이 있다고 생각했고 또한 연구대상

4) 埴原和郎, 『日本人の成り立ち』(京都 : 人文書店, 1996), p. 283.

의 본질에 따라 연구방법도 달라져야 한다는 것이 필자의 견해입니다. '기사'에 대해 군사사학적 연구방법으로 논문을 발표한 것은 필자가 유일하다는 것을 밝혀두고자 합니다.

박형, 나는 '기사'에 대한 연구논문은 우리나라뿐만 아니라 오히려 일본인에게 더 알려야 한다는 생각으로 일본잡지인 『일본 및 일본인(日本及日本人)』(도쿄)에 「광개토왕 비문의 진실—군사사학적 연구방법에 의한 신묘년 기사의 검토—」이라는 글을 투고 했는데, 창간 110년 기념호에 발표(1998. 4. 1.)되었습니다. 이 잡지를 일본통이요 또한 한림대학교 일본학연구소장 지명관 교수에게 보냈던 바, 아래와 같은 회신(1998. 4. 10.)이 왔습니다.

古代日本と朝鮮の歴史を語る

「広開土王碑文」の真実

——軍事史学的研究方法による辛卯年記事の検討——

日本（倭）・朝鮮の古代史の重要史料とされる高句麗の広開土王（好太王）の陵墓碑刻文。中国東北部鴨緑江中流沿岸に建つこの碑は長い風雪にさらされて、文字が欠落。それがために、碑文の解読をめぐっては明治期以来多くの学者によってさまざまな解釈が行われてきた。今回、軍事史学的研究方法というアプローチによりその解釈に挑んでみると、従来の考古学や文献史学では分からなかった古代日本の実像が浮かび上がった

李 鍾學

「渡海作戦」の主体をめぐって

"보내주신 『日本及日本人』을 잘 받았습니다. 곧 선생님의 논문을 읽어보고 새로운 관점에서 본 놀라운 글을 이런 右派 잡지가 실어주다니 참 흥미 있는 일이라고 생각했습니다. 감사합니다.

지금까지 字句만 따졌는데, 군사작전능력에서부터 분석한 글 정말 귀중한 글이라 생각하여 여러분들에게 알려야 한다고 생각했습니다.…"

박형, 내가 때때로 연구논문을 발표했던 일본의 고대사학계의 전문잡지, 『동아시아의 고대문화(東アジアの古代文化)』의 편집부에서 『日本及日本人』에 발표했던 글을 전재轉載했으면 하는 요청이 왔기에 허락하여 전재되었습니다. 그리고 2005년 12월 1일, 일본 방위청 방위연구소 전사부에서 전사부 군사사학자 및 교수들에게 「한 군사사학도의 연구궤적」이라는 제목으로 3시간 발표했을 때도 '기사'에 관해서 중점적으로 설명했으나, 아무도 반론을 제기하지 않았습니다. 그리고 일본의 우익 안보문제를 다루는 『일본전략

연구日本戰略硏究포럼』회지會誌(2008. 7.)에 「한국 신체제와 한일관계－고대사의 사실史實을 둘러싸고－」라는 제목의 글을 발표했는데, 여기에서도 '기사'의 허위성을 날카롭게 비판했습니다.

박형, 그런데 나는 최근 놀라운 사실을 신문 머리기사에서 발견했습니다. 즉 「日 학계 일본의 가야 지배說 폐기」라는 제목으로 그 내용은 아래와 같습니다.

> 일본이 고대에 한반도 남부를 지배했다는 임나일본부설이 양국 학자들에 의해 학문적으로 공식 폐기됐다. 본지가 22일 입수한 제2기 한·일 역사공동연구위원회 최종 보고서 요약본에 따르면, 양국 학자들은 서기 4~6세기 倭가 가야에 군대를 파견해 정치기관인 '임나일본부'를 세웠다는 설이 사실이 아니라는 데 합의했다.(「조선일보」, 2010. 3. 23.)

그런데 신문기자의 위의 내용에 대한 해설기사에서 "이 주장에 대해 일본 스스로가 폐기했다"고 적었기에 놀라지 않을 수 없었습니다. 즉 일본인 역사학자들이 '임나일본부설'을 스스로 연구해서 폐기했다는 뜻인지?

박형, 일본의 도쿄 교직원 노조가 "다케시마(竹島, 독도의 일본 이름)가 일본 고유의 영토라고 말할 역사적 근거가 없다."(「동아일보」 2011. 10. 29.)는 견해를 밝혔음에도 불구하고, 일본정부는 우리의 영토인 '독도'에 대해 일본 고유의 영토이며, 한국이 불법 점령을 하고 있다고 역사교과서에 기록하여 가르치고 있는 시점에서 우리나라의 여러 독도연구소에서 한글로 독도가 우리 영토임을 주장하는 것도 중요하지만, 더 중요한 것은 일본잡지와 언론기관에 그 사실史實을 밝히는 글을 발표하는 것이 더 효과적이고 실효성이 있지 않을까요?

박형, 오늘은 이만 줄이고, 형의 건승을 진심으로 기원합니다.♣

(『星武』 41호, 2012년)

X

사관생도 시절의 회고

박 형, 그동안 건강하였다니 반가운 소식이었소. 그런데 박 형이 보내준 편지 속의 다음 내용은 지난날의 생도생활을 더욱 회상케 했습니다. 즉, "들리는 바에 의하면, 이 교수는 요즘도 졸업을 맞이하는 4학년 생도들에게 특강 「군사고전의 지혜를 찾아서」를 강의하면서 옛날 생도시절의 어려웠던 체험을 얘기한다는 데, 좀 더 구체적으로 기록을 남기는 것이 어떤지?"

최근의 3기사관 회보지(2012. 11. 26.)에 의하면, 생존자 73명, 사망자 67명, 주소 미확인자 5명이라는 통계숫자가 나왔는데, 이미 절반 정도의 동기생이 유명을 달리했소. 그래서 나는 박형의 요청을 수용키로 했으나 확실한 자료資料가 없고, 옛날의 기억을 더듬어 집필해야 하니 혹시 잘못이 있다면 독자들은 알려주기 바란다는 것을 미리 양해를 구하고 시작해 보고자 합니다.

1. 입교 50주년과 이만섭 동문의 졸업장

2001년 11월 3일 3기사관 입교 50주년 기념행사를 청주 공군사관학교에서 거행하면서, 이만섭 국회의장에게 '명예졸업장'을 수여하는 행사가 결정되었다. 그래서 우리는 서울에서 모여 가기로 했기에 오랜만에 서울에 가면서 우리가 1954년 11월 졸업할 때의 교장 신상철 장군님을 면담키로 했는데, 그것은 6·25전쟁에 관해 알고 싶었던 내용이 있었기 때문이었다. 11월 2일 10시에 아파트를 방문하여 15시까지 다섯 시간 동안 전쟁체험담을 들었다.※

11월 3일 사관학교 교정에서 우리 입학 동기생들과 재학생들의 열렬한 축하 속에서 이만섭 국회의장에게 명예졸업장이 수여되었고, 그는 답사에서 어느 졸업장보다도 귀하고 기쁘다고 소감을 말했다. 바로 이때 1954년 11월 1일 졸업·임관식이 끝나고 내무반에 갔을 때의 광경이 머리에 떠올랐다. 졸업식을 끝내고 내무반에 들어가니, 동기생 대표로 퇴교당한 이만섭 동문이 진해에서 거행하는 우리들의 졸업식을 지켜보고 내무반에 미리 와서 눈물을 흘리고 있었다. 동기생들과 함께 졸업·임관을 하지 못한 원통함과 고학의 어려움 때문이었으리라.

그의 회고록 『나의 정치인생 반세기』(2004)에 의하면, 그는 연세대학교에 복학했으나 가정교사로 생활비와 학비를 조달하는 생활을 했고, 점심시간이면 도시락이 없어 학교 뒷산에 올라가 점심시간이 끝날 때까지 책을 읽거나 푸른 하늘을 바라보며 명상에 잠기는 어려운 시절이었다.

그러나 나는 짐을 꾸려 학교 교문을 나서면서 뒤돌아보지도 않고, 다시는 사관학교 쪽을 향해서는 오줌도 누지 않겠다고 마음먹었다.

이만섭 국회의장의 명예졸업장 수여가 끝나고 생도식당에서 식사를 하는데, 생도가 배식을 하면서 식사는 먹고 싶은 대로 자유로이 먹는다는 얘기를 듣고, 나는 갑자기 눈시울이 뜨거워졌다. 우리의 생도시절에는 전쟁 중이고 세끼의 밥을 자유롭게 먹을 수 있는 사람도 많지 않았지만, 생도생활에서는 세끼의 밥은 먹었지만 그런데도 배가 고파 일요일이면 사관학교 앞 동네인 풍오동의 농가에 가서 고구마와 김치로 배를 채우던 생각이 떠올랐기 때문이었다. 나는 특강 때, 생도들에게 이 얘기를 하다가 갑자기 눈시

※ 상세한 내용은 이 책의 제4부 「Ⅵ. 6·25전쟁 초기작전의 패인은 무엇인가」를 참고.

울이 뜨거워지고 말문이 막혀버렸기 때문에 그 후부터 이 얘기는 하지 않기로 했다. 그리고 팔순八旬이 넘어서도 아직 활동하는 비결의 하나는 맛이 없어 먹지 못하는 음식이 없다는 데서 연유하리라.

중국 고전인 『회남자淮南子』에 의하면, "인생만사 새옹지마(人生萬事塞翁之馬)"라 했는데, 즉 인생이란 새옹塞翁의 말(馬)처럼 화禍가 복福이 되기도 하고, 복이 화가 되기도 한다는 변증법적 사고방식을 뜻하며, 이것은 우리들 인생을 관조하고 해석하는 데 유용한 기준이 된다고 생각한다.

2. 입교식을 전후하여

1951년 10월 말, 대구역 앞에 경북지구의 합격자들이 입교하기 위해 40여 명이 소집되어 김 모 대위의 인솔로 기차를 타고 삼랑진, 창원을 거쳐 경화역에 도착했을 때는 어두운 밤이 되고 말았다. 학교에서 트럭이라도 나와서 마중하는 것이 아니라, 각자 짐을 어깨에 메고 도보행군으로 사관학교까지 8km를 걸어야만 했다.

그런데 진해 미군비행장(K-10) 정문 앞을 조금 지나자 갑자기 김 대위는 우리들에게 명하여 신작로 한 가운데에 '엎드려뻗쳐'를 시켜놓고 노기에 찬 말투로 "너희들은 전우애가 조금도 없다"면서 호통을 쳤다. 나중에 알고 보니 김 대위의 사물 백을 입교자의 한 사람이 어깨에 메고 오다 무거워 뒤로 처지고 말았는데, 아무도 도와주지 않았기 때문이라는 것이다. 서로 알지도 못할 뿐만 아니라, 어두운 밤이었고, '전우애'가 생길 시간 여유도 없었는데…

11월 10일 3기생 164명이 입교를 했지만, 하루 전에 점호장에는 4명이 귀가준비의 짐을 메고 앞줄에 서 있다가, 생도대장 박원석 중령(후에 참모총장 역임)의 명령으로 내무반에 돌아가서 다시 짐을 풀고 입교를 할 수 있었다.

1981년 4월 B소장이 공군사관학교 교장으로 임명되었다는 소식을 듣고 입교 직전의 귀가조치를 당할 뻔한 일이 상기되었다. 그는 육군 사병의 복장에 전투용 헬멧을 쓰고 있었으며 키가 후리후리하게 크고 퍽 활발한 모습을 그동안 보여 주었다. 그는 생도시절에 권투를 즐겼고, 졸업 후 조종사가 되었으며, 공군대학의 고급 지휘참모 과정의 성적이 우수했기에 사관학교 교장까지 역임했지만, 그에게도 입교 직전에 아슬아슬한 위기의 순간이 있었던 것이다.

11월 10일 입교식을 마치고 밤에 잠을 자고 있는데, 한 선배가 잠을 깨우면서 작업복을 입고 나오라 했다. 가입교 시기에 사관학교 뒤편의 산길을 구경시켜 주었는데, 이날 밤 그 길을 혼자 행군하라고 했고, 선배인 2기생이 중간 지점에 대기하고 있으면서 괴성과 육박전을 벌이며 신입생의 간담을 시험도 하고 또 기르는 과정을 거치게 했다.

1951년 12월 하순, 크리스마스를 앞두고 전투출격을 했던 1기사관 소위 6, 7명이 '첫 출격의 무용담' 발표회가 대강당에서 개최되었는데, 피교육자는 2, 3기생들이었다. 어느 1기사관은 당시 조종한 전투기는 F-51(Mustang)인데, "적진에 들어가서 대공포화가 오른쪽에서 터지면 엉덩이를 왼쪽으로 옮기고, 또 대공포화가 왼쪽에서 터지면 엉덩이를 오른쪽으로 옮겼다"고 하여 모두 폭소를 터뜨렸는데, 반세기가 넘어서도 잊혀 지지 않는 이유는 그것이 진실이었기 때문이리라.

3. 생도생활의 회고

당시 진해에는 3군 사관학교가 한 자리에 모여 있었다. 일요일 외출해서 보면, 육사·해사 생도들의 옷은 미제 사지 양복에 멋진 구두를 신고 있었으나, 공사 생도는 누더기 같은 국산 옷과 구두를 신고 있었다.

학교생활을 본다면, 오전에는 수업을 했지만 오후에는 삽과 곡괭이를 들고 4기생의 숙소를 건축하는 대지의 정지整地작업을 계속해야만 했다. 그래서 우리들은 '공사교空士校'에 입학하여 비행기 타는 조종사가 되려고 왔는데, 매일 일만 시키니 '공사교工事校'에 입교한 것이 아닌가 하고 농담을 했다. 그러면서도 별로 불평이 없었던 것은 동기생들은 거의 모두 최일선의 사선死線을 넘나들다가 입교했고, 당시 일선에서는 전투가 계속되어 사상자가 속출하고 있었던 시기였기 때문이었다.

공사 생도는 미제 옷과 구두를 신지 못했고 또 건물 대지의 공사에 미군 불도저가 와서 하루면 끝나는 작업을 우리는 삽과 곡괭이로 작업을 한 이유는 미군 편제에 공군사관학교가 없었기 때문에 군원 대상에서 제외되었다는 것을 나중에서야 알게 되었다. 미국에 공군사관학교가 설립된 것은 1955년 7월 11일이었다.

문제는 작업에 사용한 곡괭이의 자루였다. 선배나 동기생 근무자가 벌을 주고자 할 때, 곡괭이 자루는 엉덩이를 때리는 도구로 활용되었기 때문이다. 무엇보다도 생도생활에 있어서 선배인 2기생의 단체기압이 내 마음을 괴롭혔다. 키가 작고 가무잡잡한 한 선배는 3기생 후배들에게 단체기압 주는데 취미가 있었던 모양이었다.

예컨대, (치밀한 계획으로) 작업복으로 점호장에 집합시킨 후, 처음에는 완전무장으로, 다음은 정복 외출복으로, 그 다음은 체육복으로, 마지막에는 팬티 바람으로 각 단계마다 선착순으로 줄을 서게 만들었다. 그래서 늦은 자는 별도로 병사兵舍 주위를 뛰게 만들기도 했는데, 우리들은 이 단체기압을 '달밤의 체조'라고 불렀으며, 기압 주는 선배에게 '야수野獸'라는 별명을 붙이기도 했다.

나는 4학년 졸업반 생도의 특강 때 '달밤의 체조' 얘기를 하면서, 요즘처럼 여생도가 있었다면 이런 기합을 주는 선배도 없었겠지만, 당시는 남자들만의 세계라 거리낌 없이 실시되었고, 병사兵舍는 일제시대 때의 건물인데 한 방에 20명이 수용되었으며, 마루 위에서 잤는데 겨울에 난방장치라고는 전연 없어서 춥게 생활했고, 화장실은 별도 건물에 있었기 때문에 여간 불편하지 않았는데, 여러분들의 숙소는 난방장치가 있고 수세식 화장실이 달린 건물에서 생활하고 있으니, 시대는 많이 변했고 발전되었다고 옛 얘기를 잊지 않고 들려주기도 했다.

어느 해 겨울 휴가에서 돌아오자 중대장(대위) 지휘로 정문 앞 500m에 바다가 있었는데, 한겨울에 옷을 입은 채로 가슴까지 바다로 들어갔으며, 돌아오는 데 옷은 고체로 변했다. 휴가로 정신상태가 이완되었으니, 긴장감을 회복하기 위해 만물이 꽁꽁 어는 추운 겨울에 옷을 입고 해수욕을 시켰다는 것이다. 뿐만 아니라 한겨울에 팬티바람의 일광욕도 생각나는데, 감기에 걸리지도 않았으니 신통했다.

미국의 마셜 원수(1880~1959)는 1939년부터 2차 대전 중 육군 참모총장으로 전쟁을 승리로 이끌었고, 1947년에는 국무장관을 역임했으며, 유럽 부흥의 원동력인 「마셜계획」을 입안하기도 했다. 그의 회고담에 의하면, 그는 버지니아 주립사관학교에 입교했는데 생도생활은 엄격한 스파르타식이었고, 생활환경은 수도나 중앙난방시설은커녕, 겨울에도 난방이 되지 않아 생도들은 세면기의 얼음을 깨뜨려 몸을 씻어야 했다. 식사는 거의 먹기 힘들 정도로 질이 낮았고, 흡연과 음주 역시 금지되었다. 게다가 생쥐라고 불리는 신입생들은 선배들이 가하는 참혹한 고통에 시달리고, 융통성 없는 엄격한 규율로 인해 1897년 입학했던 100여명의 생도들 중에는 오직 34명만이 1901년 6월 졸업에 성공했다는 것이다.

나는 마산의 공군병원에 입원했는데, 병명은 신경쇠약으로 4개월간 요양을 했기 때문에 졸업·임관을 겨우 했으며, 교문을 나서면서 뒤돌아보지도 않겠다고 앞에서 얘기했지만, 생도생활은 나에게 몸서리가 칠 정도로 시련과 고난의 연속이었다. 그러나 그 괴로운 생도생활이 나의 인생에 있어서 좋은 인내심을 길러주었다고 감사한 마음으로 깨닫게 하는 데는 20여년의 세월이 소요되었다. 나는 생도 특강에서 여러분들도 생도생활에 어려움이 있어도 그것이 굳은 인내심을 길러주는 기회라는 것을 나보다 빨리 깨닫게 되기를 바란다고 얘기했다.

4. 침대 전우 C대령에 대해서

침대전우라 하면 입교해서 곧 침대생활을 한 것으로 착각할지 모르지만, 입교해서 1년 동안은 침대 없이 마룻바닥에서 생활했고, 나중에 야전용 간이 목침대에서 생활했다. 내 옆자리는 C동문이었는데, 저녁 자습시간에는 영문잡지인 『Readers Digest』만 읽고 있었다. 그의 아버지는 6·25전쟁 전에 인천시장을 역임했고, 그는 경기중학교 6년을 졸업하고 서울대학교 정치외교학과 3학년 때 6·25전쟁이 발발했다. 그는 처음에 육군에 입대했는데, 영어가 능통하여 통역장교(중위)로 활동하다가 공군사관학교 생도로 입교했다. 그는 졸업 후 조종사가 되었고, 중령 때 미국 유학을 해서 경영학 석사학위를 취득하여 대령까지는 순조롭게 진급했다. 그러나 장군 진급에 실패하여 제대해서 대기업에 취직했으나, 1년 조금 지나 유명을 달리했는데, 아마도 장군 진급의 실패로 인한 좌절과 스트레스로 빨리 저승길로 간 것이 아닌가 추정해본다.

1973년 10월 나는 공군대학 교수부 3처장(중령)으로 재직하고 있을 때, 대령의 마지막 진급심사에서 낙방하고 말았다. 하지만 인생이란 축구시합과 마찬가지로 전·후반전이 있으며 전반전에서 실점을 해도 후반전에서 만회가 가능하니 후반전이 더 중요하지 않은가! 그러니 나의 인생 후반전은 연금을 수령하여 생활에 지장을 없애고 하고 싶은 일을 하자고 생각했다.

그런데 국방대학원장 박현식 중장이 박종백 대령(2기)을 보내어 제대하고 국방대학원 교수로 오라고 전해왔고 또 공군본부 인사국에서도 제대하여 문관교수와 3처장으로 그대로 재직할 의향이 있는가 하고 문의가 왔다. 나는 1968년부터 국방대학원에서 「전략론」 강의를 해왔고, 또 저서로 『현대전략론』(1972)과 군사고전인 『손자병법』 및 『전쟁론』을 번역·출간하기도 했었다. 그래서 국방대학원에 가기로 결정하고 1974년 2월 말에 제대하여, 3월에 국방대학원의 교수가 되었는데, 사관학교 2기생 대령들이 학생 장교였으니 상황이 갑자기 역전되기도 했다.

2003년 3월부터 충남대학교 평화안보대학원에 군사학 석사과정이 신설되어 다시 강의를 시작하게 되었다. 어느 날 강의 마지막 시간에 침대전우 C대령의 얘기를 하면서, 그는 대령에서 장군으로 진급하지 못했다는 좌절감과 스트레스로 일찍이 요절하고 말았지만, 나는 중령에서 대령 진급에도 실패했지만 아직 싱싱하게 활동하고 있지 않는가! 인생은 후반전이 더 중요하다는 것을 역설하고 또 "이 세상의 모든 것은 마음먹기에 달렸다."(一切唯心造－華嚴經－)고 얘기하면서, 원효대사(617~686)의 당唐나라 유학을 포기한 고사故事도 소개했다.

강의가 끝나고 교실을 나가는데 50대 초반의 한 학생이 나의 손을 잡으며 진지하게 감사하다는 인사를 했는데, 육군본부 시설감실의 차감으로 대령에서 장군 진급이 되지 않아 고민하고 있었다는 것이다. 8년 후 근황을 알아보니, 제대하여 민간 건설회사의 사장을 역임하고 요즘 퇴직했다는 얘기를 들었다.

미국의 저명한 경영학의 창시자 피터 드러커(1909~2005) 교수는 93세에 『다음 사회의 경영』(*Managing in the Next Society*, 2002)을 저술한 후, 그의 인생의 황금시절은 60대, 70대, 80대의 30년간이라 술회했다. 이것은 나와 동일한 견해이다. 즉 인생의 후반전은 중요한 일이고 또한 하고 싶은 일이 무엇인지, 인생을 어떻게 마무리 할 것인지에 대한 인생목표와 설계가 확실해야 한다. 그리고 하나의 목표를 향해 꾸준히 걸어가고 또한 집중하는 것이 삶의 가치를 높이게 되리라. 생사生死는 염라대왕의 소관이고, 일의 성패成敗는 하늘에 있으며, 운명은 인력人力 밖에 있으니, 내가 해야 할 일은 목표 달성을 위해 꾸준히 최선을 다할 뿐이며, 이것이 행복과 황금시절을 맞이하는 유일한 길이리라.

인생전략=인생목표+방법+자원(의지·시간·돈)

박형, 여기서 군사고전인 손무의 『손자병법』(기원전 513?)과 클라우제비츠의 『전쟁론』(1832)을 소개하지 못했는데, 다행히 지난해에 『군사고전의 지혜를 찾아서』(충남대학교 출판문화원, 2012. 11.)가 출간되었습니다. 이 책은 군사고전이 오늘날까지 생명을 유지한 시대적 배경과 철학적 기초를 밝혀보려고 반세기 넘게 시도했는데, 그 시도한 에세이를 편집한 책입니다.

박형의 건승과 행복을 기원합니다.♣

(『星武』 42호, 2013년)

XI

한 군사학도의 지난날의 단상斷想

박형, 그동안 안녕하셨소?

오늘날 한반도를 둘러싼 국제정세는 급변하고 있는 것 같소. 우선 북한 김정은 노동당 제1비서의 고모부이자 북한 권력의 '2인자'로 통했던 장성택 노동당 행정부장이 국가 전복을 음모했다는 죄목으로 작년(2013) 12월 12일 특별군사재판 직후 처형되었소. 이것은 북한이 언제든지 급변사태가 일어날 수 있다는 상황을 알려주고 있소.

한편 일본의 아베 신조(安倍晋三) 총리가 작년(2013) 12월 26일 태평양전쟁 A급 전범자를 합사한 야스쿠니 신사를 참배함으로써 심상치 않은 충격을 국제사회에 던졌소. 이곳을 참배한다는 것은, 1952년 샌프란시스코 강화조약에서 일본이 "전범을 단죄하고 전후 질서를 받아들인다."는 것으로 강화조약을 통해 국제사회에 복귀한 것이었는데 이것을 파기한다는 뜻이 담겨져 있기 때문이요.

그래서 미국언론은 아베 총리에 대해 '극단적 국수주의자', '동북아의 문제아'로 부르고 있소. 그는 과거의 침략전쟁과 위안부 등을 전혀 인정하지 않을 뿐만 아니라 독도를 일본 고유의 영토라고 우기고 있는데, 우리가 직면한 이런 어려움을 온 국민이 힘을 합쳐 극복한다면 기회가 온다는 것을 나는 굳게 믿고 있소.

박형, 이제 본론으로 돌아가서 지난날 공군생활의 체험을 회고해 보고자 합니다.

1. 「百戰百勝」의 현판

1968년 10월 공군사관학교 교수부 군사학과장(중령)으로 국방대학원 안보과정의 「전략론」 강의를 하러 간 첫 날이었다. 2층의 강의실로 가기 전, 1층의 대강당 입구에 큼직한 현판이 걸려있었는데, 거기에는 「百戰百勝」이라 적혀 있었다. 강의를 하면서,

> 백 번 싸워 백 번 승리하는 과제는 육군대학 수준에서 연구할 과제이고, 국방대학원에서는 싸우지 않고 적을 굴복시키는 과제를 연구해야 한다. 『손자병법』에, '是故百戰百勝, 非善之善者也, 不戰而屈人之兵, 善之善者也'라는 구절이 있다.

고 소개하고, 3시간의 「전략론」 강의를 마치고 돌아왔는데, 그 후 들리는 말에 의하면 '새까만 중령이 대학원장인 장군이 결정하여 걸어놓은 「百戰百勝」의 현판에 대해 비판하다니, 건방진 놈이다'고. 당시 안보과정의 학생구성은 대령과 이사관 중심이며, 계급의 관점에서 보면 나보다 모두 선배에 속했다. 그러나 어떤 명제에 대한 주장은 계급의 상하에 의해 판단할 문제가 아니라, 실사구시實事求是에 의해 판단할 문제라 생각하고 있었기 때문에 그러한 학생들의 의견이 있다는 데 대해 새삼 놀라웠다.

그 후 나는 새로 부임해온 국방대학원장 박현식 중장에게 다음과 같은 요지의 편지를 보냈다. 즉, "한반도에서 전쟁이 일어나 폐허가 된 국토에서 승리해서 무슨 소용이 있습니까? 국방대학원에서의 본인의 「전략론」 강의의 주제는 '싸우지 않고 적을 어떻게 굴복시키는가'이지, 결코 싸워서 승리하는 데 있지 않습니다. 따라서 대강당 입구의 현판은 국방대학원의 교육수준

으로 보아 적절한 내용이 아니라고 생각합니다."

그리하여 대강당 입구에 걸어둔 「百戰百勝」의 현판을 떼게 되었는데, 제기한 날부터 뗀 날까지 2년여의 시간이 소요되었다. 그런데 군사사에 있어서 기동작전을 수행하기 위해 기마騎馬에서 자동차로 전환하는 데 40여년의 시간이 소요되었다는 것을 참고로 안다는 것도 중요하리라.

2. 앞으로 무엇을 할 것인가?

사관학교 교수부 군사학과장으로 재직하고 있다가 1970년 5월에 공군대학 '고급지휘·참모과정'(CSC)에 입교했다. 입교식이 끝나자 피교육자는 주로 중령들인데 발표과제는 "앞으로 무엇을 할 것인가?"로 한 사람당 2~3분 내로 발표하라는 것이었다. 40여명의 피교육자들은 느닷없는 질문에 처음에 조금 당황했으나, 곧 냉정을 찾고 각자 의견을 발표했다.

나는 "우리나라 국군은 60여만의 대군이지만, 군사학 연구 분야는 황무지에 가깝다. 군사학(military art and science)이란 전쟁철학, 용병술, 즉 전략과 전술 그리고 전쟁사 등을 연구하는 분야인데 이 분야를 전문적으로 연구하는 군인을 찾기 어렵다. 그런데 평시에 군사학을 열심히 연구한 군대는 전쟁을 하면 승리하지만, 소홀히 하는 군대는 패배한다는 것이 전쟁사의 사례에서 명백하다. 그래서 군사학 분야를 연구해보고자 한다."고 발표했다. 그런데 군사학 연구를 하겠다는 사람이 몇 사람 더 있어도 좋은데, 아무도 없었다.

졸업이 가까워진 10월 중순경, 졸업논문으로 제출한 「통수권의 의의와 범위」로 논문상을 받게 되었다는 반가운 소식이 왔다. 평생 학교교육을 이수하면서 개근상 외는 받아 본 일이 없는데 하고 기뻐하고 있는데, 공군본부 인사국 교육과에 있는 동기생 H중령이 "사관학교 교수부장이 자네 원대복귀하는 것을 거절하네." 하고 알려주었다. 당시 공군의 관례는 CSC과정을 마치면 '원대복귀'였는데 나는 부득이 공군대학 교수부에 남기로 했다. 나는 왜 사관학교 교수부에서 거부당했을까 곰곰이 생각하면서 마음이 너무 불편했다.

나는 '전쟁'이 존재하기 때문에 군대가 필요하고, 군대를 운용하자면 초급장교의 양성이 필수적이기 때문에 사관학교 생도교육에 있어서 가장 중요시 되어야 하고 또 가르쳐야 하는 가장 핵심적인 분야는 전쟁에 대한 과학적인 연구, 즉 군사학인데 교수부 내의 군사학과는 다른 학과에 비해 경시輕視되고 있는 실정이었다. 예컨대, 당시 16기 사관생도의 학과별 학점 배정을 보면 인문학과 37학점, 사회학과 36학점, 군사학과 16학점, 기초학과 54학점, 응용학과 41학점으로 총계 184학점이었다.

1967년 11월, 군사학과장이 되어 이 문제는 시정되어야 한다는 생각으로 준비와 각오를 단단히 하고 2층의 교수부장 J대령(2기사관, 영문학 전공)을 찾아가서, "사관학교 교육에 있어서 군사학의 비중이 너무 경시되어 있으며, 인문학과의 영어 한 과목도 18학점인데, 군사학과 전체의 학점이 16학점이란 말도 되지 않으며, 우선 영어에서 몇 학점 군사학과에 주기 바란다."는 취지의 건의를 했더니, 단호히 거절했다. 그래서 혼자 중얼거리며 나와 버렸는데, 이것이 사관학교 교수부에서 거부된 원인이리라.

공군대학에서의 교관생활은 너무나 환경이 좋았다. 우선, 하고 싶은 강의는 학점에 구애받지 않고 얼마든지 할 수 있고, 둘째는 2개월 정도 강의가 끝나면 그 외는 충분한 연구시간이 있었다. 그리하여 『현대전략론』(1972)을 저술·출간했고, 클라우제비츠의 『전쟁론』(1972)과 『손자병법』(1973)을 번역·출간했다. 셋째는 공군대학 옆 건물에 공군 중앙도서관이 있어서 자료 찾기에 편리했고, 넷째는 학생 수가 적어서 전적지 답사가 쉬웠다. 그리고 다섯째는 공군대학의 영관장교는 당직근무가 면제되었다(주번사령은 사관학교 영관장교만이 임명되었다).

지난 호에 얘기한 것처럼 공군대학 교수부 3처장(중령)에서 국방대학원 교수로 초빙을 받게 된 이유는 공군대학에서의 연구 성과가 있었기 때문이었다. 그러니 처음에는 사관학교 교수부장이 나를 추방했다고 생각하여 마음이 불편했지만, 오히려 그로 인해 인생의 어려운 고비를 넘기는 기회가 되었고 인생은 '새옹지마塞翁之馬'라는 것을 깨닫기까지는 약간의 시간이 소요되었다.

3. 『空軍士官學校二十年史』의 유래에 관하여

『공군사관학교 20년사』(차후 『20년사』로 약칭함. 1974. 7.)의 발간사에 의하면,

> "편찬 자료의 부족 등 제반 어려운 여건 속에서도 본서의 편찬을 적극 추진하여 주신 전 교장 윤자중(尹子重) 장군의 철저한 지도격려에 깊은 감사를 드리며…
>
> ……
>
> 1974년 6월 25일 공군사관학교장 공군소장 이희근"

으로 되어 있다. 『20년사』는 윤자중 장군이 시작하여 다음 교장인 이희근 장군이 완성했다. 여기서 한 가지 밝히고자 하는 것은 윤자중 장군에게 『20년사』의 필요성과 발간을 건의한 것은 필자이고, 그 건의를 수용하여 실천한 것은 윤자중 교장이라는 것이다.

일찍이 프로이센의 비스마르크(1815~1895) 수상은 "어리석은 자는 자신의

경험에서 배우지만, 현명한 자는 타인의 경험에서 배운다"고 했고, 사학자 단재 신채호(1880~1956) 선생은 "역사를 잊은 민족에게 미래는 없다"고 했다. 나도 역사의 중요성을 조금 알았기에 『20년사』의 편찬을 윤자중 장군에게 건의를 했던 것이다. 그리고 『20년사』에 실린 '군사이론 교육의 강화'에 대한 견해는 주목할 가치가 있기에 아래와 같이 소개한다.

> 본교의 군사이론 교육은 창설 초기부터 실시해 왔으나, 1963년 전학기까지는 전사를 제외한 거의 모든 군사이론 과목들은 생도전대 군사학과에서 군사훈련과 함께 교육을 해왔으므로 군사학이 군사훈련과 혼동되고 그것이 하나의 학문분야로서 집중적으로 개발 발전시켜야 할 중요성에 관한 인식이 적어진 것은 사실이다. 군사학은 영어로 Military Science 또는 National Defence Science로서 군사훈련(Military Training)과는 구별되는 엄연한 하나의 학문분야인 것이다. 곧 군사훈련이 군인으로서 반드시 이수해야 할 과정이라면, 군사학(혹은 군사이론)은 군대의 간부인 장교로서 반드시 갖추어야 할 지식이라고 할 수 있으며, 1963년 9월 1일 군사학과의 교수부에로의 예속변경은 군사학이 정당하게 받아야 할 하나의 학문분야로서의 중요성을 인정받게 되었음을 의미한다.

필자는 1967년 3월 교수부 군사학과 교관 그리고 11월에 군사학과장이 되었으나, 군사학과가 교수부에서 푸대접을 받고 있는데 울분을 느꼈다. 즉 판사·변호사를 양성하자면 법학을, 의사는 의학을, 물리학자는 물리학을 전공시키는데, 군의 간부가 될 생도를 양성하자면 무슨 학문을 전공시켜야 하는가, 이 문제는 교장·교수부장·교관에 따라 견해가 달랐다. 그 이유 중의 하나는 '이학사'학위를 준다고 '사관학교 설치법'(1955. 10.)에 명기되어 있었기 때문이었다. 이것은 사관학교 교육의 첫 단추를 잘못 끼웠다는 것이 필자의 견해이다. 왜냐하면 군의 간부는 적과 싸워 승리해야 하는 전략·전술 즉 군사학을 전공시켜야 하기 때문이다.

2005년 3월 8일 사관학교 졸업식에서 우리나라 최초로 수여하는 '군사학 학사 학위' 수여식을 지켜보면서 지난날의 우여곡절을 회상했으며, 또한 군사학 주전공의 문제는 앞으로 해결해야 할 과제로 남아있다고 생각했다.

『60년사』(2009)에 의하면, 옛날의 군사학과는 사회과학처에 '군사전략학과'로 겨우 연명해 오다가 2009년 1월 교수부 편제가 개편되어 교수부에는 인문사회과학처(3과), 이공학처(3처, 1실) 그리고 군사학처(3과)가 새로이 탄생하게 되었다. 필자는 『100년사』(2049)까지 봤으면 하는 소망을 품어보기도 한다.(^^)

박형, 나는 지난 1972년 공군대학에 재직할 때 발간한 『현대전략론現代戰略論』은 그동안 전략·전술에 관한 입문서 역할을 수행했으나, 한글세대의 등장으로 절판되었소. 그래서 작년(2013)에 영남대학교 노양규 박사와 공군사관학교 이성만 박사의 협조를 얻어 개정판(내용의 보완과 한글전용)을 출간했다는 것을 알립니다.

박형의 건승을 빕니다.♣

(『星武』 43호, 2014년)

XII

후배들에게 들려주고 싶은 군사학

박형, 그동안 안녕하셨소?

지난해(2015) 10월 22일 A비행단 정훈공보실장이 「후배들에게 들려주고 싶은 군사학」이라는 제목으로 특강 요청이 왔습니다. 특강 후 단장 K장군과 차를 마시면서 대화를 통해 알게 된 사실은 K장군이 『星武』(44호, 2015)에 발표된 '평생 군사학을 연구하게 된 동기'를 읽었을 뿐만 아니라, 그 글의 마지막에 소개된 『웨드마이어 회고록과 논평』(2014)이라는 책을 구입해서 읽고 있다고 했소. K장군은 나를 좀 더 일찍 알았으면 좋았을 터인데 하면서 군사사학(military history)에 관심이 있다고 했지요.

특강을 듣는 대상은 비행단의 지휘관·참모 및 젊은 조종사라 했고, 특강 시간은 14:00부터라 했기에 졸음이 오는 시간이라 '군사학의 이론적 체계'는 간략하게 설명하고, 그 내용을 응용한 '50대의 인생전략'에 역점을 두고 얘기 했더니 졸지 않고 열심히 들었소. 그

래서 그 특강의 내용을 준비하고 또한 발표한 것 가운데서 골라서 소개해 볼까 합니다.

1. 군사학이란 무엇인가?

1951년 11월 공군사관학교에 입교한 이래 군사문제를 배웠고, 연구했고 또한 가르치다보니 세월이 흘러서 60여년이 지나 결국 한평생 군사학을 연구하는 결과가 되었는데, 그 동기를 소개했다.

군사학(military art and science)이란 '전쟁의 본질과 성격 및 무력전의 준비와 수행 및 억지에 관한 통일된 지식의 체계이다'고 정의할 수 있다.

군사학의 범위는 다음과 같다.

1) 전쟁철학 : 전쟁이란 무엇인가를 규명하는 분야이다. 손자(기원전 6~5세기)는 "전쟁은 국가의 중대한 일이다. 국민의 생사와 국가의 존망이 기로에 서게 되는 것이니 신중히 검토해야 한다."고 했다.

2) 전쟁학

가) 군제학 : 군사력의 건설·유지 및 발전을 연구하는 분야이다.

나) 용병술(군사전략·작전술·전술) : 적과 싸워 어떻게 승리할 것인가를 다루며, 군사학의 핵심 분야이다.

3) 군사사학 : 과거의 군사문제를 연구대상으로 하는 역사학인 동시에 군사학의 한 분야이며, 군사학의 이론적 기초는 군사사학에 바탕을 두고 있다.

4) 군사기술 : 군대의 작전 또는 전투 훈련을 보장하여 임무수행을 하기 위한 기술적 수단의 총칭이며, 전쟁에 큰 영향을 미쳤다. 예컨대 화약의 발명과 총포 및 레이더의 발명은 전쟁과 전투에 지대한 영향을 미쳤다.

5) 군사교육학 : 전쟁은 시종 인간이 주체가 되어 준비·수행하기 때문에 인재의 교육·훈련은 대단히 중요한 분야이다.

6) 군사지리학(해양학·기상학 포함) : 군사작전 및 전쟁 전체의 준비와 수행에 영향을 미치는 지리적 조건 등을 연구하는 분야이다.

7) 군사 보조학문 : 군사학에 속하지는 않으면서 군사문제에 직접·간접적으로 영향을 미치는 학문의 총칭이다. 예컨대 국방경제학, 군법, 위생학 등이다.

군사학 연구의 성패成敗는 필연적으로 전쟁의 승패勝敗와 직결되고 나아가서 국민의 생사와 국가의 존망에 직접적 영향을 미치는 것이니, 국가적 차원에서 광범위하고도 심오한 연구가 계속적으로 추진되어야 할 과제이다.

2. 군사전략과 인생전략의 수립

오랫동안 '전략론'을 연구·강의해 왔지만, 군사전략의 수립을 위한 방법·절차에 관한 자료를 구하려 했으나 찾지 못했다. 한국군은 60만 대군으로 6·25전쟁을 체험했고 또 베트남전에도 참전했으나, 한국군이 독자적인 군사전략을 수립해서 실시한 것이 아니라, 군사전략은 미군측이 담당했고 한국군은 전술적 차원에서만 맴돌고 있었기 때문이리라.

1982년 8월 미 육군전쟁대학원(U.S Army War College)에서 국제세미나에 참석하고, 거기서 자료를 얻어 와서 주요한 논문을 선택하여 번역하고, 필자의 논문을 첨가·편집하여 『軍事戰略論－理論과 實際－』(1987)을 발간했으며 한글세대를 위해 개정판 『군사전략론』(2009)을 발간하여 군사학 석사·박사과정의 교재로 사용하고 있다. 거기에는 군사전략의 핵심적 개념이 다음과 같은 등식으로 표시되어 있다.

•군사전략=군사목표+군사전략개념+군사자원

·군사목표 : 전쟁의 정치적 목적을 달성하는 데 이바지 하는 표적의 선택

·군사전략개념 : 목표달성을 위한 행동방안, 즉 공세·수세 혹은 선수후공先守後攻 등.

·군사자원 : 목표 달성을 위한 수단으로 병력·무기체계·장비 및 병참 등.

나는 박사과정 학생들(대략 50대 전후)에게 군사전략 수립에 대한 강의를 하면서 반드시 인생전략 수립의 중요성도 강조한다. 그 이유는 60대 전후해서 퇴직한다고 가정하면, 요즘은 100세 시대인지라 앞으로 40년간의 인생목표를 확고히 정하고 생활해야 하기 때문이며, 다음과 같이 등식을 소개한다.

•인생전략=인생목표+방법+수단

·인생목표 : 앞으로 하고 싶은 일은 무엇인가를 우선순위로 정한다. 예컨대 ① 군사학 연구 ② 그림 그리기 ③ 서예 ④ 음악 ⑤ 세계여행 … 자원봉사 등

·방법 : 천천히 그리고 착실하게(slow and steady)

·수단 : 인생목표 달성을 위한 자원으로 ① 건강 ② 취미 ③ 능력 ④ 자금 ⑤ 시간

인생전략이란 인생목표와 수단을 조화시켜 선택·결심을 하게 되면 모든 정열을 기울여 실천함으로써 자아실현을 구현하는 데 있다. 인생에 있어서 가장 중요한 것은 첫째, '목표'의 선택이요, 둘째, '정열의 집중'이다. 올바른 목표의 선택과 끊임없는 정열 및 노력의 집중은 성공의 비결이다. 프랑스의 문인이요 수필가인 앙드레 모로아는 "인생을 사는 기술은 하나의 공격목표를 선정하고, 여기에 힘을 집중하는 데 있다."고 했다.

3. 인생의 지혜와 지침은 무엇인가?

지혜(wisdom)란 올바른 사리 판단력이요, 슬기로운 분별심을 뜻한다. 인생의 후반기에 있어서 지침이 되고 교훈이 되는 세 가지 내용을 소개하면 다음과 같다.

• 첫째 : 인생은 후반전이 더 중요하다

인생은 축구시합처럼 전반전에 패하여도 후반전에서 역전승이 가능하기 때문에 더 중요하다. 이 문제를 깊이 생각하게 만든 동기는 1973년 10월 3차 년도 마지막 진급심사에서 낙방하여 곧 제대를 해야 하기 때문이었다. 사관학교 졸업자가 중령에서 대령에도 진급 못했다는 것은 군생활의 실패자로 생각되었기에 인생 후반전에는 실패를 만회해야 하겠다는 분발심이 생겼다. 거기에다 중학생 시절에 축구선수로 활동했기에 '역전승'의 체험이 힘을 돋우어 주었다.

그런데 뜻하지 않게 국방대학원장 박현식 중장이 국방대학원 교수로 오라고 했다. 그래서 1974년 2월 말에 제대하고 3월 20일부터 출근해보니 학생들은 선배인 2기생 대령들이었다.

인생 후반전에 있어서 가장 중요한 것은 하고자 하는 '필생의 일'(lifework)을 가지고 있어야 한다. 만약 찾지 못한다면 자원봉사, 예컨대 동네의 환경청결과 건강을 위해 쓰레기 줍기를 매일 하는 것도 좋으리라.

• 둘째 : 모든 것은 오직 마음먹기에 달렸다(一切唯心造 -華嚴經-)

원효(元曉, 617~686)는 661년 45세 때, 의상(義湘, 625~702)과 함께 당나라 유학을 가려고 해변의 토굴에서 하룻밤을 자게 되었다. 밤중에 갑자기 목이 말라 물을 찾다가 바가지의 물을 시원스럽게 마시고 단잠을 잤다. 그런데 이

틀날 아침에 일어나서 보니 간밤에 마신 물은 해골바가지에 고인 오물이었다. 그 순간 원효는 메스꺼워지면서 머리에는 한 생각이 떠올랐다. 즉 "이 세상은 오직 마음먹기 나름이요, 모든 법은 오로지 인식하기 나름이다"는 생각을 했고, 『화엄경』의 "이 세상 모든 것은 마음먹기에 달렸다"는 내용을 체험을 통해 깨달았다.

그래서 원효는 당나라 유학을 포기하고 서라벌(경주)로 돌아와 포교와 연구·저술에 전력을 기울였다. 그 후 그는 탁월한 불교 사상가 및 저술가가 되었고, 그의 저서는 중국·일본뿐만 아니라, 인도의 범어梵語로 번역되기도 했다.

내가 만약 30대에 원효를 알았다면 평생 원효의 불교사상을 연구하는데 바쳤을 터인데…

우리는 어려운 위기나 절망의 상황에 직면해서도 결코 희망의 등불을 잃지 말아야 한다. 그런데 우리나라는 경제협력개발기구(OECD) 30여개 국 가운데 자살자가 제1위의 자리를 확고하게 지킨다는 것은 부끄러운 일이며 대책을 강구해야 하리라.

• 셋째 : 병법에 이르기를 "반드시 죽고자 하면 살 것이요, 살려고 하면 죽을 것이다"고 했다(兵法云, 必死則生 必生則死) — 이순신(1545~1598) —

이순신은 명량해전(1597. 9. 16.) 전날 초저녁에 부하 지휘관들을 소집하여 『오자병법』의 위의 내용을 소개했다. 그 내용을 쉽게 의역意譯한다면, 전쟁터에서는 죽을 각오로 싸우면 살 수 있으나, 도망쳐 살려고 하면 죽는다는 뜻이다. 이순신은 부하들과 약속하고 다음날 스스로 죽을 각오로 진두지휘를 해서 13척으로 130여척의 왜군과 싸워 31척을 격파하고 완승을 거두었다. 그러나 원균(元均, 1540~1597)은 칠천량해전(1597. 7. 15.)에서 왜군의 기습공격을 받자 부하와 병선을 버리고 홀로 육지로 도망쳤으나 왜의 복병에 의해 살해당하고 말았다.

이순신이 인용한 내용은 전쟁터에서의 군인의 기본자세·사생관死生觀을 집약한 내용이지만, 우리 인생에도 적용이 가능한 원리이리라. 어려운 '위기'에 처했을 때, 죽음을 각오하고 최선을 다한다면 해결되지 않는 일은 없으며, 또한 '위기'를 지혜롭게 대처하면 '기회'가 된다는 것을 알아야 한다.

예컨대, 포항 영일만의 허허벌판 모래 위에 제철소 공장건립의 임무를 받은 박태준(1927~2011) 회장은 부하 직원들에게 "선조들의 핏 값으로 짓는 것이다. 제철소 건설에 실패하면 우리 모두가 민족사에 씻을 수 없는 죄를 짓는 것이다. 실패할 경우 우리 모두 '우향우' 하여 영일만에 투신해야 한다."고 말하며 비장한 각오로 공사에 임하였다. 그래서 어려움을 극복하고 마침내 1973년 6월 9일 오전 7시 30분, 포항제철소 용광로에서 첫 쇳물이 쏟아져 내리자 박태준 회장과 직원들은 '만세!'를 부르며 감격의 눈물을 쏟아냈다. 이리하여 한국이 21세기 세계 10대 경제대국의 발판이 마련되었던 것이다.

여러분들은 지금 주어진 임무와 적의 능력·의도 그리고 우리의 능력을 분석·평가하여 새로운 전략·전술을 개발하는데 전념해야 한다. 그러면서 여가가 생기면, 60대 이후의 인생전략을 생각하면서 확고한 인생목표를 확립해서 인생 후반전에 더 알찬 삶의 결실을 맺기를 후배 여러분들에게 당부한다.

박형, 일찍이 기원전 6세기 그리스의 유명한 수학자요 철학자였던 피타고라스(Pythagoras)는 "이 세상에서 제일 중요한 일이 무엇이냐? 인생을 어떻게 살아야 되느냐 하는 것을 가르쳐 주는 일이다."고 하는 명언을 남겼지만, 그 문제에 대한 구체적 절차와 방법은 제시하지 않았소. 그래서 나는 '인생전략'을 제시해 보았는데 참고가 되었는지요?

박형, 지난해(2015) 11월 일본 도쿄돔에서 제1회 세계야구대회에서 한국팀이 우승을 차지한데 대해 얘기하지 않을 수 없는데, 준결승전에서 한국팀은 일본팀에 극적인 역전승을 거두었소. 즉 한국팀은 8회까지 일본팀에 0-3으로 끌려가다가 마지막 9회 초에 대거 4점을 뽑아 4-3이라는 대역전극을 연출했지요. 일본 야구의 심장부에서 3만 5천여 명의 일방적인 응원을 극복하고 한국팀이 극적인 역전승을 거두자 일본의 유명한 신문들은 대서특필로 "굴욕, 악몽" 등의 표현을 써가면서 애통함을 표했소. 그리고 미국과의 결승전에서 8-0으로 한국팀이 완승으로 우승했으니! 야구는 미국의 국기(國技, national sport)인데… 이번 우승은 패색이 짙어도 중도에서 경기를 포기하지 않고 마지막까지 최선의 실력을 발휘한 성과라 생각하오.

박형, 야구·축구뿐만 아니라, 우리의 인생도 전반전보다 후반전이 더 중요하다는 것을 일깨워 주었으며, 바람직한 인생목표를 선택하여 최선의 노력을 집중한다면 훌륭한 결실과 행복을 차지할 수 있을 것으로 생각합니다. 우리 인간은 '빈손으로 왔다 빈손으로 간다.'(空手來空手去)고 했습니다. 그러나 올 때는 비록 빈손으로 왔지만, 70~80년간 살다가 갈 때는 무엇인가 후손을 위해 남겨놓고 가야 하지 않겠소?

인도의 시성詩聖 타고르(Tagore, 1861~1941)는 이런 詩를 남겼습니다. 즉 "죽음의 신神이 당신의 생명의 문을 노크할 때, 당신은 생명의 광주리에 무엇을 담아 죽음의 신神 앞에 내어놓겠습니까? 그를 빈손으로 돌려보낼 수는 없습니다."

박형, 내가 요즘 좋아하는 유행가 가사처럼 "팔십 세에 저 세상에서 나를 데리러 오거든 아직은 쓸 만해서 못 간다고 전해라." 하겠지만, 그러나 내 생명의 광주리에 조금이라도 후손을 위해 남겨둘 것을 지금부터라도 준비해야 하지 않겠소!…. 건승과 행복을 빕니다.♣

(『星武』 45호, 2016)

第 5 部

軍事史学による日本の歴史散策

安倍晋太郎外務大臣の演説を通訳する著者(1986年10月 帝国ホテル)

防衛研究所 戦史部でのゼミナール発表(2000年1月)

I

一軍事史学徒の研究軌跡※

1。軍事学とは何か?

日本防衛庁戦史部長 林吉永(左)と著者

▲ 国防大学院に在職中、「軍事理論体系に関する研究」(1979)論文発表、「軍事学の理論体系」(1980)のゼミナール発表を通して理論定立を試図。

▲ 2002年10月、忠南大学校平和安保大学院に軍事学修士課程の許可、2003年3月開講、2005年2月卒業生、それから士官学校でも軍事学学士学位授与。2005年3月軍事学博士課程の開講。

▲ 韓国最初の'名誉軍事学博士'学位が授与された。(忠南大学校、2003年8月)

1) 軍事学(military art and science)とは何か?

▲ 定義 : 軍事学とは戦争の本質と性格及び武力戦の準備·遂行と抑止に関する統一された知識体系である。

▲ 軍事学の範囲と研究方法

※ 日本防衛庁 防衛研究所戦史部で発表した要約文である。(2005年12月1日)

(1) 戦争哲学

(2) 戦争学

① 軍制学

② 用兵術(軍事戦略·作戦術·戦術)

(3) 軍事史学

(4) 軍事技術

(5) 軍事教育学

(6) 軍事地理学(海洋学·気象学等)

(7) 軍事補助学問(国防経済·軍法·衛生学等)

(8) 軍事学の各分野に対する研究方法の確立

2) 軍事史学(military history)

▲軍事史学とは、過去の軍事問題を研究対象とする歴史学である。それは軍事理論と歴史学の結合であり、また歴史学の一部分であると同時に軍事学の一部分である。その理由は、軍事史学の研究論題は現代軍事学の発展のための源泉である軍事経験を理論化·体系化するからである。軍事学は経験科学であり、軍事学の理論的基礎は軍事史学に基づいている。

▲軍事史編纂官の養成

▲軍事史の編纂

- 日本:『大東亜戦争戦史叢書』100余巻
- 韓国:『韓国戦争史』11巻
- 米国:Roy E. Appleman, *South to the Nakdong, North to the Yalu(June-November 1950)*, Office of the Chief of Military History, Department of the Army, Washington, 1961.

▲韓国·日本は米国の如く個人名義で戦争史を発刊したほうがもっと真実を伝えることが可能であろう。

3) クラウゼヴィッツの『戦争論』(1832)に関して

▲『戦争論』は、まったく観点が異なる「絶対戦争」と「現実戦争」の混作の未完成作品であり、また哲学的用語の抽象性や庞大な分量、難解・誤解の本として評価も人や国によっていろいろである。

▲ 戦争理論の結論

① 戦争は全体的にみれば奇妙な三位一体をなしている。

第一は、戦争の本質にもとづく野性的暴力性。

第二は、一つの自由な精神活動たらしめる蓋然性と偶然性。

第三は、戦争とは、もっぱら悟性(Verstand)の領域に属することによって、政治的道具という従属的性質を持つのである。(Ⅰ-1)

▲ドイツ語の'Verstand'は韓国・日本では'悟性'に、英語では'understanding'の哲学用語として定着しているが、これまで'知性'、'理性'等に訳されたのは誤訳であろう。というのは、カント(Immanuel Kant, 1724~1804)の認識論によれば、悟性は経験することの出来る現象世界までの領域を担当し、理性は経験の及ばない、または感覚的経験に関係のない実体の世界、即ち、理念、神、自由、不死等の領域を担当するからである。

② 戦争術においては、経験は哲学的真理よりも重要だからである。(Ⅱ-5)

戦争術の根底に存する諸般の知識が、経験科学に属することは言うまでもない。(Ⅱ-6)

2。韓国における朝鮮戦争研究について

▲ 国防部軍史編纂研究所、『6·25戦争史』1 戦争の背景と原因、2004。

▲ 米国シカゴ大学で歴史学を教えたブルース・カミングス教授は『朝鮮戦争の起源、1947~1950』(1990)第二巻の中で、北朝鮮侵略説、韓国侵略説、韓国が罠

をかけたという説の三つを検討して、結論は、“誰が朝鮮戦争をはじめたか? この問には答を出せない”と主張した。しかし最近の著書、『北朝鮮：異なった国』(*North Korea : Another Country*, 2004)では、“1991年以後公開されたソ連の文書を研究する専門家にはスターリンの起した戦争であった。…このような視角からみたら1950年6月25日を戦争勃発日と断定せねばならない。北朝鮮はこの日、南朝鮮を侵略したことはたしかである”と。

彼は朝鮮戦争の性格に対して、「内戦」と主張、北朝鮮は「祖国解放戦争」と主張した。しかし、私は彼等の主張は虚構であり、同意しえない。その理由は、1950年6月南北朝鮮には、ⓐ 現代戦遂行に必要な武器・装備の生産能力、ⓑ 10万名以上の兵力を動員し、戦争を遂行するための戦略・作戦計画の樹立家、ⓒ 一個師団以上を指揮した実戦体験者、この三つの条件不在のためである。金日成はスターリンの‘承認’と、毛沢東の‘同意’を得て朝鮮戦争を起したのであるが、それはスターリンの‘代理戦争’であったと私は解釈する。というのは、1966年3月、金日成は平壌を訪問した日本共産党書記長　宮本顕治に朝鮮戦争に関して、“ソ連は武器を送って援助すると決めていた。しかし有償の高価な武器であった。…朝鮮戦争で儲けたのはソ連である”と言って非難した。

▲ エフケニ・バザノフ夫妻、『ソ連の資料から見た韓国戦争の顛末』金光燐訳(ソウル：ヨリム、1998)

▲ A. V.トルクノフ、『韓国戦争の真実と謎』下斗米伸夫・金成浩訳(東京：草思社、2001)

▲ 中国政府は、いまだに朝鮮戦争に関する秘密文書を公開していない。

▲ ソウルの東国大学校、姜禎求(社会学)教授は2005年3月以後、“韓国の主敵は北朝鮮でなく米国であり、朝鮮戦争は北朝鮮指導部が試図した統一戦争である。マッカーサー将軍は民族悲劇の元祖である38度線分断を執行した執達吏、爆撃を敢行した戦争狂である”と。現在検察部調査中。

3。軍事史学による古代史散策

• 歴史とは過去と現在との間の対話であると申し上げましたが、むしろ、歴史とは過去の諸事件と次第に現われて来る未来の諸目的との間の対話と呼ぶべきであったと思います。

E. H. カー、『歴史とは何か』(1962)

• 天皇は記者会見において、"私自身としては、桓武天皇の生母が、百済の武寧王の子孫であると続日本紀に記されていることに、韓国とのゆかりを感じています"…さらに過去を"正確に知ることに努め、個人個人としての互いの立場を理解していくことが大切"であり、"両国民の間に理解と信頼感が深まることを願っております"と話した。

(朝日新聞、2001. 12. 23.)

• 韓国と日本は相互理解と平和を保ち、共に繁栄することを願う。

1) 日本列島の古代の造船術と航海術

▲ 茂在寅男の研究によれば[『日本書紀』応神天皇31年条(420)]、構造船の出現は、日本では新羅構造船技術の導入などがきっかけになっている。

① 657年、使を新羅に使して曰はく、「沙門智達‥等を将て、汝が国の使に付けて、大唐に送り致さしめむと欲りす」とのたまふ。新羅も、聴送り肯へず。(『日本書紀』26巻)

② 663年、大唐の軍将戦船170艘を率て、白村江に陣烈れり…大唐の船師と合ひ戦ふ。日本不利けて退く。(『日本書紀』27巻)

③ 839年3月17日、使節団の一行は9隻の船に分乗し、各船はそれぞれの先頭が指揮統率した。船頭は日本人の水手を統率するほか、さらに新羅人が海路をよく

知っている者60余人を雇い入れ、船ごとにあるいは7人、あるいは6人とか5人を配置した。(円仁、『入唐求法巡礼行記』巻第一)

▲ 円仁は847年帰国のときは唐から新羅船に乗って北路を通じて安全に帰った。

▲ 日本列島の大規模な「倭寇の侵入」記事が1350年『高麗史』に登場。

2) 『古事記』(712)と『日本書紀』(720)の史料批判

▲ 津田左右吉教授の著書、『古事記及日本書紀の研究』(1924)等は1940年3月出版法違反の罪名で起訴され、発売禁止の処分と有罪の判決が下されたのである。

- 神功紀の此の説話は日本の修史家の手になった空想譚に過ぎないものであって、ただ其の材料として百済の記録から取られたものがあるらしいといふことになる。

▲ 稲荷山鉄剣の銘文が出てきて、雄略朝ごろから年代がはっきりしてくるなどという意見も出てきているのですが、安康天皇(在位：453~456)ぐらいからはかなり実年代になってくるけれど、それより以前は、『日本書紀』の年代はまったく造作されたものです…極端にいえば、5世紀の前半以前は、まったく架空につくられた年代なのですから… (門脇禎二)

① 四十九年(249年)の春三日に、荒田別·鹿我別を以て将軍とす…精兵を領いて、沙白·蓋盧と共に遣しつ。倶に卓淳に集ひて、新羅を撃ちて破りつ。因りて、比自㶱·南加羅·㖨国·安羅·多羅·卓淳·加羅、七つの国を平定く。(『日本書紀』9巻、神功皇后49年条)

▲ 校注者の注によれば、書紀紀年で249年。おそらく百済記にもとずく文。(坂本太郎外、『日本書紀』岩波書店、1967)

▲ これらの記録(『日本書紀』)は天智2年(663)百済が滅亡し、多量の亡命者が来朝し、日本の官人となっていて、これらの人々のもたらした記録をもとにして百済人が作製したものと考えられるであろう。これらの記録を引用してある巻は百済関係の記事が大部分で、日本側の史料が少なかった欠陥を補うものとして引用されたものであろう。(山田英雄)

▲ 私たちが歴史の書物を読む場合、私たちの最初の関心事は、この書物が含んでいる事実ではなく、この書物を書いた歴史家であるべきである。…歴史を研究する前に歴史家を研究すべきであり、これに附け加えて、歴史家を研究する前に、歴史家の歴史的をよび社会的環境を研究して下さい。(カー)

▲ 日本の明治以来の古代日韓関係史研究とは、「神功皇后49年」条を歴史的事実に捏造することであったと言っても過言でないであろう。

3) 広開土王碑文の辛卯年記事

▲ 碑文の双鈎本をはじめて日本に将来したのは1883年秋、陸軍参謀本部の酒匂景信中尉であり、その直後から参謀本部の横井忠直が中心になって研究し、1889年6月、『會餘録』第五集が碑文研究の特集号のかたちで刊行され、そこでの辛卯年記事(以後'記事'と略記する)等は次の如く解読された。

① 百残新羅旧是属民、由来朝貢。而倭以辛卯年来渡海、破百残□□□[斤]羅以為臣民。

(百残と新羅は旧是れ属民にして由来朝貢す。而るに倭、辛卯の年(391)を以て来りて海を渡り、百残□□[新]羅を破り、以て臣民と為す。)

この32字によって構成されている記事は、その後日本古代史学界では一貫した定説として、朝鮮出兵と「任那日本府」説の論拠となったのである。

② 十年庚子(400)、高句麗王は歩·騎五万人を派遣して新羅を救援した。…官軍は倭の背後より急追して任那加羅(金海)の従抜城に到ったら城はすぐ降服した。…大敗した…

③ 十四年甲辰(404)、倭は不法にも帯方地域に侵入した。…王は自ら軍を率いて討伐を行った。…倭寇は潰敗し、王の軍は無数の敵を斬り殺した。

▲ 辛卯年記事に関する研究成果：

第一：4世紀後半の日本列島の倭は、造船術と航海術からみて、大軍を朝鮮半島に出兵して征服戦争を遂行する能力がなかった。

第二：記事を通説の如く、倭が391年百済·新羅を破り臣民と為す、と仮定しても、400年(②)と404年(③)に倭は大潰·潰敗されたため、朝鮮半島の南部に足場となる根拠地(作戦基地)の喪失によって「任那日本府」説は全く成立し得ないのである。プロイセンの戦争哲学者クラウゼヴィッツは名著『戦争論』(1832)において、“このような戦争の形態において、栄冠は最後の勝利者に与えられることをいつも記憶すべきである”(第8篇第3章)と言ったが、戦争における政治的目的の達成は最後の勝利者に与えられるのである。従って記事は「任那日本府」説の論拠になりえない。

第三：碑文に登場する倭とは、任那加羅に対する蔑称である。その理由は、400年(②)の碑文に倭が登場するけれど、高句麗軍の攻撃目標は任那加羅であったからである。

第四：記事の解読·解釈は次の如くである。

百残新羅旧是属民由来朝貢。而倭以辛卯年来。渡海破百残[任][那][加]羅以為臣民而六年…

（百済と新羅はむかしからの属民であり高句麗に朝貢していた。而るに任那加羅(倭)は辛卯年(391)から来た。高句麗軍は海を渡って百済と[任][那][加]羅を破って臣民とした、即ち六年…)

▲ 周知のように、陸軍参謀本部は歴史の真実を研究する機関ではなく、国家目標を達成するため軍事力をいかに運用し、また謀略を専門に駆使する機関である。横井忠直を中心に5年間の研究結果は、記事の後半部の主語を「倭」とし、3字を欠字に作り(□□[斤])、[新]羅と読むよう誤導すると同時に、任那加羅地域の

戦闘を記述した10年庚子条の文字を削除したであろう。この仕事の下手人が酒匂景信大尉であり、彼は40歳の若さて死んだのであるが、碑文の削除·変造に直接関係したがため、この問題を謎にするため謀殺されたであろう。

4) 河内巨大古墳の謎を探る－5世紀前後を中心に－

▲ 1991年10月8日、釜山市立博物館で開催された「神秘の古代王国、伽耶特別展」に行ってそれらを観察すると同時にパンフレットをもらってきたのである。その中に、"広開土王の南征があって…金海大成洞遺蹟から首長級の墓が急激に消滅して…"

▲ 碑文の研究成果と、江上波夫の騎馬民族征服王朝説、『宋書』倭国伝にある倭王武の上表文を根拠にして、5世紀に出現した河内の巨大古墳の謎を究明するため次の如き仮説をたててみた、即ち"400年高句麗軍に降服し、また404年帯方地域に侵入したが潰敗された任那加羅王朝は準備をととのえ408年ごろ騎馬部隊と水軍を率きつれ日本列島の河内地方に上陸し、呪術的·祭祀的·農耕的な三輪王朝を征服して河内王朝を樹立し、征服王朝として巨大古墳を築造した。これがいわゆる『宋書』倭国伝に登場する倭五王の時代であろう。" 日本古代史学界における河内王朝に関する学説史は次の如くである。

① 4世紀末以降。河内に政権が移ったように見えるが、それは大和政権の一時的な河内への進出であって、4~5世紀の政権に断絶はないとする説。(河内政権否定説)

② 大陸の狩猟騎馬民族が北九州を経由して4世紀末ごろ大阪平野に上陸し、征服国家を打ち建てたとする説。(狩猟騎馬民族説)

③ 九州地方の有力者が4世紀末ごろ大阪平野に襲来し、新政権を樹立したとする

説。(ネオ狩猟騎馬民族説など。井上光貞説もこれにはいるが、狩猟騎馬民族的要素は重視しない)

④ 大阪平野を地盤とする豪族が瀬戸内海の制海権を握って強大となり、新政権を創設したとする説。(自生的河内政権説)

▲これまで仮説にそった論議によって、次のような結果を得たのである。

(1)人類学：日本人の起源に対して、埴原和郎の<二重構造モデル>を受容した。すなわち渡来系集団は、まず北部九州に住みついて、その数が増すにしたがって近畿地方にまで広がり、ついに朝廷を成立させたことは、大和王朝の主体勢力が任那加羅からの渡来系の政治集団であると解した。

(2)言語学：日本語の文法的ならびに構文的構造は、韓国語を含むアルタイ言語型に属するが、特に南インドのドラヴィダ語と系統的関係を持つことは外国人宣教師らによって指摘されてきた。この問題は韓国語においても同じ現象であったが、伝来ルートに対する証拠がなくてこれまで説得力があまりなかったのである。しかるに金首露王の皇后許黄玉が印度コサラ国の中心都市であった阿踰陁(Ayodhya)の出身であることが最近究明されることによって、言語上からみても、日本王室は伽耶系であろうとの言語学者の見解は河内王朝の出自を示すよき証拠になるであろう。

(3)考古学：江上波夫は辰王朝による騎馬民族日本征服説を主張したが、その理論的基礎である八つの根拠に対して筆者は大体において受容する。しかし征服王朝の主体、渡来地·征服時期に関しては見解を異にする。任那加羅の金首露王は匈奴王族系であり、その直系子孫が高句麗との戦争で敗北したので(碑文②、③)、408年ごろ騎馬部隊と水軍を率きつれ朝鮮半島南部(金海)から日本列島畿内の河内地域に上陸して呪術的な三輪王朝を征服したであろう。その論拠として ⓐ 馬文化、ⓑ 須恵器の源流、ⓒ 河内巨大古墳の築造等である。

(4)文献史学：『宋書』倭国伝の倭王武の上表文は貴重な史料である。ⓐ 倭王武の祖先が"東の毛人を征し、西の衆夷を服した"とは、出自が日本列島外から来た征服王朝であり、また5世紀初に国内統一戦争を遂行した証拠であろう。ⓑ "渡って海北(朝鮮半島)を平げること95国"、また高句麗を'無道'であると誹謗したことにより、征服王朝の出自が碑文によって(碑文②、③)任那加羅であることが確実であろう。

(5)『日本書紀』(欽明天皇23年条)によれば、任那(高霊)が新羅によって滅ぼされたとき、"君父の仇を報いることが出来なかったら、死んでも子としての道を尽せなかったことを恨むことになろう"と言ったこと、また任那加羅の始祖である金首露王が「亀旨峰」に降りたように、ニニギの命が「久士布流多気」に天降りした神話が同一であることは、河内王朝及び天皇家の出自は任那加羅であろう。

従って任那加羅(建国は西紀42年)の金首露王は匈奴王族系であり、許黄玉王后は印度コサラ国の阿踰陁のブラマン階層出身で、彼らは西紀48年に結婚をした。その任那加羅は、広開土王碑文に記録されているように、西紀400年と404年高句麗との戦争で敗北したので西紀408年ごろ騎馬部隊と水軍を率きつれ朝鮮半島南部(金海)から日本列島畿内の河内地域に上陸し、三輪王朝を征服して河内王朝を樹立した。それから彼らは新しい王朝のため須恵器·土木工人集団をも任那加羅からつれてきたし、425年以後、河内に築造された巨大古墳は河内王朝の大王たちのであり、『宋書』倭国伝に記録されている「倭の五王」であろう、というのが、筆者の仮説である。

これまで仮説の論証を試みたのであるが、賛否の判断は読者の領域に属し、また読者諸賢の叱正をえたい。

5) 新羅花郎道と日本の武士道

▲ 新渡戸稲造は『武士道』(1899)の中で、日本においてその「武士道」興起は12世

紀末、源頼朝の制覇と時代を同じくするものと言い得るであろう。武士道の淵源は仏教·神道·孔子の教訓であると述べた。

▲ 慈円(天台座主、1155~1225)は、その著『愚管抄』の中で、保元の乱(1156)について、“保元元年7月2日、鳥羽院ウセサセ給ヒテ後…ムサ(武者)ノ世ニナリニケル也”と述べた。‘ムサ’とは漢字‘武士’の韓国語発音であることに留意すべきことであろう。

▲ 1963年10月号の『ニューコリア』という雑誌に、日本詩人クラブの小西秋雄氏が「玄海灘のかけ橋」という一文を寄せた。…甲斐源氏である武田信玄の祖先は新羅三郎義光で、自ら新羅の後裔を名のり、又高麗郡新羅郡の、古代韓国亡命帰化人の後裔たちは、源氏を中心に関東武士として、日本歴史に華華しい活躍を見せている。

▲ 武士が登場して源頼朝の鎌倉幕府が成立したのは1192年である。

▲ 600年頃、新羅は高句麗·百済の挟撃により危機に瀕した時期であった。円光法師の「世俗五戒」はこのような背景のもとに表明されたのである。即ち、ⓐ 忠をもって君につかえる(事君以忠)、ⓑ 孝をもって親につかえる(事親以孝)、ⓒ 信をもって友とまじわる(交友以信)、ⓓ 戦いに臨んではしりぞかない(臨戦無退)、ⓔ 生物は選択して殺す(殺生有択)。

▲「世俗五戒」はやがて花郎道の精神的支柱として発展したのである、即ち、“国家の危機に際会して、命をなげだすのは忠と孝との二つながらを全うすることである。”

▲ 味方が不利になった時、庾信の命を受けた丕寧子は率先して敵陣に突入した。丕寧子が戦死すると、年少なる子挙真が家奴合節が引き止めた時、“親が戦死するのを見て窮屈に生きのびるのがどうして孝といえるのか!”と言って敵陣に突入して戦死した。合節もまだ戦死して主従三人が同じ戦場で戦死したのである(『三国史記』)。これらは当時新羅の武士的精神をよく表しているといえよう。

▲ 源為朝の言として伝えられた“坂東武者の習、大将の前にては、親死、子討るれども、顧ず、弥が上に死重りて戦とぞ聞”と。

▲保元の乱以後、日本武士団の中枢が源氏であること、彼らが新羅系渡来人の子孫であり、八幡神が氏祖且武神であったことを考えると、武士道の源流を辿れば新羅の花郎道に至るのではなかろうか。♣

掲載文献

- 「軍事學の理論体系」、『軍事論文選』(慶州：徐羅伐軍事研究所、1991)
- 「文武王と新羅海上勢力の発展」、『軍事史学』114号(東京：錦正社、1993)
- 「広開土王碑文の倭に関する一考察」、『東アジアの古代文化』81号(東京：大和書房、1994)
- 「広開土王碑文の倭の実体」、『東アジアの古代文化』85号、1995。
- 「広開土王碑文の真実－軍事史学的研究方法による辛卯年記事の検討－」、『日本及日本人』創刊110年記念号(東京：日本及日本人社、1998)。及び『東アジアの古代文化』 創刊100号記念特大号(1999、再掲載)
- 「広開土王碑文十年庚子条の新考察」、『東アジアの古代文化』110号(2002)
- 「河内巨大古墳の謎を探る－5世紀前後を中心とする新仮説－」、『東アジアの古代文化』113·114号(2002、2003)
- 「クラウゼヴィッツ『戦争論』翻訳に関する断想－戦争の三位一体に関して－」、『日本クラウゼヴィッツ学会報』8号(東京：日本クラウゼヴィッツ学会、2003)
- 『クラウゼヴィッツと戰爭論』(ソウル：周留城、2004)
- 郷田　豊·李鍾學·杉之尾宜生·川村康之、『『戦争論』の読み方－クラウゼヴィッツの現代的意義－』(東京：芙蓉書房出版、2001)

Ⅱ

広開土王碑文の真実

−軍事史学的研究方法による辛卯年記事の検討−

1。「渡海作戦」の主体をめぐって

広開土王(好太王)碑文(以後、碑文と略記する)の双鈎本をはじめて日本に将来したのは1883年秋、陸軍参謀本部の酒匂景信中尉であり、その直後から研究が始まってすでに一世紀以上が経ち、また鄭寅普氏が反論を提起してから半世紀近くに及んでいるが、いまだに論争は継続している。周知の如く碑文の研究において国際的論争の焦点になっているのは、いわゆる辛卯年記事(以後、記事と略記する)であったと言っても過言ではないであろう。その理由は、日本の古代史学界では記事をもって朝鮮半島への出兵と'任那日本府'説の論拠としているからである。

これまで碑文の研究は主として文献史学的·考古学的研究方法と金石文研究方法によって行われていた。碑文の研究が謎に包まれ、また解決の糸口が見出されない理由は、研究方法にあるのではなかろうか? 碑文の'倭'はいつも軍事作戦に参加しているので、戦争の準備·遂行·結果に対する分析·解釈は、軍事理論に基礎をおいた軍事史学的研究方法がより適合性と妥当性をもつと考えるのである。研究対象の本質によって研究方法も違ってくるべきであろう。

記事の中でも論争の焦点になっているのは、後半部の'渡海破□□□羅以為臣民'であり、これは主語が渡海作戦によって征服戦争を遂行したことを示している。従ってこの問題は、国際情勢、特に軍事情勢を基にした戦争遂行能力の

有無に関する論議をしなければ、主語の問題は確実には解決されない。明らかに軍事史学の領域に属するからである。しかし、これまでこのような観点から論議されたことがないため、筆者は記事の問題点に対して究明を試図するのである。

2。碑文の軍事理論的アプローチ

(史料①) 記事、百残(済)と新羅は旧是れ属民にして由来朝貢す。而るに倭、辛卯の年(391)を以て来りて海を渡り、百残□□[新]羅を破り、以て臣民と為す。(日本の通説)

(史料②) 永楽10年(400)、王は歩騎五万人を派遣して新羅を救援した。…官軍(高句麗軍)は倭の背後より急追して任那加羅の従抜城に至ったら城はすぐ降服した。…倭寇は大潰した。

(史料③) 永楽14年(404)、倭は不法にも帯方地域に侵入した。…王は自ら軍を率いて討伐を行った。…倭寇は潰敗し、王の軍は無数の敵を斬り殺した。

これまで碑文の研究者たちは、記事の解読·解釈に焦点をおいて'任那日本府'説の可否について論争を展開してきたが、軍事史学的観点では最終決戦の勝敗(史料③)に注目したい。その理由は、戦争とは政治的目的(敵の領土、資源、人力等の獲得)を達成するための手段であり、その政治的目的の達成は最終決戦の勝敗によって決定されるからである。具体的に言えば、倭が391年百残(済)·新羅を破り臣民と為す、と仮定しても、永楽10年(400)と14年(404)に倭は大潰·潰敗されたために、朝鮮半島の南部に足場となる根拠地(作戦基地)の喪失によって'任那日本府'説は全く成立し得ないことになるのである。

例えば、1796年3月、ナポレオンはイタリア方面軍司令官に任命されて以来、連戦連勝して皇帝に就きヨーロッパ大陸に君臨したが、ワーテルロー決戦(1815)の敗北により南大西洋の孤島セント·ヘレナに配流された。プロイセンの戦争哲学者クラウゼヴィッツは名著『戦争論』(1832)において次のように主張している。

「広開土王碑文」の真実

古代日本と朝鮮の歴史を語る
「広開土王碑文」の真実
――軍事史学的研究方法による辛卯年記事の検討――

日本（倭）・朝鮮の古代史の重要史料とされる高句麗の広開土王（好太王）の陵墓碑刻文。中国東北部鴨緑江中流沿岸に建つこの碑は長い風雪にさらされて、文字が欠落。それがために、碑文の解読をめぐっては明治期以来多くの学者によってさまざまな解釈が行われてきた。今回、軍事史学的研究方法というアプローチによりその解釈に挑んでみると、従来の考古学や文献史学では分からなかった古代日本の実像が浮かび上がった

李　鍾　學（[illegible]）

「渡海作戦」の主体をめぐって

広開土王（好太王）碑文（以後、碑文と略記する）の双鉤本をはじめて日本に将来したのは一八八三年秋、陸軍参謀本部の酒匂景信中尉であり、その直後から研究が始まってすでに一世紀以上が経ち、また鄭寅普氏が反論を提起してから半世紀近くに及んでいるが、いまだに論争は継続している。周知の如く碑文の研究において国際的論争の焦点になっているのは、いわゆる辛卯年記事（以後、記事と略記する）であったと言っても過言ではないであろう。その理由は、日本の古代史学界では記事をもって「任那日本府」説の論拠としているからである。

中国東北部鴨緑江岸の広開土王陵墓碑の近影

これまで碑文の研究は主として文献史学的・考古学的研究方法と金石文研究方法によって行われていた。碑文の研究が謎に包まれ、また解決の糸口が見出されない理由は、研究方法にあるのではなかろうか？　碑文の「倭」はいつも軍事作戦に参加しているので、戦争の準備・遂行・結果に対する分析・解釈は、軍事理論に基礎をおいた軍事史学的研究方法がより適合性と妥当性をもつと考えるのである。研究対象の本質によって研究方法も違ってくるべきであろう。

記事の中でも論争の焦点になっているのは、後半部の「渡海破□□□羅以為臣民」であり、これは主語が渡海作戦によって征服戦争を遂行したことを示している。従ってこの問題は、国際情勢、特に軍事情勢を基にした戦争遂行能力の有無に関する論議をしなければ、主語の問題は確実には解決されない。明

“戦争とは、敵を屈服せしめて自分の意志を強要せんがために用いられる暴力行為である。…戦争は政治の行為であるばかりでなく、真実なる政治的道具であり、異なる手段を用いての政治的活動の継続に他ならない。…このような戦争の形態において、栄冠は最後の勝利者に与えられることをいつも記憶すべきである。”

ここで栄冠とは戦争における政治的目的の達成を意味するものであるが、これまで碑文研究者たちは、このような重大な内容を看過して来たようである。

3。主語は「倭」か「高句麗」か

碑文の双鈎本を日本に将来した直後から参謀本部編纂課員·陸軍大学校教授の横井忠直氏が中心になって詳細な研究が行われた。1889年6月、『會餘録』第五集が広開土王碑文研究の特輯号のかたちで刊行され、そこでの記事の解読は次のとおりである。

百残新羅旧是属民、由来朝貢。而倭以辛卯年来渡海、破百残□□□羅以為臣民。

横井忠直氏は『會餘録』の「高句麗古碑考」の中で、“辛卯渡海·破百残新羅為臣民数句、是也…”(明治21年10月、横井忠直識)と書いたのである。日本での従来の通説では、記事の後半の主語は倭であり、また三欠字の中で最後の一字を新としたのは横井忠直氏であることはほぼ確実であろう。

このような日本での伝統的な解釈に対して、根本的な批判を提出したのが鄭寅普氏である(「広開土境平安太王陵碑文釈略」1955)。彼は記事の後半を次のように解読した。

而辛卯年来·渡海破·百残聯侵新羅、以為臣民…

(而るに倭辛卯年を以て来たり、海を渡って破る。百残(済)新羅を聯侵して、以て臣民となす…)

これは'辛卯年に来た'の主語は倭であるが、'海を渡って破る'の主語は高句麗とし、'破る'の目的語は倭である。つまり、高句麗が海を渡って倭を破ったと解したのである。それから百残(済)が新羅を連侵して臣民としたという意味に解したのである。朴時亨氏も著書、『広開土王陵碑』(1966)において鄭寅普氏のように読んでいるが、三字の欠字に招倭侵の字を当てている点が異なる。一方、金錫亨氏は著書、『初期朝日関係研究』(1966)において次のように解読したのである。

而倭以辛卯年来、渡海破百残、□□□羅以為臣民
(倭は辛卯年を以て来たり、海を渡って百残を破り、新羅を□□して、以て臣民とした。)

彼は海を渡った主語はやはり高句麗としているが、'破'の目的語を百残(済)としている。すなわち、"高句麗が渡海して百残(済)を破り、さらに新羅と接触し、これを味方に引き入れた"と解したのである。佐伯有清氏はこれまでの記事に対する論議を次のように要約している。

⑴ 広開土王陵碑の'百残□□□羅'の剥落した部分に、'任那'あるいは'加羅'の文字を当てるのは不可能であり、かつ誤りである。

⑵ 辛卯年の年に倭が渡海して来て百済·新羅などを破って臣民とした史実は考えることができないのに対して、高句麗の場合には、百済を破り新羅を臣民としたことが史実として考えられる。

⑶ 広開土王陵碑の'渡海破百残'の主語は、朴時亨氏や金錫亨氏が指摘されているように高句麗であったと考えられる。

武田幸男氏は、"この新説を従来の通説に対比させると、いうまでもなく通説との相違対立点の方が一層、顕著である"として、次のように主張している。

"通説では倭の活躍を強調、倭が百残(済)と新羅を臣民にしたとするのに対して、新説では高句麗が主導的役割を果たし、倭は無視されるか(金·佐伯説)、むしろ高句麗の撃破対象となる(鄭·朴説)のである。通説を倭主導型の解釈とすれば、新説は総じて高句麗主導型の解釈として特色づけられよう。高句麗主導型

の新説の登場に当たって、倭主導型の通説的解釈は根本的に再検討されなくてはならない。…これによって、'渡'字の主体は碑文にすでに判読された'倭'にほかならないことが確定的となり、またこの倭を無視してあえて主語の'高句麗'を補入すべきであるという、新説成立の根拠は消滅した。"

しかし、倭が百残(済)·新羅を破って臣民とした、という通説的解釈を採択するなら、史実、事理(碑文内部における因果関係)、それから征服戦争に対する倭の戦争遂行能力の積極的論拠を提示することがもっと必要なのではなかろうか?

4。焦点は戦争遂行能力の有無

記事の解読·解釈において重要な問題の一つは句読点であろう。日本での通説の如く、'辛卯年来渡海、破百残…'か、あるいは'辛卯年来、渡海破百残…'のどちらであろうか? 王健群氏の見解によれば、日本の一部の学者は'来渡海'と連読し、'来'を動詞とみているが、これはもちろん正しくない。二つの動詞(「来渡」)が連なっているが、連動句でないとなると、理解に苦しむのは当然だ。倭はすでに朝鮮に来ている以上、また海を渡るとなるとまるで意味が通じないではないか。来てまた海を渡って帰ったのならば、どうして百済と新羅を打ち破ることができたのだろう。これらはすべて、'来'の解釈を誤ったためである、と主張した。

結局、一つの文章に二つの動詞が存在することは文の構成上、不合理とみるべきであろう。従って、記事を三つの文段に分けてみる。

(A) 百残新羅旧是属民由来朝貢

(B) 而倭以辛卯年来

(C) 渡海破百残□□□羅以為臣民(以六年丙申…)

(A)の主語は高句麗であり、(B)の主語は倭であるのに対して、(C)の主語は、'倭'と'高句麗'に分かれて半世紀近くもの間、論争の焦点になっている。(C)の主語は渡海作戦によって征服戦争を遂行したことを意味する。このことは国際関係、特に軍事情勢を基にした戦争遂行能力の有無が焦点であろう。

当時、朝鮮半島の歴史舞台においての主役は高句麗と百済であり、かれらは3~5万人の兵力を動員し、歩騎統合作戦を駆使していたのである。一方、その舞台の脇役として新羅は前者に、任那加羅は後者に属して闘争を助演していた。そこで、筆者は次の尺度をもって議論したい。

⑴ 碑文の調査、拓本、写真による忠実な判読

⑵ 文脈や語法

⑶ 事理

⑷ 史実(他の資料による歴史的事実との連関)

⑸ 戦争遂行能力

横井忠直氏は双鈎本を基にして(C)の主語を倭とし、また最後の欠字を新羅と判読し、それによって日本での通説の元祖になった。しかし双鈎本は1959年、水谷悌二郎氏が指摘するまで碑文の拓本と勘違いされてきた代物である。厳密に言って、双鈎本は拓本でないし、それは学問的資料として利用すべきものではないのである。それから欠字の新も根拠が明確ではない。これまで通説を採択した研究者たちは32字に構成された記事だけを独立的に解読・解釈して、(C)のあとに原因を表す接続詞、'以'をもって丙申条に連結したわけを見逃した。そこに問題点がひそんでいるようである。

日本の通説の如く、391年倭が百済・新羅を破って臣民としたと仮定するなら、永楽6年丙申(396)条に広開土王が自ら水軍を率いて百済を討伐したとき、百済王が降伏して、倭総督や倭兵が登場しない理由はなんであろうか? 9年己亥(399)条に、"百残(済)は誓いに違い、倭と和を通ず"、"新羅の遣使は王に白して云く、倭人は其の国境に満ち"と記録されていることは、百済・新羅が倭の臣民になっていない確実な証拠であろう。

倭が百済・新羅を破って臣民としたことは、どこの史料にも記録されていないのである。当時、日本列島の倭が百済・新羅を破って臣民にするだけの戦争遂行能

力を保有していたであろうか? 今日にいたるまで日本で多くの論著が発表されたが、それに対する史実やその裏づけになる積極的な論拠はいまだに提示されていないようである。

4世紀後半の日本列島の倭が、大韓海峡を通過して大軍を朝鮮半島に出兵させ、征服戦争を遂行するとすれば、兵力·武器·装備の補給品を輸送するための船舶、すなわち構造船の存在が前提条件であろう。

茂在寅男氏によれば、『日本書紀』応神天皇31年(420)条を基にして、この時に新羅から来た船大工の子孫たちがイナベラであり、おそらく武庫において末永く造船の技術者として活躍したであろうと推測している。また、彼らの居住地が摂津の猪名郡であったことからイナベラの語が生まれたのであり、当時猪名船といわれたのは新羅式の船で、これが日本の造船に大きな影響を与えたものと考える。そして茂在氏は、刳船の要素が全面的に改良された形の構造船の出現は、日本では新羅造船技術の導入などがきっかけになっている、と述べている。

外海の航行は、構造船があって初めて可能であるのに、これまでの文献史料·考古学的遺物等を総合的に点検しても、4世紀後半の日本列島の倭には刳舟、または準構造船しか存在しなかったのである。従って、倭の大軍が朝鮮半島に出兵して征服戦争を遂行する能力は全然なかったはずである。当時の倭は、未開な農耕社会集団であり、また鉄の生産能力も劣っていたため、貧弱な武装しかできなかったに違いない。従って劣勢な軍事力をもって、優勢な相手に対して征服戦を仕掛けるという発想自体があり得なかったのではないか。(拙稿「広開土王碑文の倭に関する一考察」参照)

鄭寅普氏は、(C)の主語を高句麗とし、また最後の欠字を新羅としている。しかし、1963年、広開土王碑を現地踏査した朴時亨·金錫亨氏は(C)の三欠字を不明にしたのである。鄭寅普·朴時亨氏の解釈には文脈·語法に欠字の補完と連関して無理なところがあるが、金錫亨説は筆者の尺度の観点から考察したとき、最も妥当性があると考える。主語の問題で、焦点になっている高句麗の戦争遂行能力に関する史料は次の如くである。

（史料④）永楽2年(392)7月、南進して百済の10城を攻略した。(『三国史記』18、広開土王元年条)

（史料⑤）永楽2年(392)、高句麗の談徳(広開土王)は、4万の軍隊を率いて、北部邊境に侵攻して来、石峴城など10余城を陥れた。(上掲書25、辰斯王8年条)

（史料⑥）永楽5年(395)8月、王は百済と浿江のほとりで戦い、大敗させ8千余人を捕虜とした。(上掲書18、広開土王4年条)

これまで紹介した史料②③④⑤⑥は高句麗が事理・史実を満足させ、また戦争遂行能力を持っていたことを示すのである。従って、(C)の主語は当然、高句麗であり、またこの碑は碑文の中に明記されているように、広開土王の勲績を後世に示すために建てられたものであることに留意すべきであろう。

5。欠字の補完は困難か

記事の欠字部分、すなわち‘渡海破百残□□□羅以為臣民’は、これまで次の如くに補完されてきた。

横井忠直、	□□新
管 政友、	撃新新
那珂通世、	任那新 または 加羅新
大原利武、	又伐新
水谷悌二郎、	□□新
橋本増吉、	又服新
林屋辰三郎、	故服新
朴時亨、	聯侵新 または 招倭侵
千寛宇、	將侵新 または 欲取新
栄禧、	隨破新
王健群、	□□新
朴真奭、	往救新

この三欠字の変遷過程を綿密に調査·研究した前沢和之氏は次のように結論している。

“以上を瞥見して気づくことは、判読において明確に‘□□新羅’とするものは少なく、一方‘□□□羅’と第三字を判読不能とするものが多いということである。それにもかかわらず、解釈においてこれを‘新羅’とし、しかも‘百残·新羅を臣民となした’と第一·二字の補完·解釈を無視したものが多く、その解釈の論拠を明示するものはほとんどない。これは‘通説’の成り立ちを考える上で特筆さるべき現象である。『會餘録』第五集での紹介、および横井氏の‘解釈’がこのような結果をもたらす起点となったと推測するのは過ぎたことであろうか。結論としていえることは、欠字部の補完、特に第三字を‘新’と判読することには非常な無理が伴うこと、ましてや判読の根拠を明らかにすることなく、第一·二字を無視し、‘百残·新羅’を臣民となしたなどと解釈することは許されるべきでない。この部分の判読は、今後碑文に科学的精査の加えられるのを待って、慎重に検討されなければならない”と主張した。

前沢氏の見解は妥当であり、第三字のように不明な字は判読不能として欠字とすべきであって、判読の根拠を明示することなく、欠けている字を自分で補って論証の重要な柱とすることは自戒しなければならないことであろう。特に第三字を新としたことは、その後の記事の研究に決定的な悪影響をおよぼしたばかりでなく、横井氏の罠に陥ったと言っても過言ではないであろう。と言うのは、『日本書紀』神功皇后49年条(249)によれば(勿論この内容は虚構であるけれど)、南加羅(金海)はすでに平定されていたからである。次に筆者の見解を述べておく。

(1) 筆者の現地調査·周雲台拓本(1981年採拓)、『広開土王碑原石拓本集成』(武田幸男編著)の写真によっても、第三字の判読は不可能であるし、‘斤’の痕跡も確認し得ない。三宅米吉氏は最初‘破百残□□新羅’と解読したが、直後、古松宮拓本による「高麗古碑考追加」においては、‘破百残□□□羅’と訂正している。従って、三字は欠字と判読する。

(2) (C)の主語が高句麗である場合、第三字の欠字に新羅の補完は不適当であろう。その理由は、当時新羅は高句麗と同盟·服属関係にあったので、その新羅を破って臣民としたとすれば、それは王の勲績というよりも、背信行為になるからである。

(3) 碑文の10年庚子条によれば、歩騎五万人を派遣したと記録されているため、これまで碑文研究者たちは、その兵力が全部新羅·任那加羅に派遣されたと解釈しているが、筆者は史料批判によって、次のように解釈したい。

当時、高句麗の動員可能な総兵力は5万人程度である。この兵力を全部南方の新羅·任那加羅に派遣したと仮定するなら、北方の後燕·契丹または南方の百済が本国に侵攻した場合、どうして対処することができよう。これらの敵対勢力の本国侵攻に対備するための兵力を残したがため、実際の派遣兵力数は、1万~1万5千人程度であろう。また、これまでの碑文研究者たちはみな、高句麗の派遣軍は陸路を選択したと考えてきた。しかし、もし陸路を選択したと仮定すれば、当時百済の首都は漢城(ソウル付近)であったから、百済の領域を通過して竹嶺、または鳥嶺を越えたことになる。そうすれば、百済軍の側方攻撃·後方遮断によって敗北させられる可能性が高かっただろう。従って、作戦上の観点からすれば、陸路の選択は不可能だったと思われる。

6。脳裏にひらめいた新解釈

結局、高句麗の派遣軍は東海(日本海)の水路を選択して新羅·任那加羅に派兵されたのではないだろうか。その理由は次の条件が具備されていたからである。

① 碑文の永楽6年条(396)によれば、広開土王は自ら水軍を率いて百済を討伐した。王は阿利水(漢江)を渡り、その国都を包囲することによって、百済の国王は好太王の前に跪いて“今後、私は永遠にあなたの奴客になります”と誓ったのである。この内容は当時百済は倭の臣民になっていないことを示すと同

時に、高句麗水軍の兵力輸送能力が万単位であったことを示す史料である。

② 王都·輯安(丸都)から東海の咸興地域まで兵力移動の可能な陸路があった。例えば、高句麗は東沃沮に対し租税として貊、布、魚等を千里にもなる距離から運搬させ、また高句麗の東川王は、246年、毌丘倹の攻撃を受けて敗北するや南沃沮に逃げ、毌丘倹軍はそこまで追撃したのである。

③ 対馬の縄文時代の海人が所持していた漁撈具は、東海北部から朝鮮半島東岸沿いに南下してきた文化の流れとみられるものが著しく、ユーラシア北部に発生した多様な骨角器を受容していた。このことは北方の古代人がリーマン海流(寒流)を利用して対馬まで移動した証拠であろう。

④ 永楽10年庚子条(400)によれば、"官軍(高句麗軍)は倭の背後より急追して任那加羅の従抜城に至ると城はすぐ降服した"と記録されている。これは高句麗の救援軍が、敵の背後、すなわち、金海付近に奇襲的上陸作戦(渡海作戦)を敢行したと想定して、初めて理解が可能であろう。また、碑文の9年条に、"太王は、特に新羅の使臣に密計を授けて帰らせた"と記録されているが、この'密計'とは何であろうか? '密計'は、これまで解明されなかった内容であるが、筆者は前述のように、'奇襲的渡海作戦計劃'のことであると解釈するものである。

従って、筆者は、碑文の10年庚子条による高句麗派遣軍は、輯安から陸路で咸興地域まで進出、そこから水軍の船で南下し、金海方面の背後(当時、主力の任那加羅軍は、新羅の国境付近で対陣していたから)に奇襲的渡海作戦を敢行して任那加羅を降服させたと解するのである。しかし、筆者は暫時の間、記事·6年丙申条·10年庚子条の渡海作戦を連関して考えることができなかった。その理由は、記事が通説のように、朝鮮半島への出兵と'任那日本府'説の根拠になり得ないことを知ったが故に興味を失っていたからである。しかるに、1995年5月30日、突然次のような着想が脳裏にひらめいた。

渡海破百残(丙申条)+渡海破任那加羅(庚子条)

= 渡海破(百残+任那加羅)

→ 渡海破百残[任][那][加]羅 (C)

高句麗の敵側は百残(済)·任那加羅(倭)であったし、高句麗が渡海作戦によって破ったのは百残(済)と任那加羅であるが故に、三欠字は当然[任][那][加]羅にならざるを得ないであろう。これまで三欠字が謎に包まれて解明されず、また6年丙申条の前置文と解された理由は、庚子条の作戦形態が究明されなかったためである。そこで筆者は記事を次のように解読·解釈するのである。

百残新羅旧是属民由来朝貢、而倭以辛卯年来、渡海破百残[任][那][加]羅以為臣民…

(百済と新羅は、むかしから属民であり高句麗に朝貢していた。而るに任那加羅は辛卯年(391)から(侵攻して)来た。高句麗軍は海を渡って百済と[任][那][加]羅を破って臣民とした…)

7。求められる記事の性格把握

記事を正しく解読·解釈しようとすれば、最初に記事の基本的性格を究明しておかなければならないであろう。記事の論争がこれまで長期間継続して結末をつけることができなかった主な理由は、最初から記事の基本的性格を究明することなく、記事を恣意的に解読·解釈してから基本的性格を合理化しようと試みたことに基因したのではなかろうか。例えば、記事を編年体的本文と対等に解釈して史実を読み取ろうとしたこと等である。

これまでの記事の基本的性格に関する諸見解を紹介する。

① この辛卯年云云の記事は、6年丙申の好太王出師討残(済)の記事を導き出さんとする前提を形成し、いわば副次的な一句である。…百残(済)新羅旧是属民云云の一句は、永楽6年に於ける好太王出師の理由を示すとともに、他面に於いて

は、その当時に於ける半島中部以南の大勢を概括した一句とも解せられる。…この一句(記事)に対する文献的解釈が記述の通りであるとすれば、この一句は、それ自体独立して史実を記載したものではなくて、次に引く丙申年(396年、高句麗の永楽6年)の記事の前置きである。(末松保和)

② 以上の諸点が確認されたなら、II(記事)が他と異なり、III以下(6年丙申、8年戊戌、9年己亥、10年庚子、14年甲辰、17年丁未)を記述するために挿入された文であることは容易に理解できよう。つまりIII以下の高句麗の対百済·新羅·'倭'関係の展開を記すことによって王の勲績を明示し、後世に伝うべき顕彰碑の導入部として設けられた挿入文なのである。(前沢和之)

③ 碑文は、'王躬率(王巡下)'の本文を中核として、この大王の親征(巡下)に至った前提を述べる'前置文'をこの本文に先行させて一組にした表現と、さらには、この組に'教遣'の本文を付随させた表現との両者で、広開土王時代の一連の征討(救援)戦と、その後の領土拡大戦とを銘記しているのである。…史官は、百済親征や新羅救援·倭寇潰敗戦に至った大前提として、虚構の'辛卯年'の一節を揚げて、この一節に、そうした南下策は、高句麗の歴史的正統性を実現(碑文の文脈に従えば、回復)させるための聖戦であったとして、これを合理化させるのみならず、立碑以後も続くであろう南下策に正統性を与える機能を付加させているものである。(浜田耕策)

④ 辛卯年条の性格は、第一にそれ自体が完結的な独立した碑文ではなく、他の主文の内容(広開土王の勲績)を導く機能を持つ碑文、いわば'前置文'に過ぎないという点に認められる。辛卯年の第二の性格は、それが永楽6年条固有の前置文であることを踏まえ、さらにそれ以後の百済·新羅や倭関係の各年=各条すべてにかかる前置、いわば'大前提'でもあるという点に認められる。…その核心は、辛卯年以来の倭の朝鮮半島進出に対して、高句麗が反撃し撃退すべき必然性、正統性の根拠を、やや長期的な展望のもとで明示するところにあった。(武田幸男)

⑤ 国際的に、多くの学者はこのくだりを'辛卯年条'と呼んでいるが、厳密にいうと、これは正しくない。これは'6年丙申条'に属すべきものである。つまり、この部分は6年丙申の百済討伐の理由として記されているのであって、独立した、年代順に、編集した記事ではないのである。(王健群)

筆者は以上の諸見解に対して受容する部分もあるが、異見の部分もある。記事の基本的性格の問題は、少なくとも当時の朝鮮半島の軍事情勢と倭の実体、記事の後半部(C)の主語と欠字に対する補完が前提として解明されなければ解決しがたい内容であろう。

8。碑文の「倭」の実体は?

次の表は広開土王によって遂行された碑文の征服戦の記事を順序・内容に従って作成したものである。碑文の王の戦功は年代順に記述されているし、また戦争の相手、原因、征服方法、作戦地域と形態、結果が記録されている。しかしこの表で見るように、記事は戦功記述方法とは全く違った形式であり、また独立的な挿入文の性格を示してもいる。それでは、どんな性格の挿入文であろうか。

"高句麗は海を渡って百済と[任][那][加]羅を破って臣民とした"(C)ことは、6年丙申条と10年庚子条の征服戦争の結果に対する要約であり、また原因を表す接続詞、'以'をもって絶妙にも丙申条に連結されているのである。従って、丙申条の主語が高句麗軍であるが故に、(C)の主語も高句麗軍にならざるを得ないであろう。

"而るに倭は辛卯年(391)から来たのである"(B)が、何のために、それからどうなったのか、は碑文に明記されている。任那加羅(倭)は新羅侵攻のために来たのであり、またそれらを実行したが、高句麗軍の背後からの渡海上陸作戦によって大潰されたのである(史料②)。それから再び帯方地域に侵攻したが、太王の軍隊によって潰敗し、多数斬殺された(史料③)。碑文(十年庚子)に登場する倭は倭賊・倭寇であるが、あだかも百済を百残と蔑称したが如く、任那加羅を倭と蔑称したのである。その理由は高句麗軍の攻撃目標は任那加羅の従抜城であったからである。

"百済と新羅はむかしから属民であり高句麗に朝貢していた"(A)というのである。これまで碑文研究者たちの多くは、'むかしから'(旧是)を辛卯年以前のことまで考えて、これは碑文が顕彰碑であるために誇張したもの、ないしは虚構であるとの見解をとっていた。

（表A）　　碑文征服記事一覧表

內容＼區分	年代	對象	原因	方法／兵力數	作戰地域	作戰形態	結果	備考
①	五年乙未(395)	碑麗	不歸	王躬率	太子河上流		往伐/破其三部洛六七百營牛馬群羊	
②	辛卯(元年)(391)							而倭以辛卯年來渡海破百殘□□□羅以爲臣民
③	六年丙申(396)	百濟		王躬率	漢江·廣州	渡海上陸	討伐/從今以後永爲奴客	
④	八年戊戌	帛愼		教遣	江原道(?)		觀/自此以來朝貢論事	
⑤	九年己亥(399)	百濟	違誓与倭和通	王巡			巡下平穰/新羅以奴客爲民歸王請命	
⑥	十年庚子(400)	任那加羅	往救新羅	教遣／步騎5万	蔚山·金海	渡海上陸	至新羅城/任那加羅城卽歸服/倭寇大潰	
⑦	十四年甲辰(404)	倭	不軌	王躬率	黃海道(帶方界)		率…平穰/倭寇潰敗斬殺無數	
⑧	十七年丁未(407)	百濟		教遣／步騎5万			?/斬殺蕩盡	
⑨	二十年庚戌(410)	東夫餘	不貢	王躬率	豆滿江下流		往討/王恩普覆	

‘むかしから’は過去を表現するが、必ずしも辛卯年以前まで拡大解釈する必要はない。碑文の撰者は、碑を建立する414年を基点として、王の即位年である辛卯年(391)以後のことを表現していると解するのである。そこで、このくだりは百済王が広開土王の前に跪いて永遠にあなたの奴客になりますと誓い(6年丙申条)、それ以前は新羅王(寐錦)は自ら朝貢をしなかったが、広開土王が新羅を助けて任那加羅(倭寇)を打ち破ったので、新羅王は自ら朝貢に来た－この部分は文字の脱落が多いため不完全であるが内容はこの意味であろう(10年庚子条)－。従って、これを証拠にして記録したと解するのである。

9。成立しない「任那日本府」説

これまで碑文の研究者たちは、記事の解読･解釈、特に文法的解釈に焦点を置いて朝鮮半島への出兵と‘任那日本府’説の可否について一世紀以上も論争を重ねてきたが、謎は解明されなかったのである。しかし、軍事理論に基づいた軍事史学的観点は、戦争における政治的目的の達成は最終決戦の勝利によって決定されることを史実によって証明している。倭が391年、百済･新羅を破って臣民と為した､と仮定しても、永楽10年(400)、14年(404)に倭は大潰･潰敗されたが故に、朝鮮半島の南部に足場となる根拠地の喪失によって‘任那日本府’説は全然成立し得ないのである。それに、4世紀後半の日本列島の倭は、大軍を朝鮮半島に出兵して征服戦争を遂行する能力もなかった､といわねばならない。

それゆえ、これまで論争の焦点になってきた記事に対して次のように解読･解釈するものである。

百残新羅旧是属民由来朝貢、而倭以辛卯年来、渡海破百残[任][那][加]羅以為臣民…

(百済と新羅はむかしから属民であり高句麗に朝貢していた。而るに任那加羅(倭)は辛卯年(391)から(侵攻して)来た。高句麗軍は海を渡って百済と[任][那][加]羅を破って臣民とした…)

記事の後半(C)の主語は戦争遂行能力の観点から見れば、当然高句麗であり、高句麗軍が渡海上陸作戦によって破った敵側は百残(済)と任那加羅(倭)であったから、三欠字は[任][那][加]であり、そこには決して[新]羅が補完されない理由を明示したのである。任那加羅は辛卯年から侵攻して来た(B)が、戦闘に介入したものの大潰・潰敗された。記事の最初の部分(A)は414年を基点として高句麗南進政策の名分と意義を与え、また丙申年(396)から丁未年(407)までの功績内容を要約したものである。

従って、辛卯年記事の基本的性格は、丙申年から丁未年までの勲績内容を要約し、高句麗南進政策の名分と意義を与える総括的内容であると同時に、広開土王の遺志を継承した長寿王の決意と当為を表明した、編年体的本文とは違った、独立的挿入文であると解するのである。♣

(『日本及日本人』通巻1630号、創刊110年記念号、1998年 及び
『東アジアの古代文化』創刊100号記念特大号、1999年 転載)

主要参考文献

- 朴時亨、『廣開土王陵碑』、平壤：社會科學院出版社、1966。
- 金錫亨、1966『古代韓日關係史』、ソウル：ハンマタング、1988。

- 佐伯有清、『広開土王碑と参謀本部』、東京：吉川弘文館、1976。
- 水谷悌二郎、『好太王碑考』、東京：開明書院、1977。
- 茂在寅男、『古代日本の航海術』、東京：小学館、1979。
- 王健群、『好太王碑の研究』、京都：雄渾社、1984。
- 武田幸男、『高句麗史と東アジア』、東京：岩波書店、1988。
- 武田幸男、『広開土王碑原石拓本集成』、東京：東京大学出版部、1988。
- 永留久恵、『対馬古代史論集』、東京：名著出版、1991。

- 末松保和、「好太王碑の辛卯年について」、『史學雜誌』1935。
- 前沢和之、「広開土王陵碑文をめくる二·三の問題」、『続日本紀研究』159号、1972。
- 浜田耕策、「高句麗広開土王陵碑文の研究」、『朝鮮史研究会論文集』第11集、1974。

- 『會餘錄』第五集、亜細亜協會、1889。

- 拙著、『韓國軍事史序說』、慶州：徐羅伐軍事研究所、1990。
- 拙稿、「広開土王碑文の倭に関する一考察」、『東アジアの古代文化』81号、大和書房、1994。
- 拙稿、「広開土王碑文の倭の実体」、『東アジアの古代文化』85号、1995。

Ⅲ

河内巨大古墳の謎を探る

－5世紀前後を中心とする新仮説－

1。はじめに

1991年10月8日、筆者は伽耶の製鉄武器·甲冑·馬具等に興味があって釜山市立博物館で開催された「神秘の古代王国、伽耶特別展」に行ってそれらを観察すると同時にパンフレットをもらってきたのである。その中に"広開土王の南征があって福泉洞遺蹟から大形墳の主槨が木槨墓から石槨墓に変ずる5世紀前半において、金海大成洞遺蹟から首長級の墓が急激に消滅して、その後一時福泉洞の勢力が洛東江河口の中心勢力として浮上するのである"[1]という内容を読んで電気に打たれたような気持がした。それは最初に広開土王碑文(以後'碑文'と略記する)の内容が浮んだからであった。

(史料1) 百残と新羅は旧是れ属民にして由来朝貢す。而るに倭、辛卯年(391)を以て来たりて海を渡り、百残□□新羅を破り、以て臣民と為す。(日本の通説)

(史料2) 十年庚子(400)、高句麗王は歩·騎五万人を派遣して新羅を救援した。…官軍は倭の背後より急追して任那加羅(金海)の従抜城に到ったら城はすぐ降服した。

(史料3) 十四年甲辰(404)、倭は不法にも帯方地域に侵入した。…王は自ら軍を率いて討伐を行った。…倭寇は潰敗し、王の軍は無数の敵を斬り殺した。

---

1) 國立中央博物館編、『特別展 伽耶』(ソウル、1991)、p. 36。

碑文の研究成果と、江上波夫の騎馬民族征服王朝説、[2]『宋書』倭国伝にある倭王武の上表文を根拠にして、5世紀に出現した河内の巨大古墳の謎を究明するため次の如く新仮説をたててみた、即ち“400年高句麗軍に降服し、また404年帯方地域に侵入したが潰敗された任那加羅王朝は準備をととのえ408年ごろ騎馬部隊と水軍を率きつれ日本列島の河内地方に上陸し、呪術的·祭祀的な三輪王朝を征服して河内王朝を樹立し、征服王朝として巨大古墳を築造した。これがいわゆる『宋書』倭国伝に登場する倭五王の時代であろう”と。日本古代史学界における河内王朝に関する学説史は次の如くである。

(1) 4世紀末以降。河内に政権が移ったように見えるが、それは大和政権の一時的な河内への進出であって、4~5世紀の政権に断絶はないとする説。(河内政権否定説)

(2) 大陸の狩猟騎馬民族が北九州を経由して4世紀末ごろ大阪平野に上陸し、征服国家を打ち建てたとする説。(狩猟騎馬民族説)

(3) 九州地方の有力者が4世紀末ごろ大阪平野に襲来し、新政権を樹立したとする説。(ネオ狩猟騎馬民族説など。井上光貞説もこれにはいるが、狩猟騎馬民族的要素は重視しない)

(4) 大阪平野を地盤とする豪族が瀬戸内海の制海権を握って強大となり、新政権を創設したとする説。(自生的河内政権説)[3]

直木孝次郎によれば、(1)は在来からある説、(2)は江上波夫、(3)は水野祐·井上光貞、(4)は若干ニュアンスの相違はあるが、筆者と岡田精司·上田正昭両氏が、そぞれの主張者とみてよかろう。各説いずれも論拠があるのはいうまでもないが、私見をもってすれば(1)説では、すでに述べたように和風諡号の問題や、応神以降の五世紀の歴代の王の陵が河内平野に在ると伝えられていることが説明しにくい。(2)説では、古墳の形態や主体部の構造が在来通りの前方後

---

2) 江上波夫、『騎馬民族国家』(東京:中央公論社、1991年改定)
3) 直木孝次郎、『日本古代国家の成立』(東京:講談社、1996)、p. 120。

円形であり竪穴式であることの説明がしにくい。(3)説では、5世紀の河内または大和の政権構成する主要な豪族の出身地が河内または大和であって、九州と関係する豪族のほとんどないことが障害となる。これに加えて前述のように河内政権の本拠が大阪湾に臨む地であることを支持する証拠はいくつもある。私はやはり(4)説が現在のところもっても真実に近いと考えるのである、[4]と。

申敬澈によれば、直接金海大成洞古墳群を発掘調査して、第一は、II類木槨墓の北方式木槨墓はその前の時代に墳墓が築かれているにもかかわらず、それを意図的に破壊し、その上に墳墓を築造している点。第二は5世紀前後のII類C型木槨墓を最後に、支配者の墳墓の築造が突然中断されているという点である。[5] 1994年9月6日筆者は一人でのこのこと堺市の大仙古墳を見た瞬間、最初の印象はこのような巨大な古墳の築造は征服王朝の被征服者に対する支配権の威圧的な記念碑であろう、という直観を得たのが、この研究を始めた直接の動機であった。

古代の日本において、国家がいつごろ成立したかという問題に対して、多くの人々の承認しうるような定説を生むにいたっていないようであるが、[6] ある程度の統一的古代国家の成立は磐井の乱(527)以後であることだけは確実であろう。従って、5世紀前後の朝鮮半島や日本列島には、いまだに統一国家や民族の概念も存在せず、ただ有力な政治集団がすきな場所に移動して部族国家を造っていた時代であった、と筆者は前提にしている。

新しい政権や王朝の成立には軍事力の基盤があってこそ可能であることは周知の事実であるので軍事史学徒である筆者はこの問題の究明に挑戦したのであるが、河内王朝の問題はおよそ1,600年前の出来事であるがため、歴史学はもちろんであるが人類学·考古学·言語学等の学際的研究方法が要請されるのである。それで先達たちの英知と努力による研究成果を援用することにし、ある程度

---

4) 上掲書、pp. 120~121。

5) 申敬澈、「金海禮安里160号墳に對して」、『伽耶考古學論叢』(駕洛國史蹟開發研究院、1992)、pp. 166~167。及び『巨大古墳と伽耶文化』(東京：角川書店、1992)、pp. 42~43。

6) 吉田 晶 ほか、『日本と朝鮮の古代史』(東京：三省堂、1989)、p. 12。

引用文が冗長になるかもしれないが、私が彼らの研究成果·理論を代弁するよりも、彼ら自身をして語らせた方がより適切であると考えたのである。

2。広開土王碑文の辛卯年記事

碑文の双鈎本をはじめて日本に将来したのは1883年秋、陸軍参謀本部の酒匂景信中尉であり、その直後から参謀本部の横井忠直が中心になって研究し、1889年6月、『會餘錄』第五集が碑文研究の特集号のかたちで刊行され、そこでの辛卯年記事(以後'記事'と略記する)は次の如く解読された。

(史料1) 百残新羅旧是属民、由来朝貢。而倭以辛卯年来渡海、破百残□□斤羅以為臣民。(百残と新羅は旧是れ属民にして由来朝貢す。而るに倭、辛卯の年(391)を以て来りて海を渡り、百残□□新羅を破り、以て臣民と為す。)

この32字によって構成されている記事は、その後日本古代史学界では一貫した定説として、朝鮮出兵と「任那日本府」説の論拠となったのである。「任那日本府」説とは何か? "任那(みまな)とは4~6世紀に、南朝鮮にあった日本の植民地。4世紀後半、弁韓と馬韓·辰韓の一部が日本の勢力下に入り、これを日本では任那と称して半島経営の基地とし、新羅·百済を保護して高句麗に対抗した。しかしその後、高句麗の圧力が強まり、新羅·百済は任那の地を侵略したので、日本の勢力は次第に縮小し、任那は562年ついに新羅に滅ばされた。"[7]

文部省検定済の歴史教科書によれば、"高句麗の好太王の碑文には、倭が朝鮮半島に進出して高句麗と交戦したことが記されている。これは、大和政権が朝鮮半島の進んだ技術や鉄資源を獲得するために加羅(任那)に進出し、そこを拠点として高句麗の勢力と対抗したことを物語っている"[8]と紹介されているが、最近にも、"4世紀末には日本は朝鮮半島に進出し、百済や新羅を破って、さらに北

7) 山本達郎 編、『世界史－東洋－』(東京：岩波書店、1969)、p. 211。
8) 井上光貞 ほか、『詳説 日本史』再改定版(東京：山川出版社、1991)、p. 25。

上して高句麗に敗退したことが高句麗好太王碑文に示されており、任那日本府の支配を確立するなど、かなり積極的な行動を展開しているのであるから…”[9]と主張されている。それから5世紀に登場した乗馬の風習や馬具、鉄製武器等も朝鮮出兵の結果として解釈されたのである。例えば、

- 応神による朝鮮出兵とその結果としての朝鮮人の帰化とは、古墳文化の前期と「後期」との文化的な異質性を説明するのに十分であろう。この異質性は、北方騎馬民族の征服という解釈をいれなくても理解されるのである…
  わが大和朝廷は、4世紀中葉に始まった朝鮮経営にあたって、この亡命官人の知識や技術を利用しようとして、将軍らに命じてその貢上を要求したのであろう…乗馬の風習が朝鮮経営の結果、にわかに盛んになったのも、文献の上にこのように説明されるのである。[10]

一方、これとは別な見解がある。

- 4世紀のヤマトの王権は強固な統一政権であったわけでない。それぞれの地域な、「地域国家」的独自性をもって、ヤマトの王権と結びっいていたと考えられる。統一政権としての支配体制がはっきりかたまるのは5西紀後半から6西紀前半以降であろう。[11]

周知の如く碑文研究において、記事は国際的論争の焦点であった。これまで碑文の研究は主として文献史学的·考古学的研究方法と金石文研究方法によって行われていた。碑文の研究が謎に包まれ、また解決の糸口が見出されない理由は研究方法にあると考えた。碑文の「倭」はいつも軍事作戦に参加しているので、戦争の準備·遂行·結果に対する分析·解釈は、軍事理論に基づいた軍事史学的研究方法がより適合性と妥当性をもつと考え、その方法を適用した研究成果は次の如くである。

---

9) 西尾幹二、『国民の歴史』(東京：産経新聞社、1999)、p. 93。
10) 井上光貞、『日本國家の起源』(東京：岩波書店、1960)、p. 216。p. 212。p. 214。
11) 大和岩雄、「邪馬台国と初期ヤマト政権」、『東アジアの古代文化』63号、1990、p. 133。

第一：4世紀後半の日本列島の倭は、社会的·産経的·経済的·軍事理論的·海上勢力的要因分析によれば、大軍を朝鮮半島に出兵して征服戦争を遂行する能力がなかった。[12)]

第二：記事を通説の如く、倭が391年百済·新羅を破り臣民と為す、と仮定しても、400年(史料2)と404年(史料3)に倭は大潰·潰敗されたため、朝鮮半島の南部に足場となる根拠地(作戦基地)の喪失によって「任那日本府」説は全く成立し得ないのである。プロイセンの戦争哲学者クラウゼヴィッツは名著、『戦争論』(1832)において、"このような戦争の形態において、栄冠は最後の勝利者に与えられることをいつも記憶すべきである"[13)]と言ったが、戦争における政治的目的の達成は最後の勝利者に与えられるのである。[14)] 従って記事は「任那日本府」説の論拠になりえないのである。碑文研究者たちは、これまでこのような軍事理論の重大な内容を看過してきたのである。

第三：碑文に登場する倭とは任那加羅の蔑称である。その理由は、400年(史料2)高句麗軍の攻撃目標は任那加羅の従抜城であったからである。[15)]

第四：記事の解読·解釈は次の如くである。[16)]

百残新羅旧是属民由来朝貢。而倭以辛卯年来。渡海破百残[任][那][加]羅以為臣民…

(百済と新羅はむかしからの属民であり高句麗に朝貢していた。而るに任那加羅(倭)は辛卯年(391)から(侵攻して)来た。高句麗軍は海を渡って百済と[任][那][加]羅を破って臣民とした。…)

12) 李鍾學、『軍事史学による古代史散策』(慶州, 2007)の「広開土王碑文の倭に関する一考察－軍事史学的方法によるー」参照。

13) Carl Von Clausewitz. *ON WAR*, trans. Micheal Howard and Peter Paret(Princeton University Press, 1976), p. 582。

14) 李鍾學(2007)、前掲書の「広開土王碑文の真実－軍事史学的研究方法による辛卯年記事の検討－」参照。

15) 上掲書、「広開土王碑文の倭の実体」参照。

16) 上掲論文参照。

第五：記事の基本的性格は碑を建立した414年を基点として高句麗南進政策の名分と意義を与え、また丙申年(396)から丁未年(407)までの勲績内容を要約した、編年体本文とは違った 独立的挿入文であると解する。[17]

筆者は記事の解読·解釈によって、高句麗軍が海を渡って百済(396)と[任][那][加]羅(400)を破って臣民としたこと。それから10年庚子条(400)は高句麗救援軍と新羅軍の作戦地域が金海－蔚山－彦陽の三角地帯で遂行され、この地域の中心地である蔚州郡熊村面検丹里には高句麗戦死者の墓と推定される積石塚が確認されたのである。[18]

王健群の調査·研究によれば、碑文の総文字数は1,775字であり、そのうち欠け落ちて判読できないものが141字であるという。[19] 欠字の百分率は8%であるけれど、庚子条の総文字数は180字であり、欠字数が57字で欠字の百分率は32%になる。記事の[任][那][加]羅の3字と庚子条に欠字が多い理由はなんであろうか?

日本の通説の如く、記事の後半部の主語を「倭」とした場合、即ち“倭は海を渡り百済と[任][那][加]羅を臣民と為す”とすれば、聖典と考える『日本書紀』巻第9、神功は皇后49年と矛盾になる。干支を2運さげて369の史実と考えた場合、任那加羅は征服されているのに、また391年に征服する結果となるからである。

周知のように、陸軍参謀本部は歴史の真実を研究する機関ではなく、国家目標を達成するため軍事力をいかに運用し、また謀略を専門に駆使する機関である。横井忠直を中心に5年間の研究結果は、記事の後半部の主語を「倭」とし、3字を欠字に作り(□□[斤])、[新]羅と読むよう誤導すると同時に、任那加羅地域の戦闘を記述した10年庚子条の文字を削除したであろう。この仕事の下手人が酒匂景信大尉であり、彼は40歳の若さて死んだのであるが、碑文の削除·変造に直接関係したがため、この問題を謎にするため謀殺されたであろう。[20]

---

17) 上掲論文参照。

18) 李鍾學(2007)、前掲書の「広開土王碑文十年庚子条の新考察－蔚山地域積石塚の謎を探る－」参照。

19) 王健群、『好太王碑の研究』(京都：雄渾社、1984)、p. 29。

3。人 類 学－日本人の起源－

“世界の人種のなかで、日本人ほど、その起源について興味を抱かせる人種はいない”とエドワ-ド・モ-スは明治12年(1879)に発表した論文、「大森介墟古物篇」の冒頭にこう記録したのである。外国人学者を始め日本学者も加えて日本人の起源に関する研究はきわめて多数にのぼったのであるが、埴原和郎は次の如く分類したのである。

① 人種交代説
② 混血説
③ 移行説(変行説または連続説)
④ 渡来説

人種交代説は、日本列島の中で人種が1回ないし2回入れ替わったという考えであり、混血説は縄文時代いらいの土着集団が、弥生時代以後に種々の近隣集団と混血することによって現代日本人を生じたという考えである。これに対して移行説は縄文時代以来、日本列島では大規模な人種の交代や混血はなく、縄文人そのものが小進化をとげつつ現代人に変化してきたと主張する。

最後の渡来説は、弥生時代以後に主として朝鮮半島から多くの人が渡来し、在来の縄文人と混血したと考える。これは混血説と似ているようだが、混血説では相手の集団が必ずしもはっきりしていない。これに対して渡来説は、在来系集団との混血の相手が、日本歴史にも明らかな渡来人集団だと考える点が異なっている。実は、私がこの本で明らかにしようとする＜二重構造モデル＞も渡来説の一種である。[21]

埴原和郎は人類学の歩みを振り返り、旧石器時代や縄文・弥生、アイヌ・沖縄人の人骨調査を通して日本人の起源に関する＜二重構造モデル＞の仮説の要点

---

20) 五つの理由によって謀殺されたと推測する、李鍾學(2007)、前掲書の「広開土王碑文十年庚子条の新考察」参照。

21) 埴原和郎、『日本人の成り立ち』(京都：人文書院、1995)、pp. 18~19。

を次のように提示したのである。

① 少なくとも2万年ほど前から日本列島に住みつき、現代の日本人集団の基層となったのはおそらく東南アジア系の原アジア人集団だった。
② このような日本列島に、主として弥生時代以後、大量の北アジア系集団が渡来してきた。この渡来は7世紀ころまでのほぼ1,000年間にわたって続いた。
③ 渡来系集団は、まず北部九州を中心とする地域に住みついたが、その数を増すにしたがって近畿地方にまで広がり、ついに朝廷を成立させ、同時に在来系集団と徐々に混血した。
④ 渡来系集団の一部は、弥生時代から古墳時代にかけて東日本にも進出し、大和政権の勢力を拡大した。
⑤ 在来系·渡来系集団の混血は西日本では濃く、東日本ではやや薄い。また西日本の中でも、南部九州や四国では混血の影響が比較的少ない。
⑥ 渡来系集団との混血の影響がもっとも少ないのは、アイヌと沖縄の集団である。
⑦ 在来系·渡来系集団の混血は現在も進行中であり、日本人集団の二重構造は今も維持されている。日本列島にみられる身体的·文化的地域性は、これら二集団の接触の濃淡によって生じたと思われる。[22)]

問題は、'この1,000年間に何人くらいの渡来人がきたか?'ということである…1,000年間の渡来人口が約150万、7世紀始めの時期での縄文系と渡来系の人口の割合は1対8.6となる。[23)]

筆者は埴原和郎の<二重構造モデル>を受容する立場である。その理由は、日本歴史や日本文化論の中で多く謎とされているさまざまな問題や、また河内巨大古墳の由来と主体勢力の問題を解く鍵を与えてくれるように思えられるからである。筆者は任那加羅と日本列島の倭に関して次の如く見解を述べたことがある。[24)]

日本列島から人類の元祖が自生したという考古学的証拠がないかぎり、例えば

---

22) 上掲書、pp. 286~287。
23) 上掲書、p. 271。p. 274。
24) 李鍾學(2007)、前掲書の「広開土王碑文の倭の実体」参照。

縄文人も日本列島に渡来した先住人であろう。彼等は採集·狩猟·漁撈を生業とした縄文文化をもっていたのである。そこに紀元前3世紀頃日本列島の北九州地方に水稲農業と金属器の使用を特徴とする弥生文化が登場したのである。この弥生文化が縄文文化の中で自力で切りひらいたと主張することは困難であろうし、日本の学界でも外部から伝来したと認めるが、その伝来ルートには諸見解があるようである。日本の文部省検定済の日本史教科書には次のように説明されている。

> 日本でもこのような大陸の文化の影響力をうけて、紀元前3世紀ころ、九州北部に新しい文化がおこり、農耕社会が成立した。…さらに西日本の弥生前期の人骨には、縄文人にくらべて背丈が高く、朝鮮半島の人々の身長に近いものがあることからみると、弥生文化は朝鮮南部で形成された文化の影響のもとに九州北部でまず成立し、全国に広がったものと考えられる。[25)]

野山や海で食糧を獲得していた縄文人にとって、自分達の領域に侵入して土地を占領し、水田耕作をする弥生人をだまって黙認したであろうか? 縄文人と弥生人の間には生存権を賭けた血みどろの戦闘が必然的に勃発せざるをえない、とみるべきであろう。

板付遺跡における築造当時の状況を推定すると、幅6メートルに深さ3~3.5メートルと規模が大きい。このような構造をもち、稲作の開始とともに出現した環濠集落は、定住化した集団を防禦するものであったことを物語るにじゆうぶんであろう。両者の戦闘様相は…これまでみてきた銅剣·石剣等の人骨への嵌入例、先端のつぶれた石剣等の切先·鏃等である。

ここで、銅製は弥生人、石製は縄文人が使用した武器であると考えられるのである。水稲農業は水田·水路等を作るため集団的な労動力を必要としたため集落の規模も拡大し、村落の定住化、村落の支配者登場、それから部族国家が出現したであろう。指揮者のある銅製武器で武装された弥生人集団と生業のため分散·移動しながら石製で武装した縄文人集団との戦闘において、前者が勝利

25) 井上光貞 ほか、『詳説 日本史』(東京 : 山川出版社、1991)、pp. 16~17。

するのは火をみるよりも明らかであろう。前述したごとく、九州北部でまず成立した弥生文化が全国に広がった理由はここに基因するのである。このことは弥生人が縄文人を征服·配したことを意味するのである。これは日本列島の主人公が交替する大変革と解釈されるし、また日本民族と文化の形成の問題を考えるにも根本的な重要性をもつであろう。

要するに、日本文化は「日本の統治民族」、つまり「天つ神」のもたらした文化であり、その根幹をなすのは稲作文化である。これが、本居宣長から柳田国男が受け継いだ基本理念であったのである。[26] 日本の弥生文化の故郷は朝鮮南部、特に加耶地域(金海)であったことは考古学的遺物だけでなく、伝来ルート、即ち舟(造船術と航海術)の観点からみると、金海－対馬－壱岐－唐津ルートが当時としては安全·唯一の幹線ルートであった。したがって、古代の北九州は、朝鮮南部とは「同一文化圏」の地であったといわれたし、特に弥生時代から5世紀頃まで日本列島(倭)は任那加羅の分国·植民地であったとみるのが当然であろう。このことは碑文(広開土王)の倭の実体の究明に関連する基本的関係であると考えるのである。

筆者は初めて「分国·植民地」の造成語を使用したが、これは当時任那加羅人が集団的に移住して部族国家を形成したが、故国とは血縁的·精神的つながりはあっでも、政治的·行政的直接なつながりはなかったと解する意味で使用したのである。“すでに紹介した礼安里(金海)の骨は、土井ヶ浜人に酷以している。そこで土井浜や三津は、朝鮮半島から渡来した人たちのコロニーそのものだったという可能もあるのである。”[27] ここで日本列島と渡来人との関係について上田正昭の見解を紹介する。

> 近頃、日本列島のなかの渡来文化の役割がしだいに重視されるようになってはきたが、渡来文化の伝播は認めても、渡来とその集団の実在を軽視する見方や考え方は、なおいぜんとして根強い。あしき「島国史観」の克服は、まだまだ不十分といわねばならぬ。文化は風媒花ではない。文化の歴史には人間の実在がある。渡来文化の

---

26) 上山春平·渡部忠世 編、『稲作文化』(東京：中央公論社、1985)、p. 4。
27) 埴原和郎 編、『日本人の起源』(東京：朝日新聞社、1984)、p. 204。

実りをもたらす背景には、人間と人間、集団と集団の交渉があり、だびだびの渡来の波と渡来人たちの活躍があった。渡来文化を是認しても、渡来の集団を否定する見解では、人間不在の歴史論や文化論になりかねない。[28]

4。言 語 学－日本語の由来－

ある民族や人種の起源を探るにあたって重要な手段の一つは言語であることは周知のことである。というのは、日本語はどこから来たか? この問題は日本人はどこから来たかという問題とも密接に関係する問題である。日本語に関する言語学者の見解には次のようである。

- 日本語の文法構造は何といっても北方語的であって、言語学者でこれを否定する者はないでありましよう。構造的には日本語は「ウラル・アルタイ諸語」と共通点が多いが、系統的にみると、このような広範な言語圏とではなく、アルタイ系諸言語、特にツングース・満州語の関係が深いことが、しだいに明らかになってまいりました。朝鮮語も大筋ではアルタイ系言語に加えてよいでしう。…
  日本語は形態論から見てアルタイ系言語のうちツングース・満州語と深い関係があることが明らになってきたのですが、それでは日本語起源の問題はアルタイ比較言語学によって解明しつくされる見通しがあるかといいますと、「否」と答えなければなりません。南方語の構成要素が日本語において多く見られることが明らかになってきたからであります。(ここに南方語というのは南島語族＜オーストロネシア＞とかマライ・ポリネシア語族とか呼ばれる語族に属する言語を提します)[29]
- 縄文式文化の担い手と弥生式文化のそれとが異なる民族であるとするならば、日本祖語の話し手たちは、たとえば南朝鮮から渡来してまず北九州に地盤を作り、さらに日本列島の異民族を征服して行ったと考えることができよう…
  人口の稀薄であったと考えられる紀元後数世紀間の畿内に、すぐれた弥生式文

---

[28] 上田正昭、『渡来人と古代日本』、『渡来人』(東京：河出書房新社、1985)、p. 65。
[29] 村山七郎、「南方語と日本語」、『日本人の起源を探る』(東京：新人物往来社、1994)、pp. 334~335。

化の担い手たちが、北九州から移住してきた場合に、そこに行われていた方言－それは日本祖語とは多少違っていたものであろう－は、すみやかに新来者の言葉に同化していったことが、容易に想像される。豊かな新天地に定着したこれらの日本人は古墳文化を発達させるとともに、その言語と文化は四囲の地方にひろまっていったであろう。このように考えてくると、日本祖語はだいたい弥生式文化の言葉であったということができる。

日本語と同系であることの証明のできているのは琉球語だけであって、その他の諸言語との親族関係は未証明である。しかし日本語と同系である蓋然性のもっとも大きいのは、朝鮮·アルタイ諸言語(すなわち満州//トウングース諸言語·蒙古諸言語·チュルタ諸言語)であると考えられると、くり返し説かざるをえない。[30)]

日本語の文法的ならびに構文的構造は、韓国語を含むアルタイ言語型に属するのは、北アジア系集団が支配者であり、また南方語が見られるとの言語学者の見解は、東南アジア系集団は被支配者を意味するであろう。このことは埴原和郎の<二重構造モデル>の内容と比較した場合一致すると考えられる。しかるに大野 晋は別な内容の見解を発表したのである。

• 南インドのドラヴィダ語と日本語との間に系統的関係があるという論は、もともと私が言い始めたものではない。すでに1856年、イギリス人宣教師コールドウエルがその主著、『ドラヴィダ語すなわち南インドの言語族の比較文法』の中で、日本語と度々引き合い出して、これがドラヴィダ語と関係を持つことを述べている。これが嚆矢である。…

私はドラヴィダ語と日本語の系統論的研究を日本人として4番目に始めた。私は、私のそれまでの朝鮮語·アイヌ語などとの比較研究の経験から、ドラヴィダ語全体を対象とせず、その中の一言語であるタミル語を限定的に選択し、かつその古典語について研究した。…

私はただ儀礼を通して文化を見較べ、言語の面からはタミル語と日本語との間に、厳密な「音韻対応の法則」に支持される単語が存在し、かつタミル語の

30) 服部四郎、「日本語の系統」、上掲書、p. 309。p. 305。

B.C.200年頃の言語とA.D.800年頃の万葉集の言語との間に、助詞·助動詞が音韻法則に支持されて、かつ、ほぼ同一の用法をもって存在することが判明したと、ここに報告するのである。これは、現在の他の学問、あるいは既成の固定観念によって否定し去ることはできない一つの事実である。[31)]

日本はアジアの東端にあり、タミルはアジア中央部の南のインド亜大陸の最南端に位置している。しかるに大野晋は、① 日本とタミルの交流関係があったとすれば、それは一体いつのことなのか? ② タミル人と日本人は陸路で結ばれたのか、それとも海路か、に対しては全然論拠を提出しえず、ただ、“今後、文化人類学、考古学、歴史学が、これらの宿題に、それぞれの答えを提出しなくてはならなくなるだろう”[32)]と言ったのである。

ドラヴィダ語と朝鮮語を連関させて主張した外国人学者がいたが、彼等はダルレ(Ch. Dallet、1829~1878)、ハルバート(M. B. Hulbert, 1863~1949)等である。フランスの宣教師ダルレは1874年『朝鮮教会史』の結論、‘朝鮮語’系において、文法上の九つの特徴をとりあげ朝鮮語がタタ-ル(韃靼)語族に属すると論証しながら、その文法はドラヴィダ語とよく以ていると主張した。米国人宣教師ハルバートは1895年『朝鮮民族の起源』II、The Korean Repositoryの中で、ドラヴィダ語とは同系説を主張したばかりか、『朝鮮語とドラヴィダ語の比較文法』(1906)という該博な著書を出刊したのである。[33)] しかし彼等もドラヴィダ族がいて、どんなにして朝鮮半島の人達と文化交流をしたかに対しては論拠を提示することが出来なかったので、あまり説得力がなかったようである。

しかるに考古学者金秉模によれば、首露王はA.D.48年阿踰陁国の王女と結婚したことが『三国遺事』(駕洛国記、巻第三)に記録されているし、首露王陵に刻みつけられている双魚文、それから王妃の名前は許黄玉であり、陵碑にある諡号は「普州太后」等をもとにして30余年間研究·調査した結果、印度コサラ国の中心都市

---

31) 大野 晋、『日本語以前』(東京:岩波書店、1994、5刷)、pp. 5~6。p. 336。

32) 上掲書、p. 336。

33) 姜吉云、『古代史の比較言語學的研究』(ソウル:セムン社、1990)、pp. 271~272。

であった阿踰陁(Ayodhya)に住んでいたブラマン(Brahman)階級の一団が北方のクシャン(Kushan)王朝の侵入によって彼等は印度を去って普州(中国四川省嘉陵江流域、今の重慶附近)に住んでいたが、許一族(巫師階級)20余名は舟に乗って楊子江をくだりA.D.48年7月金海に到着したことを明らかにしたのである。[34)]

この研究結果を受容した言語学者 姜吉云は印度の阿踰陁(Ayodhya)と駕洛国は連関があったことは明らかであるから、阿踰陁で使用したドラヴィダ語がわれらの国語に、せまくには伽耶諸国に影響を及ぼしたことだけはまちがいないだろう…このように日本王室と駕洛国または伽耶(彼等の支配族はドラヴィダ語をつかっていた)の関係は比較語彙を通してみたとき一体感を与え、日本王室を伽耶系だと断定しても過言でないだろう、[35)]と主張したのである。

筆者はこれらの研究成果を基にして、日本語がドラヴィダ語(大野 晋はその中の一言語であるタミル語を限定的に選択したけれど)と直接関係をもつようになったのは任那加羅王朝と彼等の政治集団が408年頃兵船で金海を出発し日本列島の河内に上陸してその後河内王朝を建立したからであると解すれば合理的に理解されるであろう。

5。考 古 学
－騎馬部隊の軍事指導者はどこからきたか－

最近の高等学校歴史教科書には古墳文化の発展に対して次のように紹介している。

> 4世紀末から5世紀にかけての中期古墳になると、数もいちじるしくふえ、東北地方南部から九州地方南部にかけてひろく分布している。この時期の古墳としては誉田山古

34) 金秉模、「駕洛國 許黄玉の出自」、『三佛 金元龍教授停年退任記念論叢(1)』、1987、「駕洛首露王妃誕生地」、『韓國上古史學報』第9号、1992、p. 203。及び『金首露王妃 許黄玉』(ソウル：朝鮮日報社、1994)、pp. 272~275。

35) 姜吉云、前掲書、p. 273。p. 117。

墳(伝応神天皇陵)·大仙古墳(伝仁徳天皇陵)などは有名である。墳丘はいっそう大きくなり、濠をめぐらし、やがて横穴式石室があらわれ、副葬品も馬具·鉄製武器などが主となっていった。支配者の性格が司祭者から軍事的指導者にかわったのであろう。[36]

同一王朝が捕獲品等によって支配者の性格が司祭者から軍事指導者に変わることはありえないことであり、ここに社会的一大変革が起ったことを意味するのであるが、これまで日本の古代歴史家たちはまちがった記事の解読·解釈を根拠にして日本国内自体での変化·発展と主張することによって謎をつみかさねてきたのである。

1948年5月東京·御茶の水で行われた座談会で、「日本民族＝文化の源流と日本国家の形成」という題目で討論した内容が翌1949年2月に復刊された雑誌、『民族学研究』に掲載されて有名になったのである。その座談会に参加された方の中に、東洋史の江上波夫の発表した内容が、いわゆる「騎馬民族日本征服説」であった。この座談会の性格が学術的に意義があったのは日本民族の起源や国家の成立について、それまでの日本国内に限定されていた見方を改め、周辺アジアからヨーロッパまでも含めた、比較文化史的研究の最初の出現と認められたのであるが、その壁を打破するためには今後も、もっと努力と情熱が必要なようである。江上波夫は、その後発表内容を補完し、その理論的基礎を次のように主張したのである。

私には、(1) 前期古墳文化と後期古墳文化とが、たがいに根本的に異質的なこと、(2) その変化がかなり急激で、そのあいだに自然な推移を認めがたいこと、(3) 一般的にみて農耕民族は自己の伝統的文化に固執する性向が強く、急激に、他国あるいは他民族の異質的な文化を受けいれて自己の伝統的な文化の性格を変革させるような傾向はきわめてすくなく、農耕民である倭人のばあいでも同様であったと思われること。

(4) わが国の、後期古墳文化における大陸北方系騎馬民族文化複合体は、大陸およ

---

36) 児玉幸多 外、『日本の歴史』(東京：山川出版社、2001)、p. 16。

び半島におけるそれと、まったく共通し、その複合体の、あるものが部分的に、あるいは選択的に日本に受けいれられたとは認められないこと。いいかえれば、大陸北方系騎馬民族文化複合体が、一体として、そっくりそのまま、何人かによって、日本にもちこまれたものであろうと解されること。

(5) 弥生式文化ないし前期古墳文化の時代に、馬牛のすくなかった日本が、後期古墳文化の時代になって、急に多数の馬匹を飼養するようになったが、これは馬だけが大陸から渡来して、人はこなかったとは解しがたく、どうしても騎馬を常習とした民族が馬を伴って、かなり多数の人間が大陸から日本に渡来したと考えなければ不自然なこと。

(6) 後期古墳文化が王侯貴族的·騎馬民族的な文化で、その弘布が武力による日本の征服·支配を暗示させること。

(7) 後期古墳の濃厚な分布地域が軍事的要地と認められるところに多いこと。

(8) 一般に騎馬民族は陸上の征服活動だけでなく、海上を渡っても征服慾を満足せしめようとする例がすくなくないこと(たとえばアラブ·ノルマン·蒙古などの例)、したがって南部朝鮮まで騎馬民族の征服活動がおよんだばあいには、日本への侵入もありえないことでないこと。

——だいたい以上の八つの理由によって、私は前期古墳文化人なる倭人が、自主的な立場で、騎馬民族的大陸北方系文化を受けいれて、その農耕民的文化を変質させたのではなく、大陸から朝鮮半島を経由し、直接日本に侵入し、倭人を征服·支配したある有力な騎馬民族があり、その征服民族が以上のような大陸北方系文化複合体をみずから帯同してきて、日本に普及させたと解釈するほうが、より自然であろうと考えるのである。[37]

四世紀前半、朝鮮半島中部に始めて東北アジアの夫余系騎馬民族出身の辰(秦)王朝が成立し、韓人諸国(馬韓·弁韓·辰韓など)の大半を支配した。その中心が最初は馬韓(百済)にあったが、後に弁韓に遷り、最後に筑紫(北九州)に上陸した。『古事記』や『日本書紀』に記された天孫降臨はこれを指すものと考えられ、御肇国天皇といわれる崇神天皇がこの最初の建国の主人公であろう。当時はまだ朝鮮南部の伽耶に本拠地を置いていて、九州の筑紫までを支配する倭韓連合王国であった。これがそもそも

37) 江上波夫、『騎馬民族国家』(東京：中央公論社、1991、改版)、pp. 157~159。

「日本」の始まりと考えられる。そして五世紀になると、応神天皇が伽耶から北九州に渡り、勢力を増して畿内に東征した。さらに雄略天皇の代になると奈良に都を移し、かの地の豪族たちと連合して大和朝廷をつくり、関東から九州までの日本列島の大部分を統治するようになったのである。[38]

日本の後期古墳時代を特徴づけた武器や馬具なども加羅(伽耶)の古墳から普遍的に出土しており、彼我の同系を示している。一方、九州北部の福岡市、甘柿などの古墳からも、共通な構造の石蓋墓や伽耶式といわれる硬質土器が副葬品として発見されていて、東北アジア系騎馬民族の日本列島渡来のミッシングリンクがこれらによって完全につながったと私は見ている。[39]

以上が江上波夫の辰王朝による騎馬民族日本征服説(以後「騎馬民族説」と略記する)の大要であるが、「騎馬民族説」の理論的基礎である八つの内容は妥当性のある論拠のため筆者は受容する。しかし彼の「騎馬民族説」の主体は辰王朝であるが、筆者はA.D.42年金首露王が建国した駕落国(任那加羅)の子孫であると考える。文定昌の研究によれば、伽耶の金首露及び新羅の金閼智は、西暦紀元前120年漢武帝によって捕虜になった匈奴族休屠王の長男、金日磾の子孫であることを明らかにした。[40]

新羅建国の王族は北方系住民の後裔である。すなわち、彼らの青銅器の中には動物形帯鈎、細文鏡、棒頭飾、銅剣、特に触角形柄銅剣など北方形の遺物があり、そうした様式が本来スキタイ族の活動を通して東方シベリアに広がったということは常識になっている。また新羅の金冠が鹿の角と樹木の硬化した立飾りからなっており、これがシベリアを通してやはり黒海北岸の、ノボチェルカスク古墳出土の写実的樹木、鹿形飾りの金冠(西紀開始前後)と究極的に結びつくのも周知の事実である。また今度の第155号墳(天馬塚)から出た彩画障泥に描かれた馬体内部の三日月形文もスキト・シベリアの動物文に広く見られる伝統である。そして

---

38) 江上波夫編、『日本民族の源流』(東京：講談社、1995)、pp. 11~12。

39) 上掲書、p. 11。

40) 文定昌、『加耶史』(ソウル：柏文堂、1978)、pp. 22~36。

初期の新羅王たちが麻立干とよばれ、官称に角干があるのはトルコ·蒙古語のハンより由来することも常識である。以上のように古新羅の文化には濃い北方色があるのであるが、これは新羅人がそのつど北方から影響を受けて成りたったものではなく、北方族である新羅支配者階級が生来の文化伝統として身につけて慶州の地にやって来たものである。[41]

伊藤秋男の研究にすれば、中国東北地区の銅鍑(ケツトル)と同じ型式のものが、近ごろ朝鮮半島南端の伽耶古墳から発見されるようになった。金海市大成洞29号墓と47号墓から各一個ずつ、…しかも、これら伽耶の出土例は、例外なく3世紀の古い土壙槨墓から発見されるもので、伽耶の基層文化の形成に北方騎馬民族が、何らかの形で深く関与していたのではないかと考えたい、[42]と。

任那加羅の金首露王は匈奴王族系であり、許黄玉王后は印度コサラ国の阿踰陁(Ayodhya)の出身であり、彼らは西紀48年に結婚したのである。彼らの子孫は北九州に渡って邪馬台国を樹立しであろう。それから金首露王の直系子孫が高句麗との戦争で敗北したので(史料2·3)、408年頃騎馬部隊を率きつれ金海から日本列島畿内の河内地域に上陸して三輪王朝を征服したのである。これが、『宋書』に記録されている「倭王讃」であるというのが筆者の前述した仮説である。この匈奴という民族こそ、北アジア史上最初に登場した騎馬遊牧民族であったことは周知の事実である。匈奴に関しては、司馬遷の『史記』(匈奴列伝第五十)に次の如く記録されている。

> 壮者は、その力はよく弓をひきこなし、全員が武装騎兵になった。その習俗として、平時は牧畜に従事するかたわら、禽獣を射殺して生計をたて、戦時には全員が軍事を習練して、侵略·攻伐にあたったが、これは、ほとんどその天性であった。…父が死ぬと、子が継母を妻とし、兄弟が死ぬと、遺った兄か弟がその妻を取って、自分の妻とした。…

41) 金元竜、「新羅に潜むスキタイ文化」、江坂輝弥 編、『韓国の古代文化』(東京：学生社、1978)、pp. 215~216。
42) 伊藤秋男、「騎馬民族は来たのか?」、『日本古代史「王権」の最前線』(東京：新人物往来社、1997)、p. 211。

五月には、籠城(匈奴が天を祭る処)で大集会をひらさ、先祖、天地の神、鬼神を祭った。

死者を送る場合には、屍を棺(ひつぎ)・槨(棺の外箱)に入れ、金銭・衣裳をその中につめた。…主君の死にあたっては、寵愛された臣妾で殉死する者が、多いときには数十人から百人にのぼった。

1) 日本列島の馬文化

森 浩一は国家の形成と武器の関系、とくに大和政権が日本列島の大半を統治するとすれば馬の活用が前提である、[43]と主張したことは卓見である。しかし彼は広域の国家形成に馬の活用が何故必須であるかに対しては、その説明を省略したので、添加することにする。

第一、馬の活用は効果的な征服戦争を可能にするのである。領土をひろめるための征服戦争の遂行には騎馬戦術が必須条件であったからである。例えば、15世紀、スペインは少数の騎馬隊をもって広大な新世界を征服する力を誇示したのである。コルテス(Cortés)の騎兵隊は250騎だけでメキシコ全域を征服し、ピザロ(Pizarro)はそれよりもっと少数の50騎だけでペルーを征服したのである。

戦闘の結果を決定する要素は次の四つである。即ち、① 機動性(敵の側面に向って遠方から騎兵部隊を移動させること)。② 奇襲 ③ 側面攻撃 ④ 槍騎兵突撃の猛烈性は次の10世紀のあいだ騎兵戦術の根幹になったのである。[44]

第二、馬の迅速は機動性は、1837年無線電信器が発明されるまで一番はやい通信手段であり、1825年実用的な気関車、1886年ガソリン自動車が登場するまで一番はやい交通手段であった。迅速な通信・交通手段なくして広域の統治権行使は大変困難であろう。蒙古のジンギスカンが、アジア・ヨーロッパの両大陸にまたがる史上最大の帝国の建設と統治権行使を可能にしたのは騎馬の活用にあったことは周知の史実であろう。

---

43) 森 浩一、『古代日本と古墳文化』(東京：講談社、1991)、pp. 130~131。

44) Trevor T. Dupuy, *The Evolution of Weapon and Warfare*, HERO Books, 1984, p. 40。

しからば日本列島の馬文化のはじまりはいつ頃であり、どんな経路でやって来たであろうか?

古墳時代の中期に、日本列島に伝えられた馬の文化というのは、すなわち人の集団移住に直接かかわる問題です。ですから、乗馬の風習ということだけでなく、馬の殉葬や祭祀のような精神面のことも含めて、統合的に考える必要があります。…

朝鮮半島の南部では、4世紀の前半にすでに馬具が使用されていたということが、ここでのいちばんのポイントです。日本列島での最も古い馬具は4世紀の第4四半期以降ですから、Ⅲ段階にあてはまり、半世紀ほどの年代差があるわけです。これらの馬具は、洛東江の下流地域の金官伽耶にふくまれる、金海·大成洞古墳群と釜山·福泉洞古墳群から出土しています。…

桃崎祐輔さんの研究によれば、列島に馬がもたらされるのと同時に、5世紀前半からはじまり8世紀まで続き、特に牧の推定地に集中しているということです。つまり、馬の飼育にかかわった集団によって受け継がれた伝統的な儀礼と考えられ、その源流は朝鮮半島南部の新羅·伽耶にたどれるようです。…[45]

金海大成洞遺跡から、4世紀のものから多量の騎乗用の甲冑、馬具が発見されたのである。このことは任那加羅がすでに4世紀頃から強力な騎馬戦団をもっていたことを意味する。[46]

日本列島の馬文化のはじまりは5世紀前半であり、その源流は朝鮮半島南部の新羅·伽耶であり、またこれは人の集団移住に直接かかわる問題であるとの結論であるが妥当性があるのである。しかし初期における馬の活用は支配的権力集団の領域に属するが、それが如何にして渡海が可能であり、馬の運搬手段はなんであったか、という具体的内容が欠けているのが残念である。

しかるに、前述した井上光貞の見解や、また“騎馬の風習が、さらにさかのぼ

45) 千賀 久、「日本列島の馬·文化のはじまり」、『東アジアの古代文化』87号、1996、p. 76。p. 85。88号、p. 91。

46) 申敬澈、「4·5世紀の金官伽耶の実像」、『巨大古墳と伽耶文化』(東京：角川書店、1992)、p. 38。

るのか否かは別として、4世紀末から5世紀初めに騎馬の風習のあったことは確かであろう。その受入れは…わが国の朝鮮半島への出兵が直接の契機といえよう。”[47] いまだに碑文の記事(391)を論拠にして、“広開土王碑文にもみられるように、倭国が利害を同じくする百済などとともに、高句麗軍の接触したことは確実であろう。このような高句麗の騎馬軍団との直接の戦闘が、倭人たちに馬匹や乗馬技術に対する強い関心を引き起こしたであろうことは想像に難くない。騎馬文化の受容は、騎馬民族の渡来を考えなくても十分説明がつくのである。”[48]等の見解がある。日本古代史学界の一般的見解は鉄資源の獲得、乗馬の風習も大和による朝鮮出兵の結果であるとの主張であるが、前述したが如く、4世紀後半の日本列島の倭は朝鮮半島出兵の能力がなかったのである。

最近の金海·大成洞を墳群と釜山·福泉洞古墳群から出土された馬具によって、江上波夫は“私の仮説でミッシングリンク(欠けた連鎖)と見られるところは、やがては一連のものとして、全面的に新発見資料によって充足され、私の騎馬民族説が仮説ではなく、真実なものとして実証される日の来ることを確信し、期待し続けました。そうして30年以上経った今日、その期待はほぼ完全に達成されたのです”[49]と主張したのである。

しからば、任那加羅(金海)から日本列島の河内地域までどんなに馬を運搬したであろうか? 筆者は碑文の十年庚子条に、“王は歩兵と騎兵5万人を派遣して、新羅を救援した”とあることから、歩·騎兵を東海(日本海)の水路によって派遣した、[50]と解した。当時馬を船で運搬しようとすれば船の安定上巨大な構造船が必要なので、造船術に問題があるけれど、筏船であれば可能であり、また8月下旬になれば北から浦項－釜山方面に寒流の勢力が強まるので海流を利用したであろう。また任那加羅も高句麗の馬の輸送方法を習って、それを日本列島に馬を運搬

---

47) 坂本美夫、『馬具』(東京：ニュー·サイエンス社、1985)、p. 99。

48) 白石太一郎、『古墳の語る古代史』(東京：岩波書店、2000)、p. 66。

49) 江上波夫、「騎馬民族説は実証された!」、『幻の加耶と古代日本』(東京：文藝春秋、1994)、p. 32。

50) 李鍾學 ほか、『廣開土王碑文の新研究』(慶州：徐羅伐軍事研究所、1999)、pp. 126~128。

するのに実地に活用したであろう、と考えている。たまたま長崎大水産学部 紫田恵司教授らの実験によれば古代馬はイカダに乗せられて朝鮮半島から日本へ渡ってきたことが実証されたのである。[51]

騎馬部隊と鉄製武器を豊富に保有していた任那加羅の軍事指導者が河内地域に上陸して、司祭的性格をもった三輪王朝を征服した、と考えるのが合理的ではないだろうか。

2) 須恵器の源流

- 須恵器は、古墳時代中期以降、我国で生産された陶質の土器をさす。古墳時代の土器には、土師器と須恵器の二者がある。土師器は縄文·弥生土器以来の伝統的な土器製作技法を継承した軟質の土器である。これに対し、須恵器は、これら在来の技法とは全く系譜的に異なる新技術により生産された。その技術上の大きな特徴は製作時に於けるロクロの使用と窖窯による還元焔焼成に代表される。この技術の導入に伴い、土器はその大量生産が可能となり、又、生産に係わる専門工人を生むことになった。[52]

須恵器のは在来の技法と全く異なる新技術であるが、“この技術の導入に伴い”とはどんな意味であろうか? どこから如何に技術を導入したのか、が明確にされていない。私は前述したが如く、上田正昭の見解が思い出された。即ち 近時、日本列島の中の渡来文化の役割がしだいに重視されるようになってはきたが、渡来文化の伝播は認めても、渡来人とその集団の実在を軽視する見方や考え方は、なおいぜんとして根強い、と。古代、特に4世紀末の前後には朝鮮半島や日本列島には統一された国家や民族も形成されていなかった時代であり、強力な政治集団が小規模の部族国家を自由に作っていた時代であったことを見逃してはならないであろう。

---

51) 金達寿、『日本の中の朝鮮文化』⑪(東京：講談社、1994)、pp. 39~42。

52) 『日本古代史事典』(東京：大和書房、1993)、p. 118。

• 古墳時代の中ごろ堺市域の遺跡はその全容はわからないにしてもかなり専工的な遺跡が多いことに気がつく。彼らは自からの専工業に従事することによって彼らの消費する食糧および生活物資の供給は支配者より受けていたのであろう。そしてこのことより明確にする遺跡として、泉北丘陵およびその周辺地域に作られた古墳時代中期より平安時代にまでつづくわが国における一大須恵器生遺跡である陶邑古窯跡群があげられる。陶邑に見られるいま一つの重要な点は須恵器という新しい陶質土器(朝鮮半島より伝わる)の技術が伝わり、生産されたということでなく、工人集団の渡来によって生産されたという点である。そしてこれらの人々が渡来したことは古墳時代およびそれ以後のわが国の歴史、文化に大きな影響をあたえた。…堺にかぎらず巨大古墳については、いまだ歴史は厚いベールを脱ごうとしないが、いつの日か私達にその姿を見せてくれるであろうことを願っている。[53)]

• 須恵器の源流が朝鮮半島南部の陶質土器であることはほぼ意見の一致するところである。…洛東江流域の諸特徴を持ったものが多く存在、大筋では伽耶地域と考えられるが…朝鮮半島の各地の工人が畿内政権のお膝元である陶邑に結集された結果の所産であろうと考えられる…その成立には4世紀末~5世紀にかけての朝鮮半島での国際的な緊張が深く関与しているものと推察される。[54)]

• 特殊須恵器は装飾付須恵器と共に、その大半が葬祭供献用のうつわである。…角杯は北方騎馬民族の金属器がその原型とされるが、陶質土器製のものが朝鮮半島南部の古墳から出土していて、神酒を捧げる明器であるという。国内では6世紀前半代に集中して、18~23㎝の高さの大形器が豪族級の横穴石室墳や、集落内では祭祀的場所から出土している。[55)]

• 陶邑は大坂府堺市·和泉市·大坂狭山市の丘陵地帯に展開する日本最大の須恵器生産遺跡である。その構成は約1,000基と言われる須恵器焼成窯址を中心に、陶器千塚をはじめとする古墳群、深田遺跡などの集積場としての性格をもつものを含む集落址を包括する複合遺跡群である。[56)]

---

53) 堺市博物館編、『堺の遺跡と出土品』、1985、pp. 70~71。

54) 富加見泰彦、「陶質土器と初期須恵器の系譜」、『考古学』第42号(東京:雄山閣、1993)、pp. 17~20。

55) 柴垣勇夫、「様々なかたち-特殊な器形の須恵器-」、上掲書、pp. 38~39。

56) 樋口吉文、「陶邑」、上掲書、p. 51。

須恵器の源流が朝鮮半島南部の伽耶地域の陶質土器であり、この新しい陶質土器は工人集団の渡来によって生産され、その工人集団が畿内政権のお膝元である陶邑に巨大な約1,000基と言われる須恵器焼窯址があり、作った須恵器の中には北方騎馬民族が使用した角杯等を考えるとき、この工人集団は巨大古墳の主人公が伽耶地域から引きつれてきた、と解するのである。

3) 巨大古墳の謎

巨大古墳として有名な誉田山古墳(伝応神陵)や大仙古墳(伝仁徳陵)のように墳丘長が400mをはるかに凌駕する場合には想像を絶するような大土木工事が展開されたものと考えられる。梅末治の計算によれば、1人1日の労力を、1m³の土量運搬距離250mと仮定して、大仙古墳の全土量に要する人員を1,406,000人に近いものと考え、1日1,000人使役して4年に近い年月が必要だという。[57] 筆者はこの古墳を写真では見たが、1994年9月6日堺市の大仙古墳を見て圧倒されてしまったのである。こんなばかけた巨大古墳は新来の征服王朝でないと築造不可能であろう、というのが第一印象であり、これは研究すべき内容であると確信したのである。征服王朝が巨大古墳を築いた意図には、新しく倭の大王になった所以を内外に誇示するための政治·外交上の必要性があったからであろう。

4世紀以来、大王陵を初めとする大形古墳の築造は各地の有力首長の政権の授受の証としても解釈されている。呪術的な性格の濃い数々の副葬品にとりかこまれて葬られた首長は、祭りと政ごとが、一体であったいわゆる司祭者的な性格の所有者であった。古墳築造の事業は、次代の首長として財力·技術力をはじめ、組織動員力など、彼の周辺の安全度と統率力が試される場であったともいえるであろう。墓づくりが単なる土木技術の問題のみに終るものではなく、古墳の築造が次代の首長と社会にとって、きわめて政治的な色彩の濃いものであったと思

57) 堀田啓一、「巨大古墳の築造技術」、『考古学』第3号(東京：雄山閣、1983)、p. 29。

われる。それゆえにこそ、古墳の築造それ自体が政治でもあり、まつりごととして重要な役割を担っていたと見なければばならない。[58]

陶質土器としての須恵器の出現や乗馬の風習の開始を物語る馬具の副葬なども巨大古墳の世紀にはじまっているし、古墳前期での三角縁神獣鏡を中心にした大型銅鏡や鍬形石·車輪石·石釧などとよばれる碧王·製腕輪あるいは腕輪型宝器などいわば呪術的な品物が重視された副葬品に代って、実用的な甲冑や武器、あるいは馬具が重視されはじめ、古墳の副葬品や埋納物が激変しているのは見落せない。これをいいかえると、それらの品々を身につけた場合、支配者たちのよそおいが古墳前期と一変しているのも事実である。さらに大仙古墳や誉田山古墳でいくつかの実例をみたように、金製品や金色にたいする愛好が急激にあらわれることも見逃せない。つまり巨大古墳の被葬者たちが、古市古墳群や百舌鳥古墳群形成の最初からか途中からかは今後の研究にまつとしても、朝鮮半島をも含めての東北アジアの騎馬文化の強烈な影響をうけたことは否定できない。[59]

同じ時代に同じ形状の前方後円墳でありながら、規模が異った古墳が築造され、とくに副葬品の性格が全然異なることは単に捕獲品、趣味·趣向の問題ではなく、その背後にある被葬者とそれをとりまく集団の政治的·思想的·社会的な本質や意義を追求する必然があるだろう。

河内の巨大古墳を考えると、騎馬民族征服王朝説を無視できない…江上説を念頭において古市古墳群と百舌鳥古墳群をみると、それぞれの古墳群での最大規模の古墳、誉田山古墳と大仙古墳が、前方後円墳という日本列島で発達した墳形であり、しかもどちらの古墳もともに古墳群形成の最初に造営されたとみられる形跡はとぼしく、古墳群形成の途中で出現したと推定されることが問題である…以前になかった巨大古墳の出現は江上説を有利にしているようでもあるが、寺院とは違い、こと墓制·葬制の点で民族の伝統を失ってしまうかどうかは、さらに検討をつづけねばならない…[60]

58) 大塚初重、「古墳の築造と技術」、上掲書、p. 14。
59) 森 浩一、『古代古墳の世紀』(東京：岩波書店、1981)、pp. 228~229。
60) 上掲書、pp. 227~228。

森 浩一は江上波夫が主張する河内王朝の騎馬民族と三輪王朝の民族を別に考えて、騎馬民族が彼等の墓制·葬制の伝統を失ってしまうのを疑問にしているようである。しかし前述した人類学の立場からみたとき、三輪王朝も、また筆者が主張する河内王朝も同じく任那加羅(金海)からの渡来政治集団である。ただ日本列島への渡来時期が先後であるだけで墓制·葬制の伝統は問題視する必要はないことであろう。

奥野正男によれば、3世紀後半から4世紀の初めごろ、前方後円墳は大和に突如として出現した、といわれる…その考古学的な結論は、まだ完全に統一的な見解には至っていないものの、古墳にあらわれる文化の諸相はすべて'西から東へ'移動しているということである。つまり、前期古墳のもつさまざまな特徴ー墳形(前方後円)·埋葬施設(竪穴式石室)·祭祀用土器(ハニワ)·副葬品(鏡·装飾品·鉄製品)ーこれらは大和における弥生社会が、自生·発展して到達したものではなく、すべて九州北部から瀬戸内(吉備)を経て大和にいたる諸地域の古墳祭祀の様式が総合されたものであるということである。これは九州北部にあった邪馬台国の勢力が、吉備など瀬戸内沿岸諸国との経済·文化·政治にわたる結びつきを強めながら拡大し、大和に新しい王権とその都をつくったというー邪馬台の東遷を裏づける考古学的事実にほかならない、[61]と主張した。これは<二重構造モデル>の観点からも容易に理解されるし、またこの初期大和政権が、すなわち三輪王朝であろう、と筆者は解する。

堀田啓一によれば、誉田山·大仙古墳は日本国を代表する二大前方後円墳であり、これは二大古墳の被葬者は『宋書倭国伝』にみられる「倭の五王」の二人であろう、[62]と言った。筆者は墳丘486mの大仙古墳は倭王讃(425年死)、墳丘430mの誉田山墳は倭王珍の陵であろうと推測する。

---

61) 奥野正男、『邪馬台国は古代大和を征服した』(東京:JICC出版局、1990)、pp. 2~3。
62) 堀田啓一、前掲論文、p. 31。

6。文 献 史 学－君父の仇とは?－

三輪王朝は中国との対外関係に対して無関心であったが、新来の河内王朝は対照的にも積極的で、東晋に義熙9年(413)にはもう使者を派遣したのである。

> 高句麗王高璉は征東将軍などの官爵号を授与され、しかもやがて来る宋王朝の樹立によって、征東大将軍に進号されることになった。ところがこれに対して、倭国王には義熙9年時はもとよりのこと、宋の建国時にまったく官爵授与という対応がなされなかった。しかも『太平御覧』所引の『義熙起居注』には、倭国からもたらされたものが貂皮と人参という、およそ日本の産物らしからぬものを持参したと記されているのである。この倭人は当時の倭王とは無関係のもので、おそらく好太王碑の伝える高句麗と倭軍の戦闘の結果、高句麗の捕虜となった倭人の一員で、これを高句麗王が自国の強大さを誇るために「従属する倭国の使者」などと偽って東晋に連れて行ったものと思われる。[63]

西紀413年倭王が東晋に送った特産物が日本の産物らしからぬ「貂皮と人参」であることから、当時の倭王とは無関係であるばかりか、偽った倭国の使者であるとの解釈は外交史上ありえないことであり、また論理の飛躍ではなかろうか? 朝鮮半島南部の任那加羅から倭に来て4、5年しかたたない倭王讃は朝鮮伝来の趣向が抜けなくて「貂皮と人参」を最高の貴重品であると考えて東晋王に送ったと解すべきであろう。

史料価値の高い沈約(441~513)の『宋書』倭国伝にはまた貴重な史料、「倭五王」がある。すなわち、高祖武帝の永初2年(421)と太祖文帝の元嘉2年(425)に倭王讃、ついで倭王珍が、また元嘉20年(443)と同28年(451)に倭王済が、世祖孝武帝の大明6年(462)に倭王興が、順帝の昇明2年(478)に倭王武が、それぞれ使を派遣したのである。これに応ずる同書の本紀には元嘉15年(438)4月号の安東将軍、同28年(451)の安東将軍等の記録がある。これまで日本の古代史研究家た

---

63) 坂元義種、「東アジアと倭の五王」、『日本古代[王権]の最前線』(東京：新人物往来社、1997)、p. 14。

ちは、「倭の五王」が『日本書紀』のどの天皇に当てるか、また日本古代国家形成史論に重点をおいて研究してきたのである。[64]

しかし、筆者は特に倭王たちが宋に使を派遣して送った上表文の内容分析に興味をもったのである。この問題は、当時南朝の宋は北魏に対する、牽制策として周辺諸国の冊封要請に応じ、自国の影響が及ばない地域に対する形式的な称号が除される傾向があったこと、と日本列島の倭、特に三輪王朝は朝鮮半島への出兵能力が全然なかったことを前提として考察すべきである。

(史料4) (425) 讃が死んで弟の珍が立った。使を遣わして貢献し、みずから使特節都督倭・百済・新羅・任那・秦韓・慕韓六国諸軍事、安東大将軍、倭国王と称し、上表文をたてまつって除任されるよう求めた。詔して安東将軍・倭国王に除した。[65]

(史料5) (478) ⓐ 封国(倭国をさす)は偏遠で藩を外になしている。昔から祖禰がみずから甲冑をきて、山川を跋渉し、ほっとするひまさえなかった。東は毛人(蝦夷・アイヌ)を征すること55国、西は衆夷(クマソ・隼人など)を服すること66国、渡って海北(朝鮮半島)を平げること95国…

ⓑ 道は百済をへて、もやい船を装いととのえた。ところが高句麗は無道であって、見呑をはかることを欲し…臣の亡父済は、じつに仇かたきが天路をふさぐのを怒り、弓兵百万が…まさに大挙しようとしたが、にわかに父兄をうしない、垂成の功も失敗に終った。

ⓒ 詔して、武を使特節都督倭・新羅・任那・加羅・秦韓・慕韓六国諸軍事、安東大将軍、倭国王に除した。[66]

第一：この『宋書』によれば、高句麗は463年(大明7年)に車騎大将軍(第2品)、百済王は457年(大明元年)に鎮東大将軍(第3品上階)に除されたが、倭王武は478年(昇明2年)に安東大将軍(第3品下階)に除され、百済よりいつも下位であったのである。これは当時東アジアの国際秩序の序列であり、この文献史料によっても日本

64) 笠井倭人、『研究史倭の五王』(東京：吉川弘文館、1973)
65)『宋書』倭国伝。
66) 上掲書。

古代史学界の通説であった碑文の辛卯年記事による「任那日本府」説は虚構である証拠になるであろう。それに明治以来、日本の考古学者たちが任那日本府の遺跡を金海地域で探したけれどなかったのである。[67] それから考古学者 森 浩一にすれば、“4世紀の後半に、大和朝廷が朝鮮半島に鉄を求めて進出した。そして任那という植民地を作っていた”などと、実年代を入れている。これは、今年の一番新しい教科書である。4世紀から5世紀にかけて、日本が朝鮮を軍事的にも政治的にも支配していたというような証拠は、ほとんどない。[68]

第二：“昔から祖禰がみずから甲冑をきて、山川を…東は毛人を征すること55国、西は衆夷を服すること66国”と言ったが、これは倭王武の祖先代からの軍事的業績であるが、“4西紀の末年、正確にいうと391年までに日本列島の統一は完了していて”[69]と主張したけれど、5世紀後にも国内統一戦争が遂行されていたことを物語っているのである。東の毛人とは関東地方のエゾを指し、西の衆夷とは九州地方のクマソを指すのである。前述した井上光貞説の如く、九州地方の有力者が4世紀末ごろ大坂平野に襲来し、新政権を樹立したとすれば、東の毛人を征するのは理解されるが、西の衆夷を服するとはどんなに解すべきであろうか?ましてや当時の日本列島の倭は朝鮮半島に出兵して征服戦争の遂行能力がないのに“渡って海北(朝鮮半島)を平らげること95国”はいかに解すべきか? 筆者は任那加羅から渡来してきた河内王朝が碑文に記録されいるがごとく(史料2·3)、新羅·帯方地域を攻略したことであり、また前述した東西の征服戦は河内地域に上陸してからの国内統一戦争遂行を記録したと解するのである。従って、この文献的史料は河内王朝の出自が任那加羅である確実な論拠であると解するのである。

第三：倭王武以前から高句麗が朝貢するのを妨害することを「無道」であると誹謗し、父は高句麗を討伐しようとしたけれど、にわかに亡くなったと記述した(史料5のⓑ)。三輪王朝と高句麗とは全然交渉·利害関係がないのに、なぜ朝貢を妨

---

67) 李進熙、『好太王碑と任那日本府』(東京：学生社、1977)、pp. 202~208。
68) 司馬遼太郎 ほか、『日韓理解への道』(東京：中央公論社、1987)、pp. 82~83。
69) 水野 祐、『大和王朝成立の秘密』(東京：KKベストセラーズ、1992)、p. 107。

害し、またそれを外交文書に「無道」であると批難したか? 高句麗討伐戦まで考えたということをどんなに解したらよいだろうか? 碑文によれば、十年庚子(400)、任那加羅は高句麗軍に従抜城を抜かれて降服し、また十四年甲辰(404)、帯方地域に侵入したが、高句麗軍に撃破されたがため、故国を離れ日本列島に来て河内王朝を樹立した倭五王、特に武は高句麗に対し敵対感·怨みをもって上表文を書いたと解する。

第四:歴代の倭王は、しっこくも「百済·新羅·任那…」(史料5のⓒ)の支配権を主張した理由はなんであろうか? もちろん百済は除外されたけれど。この問題については、“新羅·任那·加羅…の支配権を宋から承認してもらったことを意味する。武の外交は成功といってもよい。けれど、そうした称号を得たことと、実際に支配権をもつことは別である。宋としては、それらの国々は自国と交渉がないから、朝貢してきた倭王の顔を立てて、請願をみとめただけのことだろう”[70]という見解もある。

歴代の倭王はしっこくも宋から承認をもらうことを請願した理由は彼らの祖先が朝鮮半島の南部(任那加羅)の王家であったことを根拠にして、その縁故権を主張したかったからではなかろうか。筆者の河内王朝の仮説の一部分は上述した内容分析から由来するのである。

『日本書紀』には任那が新羅に滅ぼされたとき次の如く記録している。

(史料6) 欽明天皇二十三年(562)春一月、新羅は任那の官家を打ち滅ぼした。…

夏六月、詔して、“新羅は西に偏した少し卑しい国である… 太子·大臣らは助け合って、血に泣き怨をしのぶ間柄である。大臣の地位にあれば、その身を苦しめ苦労するものであり、先の帝の徳をうけて、後の世を継いだら、胆や腸を抜きしたたらせる思いをしても奸逆をこらし、天地の苦痛を鎮め、君父の仇を報いることが出来なかったら、死んでも子としての道を尽せなかったことを恨むことになろう”とある。[71](宇治谷 孟訳)

---

70) 直木孝次郎、『日本古代国家の成立』、p. 135。

日本古代史学界の通説の如く、任那が倭の植民地であり、それが新羅によって滅ぼされたのをもって、何がゆえに“君父の仇を報いることが出来なかったら、死んでも子としての道を尽せなかったことを恨むことになろう”と言ったであろうか? 日本の古代史研究者たちは、いままでこの貴重な信憑性のある『日本書紀』の内容(史料6)を無視、または埋没してきた理由はなんであろうか?

上田正昭によれば、1965年、桓武天皇の母は高野新笠という方で、「和氏譜」やその崩伝にみえるように、出身は武寧王の流れをくんでいる。桓武天皇の母の父、つまり外祖父は、日本名を和乙継という方で、まぎれもなく百済王族の流れをくんでいる人物である…すると、当時、右翼の皆さんがえらく怒られ、大日本不敬言動調査会などから、「近く天誅を加える」とか「京都大学を去れ」という抗議を三通いただいた。家宝として大切に保存しているが、32年前というと、そういうことを書くことが不敬とされた。しかし、これは歴史の事実であり、いまは国民の常識になっている、[72]と主張した。

上田正昭が歴史の事実を表明したら右翼の団体から脅迫を受けたことは、学問ばかりでなく、日本国家の発展の観点からみても望ましき態度ではないであろう。最近朝日新聞の報道(2001. 12. 23.)によれば、“天皇は記者会見において、私自身としては、桓武天皇の生母が、百済の武寧王の子孫であると続日本紀に記されていることに、韓国とのゆかりを感じています…さらに過去を正確に知ることに努め、個人個人としての互いの立場を理解していくことが大切であり、両国民の間に理解と信頼感が深まることを願っております”と話した。

筆者は全く同意·受容する立場であり、特にこのことは古代史研究において歴史的事実は事実として認めるという態度の転換点になることをせつに望んでいるのである。同時に学問とは真実を探求する行為であるから。

(史料7) かれここに天の日子番のニニギの命、天の石位を離れ…筑紫の日向のの

---

71) 『日本書紀』巻十九、欽明天皇二十三年。

72) 上田正昭 編著、『司馬遼太郎回想』(東京:文英堂、1998)、p. 164。

高千穂の霊じふる峰に天降りましき…ここに詔りたまはく、“此地は韓国に向ひ…朝日の直刺す国、夕日の日照る国なり。かれ此地ぞいと吉き地”と詔りたまひて…[73]

神話において述べられている真実とは、歴史的事実でもなければ科学的真理でもない。それは、神話的真実である。[74] 神話的真実がなんであるかは明確には知らないが、それは先祖のだいたいの考え方とか望みを語ったことであろう。上田正昭によれば、“すでに多くの神話学者が指摘してきたように、記録の天孫降臨神話には、北方アジア的要素が強い…記紀神話には、北方アジア的要素とともに、海洋民族神話の伝統が生き残っていた”[75]と言った。これは埴原和郎の＜二重構造モデル＞の観点からみても当然であろう。“記紀神話の高千穂は、あくまでも日向と結合している…実際に『古事記』に描く日向の地は、‘韓国に向’うところで‘朝日の直刺す国、夕日の日照る国’とのべられているではないか。もし日向を宮崎県地方としたり、鹿児島県地方としたのでは、それらの地は‘韓国に向’うところとはなりえない。しかも、筑紫の日向の高千穂とする所伝は、その峰を、‘久士布流多気’(『記』)・‘槵触峰’(『紀』第一の一書)・‘槵日の高千穂の峰’(第二の一書)としるす。加羅の神話が太古の世亀旨の峰に始祖が降ったとするのといかにも似通っいる”[76]と。

大和岩雄によれば、高千穂峯を『日本書紀』の一書は「添山峯」と書くが、「ソホリ」は新羅の始祖伝説で始祖王の閼智が天降りした地である。また「久士布流多気」(『日本書紀』一書の第一の「槵触峯」)について、日本思想大系『古事記」の補注は、「三国遺事·駕洛国記にみえる首露王の亀旨峯への天降り神話の亀旨峯と同名」と書く。このように新羅·加羅(駕洛)の始祖王伝承で天から降臨した山の名が、わが国の天孫降臨神話にそのまま使われているのは、大隅の秦王国の降臨神話を原典にしているからである、[77]と主張した。

---

73) 『古事記』 上つ巻。

74) 大林太郎、『神話学入門』(東京：中央公論社、1993、22版)、p. 179。

75) 上田正昭、『日本神話』(東京：岩波書店、1993)、p. 191。

76) 上掲書、pp. 193~195。

徐廷範によれば、“西暦927年に完成した『延喜式』神名帳によれば、宮内省に坐す神三座のうち、韓神社二座とあり、また神楽歌に‘韓神’があって、本末共に‘われ韓神の、韓招ぎせむや’とある…またニニギの命が高千穂の久士布流多気に降臨してから都を定するにあたって、‘此地は韓国に向ひ…朝日の直刺す国、夕日の照る国なり。故、此地いとよき地’といったことである。何故に韓国に向かっている所が、よき地であるといい切ったのであろうか。このような資料からみて、天孫系は韓国で、高天原は韓国を指しているのではないだろうか”[78]と。

任那加羅(駕洛)の始祖である金首露王が「亀旨峰」に降りたように、[79] ニニギの命が「久士布流多気」に天降るが、これは加羅の神話と「似通っついる」のではなく同一の神話とみるべきであろう。その理由は、久士布流のクジ(久士)はクチ(亀旨)と対応し、布流は「峯」の意で韓国の古代語であるポル(pol、峯)と同根語である。「久士布流多気」はクッ(kut、祭儀)・フル(huru、峯)・タケ(take、岳・嶽)の意[80]をもっているからである。従って、任那加羅からきた河内王朝の倭王讃はもとより、その後の天皇家も天孫系であり、このような観点から(史料6)の“君父の仇…”はもっと明確に理解されるであろう。

7。おわりに

日本の古代史に謎が多い理由は、三つの要因、即ち ① 古代の造船術と航海術 ② 記・紀の史料批判 ③ 碑文の辛卯年記事にあると考え、検討を試みたのであるが、都合によって①、②は省略した。特に、5世紀に出現した巨大古墳、馬文化と須恵器等の登場に対して、日本の古代史学界では、碑文の解釈に基づいた大和政権による朝鮮半島への大規模な出兵と「任那日本府」に論拠が置かれていたのが特徴であった。

---

77) 大和岩雄、「‘日本にあった朝鮮王国’をめぐって」、『東アジアの古代文化』109号、2001、p. 71。
78) 徐廷範、『韓国語で読み解く古事記』(東京：大和書房、1992)、p. 11。p. 19。
79) 『三国史記』巻第二、紀異第二 駕洛国記。
80) 徐廷範、前掲書、p. 208。

この問題に対し、4世紀後半の日本列島の倭が大軍を朝鮮半島に出兵して征服戦争を遂行する能力がなかったこと、それから日本古代史学界での通説の如く、辛卯年記事によって倭が391年百済·新羅を破り臣民と為すと仮定しても、400年、404年に倭は大潰·潰敗されたため、朝鮮半島の南部に足場となる根拠地(作戦基地)の喪失によって「任那日本府」説は全く成立し得ないのである。従って広開土王碑文の記事の通説(史料1)を基にした日本古代史は虚構であることを指摘するのである。

これまで仮説にそった論議によって、次のような結果を得たのである。

(1) 筆者は日本人の起源に対して、埴原和郎の＜二重構造モデル＞を受容した。すなわち渡来系集団は、まず北部九州に住みついて、その数が増すにしたがって近畿地方にまで広がり、ついに朝廷を成立させたことは、大和王朝の主体勢力が任那加羅からの渡来系の政治集団であると解した。

(2) 日本語の文法的ならびに構文的構造は、韓国語を含むアルタイ言語型に属するが、特に南インドのドラヴィダ語と系統的関係を持つことは外国人宣教師らによって指摘されてきた。この問題は韓国語においても同じ現象であったが、伝来ルートに対する証拠がなくてこれまで説得力があまりなかったのである。しかるに金首露王の皇后許黄玉が印度コサラ国の中心都市であった阿踰陁(Ayodhya)の出身であることが最近究明されることによって、言語上からみても、日本王室は伽耶系であろうとの言語学者の見解は河内王朝の出自を示すよき証拠になるであろう。

(3) 江上波夫は辰王朝による騎馬民族日本征服説を主張したが、その理論的基礎である八つの根拠に対して筆者は全面的に受容する。しかし征服王朝の主体、渡来地·征服時期に関しては見解を異にする。任那加羅の金首露王は匈奴王族系であり、その直系子孫が高句麗との戦争で敗北したので(史料2·3)、408年ごろ騎馬部隊と水軍を率きつれ朝鮮半島南部(金海)から日本列島畿内の河内地域に上陸して呪術的な三輪王朝を征服したであろう。その論拠と

して ① 馬文化 ② 須恵器の源流 ③ 河内巨大古墳の築造等である。特に大仙古墳は倭王讃(425年死)、誉田山古墳は倭王珍の陵であろうと推測する。

(4) 『宋書』倭国伝の倭王武の上表文(史料5)は貴重な史料である。① 倭王武の祖先が"東の毛人を征し、西の衆夷を服した"とは、出自が日本列島外からの征服王朝であり、また5世紀初に国内統一戦争を遂行した証拠であろう。② "渡って海北(朝鮮半島)を平げること95国"、また高句麗を「無道」であると誹謗したことにより、征服王朝の出自が碑文によって(史料2·3)任那加羅であることが確実である文献史料と解する。

(5) 『日本書紀』(史料6)によれば、任那(高霊)が新羅によって滅ぼされたとき、"君父の仇を報いることが出来なかったら、死んでも子としての道を尽せなかったことを恨むことになろう"と言ったこと、また任那加羅の始祖である金首露王が「亀旨峰」に降りたように、ニニギの命が「久士布流多気」に天降りした神話が同一であることは、河内王朝及び天皇家の出自は伽耶であろう。

従って任那加羅(建国は西紀42年)の金首露王は匈奴王族系であり、許黄玉王后は印度コサラ国の阿踰陁のブラマン階層出身で、彼らは西紀48年に結婚をした。その任那加羅は、広開土王碑文に記録されているように、西紀400年と404年高句麗との戦争で敗北したので西紀408年ごろ豊富な鉄製武器·騎馬部隊と水軍を率きつれ朝鮮半島南部(金海)から日本列島畿内の河内地域に上陸し、呪術的な三輪王朝を征服して河内王朝を樹立した。それから彼らは新しい王朝のため須恵器·土木工人集団をも任那加羅からつれてきたし、425年以後、河内に築造された巨大古墳は河内王朝の大王たちのであり、『宋書』倭国伝に記録されている「倭の五王」であろう、というのが、筆者の仮説的結論である。

これまで仮説の論証を試みたのであるが、賛否の判断は読者にお任せし、また読者のご意見を得たいのである。♣

(『東アジアの古代文化』第113·114号、2002年·2003年)

IV

日本の西洋軍事理論受容に関する研究※

─陸軍参謀本部を中心に─

1。はじめに

1872年2月ようやく薩摩、長州、土佐三藩の献兵一万をもって天皇直属の軍隊、即ち、陸軍を創設した。陸軍は当初仏国式により、その後普仏戦争(1870~1871)で仏国が敗北したので、プロイセン─ドイツ式を採用したのである。

日本陸軍の戦略·戦術立案部門は参謀本部であり、その参謀本部はプロイセン─ドイツ参謀本部をモデルとしてつくられた。プロイセン時代以来、ドイツ参謀本部の名はドイツ陸軍を代表する存在として知られていた。プロイセン参謀本部の父と言われるシャルンホルスト以来、古典的な名著『戦争論』を未定稿として残したまま病死したクラウゼヴィッツ、クラウゼヴィッツの『戦争論』を実際の戦場で体系的に具体化したモルトケ、シュリーフェン·プランの完成者シュリーフェン、彼らはイツ参謀本部とその前身を代表する人物として知られている。日本の参謀本部はモルトケ時代の参謀本部を手本としてつくられ、陸軍の機構·編成はもとより、軍事理論、参謀将校の養成にいたるまで、ドイツを師とした。実際に指導にあたったのは、モルトケが人選して日本に派遣したドイツ陸軍の参謀将校メッケル参謀少佐であった。メッケルの軍事理論と参謀養成教育がその後の日本陸軍のあり方に大きな影響をおよぼしたのである。[1)]

※ 日本防衛庁 防衛研究所 戦史部で発表した内容である。(2000年1月25日)

これまでの研究によれば、モルトケは忠実なクラウゼヴィッツの後継者·弟子として評価されて来たのである、即ち、シュリーフェンによれば、“モルトケの聡明なる展開はクラウゼヴィッツの密接なる連関の下に行われ、今日でも出藍の誉を有するに到っている。”[2] “クラウゼヴィッツの兵学思想は、モルトケ(1800~1891)という一軍事的能才のうえに、その正統的継承者を見いだした。…彼は、クラウゼヴィッツの理論的弟子であり、思想的後継者であったばかりでなく…”[3] “多くのプロイセン軍人と同じく、モルトケ自身の思想はクラウゼヴィッツの影響をうけ、また自身をクラウゼヴィッツの弟子であると記述した。”[4]

しからば、はたしてモルトケはクラウゼヴィッツの忠実な弟子であり後継者であるだろうか?『戦争論』の基本的軍事理論はなんであり、また難解·誤解の原因はなんであろうか? 日本の参謀本部がモルトケの参謀本部から学んだ軍事理論[5]はどんな内容であったか、ということに対して究明を試図するのである。

2。クラウゼヴィッツの『戦争論』(1832)

1)『戦争論』入門

クラウゼヴィッツ(1780~1831)は1793年(13才)マインツ攻略戦に参加、連隊旗手に昇進し、16才で少尉になった。1801年シャルンホルストが初級将校のため新しく開いたベルリン軍事学校に入学して3年間、専門分野である軍事科目だけでなく、哲学·論理学·数学·歴史学等の基礎教養科目の教育を受けたのである。これ

---

1) 大江志乃夫、『日本の参謀本部』(東京：中央公論社、1985)、pp. 8~9。

2) クラウゼヴィッツ、『戦争論』(上巻)、馬込健之助譯(東京：岩波書店、1933)、p. 23。

3) 小山弘健、『軍事思想の研究』(東京：新泉社、1970)、p. 101。p. 106。

4) Peter Paret, ed., *Makers of Modern Strategy* (Princeton, N. J. : Princeton University Press, 1986), p. 297。

5) 軍事理論(military theory)とは軍事問題に関する研究と、その概念、カテゴリー、命題、法則または一般理論を含むのである。昔の軍事問題研究の焦点は‘戦争とは何か?’、‘どうやって戦勝するか?’の二つの問題であった。[Julian Lider, *Military Theory* (London : Gower Publishing Company, 1983), pp. 1~2。]

が後年、彼の戦争理論の中核を形成するに大きな影響を与えたのである。[6] 1806年10月フリードリヒ大王の甥であるアウグスト殿下(大隊長)の副官としてイエナ会戦に参加し、ナポレオン軍に惨敗して殿下とともに捕虜になって1年余フランスで捕虜生活を送ったのである。講和条約によって釈放され、ベルリン帰還後、1810年プロイセン軍参謀部付き軍事学校教官、同時に皇太子の軍事教官になったのである。

1812年ナポレオンのロシア遠征のとき、クラウゼヴィッツはプロイセン王に辞職願を提出して、ロシア軍参謀部付中佐に任命され、ナポレオン軍の敗戦過程を体験したのである。彼はようやく1814年プロイセン軍大佐として復帰が認められ、1815年プロイセン軍主力のブリユッヘル軍所属第3兵団の参謀長に任命され、ワーテルロー会戦に参加し、フランスに進駐したのである。1818年クラウゼヴィッツは少将に昇進し、ベルリン軍事学校長に就任して1830年まで12年間校長としての職務を勤める傍ら、『戦争論』の著述に専念したが、砲兵監に任命されることによって、著述は中断され、1831年11月コレラ発病によって突然死亡することにより、彼の『戦争論』はまったく観点が異なる絶対戦争と現実戦争の混作の未完成作品としてのこされたのである。

従って、彼に対する誤解はここから由来し、それに哲学的用語の抽象性や、本の分量(46版718頁)が多いこと等によって、『戦争論』は周知の如く名著といわれているが、実際に読まれるよりは引用文につかわれることが多いし、また難解の本として評価も人や国によっていろいろである。例えば；

- 間接的なカント学徒としてのクラウゼヴィッツは、真の哲学的知性を涵養することもないまま哲学的表現様式を身につけていた。…彼は戦術ないし戦略に対して新しくまた目覚ましい進歩的思想により寄与するということは皆無であった。彼は創造的ないし精力的思想家であるよりも法典編纂的思想家であった。[7](リデル・ハート)

---

6) Peter Paret, *Clausewitz and the State* (London : Oxford University Press, 1976), p. 69。

7) B. H. Liddell Hart, *Strategy* (New York : Federick A. Praeger, 1954), pp. 352~353。

- 未完成であり、推敲されていない『戦争論』は、ほとんど論文や覚書の寄せ集めであり、十分に吟味された形式によって集大成されたものとはいえない。それは長たらしく、反復が多く、常套的でわかりきったことばかりである。その上に、ところどころ極度に複雑化され、矛盾しているところもある…彼は絶対戦争の概念を、すべての軍事行動を測定するものさし、と考えていたことは明確である。[8](フラー)
- 『戦争論』は今日まで現われた戦争と戦争遂行に関する研究中最も深奥で、包括的でまた体系的である唯一な軍事古典である。[9](ヘルベルト・ロジンスキー)
- クラウゼヴィッツ理論の核心は、未だ理解されていないか、或は注目されてもいない。更に、彼の全作品の哲学的・理論的根拠や、政治、経済、社会の多種多様な要因の中から見い出される戦争の全体像をまづ考え始めねばならないということが忘れられている。[10](ヴェルナー・ハールヴェーク)

『戦争論』が難解であることは定評があるし、筆者も1957年7月米国で最初に英訳された『戦争論』(1943)[11]を読み始めたが、第1篇第1章も読みおえず中断してしまった苦い記憶が残っている。ドイツ国防軍の総司令官であったゼークト将軍(1866~1936)は、彼の妻に送った手紙の中で、"クラウゼヴィッツに関する限り、私は深い哲学的訓練を欠いている。私はときに幸運の公式を発見する才能をもった経験主義者になりたい"[12]と歎いたのである。クラウゼヴィッツの論法、思考方式、認識論、それから戦争理論の一貫した体系を樹立しようとして当時のカントからヘーゲルに至るドイツ観念主義哲学を基盤に置いたことに対しては異論がないであろう。[13]

---

8) J. F. C. Fuller, *The Conduct of War* (New Brunswick : Rutgers University Press, 1961), p. 60。

9) Herbert Rosinski, *The German Army* (New York : Frederick A. Praeger, 1966), p. 110。

10) クラウゼヴィッツ協会編、『戦争なき自由とは』(東京：日本工業新聞社、1982)、p. 41。

11) Clausewitz, *ON WAR*, trans. by O. J. Matthijs Jolls (New York : Modern Library, 1943)。

12) Michael I. Handel, ed., *Clausewitz and Modern Strategy* (London : Frank Cass& Co. Ltd., 1986), p. 217。

しかしドイツ観念論哲学それ自体が理解しやすい学問ではないようである。例えばカントが彼の『純粋理性批判』(1781)の原稿を友人マルクス・ヘルツに送ったら、ヘルツはその原稿を半分読んで、“これを続けて読んでいくと発狂しやしないだろうか?”と言ってそれを返送したという。クラウゼヴィッツがカントの有名な批判書の3部作やヘーゲルの諸著書を読んだ具体的な書名はいまだに確認されていないようだけれど、ヴェルナー・ハールヴェークの研究によれば、クラウゼヴィッツはベルリン軍事学校の教授であったキーゼヴェターの著書、『カントの基本原則に基づく普遍的論理の概要』(1791)によってカント哲学の基本になじみ、これを活用した、14)と主張している。

2) 戦争研究の方法論

『戦争論』が発刊されていらい、不朽の名著と評価されながらも、いまだに難解の対象になっているのは、主として彼の戦争研究の方法論から由来するのではなかろうか。方法論(methodology)とは、ある学問の性格に関する哲学的観点・認識論的基礎の上で知識を得る根拠の妥当性を究明する手続きとしての理論的接近を意味するのである。

クラウゼヴィッツは戦争の実態を正確に把握し、これを分析する学問的根拠に基づいた方法を徹底的に研究する必要から方法論に深い関心をもっていたのである。それで彼はビューローやジョミニらの戦争論を行き当りばったりな考えや認識をもとに構築していると厳しく批判している。彼らは妥当性に乏しい見解から一般論を引き出しているため、考えが一面的である、と考えたようである。妥当性のある見解とは、それが理論体系の一部であろうと、全体であろうと、経験、歴史的解釈、論理的分析などの試練に耐え得るものでなければならない。彼は当時

---

13) Peter Paretによれば、ドイツ観念主義哲学や後期啓蒙主義の美学理論を基礎にしているように思われる、と言った。*op. cit.*, p. 151。

14) クラウゼヴィッツ協会編、前掲書、pp. 441~442。

の哲学、科学から多くの影響を受けたばかりでなく、生物学、地質学なども活用したのである。[15]

クラウゼヴィッツは"戦争とは何か"の結論を次の如くした。

① 戦争は当面する個々の状況に応じて性質を変えるカメレオンのようなものであり、全体的にみれば奇妙なる三位一体をなしている。第一は、盲目的自然衝動とでもいうべき憎悪·敵愾心など、戦争の本質にもとづく野性的暴力性。第二は、戦争を一つの自由な精神活動たらしめる蓋然性と偶然性。第三は、戦争とはもっぱら悟性(Verstand)の領域に属することによって、政治的道具という従属的性質を持つのである。[16](第1篇第1章、以後 I-1と略記する)

クラウゼヴィッツによれば、上述した第一は主として国民に、第二は主とて将帥と軍隊に、第三は主として政府に関係する内容である。これらの三要素は戦争の本質に深く根ざした重要な鉄則であるが、それぞれにかかる比重は状況によって変化し、戦争の性質に応じて、どれに重点をおくべきかがきまるものであり、いかなる場合においてもこの三要素がバランスを保って存在することが必要である。何れにせよ上に提示された如き戦争の概念を定義し得たことは、戦争理論の基礎構造を解明する最初の光明である(I-1)と言ったのである。特に戦争はもっぱら「悟性」の領域に属すると言ったが、この「悟性」とは彼の戦争理論の意味解釈のキーワードであり、理論的支柱であるにもかかわらず、これまでの訳語はいろいろである。例えば ;

- もっぱら理性の(purely to the reason)[17]
- 純粋知性の(pure intelligence)[18]

---

15) Peter Paret, *op. cit.*, pp. 148~149。

16) この内容に関しては、『軍事史学による古代史散策』(慶州、2007)の「戦争の三位一体に関して」参照。

17) Clausewitz, *ON WAR*, trans. by J. J. Graham(1873)(New York : Barnes & Noble, INC. 1956), VOL. 1, p. 26。

18) Clausewitz, *ON WAR*, trans. by O. J. Matthijs Jolles, p. 18。

• 純知力の[19]

• もっぱら打算を事とする知力の[20]

• ただ理性だけの(reason alone)[21]

• 純粋な打算的(合理的)な[22]

• 純粋理性の[23]

筆者はドイツ語の'Verstand'が韓国·日本では'悟性'に、英訳では'understanding'の哲学用語として定着しているにもかかわらず、上述したように'理性'または'知力'に訳された背景に対して知らないけれど、カントの認識論、即ち『純粋理性批判』によって解明してみることにする。[24]

• 感性(Sinnlichkeit):われわれが対象から触発される仕方によって表象を受取る能力を感性という。それだから対象は感性を介して我々に与えられる。また感性のみが我々の直観に結合するのである(33)。人間の認識には二つの根幹がある。即ち感性と悟性(Verstand)とである。そして感性によって我々に対象が与えられ、また悟性によってこの対象が思惟されるということである(29)。

• 悟性(Verstand):人間の経験的認識能力は必然的に悟性を含んでいる(A119)。我々は、さきに悟性をいろいろな仕方で説明した、即ち悟性は認識の自発性であり、思惟の能力であり、概念や判断の能力であると同時に規則の能力でもある(A126)。

• 理性(Vernunft):我々の一切の認識は、感性に始まって悟性に進み、ついに理性に終るが、直観の供給する素材を処理して、思惟の最高の統一に従わせるものとしては、理性より高いもの(認識能力)は、我々のうちに見出せない。理性は最

---

19) クラウゼヴィッツ、『戰爭論』上卷、馬込健之助譯(東京:岩波書店、1933)、p. 80。

20) クラウゼヴィッツ、『戦争論』上巻、篠田英雄訳、p. 62。

21) Clausewitz, *ON WAR*, trans. by Michael Howard and Peter Paret, p. 89。

22) クラウゼヴィッツ、『戰爭論』金洪哲譯(ソウル:三省出版社、1977)、p. 76。

23) クラウゼヴィッツ、『戰爭論』柳済昇譯(ソウル:チェクセサング、1998)、p. 58。

24) カント、『純粹理性批判』篠田英雄譯(東京:岩波書店、1961)訳文の末尾の括弧内の数字は原版の丁付けである。

高の認識能力であって、論理的能力、即ち、間接的に推理する能力と先験的能力、即ち、みずから概念を産出する能力との二つを含む(355)。理性はア・プリオリな認識の原理を与える能力だからである。従って純粋理性は何か或るものをまったくア・プリオリに認識する原理を含むところの理性である(24)。

カントの認識論を要約すれば、悟性は経験することの出来る現象世界までの領域を担当し、理性は経験の及ばない、または感覚的経験に関係のない実体の世界、即ち、理念、神、自由、不死等の領域を担当するのである。従って、クラウゼヴィッツの戦争理論は経験しうる現象世界を点検してそこから規則を発見しようとすることであり、これは専ら悟性の旨とすることである。彼は『戦争論』第Ⅱ篇「戦争の理論について」において次の如く主張している。

② 戦争術においては、経験は哲学的真理よりも重要だからである(Ⅱ-5)。歴史的実例は、一般に多くの事柄を説明するものであるが、しかしそればかりでなく経験科学においては最大の証明力を具えているのである。…戦争術の根底に存する諸般の知識が、経験科学に属することは言うまでもない(Ⅱ-6)。何れにせよ、これらの真理は経験に根拠をおくべきである。心理学的・哲学的空論によって理論家や将帥たちをわずらわせるべきでない(Ⅱ-2)。

上述した内容はクラウゼヴィッツの戦争理論が悟性に基づいていることを示しており、これが後年彼が絶対戦争観から現実戦争観に転換することを可能にした理論的根拠であると解するのである。

クラウゼヴィッツの思考方式は、特に弁証法の影響をうけているように考えられる。弁証法(Dialektik)ということばは問答術を表わすギリシャ語から由来する。それは推論によって真理を探究し、ときには真理に到達する方法だということで多様な意味に使用される。例えば、定立と反定立を経てこの対立の総合に達するところの思想と実存の論理的な発展等である。弁証法は、絶対と相対、無限と有限、静止と運動、生と死の如く統一が不可能に見える究極的対立も決して固定するのでなく、このような矛盾と考えられる対立も流動化(運動の論理)によって、これを総合させるダイナミックな思考と考えられる。アリストテレスからカントによって代表される学問一般の立場から見れば、矛盾とは真理にあって絶対に排斥せねばならない。即ち、同一のものが在ると共に無いと云うことが可能であり、またそれを信ずることが可能であると考える人は、思考の可能を否定するものである。何となれば、各の詞は一定の意味を有し、話者は常にその一定の意味を固持し、決してこれを放棄するものでないからである。しかしヘーゲルは、この関係を逆転させて、矛盾のないところに真理があるのでなく、まったく反対に矛盾のあるところにこそ実在の真実があるのだから、矛盾はまさしく真理の指標となる。[25] ヘーゲルは次の如く弁証法を説明している。

その真の姿においては、弁証法はむしろあらゆる悟性的規定、事物、および有限なもの自身の本性である。…

すべて有限なものは自分自身を揚棄するものである。したがって弁証法なるものは学的進歩を内から動かす魂であり、それによってのみ内在的な連関と必然性とが学問の内容にはいり、またそのうちにのみ有限なものからの外面的でない真の超出が含まれている原理である。それは現実の世界のあらゆる運動、あらゆる生命、あらゆる活動の原理である。諺にも、「自他ともに生かせ」と言われているが、これは或るものを認めるとともに、他のものを認めることを意味する。しかしもっと立入って考えてみれば、有限なるものは単に外部から制限されているのではなく、自分自身の本性によって自己を揚棄し、自分自分によって反対のものへ移っていくのである。例えばわれわれは、人間は死すべきものであると言い、そして死を外部の事情にもとづくものと考えているが、こうした見方によると、人間には生きるという性質と、もう一つ可死的であるという性質と、二つの特殊な性質があることになる。しかし本当の見方はそうでなく、生命そのものがそのうちに死の萌芽を担っているのであって、一般に有限なものは自分自身のうちで自己と矛盾し、それによって自己を揚棄するのである。[26]

---

25) 中埜 肇、『弁証法』(東京：中央公論社、1994)を主に参考した。

26) ヘーゲル、『小論理学』上、松村一人訳(東京：岩波書店、1997)、pp. 245~246。

クラウゼヴィッツが弁証法を愛用したことは次の例からも知ることが出来るであろう。“研究と観察、哲学と経験とは決して相互に軽蔑し合ってはならない、まして排斥し合うべきではない。両者は相互に助け合っているのである”(著者序言)。彼は初め絶対戦争理論(定立)に傾注して、次に現実戦争理論(反定立)を追求していたが、“いかなる時代も、それぞれ独特の戦争理論をもつわけである(VIII-3)”(総合)と主張したのである。クラウゼヴィッツの『戦争論』が後世のドイツ軍首脳や研究家によって槍玉に上げられたのは攻撃と防禦に関する彼の見解であろう。

③ 防禦という戦争形式はそれ自体として攻撃という戦争形式よりも強力である。(VI-1)

ケメラー(1845~1911)の論文によれば、メッケル将軍は云う、“防禦への決定は絶望的状態への第一階梯である”と。ブルーメ将軍は説く、“戦略的攻勢は、戦争の政治的目的が積極的であろうと消極的であろうと、戦争遂行のより効果的な形態であり、それのみが究極の目標に到達し得るのである。” ゴルツ将軍は、“防禦のより大きな力という観念は、それにもかかわらず、欺瞞にもとづいている。…戦争の遂行はすなわち攻撃である”と述べた。なぜ人々が、この問題をクラウゼヴィッツが考えたように正確にその通りに理解するだけの親切を示そうとしないのかが私にはよく判らない。彼のしばしば繰り返される説によれば、防禦は単に敵を防止することであるのみならず、その概念の中には全く同じ程度に反撃を一緒に含んでいるのである、と。[27]

筆者はケメラの見解に同意するし、またそれがクラウゼヴィッツの弁証法的思考方式であると解するのである。特に彼は人口3,000万の強力なフランスを相手にする人口500万の劣勢なプロイセンの立場を想定した主張であることに留意すべきであろう。

④ 防禦者が迅速かつ強力に攻撃へ移行すること、即ち、敵の打込みを受けとめるや否や、即座に刃を返して敵に酬いることこそ防禦の真諦なのである。かかる移

---

27) ゲルハルト・リッター、『政治と軍事』新庄宗雅訳(東京：新栄堂、1985)、p. 230。

行を直ちに思いみることのできない論者、或いはむしろこの移行を直ちに防禦の概念に取り入れることのできない論者は、防禦の優位をついに理解できないであろう。(VI-5)

⑤ いかなる防禦も、防禦の有利を利用し尽したならば、直ちに攻撃に移らねばならないということを、繰り返し指摘せざるを得ないのである。(VIII-4)

クラウゼヴィッツは著者序言の中で、“精神と実質とを兼備した体系的な戦争理論を書くことは、恐らく不可能ではあるまい。しかしこれまで現われた数多くの理論と我々が欲するところのものとのあいだには著しいへたたりがある”と言った。彼が人間の精神を戦争において中心課題とし、戦争理論の研究対象としたことは卓見であり功績であろう。ここで実質(Gehalt)とは戦争遂行に必要な資源、即ち、人員、武器、装備等である。精神と実質とを兼備した体系的な戦争理論に注目すべきであろう、と言うのはベトナム戦争において、世界最強の米国が劣勢なベトナムに敗北した理由の一つはコンピュータで測定することのできない国民的意志、即ち、クラウゼヴィッツが士気要因と呼んだものであったと反省したからである。[28]

クラウゼヴィッツは当時の理論家たちに対して次の如く批判して自分の立場を明らかにしている。

⑥ かくて戦争準備に関する諸科学におけるが如く、もっぱら確実にして積極的結論に達することを念とし、計算されうるものだけが理論の対象とされるに到った。これらの議論は何れも特定の数量的大きさを得ることを目標としている。しかるに戦争においてはすべてが不定であり、計算はもっぱら変数をもって行われねばならないのである。

この種の議論は物的な量を論じているだけであるが、しかしおよそ軍事的行動は、精神的諸力とそのはたらきによって限なく浸透されているのである。…

ところで軍事的活動は、常に物質だけを対象とするものではない。それと同時

---

28) Harry G. Summers Jr., *On Strategy*(Novato, CA : Presido Press, 1983)、pp. 18~19。

に物質を運用するところの精神力も同時に軍事的活動の対象になるのであって、両者を分離することはまったく不可能である。(Ⅱ-2)

クラウゼヴィッツの『戦争論』が不朽の名著として今日においていまだに論議の対象になっているのは彼の健全な哲学的方法論に基因しているにもかかわらず、研究者たち、特に軍人たちはこの問題に対して関心があまりないが故に彼の軍事理論を理解するのに妨げられているからなのではなかろうか?

3) 戦争の定義と戦争術

クラウゼヴィッツは26才の感受性の鋭敏な時期に副官として1806年役(イエナ及びアウエルステッド会戦)に参加して、ナポレオン軍の猛烈な攻撃と徹底した追撃作戦によって惨敗したばかりか捕虜になったし、またプロイセン軍はフリードリヒ大王以来の精鋭軍を一挙に失って国家存亡の瀬戸際に立たされたのである。

ナポレオン出現以前の戦争は流血を避け、用心を第一とし、機智を弄したり、巧妙な機動をすること、即ち、名将とは戦闘をしないで敵を退却させる将帥であるように評価されて来たのである。それなのにクラウゼヴィッツはナポレオンの出現によって苦い悲惨な敗北の体験を経て、あらたに“戦争とは何か”をきびしく、また深く考えたのである。

⑦ 戦争の基本的要素とは二者間の決闘である。戦争とは拡大された決闘にほかならないからである。要するに決闘者はいずれも物理的な力を行使して我が方の意志を相手に強要しようとするのである。その当面の目標は相手を打倒し、それによってそれ以上の如何なる抵抗も不可能ならしめるにある。

してみると戦争とは敵を屈服せしめて自分の意志を強要せんがために用いられる暴力行為である。

戦争において物理的暴力は手段であり、相手に我が方の意志を強要することが目的である。この目的を達成するためには、敵の抵抗力を無力ならしめねばならない。これが概念上軍事行動の本来の目標である。(Ⅰ-1)

⑧ 戦術は、戦闘において戦闘力を使用する仕方を教え、また戦略は、戦争目的を達成するために戦闘を使用する仕方を教える。(Ⅱ-1)

⑨ 戦争の概念そのものより、われわれは次のことを確信を以て断言し得る。

i) 敵戦闘力の撃滅は戦争の主要原理であり、積極的行動を主とする側にとっては、それは目標に達するための主要道程である。

ii) 敵戦闘力の撃滅は、もっぱら戦闘によってのみ達成される。

iii) 大規模の全面的戦闘のみが、大なる成果をもたらす。

iv) 戦闘が集って一大会戦を成すとき、成果は最大となる。

v) 本戦に於いてのみ将帥みずから之を指揮する。しかし戦闘の性質上彼はこれを部下に委任することもある。(Ⅳ-11)

⑩ かかる主要な事情から一個の重心、即ち、力と運動との中心が生じ、一切はかかる重心によって決定せられる。それだから攻撃者は全力を挙げて敵のかかる重心に総攻撃を加えねばならない。

i) 敵側で、軍隊が重心を成すような場合には、軍隊を粉砕する。

ii) 敵国の首都が国家権力の中心地であるばかりでなく、政治団体や党派の所在地である場合には首都を占領する。

iii) 敵の最も主要な同盟者が敵よりも有力である場合には、この同盟者に強力な攻撃を加える。

iv) 諸国が相集まって結んでいる同盟国にあっては、重心は利害関係の一致点にある。

v) 国民総武装の場合には、重心は主たる指導者自身にある。(Ⅷ-4)

⑪ 会戦後に勝者の行う最初の追撃に関する我々の考察から、次のような結論が生じる。

i) 主として勝利の価値を決定するものは、最初の追撃を実施する遂行力の強弱である。

ii) この追撃は勝利を完成する第2段の行動であり、多くの場合に第1段の行動、即ち、会戦における勝利そのものよりも重要であるとさえ言えるのである。

iii) この点に於て戦略は戦術に接近する。しかし追撃による勝利の完成は戦術上の問題であり、戦略はこの完成された勝利を利用するに過ぎない。かくして戦略の要諦は、戦術に対して勝利のかくの如き完成を要求するにある。(Ⅳ-12)

クラウゼヴィッツは苦い敗北の体験と長い思索の結果、戦争の定義とは敵を屈服せしめて自己の意志を強要せんがために用いられる暴力行為であること、敵に自己の意志を強要することが戦争の目的であり、敵の抵抗力を無力化することが、目的に到達する軍事行動の目標であると明言した(⑦)。ところが現状はどうかというと、“敵に自己の意志を強要する”という戦争目的のかわりに、“敵の抵抗力を無力化する”という軍事行動の目標が戦争目的と見なされ、戦争目的が戦争行為の範囲外のものとして除外されていることに対し彼は注意を喚起しているのであろう。

というのは、軍事目標が敵の抵抗力を無力化することにおくのは絶対戦争観であるが、これが極端に走って戦争目的になれば、軍事第一主義となり、政治的考慮が第二義的になって軍国主義[29]への道が開かれるのである。

それで、クラウゼヴィッツは戦術·戦略の定義において、特に戦略とは政策が与える戦争目的を達成するために戦闘を使用する仕方を教えると言ったのである。戦略にあっては勝敗が問題でなく、戦争目的の達成の成否が問題になるのである。

⑨は敵の抵抗力を無力化する具体的方法であり、それは敵の戦闘力の撃滅を主とした大会戦及びその結果の中に求めるべきことと、大会戦の主要目標は敵の戦闘力の撃滅にあらねばならぬと教えている。

⑩の軍事目標の具体的内容は敵の重心であり、攻撃者は全力をつくして敵の重心に総攻撃を加えることを説いている。例えば、1991年2月湾岸戦争の終結は時期尚早に過ぎた。なぜならば、イラク軍を敗北させたのは、真の政治的重心であるサダム·フセイン自身を攻撃するための単なる予備条件にすぎなかったに

---

29) ドイツでは1870年以後に、軍国主義(militarism)とは、国家生活において、文民にたいする軍人の支配、軍事的要求の過度の優越、軍人的思考·精神·理念および軍事的価値尺度の強調、これらのことを意味するようになった。また一方では福利と文化とをなおざりにしつつ、他方では軍事目的のため国民に過重な負担を課すこと、また国家の最良の人的資源を非生産的な軍事奉仕に消費することを意味するようになった。[Alfred Vagts, *A History of Militarism*(New York : The Free Press, 1967), p. 14。]

もかかわらず、イラク軍を重心(伝統的軍事用語によれば)と誤認してしまったからである。[30] 米軍はクラウゼヴィッツが言った、“国民総武装の場合には、重心は主たる指導者自身にある。”(⑩のv)ことを見逃したようである。軍事作戦において、重心の選択は作戦はもとより、戦争目的の成否にも重大な影響を及ぼすのである。

⑪は追撃に関することで、ナポレオン出現以前はあまり重視されなかったのであるが、1806年の戦役でプロイセン軍の惨敗はナポレオン軍の猛烈な追撃に起因したことに対する反省から由来する内容である。追撃がなければ勝利の効果が得られないし、それは勝利の完成と結実であることを説いている。

以上はクラウゼヴィッツが戦争の本質･定義から敵の戦闘力を如何に打倒撃滅するかを説いた戦争術、即ち、戦略と戦術であり、これは絶対戦争の立場である。このような戦争術は敵の攻撃をうけ国家存亡の時期とか、侵略戦争に有用な原理である。

4) 絶対戦争と現実戦争

クラウゼヴィッツは戦争の本質に基づいて、“専ら敵の撃滅、従って敵の戦闘力の破壊こそ全軍事的行為の主要目標であるという結論に達した。”(Ⅷ-1)と言ったのであるが、これが即ち、絶対戦争である。これは暴力の無制限の発揮による敵の打倒撃滅を唯一軍事目標とする純粋な、またあるべき戦争形態であると彼は体験によって確信したが故に戦争のモデルとして『戦争論』の執筆を続けたのである。しかし40代後半の研究と思索による円熟の境地に達したとき、彼は絶対戦争に対して不備･普遍性の欠如等に疑問をもつようになったのである。

⑫ われわれは、戦争に本来の概念を飽くまで固執し、たとえ現実の戦争が絶対戦争からいかに隔っているにせよ、およそいかなる戦争をも絶対戦争という基準に従って判定し、また戦争の純粋な概念から一切の理論的帰結を引き出してよいの

---

30) Michael I. Handel, *Masters of War* (London : Frank Cass & Co. Ltd., 1992), p. 18.

だろうか。われわれはこの問題に対してとるべき態度をはっきり決定せねばならない。戦争は、まったく本来の概念通りのものであるべきなのか、或はこれと別のものでもあり得るのか、という問題を解決しない限り、戦争計画について確実な立言をよくし得ないからである。(Ⅷ-2)

⑬ 厳密な論理に従う哲学的な考え方は、なぜそのまま実現しないのだろうか(絶対戦争のこと)。その隔壁は、戦争が国家生活において接触するところの夥しい事物、いろいろな力や関係等のうちに見出されるのである。例えば戦争を構成している夥しい部分がそれぞれ具えている固有の比重や、これらの部分のあいだに生じる摩擦、人間の精神に持前の自己撞着、不明朗、或は臆病をすら一概に否定することなく、それぞれの処を得しめねばならないだろう。我々の所論の真実を期するならば、戦争がその絶対的形態をとった場合ですら、即ち、ナポレオンの指揮下に行われた戦争についてすら、このことを認めざるを得ないのである。(Ⅷ-2)

⑫はクラウゼヴィッツが彼の戦争理論の基準を「あるべき戦争」(絶対戦争)または「あり得る戦争」(現実戦争)どちらに選択すべきかに対して相当悩んだ内容であろう。この問題が解決しない限り、戦争計画だけでなく、戦争理論の樹立も不可能である。彼は古代からナポレオン戦争までの戦争史をめんみつに分析·研究してみたところ、1805年10月のウルム会戦、1806年10月イエナ·アウェルシュテット会戦、1809年ヴァグラム会戦が絶対戦争といえるが、それは普遍性を欠く例外的な戦争で、それ以外のナポレオンの指揮下に行われた戦争も制限された目標をもって遂行された現実戦争であることを確認したのである。それで彼は悟性を論拠として、“厳密なる論理で武装した絶対戦争理論も事実の威力の前には如何ともすることが出来ない事になる”(Ⅷ-2)、“戦争術においては、経験は哲学的真理よりも重要だからである”(Ⅱ-5)として、ここで彼は絶対戦争論者から現実戦争論者に変身したし、また戦争哲学者と呼ばれているが形而上学的観念論者にならず、現実論者になったと解するのである。

⑭ 戦争の性格が絶対戦争に接近するにつれて、また戦争に及ぶ範囲が多数の交

戦諸国を包括し、これらの諸国を戦争の渦巻のなかに引込むにつれて、戦争における諸般の出来事の連関はいよいよ緊密となり、最終の結果を考慮せずして戦争の第一歩を踏み出してはならないことが絶対に必要である。こうして戦争は、一方では強力となりまたその本来の性質に近づきはしたが、しかしこれによって他方の連関を失うにいたったのである。(Ⅷ-3)

ここで「他方の連関」とはなんであらうか? それは「隣国との未来の友好関係」のことであろう。1806年アウグスト親王と共に捕虜になったこと、ナポレオン軍のプロイセン占領、賠償金と徹底的な内政干渉、クラウゼヴィッツがかつて輝やかしい日々を送った王宮はいま完全に勝者ナポレオンのものになっていたし、そこを親王とともに捕虜として訪れた彼は強い憎悪感を抱き続けたであろう。

1815年7月、今度はプロイセン軍がパリーを占領し、一億フランの賠償金、10万人分の衣類、一定数の馬匹等を要求したのである。クラウゼヴィッツは占領直後の雰囲気を妻に冷静な観察と批判を含む手紙を次のように書き送ったのである、"われわれがルイ18世やフランス人に対して、どのような敵対観をもつようになってるかを君は容易に判断できると思います。陣中のイギリス軍は、軍税を高くすることも略奪もしていません。われわれはフランス政府とフランス国民の信頼を失ってしまいました。僕はこのような後味の悪い事件は、すぐにでも終わってほしいと熱望しています。相手方を完全に征服するという立場は僕の意に反するのですし、権益と党派性をめぐる終りなき闘争は、僕の理解の外のことなのです。…"[31]

彼は報復が報復を生み、歴史そのものが復讐の連鎖になって、隣国との未来の友好関係が喪失されるのを警告して、"最終の結果を考慮せずして戦争の第一歩を踏み出してはならないことが絶対に必要である"(⑭)と言ったけれど、その後の普仏戦争、第1·2次世界大戦を反省してみるとき、彼の卓見·深奥な思想はモルトケをはじめ軍首脳達に理解されなかったようである。彼のパリー占領の体験は彼を現実戦争論者に立場を変えさせた二つ目の理由であろうと考える。

31) 郷田 豊、『クラウゼヴィッツの生涯』(東京：日本工業新聞社、1982)、p. 190。

しからば彼の『戦争論』はどこまでが絶対戦争と現実戦争の観点で書かれたであろうか? もし彼が1827年7月10日付の「覚書」を残さなかったならば、われわれはフラーの見解(注8の内容)に同意しなければならなかったであろう。しかし、彼は現実戦争観によって全篇の根本的改訂を意図したことを次の如く書き残したのである。

⑮ 最初の6篇はすでに浄書してあるが、しかし私の見るところではまだかなり不備な原稿であって、いま一度すっかり改正する必要がある。なお改訂に際しては、基本的に異なる二通りの戦争の性格をはっきり打ち出したい。…その第一は、敵の打倒を目的とする戦争である。…第二は、敵国の国境付近において敵国土のいくらかを略取しようとする戦争である。…この二種の戦争の間には、いろいろな中間的段階がある。しかし両者の追求する目標がまったく性格を異にするものであり、また両者は到底調和することは出来ないのである。戦争の考察にとってこれまた実際に必要な観点が明白かつ正確に確立されねばならない。その観点とは即ち、戦争とは他の手段をもってする政策[32](Politik)の継続にほかならないということである。…

第7篇攻撃に対する草案はすでに出来あがっている。この篇は新たな改訂を必要としないばかりか、むしろ最初の6篇の改訂に規範として役立つだろう。戦争計画、即ち、戦争全体の計画を一般的に論究する第8篇に対しては、すでに若干の草案が出来ている。… (1827年7月10日付の著者の「覚書」)

⑯ 第7篇では攻撃を論じた。しかしこの領域における諸般の問題に極くざっと触れたにすぎない。第8篇では戦争計画を論じた。要するに完全と見なされるのは、第1篇第1章だけである。少なくともこの章は、私が本書全体に与えようとした方向を指示するに役立つと思う。(1830年頃と推定される著者の「覚書」)

⑮において、第一の戦争は絶対戦争であり、第二の戦争は現実戦争である。前述したが如く、彼は絶対戦争の立場から現実戦争の立場に変身したのである

---

[32] Politikには政治と政策の意味がある。政治とは国家の主権者がその領土を統治することであり、政策は国家が国家の利益と国民の幸福を増進しようとする政治のやり方、政治上の方策等である。従って、ここでは政策と訳した方が適切であると考える。

が、現実戦争の立脚点が、即ち、戦争とは他の手段をもってする政策の継続にほかならない、と言うのである。これはクラウゼヴィッツ『戦争論』の骨格であると言っても過言でないであろう。彼が絶対戦争の立場から執筆して改訂出来なかった6篇とは、第1篇戦争の本質について、第2篇戦争の理論について、第3篇戦略一般について、第4篇戦闘、第5篇戦闘力、第6篇防禦であり、現実戦争の立場から執筆した草案は、第7篇攻撃、第8篇戦争計画であり、完全なものは第1篇第1章だけである、と。従って前述したが如く、クラウゼヴィッツの『戦争論』が絶対戦争と現実戦争の混作[33]の未完成作品とはこのことである。

クラウゼヴィッツはそんなに早死にするとは考えなかったであろうけれど、死後に『戦争論』を出版することを決心したが故に「覚書」(1827年7月10日)に予言みたいな記録を残したであろう。“まず第8篇を完成したのちに、最初の6篇改訂に着手するであろう。万一その前に私が早死にして、この仕事がそこで途絶え、現在のままの形で残されるとしたら、それはまだ形を成していない思考の塊りでしかないから、いつも不当な誤解を招き未熟な批判の矢面に立たざるを得ないだろう”と。

不幸にして、彼の予言は的中したのであり、このような見地でみたとき、彼の「覚書」は『戦争論』研究において貴重な文書であるにもかかわらず、研究者たちがあまり関心を向けないで彼を絶対戦争論者と誤解する原因が潜んでいるのであろう。[34]

5) 政策優位の基本思想

現実戦争論者になったクラウゼヴィッツは政策と戦争の関係をどんなに定立したであろうか?

⑰ 要するに現実戦争は、戦争そのものの法則に従うのではなく、或る全体の一部と見なされねばならない。そしてその全体というのが取りも直さず政策なのであ

---

33) Michael I. Handel, *Masters of War* (1992)は『戦争論』が混作であることを度外視したことに問題点がある。

34) 例えばVagtsはクラウゼヴィッツを絶対戦争論者と誤解している。(*A History of Militarism*, p. 185。)

る、政策は戦争を道具として用いる。…戦争というものは、単なる敵愾心の発露ではなく、政策それ自体の表現に過ぎないのである。してみると政治的観点を軍事的観点に従属させることは不合理であると言わねばならないだろう。それは政策が戦争を生んだからである。政策が主宰者で、戦争は手段に過ぎない。その逆では決してない。(Ⅷ-6)

この内容⑰は政策と戦争の関係を明確に定立したクラウゼヴィッツの核心的·独創的な基本思想である。即ち、政策が戦争を生んだのだから主宰者であり、戦争は手段に過ぎず、その逆では決してない、との主張である。ここから軍事に対する政策優位思想の根源が由来するし、戦争において軍事作戦は勝敗によるのではなく、戦争の政治的目的の達成の程度によって評価されねばならない理由もここから由来するのである。例えば、ベトナム戦争中、1968年の旧正攻勢と1972年の復活節攻勢は北ベトナムとベトコンに深い損失を受け戦術的には失敗したけれど、米国の戦争意志を浸食することによって北ベトナムは最後に政治的主導権を奪取することに成功したのである。[35)]

⑱ (a) 勿論戦争が諸政府及び諸国民の政治的交渉によってひきおこされるものであることを知っている。ところが普通これを次のように考えているのである、即ち、戦争の開始と共に交戦両国間の政治的交渉は断絶し、自身の法則に従う所の全然異った状態が成立するのである、と。

(b) しかし、われわれはこれに対して次の如く主張する、即ち、戦争は他の手段を用いる所の政治的交渉の継続に過ぎない、と。ここにわれわれは‘他の手段を用いる所の’という句を用いたが、これによって次の事を示さんと欲したのである。政治的交渉は戦争によって断絶するのでもなければ、またまったく別のものに転化するのでもない。…戦争における一切の事件の辿る主要な線は、取りも直さず戦争から講和に到るまで不断に続く政治交渉の要綱にほかならないということである。(Ⅷ-6)

---

35) Harry G. Summers Jr., *op. cit.*, p. 112。

国家間の外交的交渉が妥協に至らず結局戦争が勃発すれば、政治家は舞台の裏に引込み、こんどは将帥が舞台に登場して自由に活動して敵軍を打倒撃滅すれば、その勝利を背景にして政治家による休戦条約が締結されるというのが将帥たちの一般的通念であった(a)。例えばモルトケ(以後詳論する)をはじめ、マッカーサー元帥もそうであった。[36] しかしクラウゼヴィッツは当時の軍首脳たちの通念とは正反対であった。即ち、戦争の開始·遂行それから講和に到るまで政治家が主動者にならねばならないとの見解である(b)。これは当時としては革命的·独創的·深奥な見解であるにもかかわらず、今日に到るまで戦争遂行中の軍首脳たちには理解し難き内容であった。しからば具体的に政治家と将帥との関係はどうあるべきかに対してクラウゼヴィッツは次の如く主張したのである。

⑲ (a) 戦争をして政治的目的に適応せしめ、また政策をして戦争のための諸手段が許す以上のことを企図せしめないためには、政治家と軍人とが一身に兼備されない限り、健全な方便は唯一あるのみ。
(b) それは最高の将帥を内閣の一員に加えることにより、内閣が彼の重要な活動に関与することである。(Ⅷ-6)

この内容⑲は、軍事的決定に内閣の関与を強調したことであって、政治的決定に軍人の関与を強調したことではないのである。しかるに『戦争論』の再版は1853年に出刊されたのであるが、このとき以来、(b)は改竄されて、“…将帥が内閣に関与して重要案件を決定する”となったのである。日本語訳を紹介すれば、“最高の将帥を内閣の一員に加え、最も重大な時機には内閣の審議および決議に与らしめるという制度だけである”[37]と。改竄されたこの内容は日本の政治と軍事に重大な影響を及ぼしたのである。即ち、日本の軍部大臣は現役の大·中将に限定され、その一事によって軍閥の地位を、政治上の金城湯池と化し、1945年の敗戦まで半世紀近くも其特権的地位を守り通したのである。[38]

36) 1951年4月19日議会での演説[Douglass MacArthur, *Reminiscences*(New York : McGraw-Hill, 1964), p. 404。]
37) クラウゼヴィッツ『戦争論』下、篠田英雄訳、p. 324。

3。モルトケの参謀本部と戦争遂行

可視的戦場において、ナポレオン自身の直接指揮による軍事的天才の資質を発揮することの出来る兵力は7~8万名程度であった。しかし10万名以上の大兵力の指揮·運営をいかにすべきか、を解決せんがため設立した組織が参謀本部であった。従って参謀本部は組織の運営を目的にして作られた組織であり、参謀本部の要員を参謀と呼び、参謀の養成機関は陸軍大学校であった。

新しいプロイセン流の戦略はプロイセンの参謀本部にその芽を育てていった。それは陸軍の頭脳となり、神経中枢となった。参謀本部の起源は1806年の10年前にさかのぼるが、ツャルンホルストの時代までは特別の地位を与えられていなかった。1806年シャルンホルストが陸軍省を再組織した時、彼は特別な部署を作り、陸軍の編成、動員ならびに平時の教育訓練の計劃を担当せしめた。この部の権限に情報と兵要地誌が加えられ、あとから戦略·戦術の計画と指導が加えられた。陸軍大臣として、彼はこの部の指揮をとり、将校たちを兵棋演習と参謀機動で訓練してその戦術·戦略的思想に強い影響を与えた。そしてこれらの将校を各軍の副官に任命するのが慣例になり、この慣例は、やがて各将軍の参謀長を監督するところまで拡大されたのである。

シャルンホルストの下で参謀本部は陸軍省の一部局であった。その後軍事的最高統帥権が国王に移されることになったので、1821年参謀総長は戦争事項に関して国王の最高顧問となり、陸軍大臣は政治的·行政的監督にその権限を制限された。この決定は重大な影響を及ぼすことになったのである。それは単に開戦後のみでなく、戦争の準備と初期段階それから遂行においても参謀本部に軍事の指導権が与えられたからである。[39] これが即ち、統帥権の独立なのであり、また

---

38) 伊藤正徳、『軍閥興亡史』2巻(東京：文藝春秋社、1958)、p. 52。

39) Edward M. Earle, ed., *Makers of Modern Strategy*(Princeton, N. J.：Princeton University Press, 1943), p. 174。

参謀本部は事実上政府の上に君臨して万事に采配を振うようになったのである。

筆者は普墺(1860)・普仏戦争(1870~1871)の遂行過程において、政策と軍事のあり方に対する具体的関係を簡単に考察してみることにする。ビスマーク首相の終局的目的はプロイセン主導のドイツ統一であった。それがための普墺戦争の政治的目的は墺国をドイツ聯邦から駆逐することであった。ケーニヒグレッツ戦闘に勝利したモルトケは敗軍を追撃して首都を占領しようと主張したが、ビズマークは断固として反対し、目的はすでに達せられた。これ以上墺国に忘れ難き屈辱を与えることは、この国を仏国の味方にすることである。この戦争後には必らず対仏戦争がある。この対仏戦争のとき、墺国を味方にするためには寛大な条件をもって講和するほかない。そこでビスマーク首相は万難を排して無割譲・無賠償の平和条約をむすんだのである。この結果は普仏戦争のとき良き果実をもたらしたのである。

ビスマーク首相は普仏戦争における政治的目的はドイツ統一であって、仏国の征服ではなかった。故にドイツ統一の妨害を除く程度に仏国を打てばたりるのである。それ以上この隣国に屈辱を与えて、永久の怨みをのこすことは彼の目的ではなかった。それでセタンの戦勝後、真ちにパリーに進撃せず、そこで講和をした方がよいとの腹案であった。しかしモルトケ参謀総長や軍の首脳たちははじめから仏主力軍の打倒・パリー占領を軍事目標にして作戦計画・遂行を敢行すると同時に、ビスマークには外交交渉に必要な軍事情報も特に与えなかったのである。作戦中モルトケは、“臣は陛下に今世紀における最大の勝利を慶賀す”と国王に申し上げたのである。1871年1月ヴェルサイユ宮殿においてプロイセン王はドイツ聯邦を統一したドイツ皇帝に就任したけれど、その後第1・2次世界大戦の経過とフランス・ドイツ両国民の復讐の連鎖を考えたとき、クラウゼヴィッツの警告は現実になったと解すべきであろう。

モルトケ参謀総長は、1871年に配布した戦略に関する論文において、次の如く記録したのである。

政策はその目的の達成のために戦争を使用する。政策は戦争の開始及び終結に決定的に介入する。従って政策は戦争の経過中にはそれを拡大するか、またはより小さな成果をもって満足するかの自らの要求を保留する。この不確定の状態において、戦略はつねに与えられた手段によって一般に達成し得る中で最高の目標に向かってのみその努力を向けることができる。それ故戦略は政策に最も都合のよいように協力する。しかしそれは政策の目的についてだけであって、行動においては全く政策から独立している。[40]

前述したが如く、クラウゼヴィッツの見解によれば、政策は戦争の開始·遂行それから講和に到るまでの主宰者であるが、戦争はその手段であると同時に、政治的交渉の継続にほかならないというのが彼の基本思想である(⑱(b))。従ってモルトケの見解はクラウゼヴィッツの基本思想に違背すると同時に、モルトケがクラウゼヴィッツの忠実な弟子·後継者であるとは言い難いであろう。モルトケの見解は19世紀後半からドイツ参謀本部の基本的思考方式として定着してしまったのである。ドイツのためには不幸であったが、戦略において政治的問題に対する断固たる軍事的統制の要求に対し民間政治指導者たちは抵抗なしにこれを受諾したのである。皇帝ヴイルヘルム2世が言っ如く、"戦略が話しをしてもよいと許可するまで、政策は戦争中その口を閉じねばならない"[41]と。

ソ連の捕虜受容所で死亡したフオン·クライスト元帥は、1945年に一度イギリス軍の捕虜になっていたが、リデル·ハートに対して、"われわれの世代、つまり私が陸軍大学に学んだり参謀将校であった時代には、すでにクラウゼヴィッツの教義は忘れられてしまっていた。彼の文章は引用されていたが、その著作を根本的に研究することはもはや行われていなかった。取り上げられたのは彼の戦争に関する哲理よりも、運用上の教義でありこれだけが重視された。クラウゼヴィッツが'戦争は他の手段をもってする政策の継続である'といっているのは、戦争においては政治的要素が軍事的要素よりも重要であることを意味するのであったが、軍事

---

40) Michael I. Handel, ed., *Clausewitz and Modern Strategy*, p. 227。
41) *Ibid.*, pp. 25~26。

的成果のみによって政治的問題を解決し得るであろうと考えたのが、ドイツの錯誤であった”[42]と告白している。

モルトケは軍事作戦によるフランス軍の打倒·撃滅による勝利の方策は知っていても、戦争の政治的目的と戦後隣国との平和維持の問題に関しては考えが及ばなかったようである。彼以後のドイツの軍部はクラウゼヴィッツの基本思想とは反対するばかりか、放棄を意味するのであった。従って彼等は絶対戦争観と統帥権の独立による軍国主義、戦争それから国家の破滅に到ったと解するのである。

4。日本の参謀本部

明治陸軍の軍政に絶大な貢献をした桂太郎(後に大将、内閣総理大臣)は、普仏戦争終結直前の頃およびその後の数年間にわたってドイツに学び、また軍令上の代表者川上操六(後の大将、参謀総長)も前後2回の留学によりドイツ参謀本部で実際の勤務を体験し、この間モルトケの指導を受けたのである。[43]

1874年陸軍省の外局として参謀局が設置されたが、1878年陸軍省から独立した参謀本部の設置が実現し、参謀本部条例が制定された。この条例にともなう陸軍職制制定等の改正によって、陸軍部内で軍政と軍令が分離され、軍令事項は陸軍卿の権限が及ばないものとされた結果、軍令事項は内閣の権限外とされ、文民統制の原則は最終的にくずれ、これがいわゆる統帥権の独立である。これが単に用兵作戦に限定されたならば問題はなかったけれど、拡大解釈することにより軍令が軍政を蚕食していったのである。例えば、兵力量事項はクラウゼヴィッツの『戦争論』、[44] また憲法学理の上に於いても軍政事項であって、軍令事項でないのが通説であるに反して、軍部はこれを軍令事項であって、軍政事項でないとの見解をとった。荒木陸相は“兵力の決定は大権に属するもので、その兵力量は

---

42) B. H. Liddell Hart, *The Other Side of The Hill* (London : Panther Book, 1956), p. 214。

43) 浅野祐吾、「近代日本におけるクラウゼヴィッツの影響」、『戦争なき自由とは』、p. 521。

44) “絶対的兵力の程度を定めるのは政府である”(III-8)。

国防用兵上に絶対必要な要素であるから、統帥の幕僚長たる参謀総長及び軍令部長がこれを立案し、その決定はこの帷幄機関を通じて行われるものと信ずる”[45]としたのである。

猪木正道氏の論評によれば、明治憲法では第11条に“天皇は陸海軍を統帥す”と定められており、第12条は“天皇は陸海軍の編成および常備兵額を定む”と規定している。第11条の天皇大権を統帥または軍令大権といい、第12条のそれを兵制·編制または軍政大権と称することは周知の通りである。ところが明治憲法第55条は、“国務大臣は天皇を輔弼しその責に任ず”と明記している。この憲法第55条に定められた国務大臣の輔弼権には制限がなく、軍令事項にもおよぶというのが、明治憲法学界の両巨頭、穂積八束教授および美濃部達吉教授の解釈であった。この解釈通りに明治憲法が運用されていれば、陸軍大臣は陸軍の軍令·軍政大権について天皇を輔弼するわけであり、海軍大臣についても同様の輔弼が行われることになる。したがって「統帥権の独立」という美名の下に軍部が政府から離れて独走し、暴走する弊害は起こりえなかったはずである。[46]

統帥権の独立は軍部の政治的勢力の増大をうながし、軍事優先の国家構造に発展して軍国主義にならざるをえないのである。それと同時に政治家の国防への関心をうすめ、結局国家戦略の不在をもたらす結果になったのである。

ところで、このドイツ軍事学の習得については、だいたい二つの主要系統がみとめられる。第一の系統は、桂太郎、川上操六、田村怡与造など、最初から直接ドイツにおいてモルトケやワルデルゼーその他に親しく接してその思想的影響をうけたひとびと。第二の系統は東条英教、井口省吾など陸軍大学にあってメッケルをつうじて近代兵学の理論と技術とを注入されたひとびと、がそれである。[47]

川上操六は1886年再度のドイツ派遣を命ぜられ、それ以後およそ1ヶ年半にわたって、その軍事組織と戦略戦術の特質を研究することになった。彼はドイツ参謀

45) 松下芳男、『明治軍制史論』(下)(東京：図書刊行会、1978)、p. 314。
46) 猪木正道、『軍国日本の興亡』(東京：中央公論社、1995)、p. 85。
47) 小山弘健、前掲書、p. 202。

本部の機能を調査し、それと関連して用兵作戦の原理をまなんだ。彼は大山陸軍大臣におくった書簡に、“今は諸科の戦術を講聴し、また図上対策を学習し、出ては実地対策、即ち参謀旅行演習をなし、その他各隊の演習及び検閲に陪場し、ついに秋季近衛大演習に到る。これをもって先ず戦術関係ほぼ学了するを得たり”と報告している。のちに川上の手足となって活躍した田村怡与造は1883年「兵学一般研究のため」ドイツ留学を命ぜられ、1888年に帰朝するまで5年有余のながいあいだ、ドイツ軍事学の全分野を研究しつくし、またドイツでも難解で知られたクラウゼヴィッツの『戦争論』を直接把握しようと努力したのである。[48)]

川上がドイツでクラウゼヴィッツの『戦争論』を研究したかどうかは判然としないが、彼は在独期間がみちかいので参謀本部の実際的運営の問題に力を注ぎ、軍事理論の研究には時間的余裕があまりなかったであろう。しかし彼は日本の参謀本部の基礎をかため、日清戦争の作戦を成功的に遂行し、日露戦争の全計劃の土台をきずいたことは彼の功績である。一方、田村はクラウゼヴィッツの『戦争論』をドイツで医学を研究していた森鴎外が訳して講じたが、田村の関心は戦争哲学よりも戦争術(戦略·戦術)分野であったと推定するのである。日本でクラウゼヴィッツの『戦争論』飜訳は1886年に着手して途中一時中断したこともあるが1903年に完訳·刊行された。オランダでは1846年、フランスでは1853年、英国では1873年、米国では1943年に『戦争論』が飜訳·出刊されたのをみるとき、ドイツの隣接国でない日本の熱意は驚くべきことであろう。

モルトケ門下の逸才メッケル参謀少佐の陸大での在任は1885年3月から1888年3月にいたる満3カ年にわたったが、彼の指導によって陸軍のフランス式軍制をドイツ式に改革整備したばかりか、陸大の教育を戦術·作戦中心の教育に変換したのである。彼の戦術教育の特色は、

(1) 精神主義であること。

(2) 攻撃重視の思想であり、併せて健兵対策を主眼としていること。

(3) 実戦的な戦術、戦略を重視し、現地戦術による教育を主眼としたこと。

---

48) 上掲書、pp. 204~205。

(4) 戦史を重視したこと等である。[49]

メッケルが陸大で重点においたのは現地戦術、とくに参謀演習旅行と実地について教育する方法によって即効性のある実用主義の実務本位であった。後年彼は日本における戦争術教育にかんして、“私は、他のすべてのドイツ士官とおなじように、意識的にも無意識的にクラウゼヴィッツの精神にしたがって教育した。クラウゼヴィッツこそは、ナポレオン戦争から生まれてきた戦争理論の建設者なのである。近代的意識をもってこんにち戦争を遂行し、また戦争を教授しようとするものは、何びとであろうと(たとえ、かれがそれを意識しないことがあっても)、クラウゼヴィッツのうえに基礎をおいているのだということを、私は主張する”[50]とひとに語っている。

しかしモルトケを親玉とするドイツ参謀本部の首脳と弟子たちは絶対戦争の立場から敵主力軍の打倒･撃滅を軍事目標、それからこれを遥かにとび越えて戦争目的にまで拡大解釈する作戦第一主義を軍事伝統として堅持して戦勝の方策には熱意をもっていたが「戦争とは何か」、即ち戦争哲学には興味があまりなかったのである。特に戦争とは他の手段を用いる所の政治的交渉の継続に過ぎないし、また政策が戦争を生んだのだから主宰者であり、戦争は手段に過ぎない、というクラウゼヴィッツの基本思想を放棄することにより、モルトケはクラウゼヴィッツの弟子･後継者とは言い難いのであるが、メッケルはこのような問題を理解していたであろうか? 彼は戦争理論の基礎的な学問研究の重要性を教えたであろうか? クラウゼヴィッツのもっともねらいとした政策と戦争の主従関係をおりこんだ戦争理論の理解は、メッケル自身にとっても理解し難い内容であったが故に彼の陸大での教育は作戦･戦術分野に止まっていたと解するのである。したがって、“残念ながら日本の軍人には、クラウゼヴィッツの『戦争論』のもっとも基礎的で根本的な理論を理解するだけの素養がなかった。『戦争論』はたんなる戦術の教科書として、その各論部分がつまみ食いされたにすぎなかった”[51]のも当然であるし、ま

---

49) 上法快男編、『陸軍大学校』(東京：芙蓉書房、1973)、pp. 122~124。

50) 小山弘健、前掲書、p. 207。

た日本の参謀本部は『戦争論』を作戦・戦術の教科書として大陸侵略に活用したと言っても過言でないであろう。それから陸・海軍には戦術・作戦は存在しても、日本の国軍としての戦略(軍事)が存在しなかった、と言うことは反省すべき問題であろう。

周知の如く、明治以来陸軍はプロイセン－ドイツ式を、海軍は英国式に基づいで軍事理論・兵制等を採用したのであるが、地政学上島国である日本の陸軍は果してドイツ式を採用すべきであったろうか?

> 世界の進運に立ちおくれたわが国として、ヨーロッパー流の陸軍国から学ぶべきものは多々あったこと疑いないにしても、兵器やその操法訓練を別として兵学思想や兵制の根本までも鵜呑みしたことは、必ずしも適切ではあり得なかった。日露戦争までの時期はさて措くとして、その後の一人前として列強の仲間入りをした時代以降においては、当然わが国の地位、特色、伝統、環境に即応する戦略思想の創設開展に邁進すべきものであった。而うして戦略の観点に立ってこれを見るに、わが国のそれは大陸接壌国であるドイツ・フランスのそれよりもむしろ地位境遇において相似の関係にあるイギリスのそれを、換言すれば外交政略を主軸として戦争をその羽翼に抱えこんだそれに学ぶところが多かったのではなかろうか?[52]

これは日本の国防に関する基本的あり方に対する反省と教訓をひかえめに表現した傾聴に値いする見解であると筆者は考えるのである。

5。おわりに

クラウゼヴィッツの『戦争論』が出刊されて170余年の歳月が流れたにもかかわらず、いまだに彼の著書が難解である理由は彼の方法論に潜んでいるようである、即ちドイツ観念論哲学の知識がなくては理解し難いであろう。例えば、“戦争はもっぱら悟性の領域に属する”とは、彼の戦争理論のキーワードであることを究

51) 大江志乃夫、前掲書、p. 18。
52) 佐藤徳太郎、『大陸国家と海洋国家の戦略』(東京：原書房、1973)、pp. 30~31。

明した。また誤解されている理由は、観点がまったく異なる絶対戦争と現実戦争の混作であり、彼は後年現実戦争論者として全作品を修正する予定であったが突然の死によって達成されなかった未完成作品であり、このことを「覚書」に書き残したにもかかわらず研究者たちが見逃していることに原因があるであろう。

クラウゼヴィッツが絶対戦争論者から現実戦争論者に変身した理論的根拠は悟性による戦例の'事実'と戦争術において、'経験'は哲学的真理よりも重要であることに基因するのである。現実戦争において、戦争は他の手段を用いる所の政治的交渉の継続に過ぎず、また戦争そのものの法則に従うのでないと言うのが、クラウゼヴィッツ戦争理論の独創的・革命的・深奥な基本思想であり、これは、その後軍首脳達にはなかなか理解され難い内容であった。

1821年フロイセン参謀総長は戦争事項に関して国王の最高顧問となるにつれ戦争の準備・遂行において参謀本部に軍事の指導権が与えられたのである。これが即ち、統帥権の独立である。特にモルトケ参謀総長は普仏戦争において示したが如く絶対戦争観の立場から敵軍の打倒・撃滅の行動においては全く政策から独立している、との立場であり、また戦争哲学にはあまり関心がなかったようである。従って、モルトケをクラウゼヴィッツの忠実な弟子または後継者と呼ぶのは間違った見解であり、絶対戦争観と統帥権の独立が手を組むと軍国主義に陥らざるを得ないことを知るべきであろう。

日本の参謀本部はモルトケのドイツ参謀本部から、参謀本部の組織・運営、統帥権の独立、絶対戦争観による作戦・戦術等を学んだのであるが、クラウゼヴィッツの現実戦争観による政策と戦争のあり方等、即ち、戦争哲学の研究を疎かにしたのである。その結果は歴史が示したように日本の軍国主義・侵略戦争・敗戦の道を辿ったと解するのである。従ってわれわれはクラウゼヴィッツ『戦争論』の真意を掴むためヴェルナー・ハールヴェークの見解(注10の本文)を思い出して、いまからもっともっと努力すべきことであろう。♣

(『戦史研究年報』第7号、日本防衛庁防衛研究所、2004年)

V

朝鮮半島の現況と展望※

朝鮮半島は今年重大な転換点に直面しているようである。一つは、北朝鮮の核放棄に向けた6者協議の合意文が2月13日北京で発表されたが、これからどのような成果を得るかであり、もう一つは、12月の韓国大統領選挙の結果であろう。ここでは、前者に焦点を合わせて論議することにする。

北朝鮮は2006年7月4日、7発のミサイルを発射し、さらに2ヶ月後の10月9日には核実験に踏み切ったのである。これによって国連の安全保障理事会は、国連憲章第7章[1)]に基づいて制裁を全会一致で採択したのである。2005年9月19日6者協議において、朝鮮半島非核化原則に合意したのであるから、今度の合意文では60日以内に核施設の閉鎖とIAEA[2)]の査察、それから、あらゆる核プログラム申告と核不能化履行等、段階的になっているが、一挙に非核化に向けた解決·査察をすべきではなかったであろうか？ しかし、これからでも北朝鮮の核放棄に

※ 李鍾學ソラボル軍事研究所長の本『時評』は、JFSS『季報』編集事務局の要請に応じ日本語で作成されたものをそのママ本誌で紹介した。

1) 国際連合憲章第7章は、「平和に対する脅威、平和の破壊及び侵略行為に関する行動」を定め、安保理は「平和に対する脅威、平和の破壊及び侵略行為の存在」を決定、勧告、更に非軍事的、或いは軍事的強制措置を決定(第39条)。又、措置決定前に事態悪化を防ぐため暫定措置に従うよう当事者に要請(第40条)。軍事的強制措置は、安保理と加盟国間の特別協定決定(第43条)、国連加盟国に対して武力攻撃発生時、安保理が措置をとるまでの間、加盟国は個別的·集団的自衛権を行使でき、加盟国がとった措置は、安保理に対し緊急報告義務(第51条)。

2) 国際原子力機関(International Atomic Energy Agency(IAEA))は、原子力の平和利用を促進、軍事転用されないための保障措置の実施をする国際機関。2005年度のノーベル平和賞を、エルバラダイ事務局長とともに受賞。本部所在地はオーストリアのウィーン。

向けた具体的措置に対する確実な検証が得られない場合は、断固としてエネルギー・食糧等の非援助と国連の制裁を強化することを明言・実行すべき段階であろう。

1992年1月20日、南北の両政府は、「朝鮮半島非核化に関する共同宣言」に調印したにもかかわらず、北朝鮮は密かに核兵器を開発・実験したし、又北の高位官吏は実験後にも、“朝鮮半島の非核化は故金日成主席の遺訓であり、その方針に変わりはない”と言明したのである。金正日とその首脳たちは、“政権は銃口から生まれる”という毛沢東理論を狂信しているようであるが、資源富国であった旧ソ連はミサイル・核弾頭がなくて崩壊したのであろうか？ 私有財産と市場経済を承認しない国家体制は、結局国家経済が成立しえないので崩壊するのである。個人や国家を問わず、競争は発展の原動力であることを知るべきであろう。最近発表された周恩来総理の晩年の病床日記によれば、“国家が非常に不幸である。建国26年になっても6億の人民がご飯もろくに食べられないでいる。共産党だけを謳い、指導者だけをほめたたえているが、これは共産党失敗の一場面である。”(1975年12月28日)

北朝鮮は戦後半世紀以上経過したにもかかわらず、1990年の半ば「苦難の行軍」によって300万名の餓死者を出し、現在は「第2の苦難の行軍」が始まったようで、人民たちはいまだに飢餓線上にあって外国に脱出を演じているのが現況である。南北の統計を見ると、人口は4,850万人対2,150万人、兵力は67万4,000人対117万人、それから国内総生産(GDP)は、9,310億ドル対227億ドルである。北朝鮮の崩壊は、もう始まったと診断すべきであろう。韓国政府は、2000年の南北首脳会談以後、太陽政策によって北朝鮮におよそ50億ドルを援助したのであるが、それに対する応答はミサイル発射と核実験であった。“平和を欲するならば、戦争を理解し、それに備えよ!”というのが私の半生紀にわたる軍事学研究の結論である。朝鮮半島統一に関するシナリオには、

① 北朝鮮開放を通じての南北連邦

② 北朝鮮崩壊後の韓国による吸収統一

③ 武力衝突による統一

等が論議されているようであるが、強大国介入、至被害の可能性が常存する。それで望ましきシナリオは、935年、新羅の敬順王が太子の反対をおしきって高麗の太祖に国家権力を移譲したが如く、金正日国防委員長は韓国政府に権力を移譲して暖かい済州道で余生を平穏に暮らすことであろう。こうすることによって、金日成が犯した民族的悲劇(朝鮮戦争)に対する補償にもなるし、また朝鮮民族の平和的統一と、東北アジアの平和·繁栄にも貢献する事になるであろう。♣

(『日本戦略研究フォーラム会誌』第9巻1号、東京:日本戦略フォーラム、2007. 4.)

VI

独島(日本では‘竹島’)の領有権をめぐって

私は、韓国と日本が相互理解と平和を保ち、共に繁栄することを願っていたのですが、この度、独島(日本名‘竹島’)の領有権をるめぐって両国の主張に相違があるという“問題点を如何に解決すべきか”に関してエッセイを寄稿させて頂くことにした。

朝日新聞によれば、日本政府は、去る7月14日、中学校の学習指導要領をめぐり、日韓双方が領有権を主張する独島(日本名‘竹島’)について初めて記述した「同要領」の解説書を公表した。韓国に配慮して、‘竹島’を直接、「日本固有の領土」とする表現は避けたが、韓国側では反発が強まっている…。解説書は、これまでも、北方領土について“(ロシアに)返還を求めていることなどについて、的確に扱う必要がある”などと記述していたが、今回初めて、“わが国と韓国の間に竹島をめぐって主張に相違があることにも触れ、北方領土と同様にわが国の領土・領域について理解を深めさせることも必要である”との文言を付け加えた。解説書は、“北方領土は我が国固有の領土”と明記しており、‘竹島’の扱いを「北方領土と同様」とすることで、間接的に「日本固有の領土」と教えることを求めた、[1]と報じている。

私は、30余年前、日本の旧海軍省で発行した『朝鮮水路図』(明治42年?)に、‘独島’が「欝陵島に属している」海図を見て以来、‘独島’の領有権問題に対して興味は余り湧かなかった。しかし、この度、日本政府の解説書公表によって、種々知

1) 「朝日新聞」(2008年7月15日)

り得るところがあり、改めて関心を寄せることになった。

しかしながら、日本人でありながら"'独島'は韓国の領土である"と主張した史学者たちがいたことは確である。彼らは、専ら事実に基づいた研究と学者的良心だけで'独島'は日本領土になり得ない理由を史料検証と分析を通じて明らかにしたのである。

彼ら学者とは、例えば、故人になられたが、歴史学者の山辺健太郎(1905~1977)や梶村秀樹(1936~1989)、島根大の内藤正中名誉教授、京都大の堀和生教授、名古屋大の池内敏教授等であり、もし、「独島」が「日本固有の領土」であるならば、日本人歴史学者の見解を慎重に、又、客観的に検証すべきではなかろうか。

私は、本『季報』第37号において、古代史学者、井上光貞(1917~1983)博士が、古代史研究機関でもない陸軍参謀本部で解読、解釈した「広開土王碑文辛卯年記事」を史料批判もせずに歴史教科書に掲載して学生たちに教育していることを指摘した。また、日本の明治以来の大陸政策は、朝鮮、中国を目指した日本帝国主義の侵略政策であったと解していたのであるが、日本の政治家や知識人が、"それは'侵略'ではなく'進出'である"と主張することに対して、最初は驚き、がっかりした体験があった。そこで、日本人が常識的な単語を識別できない、歴史認識に齟齬がある、教育の場で適切に教育されているかなどの問題点は何処に原因があるかを調べ、考察してみた結果、次の内容を知ることができた。

> 日本の歴史教科書の欠陥については、いろいろな原因があるが、最大の問題は、日本の政府·文部省の方針が日本のアジア侵略、植民地支配、戦争について、その責任を明確に認めようとせず、できるだけ隠蔽しようとする体質が露わであることだ。そして、教科書の検定権は文部省が握っており、その検定は日本史教科書に対して最も厳しく、文部省の方針を反映させようとしているように見える。[2)]

---

2) 中村 哲、『歴史はどう教えれているか』(日本放送出版協会、1995)、p. 28。

…膨大なる『上奏記録』なんです。あの戦争当時の陸海軍が、昭和天皇に何を上奏したかを是非とも知りたい。例えば、ミッドウェー海戦で日本の航空母艦が4隻撃沈されたわけであるが、天皇には2隻としか報告されていないはずである。事実、ミッドウェー海戦があった翌年の昭和18年(1943年)の艦隊編成表に、沈んだはずの航空母艦の名前がしっかり入っているからなんです。

つまり、軍部は天皇を騙していた可能性がある…。ただ日本人というのは、客観的に歴史的記録をきちんと書くというトレーニングができていないのも事実です。[3)]

史実は史実として客観的に記録することが望ましい。それが歴史認識の第一歩であり、過去の真実を知らずには現在、及び、将来への的確な判断や隣国との和解と友好関係の増進は成立し得ないことに留意すべであろう。

7月14日、ソウルの平和放送ラジオ番組で、黒田勝弘·産経新聞ソウル支局長は次の如く語った。“岩の塊の島のために戦争を起す国はない。既に‘独島(ドクト)’は韓国のものになっているではないか。50年以上も自国が支配しているのに、何故そんなに興奮するのか。”さらに「歴史的に見ても、実質的な占有状態から見ても韓国領土なのに、日本は何故取り上げようとするのか?」という進行役の質問に対し、黒田支局長は、“領土問題はどの国も同じく自国の領土であることを対内外的に強力な主張をするのが当然のことで、こうした発言や姿勢もある。ただ、独島問題は、今、この時点で出てきたものではなく、既に50年前から、韓日国交正常化の時から対立があった問題として、独島に対する領有権をお互い主張し対立があるというのは事実なので、それを韓国国民も知らなければならない。日本側でこういう主張があるのも事実であり、そんなに興奮する必要はない…”と主張した。[4)]

黒田支局長は、独島を「日本固有の領土」であることを教科書で教えようとする意図に対して“そんなに興奮する必要はない”と言ったけれども、このことは、日本

---

3) 『諸君』(1992年2月号)、p. 127。

4) (韓国)「中央日報」(2008年7月14日)

の新軍国主義者たちの侵略的根性の台頭に対する警告であると解するべきであろう。それに加えて、古代から近現代に至る韓国と日本の関係史を考察するべきであり、日本の著名な史学者、旗田巍元法政大学教授の見解を紹介する。

> 朝鮮は、日本にとって外国である。従って、朝鮮史は外国史である…。朝鮮史は、日本人にとって特別に深い意味を持つ外国史であることに異論は無いであろう。日本の歴史の内面に挿入された特別の意味を持つ外国史である。
>
> 周知のように、古代日本の形成期には、朝鮮の文化、技術、制度などが多くの朝鮮人と共に日本に入ってきた。それらは、日本人の思想、宗教、芸術、技術をはじめ、社会組織、国家制度の発展に重大な影響を与えた。朝鮮渡来の文明や人々を抜きにしては日本の古代文明や古代国家の形成は語れない…。
>
> 古代の時代を過ぎると、両国の関係は、それまで程には緊密ではなくなった。しかし、両国の間には、不断に交流が続いた。その間に、倭寇、及び、豊臣秀吉の出兵などの侵略もあったが、他方、善隣友好の国交もあった…。
>
> 明治期に入ると、日本にとって朝鮮は、まったく新しい意味を持つに到った。近代日本の大陸発展路線において、まず、朝鮮が支配の対象となり、列強と争った末に朝鮮に対する独占的支配権を手に入れ、ついに朝鮮を併合し、これを完全な植民地と化してしまった。日本と朝鮮の関係は、植民地支配国と植民地という関係になったのである。[5)]

両国民が、過去の歴史の真実を知り、また、相互の立場を理解しようとした時、相互信頼と理解が深くなると私は信じている。しかし、今日の日本人の姿勢は、日本が植民地支配国であったにも拘らずその行為を'侵略'ではなく'進出'であると主張しているため、韓国からすれば対話の相手にもなり得ない状態に置かれているのである。日本語に"恩を仇で返す"という言葉がある。日韓の長い歴史を顧みれば、韓国が日本に恩恵を及ぼした時代もあったわけで、この言葉が日本側の態度を表現した適切な言葉であるとも考えるのである。

---

5) 旗田 巍 編、『朝鮮史入門』(東京：太平出版社、1970)、pp. 8~9。

現実の問題に戻る。これまで論議の俎上に載せられてきた独島の領有権に対する解決案は次の如くである。

① 独島領有問題の解決を次の世代に延期する。
② 韓国政府は独島を島根県にプレゼントすると同時に、日本政府は対馬を慶尚南道にプレゼントする。
③ 鬱陵島と隠岐島の中間点を境界線にして、その以北は東海、その以南は日本海と命名する。

両国の首脳たちは、可能な限り速やかに会談を実施して独島領有権問題を解決すべきである。その理由は、相互信頼と理解、それから、国力の消耗に影響を与えるからある。私は、妥当性と受諾性の観点から③案が最適の解決策であると考える。♣

(『NPO日本戦略研究フォーラム会誌』季報 第38号、
東京：日本戦略フォーラム、2008年10月)

부 록

이종학 교수 인터뷰

- 「조선일보」 2016. 6. 20.
- 충남대학교 CNU Style

충남대학교 군사학부 교수 및 박사들과 함께(2016. 11. 5.)

미수축하(충남대학교 군사학부 교수 및 제자·가족과 함께)

[최보식이 만난 사람] "戰場의 맥아더는 몰랐다… 트루먼 대통령의 政治的 목적을"

[88세에도 대학 강의하는 '군사학 代父' 이종학 선생]

"1947년 美 대통령 특사로 온 웨드마이어 장군의 보고서
'한국군 증강과 美軍 주둔…' 묵살·발표 금지됐다"

"6·25 전날인 24일 밤, 군 수뇌부 2차 술자리까지…
북한군 밀고 내려왔을 땐 대부분 곯아떨어져 있었다"

이종학 선생은 직접 차를 몰고 신경주역으로 마중을 나왔다. 88세 노인이 운전하는 차를 타니 미안하면서 걱정도 됐지만, 그는 이렇게 안심시켰다.

"나는 1957년부터 운전을 했습니다. 지금도 충남대에 2주에 한 번 강의를 갈 때마다 역까지 차를 몰고와 KTX를 타고 갑니다."

이종학 선생은 "전쟁은 국민의 생사와 나라의 존망과 관계되니 깊이 연구해야 한다"고 말했다. /최보식 기자

경주 외곽에 있는 한옥 살림집에 도착하니 '서라벌 군사연구소' 현판이 붙어 있었다. '연구소'라고 해봐야 그 혼자다. 하지만 그는 한국 군사학계의 대부(代父)다. 국내에서 처음 '전쟁론'을 가르쳤고, 군사학 이론 체계를 정립했다. 문교부가 승인한 첫 군사학 정교수(1980년)라는 타이틀도 있다. 그의 역할로 현재 10여개의 대학교에 군사학부가 개설돼 있고, 29명의 박사도 배출됐다.

"학창 시절 '퀴리부인' 전기를 읽고는 화학자 꿈을 키웠습니다. 하지만 6·25가 발발하면서 공군사관학교(3기·1951년)에 입학했지요. 생도 3학년이었을 때 '직업 군인은 사람을 죽이는 게 본업이 아닌가' 하는 회의가 생겼습니다. 신경쇠약으로 마산

공군병원에 입원했어요. 넉달간 병원 생활을 하고 돌아왔어요. 용케 졸업과 임관은 했습니다."

그는 통신장교로 근무하다, 대위 때 공사 교관으로 발령났다.

"학생들에게 가르치기 위해 그때 처음 '손자병법'을 읽었고 첫 구절이 나를 감동시켰습니다. '전쟁이란 나라의 중대한 일이다. 생사존망과 관계되니 깊이 연구해야 한다(兵者國之大事 死生之地 存亡之道 不可不察也)'라고 했어요."

—왜 감동을 느꼈습니까?

"전쟁을 단순히 사람을 죽이는 학살의 개념으로만 알았던 내게 '전쟁은 국가의 대사(大事)로 깊이 연구해야 한다'고 했으니까요. 클라우제비츠(1780~1831년·프로이센 전략가)의 '전쟁론'에서도 큰 영감을 받았지요. '전쟁은 정치의 연장선이다. 목표를 초과하는 전쟁은 더 이상 성공할 수 없는 무익한 노력일 뿐만 아니라 적의 반격을 유발하는 유해한 노력'이라고 했어요. 무조건 살상(殺傷)만이 전쟁의 목적이 아니라는 겁니다. 내가 독학한 '손자병법'과 '전쟁론'을 번역해 교재로 썼어요."

—'손자병법'이나 '전쟁론'은 교양 수준인데, 그 시절에는 아니었던 모양이군요.

"대구 헌책방에서 우연히 클라우제비츠의 영어 번역본 '전쟁론(On war)'을 발견했어요(서재에서 갖고 나온 그 헌책에는 '1957년 7월 18일' 구매 날짜가 적혀 있었다). 내가 미국보다 더 일찍 가르쳤던 셈입니다. 미국에서 생도들에게 '클라우제비츠'를 가르친 것은 베트남전(戰)에서 철수한 뒤였어요. '전투에서는 안 졌는데 왜 전쟁에서 졌을까' 하는 반성에서 비롯됐습니다."

—선생께서 강의를 할 때만 해도 국내에는 '군사학' 개념이 전혀 없었습니까?

"총 쏘는 사격이나 군사훈련만 했지, 군사학은 전혀 몰랐고 교수진도 없었어요."

—군사학은 무얼 가르치는 겁니까?

"우선 '전쟁이란 무엇인가' 하는 전쟁의 본질이지요. 그리고 어떻게 싸워 이기느냐와 관련된 전략·전술이지요. 또 과거에 있었던 전쟁사(史)를 가르칩니다."

—한마디로 군사학은 과거 전쟁 사례 연구를 통해 얻어진 지식 체계라고 정의하면 되겠습니까?

"그렇습니다."

—과거의 어떤 전쟁을 가장 많이 연구했습니까?

"당연히 6·25전쟁이지요."

—군사학 관점에서 6·25를 접근할 때 어떤 대목이 가장 흥미롭습니까?

"한때 시끄러웠던 '누가 일으켰느냐, 북침이냐 남침이냐' 논쟁은 소련의 비밀문서가 해제되면서 규명이 됐습니다. 내가 흥미를 갖고 있는 대목은 '6·25가 왜 일어났느냐?'는 겁니다."

—김일성의 한반도 적화(赤化) 야욕 때문이라는 게, 상식 아닌가요?

"그건 맞습니다. 하지만 그런 야욕이 있어도 남한의 군사력이 대등했다면 쉽게 전쟁을 일으킬 수 없었고, 전쟁이 그렇게 확대되지 않았을 겁니다. 1947년 트루먼 미(美) 대통령의 특사로 한국을 방문한 웨드마이어 장군이 '북한군에 비해 남한 군대가 너무 약하다. 빨리 증강해야 하고 미군은 당분간 주둔해야 한다'는 보고서를 올렸습니다. 이 보고서는 묵살됐고 발표 금지가 됐습니다."

그는 서재에서 자신이 번역한 '웨드마이어 회고록'을 들고 왔다. 웨드마이어(1897 ~1989)는 제 2차 대전에서 '승리 계획'을 수립한 미 육군참모본부의 전략가였다. 미국이 전쟁에서 이기려면 병력, 화물 수송용 선박, 항공기, 훈련 시설은 얼마나 필요하고 어떻게 동원할지 등의 계획을 세웠던 것이다. 그 뒤 그는 중국 방면의 미군사령관 겸 장제스(蔣介石) 총통의 참모장을 역임한 뒤 대장으로 예편했다. 그가 미 군사전략의 이면(裏面)을 담은 '웨드마이어는 보고한다(Wedemeyer reports!)'를 출간한 것은 1958년이다.

"이 책의 존재를 알고 1970년 웨드마이어 장군에게 편지를 보냈습니다. 그가 서명을 해 보내주었고 번역 출판도 허락했어요. 하지만 국내 여건을 고려해 그동안 번역을 미뤘다가 2년 전 출간했습니다. 이 책에는 트루먼 대통령에게 올린 보고서가 그때 왜 묵살됐는지에 대한 설명은 없었습니다. 다만 6·25에 대해 '피비린내 나는 무익한 전쟁(bloody, futile Korean war)'이라고만 썼습니다."

—이는 어떤 메시지를 담고 있는 겁니까?

"미국 정부가 사전에 막을 수 있었던 한국전쟁을 막지 않아 불필요하게 숱한 미군들의 목숨을 앗

아갔다는 뜻입니다. 웨드마이어 장군은 그때 자신이 군복을 벗고서라도 보고서를 공개 못한 것에 대해 '중대한 과오를 범했고 국가에 대한 의무에 태만했다'고 후회했습니다."

—모든 보고서가 채택되는 것은 아니지 않습니까?

"아예 보고서 공개를 금지시켰습니다. 그 뒤 이승만 대통령이 '한반도의 공산주의 위협은 미국의 점령정책에서 비롯된 것'이라며 군사 원조를 요청했으나 역시 거절당했습니다. '진해를 미 해군 기지로 제공하겠다'는 제안도 안 받아들였습니다. 1949년 미군을 철수시켰고, 곧이어 '애치슨 라인(한국과 대만은 미국의 방어선 밖에 있음)'이 선포됐습니다. 이것이 북한에 남침 빌미를 제공해준 겁니다."

—트루먼은 6·25가 발발하자 즉각 전쟁에 개입했습니다. 그게 우리를 구하지 않았습니까?

"그는 의회의 승인도 받지 않고 신속하게 전쟁에 개입했습니다. 그전까지의 자세와는 확연히 다릅니다. 이 때문에 '트루먼이 6·25에서 달성하려는 정치적 목적이 무엇이었을까'를 연구하게 됐습니다."

—트루먼 회고록에는 '한반도가 공산 세력의 수중에 떨어지는 걸 방치하면 미국과 가까운 나라들까지 계속 유린될 것'이라고 나옵니다. 공산 세력으로부터 민주 진영을 지키겠다는 트루먼의 정의감(正義感), 우리가 알고 있는 상식과 다른 게 있습니까?

"맥아더 장군의 회고록에는 '나는 이기기 위해 전쟁을 수행했지만 한국전은 전혀 다른 양상으로 진행됐다'고 나옵니다. 중공군의 보급로를 끊기 위한 맥아더의 만주 폭격 등은 트루먼 정부에 의해 제동이 걸렸습니다. 맥아더는 '사령관이 병사의 생명을 지키고 부대의 안전을 도모하기 위해 자신의 전투력을 사용하는 걸 금지당한 경우는 미국 전쟁사에서 유례없는 일'이라고 했습니다."

—그건 맥아더의 입장이고, 오히려 제3차 대전으로 확전되는 것을 막은 트루먼이 옳았다는 게 주류 견해입니다.

"바로 그 점입니다. 맥아더가 트루먼의 정치적 목적을 몰랐던 겁니다. 미국은 한반도에서 공산 세력 축출이 목표가 아니었고, 현상 유지를 하는 '제한 전쟁(limited war)'에 목표를 뒀던 겁니다."

—트루먼의 정치적 목적은 무엇이었습니까?

"2차 대전이 끝난 뒤 전쟁에 동원됐던 병사들은 대부분 집으로 돌아갔습니다. 미군은 거의 해체되다시피 했습니다. 하지만 세계 평화가 이뤄진 게 아니라 '소련'이라는 더 막강한 적(敵)이 나타났습니다. 미국 내 분위기로는 군대와 군사예산 확충, 방위 산업 육성을 꺼낼 수가 없었습니다. 트루먼에게는 군사력 증강을 위한 카드가 필요했습니다. 한반도에서 제한 전쟁을 원했을 겁니다."

—트루먼이 미국 국익을 위해 한국전쟁이 일어나기를 기다렸다, 이건 '음모론적 시각'인데요.

"오해받을 가능성이 있지만, 사실에 근거한 내 가설이니 동의 여부는 다른 문제입니다."

—또 어떤 점에 흥미를 갖고 있습니까?

"왜 국군이 초반에 완패를 당했느냐는 겁니다. 사흘 만에 서울이 점령됐지 않았습니까. 당시 5~6월 전쟁 위기설이 파다했고, 구체적 정보가 보고됐습니다. 하지만 이해할 수 없는 일들이 군 수뇌부에서 일어났습니다."

6·25 직전의 미스터리한 점을 요약하면 이렇다. ①6월 10일 군 수뇌부의 대규모 인사이동으로 대부분 사단장이 부대를 장악할 시간을 갖지 못했다. ②6월 11일 발동한 비상경계령을 23일 24시를 기해 해제했다. ③6월 24일 38선 근무 병력의 3분의 1을 휴가 보냈고, 나머지 병사들도 외출·외박시켰다. ④6월 24일 저녁에는 육군장교구락부 개관 축하 파티를 열어 총참모장(채병덕) 이하 군 수뇌부와 전국 주요 지휘관이 밤늦게까지 술을 마셨다. 다음 날 북한군이 38선을 밀고 내려왔을 때 대부분 곯아떨어져 있었다.

"당시 파티는 2차로 국일관에 가서 새벽 두시까지 계속됐어요. 술값을 연합신문 주필 정국은(鄭國殷)이 냈습니다. 그는 휴전협정 직후 간첩 혐의로 체포돼 여섯 달 만에 1954년 초 사형당했어요. 문제는 그의 재판 기록이 남아 있지 않다는 겁니다. 군내 어느 세력이 말소한 겁니다."

—이는 무슨 뜻을 담고 있는 겁니까?

"6·25 당시 군 수뇌부에서도 북한과 결탁했거나 조종을 받은 이들이 있었다는 뜻입니다."

이종학 선생은 군에서는 진급을 못 해 중령으로 예편했다. 1987년 국방대학원 교수직도 그만두고 경주로 내려올 때 그는 서울 집을 군사학발전기금으로 공사(空士)에 내놓았다. 2003년 군사학 석사 과정이 개설된 충남대에 군사학진흥기금으로 강화도 임야와 장서 1만권을 기증했다. 그는 역서 및 공저를 포함해 43권의 책을 썼다.

그는 "축구 경기처럼 인생은 후반전이 훨씬 더 중요하다"고 말했다.

2016.06.20

[출처] 본 기사는 조선닷컴에서 작성된 기사 입니다

평화안보대학원 이종학 겸임교수는 평생을 군사학 분야 발전을 위해 헌신해 왔다. 지난 2003년 평화안보대학원 군사학과 석사과정 개설의 산파 역할을 하면서 충남대학교와 인연을 맺은 이후 매년 학생들을 위해 강단에 섰다. 또한, 지난 2004년 10억 원 상당의 부동산을 기증하고 '풍석 군사학 진흥기금'으로 3억 원의 사재를 출연하면서 '충남대학교 발전기금위원회 위원'도 맡고 있다. 85세를 무색하게 할 만큼 제자 양성과 연구에 열정을 다하고 있는 이종학 겸임교수를 〈CNU Style〉이 만났다.

군사학 박사 200명 양성할 때까지 쉴 수 없어*

이종학 겸임교수, 충남대와 10년 인연

85세의 연세에도 강단에서 학생들을 지도하고 계십니다. 지난해에는 『현대전략론』이라는 책을 내실 정도로 끊임없이 연구를 하고 계신데 열정의 원동력은 무엇인가요?

2003년 강단에 선 이후로 쉬지 않고 학생들을 지도하고 있습니다. 이번 학기에도 박사과정의 「전쟁사 특수연구」를 강의하게 되었습니다. 1987년엔 국방대학원에서 58세에 명예퇴직을 했는데, 1980년 「군사학의 이론체계」를 세미나에서 발표하여 학문으로서의 이론정립을 시도했습니다. 군사학이 시민권을 획득한 것은 20여 년이 지난 2002년입니다. 정년을 한참 앞두고 조기에 명예퇴직한 이유로 몇 가지가 있는데, 그중 하나는 제가 좋아하는 책을 읽고, 그 분야를 연구하고 답사한 결과를 책으로 엮어 내고 싶었기 때문입니다. 하고 싶은 일을 하면서 연구도 하고 학생들을 지도하느라 아플 겨를도, 늙을 겨를도 없군요. 심신이 건강한 이유는 바로 여기에 있습니다.

* 충남대학교 『CNU Style』(2014. 2.)의 주우영 주무관과의 인터뷰

초대 대학원장이었던 이주영 원장이 경주 서라벌연구소로 찾아와 많은 의견을 나누고 커리큘럼이나 강사 선정에 대해 조언해 주었습니다. 2003년 3월 군사학과 석사과정 수업이 본격적으로 시작되면서 겸임교수로 강의를 하게 됐고, 그해 8월에는 충남대학교로부터 국내 최초로 '명예 군사학박사' 학위도 받았습니다.

공군사관학교를 졸업하시고 공군사관학교, 공군대학, 국방대학원에서 교수로 재직하셨습니다. 어떻게 충남대학교와 인연을 맺게 되셨는지요?

사실 저는 충남대학교와 직접 인연이 없습니다. 공군사관학교(3기, 1954)를 졸업하고 중령으로 예편할 때까지 공사, 공군대학을 거쳤으며 예편 후 국방대학원 교수를 거쳐 1987년에 명예퇴직하고 경주에서 '서라벌 군사연구소'를 운영하고 있었습니다.

그러던 중 2002년 11월, 충남대학교에서 군사학과 석사과정 신입생을 선발한다는 광고를 「국방일보」를 통해 처음 접했습니다. 당시 이광진 총장에게 군사학과 관련된 연구자료를 보내면서 인연이 시작됐습니다. '군사학 학사과정이 없는데 어떻게 석사과정의 학생을 모집할 수 있는가?'라고 묻기도 했지요. 이후 초대 대학원장이었던 이주영 원장이 경주 서라벌군사연구소로 찾아와 많은 의견을 나누고 커리큘럼이나 강사 선정에 대해 조언해 주었습니다. 2003년 3월 군사학과 석사과정 수업이 본격적으로 시작되면서 겸임교수로 강의를 하게 됐고, 그해 8월에는 충남대학교로부터 국내 최초로 '명예 군사학박사' 학위도 받았습니다.

충남대학교와 인연을 맺으신 지 10년이 넘으셨습니다. 매년 졸업 시즌이 다가오면 뿌듯하실 것 같습니다.

2003년에 군사학 석사, 2005년에는 박사과정이 개설됐습니다. 2010년 국내 최초로 군사학박사 4명을 배출했고 2013년 8월까지 19명의 박사를 배출했습니다. 올해 2월 25일 졸업식에도 박사 4명이 졸업장을 받게 됩니다. 충남대학교 군사학 박사들은 충남대학교를 비롯해 영남대학교, 광주대학교, 건양대학교, 합동군사대학교, 육군 교육사령부 등에서 연구와 교육활동을 하면서 위상을 높이고 있습니다. 대한민국에서 처음으로 군사학 박사를 배출한 것은 물론, 사회 곳곳에서 제자들, 후배들의 활약을 보고 있으면 뿌듯합니다.

충남대학교에도 석사, 박사학위 과정에 이어 올해 군사학부가 개설됐습니다. 현대사회에서 군사학이 갖는 의미는 무엇인가요?

'군사학(Military art and science)'이 국내에서 학위과정으로 인가된 것은 불과 2002년으로, 10년이 조금 넘는 역사에도 불구하고 이 분야는 인류의 전쟁사와 더불어 오랜 시간 동안 연구, 발전되어 왔습니다.
「손자병법」에도 '전쟁은 국가의 중대한 일이다.
국민의 생사와 국가의 존망이 기로에 서게 되는 것이니 신중히 검토하지 않으면 안 된다'고 쓰여 있습니다. 국가의 안보가 없는데 개인의 영달이 무슨 의미가 있겠습니까?
특히, 우리나라는 남과 북이 분단돼 있는 전 세계 어느 곳에서도 전례를 찾을 수 없는 특수한 상황이기 때문에 군사학이 우리사회에서 갖는 의미와 비중은 매우 크다고 할 수 있습니다.

충남대학교 발전기금위원회 위원으로도 활동하고 계십니다. 발전기금이란 어떤 의미를 갖고 있나요?(이종학 교수는 지난 2004년 10억 상당의 부동산과 전문도서 1만여 권 및 도서 구입비 1,000만 원을 기증했다. 또 2009년에는 3억 원의 발전기금을 기탁해 '풍석(風石) 군사학 진흥기금'을 조성했다)

대학의 발전기금은 어떤 한 사람이 엄청나게 큰 금액을 기탁한다고 해서 의미를 갖는 것이 아닙니다. 대학과 관련 있는 구성원들이 솔선수범하는 것이 더욱 의미가 있습니다.
저는 2012년 발전기금위원회 간담회에서 충남대학교 교직원과 졸업생들이 봉급의 1%를 발전기금으로 기증하자는 것을 제안했습니다. 간호학과와 군사학과는 이미 '봉급 1% 기탁 운동'을 잘하고 있는데, 충남대학교의 모든 구성원들과 졸업생들이 이 운동에 적극적으로 참여한다면 발전기금 모금의 새로운 전기를 마련할 수 있을 것입니다.
저 역시도 매달 10만 원의 발전기금을 정기적으로 기탁하고 있습니다. 자식에게 물려줄 재산을 대학발전기금으로 기증해 훌륭한 인재를 양성하는 데 써야 한다는 저의 생각은 예나 지금이나 확고합니다.

현재 대학을 졸업하고 사회에 첫 발을 내딛는 청년들에게 한 말씀 해 주신다면?

인생을 함께할 수 있는 훌륭한 배우자를 얻어야 합니다. 아직 이른 감이 있지만, 인생의 어려움을 함께 견디며 아파하고 용기를 북돋워 줄 수 있는 반려자와 인생을 함께 하십시오.
절대 담배를 피우지 마십시오. 담배는 백해무익합니다. 건강하게 활동하기 위해 담배는 전혀 도움이 안 된다는 사실을 알았으면 좋겠습니다.
세 번째는 중국 송(宋)나라의 유학자 주자(朱子)의 말씀처럼 젊어서 공부해야 늙어서 후회하지 않는다는 것입니다. 특히 젊은이들은 영어, 중국어와 같은 외국어는 반드시 배워야 합니다. 일본어, 독일어와 같은 언어까지 익힌다면 배움과 인식의 범위가 매우 넓고 깊어질 것입니다.
네 번째는 관련 분야의 권위자가 되라는 것입니다. 군사학을 전공하는 학생들에게는 군사학 분야의 전문가가 되라고 말하는데, 이 조언은 그 어떤 전공자에게도 같습니다. 대학이라는 최고의 배움터에서 배우고 익힌 것을 계속 발전시켜 한 분야의 전문가가 되는 것은 젊은이들의 의무이기도 합니다.
마지막으로 희망을 잃지 말라고 얘기해 주고 싶습니다. 인생은 축구 시합과 같습니다. 전반전 경기를 망칠 수 있지만, 후반전에 만회할 기회가 충분합니다. 실망은 하되 절망하지 말아야 합니다.
절망은 나락과 같지만 실망은 또 다시 추스르고 도전을 할 기회가 될 수 있습니다.
박사과정생들에게는 '인생은 60부터'라고 입버릇처럼 말합니다. 저 스스로가 58세에 명예퇴직해 새로운 인생을 살고 있고, 20권 정도의 군사학 분야 저서를 썼습니다.

교수님의 앞으로의 목표는 무엇인가요?

충남대학교에서 군사학 박사를 현재까지 10년 동안 20명 정도를 배출했으니 200명을 배출할 때까지 학생들을 지도하고 싶습니다.
작년 12월에 『평화안보대학원 10년사』를 윤석경 원장이 발간했는데, 나는 『50년사』까지 봐야겠다고 웃으면서 얘기를 했습니다. 아무튼 건강이 허락하는 한 강단에서 학생들을 가르치고 군사학과 관련된 책을 써 나갈 생각입니다.

군사학 총서 발간 취지

군사학은 전쟁이란 무엇이며, 전쟁의 준비·수행 및 억제와 연구방법 등에 관한 지식의 체계이다. 전쟁은 오랫동안 인류 생존의 기본 요소이며 수단으로 등장하였고, 현재뿐만 아니라 앞으로도 형태를 달리하면서 존속하리라. 그리고 전쟁은 국민의 생사·국가의 존망과 직결되는 문제이기 때문에 신중히 대처하지 않을 수 없다. 한민족의 평화적 통일·생존권의 확보 및 번영의 초석이 되는 군사학의 연구·발전을 위해 군사학 총서를 발간하였다. 독자의 지도 편달과 육성, 그리고 동참을 기대한다. (**이종학** : leechoy@daum.net)

번호	책 명		저 자	발행연도	정가
1	군사학 개론		이종학·길병옥 편저	2009년 (4·6배판, 594쪽)	35,000
	내용	군사학이 우리나라에서 학문으로 공식적으로 인정된 것은 2002년 12월이다. 군사학의 간략한 정의는, "전쟁의 본질과 성격 및 무력전의 준비 및 수행에 관한 통일된 지식체계"라는 점에서 그 범위도 설정되었다. 이런 관점에서 군사학의 다양성, 다차원성, 다변화성을 포괄하는 학문적 개론서로서 새로운 학문영역으로 자리 잡고 있는 군사학의 학문체계를 정리하고자 각 분야의 전문가 13명의 공동집필로 출간되었다.			
2	군사전략론		이종학 편저	2009년 (신국판, 450쪽)	25,000
	내용	우리 국군은 6·25전쟁과 베트남전 참전을 통해 전투경험은 했지만 전쟁을 하지 않았다는 것을 잊어서는 안 된다. 즉, 군사전략을 수립하여 전쟁을 수행해 본 일이 없는 것이다. 그래서 이 책은 군사전략 수립을 위한, 제1편 군사전략의 기초, 제2편 군사전략의 이론, 제3편 군사전략의 실제로 구성되어 있다. 군사전략은 군사목표, 군사전략개념 그리고 군사자원으로 구성되어 있는 결심사항을 간략한 문장으로 표기하며, 이것은 세 가지 기준, 즉 적합성, 가능성 및 수락성에 의해 검토된다는 것을 상세히 설명하고 있다.			
3	나의 학문과 인생		이종학 편저	2009년 (4·6배판, 606쪽)	30,000
	내용	평생을 군사학 분야 발전을 위해 헌신해온 이종학 교수의 八旬을 맞이하여 펴낸 책이다. 제1편은 나의 학문과 인생(이종학), 제2편은 군사학의 학문체계 및 발전방향(교수 에세이), 제3편은 군사학의 발전방향으로 군사학과의 박사과정을 이수했거나 혹은 이수 중인 피교육자들의 학위논문 주제를 요약하거나 관심을 가진 분야에 대한 간략한 에세이를 수록했다. 부록에는 공군사관학교 57기생들에게 '군사학 특강'을 실시 후 그들의 소감문을 소개했다.			

<table>
<tr><td rowspan="2">4</td><td colspan="2">한국군사사연구</td><td>이종학 지음</td><td>2010년
(4·6배판, 632쪽)</td><td>30,000</td></tr>
<tr><td>내용</td><td colspan="4">1981년 국방대학원에 재직할 때, 「현대 군사사의 연구방향」이라는 논문을 발표하면서 '군사사'에 대한 이론 정립을 시도했다. 즉, 군사사는 군사이론과 역사학이 결합된 학문인 동시에 군사학의 이론적 기초이며 근원이다. 이것을 기초로 하여 한국사 가운데 군사문제를 다루기 시작해 30년간의 연구 성과를 집대성한 것이며, 21편의 논문으로 구성되어 있다. 저자가 지난 반세기 동안 군사사 연구에서 얻은 결론과 기본철학을 소개하면 다음과 같다. 즉, "평화를 바란다면, 전쟁을 이해하고 이에 대비하라!"</td></tr>
<tr><td rowspan="2">5</td><td colspan="2">전략이론이란 무엇인가
–『손자병법』과 『전쟁론』을 중심으로–</td><td>이종학 편저</td><td>2012년(개정보완판)
(신국판, 372쪽, 3판)</td><td>16,000</td></tr>
<tr><td>내용</td><td colspan="4">전략이론이란 무엇인가를 밝히면서, 원래 군사분야의 용어가 1960년대 이후 경영분야에도 활용되어 왔다는 것을 알아야 하고 군사전략뿐만 아니라, 국가전략 및 핵전략의 발전과정을 소개했다. 전략이론의 고전인 『손자병법』은 1972년 중국 산동성에서 『죽간 손자병법』이 나왔기에 그것을 삽입시켜 13편을 완역했다. 한편 클라우제비츠의 『전쟁론』은 초판본이 나왔고, 거기에서 내용이 너무 방대하기에 전술적 내용을 삭제한 抄譯을 했다. 직업군인과 최고 경영자들에게 전략이론을 알기 위한 필독서를 만들고자 꾸며 보았다.</td></tr>
<tr><td rowspan="2">6</td><td colspan="2">6·25전쟁이란 무엇인가</td><td>이종학 지음</td><td>2011년
(4·6배판, 623쪽)</td><td>30,000</td></tr>
<tr><td>내용</td><td colspan="4">이 책은 40여 년 간에 걸친 6·25전쟁 연구의 총 결산이자 집대성한 내용이다. 6·25전쟁에 대한 연구와 분석을 통해 그 원인을 밝혀내고 평시에 안보태세를 굳건히 하는 것이 가장 기본적인 대책이라고 해법을 제시한다. 이 책은 마치 6·25전쟁을 구석구석 현미경으로 확대해 들여다보는 듯하며 지금까지 나왔던 6·25전쟁 관련 서적과 다르게 새로운 사실들과 풍부한 사료들을 담고 있기 때문에 6·25전쟁을 연구하는 전문가들이나, 석·박사과정의 학생들에게 많은 도움이 될 것이다.</td></tr>
<tr><td rowspan="2">7</td><td colspan="2">현대 북한의 이해</td><td>박성규·길병옥 지음</td><td>2012년
(4·6배판, 336쪽)</td><td>25,000</td></tr>
<tr><td>내용</td><td colspan="4">탈냉전 이후 급변하는 국제상황 속에서 북한이라는 실체를 명확히 파악하고 한반도 평화통일의 기본 틀을 마련하는 데 기본적인 목적이 있다. 특히 남북한의 평화로운 통일과 기본적인 방향을 설정하는 데 있어서 가장 중요한 것은 북한을 제대로 이해하는 것이라는 점을 강조한다. 이 책은 현재 북한 관련 교재들이 북한의 실제를 제대로 파악하기에는 많이 부족하다는 점을 지적한다. 상식으로는 이해할 수 없는 북한이라는 체제 전체를 제대로 알 수 있는 교육이 절대적으로 필요하고 북한의 본질을 이해하여 그 대응책을 마련하는데 주요 초점을 두고 있다.</td></tr>
</table>

<table>
<tr><td rowspan="2">8</td><td colspan="2">군사고전의 지혜를 찾아서</td><td>이종학 지음</td><td>2012년
(신국판, 537쪽)</td><td>25,000</td></tr>
<tr><td>내용</td><td colspan="4">인류의 역사는 투쟁사 혹은 전쟁사의 연속이라 할 수 있다. 그러한 급변하고 위태로운 정세하에서 어떻게 생존하며 또한 승리할 것인가 하는 그 방법과 지혜를 제시했으며, 동양의 손무가 저술한 『손자병법』(기원전 513?)과 서양의 클라우제비츠가 저술한 『전쟁론』(1832)이 군사고전에 속하며, 그것들의 시대적 배경과 철학적 기초를 밝히려고 지난 반세기 동안 시도한 에세이를 편집한 것이 이 책이다. 군사고전은 심오한 철학사상을 바탕으로 하고 있기 때문에 생명력과 실용성을 보유하고 있을 뿐만 아니라, 인생철학의 지침서요 또 경영전략의 참고서로써 최근에 와서 더 많은 각광을 받고 있다.</td></tr>
<tr><td rowspan="2">9</td><td colspan="2">군제 기본원리와 한국의 병역제도</td><td>나태종 편저</td><td>2012년
(신국판, 353쪽)</td><td>16,000</td></tr>
<tr><td>내용</td><td colspan="4">이 책은 크게 두 편으로 구성되어 있다. 제1편 군제기본원리에서는 군사제도의 중요성과 제도에 관한 역사적 교훈, 현대 국방사상이 군제에 미치는 영향, 군사제도 설정의 기본원칙을 포함하였다. 제2편 한국의 병역제도에서는 정부수립 이후로부터 현재까지의 한국의 병역제도 변화과정을 분석하고 스위스, 이스라엘의 병역제도와의 비교평가를 통해 미래 한국의 병역제도 발전방안을 제시하였다.</td></tr>
<tr><td rowspan="2">10</td><td colspan="2">현대전략론</td><td>이종학·노양규·이성만 지음</td><td>2013년
(신국판, 457쪽)</td><td>24,000</td></tr>
<tr><td>내용</td><td colspan="4">『現代戰略論』(1972)은 40여년 전, 전략 입문서가 없었던 시절에 출간되어 그동안 전략 입문서로서의 기능을 발휘했으나, '한글세대'의 등장으로 절판되었다가 이번에 '한글화'된 개정판이 나왔다. 이번 개정판에는 전략의 기본문제를 보완하면서 미국에서의 새로운 전략연구의 추세와 한반도의 정세를 감안해서 내용을 구성했는데, 주요 내용은 '전략이란 무엇인가', '현대전쟁의 성격', '국가전략', '군사전략', '작전술', '전술' 그리고 '북한의 핵무기와 한반도 안보' 등이다. 전략을 연구하고자 하는 사관생도·일반 대학교의 군사학 전공자뿐만 아니라, 국제정치 전공자에게는 필독서이다.</td></tr>
<tr><td rowspan="2">11</td><td colspan="2">군사학 입문</td><td>송영필 지음</td><td>2014년
(신국판, 339쪽)</td><td>16,000</td></tr>
<tr><td>내용</td><td colspan="4">군사분야에 대한 입문서이다. 군사학의 정의와 연구대상으로부터 전쟁, 군사제도의 발전과정, 전쟁준비 차원에서 군사력 건설에 필요한 국방기획관리제도와 전투발전체계를 다루었다. 또한 전쟁수행 차원에서 군사력 운용의 용병술 체계와 전투수행에 대하여 방법, 수행절차를 기술하였다. 군사학을 공부하고자 하는 사람이나 군인의 길을 걷고자 하는 사람에게 기초가 되는 분야를 알기 쉽게 설명한 책이다.</td></tr>
</table>

12	웨드마이어 회고록과 논평	이종학 편저	2014년 (신국판, 323쪽)	20,000
	내용	이 책의 제1부 『웨드마이어는 보고한다!』는 웨드마이어 대장의 회고록이다. 그는 제2차 세계대전 당시 마셜 육군참모총장의 두뇌 역할을 수행했고, 당시 미국의 국가전략과 그 이면사를 솔직하게 밝혔다. 특히 1947년 트루먼의 특사로 중국과 한국을 방문하고 미국의 극동정책에 대해 건의한 「웨드마이어 보고서」가 수록되어 있다. 제2부는 '웨드마이어 회고록'에 대한 논평이 수록되어 있으며, 특히 6·25 전쟁의 복합적 원인에 대해 밝히고 있다. 그리고 평화적 남북통일에 대한 제안, 독도 영유권에 대한 해결방안, 한반도와 중국의 이해관계를 위한 단상 등이 수록되어 있다. (※이 책은 대한민국학술원의 「2015년도 우수학술도서」로 선정되었다.)		
13	예비전력의 이론과 실제	이원희 지음	2015년 (신국판, 372쪽)	16,000
	내용	이 책은 한반도에서 전쟁이 발발시 승리하기 위해 군사력의 한 축인 예비전력에 대해 무엇을 어떻게 준비해야 할 것인가에 대한 방향을 제시하고 있다. 책의 구성은 「예비전력의 이론과 역사」, 「외국의 예비전력 운영」, 「예비전력의 운영사례와 효율적 운영방향」으로 되어 있고, 부록에는 「향토예비군 설치법」을 비롯한 관련 법령이 수록되어 있다. 장차 군의 간성이 되기를 원하는 학생은 물론 군의 주요 지휘관과 관련 참모, 지역 및 직장예비군 지휘관들에게 예비전력 운영에 관한 유용한 지침서가 될 것이다.		
14	작전술	노양규 지음	2016년 (신국판, 470쪽)	24,000
	내용	처음으로 발간된 작전술 관련 전문서적이며, 한국군의 변화와 발전을 위해서는 작전술이 가장 먼저 발전되어야 한다고 주장한다. '작전술이란 무엇인가'에 대한 이론적인 배경을 설명한 후, 작전술이 소련군에서 태동하게 된 과정과 변화를 살펴보았고, 이어 현대 작전술의 중심인 '미군의 작전술' 변화과정을 1980년대부터 연대순으로 세밀하게 살펴보았다. 이어 '북한 작전술'을 살펴본 후, '한국군의 작전술'을 점검하고 미래 발전을 위한 방안을 제시하였다. 작전술은 한국군 변화와 발전의 관건關鍵이다.		

• 펴낸곳 : 충남대학교출판문화원

• 전　　화 : 042-821-6045

• e-mail : cnupress@cnu.ac.kr